计 算 机 科 学 丛 书

原书第12版

程序设计语言原理

[美] 罗伯特·W. 塞巴斯塔（Robert W. Sebesta） 著

徐宝文 王子元 周晓宇 等译

Concepts of Programming Languages

Twelfth Edition

机 械 工 业 出 版 社
China Machine Press

图书在版编目（CIP）数据

程序设计语言原理：原书第 12 版 /（美）罗伯特 · W. 塞巴斯塔（Robert W. Sebesta）著；徐宝文等译 . -- 北京：机械工业出版社，2022.1
（计算机科学丛书）
书名原文：Concepts of Programming Languages, Twelfth Edition
ISBN 978-7-111-69621-6

I. ①程… II. ①罗… ②徐… III. ①程序语言 IV. ①TP312

中国版本图书馆 CIP 数据核字（2021）第 241414 号

本书版权登记号：图字 01-2019-1415

本书主要讨论程序设计语言的基本概念，包括为什么学习程序设计语言、常用程序设计语言的演化史，并深入讨论现代程序设计语言的基本结构，研究一些常见语言在结构上的设计选择，并对各个方案进行比较。本书还展示了描述语法的形式化方法，并介绍词法和语法分析方法，详细介绍程序设计语言中主要结构的设计问题，并为读者提供对程序设计语言进行严格评价的工具。

出版发行：机械工业出版社（北京市西城区百万庄大街 22 号 邮政编码：100037）
责任编辑：姚 蕾　　责任校对：马荣敏
印 刷：河北鹏盛贤印刷有限公司　　版 次：2022 年 1 月第 1 版第 1 次印刷
开 本：185mm × 260mm 1/16　　印 张：35.5
书 号：ISBN 978-7-111-69621-6　　定 价：229.00 元

客服电话：（010）88361066 88379833 68326294　　投稿热线：（010）88379604
华章网站：www.hzbook.com　　读者信箱：hzjsj@hzbook.com

40 年前的 1981 年是我大学生活的最后一个学年，我带着对程序设计语言的浓厚兴趣，通过秋季的考研从武汉大学考上了武汉数字工程研究所（第六机械工业部第七研究院第七零九研究所）的研究生，并在 1982 年 1 月大学一毕业就师从王振宇教授从事程序设计语言设计、分析与实现研究。

当时，国内大学主要学习的程序设计语言是 ALGOL 60、FORTRAN、COBOL，当然也有一些学校教的是 BASIC，后来也有少数学校教 Pascal 语言。由于当时还没有引进计算机，所学所用的计算机都是国产机，全国加起来也没有多少台计算机，基本上都用在国防、气象、物探等部门，能够使用的语言也只有 ALGOL 60 与 FORTRAN[⊖]。因此，当时国内对高级程序设计语言的认识基本上还停留在 ALGOL 60 是算法语言，适合于教学，FORTRAN 是公式翻译语言，适合于公式计算，还谈不上对程序设计语言有多么深入的研究，更谈不上对程序设计语言的问题有多么深入的分析。软件工程的概念虽然问世十多年，但还没有引入国内（当然，国内当时也意识到 goto 语句是有害的）。此后，南京大学的徐家福、中科院软件所的仲萃豪、北京大学的杨芙清教授合作，在 Modula 与 Modula-2 语言的基础上分别研制出了 XCY（系统程序语言）与 XCY-2 语言，中科院软件所的唐稚松院士则提出了世界上第一个可执行时序逻辑语言 XYZ/E。

然而，国际上的情况却与国内全然不同。一方面，NATO 联邦德国软件工程会议开始总结软件开发与维护过程中的问题，促使软件工程学科慢慢形成；另一方面，国外研制与使用的语言有上千种，仅美国国防系统使用的语言就有数百种，美国国防部（DOD）在 20 世纪 70 年代前期就开始意识到软件的许多问题是与程序设计语言密切相关的，这些问题包括响应度、可靠性、费用、可修改性、时限性、可移植性、效率等。为此，DOD 投入巨资历时八年研制了 Ada 语言。

Ada 语言强调可读性，注重程序设计是人的活动这一特性，同时也重视可靠性与效率等。它除了拥有那时大多数程序设计语言拥有的一般设施外，还具有模块化、重载、并发处理、异常处理、实时处理、类属（现在称为泛型）、表示与实现相分离等设施，后来的许多语言（如 C++ 等）都吸收了 Ada 的许多概念与设施。但由于那时大多数计算机存在内存小、运行速度慢等问题，Ada 还是像 ALGOL 68、PL/I 等语言一样受到一些人的批评，C. A. R. Hoare 甚至在他 1980 年获得图灵奖的演讲中以“皇帝的旧装”为题对 Ada 进行了非常强烈的抨击。他认为 Ada 过于复杂，引入了太多的特征与表示法，“这些特征与表示法中有许多是不必要的，有一些设施（如异常处理等）甚至是很危险的”，Ada “追求小发明和闪光的饰

[⊖] 历史上，在对程序设计语言命名时，如果语言名字是人名、物名等完整名字或其一部分时，那么该语言名字的首字母大写，余下部分全小写，如 Ada、Edison、Modula、Oberon、Pascal、Scheme 等语言；如果语言名字是若干单词的缩写，那么该语言名字就采用全大写方式，如 ALGOL（ALGOrithmic Language）、COBOL（COmmon Business Oriented Language）、FORTRAN（FORmula TRANslation）、LISP（LISt Processing）等语言。然而，近年来，也有一些通过缩写形成的语言名字采用除首字母大写余下部分全小写的方式，也有一些原来是全大写的语言名字现在慢慢变成了除首字母大写余下部分全小写的方式，如 FORTRAN 现在写成 Fortran、LISP 现在写成 Lisp。在译本中，译者原则上尊重原作者的习惯，并适当作了统一，如本书原文中，对 LISP 语言，原作者既用了 LISP 也用了 Lisp，译文中统一使用 LISP）。——译者注

品超过了对安全和经济的基本关心”，并警告“不要容许将此语言按目前现状用于可靠性紧要的领域”。针对 Hoare 对 Ada 的批评，我花很长时间对 Ada 进行了认真而系统的分析，并在 1983 年 11 月于湖北宜昌召开的全国 Ada 语言研讨会上发表了《简明性：Ada 简明吗？》(此文修改后发表于《计算机技术》1985 年第 4 期)。我在该文中针对 Hoare 对 Ada 的批评，指出尽管 Ada 的概念与机制比较多、功能很强，但由于设计得很精巧，各种机制风格统一、有机融合，理解起来并不复杂，而且也不会产生可靠性问题。结论是：机制多、功能强的语言并不一定复杂，而且可以是很简明的，Ada 就是一个简明的语言。

在 Ada 语言研制前后，国际上许多语言研究者也研制出一些遵循软件工程原理的语言，如 CLU、Delphi、Edison、Euclid、Modula、Modula-2、Modula-3、Oberon、Object Pascal、Scheme 等。

那个时候，由于个人计算机的出现，计算机的应用不再限于国防、军工系统与天文、气象、物探、银行等部门，开始走向社会，走入家庭，走向一般行业。而这些计算机应用软件一开始对可靠性、可读性、可移植性、可维护性等要求并没有那么强烈，相关软件开发人员更看重程序的可写性、灵活性与效率，加之 Hoare 图灵奖演讲的影响以及 C 语言在编写 UNIX 操作系统时获得的成功，使得 C 语言自此以后日渐盛行。

作为一个语言爱好者与研究者，我在研究 Ada 的同时也对 C 语言进行了认真的分析研究，发现：尽管 C 没有提供 Ada 所提供的模块化、并发处理、异常处理、实时处理、类属等设施，表面上看起来很简单，但 C 的许多概念理解起来却并不容易，用诸如类型、表达式、复合语句等 C 语言设施编写出的程序并不易于阅读理解，而且很容易出错，并且容易产生可靠性、安全性（safety)、可移植性、可维护性等问题。同时，我把自己的分析结果写成论文，在 1984 年秋天于苏州东山召开的全国 C 语言研讨会上宣读，当场就受到几个 C 语言拥趸大家的强烈批评。他们认为我对 C 的结论应该反过来写：C 是一个可写性、可读性、可移植性、可靠性等都很好的语言。我虽然心中不服，但囿于自己当时还是硕士研究生，不仅不敢反驳，而且还得在口头上不停地表示认错。会后，我又对我的结论做了反复分析，认为并没有错，而且应该把这一结论告诉更多人，以提醒他们在使用 C 语言时要对 C 的一些问题引起重视。于是我对会议论文进行了仔细修改，在四年多的时间里向多个刊物投稿，但都没有被录用。这迫使我改变策略，对论文进行大幅度修改，在充分肯定 C 的基础上对其存在的问题顺带分析一下，并将论文的题目改为更中性的《 C 语言评注》，这才被录用并发表于《计算机研究与发展》1991 年第 7 期。

那个时侯还没有进入网络时代，C 语言的许多问题还没有充分暴露出来。到了互联网时代，人们突然发现许多安全性（security）与可靠性问题都与 C 语言所津津乐道的灵活性（如数组与指针的灵活运用、变量的表示与操作混合使用）等有关。

Bjarne Stroustrup 从 20 世纪 80 年代初开始对 C 语言进行扩充，先是研制了 C with Class 语言，不久后将其扩充并命名为 C++ 语言。C++ 是从在 C 的基础上增加类开始逐步地添加新设施而形成的语言：虚函数、运算符重载、多重继承、模板、异常、运行时类型识别（RTTI)、命名空间等。除了类及其相关的概念外，C++ 在 C 的基础上添加的许多设施都有从 Ada 中借鉴或直接拿来的痕迹，但由于 C++ 的这些设施是逐步添加的，在概念表述与设施表示上就缺少了 Ada 那种一体化设计的相容性、一致性与优美性。

总之，程序设计语言与楼堂馆所等建筑一样，并不是功能强就一定复杂，一定难以理解与使用，一个功能强大的语言也可以很简明。

此前，程序设计语言的设计者主要是语言设计与软件研究者，而且大都是由一个小组而不是由一两个人设计的（N. Wirth 是个例外，但他在设计 Pascal、Modula 与 Oberon 等语言之前曾与 Hoare 一起设计了 ALGOL W 语言，而 Hoare 又参与过 ALGOL 60 等的设计）。但自 C 语言开始，许多语言不再由程序设计语言专家设计，而是由语言使用者设计，C 语言如此，C++ 语言如此，现在很流行的 Python 语言也是如此。这些语言的特点是强调功能、可写性、可学习性（实际上是浅层的可学习性），但对可读性、可靠性、安全性等基本上未予考虑，这也是很长一段时间以来 C 语言存在很多可靠性与安全性问题的原因之一。

问题不仅在于此，由于各种各样的原因（当然主要还是因为流行），多年来 C、C++、Python 等在可读性、可靠性、安全性、可移植性等方面存在较大问题的语言不仅得到了广泛的应用，而且几乎成了大多数高校计算机类专业的入门语言或必教语言，同时有些教科书又把这些语言中比较“肮脏（dirty）”的成分作为其优点进行教学或不正确地教授语言的相关成分，这给学生真正掌握语言结构与设施、编写良好的程序带来了麻烦。为了帮助学生更好地掌握程序设计语言的基本原理与基本概念，更好地学习、接受、掌握与分析新语言，我曾在 1987 年编写了一本《高级程序设计语言原理》讲义（经过多次试用后于 1992 年在航空工业出版社作为部编教材正式出版）。

顺便提一下，2008 年年末，应周巢尘院士邀请，Hoare 曾到访中科院软件所，他在采访中回答其 1980 年“皇帝的旧装”图灵奖演讲中的有关问题时，完全回避了他当年在演讲中对 Ada 的长篇幅的强烈批评，甚至连 Ada 都没有提及，而是顾左右而言他：“比如说像 ALGOL 68 这样的设计，我认为它们太过复杂了”“用这样的一个比喻来描述当时的这些程序设计语言太过复杂”，但“我现在回想起来，我当时说这些话，可能有一点太过傲慢”。然而，Hoare 可能并没有意识到或者早就意识到了但没有公开承认，他作为图灵奖得主的这次公开演讲使 Ada 这样一门优秀的语言遭受了灭顶之灾，使其刚刚问世就一蹶不振，同时他也截断了程序设计语言健康发展的道路。这是一个教训：名人不要轻易臧否别人的研究与成果，因为即使是 Hoare 这样大名鼎鼎的图灵奖得主对他非常熟悉的小领域也会犯下难以挽回的错误。

从 20 世纪 80 年代到现在，时间过去了 30 多年，程序设计语言又进入了一个新的发展时期，不仅语言设施、成分与应用以及程序设计方法有了很大的发展，而且一批批新的语言不断被推出并得到推广使用，除前面列出的一些语言外，还有 C#、Erlang、Go、Haskell、Java、JavaScript、Julia、Lua、Perl、R、Ruby、Rust、Scala、Scheme、Swift 等。为了帮助广大教师、学生以及软件工作者学习、掌握与使用新语言，分析评价原有语言，我们翻译了本教材。

本书是一本著名的程序设计语言教材，已在欧美多个学校作为教材使用了很多年，它通过讨论分析各种语言结构与概念的设计问题，比较各种语言相关设施的特点与优劣，向读者讲授程序设计语言的基本原理。

本书的作者 Robert W.Sebesta 是美国科罗拉多大学斯普林斯分校（University of Colorado-Colorado Springs）计算机科学系的荣休副教授。他从事程序设计语言教学 40 多年，在所积累的丰富教学经验的基础上编写了这本教材，该教材经过多次修订，我们所翻译的是最新版——第 12 版。

本书由我负责译校，参加译校的老师还有王子元、周晓宇、张迎周、康达周、冯洋等。由于译校者水平有限，难免有错讹之处，敬请广大读者批评教正。

徐宝文
2021 年 10 月

第 12 版的变化

Concepts of Programming Languages, Twelfth Edition

第 2 章

增加了 2.16.4 节（Swift：Objective-C 的替代品）。

增加了 2.16.5 节（另一种相关语言：Delphi）。

删除了 2.18.6 节（Lua 的起源和特征）。

第 5 章

重写了 5.5.3 节中的若干段落，改正并澄清了若干错误。

第 6 章

在 6.3.2 节中增加了一段，介绍 Swift 对字符串的支持。

在 6.4.2 节中增加了一段，介绍 Swift 对枚举类型的支持。

在 6.5.3 节中增加了一段，介绍 Swift 对数组的支持。

在 6.6.1 节中增加了一段，介绍 Swift 对关联数组的支持。

在 6.6.1 节中删除了访谈。

增加了 6.12 节（可选类型）。

第 8 章

在 8.3.1.1 节增加了一个设计问题，并对其进行了简要讨论。

在 8.3.4 节中增加了几个段落，以描述 Python 中的迭代器。

第 9 章

在 9.5.4 节中增加了一段关于 Swift 参数的内容。

第 11 章

删除了原 11.4.2 节（Objective-C 的抽象数据类型）。

第 12 章

删除了原 12.4.5 节（Objective-C）。

删除了原表 12.1 中的 Objective-C 一栏。

在小结中增加了一段关于反射的内容。

第 12 版的更新

本书第 12 版的目标、总体结构以及方法与之前的 11 个版本相同。第一个目标是介绍现代程序设计语言的基本结构，并为读者提供对现有以及未来的程序设计语言进行严格评估的工具。第二个目标是帮助读者做好学习编译器设计的准备，为此，本书深入讨论了程序设计语言的结构，展示了描述语法的形式化方法，并介绍了词法和语法分析的方法。

与第 11 版相比，第 12 版有若干变化。为了保持本书内容不落伍，对于某些程序设计语言（尤其是 Lua 和 Objective-C）的讨论，本版本几乎全部删除，而有关较新的程序设计语言 Swift 的内容则被分别增加到若干章中。

此外，在第 6 章中新增一节介绍可选类型。在 8.3.4 节中增加了一些介绍 Python 中的迭代器的内容。书中还有多处小改动，以对一些讨论内容进行纠正和澄清。

愿景

本书主要描述程序设计语言的基本概念。为此，主要讨论各种语言结构的设计问题，研究一些最常见的语言在结构上的设计选择，并对备选设计方案进行严格的比较。

对程序设计语言进行的任何细致研究都无法脱离一些相关的主题，包括描述程序设计语言语法和语义的形式化方法，第 3 章将介绍这些方法。此外，还必须考虑各种语言结构的实现技术，第 4 章将讨论词法和语法分析，第 10 章将介绍子程序链接的实现。本书还将讨论一些其他语言结构的实现技术。

以下各段将概述第 12 版内容。

章节概述

第 1 章首先介绍程序设计语言的基本原理，然后讨论用于评价程序设计语言和语言结构的标准，同时，分析影响语言设计的主要因素、语言设计中的权衡以及语言实现的基本方法。

第 2 章概述本书所讨论的语言的发展过程。虽然没有完整地描述任何一种语言，但是对每种语言的起源、目的和贡献都会进行讨论。这样的历史回顾是很有价值的，因为它为我们理解当代语言设计的实践和理论基础提供了必要的背景。这也推动了对语言设计与评价的进一步研究。因为这本书的其余部分都不依赖于第 2 章，所以这一章可以独立于其他章节单独阅读。

第 3 章先介绍用于描述程序设计语言的 BNF 范式的主要形式化方法。接下来讨论用于描述语言的语法和静态语义的属性文法。然后探讨语义描述的难点，并对三种最常见的语义方法（操作语义、指称语义和公理语义）进行简要介绍。

第 4 章介绍词法分析和语法分析。这一章主要面向那些不设置编译器设计课程的计算机科学院系。与第 2 章类似，这一章独立于除第 3 章之外的所有部分。这意味着这一章也可以独立于其他章节单独阅读。

第 5～14 章详细描述程序设计语言中主要结构的设计问题。对于每一种语言结构，都将讲述几种示例语言的设计选择并对其进行评估。具体来说，第 5 章介绍变量的一些特性，第 6 章介绍数据类型，第 7 章解释表达式和赋值语句，第 8 章描述控制语句，第 9 章和第 10 章讨论子程序及其实现，第 11 章研究数据抽象机制，第 12 章深入讨论支持面向对象程序设计的语言特性（继承和动态方法绑定），第 13 章讨论并发程序单元，第 14 章讨论异常处理，并简要讨论事件处理。

第 15 章和第 16 章描述两种重要程序设计泛型：函数式程序设计与逻辑程序设计。注意，第 6 章和第 8 章已经讨论过函数式程序设计语言的某些数据结构和控制构造。第 15 章介绍 Scheme，包括它的一些基本函数、特殊形式、函数形式，以及一些使用 Scheme 语言编写的简单函数示例。此外，还简要介绍 ML、Haskell 和 F#，以说明函数式程序设计的一些不同方向。第 16 章介绍逻辑程序设计以及逻辑程序设计语言 Prolog。

致授课教师

一般应详细讲解第 1 章和第 3 章。对于第 2 章，尽管学生们会认为其内容很有趣且阅读起来很轻松，但由于缺乏严格的技术内容，我们不建议为其安排比较多的课时。如前所述，由于后续各章中的内容都不依赖于第 2 章，因此可以跳过该章。如果单独设置了编译器设计课程，那么也不需要讲授第 4 章。

对于那些具有较为丰富的 C++、Java 或 C# 编程经验的学生来说，第 5～9 章学习起来应该相对容易，而第 10～14 章的内容更具挑战性，因此需要更加详细地讲授。

第 15 章和第 16 章对于大多数低年级学生来说是全新的内容。在理想情况下，应该为需要学习这些内容的学生提供 Scheme 和 Prolog 的语言处理器。使用充足的学习材料可以让学生学习程序设计简单一些。

面向本科生开设的课程可能无法涵盖本书最后两章中的所有内容，但面向研究生开设的课程应该能够跳过前面几章中有关命令式程序设计语言的内容，这样就能有足够的课时来讨论最后两章中的内容。

补充材料[⊖]

读者可以访问本书的配套网站 www.pearson.com/cs-resources 来获取一些补充材料，包括：

- 一套讲义幻灯片。书中的每一章都有配套的幻灯片。
- 本书中的所有图片。
- 几种程序设计语言的迷你手册（约 100 页的教程）。

可供使用的语言处理器

本书所讨论的某些程序设计语言的处理器以及相关信息可在以下网站找到：

⊖ 关于教辅资源，仅提供给采用本书作为教材的教师用作课堂教学、布置作业、发布考试等用途。如有需要的教师，请直接联系 Pearson 北京办公室查询并填表申请。联系邮箱：Copub.Hed@pearson.com。——编辑注

C、C++、Fortran 和 Ada	gcc.gnu.org
C# 和 F#	microsoft.com
Java	java.sun.com
Haskell	haskell.org
Scheme	www.plt-scheme.org/software/drscheme
Perl	www.perl.com
Python	www.python.org
Ruby	www.ruby-lang.org

几乎所有的浏览器都包含 JavaScript，而 PHP 事实上也包含在所有的 Web 服务器中。配套网站提供上述所有信息。

致 谢

Concepts of Programming Languages, Twelfth Edition

各位优秀审查人员的建议为本书的格式和内容做出了巨大贡献，审查人员如下（按字母顺序排序）：

Aaron Rababaah	*University of Maryland at Eastern Shore*
Amar Raheja	*California State Polytechnic University–Pomona*
Amer Diwan	*University of Colorado*
Bob Neufeld	*Wichita State University*
Bruce R. Maxim	*University of Michigan–Dearborn*
Charles Nicholas	*University of Maryland–Baltimore County*
Cristian Videira Lopes	*University of California–Irvine*
Curtis Meadow	*University of Maine*
David E. Goldschmidt	
Donald Kraft	*Louisiana State University*
Duane J. Jarc	*University of Maryland, University College*
Euripides Montagne	*University of Central Florida*
Frank J. Mitropoulos	*Nova Southeastern University*
Gloria Melara	*California State University–Northridge*
Hossein Saiedian	*University of Kansas*
I-ping Chu	*DePaul University*
Ian Barland	*Radford University*
K. N. King	*Georgia State University*
Karina Assiter	*Wentworth Institute of Technology*
Mark Llewellyn	*University of Central Florida*
Matthew Michael Burke	
Michael Prentice	*SUNY Buffalo*
Nancy Tinkham	*Rowan University*
Neelam Soundarajan	*Ohio State University*
Nigel Gwee	*Southern University–Baton Rouge*
Pamela Cutter	*Kalamazoo College*
Paul M. Jackowitz	*University of Scranton*
Paul Tymann	*Rochester Institute of Technology*
Richard M. Osborne	*University of Colorado–Denver*
Richard Min	*University of Texas at Dallas*
Robert McCloskey	*University of Scranton*
Ryan Stansifer	*Florida Institute of Technology*
Salih Yurttas	*Texas A&M University*
Saverio Perugini	*University of Dayton*
Serita Nelesen	*Calvin College*
Simon H. Lin	*California State University–Northridge*
Stephen Edwards	*Virginia Tech*
Stuart C. Shapiro	*SUNY Buffalo*
Sumanth Yenduri	*University of Southern Mississippi*
Teresa Cole	*Boise State University*
Thomas Turner	*University of Central Oklahoma*
Tim R. Norton	*University of Colorado–Colorado Springs*
Timothy Henry	*University of Rhode Island*
Walter Pharr	*College of Charleston*
Xiangyan Zeng	*Fort Valley State University*

还有许多人员为本书先前各个版本的编写做出了贡献，他们的建议对本书的内容有很大的帮助。他们是：Vicki Allan、Henry Bauer、Carter Bays、Manuel E. Bermudez、Peter Brouwer、Margaret Burnett、Paosheng Chang、Liang Cheng、John Crenshaw、Charles Dana、Barbara Ann Griem、Mary Lou Haag、John V. Harrison、Eileen Head、Ralph C. Hilzer、Eric Joanis、Leon Jololian、Hikyoo Koh、Jiang B. Liu、Meiliu Lu、Jon Mauney、Robert McCoard、Dennis L. Mumaugh、Michael G. Murphy、Andrew Oldroyd、Young Park、Rebecca Parsons、Steve J. Phelps、Jeffery Popyack、Steven Rapkin、Hamilton Richard、Tom Sager、Raghvinder Sangwan、Joseph Schell、Sibylle Schupp、Mary Louise Soffa、Neelam Soundarajan、Ryan Stansifer、Steve Stevenson、Virginia Teller、Yang Wang、John M. Weiss、Franck Xia、Salih Yurnas。

投资组合管理专家 Matt Goldstein、投资组合管理助理 Meghan Jacoby、内容管理制作人 Scott Disanno 和 Prathiba Rajagopal 为本书第 12 版的快速及高质量出版提供了帮助，特此感谢。

目　录

Concepts of Programming Languages, Twelfth Edition

第1章
Concepts of Programming Languages, Twelfth Edition

预备知识

在开始讨论程序设计语言概念之前，有必要先介绍一些预备知识。本章将首先说明计算机科学专业学生与专业软件开发人员为什么要掌握语言设计与评估的基本方法，这对于那些认为计算机科技工作者只需要掌握一两种程序设计语言就足以应付工作的人而言是特别有价值的。还将简要介绍一些主要程序设计领域。然后将列出一些评价标准以便对各种语言结构与特征进行评价，并介绍影响语言设计的两个主要因素：计算机体系结构和程序设计方法学。在此基础上介绍程序设计语言的主要类别。最后分析给出在语言设计时必须权衡的一些重要因素。

由于本书也要讨论程序设计语言的实现问题，本章将概略讨论最常用的语言实现方法，最后简单介绍几个程序设计环境的例子并讨论它们对软件生产的影响。

1.1 掌握程序设计语言概念的必要性

一个学生想要知道学习程序设计语言概念有什么好处是很自然的，毕竟还有许多其他计算机科学知识也值得认真学习。事实上，许多人现在都相信，在四年大学课程之外还有更重要的计算领域知识需要学习。学习程序设计语言概念有如下好处。

提高思想表达能力

人们普遍相信，一个人思考问题的深度受到他思考时所使用语言的表达能力的影响。那些对自然语言理解肤浅的人很难思考复杂的问题，尤其是难以思考高度抽象的问题。换句话说，一个人很难将他无法口头或书面表达清楚的结构概念化。

程序员在开发软件的过程中也受到类似的限制，开发软件所用的语言对所用的控制结构、数据结构和抽象种类有限制，从而也限制了他们所能构造的算法的形式。程序设计语言的特征掌握得越多，对软件开发的这类限制就越少。程序员可以通过掌握新的语言结构提升软件开发时思维过程的广度。

有人可能认为，对一个程序员而言，学习他正使用的语言并不具有的其他语言设施没有什么用处。然而这种看法是站不住脚的，因为任何一种语言结构通常都可以用不直接支持这种结构的其他语言模拟出来。例如，一个程序员如果学会了 Perl 语言（Christianson et al., 2013）关联数组的结构和用法，那么在用 C 语言（Harbison and Steele，2002）编写程序时就可以模拟出关联数组的结构。换句话说，学好程序设计语言概念有助于加深对优良语言特征与结构的理解，即使所用语言没有直接支持这种语言特征与结构，也有助于程序员使用它们。

2

增强选择合适语言的背景

有些专业程序员几乎没有受过多少正规计算机科学教育，其程序设计技能是通过自主学习或单位内部培训获得的。这类培训计划通常只教授与单位当前项目直接相关的一两种的语言。对那些在多年前接受过正规培训的程序员而言，他们那时所学的语言已经不再被广泛使用，而现今程序设计语言中使用的许多特性当时并不广为人知。这样，许多程序员在为新项目选择语言时，就会选择他们最熟悉的语言，即使所选择的语言并不适合这个项目。如果这些程序员熟悉的语言和语言结构越多，那么他们就越能更好地选择具有最适合处理当前问题的特征的语言。

一种语言的某些特征一般可以用另一种语言来模拟，然而，由于模拟语言特征通常既不优雅，也显得冗长累赘，还不够安全，使用专为每个语言设计的特征肯定比用该语言模拟这个特征要好。

提高学习新语言的能力

计算机程序设计仍然是一门相对年轻的学科，程序设计方法学、软件开发工具和程序设计语言仍然处于持续不断的发展之中，软件开发是一种振奋人心的职业，但也意味着程序员必须持续不断地学习。学习一种新程序设计语言的过程可能既漫长又艰难，对于只习惯使用一两种语言并且没有学过程序设计语言概念的程序员更是如此。一个程序员一旦彻底掌握了语言的基本概念，就可以非常容易地理解这些概念是如何融入所学语言的设计中的。例如，掌握了面向对象程序设计概念的程序员会比从未用过这些概念的程序员更容易学会 Ruby 语言（Thomas et al., 2013）。

自然语言中也有同样的现象。一个人对母语语法掌握得越好，就越容易学习第二语言。进而，学好第二语言也有助于更好地掌握第一语言。

TIOBE 程序设计社区以如下地址发布了一个索引[㊀]：http://www.tiobe.com/index.php/content/paperinfo/tpci/index.htm。它给出了相对流行的一些程序设计语言。例如，根据该索引可以知道，Java、C、C++（Lippman et al., 2012）与 C#（Albahari and Abrahari, 2012）是 2017 年 2 月最流行的四个语言[㊁]，但同时也有其他几十种语言被广泛使用。该索引数据表明，各个程序设计语言使用情况的分布总是在变化。在用语言数目与统计结果的动态变化都表明，每个软件开发人员都必须学习不同语言。

3

最后，很重要的一点是，实际程序员掌握好程序设计语言的词汇术语和基本概念是很重要的，因为这样就可以很好地阅读和理解程序设计语言的描述与评价，以及语言和编译程序的文献资料，这些都是选择和学习语言所需的信息来源。

更好地理解语言实现效果

在学习程序设计语言概念时，了解影响这些概念的实现问题既有趣又必要。在有些情况下，了解了实现问题，也就了解了语言为什么会如此设计，进而程序员就能更灵巧地按设计使用语言。程序员一旦掌握了如何选择程序设计语言结构并知晓作这种选择的后果，就会成为一个更出色的程序员。

对于有些程序缺陷，只有了解相关实现细节的程序员才能发现和修复它们。了解实现问题还可以使程序员想象计算机如何执行不同的语言结构。在有些情况下，了解实现问题可以使程序员得知在程序中将要选用的结构的相对效率。例如，一个程序员如果稍微了解一点实现子程序调用的复杂性，那么他就会知道频繁调用一个小子程序是一种非常低效的设计。

由于本书只涉及一点实现问题，上面两段内容也可以说明学习编译程序设计的必要性。

更好地使用已知语言

目前绝大多数程序设计语言既庞大又复杂，一个程序员很难掌握并使用其所用语言的所

㊀ 目前该地址为：https://www.tiobe.com/tiobe-index/。——译者注

㊁ 注意，本索引只是对程序设计语言流行度的一种量度，并不是所有人都认为这一量度是准确的。

有特征。程序员可以通过学习程序设计语言概念来掌握其所用语言中此前未掌握和未用过的特征，并开始使用这些特征。

利于计算的全面发展

最后，从计算技术的全局来看，也有必要学习程序设计语言概念。虽然我们一般都能确定一种程序设计语言为什么会如此流行，但是，许多人还是认为，至少通过回顾既往就可以看出，最流行的语言未必总是最好用的语言。在有些情况下可以看出，至少在某种程度上，一种语言被广泛使用是因为那些能够选择语言的人对程序设计语言概念不太熟悉。 4

例如，许多人认为，如果 ALGOL 60（Backus et al., 1963）在 20 世纪 60 年代初期取代 Fortran（ISO/IEC 1539-1，2010 年），那么情况会更好，因为 ALGOL 60 比 Fortran 更优雅简练，控制语句也更好，等等。然而事实并非如此，部分原因在于当时的很多程序员和软件开发管理者并不清楚 ALGOL 60 的概念设计。他们发现它的描述难以阅读（确实如此），甚至更难理解。他们不了解分程序结构、递归和结构良好的控制语句的好处，所以就看不到 ALGOL 60 与 Fortran 相比的好处。

当然，还有许多其他因素导致人们不能接受 ALGOL 60，我们将在第 2 章中继续讨论这个问题。但是，计算机用户普遍不知道 ALGOL 60 的好处也是一个重要的原因。

一般而言，如果那些选择语言的人都是见多识广的，那么也许更好的语言最终会取代比较差的语言。

1.2 程序设计领域

计算机已经应用到无数个不同的领域，大至核电站控制，小至手机电子游戏。人们针对计算机的各种不同应用研制了各种具有不同目标的程序设计语言。在这一节，我们将简要讨论计算机最常用的一些领域及其相关的语言。

1.2.1 科学计算应用

第一批数字计算机问世于 20 世纪 40 年代后期与 20 世纪 50 年代初期，是为科学计算应用而发明和使用的。那时科学计算应用使用的数据结构相当简单，但是需要进行大量的浮点算术运算。最常用的数据结构是数组和矩阵，最常用的控制结构是计数循环和选择。早期为科学计算应用而发明的高级程序设计语言就是为满足这些要求应运而生的，其竞争对手是汇编语言，因此效率是主要的考虑因素。第一个用于科学计算应用的语言是 Fortran。ALGOL 60 及其大多数后继语言也都用于这一领域，虽然它们被设计成可用于其他相关领域。对于那些首先要考虑效率的科学计算应用，如在 20 世纪 50 年代和 20 世纪 60 年代很常见的应用，其后没有任何一个语言明显好于 Fortran，这就是 Fortran 至今还在使用的原因。 5

1.2.2 商业应用

计算机自 20 世纪 50 年代开始用于商业应用。人们为此专门开发了专用计算机和专用语言。第一个成功地用于商业应用的高级程序设计语言是 COBOL（ISO/IEC，2002），它的最初版本问世于 1960 年，它至今仍是商业中最常用的语言。商业应用语言的特点是：能够生成复杂的报表，能够精确描述和存储十进制数字和字符数据，还能够指定十进制算术运算。

除了 COBOL 语言的开发和演化，几乎没有什么其他的商业应用语言。因此，本书只有限地讨论 COBOL 语言的结构。

1.2.3　人工智能

人工智能（Artificial Intelligence，AI）是一个广泛的计算机应用领域，其特点是使用符号计算而不是数值计算。符号计算意味着要处理的对象是由名字而不是数字组成的符号。此外，符号计算使用的数据结构更多的是链表而不是数组。这种程序设计有时比其他程序设计领域需要更多的灵活性。例如，在某些人工智能应用中，程序需要在执行期间创建和执行代码段的能力。

第一个为人工智能应用研制并得到广泛应用的程序设计语言是 1959 年问世的函数式语言 LISP（McCarthy et al., 1965）。大多数在 1990 年之前开发的人工智能应用软件都是用 LISP 语言或与之密切相关的语言编写的。然而，在 20 世纪 70 年代初，一些人工智能应用中开始使用另一种程序设计泛型——用 Prolog 语言（Clocksin and Mellish, 2013）进行的逻辑程序设计。最近，一些人工智能应用软件已经用诸如 Python（Lutz, 2013）等系统语言编写。我们将在第 15 章和第 16 章分别介绍 LISP 方言 Scheme（Dybvig, 2011）和 Prolog 语言。

1.2.4　Web 软件

万维网（World Wide Web）是由一系列各不相同的语言编写的，从标记语言（本身并不是程序设计语言，如 HTML）到通用程序设计语言（如 Java）。由于对动态万维网内容的普遍需要，有些计算能力往往包含在内容表示技术中。可以通过在 HTML 文档中嵌入程序设计代码来实现这种功能需求，这种代码通常用诸如 JavaScript（Flanagan, 2011）或 PHP（Tatroe et al., 2013）等脚本语言编写。另外，也有一些标记类语言进行了扩展，从而包含控制文档处理的结构，这将在 1.5 节和第 2 章中讨论。

6

1.3　语言评价标准

如前所述，本书的目的是仔细研究程序设计语言各种结构和功能的基本概念。我们将评价这些特征，集中讨论这些特征对软件开发过程（包括软件维护）的影响。为此，我们需要一套评价标准。这样的标准肯定是有争议的，因为即使只有两位计算机科学工作者，也很难就某个特定语言特性相对于其他语言的价值达成一致。尽管存在这些差异，但大多数计算机科学工作者都会同意下面各节所讨论的标准是很重要的。

下面几节将讨论最重要的四个评价标准，表 1.1 所给出的语言特性会影响这四个评价标准中的三个[⊖]。注意，该表中只给出了最重要的几个语言特性，后面将对其分节加以讨论。如果把那些不太重要的特性包含在内，那么所有表格位置都会被占满。

虽然下面的讨论可能暗示这些标准同等重要，但这并不是我们的意思，而且事实并非如此。

表 1.1　语言评价标准与影响这些标准的语言特性

语言特性	评价标准		
	可读性	可写性	可靠性
简明性	●	●	●

⊖ 第四个主要标准费用之所以没有列在表 1.1 中，是因为费用标准与其他标准的关联度较低，与影响这些标准的语言特性也没有什么关联。

（续）

语言特性	评价标准		
	可读性	可写性	可靠性
正交性	●	●	●
数据类型	●	●	●
语法设计	●	●	●
抽象支持		●	●
可表达性		●	●
类型检查			●
异常处理			●
有限别名处理			●

7

1.3.1 可读性

判断一个程序设计语言好坏的最重要的标准之一就是用其编写的程序是否易于阅读和理解。1970 年之前，人们认为软件开发主要就是编代码，评价程序设计语言的主要标准就是效率。人们在设计语言结构时会更多地考虑计算机的特点，而较少考虑计算机用户。然而，在 20 世纪 70 年代，软件生存期的概念（Booch，1987）问世后，编码在整个软件生存期中所起的作用越来越小，人们认为维护在软件生存期中起主要作用，特别是从成本角度看更是如此。由于一个程序是不是易于维护在很大程度上取决于程序的可读性，可读性就成为度量程序和程序设计语言质量的重要指标。这成为程序设计语言发展过程中的一个重要转折点：程序设计语言的设计从面向机器转变到面向人的行为。

在考虑可读性时必须考虑问题领域。例如，如果描述某个计算的程序不是用为此用途而设计的语言编写的，那么这个程序可能既不自然也令人费解，一般也难以阅读。

下面几节将讨论影响程序设计语言可读性的语言特性。

1.3.1.1 整体简明性

一个程序设计语言整体上的简明性对该语言的可读性有很大的影响。一个有大量基本结构的语言要比那些基本结构少的语言更难学会。那些必须使用大型语言的程序员通常只掌握了这个语言的一部分，而没有掌握该语言的其他特征。这种学习模式有时被用来作为存在大量语言结构的借口，当然这种借口是不成立的。每当程序员学习一个不同于他以前所熟悉的语言子集的另一个子集时，就会产生可读性问题。

程序设计语言的第二个复杂的特性是**特征多样性**，即可以用多种途径来完成某一特定操作。例如，在用 Java 编写程序时，可以用如下四种方法来使一个简单整数变量值加 1：

```
count = count + 1
count += 1
count++
++count
```

虽然最后两个语句的语义在某些上下文中有微小差异，但当把它们作为单独的表达式使用时，各个语句的语义都是完全一样的。第 7 章将讨论这些差异。

第三个潜在问题是**运算符重载**，即一个运算符有多种含义。虽然运算符重载通常很有用，但是，如果允许用户建立自己的重载运算符，而用户并没有正确明智地使用它们，那么就会降低可读性。例如，人们普遍接受将重载用于整数和浮点数的“+”运算符。事实上，由于这一重载减少了运算符的数目，从而简化了语言。然而，如果用得不好也会影响简明性，假设程序员以两个一维数组作为运算分量重载定义“+”运算符，用于求这两个一维数组中所有元素的和。由于这样定义的一维数组加法与通常的向量加法含义完全不同，将会使编写程序的人与阅读程序的人都难以理解其非常规的含义。程序含义混淆的一个更极端的例子是，用户以两个向量作为运算分量重载定义“+”运算符来分别求其第一个元素的差。第7章将进一步讨论运算符重载。

当然，我们也不能太过于追求语言的简明性。例如，我们将会在下一节中看到，大多数汇编语言语句的形式与语义都是非常简明的。然而这种过度的简明性使得汇编语言程序难以读懂。由于汇编语言中缺少比较复杂的控制语句，程序结构就显得不清晰；由于汇编语言的语句太简单，与高级语言相比，同样的程序需要编写多得多的语句。如果高级语言的控制结构和数据结构不适当，那么也会出现同样的情况，尽管没有那么极端。

1.3.1.2　正交性

程序设计语言的**正交性**指，可以用相当少的方式以相当少的基本结构来构建控制结构和数据结构，而且基本结构的每一种可能组合都是合法且有意义的。我们以数据类型为例加以说明。假设某一语言有四种基本数据类型（整数、浮点数、双浮点数和字符类型）和两种类型运算符（数组和指针）。如果这两种运算符都能作用于自身和四种基本数据类型，就可以定义大量的数据结构。

正交语言特性与它在程序中出现的上下文没有关系（正交这一词语来源于数学中的正交向量概念，后者是相互独立的）。正交性来源于基本结构间关系的对称性。缺少正交性的语言规则是不正常的。例如，在一个提供指针类型的程序设计语言中，应该可以定义一个指向语言所定义的任何特定类型的指针。然而，如果不允许指针指向数组，那么就不能定义许多潜在有用的用户自定义数据结构。

我们可以通过比较IBM主机系统与VAX系列小型计算机这两个不同系统汇编语言的某个方面，来说明将正交性用作设计概念的作用。我们来看一个简单的例子，将存储在内存单元或寄存器中的两个32位整数值相加，并将所得的和替换其中一个值。在IBM主机系统上可以用形如

```
A Reg1, memory_cell
AR Reg1, Reg2
```

的两条指令来达到此目的。其中Reg1和Reg2表示寄存器。这两条指令的语义是

```
Reg1 ← contents(Reg1) + contents(memory_cell)
Reg1 ← contents(Reg1) + contents(Reg2)
```

在VAX系列小型计算机系统上则用如下加法指令来做32位整数值的加法：

```
ADDL operand_1, operand_2
```

其语义是

```
operand_2 ← contents(operand_1) + contents(operand_2)
```

这里，两个运算分量既可以是寄存器也可以是内存单元。

VAX的指令设计是正交的，指令既可以用寄存器也可以用内存单元作为其运算分量。

有两种方法指定运算分量，而且能够以任意形式组合分量。IBM 的指令设计不是正交的，在指令的运算分量的四种可能组合中，只有两种组合是合法的，而且这两种组合需要用不同的指令 A 和 AR。IBM 的设计限制比较多，因此可写性比较差。例如，在 IBM 机器上无法将两个值相加并将和存储在内存单元中。而且，因为有了这种限制并且需要额外加上一条指令，IBM 设计学习起来也更难。

正交性与简明性密切相关：语言设计得越正交，语言规则需要的例外描述就越少。例外描述越少意味着设计的规范程度越高，这使得语言更易于学习、阅读与理解。任何充分掌握了英语的人都很清楚，英语中许多例外规则特别难以学习和把握（例如，*i* 必须在 *e* 的前面，除非它们在 *c* 的后面）。

下面来看一个在高级语言中缺乏正交性的例子，我们来看看 C 语言中下面这些规则和例外。虽然 C 语言有两种结构化数据类型——数组与记录（即结构，struct），但是记录（结构）可以作为函数的返值类型，而数组却不能。结构的成员可以是除 void 或相同类型的结构之外的任何数据类型。 数组元素可以是除 void 或函数之外的任何数据类型。函数的参数按值传递，除非是数组参数，在这种情况下，它们实际上是按引用传递的（因为在 C 程序中，不带下标的数组名字被解释成相应数组第一个元素的地址）。

作为上下文相关的一个例子，考虑如下 C 表达式：

```
a + b
```

这个表达式的一般含义是，取 a 和 b 的值，然后将它们相加。然而，如果 a 碰巧是一个指针，而 b 是一个整数，那么就会影响 b 的值。例如，如果 a 指向一个占四个字节的浮点值，那么在 b 与 a 相加之前，必须先将 b 的值放大——在本例中要乘以 4。这样，a 的类型就影响了对 b 的值的处理，即 b 的上下文会影响 b 的含义。

10

过分强调正交也会带来问题。最正交的程序设计语言可能要数 ALGOL 68 语言（van Wijngaarden et al., 1969）。ALGOL 68 中每一种语言结构都有一个类型，而且对这些类型没有任何限制。此外，大多数语言结构都可以产生值。各种语言结构可以自由组合，这就可能产生极其复杂的结构。例如，只要结果是地址，条件就可以与说明及其他各类语句一起出现在赋值的左边。这种极端形式的正交性会导致不必要的复杂性。而且，由于语言需要大量基本结构，高度的正交性将产生大量组合。这样，即使组合很简单，它们的庞大数量也会导致复杂性。

因此，语言的简明性至少可以部分归因于相对少量的基本构造和有限使用正交性概念。

有人认为函数式语言同时具有良好的简明性和正交性。诸如 LISP 等函数式语言主要通过将函数作用于给定参数来进行计算。与之相反，诸如 C、C++ 与 Java 等命令式语言通常通过变量和赋值语句来指定如何计算。函数式语言可以只用函数调用这一种结构进行任何运算，并且函数调用又只与其他函数调用进行组合（复合），故函数式语言最大程度上提供了整体简明性。函数式语言这种简单优雅的特点使一些语言研究人员把函数式语言作为诸如 Java 等复杂非函数式语言的主要替代语言。然而，其他一些因素（其中最重要的因素可能是效率）使得函数式语言没有得到更广泛的应用。

1.3.1.3 数据类型

如果在语言中能够使用合适的设施来定义数据类型和数据结构，那么也有助于大幅度提高可读性。例如，在没有提供布尔类型的语言中使用数值类型作为指示标志。在这样的语言中（如在较早版本的C语言中），可以使用如下所示的赋值语句进行赋值：

```
timeout = 1
```

这个赋值语句的实际含义并不明显，而在包含布尔类型的语言中，我们就会使用如下赋值语句：

```
timeout = true
```

11
这个语句的含义就非常清楚了。

1.3.1.4　语法设计

语言组成部分的语法（或称形式）对程序的可读性有很大的影响。下面是几个语法设计影响可读性的例子：

（1）专用单词

一个语言使用的专有单词（如 `while`、`class` 与 `for`）的形式对程序的外观有很大影响，从而也影响了可读性，尤其是在控制结构中构成复合语句（或语句组）的方式更会大大影响可读性。有些语言采用一对专有单词或符号括住有关语句构成语句组。C及其后继语言采用一对花括号括住复合语句。所有这些语言的可读性都因为如下问题而受到影响：各种不同的语句组总是以相同的方式结束，这样在遇到 **end** 或右花括号时就很难确定是哪个语句组的末尾。Fortran 95 和 Ada（SO/IEC, 2014）语言在这方面就做到很好，它们对不同种类的语句组的语法采用不同的专有单词来结束。例如，在Ada语言中，用 **end if** 结束选择结构，用 **end loop** 结束循环结构。这个例子说明了简明性与可读性有时是相冲突的：为了提高简明性就要像Java那样少用保留字，为了提高可读性就要像Ada那样多用保留字。

还有一个重要的问题是，一个语言中的专有单词是否可以用作程序变量的名称。如果可以，那么编写出来的程序可能非常混乱。例如，在Fortran 95中，诸如 `Do` 与 `End` 等专有单词都可以作为合法的变量名称，因此当这些单词出现在程序中时，既可能会也可能不会意味着某些特殊的含义。

（2）形式与含义

在设计语句的语法时，至少要能从其外观部分看出语句的功能，这显然有助于提高可读性。语义（即含义）应该能从语法（即形式）中得到直接体现。在有些情况下，两个语言结构在外观上看起来相同或相似，但依据上下文却可能具有不同的含义，这就违反了这一原则。例如，C语言的保留字 **static** 的含义就取决于其所在的上下文：如果将其用在函数内的变量定义中，那么就意味着要在编译时创建该变量；如果将其用在所有函数之外的变量定义中，那么就意味着该变量仅在其定义所在的文件内可见，即不能将该变量从这个文件中移出。

UNIX（Robbins, 2005）外壳命令的一个主要问题是，从外形并不总能看出它们的功能。例如，只有那些具备先验知识并且对UNIX编辑程序 `ed` 足够熟悉的人才能够猜出UNIX命令 `grep` 的含义。UNIX初学者从 `grep` 外形看不出它是做什么的。（在 `ed` 编辑程序中，可以用命令 /regular_expression/ 搜索与该正则表达式匹配的子串。可以对该命令加前缀 `g` 使它成为全局命令，这时它的搜索范围是所编辑的整个文件。我们也可以在命令后加上 p 表明要打印匹配子串的行。因此，命令 `g/regular_expression/p`（可以缩写为 `grep`）就用于打印文件中包含与正则表达式匹配的子串的所有行）。

12

1.3.2 可写性

可写性是一种衡量用某个语言为所选问题编写程序的容易程度的量度。大多数影响可读性的语言特性也会影响可写性。此结论直接源于这样一个事实，程序员在编写程序的过程中需要经常回头阅读已编写好的程序部分。

如同对可读性一样，语言所针对的问题域也必须考虑到可写性。如果一个语言是为一种应用领域设计的，另一个语言是为另一种应用领域设计的，那么针对某个特定应用比较这两个语言的可写性显然是不合理的。例如，在编写具有图形用户界面（GUI）的程序时，VB（即Visual Basic，Halvorson, 2013）与C语言的可写性差距非常大，因为VB很适合用于编写图形用户界面。在用这两个语言编写诸如操作系统等系统程序时，它们的可写性同样差别巨大，C语言就是为编写系统程序而设计的。

下面几节将讨论影响语言可写性的最重要的一些特性。

1.3.2.1 简明性与正交性

如果一个语言的结构繁多，那么有些程序员使用这个语言时就不太可能熟悉所有结构。在这种情况下，程序员有可能会误用或者干脆不用他不太熟悉的特征，这些特征可能比他所熟悉的功能更简洁和高效。正如Hoare（1973）所指出的，有可能会意外地使用未知特征，产生莫名其妙的结果。因此，对一个语言而言，比起只是提供数目繁多的基本结构，提供少一点的基本结构和一套一致的组合这些结构的规则（即正交性）要好得多。这样，程序员只要学习一点基本结构就可以编写求解复杂问题的程序。

另一方面，太强调正交性也会损害可写性。如果允许任意组合各种基本结构，那么就无法检测到程序中的错误。编译程序也因此无法发现代码中的各种错误。

1.3.2.2 可表达性

语言的可表达性涉及一些不同的特性。在诸如APL（Gilman and Rose, 1983）等语言中，可表达性意味着语言提供了功能强大的运算符，使得程序员可以编写很小的程序来完成大量的计算任务。更通俗地说，可表达性指语言可以相对简捷而不烦琐地描述计算过程。例如，在C语言中，诸如`count ++`这样的表示要比`count = count + 1`更方便和更简短。同样，在Ada中，**`and then`**布尔运算符可以方便地用于布尔表达式的短路求值。在Java中，尽管**`while`**语句也可用于进行计数循环，但**`for`**语句要比**`while`**语句更容易使用。所有这些都提高了语言的可写性。

13

1.3.3 可靠性

如果一个程序在各种情况下都能按照规格说明执行，那么称该程序是可靠的。下面几节将讨论对给定语言程序的可靠性有重要影响的几个语言特征。

1.3.3.1 类型检查

类型检查指在编译时或程序执行时检测给定程序中的类型错误。类型检查是衡量语言可靠性的一个重要因素。由于运行时类型检查成本较高，人们更希望进行编译时类型检查。而且，程序中错误越早被检测出来，修复错误所需要的成本就越低。Java语言的设计目标就是可以在编译时对几乎所有变量与表达式的类型进行检查，这样就可消除Java程序运行时的类型错误。第6章将深入讨论类型和类型检查。

如果语言结构设计得不好，那么就可能无法进行编译时或运行时类型检查，例如，在最初版本的C语言（Kernighan and Ritchie, 1978）中，在使用子程序参数时就因无法通过编译时与运行时类型检查检测出错误而导致无数程序错误查找不出来。C语言不会检查函数调用时实际参数的类型与该函数对应的形式参数的类型是否匹配。在调用一个期望以 `float` 类型作为形式参数类型的函数时可以用 `int` 类型的变量作为实际参数，这种不一致性无论是在编译时还是在运行时都检测不出来。例如，由于表示整数23的位串与表示浮点数23的位串基本上不相关，如果将整数23作为参数传递给一个期望浮点数参数的函数，那么该函数使用参数就没有什么意义。而且，这类问题通常都很诊断出来[⊖]。目前版本的C语言要求对所有参数都进行类型检查，从而解决了这一问题。第9章中将讨论子程序和参数传递技术。

1.3.3.2 异常处理

程序在执行过程中拦截运行时错误（以及程序可检测的其他异常情况），对之采取纠正措施，然后再继续执行程序，这种设施称为**异常处理**。这明显有助于提高可靠性。Ada、C++、Java和C#语言都有很强的异常处理能力，然而在诸如C等一些广泛使用的语言中实际上并没有提供这一设施。第14章将讨论异常处理。

1.3.3.3 别名

别名这个术语没有严格的定义，别名使用就是用两个或两个以上的名字访问同一内存单元。现在人们普遍认为别名是程序设计语言中的一个危险特征。绝大多数程序设计语言都或多或少存在某种别名，例如，在绝大多数语言中都允许两个指针（或引用）指向同一变量。在这样的程序中，程序员必须始终记住，改变这两个指针中任何一个指针指向的值也就改变了另一个指针所引用的值。正如第5章和第9章所述，有些别名是被语言设计所禁止的。

14

有些语言通过别名来弥补语言中数据抽象设施的不足，另一些语言则通过严格限制别名来提高其可读性。

1.3.3.4 可读性与可写性

可读性和可写性都会影响可靠性。编写程序时所用的语言如果不支持自然地描述所需算法，那么就不得不使用不自然的方法。无论在哪种情况下，不自然的方法都很难保证其正确性。程序越容易编写，就越有可能是正确的。

在软件生存期的编码与维护阶段，可读性都会影响可靠性。难以阅读的程序也难以编写与修改。

1.3.4 成本

一个程序设计语言的总成本是关于该语言许多特性的函数。

首先是培训使用这个语言的程序员的成本，它是该语言的简明性与正交性以及程序员经验的函数。虽然功能越强的语言不一定就越难学习，但通常都是这样。

其次是用这个语言编写程序的成本，它是该语言的可写性的函数，这部分取决于语言设计目标与特定应用的紧密程度。当初设计和实现高级语言的主要目的就是降低软件开发成本。

优良的程序设计环境可以极大地降低培训程序员的成本和编写语言程序的成本。1.8节将讨论程序设计环境。

第三是用该语言编写的程序的运行成本，这种成本主要取决于该语言的设计思想。一个

⊖ 为了解决这个问题及其他类似问题，UNIX系统用一个名为 `lint` 的实用程序来检查C程序中的此类问题。

语言如果需要许多运行时类型检查，那么就会影响到代码的快速执行，而这与编译程序的质量无关。虽然执行效率是早期语言设计中最重要的问题，但是它现在已经不那么重要了。

在编译成本和已编译代码的执行速度之间可以进行简单的权衡。**优化**实际上是编译程序用于减少所产生代码的大小与/或提高所产生代码的执行速度的一组技术。如果少做或不做优化，那么编译过程就会比较快，而要花很大力气去生成优化代码的编译过程就会慢得多。[15] 究竟是否需要优化则取决于编译程序所使用的环境。对于在实验室中初学程序设计的学生来说，在软件开发期间他们要多次对程序进行编译而很少执行代码（他们编写的程序都比较小且只需正确执行一次），这种程序就可以少做或不做优化。在生产环境中，在开发完成后需要多次反复执行编译过的程序，对这类代码最好多花些成本来进行优化。

第四是可靠性差的成本。在诸如核电站、医疗用X射线机等关键系统中，软件运行失败的成本可能非常高。有些非关键系统的软件运行失败的成本也可能非常高，因为这可能会丢掉将来的业务或带来针对软件系统缺陷的官司。

最后要考虑的是程序维护的成本，包括修正程序和修改程序以增加新功能的成本。软件维护的成本取决于一些语言特性，其中主要是可读性。由于软件维护通常不是由软件原来的开发人员来做的，可读性差会使软件维护极其困难。

软件可维护性的重要性不容小觑。据估计，对于生存期较长的大型软件系统，维护成本可能是开发成本的两到四倍（Sommerville，2010）。

在影响语言成本的所有因素中，最重要的是如下三个：程序开发、维护与可靠性。因为这些都是可写性和可读性的功能，所以这两个评价标准也是最重要的。

当然，还有其他一些标准也可用于评价程序设计语言。一个例子是**可移植性**，即程序从一种实现移到另一种实现的容易程度。可移植性最主要取决于语言的标准化程度。有些语言根本就没有进行标准化，因此非常难以将用这些语言编写的程序从一种实现移到另一种实现。现在有些语言的实现具有单一来源，因此在某些情况下可以缓解这个问题。标准化是一个既耗时又困难的过程。一个委员会从1989年开始进行C++语言的标准制定工作，该标准于1998年获得批准。

另外两项标准是**通用性**与**定义良好性**。通用性指语言对开发各类应用的适用性，而定义良好性指语言正式定义文档的完整性和精确性。

绝大多数标准既没有精确的定义，也不能准确度量，特别是可读性、可写性和可靠性标准。然而，它们仍然是很有用的概念，为程序设计语言的设计和评估提供了宝贵的参照标准。

关于评估标准的最后说明：从不同角度看语言设计的标准会有不同的权衡。语言的实现者主要关心语言结构和特征实现的困难程度；语言的使用者首先关心的是可写性，其次是 [16] 可读性；语言的设计者可能强调语言的简练和被广泛使用的能力。这些特性之间常常相互冲突。

1.4 影响语言设计的因素

除了在1.3节中介绍的那些因素，还有其他一些因素也会影响程序设计语言的基本设计，其中最重要的是计算机体系结构和程序设计方法学。

1.4.1 计算机体系结构

计算机的基本体系结构对语言设计产生了深远的影响。过去60多年来的绝大多数流行语言都围绕着一种流行的计算机体系结构进行设计，这种体系结构就是**冯·诺伊曼体系结构**，它的一个创始者是John von Neumann（读作"von Noyman"）。这类语言叫作**命令式**语言。在冯·诺依曼计算机中，数据和程序都存储在同一内存中。中央处理单元（Central Processing Unit，CPU）用于执行指令，与内存是分开的。因此，在进行运算时，必须先将指令和数据从内存传送或传输到CPU，运算完成后再将CPU运算结果传送回内存。自20世纪40年代以来，几乎所有数字计算机都基于冯·诺依曼体系结构建造。冯·诺依曼计算机的整体结构如图1.1所示。

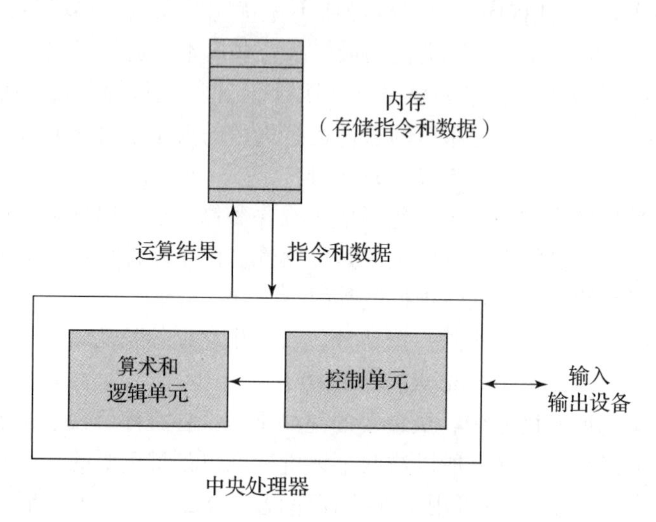

17

图1.1　冯·诺依曼计算机体系结构

由于基于冯·诺依曼体系结构，命令式语言的核心特征就是变量、赋值语句与重复语句的迭代形式：变量用于模拟内存单元，赋值语句基于传送操作，而重复语句的迭代形式则是在这种体系结构上实现重复的最有效方式。表达式中的运算分量由内存传送到CPU，表达式的计算结果传送回赋值语句左边所表示的内存单元。冯·诺依曼计算机上的重复操作执行速度很快，这是因为所有指令都存储在相邻的内存单元中，并且重复执行一段代码只需要一个分支指令。尽管递归有时更自然，但出于效率考虑不鼓励使用递归来替代重复。

冯·诺依曼体系结构计算机上机器代码程序的执行就是一个被称为**读取—执行周期**的过程。如前所述，程序存储在内存中但却在CPU中执行。所要执行的每一条指令都必须从内存传送到处理机中。待执行的下一条指令的地址保存在一个叫作**程序计数器**的寄存器中。读取—执行周期可以简单地用下面的算法来描述：

```
初始化程序计数器
repeat forever
    取出程序计数器所指向的指令
    程序计数器加一，使之指向下一条指令
    解码指令
    执行指令
end repeat
```

算法中的"解码指令"这一步骤用于检查指令以确定该指令的动作。程序在执行过程中遇到停止指令时就终止执行，尽管在实际计算机中极少会执行停止指令。相反，在需要执行代码程序时，操作系统的控制权转移到用户程序并执行该程序，在用户程序执行完成时再将控制权返回操作系统。在计算机系统中，如果给定时间内有多个用户程序位于内存中，那么这个过程要复杂得多。相反，程序的控制由操作系统传给用户程序来使之执行，当用户程序执行结束后再传回操作系统。在计算机系统中，如果有一个以上用户程序同时在内存中，这一过程就要复杂得多。

如前所述，函数式语言或作用式语言中计算的主要含义就是将函数作用于给定参数。在用函数式语言进行程序设计时不需要使用命令式语言中使用的变量、赋值语句与重复语句。虽然许多计算机科学工作者都认为诸如 Scheme 等函数式语言有无数的优势，但它们不太可能取代命令式语言，除非人们设计出了可以高效执行函数式语言程序的非冯诺依曼计算机。在那些对这一事实感到惋惜的人中，最不赞同的也许是 John Backus（1978），他是 Fortran 最早版本的主要设计者。

18

尽管命令式程序设计语言的结构基于计算机体系结构，而不基于程序设计语言使用者的能力和偏好，但还是有人认为使用命令式语言比使用函数式语言在某种程度上更自然。因此，这些人相信，即使函数式程序的效率与命令式程序相同，命令式程序设计语言的使用仍会占主导地位。

1.4.2 程序设计方法学

20 世纪 60 年代末与 20 世纪 70 年代初，主要从结构化程序设计运动开始，人们对软件开发过程和程序设计语言设计两者都进行了深入的研究。

这一研究之所以重要，是因为计算的主要成本不再是硬件而变成了软件，硬件成本越来越低，而程序员成本越来越高。程序员的生产能力很难提高。计算机所要解决的问题越来越大、越来越复杂。20 世纪 60 年代初期的计算机程序只是用来求解模拟卫星轨迹的方程组之类的任务，而现在的程序要处理大型复杂任务，如大型石油精炼设备系统和全球航班订票系统。

20 世纪 70 年代的研究结果产生了新的软件开发方法学，即自顶向下设计方法和逐步求精方法。人们还发现程序设计语言的主要缺陷是类型检查不完备，控制语句不足（需要大量使用 goto 结构）。

20 世纪 70 年代后期，程序设计方法学开始由面向过程的程序设计转为面向数据的程序设计。简言之，面向数据的方法强调数据的设计，强调用抽象数据类型解决问题。

为了在软件系统设计中有效地使用数据抽象，必须得到用于实现数据抽象的语言的支持。SIMULA 67（Birtwistle et al., 1973）是第一个有限支持数据抽象的语言，但 SIMULA 67 当时并没有因此而得以流行。直到 20 世纪 70 年代初，人们才认识到数据抽象的好处。自 20 世纪 70 年代后期以来设计的绝大多数语言都支持数据抽象，第 11 章将对其进行详细讨论。

自 20 世纪 80 年代初开始，面向数据的软件开发已经演化到面向对象的设计。面向对象的方法从数据抽象开始，数据抽象将数据对象及其处理封装在一起并控制对数据的访问，并增加了继承和动态方法绑定机制。继承是一个很有用的概念，它大大提高了重用现有软件的可能性，从而有可能显著提高软件开发效率。这是面向对象语言逐渐流行开来的一个重要因素。动态（运行时）方法绑定使继承的使用更为灵活。

19

伴随面向对象程序设计方法发展的是支持这一概念的语言——Smalltalk（Goldberg and

Robson, 1989)。虽然 Smalltalk 从未像许多其他语言一样被广泛使用，但绝大多数流行的命令式语言都支持面向对象程序设计，包括 Java、C++ 和 C # 等语言。面向对象的概念也已经融入函数式程序设计方法，如 CLOS（Bobrow et al., 1988）与 F #（Syme et al., 2010），以及逻辑程序设计方法，如 Prolog ++（Moss，1994）中。第 12 章将详细讨论面向对象程序设计的语言支持设施。

面向过程的程序设计与面向数据的程序设计在某种意义上是相对立的。虽然面向数据的方法现在主导着软件开发，但是面向过程的方法并没有被抛弃。相反，近些年来，人们对面向过程的程序设计方法进行了大量研究，特别是在并发领域。这些研究工作带来了对创建和控制并发程序单元的语言设施的需求，Java 与 C# 语言都具有这种功能。第 13 章将详细讨论并发机制。

软件开发方法学发展的每一步都产生了支持这种发展的新的语言结构。

1.5 程序设计语言分类

程序设计语言通常可以分为四大类：命令式语言、函数式语言、逻辑语言与面向对象的语言，但我们这里并不把支持面向对象程序设计的语言单独归为一类。我们前面已经介绍了那些最流行的支持面向对象程序设计的语言是如何从命令式语言发展起来的。虽然面向对象的软件开发范型与命令式语言通常采用的面向过程的软件开发范型有很大区别，但是为了支持面向对象程序设计而在命令式语言中扩充的部分并不是很多。例如，C 与 Java 两个语言中的表达式、赋值语句和控制语句几乎是相同的（另一方面，Java 与 C 语言的数组、子程序和语义的差别却很大）。对于支持面向对象程序设计的函数式语言来说，也有类似的结论。

有些书的作者将脚本语言归为单独的一类程序设计语言。但是，他们把这一类语言归成一类是基于它们的实现方法（是部分解释执行还是纯解释执行），而不是基于通常的语言设计考虑。这类脚本语言包括 Perl、JavaScript 与 Ruby（Flanagan and Matsumoto, 2008），它们从哪方面来看都属于命令式语言。

逻辑程序设计语言是一种基于规则的语言。在命令式语言中，对算法要有详细的描述，对其中的指令或语句要制定执行顺序。然而，在基于规则的语言中，在指定规则时不要求有固定的顺序，而语言实现系统却要对用于产生预期结果的规则选定一个执行顺序。这种软件开发方法与用其他两类语言完全不同，也需要一种完全不同的语言来支持。Prolog 是最常用的逻辑程序设计语言，第 16 章中将讨论 Prolog 与逻辑程序设计。

20

近年来，出现了一种新的语言类型——标记 / 程序设计混合型语言。 标记语言不属于程序设计语言。例如，使用最广泛的标记语言 HTML 用于指定 Web 文档中信息的格式。然而，HTML 与 XML 语言的某些扩展语言中也加入了一些程序设计设施，其中两个扩展语言是 JSTL（Java Server Pages Standard Tag Library，Java 服务器页面标准标签库）和 XSLT（eXtensible Stylesheet Language Transformation，可扩展样式表语言转换）。第 2 章中将简要介绍这两个语言。这类语言无法与任何一种完整程序设计语言相比，因此在第 2 章后将不会再讨论它们。

1.6 语言设计中的权衡

在 1.3 节中介绍的程序设计语言评价标准为语言设计提供了一个框架。可惜的是，这一框架本身就是自相矛盾的。Hoare（1973）在其关于语言设计的论文中指出，“有太多重要但又相互冲突的标准，协调并满足这些标准是一项重大的工程任务。”

可靠性和执行成本就是两个相互冲突的标准。例如，Java 语言定义要求对数组元素的所有引用都要进行检查，以确保数组下标在合法的范围内。这一步骤对于包含大量数组元素引用的 Java 程序来说，大大提高了执行成本。C 语言不要求下标范围检查，所以 C 语言程序比语义上等价的 Java 程序的执行速度要快，虽然 Java 程序更为可靠。Java 的设计者以执行效率为代价来换取可靠性。

APL 语言是需要在语言设计中权衡各种相互冲突的评价标准的另一个例子。APL 语言为数组运算分量提供了大量运算符集合。由于要使用数目繁多的运算符，APL 不得不引入大量新的符号来表示这些运算符。这样在一个既长而又复杂的 APL 表达式中可能要使用许多运算符。由于这种高度的表达性，APL 语言在用于开发涉及许多数组运算的应用时具有非常高的可写性。实际上，大量的计算只要用很小一段程序就可描述出来。而这样就导致了 APL 程序的可读性非常差。虽然紧凑而简练的表达式具有一定的数学美感，但除了编写它的程序员外其他人很难理解。著名作者 Daniel McCracken（1970）曾提到，为阅读理解清楚一个只有四行的 APL 程序，他整整花了四个小时。APL 的设计者以可读性为代价来换取可写性。

21

可写性和可读性之间的冲突在语言设计中是很常见的。在 C++ 语言中可以用多种方式操作指针，因此可以非常灵活地访问数据的地址。Java 语言中因指针存在的可靠性问题而没有引入指针。

语言设计（和评价）标准之间相互冲突的例子比比皆是，有些冲突小一些，有的冲突则是显而易见的。显然易见，在设计程序设计语言时，需要在结构和特征选择方面作许多折中和权衡。

1.7 实现方法

正如 1.4.1 节所述，内存储器与处理器是计算机的两个主要部件。内存储器用于存储程序和数据，而处理器则是一组电路，它用于诸如算术运算和逻辑运算等一组基本操作（即机器指令）的实现。在大多数计算机中，有些指令（有时也称为宏指令）实际上是由在更低的层次上定义的一组称为微指令的指令实现的。由于软件与微指令无关，在此不再对其作进一步讨论。

计算机的机器语言就是其指令的集合。在没有其他支持软件的情况下，机器语言是唯一能被大多数计算机硬件“理解”的语言。理论上，可以用一种特殊高级语言作为机器语言来设计和建造计算机，但这样建造的计算机会异常复杂和昂贵。而且由于很难（但不是不可能）在这种计算机上使用其他高级语言，使用起来会非常不灵活。计算机设计中更为现实的选择是用硬件实现一种非常低级的语言，它可以提供最常需要的基本操作，并由系统软件建立与高级语言程序的接口。

语言实现系统不可能是计算机中唯一的软件，还需要一个由许多程序组成的集合，称作操作系统，它提供了比机器语言更高级的基本操作。这些基本操作提供了系统资源管理、输入和输出操作、文件管理系统、文本和程序编辑器，以及其他各种经常需要的功能。由于语言实现系统需要许多操作系统设施支持，因此它们与操作系统连接，而不需要直接（用机器语言）与处理器互连。

操作系统和语言实现系统在计算机机器语言接口之上是分层的。可以将这些层设想为各层虚拟计算机，向用户提供更高级的接口。例如，操作系统加上C编译程序就是一台虚拟C计算机。操作系统加上其他编译程序就变成另一种虚拟计算机。绝大多数计算机系统都提供了多种虚拟计算机。用户程序则在虚拟计算机层上形成另一层。计算机层次图如图1.2所示。

22

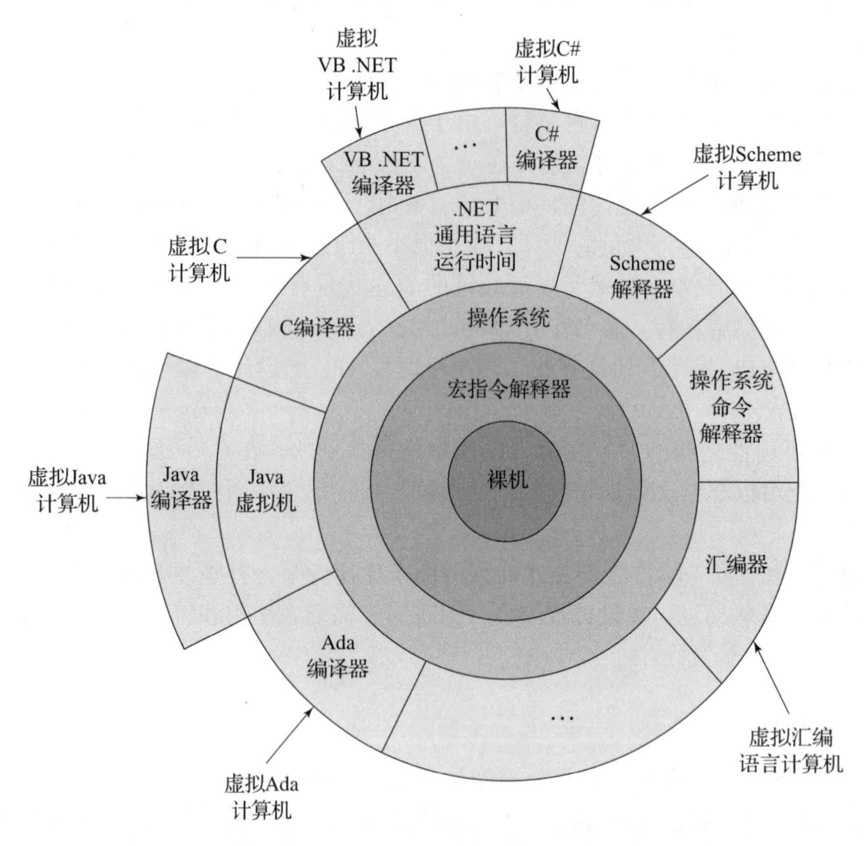

图1.2　一个典型的计算机系统提供的虚拟计算机分层接口

第一个高级程序设计语言的实现系统问世于20世纪50年代末，是当时最复杂的软件系统之一。20世纪60年代，人们针对高级语言的实现做了大量研究工作，包括对高级语言实现构建过程的理解与形式化工作。这些研究工作的最大成果是在语法分析领域，主要在于自动机理论和形式语言理论在高级语言实现过程的应用，这使得实现过程更易于理解。

1.7.1　编译

程序设计语言一般可以用三种方法实现。最极端的一种方法是把程序翻译成可在计算机上直接执行的机器语言。这种实现方法称为**编译程序实现**，其优点是，程序翻译成机器语言后执行速度非常快。诸如C、COBOL与C++等大多数语言都是由编译程序实现的。

编译程序要翻译的语言称为**源语言**。编译和程序执行过程分成多个阶段，其中最重要的几个阶段如图1.3所示。

23

词法分析程序将源程序中的字符集合为词法单元。程序的词法单元包括标识符、专有单词、运算符与标点符号等几大类。词法分析程序要忽略源程序中的注释，因为注释对编译程序不起作用。

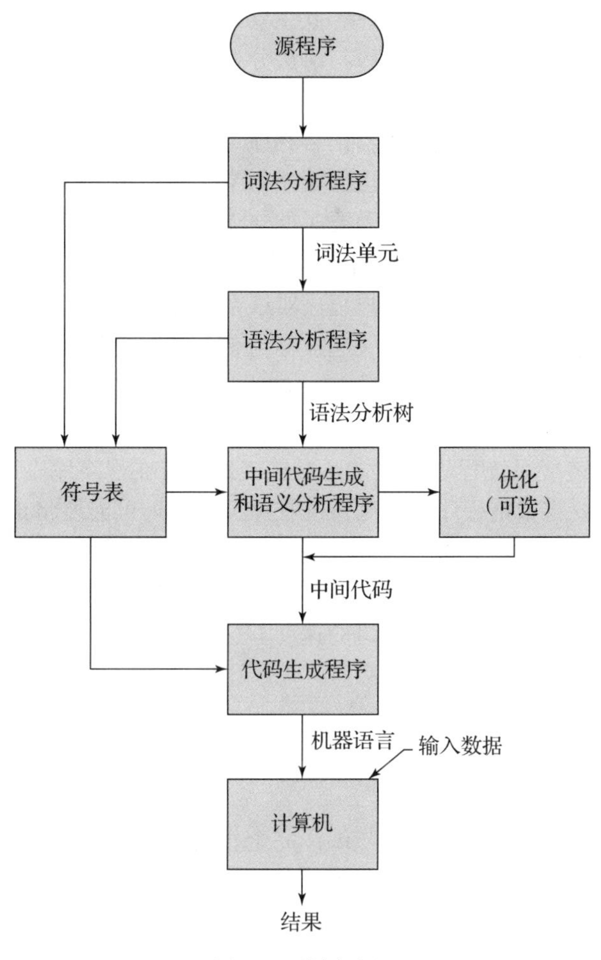

图 1.3　编译过程

语法分析程序将词法分析程序产生的词法单元构成称为**语法分析树**的层次结构。语法分析树用于表示程序的语法结构。在许多情况下，并不构建实际的语法分析树，而是直接生成和使用构建语法分析树所需的信息。第 3 章将深入讨论词法单元和语法分析树，第 4 章将讨论词法分析和语法分析。

中间代码生成程序用于生成一种介于源程序与编译程序最终输出的机器语言程序之间的另一种语言（中间语言）程序[⊖]。中间语言有时看起来特别类似于汇编语言，有时实际上就是汇编语言，有时中间代码（即中间语言程序）要比汇编语言程序高级一些。语义分析程序是中间代码生成程序的一部分，用于对语法分析中很难（但有可能）检测到的诸如类型错误等错误进行检查。

24

优化的目的是使程序（一般是中间代码）所占空间更小或执行速度更快或兼而有之，以

⊖　注意，程序与代码这两个术语通常是可以互换的。

对程序进行改进。之所以要对中间代码进行优化，是因为有多种优化难以对机器语言程序进行。

代码生成程序用于将经过优化的中间代码程序翻译成等价的机器语言程序。

符号表就是编译过程中使用的数据库，其主要内容是程序中每一个用户定义的名字的类型和属性信息。这些信息由词法分析程序与语法分析程序存储在符号表中，供语义分析程序和代码生成程序使用。

如前所述，虽然编译程序生成的机器语言程序可以直接在硬件中运行，但它实际上需要与其他代码一起运行。大多数用户程序也需要操作系统的程序支持才能运行，其中最常用的是输入输出程序。编译程序在用户程序需要时就建立对该系统程序的调用。在编译程序生成的机器语言程序运行之前，必须先找到所需的操作系统程序，并链接到该用户程序[⊖]。链接操作通过把系统程序的入口点地址放到用户程序对该系统程序的调用处，从而把用户程序链接到系统程序。用户代码与系统代码有时一起被称为**装入模块**或**可执行镜像**。收集系统程序并将其链接到用户程序的过程称为**链接和装入**，有时也称为**链接**，它是由一个叫作**链接程序**的系统程序完成的。

用户程序除了要链接系统程序，常常还要链接到驻留在程序库中此前已编译过的程序。因此，链接程序不仅要将指定程序链接到系统程序，而且还可能要将该程序链接到其他用户程序或系统提供的程序。

因为通常指令执行的速度要比将该指令传输到处理机执行的速度快，所以计算机内存与其处理机连接的速度通常就决定了计算机的速度。这种连接称为**冯·诺依曼瓶颈**，它是影响冯·诺依曼体系结构计算机速度的主要因素。冯·诺依曼瓶颈是研究和开发并行计算机的一个主要动机。 25

1.7.2 纯解释

在实现方法中，纯解释方法处于（与编译完全相反的）另一端。在纯解释方法中，程序不再需要任何翻译，而是直接被另一个称为解释程序的程序所解释。解释程序如同计算机的软件仿真器，其读取—执行周期所读取处理的不是机器指令，而是高级语言程序语句。这种软件仿真显然为该语言提供了一个虚拟机。

纯解释具有易于实现许多源程序级调试操作的优点，因为所有运行时错误消息在解释执行时都可以追溯到源程序级单元。例如，如果发现数组下标越界，那么错误消息中会指明错误所在的源程序行和数组的名字。另一方面，纯解释方法也有一个严重缺陷，即解释执行的程序比经过编译的程序慢10～100倍。速度慢的主要原因是在程序执行过程中要对所执行的高级语言语句进行解码，这比机器语言指令要复杂得多（虽然语句数比等价的机器代码指令要少）。而且，高级语言语句在每次执行时都必须进行解码，不管要被执行多少次。因此，纯解释程序的瓶颈是语句解码，而不是处理器和内存储器之间的连接。

纯解释方法的另一点不足是它需要使用更多的存储空间。在源程序解释执行期间，不仅需要内存空间保存源程序，还需要处理保存符号表。而且，在内存储器中存储源程序要以便于存取和修改为原则，而不能只考虑占用最小的内存空间。

在20世纪60年代，一些简单的早期语言（APL、SNOBOL（Griswold et al., 1971）与

⊖ 这里的用户程序即编译程序所生成的机器语言程序。—译者注

LISP 语言）是纯解释执行的，但到了 20 世纪 80 年代，这种纯解释方法已经很少用于高级语言。然而，近些年来，随着诸如 JavaScript 与 PHP 等网页脚本语言的广泛使用，纯解释方法又大有东山再起之势。纯解释的执行过程如图 1.4 所示。

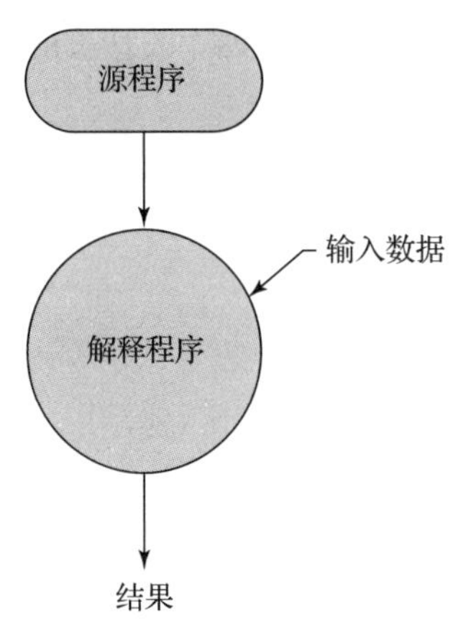

图 1.4 纯解释方法

1.7.3 混合实现系统

有些语言实现系统折衷采用了编译程序和纯解释程序方法，这种语言实现系统先将高级语言程序翻译为易于解释的中间语言程序，然后再解释执行中间语言程序。使用这种方法时源语言语句只需要被解码一次，因此比纯解释方法速度快。如此实现的系统称为**混合实现系统**。

26

混合实现系统的处理过程如图 1.5 所示，它不将中间语言代码翻译为机器代码，而只是解释执行中间语言代码。

Perl 语言就是以混合实现系统的方式实现的。Perl 程序是部分编译的，这样可以在解释执行前先检测出错误，从而简化解释程序。

Java 语言的最初实现都是混合方式的，它的中间语言形式称为**字节码**，这种字节码可以在任何拥有字节码解释程序与相关运行时系统的机器上运行，因此具有很好的可移植性。这种字节码解释程序和相关运行时系统统称为 Java 虚拟机。目前出现的将 Java 字节码翻译为机器代码的系统使程序执行速度更快。

即时（Just-In-Time，JIT）实现系统先将源程序翻译为中间语言，然后在执行期间调用时将中间语言方法编译为机器代码，所编译成的机器代码会保留下来用于此后的调用。JIT 系统现在广泛用于 Java 程序，各种 .NET 语言也都是用 JIT 系统实现的。

实现系统有时也为同一语言提供编译和解释两种实现方法。在此类情况下，解释程序用于程序的开发和调试，然后，在程序达到（相对）没有缺陷的状态后，再将该程序编译成目标程序，这样就提高了执行速度。

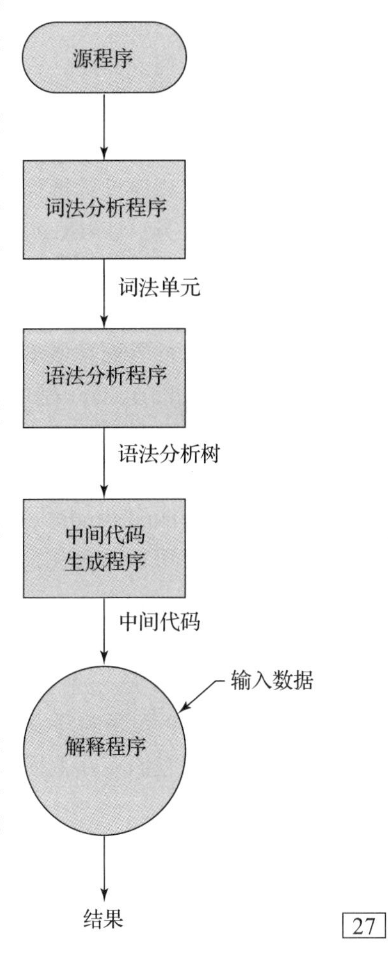

图 1.5 混合实现系统

1.7.4 预处理程序

预处理程序在源程序被编译前预先对它进行处理。预处理程序指令嵌入源程序中。预处理程序本质上是一个宏展开程序。预处理程序指令通常用来指定包含另一个文件中的代码。例如，C 语言预处理程序指令

```
#include "myLib.h"
```

27

用于要求预处理程序将 `myLib.h` 文件的内容复制到当前程序中 `#include` 指令所在位置。

还有一些预处理程序指令用于定义符号来代表表达式。例如，可以用

```
#define max(A, B) ((A) > (B) ? (A) : (B))
```

定义给定的两个表达式的最大值。例如，表达式

28

```
x = max(2 * y, z / 1.73);
```

可以被预处理程序展开为

```
x = ((2 * y) > (z / 1.73) ? (2 * y) : (z / 1.73);
```

注意，这个表达式所引起的副作用可能会带来麻烦。例如，如果 max 宏的两个表达式中任一个有副作用（如其中一个表达式为 z++），那么就会带来问题。由于这两个表达式参数中有一个会被计算两次，这将导致宏展开所生成的代码将 z 增加两次。

1.8 程序设计环境

程序设计环境指软件开发过程中使用的工具集合。这种工具集可以只包含一个文件系统、一个文本编辑程序、一个链接程序和一个编译程序，也可以包含很多集成的工具，其中每个工具都可通过统一的用户界面来访问使用。对后一种程序设计环境，软件开发与维护的过程大大加强。因此，程序设计语言的特性不再是系统软件开发能力的唯一衡量标准。下面来简要介绍几个程序设计环境。

UNIX 是一个比较老的程序设计环境，最早发布于 20 世纪 70 年代中期，是作为一个可移植的多道程序设计操作系统而构建的。它为各种语言的软件生产与维护提供了许多功能强大的支持工具。UNIX 过去缺少的最重要的特征是各种工具间的统一界面，这使得 UNIX 系统难以学习与使用。然而，UNIX 现在通常通过运行于 UNIX 顶层的 GUI（图形用户界面）来使用。UNIX 的 GUI 包括 Solaris 通用桌面环境（CDE）、GNOME 与 KDE 等。这些 GUI 使得 UNIX 的界面类似于 Windows 和 Macintosh 系统的界面。

Borland JBuilder 是一个为 Java 程序开发提供集成编译程序、编辑程序、调试程序和文件系统的程序设计环境，这四种工具都通过图形界面来访问使用。JBuilder 是一个用于开发 Java 软件的复杂而功能强大的系统。

微软 Visual Studio .NET 是较新软件开发环境，它是大量精巧的软件开发工具的集合，这些工具都可以通过视窗界面来使用。在这一系统中，可用 C#、Visual Basic.NET、JScript（微软版本的 JavaScript）、F#（一种函数语言）与 C++/CLI 这五种 .NET 语言中的任意一种来开发软件。

NetBeans 是一个主要用于 Java 应用程序开发的开发环境，但它也支持 JavaScript、Ruby 和 PHP 程序的开发。Visual Studio 与 NetBeans 都不仅仅是开发环境，同时也是架构，这就意味着它们实际上提供了应用程序代码的公共部分。

29

小结

程序设计语言学习研究是很有价值的，体现在如下几个方面：可以提高人们在编写程序时使用不同语言结构的能力，可以更明智地为不同项目选择合适的语言，并且使人们更容易学习新的语言。

计算机被广泛用于各种问题求解领域。对特定程序设计语言的设计和评价在很大程度上取决于它所应用的领域。

在评价语言的标准中，最重要的标准包括可读性、可写性、可靠性和总成本。这些是本书后续各章节对各种语言特征进行分析和判断的基础。

对语言设计影响最大的是计算机体系结构和软件设计方法学。

程序设计语言的设计主要是一种工程技巧，设计人员必须在特征、结构和功能之间进行一系列的权衡。

程序设计语言的主要实现方法是编译、纯解释和混合实现。

程序设计环境已经成为软件开发系统的重要组成部分，而程序设计语言只是其中的一个部分。

复习题

1. 即使对一个从来没有设计过程序设计语言的程序员而言，为什么具有一定的语言设计背景知识很有用？
2. 了解程序设计语言特性对于在整个计算机领域的工作有何益处？
3. 过去 60 年中，在科学计算领域主要使用的是哪一种程序设计语言？
4. 过去 60 年中，在商务应用领域主要使用的是哪一种程序设计语言？
5. 过去 60 年中，在人工智能领域主要使用的是哪一种程序设计语言？
6. UNIX 主要是用哪一种语言编写的？
7. 一种语言中特征过多有什么问题？
8. 用户定义的运算符重载对程序的可读性有什么影响？
9. 举一个在 C 语言的设计中缺少正交性的例子。 30
10. 哪一种语言将正交性作为主要设计标准？
11. 哪一种基本控制语句可以用来构建语言中本来没有提供的更复杂的控制语句？
12. 一个程序是可靠的意味着什么？
13. 为什么对子程序参数进行类型检查是很重要的？
14. 什么是别名？
15. 什么是异常处理？
16. 为什么可读性比可写性更重要？
17. 一个语言的编译程序成本与该语言的设计有什么关系？
18. 过去 60 年中，哪些因素对程序设计语言的设计影响最大？
19. 有一类程序设计语言的结构取决于冯·诺依曼计算机体系结构，这类语言的名字是什么？
20. 在 20 世纪 70 年代的软件开发研究中，发现了哪两种程序设计语言缺陷？
21. 面向对象程序设计语言的三个基本特征是什么？
22. 首先支持面向对象程序设计三个基本特征的是哪一个程序设计语言？
23. 举例给出两个相互冲突的语言设计标准。
24. 程序设计语言有哪三种通用实现方法？
25. 用编译程序编译产生的程序与纯解释程序解释执行的程序，哪一种程序的执行速度快一些？
26. 在编译程序中符号表起什么作用？
27. 链接程序有什么用途？
28. 为什么冯·诺依曼瓶颈很重要？
29. 用纯解释程序实现语言有什么优点？

习题

1. 你相信抽象思维的能力受语言熟练程度的影响吗？试证明你的观点。
2. 关于你不太了解的特定程序设计语言，你知道它们的哪些特征？ 31

3. 请说明支持在所有程序设计领域都使用同一种程序设计语言的想法的理由。
4. 请说明反对在所有程序设计领域都使用同一种程序设计语言的想法的理由。
5. 请再给出一个判断语言的标准并加以解释说明（本章中已讨论过的标准除外）。
6. 哪一种常用程序设计语言语句对可读性的危害最大？
7. Java 语言使用一个右括号来标志所有复合语句的结束，请说明支持和反对这种设计的理由。
8. 许多语言区分用户定义名字中字母的大小写，这个设计的优点和缺点分别是什么？
9. 从不同角度说明程序设计语言的成本。
10. 为什么即使硬件相当便宜也要编写高效的程序？
11. 就你所知道的某个程序设计语言说明它在效率与安全性之间的设计权衡情况。
12. 一种完美的程序设计语言应包含哪些主要特征？
13. 你所学的第一个高级程序设计语言是用纯解释程序、混合实现系统还是用编译程序实现的？（你可能需要深入研究这一点。）
14. 说明你所用过的某个程序设计环境的优缺点。
15. 有些语言不需要用类型声明语句声明简单变量，请说明对简单变量用类型声明语句进行声明是如何影响语言的可读性的。
16. 用本章介绍的标准对你所了解的某个语言做出评价。
17. 诸如 Pascal 等程序设计语言用分号来分隔语句，而 Java 则用分号来终止语句束。你认为哪一种做法更自然、更不容易导致语法错误？请给出理由。
18. 许多当代语言允许两种注释：一种是在两端使用分隔符（多行注释），另一种是分隔符仅标记注释的开头（一行注释）。请按照本章介绍的标准讨论这两种方法的优缺点。

32

主要程序设计语言发展简史

本章介绍主要程序设计语言的发展历史，探讨每一种语言的设计环境，着重介绍各语言的贡献与研制动因。然而我们并不完整介绍各个语言，而只介绍各个语言所引入的一些新特性，并重点介绍那些对后来的语言和计算机科学领域有重大影响的特性。

本章不深入讨论任何语言特性或概念，这是后面章节的任务。本章只在讨论语言的发展过程中非正式地解释这些特性。

许多读者可能对所讨论的很多语言和语言概念并不熟悉。对这些概念的详细阐述放在后续各章中。如果有读者不习惯这种顺序，可以先阅读本书的后续章节，然后再阅读本章。

把哪些语言纳入语言历史是一件见仁见智的事情，有些读者会因他们喜欢的某些语言没有被纳入而心生不悦。限于篇幅，我们不可能覆盖历史上的所有语言，于是难免要割舍一些被部分读者看重的语言。我们通过评估每种语言对于程序设计语言以及计算机界发展的整体上的重要性来进行取舍。本章也会简要地讨论本书后续部分将要涉及的其他语言。

本章安排如下：对各语言初始版本的讨论按出现年代的先后展开。当然，对语言后续版本的讨论总是与其初始版本一起讨论，而不会放在后面小节中再次讨论。例如，Fortran 2003 和 Fortran I（1956 年）就放在同一小节中讨论。在有些情况下，与某一重要语言相关的其他语言也会与这一重要语言一起讨论。

本章包括 14 个完整的程序示例，它们分别用不同的语言编写。本章并不讨论这些程序本身，只是用它们来展示不同语言编写的程序的不同外观。读者只要熟悉任意一种命令式语言，就可以读懂这些程序中的大部分代码，用 LISP、COBOL 和 Smalltalk 编写的除外。（在第 15 章中讨论了一个与本章中 LISP 程序示例相似的 Scheme 函数）。本章分别用 Fortran、ALGOL 60、PL/I、Basic、Pascal、C、Perl、Ada、Java、JavaScript 和 C# 程序解决同一个问题。由于示例问题比较简单，大多数当代语言都支持的动态数组并没有出现在示例程序中。在 Fortran 95 程序中，我们也没有使用那些本可以替代循环的语言特性，部分是为了保持示例程序的简明性和可读性，部分是为了展示这个语言最基础的循环结构。

33
~
34

图 2.1 中的族谱包含了本章所讨论的高级语言。

2.1 Zuse 研制的 Plankalkül 语言

本章讨论的第一个程序设计语言从各方面来看都很不寻常。首先，它从未被实现过。此外，该语言虽然设计于 1945 年，但是其文本直到 1972 年才发布。由于了解该语言的人太少，它的一些功能在其问世 15 年后才出现在其他语言中。

2.1.1 历史背景

在 1936 到 1945 年间，德国科学家 Konrad Zuse（发音“Tsoo-zuh”）用机电继电器研制了一系列复杂计算机。到 1945 年初，由于盟军的轰炸，只有最晚研制的模型机 Z4 没有被毁坏，于是他将其转移到一个名叫 Hinterstein 的偏远的巴伐利亚乡村，他的研究团队的其他成员也各自分散。

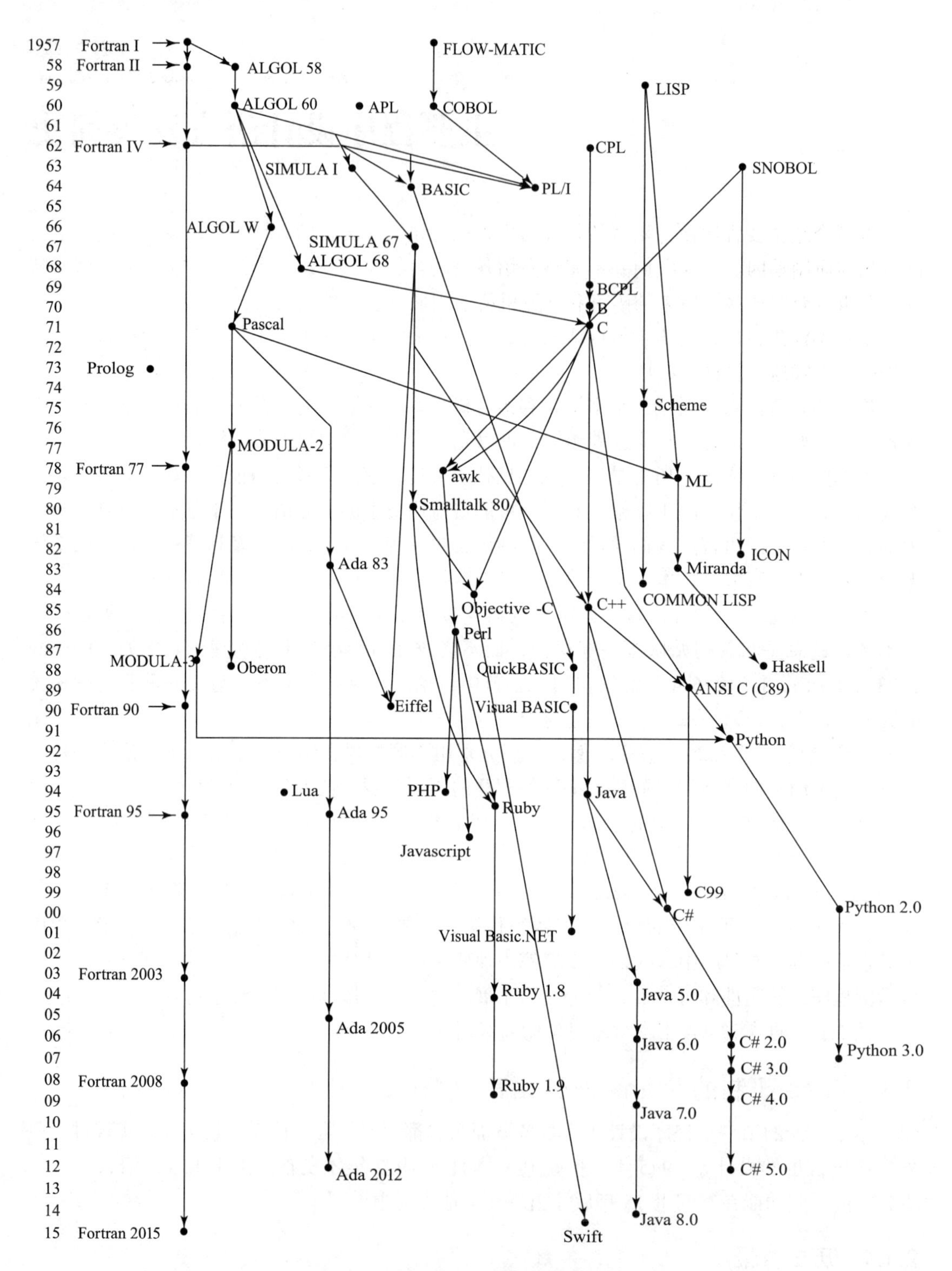

图 2.1　通用高级程序设计语言族谱

Zuse 开始一个人着手研制用以描述 Z4 计算过程的语言。他从 1943 年开始，就把这个项目作为博士论文的一个选题。他为这个语言起名为 Plankalkül，取程序演算之意。在一个篇幅很长的手稿中，Zuse 定义了 Plankalkül，而且用这个语言所写的算法解决了多种问题。

手稿落款为 1945 年，但直到 1972 年才发表（Zuse，1972）。

2.1.2　语言概述

Plankalkül 是一个相当完整的语言，体现了当时数据结构领域最先进的成果。Plankalkül 最简单的数据类型就是比特位。整型和浮点类型都建立在比特类型之上。浮点类型使用二进制补码以及目前仍在使用的“隐藏位”方案以省略其规格化后的小数部分的最高位。

除了通常的标量类型，Plankalkül 还包括数组和记录，后者在以 C 为基础发展起来的语言中叫作结构。记录中还可以嵌套记录。

这个语言没有包含 goto 语句，但包含一个和 Ada 中的 **for** 语句相似的循环语句。它还带有一个 **Fin** 命令，用上标区分是从循环内退出，还是继续进入新的循环周期。Plankalkül 还包含选择语句，但没有 else 子句。

Plankalkül 程序最有意义的一个特性是用数学表达式表示程序变量间的当前关系。表达式用于描述当程序执行到表达式所在的程序点时，它是否为真。这非常类似于 Java 与公理语义中的断言语句，公理语义将在第 3 章讨论。

35～36

Zuse 的手稿中所包含的程序比 1945 年前其他人所写的程序复杂得多。包括数组中数的排序、图的连通性的判断、整型和浮点型操作的实现、平方根的求取、带有括号和操作符的逻辑表达式的语法分析（这些操作符的优先级共六阶）。最引人瞩目的是他的 49 页的国际象棋算法，虽然他并非棋坛高手。

如果有别的计算机科学家在 20 世纪 50 年代初发现 Zuse 对 Plankalkül 的描述，唯一可能影响该语言实现的就是该语言的标记法。每个语句都包括两到三行代码。第一行代码和目前的大多数语言中的语句相似。第二行是可选的，包含第一行的数组的下标。Charles Babbage 在 19 世纪中叶为他的分析机写程序时使用过同样的下标表示法。每个 Plankalkül 语句的第三行给出第一行所使用的变量类型。这种标记法往往让初次接触的人印象深刻。

下面这个赋值语句示例展示了这种标记法。本例将表达式 A[4]+1 的值赋给 A[5]。标号为 V 的行用于标识下标，标号为 S 的行用于标识数据类型。本例中，1.n 表示 *n* 位整数。

```
  | A + 1 => A
V | 4        5
S | 1.n      1.n
```

我们可以推测一下，如果 Zuse 的工作能够在 1945 乃至 1950 年之前广为人知，程序设计语言的发展方向会如何。我们也可以设想一下，如果他不是在相对隔绝的 1945 年的德国，而是在一个和平的环境中，和一批科学家共同工作，事情又会怎样发展。

2.2　伪代码

首先，请注意，此处的“伪代码”(pseudocode) 一词和当今的“伪代码”不是一个意思。这里所要介绍的语言在 20 世纪 40 年代末至 20 世纪 50 年代初被开发出来时就被命名为伪代码。

20 世纪 40 年代末至 20 世纪 50 年代初，计算机比现在稀缺得多。除了速度慢、不可靠、昂贵、内存特别小等因素，由于缺乏支撑软件，那个时代的计算机编写程序也非常困难。

那时，没有高级程序设计语言，甚至连汇编语言也没有，只能用机器代码来编写程序，

37

既乏味又容易出错。其中一个问题就是使用数字代码来代表指令。例如，一个加法（ADD）指令可能用代码 14 来代表，而不是某个具有提示意义的名字或字母。这种方式使得程序很难阅读。另一个严重问题是绝对地址的使用，使得程序修改非常乏味和易错。例如，假如在内存中有一个机器语言程序，其中，很多指令引用了程序中的其他地址，通常是引用数据或指明分支指令中跳转的目标地址。如果要在程序中除程序末端以外的任意位置插入一条指令，那么所有引用插入位置之后的地址的指令都可能出错，因为，那些地址都必须因为插入的指令而更新为更大的地址值。因此，就需要找到所有引用了插入位置之后的地址的指令，并对其进行修改。如果要删除一条指令，那么也会出现类似的问题。为了避免这种问题，机器语言通常包含一种“无操作”指令，用于替代被删除的指令。

这些是所有机器语言的标准问题，也是发明汇编语言和汇编器的主要动因。此外，当时的程序设计问题大部分是数值问题，需要浮点运算以及便于数组运用的各种下标引用。20 世纪 40 年代末至 20 世纪 50 年代初的计算机体系结构并不提供这些能力。这种低效自然导致了高级语言的诞生。

2.2.1　短码

这些语言中最早的一个语言叫作短码（Short Code），是 1949 年 John Mauchly 为 BINAC 计算机设计的，BINAC 计算机是最早研制成功的存储程序电子计算机。短码后来被移植到一台 UNIVAC I 计算机（在美国出售的第一台商用电子计算机）上，并且在随后的几年中，短码一直是在这些计算机上进行编程的主要手段之一。虽然由于短码的原始完整文本没有公开出版，它几乎不为外界所知，但 UNIVAC I 版的程序设计手册留存了下来（Remington-Rand, 1952）。可以推测，这两个版本非常类似。

UNIVAC I 内存中一个字包含 72 位，分为 12 个 6 位的字节。短码就是由待求值的数学表达式编码组成，代码是字节对形式的值，一个字中可以编码多个等式。下面是一些运算代码：

```
01 -    06 abs value     1n (n+2)nd power
02 )    07 +             2n (n+2)nd root
03 =    08 pause         4n if <= n
04 /    09 (             58 print and tab
```

38

变量也用字节对命名，与用作常量的位置一样。例如，假定 X0 和 Y0 是变量，那么语句

```
X0 = SQRT(ABS(Y0))
```

可以被编码为 00 X0 03 20 06 Y0。前面的 00 用于填满整个字。有意思的是，短码没有提供乘法编码。与代数中的习惯表示一样，只要把两个运算分量紧邻而放就表示它们相乘。

短码不需要翻译为机器代码，它通过纯解释程序来实现。当时，这一过程叫作*自动程序设计*。这显然简化了程序设计过程，但增加了执行时间开销。短码解释的时间大概是机器代码的 50 倍。

2.2.2　快码

此外还有一些解释系统扩充了机器语言从而可以支持浮点运算。Jonh Backus 为 IBM 701 开发的快码（Speedcoding）系统就是这样的一个系统（Backus, 1954）。快码解释器有效

地把 701 指令转换成虚拟的三地址浮点计算器。这个系统包括用于浮点数四则算术运算以及平方根、正弦、正切、指数、对数等运算的伪指令。该虚拟体系还提供了有条件与无条件分支以及输入 / 输出转换功能。

在装入解释器后系统可用内存只剩下 700 个字，执行加法指令耗时 4.2 毫秒，从中可以看出该系统的空间与时间局限性。另一方面，快码提供了自动增值地址寄存器的新型设施。这一设施在 1962 年才在 UNIVAC 1107 计算机上通过硬件实现。由于有了这一设施，矩阵乘法只需 12 条快码指令就能完成。Backus 宣称，用快码可以在几小时内完成用机器代码编写程序需要两周才能解决的问题。

2.2.3 UNIVAC 编译系统

在 1951 到 1953 年之间，由 Grace Hopper 在 UNIVAC 领导的团队开发了一系列“编译”系统，分别命名为 A-0、A-1 和 A-2，这些编译系统在机器代码的子程序中嵌入了伪指令，其方式类似于在汇编语言中嵌入宏。这些面向“编译器”的伪代码源程序虽然比较原始，但是已经是对机器代码做了很大的改进，因为这使得源程序短了很多。Wilkes（1952）独立地提出了类似的方法。

39

2.2.4 相关工作

大约在同一时期，人们还提出了其他一些易于程序设计的手段。先是剑桥大学的 David J. Wheeler（1950）提出用可重定位寻址块部分地解决绝对地址问题的方法，后是 Maurice V. Wilkes（也在剑桥大学工作）扩展了这个想法，设计了一个汇编程序，用于把所选子程序组合起来再分配存储空间（Wilkes et al., 1954, 1957）。这确实是一个重要且根本性的进步。

这里还要再提一下在 20 世纪 50 年代初发展起来的汇编语言，它和这里所讨论的伪代码很不相同，只是汇编语言对高级语言的设计影响有限。

2.3 IBM 704 和 Fortran

1954 年 IBM 704 型计算机的诞生之所以被认为是计算领域最伟大的进步，在很大程度上是因为它强大的能力促成了 Fortran 语言的出现。尽管有人认为，即使 IBM 没有研制 IBM 704 计算机和 Fortran 语言，很快也会有其他组织研制类似的计算机和高级语言。但无论如何，IBM 是第一个既有远见卓识也有充分的资源完成这样的任务的组织。

2.3.1 历史背景

20 世纪 40 年代末到 20 世纪 50 年代中期，由于计算机硬件不直接支持浮点运算，人们还能忍受解释系统缓慢的速度。所有浮点运算都必须由软件来模拟，这个过程非常耗时。当大量的处理器时间都花费在软件浮点运算上时，解释过程的开销和模拟变址寻址的开销就相对不那么重要了。只要浮点运算还不得不由软件实现，解释系统的开销就能够被人接受。不过，那时的很多程序员从不使用解释系统。为了效率，他们宁愿手工编写机器语言（或汇编语言）程序。IBM 704 系统的硬件支持浮点运算和变址寻址，它的诞生宣告了解释系统时代的终结，至少在科学计算领域是这样的。硬件支持浮点运算，使得解释系统不再有用武之地。

虽然Fortran通常被认为是第一种经由编译实现的高级语言。但谁是该类语言的首位实现者，这一问题至今尚无定论。Knuth和Pardo（1977）认为这一荣誉应属于Alick E. Glennie，因为他在英国For Halstead的皇家军备研究院为Manchester Mark I计算机实现了Autocode编译器。该编译器于1952年9月投入使用。不过，John Backus（Wexelblat, 1981, 26页）对此持不同观点，他认为Glennie开发的Autocode过于底层化，主要面向机器，还不能被称为是一个编译系统。Backus认为这一荣誉应属于麻省理工学院（MIT）的Laning和Zierler。

40

Laning和Zierler研制的系统（Laning and Zierler, 1954）是第一个被实现的代数翻译系统。此处的“代数”指的是它能够翻译算数表达式。它使用单独编写的子程序计算超越函数（例如正弦和对数），并支持数组运算。在麻省理工学院的Whirlwind计算机上，Laning和Zierler于1952年夏天实现了实验性原型系统，并于1953年5月实现了实用化系统。这个翻译器为每个公式或表达式生成一个子程序。源程序的语言很容易读懂，其中唯一的机器指令就是分支跳转指令。虽然这个工作早于Fortran，但没有传播到麻省理工学院以外。

尽管有这些早期工作的存在，但Fortran仍是第一个被广泛接受的经由编译实现的高级语言。下一节会简要介绍它的重要发展历程。

2.3.2　设计过程

在1954年5月IBM 704型计算机发布之前，研制Fortran的计划就已经开始。1954年11月，IBM的John Backus和他的团队发布了一份报告，题为“IBM机器公式翻译（FORmula TRANslating）系统：FORTRAN”（IBM, 1954）。这篇文献介绍了Fortran的第一个版本，这个尚未实现的版本被称为Fortran 0。他们大胆地宣称Fortran的执行将与手工编写的程序具有相同的效率，程序的编写也会像解释性的伪代码系统一样便利。他们还乐观地宣布，Fortran将消除编程错误和调试过程。基于这个前提，Fortran的第一个编译器几乎没有包含语法错误检查功能。

Fortran研制时的背景如下：计算机的内存非常小、非常慢、可靠性不高；计算机的主要用途是进行科学计算；当时还没有既高效又有效的程序开发方法；由于计算机的价格远远超出程序员的薪资，第一版Fortran编译器的首要优化目标是编译器生成的目标代码的执行速度。早期的若干Fortran版本的特性也都是为了应对同样的环境。

2.3.3　Fortran I概述

Fortran 0在研制过程中不断被修改，整个研制过程从1955年1月一直持续到1957年4月。我们称该编译器所实现的语言为Fortran I。1956年10月出版的第一个Fortran用户手册*Programmer's Reference Manual*（IBM, 1956）给出了关于该语言的详细描述。Fortran I包含输入/输出的格式化、6个字符以内的变量命名（在Fortran 0中则不能超过2个字符）、用户自定义子程序（虽然还不能分别编译）、`If`选择语句以及`Do`循环语句。

41

Fortran I的控制语句都基于IBM 704型计算机的指令集。不知道是计算机的设计者指导了Fortran I语言的控制语句设计还是Fortran I的设计者向IBM 704型计算机的设计者提供了建议。

在Fortran I语言中，没有数据类型声明语句。所有以`I`、`J`、`K`、`L`、`M`和`N`为首字母的变量均被隐式地认为是整数类型，而其他变量都被隐式地认为是浮点类型。数据类型的这种区分方法来自当时科学家和工程师们普遍使用 *i*、*j*、*k* 这样的字母作为变量下标的惯例。为了多留一些选择余地，Fortran 的设计者们还增加了三个字母。

Fortran 研发团队在进行语言设计时就曾极为大胆地宣称：编译器所生成的机器代码的执行效率将是手工编写的机器代码的一半[㊀]。很多潜在的使用者对此产生了怀疑，进而在 Fortran 实际发布之前就对 Fortran 失去了兴趣。但几乎让所有人都感到吃惊的是，Fortran 研发团队基本上达成了他们在效率上的目标。开发首个编译器占用了 18 人年的工作量，其中的大部分都花在了优化上。这一努力取得了显著的成效。

Fortran 早期的成功在 1958 年 4 月的一篇评论上有所体现。当时 704 机上大约一半的程序都是用 Fortran 语言编写的。而仅仅一年之前，大部分程序员对 Fortran 还持有怀疑态度。

2.3.4 Fortran II

Fortran II 编译器在 1958 年春天发布。除了修复 Fortran I 编译器中的很多缺陷（bug)，这一版本还增加了一些重要的特性。其中最重要的就是子程序的分别编译。如果没有分别编译机制，对程序的任何一点修改都会导致整个程序的重新编译。由于 Fortran I 没有分别编译的能力，再加上 704 机的可靠性较低，导致在实践中程序的大小不能超过三四百行（Wexelblat, 1981, 68 页)。更长的程序很难在机器出故障之前完成一次完整的编译。如果在编译时能够包含某些已经编译好的机器语言子程序，编译过程就能加快，并能在实践中开发更大的程序。

42

2.3.5 Fortran IV、77、90、95、2003 和 2008

Fortran III 没有得到广泛的应用。而 Fortran IV 则成为当时应用最广泛的语言之一。Fortran IV 在 1960 年至 1962 年间不断改进，最终形成了 Fortran 66 标准（ANSI，1966)，不过这个名字很少被使用。相对于 Fortran II，Fortran IV 在很多方面有所改进。其中最主要的扩展包括显式的变量类型声明语句、`If` 分支结构中的逻辑判断，以及把子程序作为参数传递给其他子程序的能力。

Fortran IV 后来被 Fortran 77 取代，后者在 1978 年成为新的标准（ANSI, 1978a)。Fortran 77 保留了 Fortran IV 的大部分特征，并在其基础上增加了字符串处理、逻辑循环控制语句，以及带有可选 `Else` 分支的 `If` 语句。

Fortran 90（ANSI, 1992）和 Fortran 77 的区别很大。最主要的区别在于 Fortran 99 增加了动态数组、记录、指针、多分支选择语句及模块。此外，Fortran 90 中的子程序还可以递归调用。

Fortran 90 建议移除来自早期版本的某些语言特性。虽然 Fortran 90 保留了 Fortran 77 中的所有语言特性，但在 Fortran 90 的定义中包含一个列表，列举了建议在下一个版本中移除的语言结构。

Fortran 90 中两个简单的语法变化不仅改变了程序的外貌，也改变了对该语言本身的描述形式。第一个变化是去除了对程序固定格式的限制。原本一个语句的各个部分只能位于指定的字符位，例如语句标号只能位于前 5 个字符位，语句的首字符不能在第 7 个字符位

㊀ 事实上，Fortran 团队相信，他们的编译器所产生的代码至少可以达到手工编写的机器代码速度的一半，否则的话，人们可能就不愿意使用这个语言。

之前。这种死板的程序格式主要是针对穿孔卡片设计的。第二个变化是把语言的官方拼写由FORTRAN改成了Fortran。这个变化是为了和Fortran的新规定保持一致：关键字和标识符由全部大写改为首字母大写。

Fortran 95（INCITS/ISO/IEC, 1997）继续对语言进行改进，但是改变不多。其中，加入了新的循环结构 `Forall`，以便于Fortran程序的并行化。

Fortran 2003（Metcalf et al., 2004）增加了支持面向对象的功能，提供了参数化派生类型、过程指针，以及和C语言的互操作能力。

Fortran2008（ISO/IEC 1539-1, 2010）增加了用于定义局部作用域的块语句、提供并行执行模型的并行数组，以及定义可并发循环的 `DO CONCURRENT` 结构。

2.3.6 评价

Fortran的初始设计团队把翻译器的设计作为主要任务，而语言的设计不过是其必要的前期工作之一。他们没有想过Fortran会应用在IBM以外的计算机上。他们在设计Fortran时被要求兼顾IBM的其他型号计算机，只是因为在704 Fortran编译器发布之前，704的后继机型709已经被纳入开发计划。Fortran对于计算机应用的影响，以及后续程序设计语言从Fortran中获得的收益，与Fortran设计者朴素的初衷之间的反差让人感慨。

43

Fortran 90之前所有的Fortran版本都有一个有助于编译优化的共同特性，即所有变量的类型和需要的存储空间在运行之前都可以确定，不会在运行时产生新的变量或申请新的存储空间，这个特性舍弃灵活性换取了简明性和效率。这样，子程序的递归调用、数据结构的动态扩展或改变都难以实现。当然，在Fortran的早期年代，Fortran程序主要用于数值计算，和后期的软件项目相比还是比较简单的。这样的取舍并不会造成很大的影响。

Fortran的成功无论如何赞誉都不为过：因为它根本性地改变了人们使用计算机的方式。这是它作为第一个被普遍使用的高级程序设计语言所起到的效果。与此后的程序设计语言和概念相比，早期Fortran的概念和实现在很多方面都不尽人意。但是，把一台1910年生产的福特T型车和一台2017年生产的福特野马汽车放在一起比较性能和舒适性显然是有失公允的。即便Fortran存在着种种不足，但在Fortran软件上的巨大投资以及其他一些因素仍然使得Fortran被使用了六十余年。

ALGOL 60的设计者之一Alan Perlis在1978年提到Fortran语言时表示：“Fortran是计算机世界的通用语言，是流行的语言。这里的‘流行’表达的是正面的含义，而不是滥用意义上的流行。这个语言还活着，并且会继续存活下去，因为它已经是活跃的商业世界中一个非常有用的部分。”（Wexelblat, 1981, 161页）。

以下是一个Fortran 95程序的例子：

```
! Fortran 95 程序示例
! 输入：一个小于100的整数List_Len，后跟List_Len个整数值
! 输出：大于所有输入值平均值的输入值的数目
Implicit none
Integer Dimension(99) :: Int_List
Integer :: List_Len, Counter, Sum, Average, Result
Result= 0
Sum = 0
Read *, List_Len
If ((List_Len > 0) .AND. (List_Len < 100)) Then
```

```
! 将输入数据读入数组并计算其和
   Do Counter = 1, List_Len
      Read *, Int_List(Counter)
      Sum = Sum + Int_List(Counter)
   End Do
      ! 计算平均值
        Average = Sum / List_Len
      ! 计算大于平均值的输入值的数目
        Do Counter = 1, List_Len
           If (Int_List(Counter) > Average) Then
              Result = Result + 1
           End If
        End Do
      ! 打印结果
         Print *, 'Number of values > Average is:', Result
      Else
         Print *, 'Error - list length value is not legal'
      End If
      End Program Example
```

44

2.4 函数式程序设计语言：LISP

第一个函数式程序设计语言是用来处理列表的，该需求来源于人工智能（Artificial Intelligence，AI）领域的一些应用。

2.4.1 人工智能的开端和列表处理

20 世纪 50 年代中期，多个领域（如语言学、心理学、数学等）的科学工作者开始对人工智能表现出兴趣。语言学家考虑自然语言处理问题，心理学家希望对人类存储和检索信息的过程以及大脑的其他基础活动建模，数学家则希望将定理证明这样的智力过程机械化。这些研究都有共同的需求：必须提供一种方法让计算机可以处理链表结构的符号（symbolic）数据。但遗憾的是，当时几乎所有的计算机都是针对数组结构的数值（numeric）数据设计的。

列表处理的概念由 RAND 公司的 Allen Newell、J. C. Shaw 和 Herbert Simon 提出。他们在一篇经典的论文中给出了最早的 AI 程序之一 Logic Theorist[⊖]，以及该程序所使用的语言（Newell and Simon, 1956），这个名为 IPL-I（信息处理语言 I）的语言并未被实现，但该语言的下一个版本 IPL-II 在 RAND Johnniac 计算机上实现了。IPL 的研发一直持续到 1960 年 IPL-V 的发布（Newell and Tonge, 1960）。IPL 语言面向底层的特性妨碍了它的广泛应用。IPL 实际上是为一台假象中的计算机设计的汇编语言。它由包含列表处理程序的解释器实现。另一个影响 IPL 语言流行的原因是，IPL 是在非主流的 Johnniac 计算机上实现的。

45

IPL 语言的贡献在于列表的设计，它还证明了列表处理的有效性和可行性。

IBM 在 20 世纪 50 年代中期对 AI 产生了兴趣，并在定理证明领域进行尝试。当时 Fortran 项目还在起步阶段。Fortran I 编译器的高昂成本让 IBM 认为他们的列表处理应该和 Fortran 结合，而不是另起炉灶研制一个新语言。于是，IBM 设计和实现了 Fortran 的一个扩展语言，也就是 Fortran 列表处理语言（Fortran List Processing Language，FLPL）。FLPL 用

⊖ Logic Theorist 用于搜索命题逻辑系统中定理的证明。

于构建针对平面几何领域的定理证明器，当时平面几何领域被认为是最容易实现机械化定理证明的领域。

2.4.2 LISP 的设计过程

MIT 的 John McCarthy 于 1958 年在 IBM 信息研究部担任了一个暑期职位。他的暑假目标是调研符号计算及此方面的需求。他选择代数表达式的微分作为导向性的案例研究方向。在研究过程中，他获取了关于符号计算语言的一系列需求，包括数学函数的控制流方法：递归和条件表达式。而在当时唯一可用的高级程序设计语言 Fortran I 中，这两种结构一个都没有。

McCarthy 在调研中发现的另一个需求是，需要为链表动态申请存储空间，以及隐式地释放弃用链表所占用的空间。McCarthy 不希望显式内存释放语句打乱简练的微分算法。

由于 FLPL 不支持递归、条件表达式、动态内存分配和隐式的内存释放，McCarthy 意识到人们需要一种新的程序设计语言。

当 McCarthy 在 1958 年秋天回到 MIT 后，他和 Marvin Minsky 用 MIT 的电子实验室研究基金启动了 MIT AI 项目。该项目的首要目标是研发一个列表处理软件系统。起初准备用该系统实现 McCarthy 建议的一个叫作 Advice Taker㊀的程序。这个应用驱动了列表处理语言 LISP 的开发。LISP 的第一个版本有时被称作“纯 LISP”，因为它是纯函数式语言。在后续小节中，我们会介绍纯 LISP 的研制过程。

46

2.4.3 语言概述

2.4.3.1 数据结构

纯 LISP 只有两种数据结构：原子类型和列表类型。原子类型或者是标识符形式的符号，或者是数值字面量（numeric literal）。把符号信息存储为链表是一种比较自然的方式，IPL-II 就使用了这种方式。这样的数据结构便于在任意位置插入或删除。在当时，插入和删除操作被认为是列表处理的必要操作，但后来却发现这两个操作在 LISP 程序中很少用到。

通过括号把表元素括起来就形成了一个列表。仅由原子元素组成的简单列表具有如下形态

```
(A B C D)
```

列表的嵌套也由括号来定义。例如，列表

```
(A (B C) D (E (F G)))
```

由四个元素组成。第一个元素是原子 A，第二个元素是子表（B C)，第三个元素是原子 D，第四个元素是子表 (E (F G))，该子表中第二个元素是子表（F G）。

列表在内部被存储为单向链表结构，其中的每一个节点代表一个列表元素，每个节点有两个指针。如果一个节点代表原子元素，它的第一个指针指向该原子元素的具体表示，可以是符号或数字或指向子表的指针。如果一个节点代表子表元素，它的第一个指针指向子表的第一个节点。在上述两类节点中，第二个指针都指向表中的下一个元素。通过指向列表第一个元素的指针来引用列表。

㊀ Advice Taker 用形式化语言的语句描述信息，用逻辑推理过程决定所采取的行为。

前面给出的两个表的内部表示如图 2.2 所示。图中表的各个元素位于一条水平线上。列表的最后一个元素没有后继，因此节点中第二个指针的值是 NIL，在图 2.2 中通过该节点内的一条对角线表示。子表的表示方式与此相同。

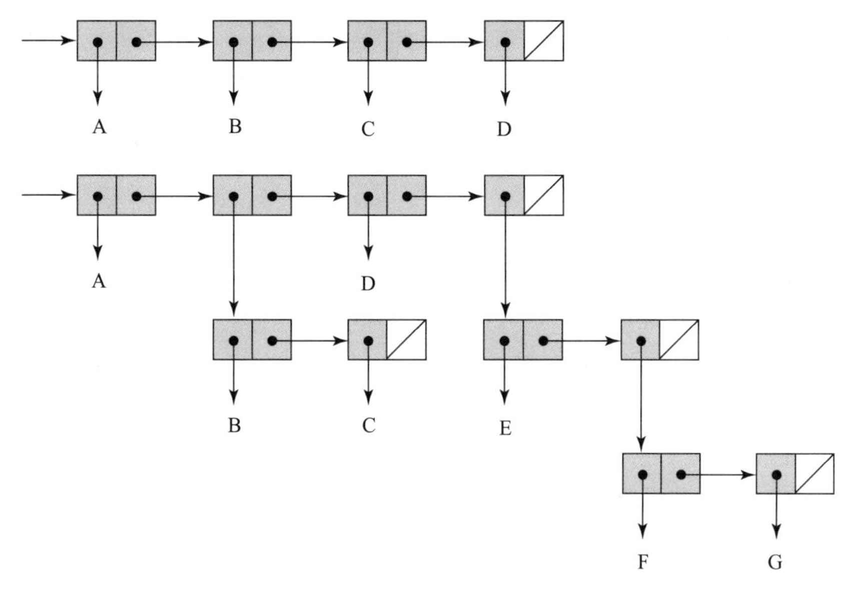

图 2.2　两个 LISP 列表的内部表示

2.4.3.2　函数式程序设计中的过程

LISP 被设计为函数式程序设计语言。在纯函数式程序中，所有的计算都是以将函数应用于参数的方式来完成的。命令式语言程序中常用的赋值语句和变量在函数式语言程序中都不是必需的。而且，由于重复的过程可以通过函数的递归调用来表示，所以也不再需要迭代（循环）。函数式程序设计的这些基本概念，使得它与命令式语言的程序设计非常不同。

2.4.3.3　LISP 的语法

LISP 与命令式语言区别很大，一方面是因为 LISP 是函数式程序设计语言，另一方面也是因为 LISP 程序的外观与 Java 或 C++ 等语言的程序有很大区别。例如，Java 的语法是英语和代数的复杂混合体，而 LISP 的语法则是简洁的典范。LISP 中程序代码和数据的形态完全相同，都是以括号括起来的列表形式出现。例如

```
(A B C D)
```

如果是数据，则表示为一个由 4 个元素组成的列表；如果是指令代码，则表示将函数 A 应用于 3 个参数 B、C、D。

2.4.4　评价

在过去 25 年里，LISP 语言在人工智能领域独占鳌头。导致 LISP 极端低效的很多原因已经得到解决。当前许多 LISP 的实现都是经过编译的，这比解释器的源代码执行要快得多。除了 AI 领域的成功之外，LISP 还是函数式程序设计领域的先驱，而函数式程序设计则是程序设计语言研究领域的一个热点。如第 1 章所述，许多程序设计语言研究者相信，相对于使用命令式语言设计过程式程序，函数式程序设计是一种更好的软件开发方式。

47~48

以下是 LISP 程序的一个示例：

```
; LISP 示例函数
; 下面的代码定义了一个 LISP 谓词函数，该函数接受两个列表作为参数，
; 如果两个列表相等，则返回 True，否则返回 NIL(false);
  (DEFUN equal_lists (lis1 lis2)
   (COND
     ((ATOM lis1) (EQ lis1 lis2))
     ((ATOM lis2) NIL)
     ((equal_lists (CAR lis1) (CAR lis2))
               (equal_lists (CDR lis1) (CDR lis2)))
     (T NIL)
   )
)
```

2.4.5 LISP 的两种后继语言

目前有两种应用比较广泛的 LISP 方言：Scheme 和 Common LISP。下面对它们做简要介绍。

2.4.5.1 Scheme

Scheme 语言于 20 世纪 70 年代中期诞生于 MIT，其特点是规模小、只使用静态作用域（在第 5 章中讨论）、将函数作为一等实体来处理。作为一等实体，Scheme 函数可以被赋值给变量，可以作为参数传递，也可以作为函数应用的返回值。它们也可以作为列表的元素。LISP 的早期版本并不支持这些功能，也不使用静态作用域。

49

作为一种语法和语义都比较简单的小型程序设计语言，Scheme 适用于诸如函数式程序设计或程序设计入门等课程的教学。第 15 章将对 Scheme 进行细致的介绍。

2.4.5.2 Common LISP

从 20 世纪 70 年代至 20 世纪 80 年代早期，人们研制并使用了很多 LISP 语言的方言，这导致程序之间的移植成为一个大问题。Common LISP（Graham，1996）正是为了解决这一问题而研制的。Common LISP 集 20 世纪 80 年代早期多种 LISP 方言（包括 Scheme）的特性于一身。作为一种混合体，Common LISP 相对大而复杂。不过，它的基础仍然是纯 LISP。其语法、基本功能和基本特征也仍然源于纯 LISP。

Common LISP 兼顾了动态作用域的灵活性和静态作用域的简明性。变量默认的作用域是静态的，但如果将变量声明为 **special**，其作用域就是动态的。

Common LISP 包含多种数据类型和数据结构，包括记录、数组、复数及字符串。它还有一种包结构，用于封装函数集和数据，以提供访问控制。

我们将在第 15 章中详细地介绍 Common LISP。

2.4.6 相关语言

元语言（MetaLanguage，简称 ML）最初由爱丁堡大学的 Robin Milner 于 20 世纪 80 年代设计（Ullman，1998）。ML 是一个名为 LCF（Logic for Computable Functions，可计算函数的逻辑）（Milner et al.，1990）的程序验证系统的元语言。ML 总体上是一种函数式语言，但也支持命令式程序设计。与 LISP 和 Scheme 不同，ML 中每个变量和表达式的类型都可以在编译时确定。类型与数据对象相关联，而非与名字相关联，名字和表达式的类型由上下文推导而得。

与 LISP 和 Scheme 不同，ML 并不使用源于 lambda 表达式的用括号括起的函数式语法。ML 的语法与命令式语言（如 Java 和 C++）更为接近。

Miranda 语言是由英国坎特伯雷市肯特大学的 David Turner（1986）于 20 世纪 80 年代早期研制的。Miranda 语言以 ML、SASL 和 KRC 语言为基础。Haskell 语言（Hudak and Fasel，1992）主要基于 Miranda 语言。它和 Miranda 一样，是纯函数式语言，没有变量和赋值语句。Haskell 的另一个显著特征是采用惰性求值，这意味着表达式的值在被需要时才会被求解，这为该语言带来了一些令人惊奇的能力。

Caml（Cousineau et al.，1998）及其支持面向对象程序设计的方言 OCaml（Smith，2006）继承于 ML 和 Haskell。最后，F# 是一种新的直接基于 OCaml 的类型化语言（Syme et al.，2010）。作为一种 .NET 语言，它可以直接访问整个 .NET 库，也可以与所有 .NET 语言平滑地交互。F# 同时支持函数式程序设计和过程式程序设计，还完全支持面向对象的程序设计。

ML、Haskell 和 F# 将在第 15 章中做进一步介绍。

2.5 迈向成熟的第一步：ALGOL 60

ALGOL 60 对其后的程序设计语言有深远影响，因此总是被作为语言历史研究的重中之重。

50

2.5.1 历史背景

ALGOL 60 旨在为科学应用设计通用程序设计语言。1954 年年末，Laning 和 Zierler 的代数系统已经运行了一年多，关于 Fortran 语言的第一份报告也已发表。Fortran 语言在 1957 年进入实际应用，其他几个高级语言也在研制过程中。其中最受关注的是卡内基工学院的 Alan Perlis 设计的 IT 语言，以及为 UNIVAC 计算机设计的语言 MATH-MATIC 和 UNICODE。语言数量的增多使得不同用户间难以共享程序。而且，新语言都针对不同的体系结构，有些语言针对 UNIVAC 计算机，有些语言针对 IBM 700 系列计算机。针对这种面向特定机型的专用语言大量出现的情况，包括 SHARE（IBM 科学用户团体）和 USE（UNIVAC Scientific Exchange，UNIVAC 科学交流，是大规模的 UNIVAC 科学用户团体）在内的一些美国主要计算机用户团体在 1957 年 5 月 10 日向美国计算机协会（Association for Computing Machinery，ACM）建议成立一个委员会，来研究和设计一种与机型无关的用于科学计算领域的程序设计语言。虽然 Fortran 可以是一个备选，但在当时它还不可能成为一种通用语言，因为当时 Fortran 语言归 IBM 公司独有。

此前，GAMM（“应用数学和力学协会”的德文缩写）在 1955 年成立了一个委员会，准备设计一个通用的与机型无关的算法语言。欧洲人迫切盼望这一新语言的部分原因在于害怕被 IBM 主导。到了 1957 年下半年，在美国出现的若干高级语言之后，GAMM 下属委员会认为应该以更加开放的态度让美国人也参与进来，于是他们给 ACM 发了一封邀请函。1958 年 4 月，在 GAMM 的 Fritz Bauer 向 ACM 提交了正式申请之后，两个组织正式同意联合开展语言设计项目。

2.5.2 早期设计过程

GAMM 和 ACM 各派出 4 人参加了第一次设计会议。该会议于 1958 年 5 月 27 日至 6

月 1 日在瑞士苏黎世召开，会议首先为新语言确定了以下目标：

- 语法应尽量接近标准的数学标记法，编写的程序应该基本无须额外解释就可读懂；
- 应该能够使用这种语言在出版物中描述算法；
- 编写的程序必须可以机械地翻译为机器语言。

第一个目标表明新的语言将用于科学计算领域的程序设计，这是当时计算机应用的首要领域。第二个目标对计算商业领域来说是全新的。最后一个目标对任何程序设计语言来说都是必要的。

51

苏黎世会议成功地促成了一种可满足上述目标的语言。不过，语言的设计过程中还需要在个人之间以及大西洋两岸之间进行大量的折衷调和。从某种意义上说，地域习惯引起的细节分歧远多于重大问题上的分歧。例如，是采用逗号（欧洲方式）还是句点（美国方式）来表示小数点。

2.5.3　ALGOL 58 概述

苏黎世会议所确定的语言被命名为国际算法语言（International Algorithmic Language，IAL）。在语言的设计期间，有人建议使用 ALGOL 这个名称，意为算法语言（ALGOrithmic Language），但是由于这个名称没有体现出该委员会的国际性，因此当时被否决了。但是在第二年，语言的名称又被改为 ALGOL，这个语言最终被称为 ALGOL 58。

从很多方面看，ALGOL 58 都像是 Fortran 的继承者。它对 Fortran 的很多特性进行了泛化，并且增加了几个新的结构和概念。有些泛化是为了避免语言和特定机型的绑定，还有些泛化是为了让语言更加灵活、能力更强。在这个过程中，ALGOL 语言呈现出在以往语言中较为少见的简单而又优雅的风格。

ALGOL 58 对数据类型进行了规范化，不过只有非浮点类型的变量才需要被显式地声明。该语言增加了复合语句的概念，这个概念被此后的大多数语言所采用。在 ALGOL 58 中被泛化的 Fortran 特性包括：标识符可以是任意长度，而 Fortran I 中标识符长度被限制为不超过 6 个字符；数组维数可以是任意的，而在 Fortran I 中数组维数不超过 3；数组下标下界可以由程序员定义，而在 Fortran I 中数组下标下界隐含为 1；选择语句可以嵌套，而这在 Fortran I 中是不被允许的。

ALGOL 58 中赋值操作符的确定经历了一个不太寻常的过程。Zuse 在 Plankalkül 中使用这种形式

```
表达式 => 变量
```

的赋值语句。虽然 Plankalkül 没有被正式发表，但 ALGOL 58 委员会中部分来自欧洲的成员对这个语言很熟悉。委员会希望采用 Plankalkül 的赋值形式，但由于可使用的符号集合的限制[⊖]，大于号只能改成冒号。后来，在美国成员的坚持下，赋值语句改用了 Fortran 形式：

```
变量 := 表达式
```

52

欧洲人更倾向于相反的形式，正好和 Fortran 相反。

⊖ 当时的卡片穿孔机不包含大于号。

2.5.4 ALGOL 58 报告的接受度

1958 年 12 月，ALGOL 58 报告（Perlis and Samelson，1958）的发表受到了大家的热情欢迎。在美国，这个新语言不仅仅被看作一个通用标准语言，更是被看作程序设计语言设计概念的集大成者。事实上，ALGOL 58 报告并非最终产品，而只是作为一个供各国同行讨论的初稿。在这个报告的基础上，有三个重要语言的设计和实现工作被付诸实施，分别是 Michigan 大学的 MAD 语言（Arden et al.，1961）、美国海军电子部门（The U.S. Naval Electronics Group）研制的 NELIAC 语言（Huskey et al.，1963）、系统开发公司（System Development Corporation）的 JOVIAL 语言（Shaw，1963）。其中，JOVIAL 是"Jule 的私有国际代数语言版本"（Jules' Own Version of the International Algebraic Language）的首字母缩写（Jules 就是 JOVIAL 的设计者 Jules I. Schwartz），它是唯一一种基于 ALGOL 58 的得到广泛应用的语言。JOVIAL 之所以能够得到广泛应用，是因为它在 25 年的时间里一直是美国空军指定的官方语言。

美国计算机界的其他人则对这个新语言不那么友好。最初，IBM 和它的主要科学用户团队 SHARE 似乎是欢迎 ALGOL 58 的。IBM 在 ALGOL 58 报告发表后不久就开始进行语言的实现工作，SHARE 组织了一个下属委员会 SHARE IAL 来研究这个语言。该委员会建议 ACM 把 ALGOL 58 标准化，IBM 为所有 700 系列计算机提供该语言的实现。不过，他们的热情没有维持多久。到了 1959 年春天，基于在 Fortran 应用上的经验，IBM 和 SHARE 发现他们无法承受重新研制一个新语言的困难和花销，包括开发和使用新一代的编译器，以及说服和培训用户使用这个语言。到了 1959 年年中，IBM 和 SHARE 决定还是把 Fortran 作为 IBM 700 系列计算机的指定科学计算语言，而 ALGOL 58 则被放弃了。

2.5.5 ALGOL 60 的设计过程

1959 年，欧洲和美国都对 ALGOL 58 进行了热烈的讨论。欧洲的 *ALGOL 公告*（*ALGOL Bulletin*）和*美国计算机学会通讯*（*Communications of the ACM*）上都发表了很多修改和扩充此语言的建议。其中，最重要的事件之一就是由 Backus 在国际信息处理大会（International Conference on Information Processing）上代表苏黎世委员会介绍了他提出的用于描述程序设计语言语法的新标记法，这就是后来众所周知的 BNF（Backus-Naur Form，Backus-Naur 范式）。我们将在第三章中详细介绍 BNF。

1960 年 1 月，第二次 ALGOL 会议在巴黎举行。这次会议的主题是讨论正式提交的 80 条建议。丹麦的 Peter Naur 虽然不是苏黎世团队的成员，但已深度参与了 ALGOL 的研制。正是 Naur 创立和出版了 *ALGOL 公告*。他花了大量时间研究 Backus 介绍 BNF 的论文，认定 BNF 应该被用来形式化地描述 1960 年会议的结果。在对 BNF 稍作修改之后，他为新建议的语言给出了一个 BNF 描述，并在会议开始时提交给了会议的与会者。 [53]

2.5.6 ALGOL 60 概述

虽然 1960 年的 ALGOL 会议只持续了 6 天，但却对 ALGOL 58 进行了很多修改。其中最重要的一些改进包括：

- 引入了块结构，允许程序员通过定义新的数据环境或作用域将程序的指定部分局部化。

- 允许两种向子程序传递参数的方法，分别是传值和传名。
- 允许过程的递归调用。ALGOL 58 在这个问题上没有给出清晰的表述。需要注意的是，虽然递归调用对于命令式语言是个新事物，但 LISP 早在 1959 年就包含了函数的递归调用。
- 允许栈—动态数组。栈—动态数组的下标声明为变量，因此在程序执行到数组声明语句，需要为数组分配内存时，数组的大小才被确定。栈—动态数组将在第 6 章详细讨论。

会议也拒绝了一些可能会影响语言成败的建议。其中比较重要的一条就是带格式的输入输出语句，它被拒绝的原因在于，当时这种语句被认为是面向特定机型的。

ALGOL 60 的报告发表于 1960 年 5 月（Naur，1960）。在该语言的表述中还有一些有歧义之处，因此他们约定于 1962 年 4 月在罗马召开第三次会议以解决这些问题。第三次会议将只用于解决这些问题，而不允许在会议上对语言进行新的扩充。第三届 ALGOL 会议的成果以"算法语言 ALGOL 60 修订版报告"的标题发表（Backus et al.，1963）。

2.5.7　评价

从某种角度讲，ALGOL 60 获得了巨大的成功；但从另一些角度讲，它又遭受了惨淡的失败。ALGOL 60 的成功在于它几乎立即成为计算机领域文献中唯一用于交流算法的正规方式，而且这种情况持续了 20 多年。1960 年以后设计的每个命令式语言都从 ALGOL 60 中获益。事实上，这些语言大多是 ALGOL 60 的直接或间接的派生者，比如 PL/I、SIMULA 67、ALGOL 68、C、Pascal、Ada、C++、Java 和 C#。

54

ALGOL 58 和 ALGOL 60 的设计开创了很多纪录：首次由国际团队尝试设计编程语言；首个以机型无关为设计目标的语言；首个用形式化方法表达语法的语言。BNF 形式化规则的成功应用开启了计算机科学的若干重要领域，如形式语言、语法分析理论、基于 BNF 范式的编译器设计等。ALGOL 60 的设计还影响了计算机体系结构。一个最明显的例子就是，该语言的一种扩展被用作 B5000、B6000、B7000 等一系列大型计算机的系统语言。该系列计算机设计了硬件栈以高效地实现块结构和子程序的递归调用。

但在另一方面，ALGOL 60 在美国从来没有得到过广泛应用。它在欧洲的应用虽然比在美国更广泛一些，但也从来不是最主流的语言。影响其接受度的原因有很多。一个原因是 ALGOL 60 的某些特性过于灵活，导致理解的难度增大，实现的效率降低。一个典型的例子就是子程序参数的传名机制，这个我们会在第 9 章讨论。Rutishauser 在 1967 年指出（Rutishauser，1967，第 8 页），对 ALGOL 60 语言的完整实现几乎是不可能的，这说明了 ALGOL 60 的实现难度。

另一个影响 ALGOL 60 接受度的主要原因是缺少输入输出语句。实现相关的输入输出使得程序难以在不同计算机之间移植。

具有讽刺意味的是，作为 ALGOL 60 对计算机科学最主要的贡献，BNF 范式也成了影响 ALGOL 60 接受度的一个因素。虽然 BNF 范式在现在看来是一个简单优雅的描述语法的方式，但在 1960 年它却显得奇怪而复杂。

总的来说，在各种因素中，ALGOL 60 没有得到广泛应用的主要原因有两个，一个是用户对 Fortran 的固守，另一个是没有得到 IBM 的支持。

ALGOL 60 的工作其实没有彻底完成，因为语言描述中还是存在一些模棱两可、模糊不清的地方（Knuth，1967）。

以下是 ALGOL 60 程序的一个例子：

```
comment ALGOL 60 程序示例
  输入：一个小于 100 的整数 listlen，后跟 listlen 个整数值
  输出：大于所有输入值平均值的输入值的数目；
begin
  integer array intlist [1:99];
  integer listlen, counter, sum, average, result;
  sum := 0;
  result := 0;
  readint (listlen);
  if (listlen > 0) ∧ (listlen < 100) then
    begin
comment 将输入数据读入数组并计算平均值；
    for counter := 1 step 1 until listlen do
      begin
      readint (intlist[counter]);
      sum := sum + intlist[counter]
      end;
comment 计算平均值；
    average := sum / listlen;
comment 计算大于平均值的输入值的数目；
    for counter := 1 step 1 until listlen do
      if intlist[counter] > average
        then result := result + 1;
comment 打印结果；
    printstring("The number of values > average is:");
    printint (result)
    end
  else
    printstring ("Error-input list length is not legal";
end
```

55

2.6 商业处理语言：COBOL

从某种角度看，COBOL 的故事和 ALGOL 60 正相反。虽然已经使用了近 60 年，但 COBOL 对除 PL/I 以外的其他程序设计语言基本没有什么影响。虽然很难确认，但 COBOL 可能仍然是应用最广泛的语言[⊖]。为什么 COBOL 对其他语言的影响很小？可能是因为自从有了 COBOL 之后，几乎就没人想过再为商业应用设计一个新语言了。这是因为 COBOL 的能力已经较好地满足了这个应用领域的需求。另一方面的原因在于，过去三十年里，大量的商业计算需求出现在小企业里。而这些企业几乎从不自己开发软件，他们只针对自己需要的各种功能购买现成的软件包。

56

2.6.1 历史背景

COBOL 的诞生和 ALGOL 60 有一点相像，它们都是由一个阶段性召开短期会议的委员会设计的。在 1959 年，商业计算领域的状态和几年前科学计算领域准备设计 Fortran 语言时类似。有一个编译实现的商务应用语言 FLOW-MATIC 已经在 1957 年被实现，但是这个语

⊖ 20 世纪 90 年代，在研究千年虫问题时，有人估计在曼哈顿 22 平方英里的范围内，大约有 8 百万行 COBOL 程序在日常运行。

言属于制造商UNIVAC，是专为这个公司的计算机设计的。另一个语言AIMACO在美国空军内使用，但它和FLOW-MATIC只有微小的区别。IBM为商务应用设计了COMTRAN语言（COMmercial TRANslator，商业翻译器），但是还没有实现。此外，还有几个语言设计项目也正在筹划中。

2.6.2 FLOW-MATIC

FLOW-MATIC的诞生值得一提，因为它是COBOL的主要源头。在1953年12月，Remington-Rand UNIVAC公司的Grace Hopper提出了一个预言性建议。她建议“应该用数学记号写数学程序，应该用英语语句写数据处理程序”（Wexelblat，1981，16页）。但在1953年，一个不是程序员的人很难相信计算机能理解英文词句。直到1955年，UNIVAC的管理层才有意向为类似的建议立项，但在立项之前必须建立一个原型系统对该建议进行确认。通过编译并运行一个首先使用英文关键词，然后使用法语关键词，最后使用德语关键词的小程序，原型系统的演示让UNIVAC管理层印象深刻，从而让他们更容易接受Hopper的建议。

2.6.3 COBOL的设计过程

第一次以通用商用语言为主题的正式会议由美国国防部发起，于1959年5月28到29日在五角大楼举行（正好是苏黎世ALGOL会议一年之后）。会议对这个称为CBL（Common Business Language的缩写，意为“通用商务语言”）的语言达成了一些共识。即便有少部分人认为数学记号应该多一点，但大多数人还是同意这个语言中应该尽量多地使用英语。哪怕能力稍弱一点，这个语言也应该容易使用，以便让更多的人能用它在计算机上编程。大家认为，在程序设计语言中使用英语，除了可以让这个语言更易用以外，还可以让管理者也能读懂程序。最后，语言的设计不应该过多地被实现中遇到的问题所束缚。

57

本次会议首要考虑的是，需要尽快采取行动研制这个统一的语言，因为很多人已经为研制其他的商业应用语言做了很多准备性工作。除了现有的语言，RCA和Sylvania公司已经着手研制自己的商业应用语言。因此，研制通用语言的过程越长，这个语言就越难得到广泛应用。出于这方面的考虑，会议认为需要快速地研究现有的语言，并为完成这一任务成立一个短期委员会（Short Range Committee）。

在此项工作的早期，人们决定把语言中的语句分成两类，一类描述数据，另一类执行操作，这两类操作会被放在程序中的不同部分。短期委员会内部曾经就是是否把下标作为语言的一部分而发生过争论。委员会中的很多成员认为对从事数据处理工作的人来说下标太复杂了，他们不喜欢数学符号。类似的争论也涉及是否要把数学表达式作为语言的一部分。短期委员会的最终报告在1959年12月完成，这个报告描述的语言后来被称为COBOL 60。

COBOL 60的语言规范在1960年4月由政府印务办公室出版（Department of Defense，1960），被称为“初始版本”。此后，又于1961年和1962年两次发布了修订版（Department of Defense，1961，1962）。美国国家标准协会（American National Standards Institute，ANSI）于1968年将该语言标准化。此后，ANSI又分别在1974年、1985年、2002年发布了后续三个版本的标准。这个语言至今仍在不断改进中。

2.6.4 评价

COBOL语言创造了一些新的概念，其中的一部分被其他语言吸收。例如，COBOL 60

中的动词 DEFINE 就是高级程序设计语言中的第一个宏结构。更重要的，在 Plankalkül 中首次出现的层次数据结构（record，记录）是在 COBOL 中被首次实现的。此后的绝大多数命令式语言都包含了这个数据结构。COBOL 是第一个真正能够用名字来表达内涵的语言，因为 COBOL 允许长达 30 个字符的长名字以及单词连接符（连字符）。

总体来说，COBOL 中的数据部分比较强，过程部分则比较弱。每个变量都在数据部分进行详细的定义，包括十进制数的位数以及隐含的小数点的位置。文件记录也同样表达得非常详细，记录可以一行行地输出给打印机，所以 COBOL 在打印报表方面非常合适。过程部分最大的弱点可能是在早期没有函数的概念。1974 年标准之前的 COBOL 不支持带参数的子程序。

我们关于 COBOL 的最终评论是：这是第一个由美国国防部授权使用的程序设计语言。因为 COBOL 并不是专门为美国国防部设计的语言，所以这个使用授权自 COBOL 研制时就开始了。如果没有这个授权，即使 COBOL 设计得再好也没法在业界应用。早期的 COBOL 编译器性能很差，导致其使用代价太高。当然，随着时间的推移，编译器的效率越来越高，计算机越来越便宜，运算速度越来越快，内存也越来越大。这些因素的共同作用使得 COBOL 在国防部内外都走向成功。COBOL 的出现，使得财会工作走向电算化。无论从哪个角度讲，这都是一个重要的发展。 58

以下是 COBOL 程序的一个示例。这个程序读入一个名为 BAL-FWD-FILE 的库存清单文件。清单里的每条数据都记录着货物的库存量（BAL-ON-HAND）和补货点（BAL-REORDER-POINT）。当库存低于补货点时，就需要重新订货。这个程序生成一个名为 REORER-LISTING 的补货清单文件。

```
IDENTIFICATION DIVISION.
PROGRAM-ID. PRODUCE-REORDER-LISTING.

ENVIRONMENT DIVISION.
CONFIGURATION SECTION.
SOURCE-COMPUTER. DEC-VAX.
OBJECT-COMPUTER. DEC-VAX.
INPUT-OUTPUT SECTION.
FILE-CONTROL.
    SELECT BAL-FWD-FILE ASSIGN TO READER.
    SELECT REORDER-LISTING ASSIGN TO LOCAL-PRINTER.

DATA DIVISION.
FILE SECTION.
FD  BAL-FWD-FILE
    LABEL RECORDS ARE STANDARD
    RECORD CONTAINS 80 CHARACTERS.

01  BAL-FWD-CARD.
    02 BAL-ITEM-NO          PICTURE IS 9(5).
    02 BAL-ITEM-DESC        PICTURE IS X(20).
    02 FILLER               PICTURE IS X(5).
    02 BAL-UNIT-PRICE       PICTURE IS 999V99.
    02 BAL-REORDER-POINT    PICTURE IS 9(5).
    02 BAL-ON-HAND          PICTURE IS 9(5).
    02 BAL-ON-ORDER         PICTURE IS 9(5).
    02 FILLER               PICTURE IS X(30).
FD  REORDER-LISTING
    LABEL RECORDS ARE STANDARD
    RECORD CONTAINS 132 CHARACTERS.
```

59

```
01  REORDER-LINE.
    02 RL-ITEM-NO              PICTURE IS Z(5).
    02 FILLER                  PICTURE IS X(5).
    02 RL-ITEM-DESC            PICTURE IS X(20).
    02 FILLER                  PICTURE IS X(5).
    02 RL-UNIT-PRICE           PICTURE IS ZZZ.99.
    02 FILLER                  PICTURE IS X(5).
    02 RL-AVAILABLE-STOCK      PICTURE IS Z(5).
    02 FILLER                  PICTURE IS X(5).
    02 RL-REORDER-POINT        PICTURE IS Z(5).
    02 FILLER                  PICTURE IS X(71).

WORKING-STORAGE SECTION.
01  SWITCHES.
    02 CARD-EOF-SWITCH         PICTURE IS X.
01  WORK-FIELDS.
    02 AVAILABLE-STOCK         PICTURE IS 9(5).

PROCEDURE DIVISION.
000-PRODUCE-REORDER-LISTING.
    OPEN INPUT BAL-FWD-FILE.
    OPEN OUTPUT REORDER-LISTING.
    MOVE "N" TO CARD-EOF-SWITCH.
    PERFORM 100-PRODUCE-REORDER-LINE
        UNTIL CARD-EOF-SWITCH IS EQUAL TO "Y".
    CLOSE BAL-FWD-File.
    CLOSE REORDER-LISTING.
    STOP RUN.

100-PRODUCE-REORDER-LINE.
    PERFORM 110-READ-INVENTORY-RECORD.
    IF CARD-EOF-SWITCH IS NOT EQUAL TO "Y"]
        PERFORM 120-CALCULATE-AVAILABLE-STOCK
        IF AVAILABLE-STOCK IS LESS THAN BAL-REORDER-POINT
            PERFORM 130-PRINT-REORDER-LINE.

110-READ-INVENTORY-RECORD.
    READ BAL-FWD-FILE RECORD
         AT END
             MOVE "Y" TO CARD-EOF-SWITCH.

120-CALCULATE-AVAILABLE-STOCK.
ADD BAL-ON-HAND BAL-ON-ORDER
    GIVING AVAILABLE-STOCK.

130-PRINT-REORDER-LINE.
    MOVE SPACE                 TO REORDER-LINE.
    MOVE BAL-ITEM-NO           TO RL-ITEM-NO.
    MOVE BAL-ITEM-DESC         TO RL-ITEM-DESC.
    MOVE BAL-UNIT-PRICE        TO RL-UNIT-PRICE.
    MOVE AVAILABLE-STOCK       TO RL-AVAILABLE-STOCK.
    MOVE BAL-REORDER-POINT     TO RL-REORDER-POINT.
    WRITE REORDER-LINE.
```

60

2.7 分时处理的开始：Basic

Basic（Mather and Waite，1971）是另一个被广泛使用但是却没有得到足够尊重的语言。

Basic 语言就像 COBOL 一样常常被计算机科学家所忽视。Basic 的早期版本也像 COBOL 一样看起来不够简练，而且只包含很少的控制流语句。

Basic 语言在 20 世纪 70 年代后期到 20 世纪 80 年代初期在微型计算机上非常流行。这个主要和 Basic 早期版本的两个主要特征有关。初学者学习 Basic 很容易，特别是非科学领域的用户。此外，这个语言比较小，可以在内存比较小的计算机上实现[㊀]。随着微机能力的提升以及其他语言的实现，Basic 用得越来越少。20 世纪 90 年代早期，随着 Visual Basic（Microsoft，1991）的出现，Basic 的应用出现了一波强劲的反弹。

2.7.1 设计过程

Basic（Beginner's All-purpose Symbolic Instruction Code，初学者的通用符号指令码）由美国新罕布什尔州的 Dartmouth 学院（现为 Dartmouth 大学）的两位数学家 John Kemeny 和 Thomas Kurtz 研制。20 世纪 60 年代早期，他们为 Fortran 和 ALGOL 60 的很多方言开发了编译器。理工科的学生学习和使用那些语言时通常没有什么困难。但 Dartmouth 学院是一个以文科为主的学院，理工科专业的学生只占学生总体的 25% 左右。于是他们在 1963 年春天决定为这些文科专业的学生设计一个新的语言。这种新语言将通过终端访问计算机。这个系统的目标包括：

1）易于非理工科专业学生学习和使用；

2）使用体验必须是"令人愉快的"；

3）适合快速周转，以便快速完成课外作业；

4）允许私有访问和自由访问；

5）节约用户使用时间而不是计算机运行时间。

61

上述最后一个目标是一个革命性的概念。这个概念基于一种信念，就是计算机价格在未来会显著降低，事实也确实是这样。

第 2、3、4 三个目标结合起来催生了 Basic 的分时能力。在 20 世纪 60 年代，只有很多用户通过终端同时私有地访问计算机才能实现这个目标。

在 1963 年夏天，Kemeny 开始通过远程访问 GE 225 计算机为 Basic 的第一个版本设计编译器。为 Basic 设计并实现操作系统的工作从 1963 年秋天开始。1964 年 5 月 1 日凌晨 4 点，第一个使用分时 Basic 的程序被输入计算机并开始运行。系统终端的数量在 6 月增加到 11 个，并在冬天增加到 20 个。

2.7.2 语言概述

Basic 最初的版本非常小，而且很奇怪地没有交互能力：运行中的程序没办法从用户那里得到输入数据。程序是以批处理的方式输入、编译和运行的。Basic 最初的版本只有 14 种不同的语句类型和一种数据类型——浮点类型。因为语言的设计者觉得目标用户不会在意整数和浮点数之间的区别，这个类型被称为数值类型（number）。总的来说，这是一个功能有限的语言，但易于入门。

2.7.3 评价

Basic 最初版本的重要意义在于，它是第一个被广泛应用的通过终端远程连接计算机的方式使用的程序设计语言[㊁]。当时，远程终端刚刚开始应用。在此之前，大多数程序都是通过

㊀ 有些早期的装有 Basic 解释器的计算机只有 4096 字节的内存。

㊁ LISP 最早也通过终端使用计算机，但是它的应用在 20 世纪 60 年代并不广泛。

穿孔卡片或纸带输入计算机的。

Basic的很多设计来自Fortran，同时也受到一点ALGOL 60的影响。此后它在多方面得到改进，但是基本没人考虑它的标准化。美国标准化协会曾发布了一个最小Basic标准（Minimal Basic standard，ANSI，1978b），但只包含该语言的最基本的特性。当然，Basic的最初版本和Minimal Basic很接近。

讲起来有点奇怪，数字设备公司（Digital Equipment Corporation）使用Basic较为复杂的一个版本（名为Basic-PLUS）为其PDP-11微机RSTS编写了该公司最大的操作系统中很大一部分的程序。

62

人们批评Basic程序的结构太差。按照第1章中给出的评价标准，该语言在可读性和可靠性方面做得确实很差。可以确定，编写大规模的重要程序不是这个语言早期版本的设计目标，此类任务也确实不能用Basic来完成。但是其后期版本得到很多改善，变得可以用于此类任务。

20世纪90年代，Basic由于Visual Basic（VB）的出现而复苏。VB的广泛应用在很大程度上是因为它提供了一种简单的构建用户图形界面的方法，VB因此被叫作可视化的Basic。当.NET出现以后，新版本的VB即VB.NET出现了。虽然它和以前的VB区别很大，但还是迅速取代了原版的VB。VB和VB.NET的最大区别是后者完全支持面向对象程序设计。

以下是Basic程序的一个示例：

```
REM Basic 程序示例
REM 输入：一个小于100的整数 listlen，后跟 listlen 个整数值
REM 输出：大于所有输入值平均值的输入值的数目
  DIM intlist(99)
  result = 0
  sum = 0
  INPUT listlen
  IF listlen > 0 AND listlen < 100 THEN
REM 将输入数据读入数组并计算其和
  FOR counter = 1 TO listlen
    INPUT intlist(counter)
    sum = sum + intlist(counter)
  NEXT counter
REM 计算平均值
  average = sum / listlen
REM 计算大于平均值的输入值的数目
  FOR counter = 1 TO listlen
    IF intlist(counter) > average
    THEN result = result + 1
  NEXT counter
  REM 打印结果
  PRINT "The number of values that are > average is:";
        result
  ELSE
    PRINT "Error-input list length is not legal"
END IF
END
```

63

访谈

用户设计和语言设计

ALAN COOPER

畅销书 *About Face: The Essentials of User Interface Design* 的作者 Alan Cooper 也为 Visual Basic 的设计出了不少力。这个语言被赞誉为最注重用户界面设计的语言。对于 Cooper 来说，一切都是为了让技术人性化。

一些关于 Basic 的信息

你怎样开始从事这份工作的？

我高中辍学之后，在加利福尼亚州的一个社区大学拿了程序设计方面的准学士学位。我的第一份工作是旧金山的美国总统航运公司（American President Lines，美国最古老的海运公司之一）的一名程序员。后来，除了短期地在不同地方工作，大部分时间里我都是一个自由职业者。

您现在做什么工作？

我是 Cooper 公司（www.cooper.com）的创建者和主席，我们公司旨在让技术人性化。

这么多年来，您最喜欢的职业是什么？

交互式设计顾问。

您在语言设计和用户界面设计领域非常有名。设计编程语言和设计软件或者设计其他的东西有什么区别吗？

在软件的世界里，理念都是一样的：理解你的用户。

Windows 早期发布的那些事

在 20 世纪 80 年代，您开始使用 Windows 操作系统并且表示被它的新增功能所吸引，包括图形化用户界面、创建自动配置工具的动态链接库等。那么您为 Windows 做了什么？

我对 Windows 的多任务机制印象深刻。这包括动态重定位以及进程间的通信。MSDOS.exe 是早期几个 Windows 版本中的壳程序（shell program）。这是个毛病比较多的程序，于是我着手对它进行改进。我利用业余时间写了一个比 Windows 中的 MSDOS.exe 更好的壳程序，并把它叫作 Tripod。微软早期的壳程序 MSDOS.exe 对早期就获得成功的 Windows 来说是一个绊脚石。而 Tripod 能够解决这个问题，因为它更易于使用和配置。

什么时候是那个灵感来临的关键时刻呢？

在 1987 年后半年，当我正在接洽一位公司的客户时，Tripod 的关键设计策略一下子在我的头脑中跳了出来。当时，那位信息系统管理者向我解释，他需要为各种不同的用户创建和发布很多不同的壳方案，我认识到问题在于没有适用于所有人的那种理想的壳程序。每位用户都需要他们自己的壳程序，适用于他自己的需求和技术水平。就在那一瞬间，我想到了壳问题的解决方案：它应该是一个用于构造壳的元素集，应该提供一个工具让每个用户都能够根据自己的需求和能力构造自己的壳程序。

个性化壳程序这个想法为什么那么有竞争力呢？

用户可以设计他们自己理想当中的个性化的壳程序，而不是我来告诉他们什么样的壳程序是理想的。如果壳程序可以定制，程序员很可能会创造出一个功能强大、适用范围广的壳程序，而信息主管则可能更愿意为用户创建一个领域专用的壳，用户只会看到他经常用到的那部分工具。

你在因为写壳程序而和微软合作的过程中有何收获？

Tripod就是Ruby。和比尔·盖茨签约之后，我就把那个原型的名字从Tripod改为Ruby。然后我用Ruby原型系统作为原型：作为一个可用于构造可直接发布程序的编排模型，这就是我所做的工作。微软把Ruby的发布版本和Quick Basic组合创造了VB。而其中原创性的工作都源于Tripod/Ruby。

Ruby是Visual Basic的孵化器

能否再谈谈您对早期的Windows和动态链接库的兴趣？

动态链接库不是一个具体的东西，而是操作系统的一个机制。它允许程序员创建可以在运行时链接的动态程序对象，而不只是在编译时才能链接。它能够支持我创造VB中的动态可扩展的部分，控制可以由第三方发起。

Ruby包含了软件设计的很多重要改进，其中两个特别成功。就像我说过的，Windows的动态链接能力一直对我很有吸引力，但是有这个工具和知道用它来干什么是两回事。在Ruby中，我发现了动态链接的两个实际用途，早期的Ruby程序中都有这两种应用方式。首先，这个语言支持动态装载和扩展，其次，可以动态地添加小控件调色板。

你在Ruby中设计的语言是第一个包含动态链接库并且链接到可视化前端的语言？

65

就我所知，是的。

能不能用一个简单的例子说明一下，它在程序员编写程序的过程中能起到什么作用？

可以从第三方购买控件，比如一个网格（grid）控件，将其装在自己的计算机上，让这个网格控件看起来就像现有语言（包括可视化程序设计前端）的一部分。

人们为什么称你为“Visual Basic之父”？

Ruby包括一个小语言，只适合执行一些壳程序的简单命令。这个语言被实现为一串动态链接库，其中的任意部分都可以在运行时装载。内置的语法分析器会识别其中的一个动词，然后把这个动词沿着链传递，直到到达一个知道如何处理这个动词的库。如果一个动词在遍历了所有的动态链接库之后仍然没有得到处理，说明出现了语法错误。按照我们早期的讨论，微软和我都很乐意扩展这个语言，可能的话，甚至可以用一个“真”语言替换它。C是多数人考虑到的候选，不过最终，微软利用了这种动态界面的能力，用Quick-Basic彻底地替换了壳语言。这个语言和可视化前端的结合是静态的永久的。虽然最初是动态界面使得这种结合成为可能，但是结合的结果却失去了动态性。

关于新观点的一些评论

在程序设计以及程序设计工具方面，你对哪些语言和环境感兴趣？

我对直接帮助最终用户而不是程序员的程序开发工具更感兴趣。

您觉得哪些至关重要的法则、至理名言或者设计理念是必须根植于脑海的？

桥梁不是工程师建造的，而是铁匠们建造的。同样地，程序不是由工程师构建的，而是程序员构建的。

2.8 满足所有人的需求：PL/I

PL/I是人们首次大规模地尝试设计一个面向多种应用领域的语言。在此之前，所有的语言都主要面向一种应用领域，如科学计算、人工智能、商业应用等。事实上，此后的很多语言也是如此。

2.8.1 历史背景

和 Fortran 一样，PL/I 也是 IBM 的产品。在 20 世纪 60 年代早期，工业界的计算机用户已经分成了两个差别很大的阵营：科学应用和商业应用。从 IBM 的角度来说，科学应用领域的程序员既可以使用 IBM 的 7090 大型机也可以使用 1620 小型机。这个用户群大量使用浮点数和数组。他们虽然有时也会使用一些汇编语言，但首选还是 Fortran。他们有自己的组织 SHARE，并且与商业应用领域的程序员几乎没有任何联系。

商业应用领域的程序员可以使用 IBM 的 7080 大型机或 1401 小型机。他们需要十进制数和字符串数据类型，以及精巧高效的输入输出功能。他们主要使用 COBOL，尽管在 1963 年初 PL/I 刚刚起步时，从汇编语言到 COBOL 的迁移还远没有完成。这批程序员也有自己的组织 GUIDE，他们也很少和科学应用领域的程序员联系。

在 1963 年初，IBM 负责规划的人员注意到这种情况有所改变。原本相互隔绝的两个计算机用户团体开始以一种被认为会产生问题的方式相互走近。科学家们开始将数据集中放在大型文件中进行处理。这些数据需要更高效的输入输出能力。而商业领域的用户开始在信息管理系统中使用回归分析技术，这样就需要使用浮点数和数组。于是出现了计算中心需要部署两类计算机、雇佣两类技术人员以支持两类不同的程序设计语言的情况[⊖]。

这种现象自然让人们想起应该设计一个同时支持浮点和定点运算的通用计算机，以便同时支持科学应用和商业应用。于是 IBM System/360 系列计算机的概念应运而生。随之而来的想法是设计一个同时支持商业和科学应用的程序设计语言。此外，支持系统编程以及列表处理的特性也被纳入考虑。这样一种新的语言应该可以取代 Fortran、COBOL、LISP，以及用于系统编程的汇编语言。

66

2.8.2 设计过程

1963 年 10 月，IBM 和 SHARE 在 SHARE 的 Fortran 项目中成立了一个高级语言设计委员会，这标志着设计工作的开始。这个委员会很快会面并成立了一个名为 3×3 的下属委员会。之所以取这个名字，是因为这个下属委员会由三名来自 IBM 的成员和三名来自 SHARE 的成员组成。为了设计这个语言，3×3 委员会每两周一起工作 3～4 天。

就像 COBOL 的短期委员会一样，大家最初认为第一版的设计应该可以在很短的时间内完成。在 20 世纪 60 年代早期，人们普遍认为，不管设计什么领域的程序设计语言，基本都可以在三个月内完成。所以人们设想当时被称为 Fortran VI 的第一个版本的 PL/I 应该会在当年 12 月份完成，这恰好是委员会组建的第三个月。委员会找了一些理由两次提出延长设计时间，第一次延长到 1964 年 1 月，然后又延长到 1964 年 2 月。

最初的设计理念是新语言应该是 Fortran IV 的一个扩展，两者之间保持兼容性。但是这个目标很快就被放弃了，新语言名称 Fortran VI 也被舍弃。到了 1965 年，这个语言被称作 NPL（New Programming language）。NPL 的第一份报告于 1964 年 3 月在 SHARE 会议上发布，一个更完整的版本在 4 月份发布。最终用于实现的版本于 1964 年 12 月（IBM，1964）由位于英国的 IBM Hursley 实验室的编译器组发布。1965 年，该语言的名字被改为 PL/I 以避免

⊖ 当时，大型的计算中心需要全职的软硬件维护人员。

和英国国家物理实验室（National Physical Laboratory，缩写同为NPL）的名字冲突。如果不是因为编译器在英国开发，或许语言的名字还会是NPL。

2.8.3 语言概述

如果要用一句话来描述PL/I的话，可能最合适的说法是：它包含了当时各种程序设计语言中最好的部分，包括ALGOL 60（中的递归和块结构）、Fortran IV（中的分别编译、全局数据通信）、COBOL 60（中的数据结构、输入/输出、报告生成功能），以及其他很多新功能。PL/I不再是一个应用广泛的语言，因此我们不会去讨论这个语言的所有特征，包括其最受争议的结构。不过，我们会谈一谈这个语言对程序设计语言的贡献。

PL/I是第一个提供了以下能力的语言：

- 可以在程序中创建并发执行的子程序。这是个好主意，不过PL/I的此功能不够好。
- 能够检查并处理23种不同类型的异常或运行时错误。
- 子程序可以递归调用，同时也允许关闭这个功能以便为非递归子程序提供更高效的链接。
- 指针被当作一种数据类型。
- 数组的不同行、列可以被单独引用。例如，矩阵的第三行可以像一个单独的一维数组一样被引用。

67

2.8.4 评价

要评价PL/I，首先要理解这个语言的设计目标。现在回顾这段历史，或许会觉得把这么多语言结构放在一起是比较幼稚的想法。但我们要考虑到，当时人们在语言设计方面的经验还很少。总的来说,PL/I的设计只是希望把所有有用的、能够实现的语言结构都囊括在内，但却没有考虑到程序员如何理解并有效地使用这么多的结构和特性。Edsger Dijkstra在图灵奖获奖演讲（Dijkstra，1972）中，对PL/I的复杂性提出了最严厉的批评："我绝对无法想象在使用如此巴洛克式的程序设计语言时如何掌握规模不断增长的程序，因为这个语言本身已经超出了我们的智力所能掌控的范围。别忘了，程序设计语言本应是我们的基本工具！"

除了语言规模带来的复杂性，PL/I的不少结构以现在的眼光看来设计得很不好，如指针、异常处理、并发。但我们必须指出，在此之前，这些结构从来没有出现在任何语言中。

从使用的角度看，PL/I还是取得了部分的成功。在20世纪70年代，它在商业和科学领域都得到了较为广泛的应用。它还在大学中被广泛用作教学工具，虽然多数情况下只使用它的某个子集，如PL/C（Cornell，1977）和PL/CS（Conway and Constable，1976）。

以下是一个PL/I程序的示例：

```
/* PL/I 程序示例
INPUT: AN INTEGER, LISTLEN, WHERE LISTLEN IS LESS THAN
100, FOLLOWED BY LISTLEN-INTEGER VALUES
输入：一个小于100的整数LISTLEN，后跟LISTLEN个整数值
输出：大于所有输入值平均值的输入值的数目 */
PLIEX: PROCEDURE OPTIONS (MAIN);
  DECLARE INTLIST (1:99) FIXED.
  DECLARE (LISTLEN, COUNTER, SUM, AVERAGE, RESULT) FIXED;
  SUM = 0;
  RESULT = 0;
```

```
  GET LIST (LISTLEN);
  IF (LISTLEN > 0) & (LISTLEN < 100) THEN
DO;
/* 将输入数据读入数组并计算其和 */
    DO COUNTER = 1 TO LISTLEN;
      GET LIST (INTLIST (COUNTER));
      SUM = SUM + INTLIST (COUNTER);
    END;
/* 计算平均值 */
    AVERAGE = SUM / LISTLEN;
/* 计算大于平均值的输入值的数目 */
    DO COUNTER = 1 TO LISTLEN;
      IF INTLIST (COUNTER) > AVERAGE THEN
        RESULT = RESULT + 1;
    END;
/* 打印结果 */
    PUT SKIP LIST ('THE NUMBER OF VALUES > AVERAGE IS:');
    PUT LIST (RESULT);
  END;
ELSE
  PUT SKIP LIST ('ERROR-INPUT LIST LENGTH IS ILLEGAL');
END PLIEX;
```

68

2.9 两种早期的动态语言：APL 和 SNOBOL

因为本节将要讨论的语言有别于其他语言，所以这一节的结构也有别于其他节的结构。无论是 APL 还是 SNOBOL，它们对其后的主流语言几乎都没有产生什么影响[⊖]。本书后面的章节会讨论 APL 的一些有趣的特性。

从外观和应用目标上来看，APL 和 SNOBOL 很不一样。但它们都有两个最基本的特征：动态类型和动态内存分配。这两个语言中的变量本质上是无类型的。变量只有在被赋值时才会得到类型，此时，它的类型就是值的类型。变量也只有在被赋值时才会被安排内存，因为在此之前无从知晓它需要占用多少内存。

2.9.1 APL 的起源及特征

APL（Brown et al.，1988）是由 IBM 的 Kenneth E. Iverson 于 1960 年左右设计的。APL 原本并没有准备成为实现程序设计语言，它只是描述计算机体系结构的工具。APL 在一个*程序设计语言*（*A Programming Language*）这本书中首次被介绍，同时也由于这本书而得名（Iverson，1962）。在 20 世纪 60 年代中期，IBM 完成了 APL 的首个实现。

69

APL 包含了大量由不同符号表达的强大操作符，这为语言的实现创造了难题。起初，APL 通过 IBM 打印终端使用。这些终端有特别的选择打印球以输入 APL 语言中的奇怪符号集。

APL 有大量操作符的原因在于它要为数组提供大量的一元操作。例如，矩阵的转置只用一个操作符就可以完成。大量的操作符提供了很强的表达能力，但同时也使得 APL 程序难以阅读。人们认为 APL 最适合编写那种“用完就扔”的程序。因为用 APL 编写程序很快，

⊖ 不过，他们对一些非主流语言产生了一定的影响（J 语言基于 APL 设计，ICON 基于 SNOBOL 设计，AWK 部分基于 SNOBOL 设计）。

但是程序太难维护，所以用完就该扔掉。

APL 已存在了超过 55 年，至今仍偶尔被使用。而且，这么多年来它也没有发生多少改变。

2.9.2　SNOBOL 的起源和特征

SNOBOL（读作“snowball”；Griswold et al.，1971）是 20 世纪 60 年代早期由贝尔实验室的 D. J. Farber、R. E. Griswold 和 I. P. Polonsky 设计的（Farber et al.，1964）。该语言专为文字处理而设计。SNOBOL 的核心是大量用于字符串模式匹配的操作符。SNOBOL 早期的应用领域之一是文本编辑器。SNOBOL 的动态性导致它的运行相对较慢，因此已经不再用于此类程序了。不过，SNOBOL 现在依然存在，并可以用于一些应用领域中的文字处理任务。

2.10　数据抽象的开端：SIMULA 67

虽然 SIMULA 67 从来没有得到过广泛应用，对当时的程序员和计算机界也没有产生什么影响，但是它引入的一些程序结构，使得它在历史上占有较为重要的地位。

2.10.1　设计过程

1962 至 1964 年之间，两个挪威人 Kristen Nygaard 和 Ole-Johan Dahl 在奥斯陆的挪威计算中心（Norwegian Computing Center，简称 NCC）设计了 SIMULA I。他们主要进行计算机仿真和运筹学方面的研究。SIMULA I 专为系统仿真而设计，于 1964 年下半年在 UNIVAC 1107 计算机上实现。

70

在实现 SIMULA I 之后，Nygaard 和 Dahl 开始为该语言扩展新的特性，并对现有的语言成分进行修改，使之可以用于通用应用。他们在 1967 年 3 月发布了 SIMULA 67（Dahl and Nygaard，1967）。下面我们只讨论 SIMULA 67，其中的一些特征在 SIMULA I 中也是存在的。

2.10.2　语言概述

SIMULA 67 是 ALGOL 60 的扩展，主要从后者中吸收了块结构和控制流语句。ALGOL 60（以及同期的其他语言）在仿真应用中比较低效的原因在于其子程序的设计。仿真要求子程序能够在上次停下的地方重新开始。使用这种控制方式的子程序称为**协同程序**（**coroutine**），因为施调者和被调用的子程序处于某种平等的地位，而不是大多数命令式语言中严格的主 / 从关系。

为了在 SIMULA 67 中支持协同程序，语言的设计者设计了类结构。这是一个重要的进步，因为数据抽象由此开始，并且数据抽象为后来的面向对象程序设计提供了基础。

有趣的是，数据抽象这个重要概念直到 1972 年才被正式提出并被归功于类结构，发现其中联系的是 Hoare（Hoare，1972）。

2.11　正交设计：ALGOL 68

在 ALGOL 68 中出现了许多程序设计语言的新概念，其中一些概念此后被其他语言所采用。正因为此，虽然这个语言无论在美国还是在欧洲从来都没有得到过广泛应用，但我们还是要讨论这个语言。

2.11.1 设计过程

ALGOL 60 报告的修正版于 1962 年发布，此后 ALGOL 语言家族的发展并没有就此止步。6 年之后，新版本报告的发布，标志着 ALGOL 68 语言的诞生（van Wijngaarden et al.，1969），ALGOL 68 与其前身之间的差别非常显著。

ALGOL 68 最令人感兴趣的新观念是它的基本设计准则：正交性。回想一下我们在第 1 章中对正交性的讨论。正交性的应用导致了 ALGOL 68 中几个新特性的产生，我们将在下一节中介绍其中的一个。

71

2.11.2 语言概述

正交性在 ALGOL 68 中的一个重要应用成果是用户定义数据类型。Fortran 等更早期的语言中只包含一些基本的数据结构。PL/I 包含了大量的数据结构，使其难以学习和实现，但是它仍然无法提供用户需要的所有数据结构。

ALGOL 68 的应对方法是提供一些基本的类型和数据结构，然后允许用户通过组合这些基本类型和数据结构来定义各种新的数据结构。用户定义数据类型从此进入几乎所有的主流命令式语言。用户定义数据类型具有很高的价值，因为它允许用户根据不同的具体问题设计最合适的数据抽象。关于数据类型的全面讨论将在第 6 章进行。

ALGOL 68 在数据类型上的另一个首创是动态数组。它在第 5 章中被称作*隐式堆动态分配*。动态数组在声明时不需要预先确定下标的范围，对动态数组赋值时才需要分配内存。在 ALGOL 68 中，动态数组被称为**可变**（**flex**）数组。

2.11.3 评价

ALGOL 68 包含了大量前所未有的新特性。它对正交性的应用显然是革命性的，虽然有人觉得用得有点过度。

ALGOL 68 重复了 ALGOL 60 犯过的一个错误，这个错误是影响它普及的重要因素。这个语言使用一个简洁优雅却不为人知的元语言进行描述。在阅读语言描述文档之前（van Wijngaarden et al.，1969），必须首先学习这个叫作 Wijngaarden 文法的新的元语言，这个元语言比 BNF 范式复杂得多。更糟的是，设计者发明了一大堆新名词来解释这个文法和元语言。例如，关键字（keyword）叫作指示符（indicant），子串的提取（extraction）叫作修剪（trimming），子程序执行的过程被称为强制非过程化（coercion of deproceduring），这个过程可能比较温和（meek）或者比较强硬（firm），等等。

人们自然而然地会把 PL/I 和 ALGOL 68 放在一起比较，因为它们都只存在了几年。ALGOL 68 的可书写性来源于它的正交性：少量的基本概念和可以自由运用的少量组合规则，而 PL/I 的可书写性则是通过大量的固定结构来实现的。ALGOL 68 延续了 ALGOL 60 的简洁优雅，而 PL/I 则是把不同语言的功能都凑到一起来实现自己的目标。当然，PL/I 最初的目标就是要提供一个解决各种问题的统一工具，而 ALGOL 68 则只针对一类问题，即科学应用。

PL/I 的接受度比 ALGOL 68 高得多，这一方面得益于 IBM 的大力推动，另一方面也是因为 ALGOL 68 难以理解和实现。其实，这两种语言的实现难度都比较大，但是 PL/I 有

72

IBM 提供的资源来支撑编译器的实现，而 ALGOL 68 则没有这样的依托。

2.12 ALGOL 系列语言的早期继承者

所有的命令式语言都吸收了一些 ALGOL 60 或 ALGOL 68 的设计。本节将介绍 ALGOL 语言的一些早期继承者。

2.12.1 简洁的设计：Pascal

2.12.1.1 历史背景

Niklaus Wirth（Wirth 读作“Virt”）是国际信息处理联盟（International Federation of Information Processing，简称 IFIP）2.1 工作组的一名成员，这个工作组的任务是在 20 世纪 60 年代中期继续 ALGOL 的开发。1965 年 8 月，Wirth 和 C. A. R.（“Tony”）Hoare 就 ALGOL 60 的扩充和改进向工作组提交了一份建议（Wirth and Hare，1966）。但由于工作组的大部分成员都认为这份建议对 ALGOL 60 的提升太小，所以拒绝了这个建议，并提出了一个复杂得多的改进版本，这个版本后来就成为 ALGOL 68。因为 ALGOL 68 语言以及用于描述它的元语言都太复杂，所以 Wirth 和工作组中的少部分成员不认同 ALGOL 68 报告的发布。这个想法后来被证明还是有些道理的，因为 ALGOL 68 文档以及语言对计算机界的挑战确实有点大。

Wirth 和 Hoare 对 ALGOL 60 的改编被称为 ALGOL-W。它在斯坦福大学实现，最初只在少数几个大学用于教学。ALGOL-W 的主要贡献是传值—传结果的参数传递方式以及用于多选的 `case` 语句。传值—传结果和 ALGOL 60 的传名是参数传递的两种方式。这两种方式都将在第 9 章讨论。`case` 语句将在第 8 章讨论。

Wirth 的下一个主要工作也是建立在 ALGOL 60 基础之上的，这就是他最大的成功：Pascal[⊖]。Pascal 最早的文档发布于 1971 年（Wirth, 1971）。这个版本在实现过程中又做了一些调整（Wirth, 1973）。有些通常被认为是 Pascal 首创的特征，实际上来源于更早期的语言。例如，用户定义数据类型来源于 ALGOL 68，`case` 语句来源于 ALGOL-W，Pascal 的记录（record）与 COBOL、PL/I 中的记录也非常接近。

73

2.12.1.2 评价

Pascal 影响力最大的领域是程序设计语言教学。在 1970 年，虽然也有少数一些大学使用 PL/I、基于 PL/I 的语言或 ALGOL-W 进行教学，但大多数计算机科学以及理工科专业的学生接触的第一个程序设计语言是 Fortran。到了 20 世纪 70 年代中期，Pascal 已经成为教学中使用最广的程序设计语言。因为 Pascal 就是作为教学语言而设计的，所以这一变化是理所当然的。直到 20 世纪 90 年代末，Pascal 作为大学中最主要的教学语言的地位才被其他语言逐渐取代。

Pascal 是作为教学语言而设计的，所以它缺少实际应用所必需的某些特性。一个最好的例子是 Pascal 无法将可变数组作为子程序参数。另一个例子是 Pascal 不支持分别编译。针对这些缺点，人们在该语言基础上研制了很多非标准的方言，例如 Turbo Pascal。

⊖ Pascal 的命名源自 Blaise Pascal，他是 17 世纪的法国哲学家和数学家，于 1642 年发明了第一个机械加法器（他的若干发明之一）。

Pascal 能够在教学以及某些应用领域流行，主要是因为它比较好地协调了简明性和表达能力之间的矛盾。虽然 Pascal 在安全性方面也有一些缺陷，但是相对于 Fortran 和 C 它还是更为安全的。到了 20 世纪 90 年代中期，无论是在工业界还是在大学里，Pascal 的流行程度都开始下降，这主要是由于 Modula-2、Ada 和 C++ 等语言的出现，它们都有比 Pascal 更先进的特性。

以下是一个 Pascal 程序的示例：

```
{Pascal 程序示例
输入：一个小于 100 的整数 listlen，后跟 listlen 个整数值
输出：大于所有输入值平均值的输入值的数目 }
program pasex (input, output);
  type intlisttype = array [1..99] of integer;
  var
    intlist : intlisttype;
    listlen, counter, sum, average, result : integer;
  begin
  result := 0;
  sum := 0;
  readln (listlen);
  if ((listlen > 0) and (listlen < 100)) then
    begin
{ 将输入数据读入数组并计算其和 }
  for counter := 1 to listlen do
    begin
    readln (intlist[counter]);
    sum := sum + intlist[counter]
    end;
{ 计算平均值 }
    average := sum / listlen;
{ 计算大于平均值的输入值的数目 }
      for counter := 1 to listlen do
        if (intlist[counter] > average) then
          result := result + 1;
{ 打印结果 }
    writeln ('The number of values > average is:',
              result)
    end  {if (( listlen > ... 的 then 语句 }
   else
    writeln ('Error-input list length is not legal')
 end.
```

74

2.12.2 一个轻便的系统语言：C

就像 Pascal 一样，C 虽然在语言特性上没有做出多少贡献，但是它还是在很长时间内被广泛使用。C 原本只是为系统编程而设计，但实际上适用于很多应用领域。

2.12.2.1 历史背景

C 的祖先包括 CPL、BCPL、B 和 ALGOL 68。CPL 于 20 世纪 60 年代早期诞生于剑桥大学。BCPL 是一个简单的系统语言，于 1967 年诞生于剑桥大学，其设计者是 Martin Richards（Richards，1969）。

UNIX 操作系统的第一个版本是由贝尔实验室的 Ken Thompson 在 20 世纪 60 年代后期完成的。这个版本使用汇编语言编写。UNIX 操作系统下实现的第一个高级语言是基于

BCPL 的 B。Thompson 于 1970 年设计并实现了它。

无论是 BCPL 还是 B 都是无类型的语言，这在高级语言里是异类，当然这两个语言与 Java 这样的语言相比还是低级一点。无类型意味着所有的数据都被当作机器字，这虽然看起来简单，但是反而会把很多问题搞复杂，同时引发安全问题。例如，在表达式中如何指定一个数字是浮点数而不是整型数的问题。在 BCPL 的一个实现中，浮点运算数之前必须要加个句号。前面没有标记句号的变量被作为整型操作数对待。另一个方案是为浮点运算设计不同的操作符。

这个问题以及其他的一些问题，促使人们在 B 语言基础上研制了一个新的有类型的语言。起初，该语言被命名为 NB，后来又被改名为 C。它由贝尔实验室的 Dennis Ritchie 于 1972 年设计和实现（Kernighan and Ritchie，1978）。C 直接或者间接地通过 BCPL 受到了 ALGOL 68 的影响。这个可以从它的 **for** 和 **switch** 语句、赋值操作符以及对指针的处理中看出来。

75

C 语言在它最初的十五年中，“标准”就是 Kernighan 和 Ritchie 写的一本书（Kernighan and Ritchi，1978）[㊀]。在这段时间里，C 语言缓慢地发展，不同的实现者会添加不同的特性。1989 年，ANSI 制定了 C 的第一个官方文档（ANSI，1989），其中包含了很多已被实现者已经加入这个语言的特性。这个标准在 1999 年进行了修订（ANSI, 1999）。修订版包括了几个重大的改进，包括复杂数据类型、布尔类型和 C++ 风格的注释符（//）。我们把长期以来被称为 ANSI C 的 1989 年版本称作 C89，把 1999 年的版本称作 C99。

2.12.2.2　评价

C 有充分的控制流语句和数据结构，从而支持多种应用领域。它还包含丰富的操作符，有很强的表达能力。

C 缺少完全的类型检查，这是它最让人喜欢的一点，同时也是最让人厌恶的一点。例如，在 C99 之前，函数的参数是可以不经过类型检查的。喜欢 C 的人喜欢这种便利，不喜欢的则认为这太不安全了。一个让 C 在 20 世纪 80 年代流行度显著提高的原因是 C 的一个编译器是被广泛使用的 UNIX 操作系统的一部分。很多使用不同计算机的程序员都可以使用这个包含在 UNIX 系统中的免费又很好的编译器。

以下是 C 程序的一个示例：

```
/* C 程序示例
! 输入：一个小于 100 的整数 listlen，后跟 listlen 个整数值
! 输出：大于所有输入值平均值的输入值数目 */
int main (){
  int intlist[99], listlen, counter, sum, average, result;
  sum = 0;
  result = 0;
  scanf("%d", &listlen);
  if ((listlen > 0) && (listlen < 100)) {
/* 将输入数据读入数组并计算其和 */
    for (counter = 0; counter < listlen; counter++) {
```

㊀ 这个语言常被称作 K&R C。

```
        scanf("%d", &intlist[counter]);
        sum += intlist[counter];
      }
  /* 计算平均值 */
      average = sum / listlen;
  /* 计算大于平均值的输入值的数目 */
      for  (counter = 0; counter < listlen; counter++)
        if  (intlist[counter] > average) result++;
  /* 打印结果 */
      printf("Number of values > average is:%d\n", result);
    }
    else
      printf("Error-input list length is not legal\n");
}
```

76

2.13 基于逻辑的程序设计：Prolog

简单地说，逻辑式程序设计使用形式化的逻辑符号向计算机传达计算过程。当前逻辑式程序设计语言使用的是谓词演算。

使用逻辑式程序设计语言编写的程序是非过程性的。这样的程序并不指明怎样计算以得到结果，而是指明所需结果的形式和特征。程序设计语言需要提供的是向计算机提供相关信息的具体方法，以及得到所需结果的推理过程。向计算机传递信息的基本方式是谓词演算，Robinson（1965）提出的名为消解（resolution）的证明方法提供了推理技术。

2.13.1 设计过程

在 20 世纪 70 年代早期，Aix-Marseille 大学人工智能团队的 Alain Colmerauer 和 Phillipe Roussel 以及 Edinburgh 大学人工智能系的 Robert Kowalski 完成了 Prolog 的基础设计。Prolog 的基本模块包括声明谓词演算命题的方法，以及受限的消解方法的实现。谓词演算和消解都将在 16 章介绍。Prolog 的第一个解释器于 1972 年由 Marseille 实现。对这个实现版本的描述见 Roussel（1975）。Prolog 这个名字来源于 Programming Logic（意为“程序设计逻辑”）。

2.13.2 语言概述

77

Prolog 程序由语句组成。Prolog 的语句种类不多，但是可以很复杂。

Prolog 的通常应用可以看作是一种智能数据库。这类应用可以作为讨论 Prolog 语言的一个框架。

Prolog 程序的数据库包含两种语句：事实和规则。以下是事实语句的示例：

```
mother(joanne, jake).
father(vern, joanne).
```

这两条语句声明 joanne 是 jake 的 mother（母亲），vern 是 joanne 的 father（父亲）。

规则语句的一个示例是：

```
grandparent(X, Z) :- parent(X, Y), parent(Y, Z).
```

这个语句声明，对于变量 X、Y、Z 的具体值而言，如果 X 是 Y 的 parent（父母），Y 是 Z 的 parent，那么就可以推导出 X 是 Z 的 grandparent（祖父母）。

Prolog 数据库可以交互式地通过目的语句进行查询，例如：

```
father(bob, darcie).
```

这个语句询问 bob 是不是 darcie 的 father。当查询（或目的）被提交给 Prolog 系统时，后者使用消解过程尝试求取目的语句的真假。如果它能够得出目的语句为真的结论，系统显示“true”，如果它不能证明其为真，系统显示“false”。

2.13.3 评价

在 20 世纪 80 年代，有一小部分计算机科学家相信逻辑式程序设计是摆脱命令式语言复杂性的最有希望的途径，同时也是解决生产大量可靠软件这一难题最有希望的途径。现在看来，有两个主要因素影响了逻辑式程序设计的广泛应用。首先，和其他的非命令式程序设计方法类似，到目前为止，使用逻辑式程序设计语言编写的程序比使用命令式语言编写的程序低效得多。其次，逻辑式程序设计语言只在有限的几个小领域上是明确有效的，例如某些种类的数据库管理系统和人工智能的一些领域。

Prolog 有个支持面向对象的方言 Prolog++（Moss，1994）。逻辑式程序设计和 Prolog 将在 16 章予以具体介绍。

78

2.14 历史上规模最大的语言设计：Ada

Ada 语言的设计在历史上牵涉面最广、花费最多。以下各节简要介绍 Ada 的演进。

2.14.1 历史背景

Ada 语言是为美国国防部研制的语言，因此他们的计算环境对语言的形式有决定性的影响。在 1974 年以前，美国国防部半数以上的软件在嵌入式系统中运行。所谓嵌入式系统，就是计算机硬件嵌入它所控制或服务的设备中。由于系统复杂度的增加，软件成本也迅速上升。当时在美国国防部的项目中使用了超过 450 种程序设计语言，而这些语言都没有经过美国国防部的标准化。每个承包商都可能为每份订单重新定义一个新的程序设计语言[⊖]。由于这种语言增殖的现象，应用软件几乎无法重用。此外，没有人开发软件开发工具（因为软件开发工具通常是依赖于语言的）。最后，尽管使用了很多种不同语言，却没有一种语言是真正适合于嵌入式系统应用的。由于这些原因，陆、海、空三军在 1974 年各自独立地提出应为嵌入式系统研制一个通用高级语言的提议。

2.14.2 设计过程

正是看到了这种广泛的需求，国防研究和工程主管 Malcolm Currie 在 1975 年 1 月组织了由空军中校 William Whitaker 牵头的高级语言工作组（High-Order Language Working Group，HOLWG）。HOLWG 包含了各军种的代表以及英国、法国、西德的联络人。该工作组最初的目标是完成以下任务：

- 为国防部新的高级语言确定需求；
- 评估现有语言，决定是否有可用的候选语言；

⊖ 这种情形主要是由于在嵌入式系统中广泛使用汇编语言，而大多数嵌入式系统又常常使用特定的处理器。

- 提出一个可以采用或实现的现有语言的最小集合。

1975 年 4 月,HOLWG 完成了新语言需求文档的第一个版本，并将其命名为“草人版本”（Department of Defense，1975a）。这个版本被发往军方各机构、联邦机构、相关工业界及大学的代表，以及欧洲对此有兴趣的团体。

79

“草人版本”之后，HOLWG 又先后于 1975 年 8 月发布了“木人版本”（Department of Defense，1975b），于 1976 年 1 月发布“锡人版本”(Department of Defense，1976)，于 1977 年 1 月发布“铁人版本”(Department of Defense, 1977)，最后于 1978 年 6 月发布“钢人版本”（Department of Defense，1978）。

经过一个漫长的过程，关于语言设计方案的提案最终集中到四个方案，它们都是基于 Pascal 设计的。到了 1979 年 5 月，由 Jean Ichbiah 领导的法国的 Cii Honeywell/Bull 设计团队提出的语言设计方案从这四个方案中胜出。而这个团队是四个语言设计团队中唯一来自美国以外的团队。

在 1979 年春天，美国器材司令部的 Jack Cooper 提议命名新语言为 Ada，这个提议旋即被采纳。这一名字是为了纪念 Lovelace 伯爵夫人 Augusta Ada Byron（1815—1851），她是一位数学家，也是诗人 Byron 勋爵的女儿。她被普遍认为是世界上第一个程序员。她曾和 Charles Babbage 一起在他的机械式差分分析机上工作，主要为一些数值处理问题编写程序。

Ada 的设计及其原理在 ACM 的 *SIGPLAN Notices*（ACM，1979）上发表，读者超过一万人。1979 年 10 月，公开测评会议在波士顿召开，与会者包括来自美国和欧洲的超过一百个组织的代表。到 11 月为止，共收到了来自 15 个国家的超过 500 份关于 Ada 语言的报告。大多数报告均只建议进行少量修改即可，而无须进行根本性改动或是彻底否决该方案。基于这些报告，HOLWG 于 1980 年 2 月发布了新版本的 Ada 需求文档，也就是“石人版本”(Department of Defense，1980)。

1980 年 7 月，完成了一个修改版的 Ada 语言设计方案，这个名为 *Ada 语言参考手册*（*Ada Language Reference Manual*）的文件成为美国军用标准 MIL-STD 1815。1815 这个编号源自 Augusta Ada Byron 的出生年份。*Ada 语言参考手册*的另一个改进版本在 1982 年 7 月发布。美国国家标准委员会于 1983 年把 Ada 标准化。在这个“最终”的官方版本（Goos and Hartmanis，1983）之后，Ada 语言的设计在此后至少五年间再无变化。

2.14.3 语言概述

本节将简要介绍 Ada 语言在四个方面的主要贡献。

Ada 语言通过包（package）将数据对象、数据类型声明和相关子程序进行封装。由此，为程序设计提供了数据抽象方面的支持。

Ada 语言提供对异常处理的广泛支持，允许程序员在检测到各种异常和运行时错误后仍然能够进行控制。

80

Ada 的程序单元可以泛型化。例如，可以写一个排序程序对非确定类型的数据进行排序。这个泛型子程序在使用前必须指定类型以实例化，编译器会使用指定类型生成泛型程序的一个实例。这种泛型程序单元提高了程序单元的可复用性，避免了程序员的多次复制。

Ada 语言还提供了使用汇合机制的可并发执行的程序单元，叫作任务（task）。汇合是一种任务间的同步和通讯机制。

2.14.4 评价

Ada 语言设计中最重要的方面可能体现于以下几点：

- 因为设计过程是竞争性的，因此对参与者没有限制。
- Ada 语言包含了 20 世纪 70 年代后期软件工程和程序设计语言领域的大部分概念。虽然人们可能对如何协调这些特性，以及把这么多特性放在一个语言中是否明智产生疑问，但大多数人还是认同这些特性是有价值的。
- Ada 编译器开发的难度超出大多数人的预估。直到这个语言设计完成四年多以后，第一个真正可用的 Ada 编译器才在 1985 年完成。

在前几年，针对 Ada 的主要批评意见是认为这个语言太大太复杂了。特别地，Hoare（1981）声称这个语言不会在任何可靠性攸关的应用中得到使用，而这正是 Ada 所针对的领域。另一方面，另一部分人赞扬它是那个时代语言设计的典范。事实上，后来 Hoare 的态度也和缓了。

以下是 Ada 程序的一个示例：

81

```
-- Ada 程序示例
-- 输入：一个小于 100 的整数 List_Len，后跟 List_Len 个整数值
-- 输出：大于所有输入值平均值的输入值的数目
with Ada.Text_IO, Ada.Integer.Text_IO;
use Ada.Text_IO, Ada.Integer.Text_IO;
procedure Ada_Ex is
  type Int_List_Type is array (1..99) of Integer;
  Int_List : Int_List_Type;
  List_Len, Sum, Average, Result : Integer;
begin
  Result:= 0;
  Sum := 0;
  Get (List_Len);
  if (List_Len > 0) and (List_Len < 100) then
-- 将输入数据读入数组并计算其和
    for Counter := 1 .. List_Len loop
      Get (Int_List(Counter));
      Sum := Sum + Int_List(Counter);
    end loop;
-- 计算平均值
    Average := Sum / List_Len;
-- 计算大于平均值的输入值的数目
    for Counter := 1 .. List_Len loop
      if Int_List(Counter) > Average then
        Result:= Result+ 1;
      end if;
    end loop;
-- 打印结果
    Put ("The number of values > average is:");
    Put (Result);
    New_Line;
  else
    Put_Line ("Error-input list length is not legal");
  end if;
end Ada_Ex;
```

2.14.5 Ada 95 和 Ada 2005

Ada 95 的两个最重要的新特性将在本节中简要介绍。在本书的后续部分，当需要明确

区分 Ada 语言的版本时，我们将使用 Ada 83 代表最初的版本，而使用 Ada 95（这也是它实际的名称）代表下一个版本。当讨论两者共同具有的特性时，将使用 Ada。Ada 95 语言标准见 ARM（1995）。

Ada 95 扩展了 Ada 83 的类型派生机制，允许在继承基类中原有组件的同时加入新组件。这就提供了面向对象程序设计的一个关键能力——继承。子程序调用其定义的动态绑定（dynamic binding）过程是通过子程序的动态分派（dynamic dispatching）实现的，后者根据同一个类域类型（classwide type）下派生类型的标签（tag）进行分派。这个特性提供了面向对象程序设计的另一个核心元素——多态。

对于并发进程间的数据共享而言，Ada83 的汇合机制笨拙而低效。有必要引入一个新的任务来控制对共享数据的访问。Ada 95 的保护对象提供了一个有吸引力的替代方案。共享数据被封装在一个语法结构中，并通过汇合或子程序调用来控制对数据的访问。 82

人们普遍认为 Ada 95 没有流行是因为美国国防部不再强制要求在军用软件中使用 Ada。当然还有其他一些影响因素，其中最主要的一个因素是另一个面向对象的语言 C++ 在 Ada 95 发布之前已被广泛使用。

Ada 2005 在 Ada 95 之上又增加了新的特性。其中包括类似于 Java 语言的接口（interface）、对调度算法的更多控制，以及可同步的接口。

Ada 在商业、国防航空电子领域、空中交通管制、铁路交通以及其他一些领域得到了广泛的应用。

2.15 面向对象程序设计：Smalltalk

Smalltalk 是第一个完整地支持面向对象程序设计的语言。因此，它也就成为关于程序设计语言历史的讨论中的一个重要组成部分。

2.15.1 设计过程

关于 Smalltalk 开发的最早的概念源于 Alan Kay 在 20 世纪 60 年代晚期在 Utah 大学攻读博士学位期间的工作（Kay，1969）。Kay 颇有远见地预想到强大的台式计算机在未来可能发挥的作用。想想当年微机直到 20 世纪 70 年代中期才开始商业化，而这样的微机和 Kay 所预想的计算机还颇有差别。Kay 所预想的是那种每秒钟可以执行上百万条指令，内存有好几兆字节的计算机。事实上这样的计算机直到 20 世纪 80 年代早期才以工作站的形式出现。

Kay 相信台式计算机可以由程序员之外的用户使用，因此需要非常强大的人机交互能力。20 世纪 60 年代末期的计算机大部分采用批处理交互方式，而且只由专业的程序员和科学家使用。Kay 认为，如果要给程序员之外的用户使用，那么计算机必须具有很强的可交互性，而且应该拥有复杂的图形界面。图形方面的一些概念来源于 Seymou Papert 在 LOGO 语言方面的经验，LOGO 语言用于帮助小孩子使用计算机（Papert，1980）。

Kay 首先设想了一个名为 Dynabook 的通用信息处理系统。该系统在一定程度上基于他曾参与设计的 Flex 语言，而 Flex 主要是在 SIMULA 67 的基础上开发的。Dynabook 使用了典型的书桌作为范例：桌面上有几张纸，纸之间可能有部分相互重叠。关注的焦点通常位于最上面的那张纸，而其他纸则暂时不被关注。Dynabook 使用屏幕窗口来表示桌面上的各种纸张，从而模拟这个场景。用户可以通过敲击键盘或用手指触摸屏幕与这样的界面进行交互。当 Dynabook 的初始设计帮 Kay 拿到了博士学位以后，他的下一个目标就是要看到这样 83

的计算机被研制出来。

Kay向施乐Palo Alto研究中心（Xerox PARC）介绍了他关于Dynabook的设想，并因此被施乐聘用。Kay在施乐组建了学习研究组（Learning Research Group）。该小组的第一个任务就是设计一个语言以支持Kay的程序设计范式，并在当时最好的个人计算机上实现。他们首先完成了一个临时的Dynabook，它由一台施乐Alto工作站和Smalltalk-72软件组成。他们将这个系统作为一个继续研发的工具，在该系统上开展了若干研究项目，包括几个教小孩子进行程序设计的实验。伴随着这些实验的进行，他们还开发了一系列语言，Smalltalk-80就是这些语言的最终版本。随着语言的发展，支持这些语言的硬件的能力也在不断增强。到1980年，语言以及施乐的硬件已经接近Alan Kay的早期预想。

2.15.2　语言概述

Smalltalk的世界里是各种对象（object），小到整型常量大到复杂软件系统都是对象。Smalltalk中的所有计算都由同样的技术完成，即向对象发送一个消息，从而调用它的一个方法。消息的响应也是一个对象，它或者返回需要的信息，或者只是告知消息的发送者相应的过程已经完成了。消息和子程序调用的基本区别在于：消息是发送给数据对象的，或是发送给为这个数据对象所定义的方法。被调用的方法随即被执行，通常会修改接收消息的对象中的数据；而子程序调用是发送给该子程序的代码的消息。通常被调用子程序所处理的数据是通过参数传递给它的[⊖]。

在Smalltalk中，对象被抽象为类（class），这里的类和SIMULA 67中的类非常类似。基于类所创建的实例就是程序中的对象。

Smalltalk的语法和大多数其他语言不同，造成区别的主要原因是消息的使用，而不是数学或逻辑表达式或者传统的控制流语句。Smalltalk的一种控制结构将在下一节的例子中展示。

2.15.3　评价

Smalltalk在两个不同的方面推进了计算机技术的进步：图形用户界面和面向对象程序设计。目前已经成为主流的具有图形用户界面的Windows操作系统就是从Smalltalk中成长起来的。当下，最重要的软件设计方法和程序设计语言都是面向对象的。虽然面向对象语言的一些想法起源于SIMULA 67，但它们成熟于Smalltalk。显然，Smalltalk对于计算机界的影响是广泛而久远的。

84

以下是Smalltalk类定义的一个示例：

```
"Smalltalk 程序示例"
"下面是一个类定义，它的实例可以绘制任意数量边的等边多边形"
class name                    Polygon
superclass                    Object
instance variable names       ourPen
numSides
sideLength
"类方法"
  "创建一个实例"
```

⊖ 当然，方法调用也可以向被调用方法传递需要处理的数据。

```
new
   ^ super new getPen

" 拿支笔画多边形 "
getPen
   ourPen <- Pen new defaultNib: 2

" 实例方法 "
" 画一个多边形 "
draw
   numSides timesRepeat: [ourPen go: sideLength;
                          turn: 360 // numSides]

" 设定边的长度 "
length: len
sideLength <- len

" 设定边的数目 "
sides: num
   numSides <- num
```

2.16 结合命令式和面向对象的特性：C++

我们曾经在 2.12 节讨论过 C 的起源，在 2.10 节讨论过 SIMULA 67 的起源，在 2.15 节讨论过 Smalltalk 的起源。C++ 以 C 语言为基础，从 SIMULA 67 中借用语言设施，并支持 Smalltalk 中一些新的概念。C++ 在 C 的基础上，经过一系列的修改，改进了命令式特性，同时增加了语言结构以支持面向对象程序设计。

85

2.16.1 设计过程

从 C 到 C++ 的第一步是由 Bell 实验室的 Bjarne Stroustrup 在 1980 年实施的。对 C 的第一批改动包括增加函数参数的类型检查与转换，以及更为重要的类，这当然与 SIMULA 67 以及 Smallstak 有关。另外还有类的派生（derived class），以及对被继承成分的公有（public）和私有（private）控制、构造函数（constructor）和析构函数（destructor）、友元类（friend class）。在 1981 年，又加入了内联函数（inline function）、缺省参数（default parameter）和赋值号的重载（overloading）。通过上述修改得到了“带类的 C”（C with Classes），Stroustrup 给出了其具体的描述（Stroustrup, 1983）。

我们来看看带类的 C 的设计目标。首要的目标是提供一个具有类和继承机制的语言，该语言可以像 SIMULA 67 那样使用类和继承来组织程序。另一个重要的目标就是和 C 相比不要在性能上有明显的损失。例如，数组下标范围检查就没有被纳入考虑，因为这会带来太大的性能损失。第三个目标就是带类的 C 应该可以适用于所有适用 C 的应用，因此 C 的任何特性在原则上都不会被移除，即便是那些被认为不安全的部分也不会被移除。

到 1984 年，这个语言又扩充了虚方法（virtual method）以提供方法调用中的动态绑定（dynamic binding）。此外还有方法定义、方法名和操作符重载，以及引用类型（reference type）。这个版本被称为 C++，其描述可见文献 Stroustrup（1984）。

C++ 语言的第一个可用的实现在 1985 年完成，这是一个名叫 Cfront 的系统，可以把 C++ 程序转换成 C 程序。这一版本的 Cfront 和它所实现的 C++ 一起被命名为 Release 1.0。其描述可见 Stroustrup（1986）。

根据用户对第一个发布版本的反馈，C++ 在 1985 到 1989 年间被持续改进。新版本被称为 Release 2.0，它所对应的 Cfront 在 1989 年 6 月发布。C++ Release 2.0 扩充的语言特性中，最主要的是多继承（multipule inheritance，意指一个类有多个父类）以及抽象类（abstract class）的支持。对抽象类的讨论将在第 12 章进行。

C++ 在 1989 到 1990 年间的改进成果体现在 Release 3.0 版本中。该版本中增加了模版（template）和异常处理，前者可以支持参数化类型。ISO 在 1998 年首次发布了现有 C++ 标准，其描述可见 ISO（1998）。

2002 年，微软发布了 .NET 平台，其中包含了一个新版本的 C++，叫作托管 C++（Managed C++ 或 MC++）。MC++ 扩展了 C++ 以调用 .NET 框架的功能。扩展的内容包括属性（property）、代理（delegate）、接口和支持垃圾回收的引用类型。属性将在第 11 章讨论。代理将在 2.19 节介绍 C# 时简要讨论。.NET 不支持多继承，因此 MC++ 也不支持多继承。

86

2.16.2 语言概述

因为 C++ 既有方法又有函数，所以它同时支持过程性程序设计和面向对象程序设计。

C++ 的操作符可以重载，意味着程序员可以将现有的操作符用作用户定义类型的操作符。C++ 的方法也可以重载，意味着程序员可以用一个名字定义多个方法，只要它们的参数数目或类型有所区别即可。

C++ 的动态绑定通过虚方法实现。这些方法使用重载机制在一个继承体系内部定义类型相关的操作。指向类 A 的指针也可以指向以 A 为父类的那些子类的对象。如果指针指向的是一个被重载的虚方法，这个方法所属的类型就在运行时动态确定。

方法和类都可以使用模板机制，意味着它们都可以参数化。例如，一个方法可以被写作模板方法（templated method），这样就可以根据不同的参数类型将其实例化为多个不同的版本。模板类也有这样的灵活性。

C++ 支持多继承。C++ 的异常处理将在第 14 章中讨论。

2.16.3 评价

C++ 很快成为一个应用广泛的语言，至今仍是如此。一个重要的原因是 C++ 有着优质而廉价的编译器。另一个重要原因是 C++ 基本上完全向后兼容 C（意味着 C 程序经过很小的改变就可以像 C++ 程序一样进行编译），所以在大多数实现中 C++ 程序和 C 程序可以链接在一起，这使得 C 程序员学习 C++ 变得相对容易。最后一个原因是，C++ 诞生时面向对象程序设计的理念刚刚开始得到广泛关注。此时 C++ 是唯一可以用于大型商业软件项目的面向对象语言。

C++ 的缺点在于它的庞大和复杂，这与 PL/I 语言的缺点类似。C++ 继承了 C 中的大多数不安全因素，这使得它的安全性不如 Ada 和 Java。

2.16.4 Swift：Objective-C 的替代品

自 2002 年的 MAC OS X 操作系统开始，苹果公司（Apple）的系统软件就使用 Objective-C 编写。后来，苹果公司又研制了 Swift 语言作为 Objective-C 的替代产品。Swift 的设计工作由 Chris Lattner 于 2010 年启动。该语言的第一个版本于 2014 年发布，第二个版本于 2015 年发布。第一个版本的 Swift 还是专利，第二个版本就开源了。Swift 目前已在苹果公司所

有操作系统和 Linux 操作系统上实现。 87

Swift 的特性包括元组数据类型（tuple data type）、可选数据类型（option type，这个类型的变量可以有一个特别的值——无值）、协议（protocal，类似于 Java 的接口）、类似 C# 中分别支持引用类型的类（class）和支持值类型的结构（struct）、泛型类型，以及一个更安全的 switch 结构（在缺省情况下，其中的每个分支执行后不会继续执行后续分支）。Swift 中没有指针类型。控制流结构中的所有语句集合，即便只有一条语句也必须用括弧括起。

语句无须以分号结尾，除非在同一行有两条及以上的语句。因为有类型推导机制，所以无须声明数据类型。与 C 和 C++ 不同，赋值语句并不返回值，所以在布尔类型表达式中使用 `x = 0` 是非法的。这就避免了 C 或 C++ 程序中常见的把 `x == 0` 误写作 `x = 0` 的错误。堆分配对象使用引用计数技术自动回收。

Swift 程序可以和 Ojbective-C 程序交互，它们使用同样的库。Swift 已经在 TIOBE 社区报告的流行语言排行榜上位居第十位。

2.16.5 另一个相关语言：Delphi

Delphi（Lischner, 2000）是一个混合语言，类似于 C++ 和 Objective-C，它是在现有的命令式语言 Pascal 的基础上，通过添加面向对象以及其他特性而形成的。苹果公司曾设计了一个名为 Object Pascal 的面向对象的 Pascal 版本，但是很快就放弃了这个项目。曾为 Windows 平台开发 Turbo Pascal 的 Borland 公司也在 Turbo Pascal 的基础上设计了一个面向对象的 Pascal 版本，同样也被称为 Object Pascal。由于一些原因，Borland 公司把 Object Pascal 改名为 Delphi。Delphi 的第一个版本连同它的集成开发环境（Integrated Development Environment，IDE）一起发布于 1995 年。有些人把 IDE 称为 Delphi，而把底层的程序设计语言称为 Object Pascal。所以其他类似产品的生产商还是把这个程序设计语言称作 Object Pascal。

C++ 和 Delphi 的很多区别源于它们不同的前身，以及相应的编程文化。C 是一个强大但是具有潜在不安全性的语言，所以 C++ 至少在数组下标范围检查、指针运算、类型隐式转换等方面也具有潜在不安全性。因为 Pascal 比 C 更为优雅和安全，类似地 Delphi 也比 C++ 更为优雅和安全。Delphi 也没有 C++ 那么复杂。例如，C++ 中包含的用户定义操作符的重载、泛型子程序、参数化类等复杂特性在 Delphi 中都不存在。

Delphi 由 Anders Hejlsberg 设计，Turbo Pascal 也是由他设计的。Hejlsberg 在 1996 年跳槽到微软工作，领导了 C# 的设计。 88

2.17 基于命令式的面向对象语言：Java

Java 的设计者从 C++ 着手，删除、修改、增加了一些结构。修改后得到的语言保留了 C++ 的大部分能力和灵活性，但是更小、更简单、更安全。Java 自诞生之后就一直在迅速地发展。

2.17.1 设计过程

就像其他很多语言一样，Java 也是针对一些当时尚无合适开发语言的应用领域而设计的。在 1990 年，Sun Microsystems 公司认定烤面包机、微波炉以及交互式电视系统等嵌入式消费类电子产品需要一款新的语言。可靠是这个语言的首要目标。乍看起来，对一个微波炉软件来说，似乎没有必要把可靠性作为一个非常重要的考虑因素。即便微波炉的软件存在缺陷，也不见得会对人造成多大的伤害，引发多大的法律纠纷。但是，如果在某个型号的微波炉卖出去上百万台之后才发现其软件有问题，那么召回的费用就非常可观了。因此，在消费类电子产品中，可靠性确实是一个重要的因素。

在考虑过 C 和 C++ 之后，他们认为这两个语言都不适合开发消费类电子产品的软件。虽然 C 相对较小，但是不支持面向对象，而面向对象在该领域还是需要的。C++ 虽然支持面向对象，但又太大太复杂，部分原因是它还支持面向过程程序设计。他们还认为 C 和 C++ 在可靠性方面都还存在着不足。因此，这个后来被称之为 Java 的新语言就应运而生了。其基本的设计目标是比 C++ 更加简单更加可靠。

虽然 Java 最初只面向消费电子产品领域，但是早期那些使用了 Java 的产品却都没有上市。直到 1993 年，当万维网被广泛应用以后，特别是图形化的 Web 浏览器得到应用，人们才发现 Java 是一个开发 Web 程序的好工具。特别是 Java 的小应用程序（applet），其规模小，可由 Web 浏览器解释执行，输出也可以被包含在 Web 文件中进行显示，所以在 20 世纪 90 年代中后期很快就得到了广泛的应用。在 Java 流行的最初几年里，Web 应用是其主要应用领域。

Java 设计团队由 James Gosling 领导，他曾经设计过 UNIX emacs 编辑器以及 NeWS 窗口系统。

2.17.2　语言概述

前文说过，Java 是基于 C++ 的，但是它被有意设计得更小、更简单、更可靠。就像 C++ 一样，Java 也有类和基本类型。Java 中的数组是预定义类的实例，但在 C++ 中就不是。虽然很多 C++ 用户会将数组包装到一个类里去，以便额外增加数组下标检查等功能，但这些在 Java 中都是隐含的。

89

Java 没有指针，但是它的引用（reference）类型提供了指针的一些功能。这些引用用来指向类实例的地址。所有类对象实例都在堆中分配内存。引用由系统在需要时隐式释放。因此，它们的行为更像普通的标量（scalar）变量。

Java 有一个基本的布尔类型 `boolean`，它主要用于控制流语句（例如 `if` 语句和 `while` 语句）中的判别式。和 C 及 C++ 不同，算术表达式不能用作控制流语句的判别式。

Java 与包括 C++ 在内的很多更早的面向对象程序设计语言之间的一个重要的区别是，在 Java 中无法编写单独的子程序。所有的 Java 子程序都是定义在类中的方法。此外，方法只能通过包含该方法的类或对象调用。其结果就是，C++ 同时支持过程性和面向对象程序设计，但 Java 只支持面向对象程序设计。

C++ 和 Java 之间的另一个重要区别是，C++ 直接在类定义中实现多继承。而 Java 只支持类之间的单继承，但可以通过接口机制获得一些多继承的能力。

C++ 的语言成分中的结构（struct）和联合（union）没有被 Java 照搬。

Java 通过 `synchronized` 关键字实现了相对简单的并发控制，它可用于方法或块语句。在这两种情况下，这相当于加了一把锁，以保证访问或执行的互斥。在 Java 中，可以比较容易地创建并发进程，这在 Java 中被称为线程（thread）。

Java 中的对象会被隐式地释放内存，这种技术被称为**垃圾回收**（garbage collection）。这样程序员就无须显式地删除不再使用的变量。没有垃圾回收机制的程序经常会发生内存泄漏（memory leakage），即内存被申请了但却从未被释放，这最终会耗尽所有可用内存。对象释放的问题在第6章详细讨论。

与C以及C++不同，Java赋值时隐式进行的强制类型转换（coercion）仅发生在它们被转向更宽的类型时（从一个相对“小”的类型转换到一个相对“大”的类型）。因此，**int**到**float**的强制类型转换可以在赋值时隐式地发生，但是**float**向**int**的强制转换就不可以。

2.17.3 评价

Java的设计者在修剪C++中多余和不安全的特性方面做得比较成功。例如，移除C++中一半数量的赋值隐式类型转换显然提高了可靠性。访问数组元素时的数组下标检查可以让语言更安全。增加的并发机制可以让语言适用于更多的应用领域。此外，Java提供的图形化用户界面、数据库访问，以及网络方面的类库也起到同样的作用。 90

Java的可移植性（portability），至少是中间语言的可移植性，通常被看作是语言设计的功劳，其实不然。任何一种语言都可以转换成某种中间形式，并“运行”在任何平台上，只要该平台部署了运行这种中间语言的虚拟机。这种可移植性的代价就是解释执行的成本，通常这种执行方式会比机器指令程序的执行慢一个数量级。Java最早的解释器Java虚拟机（Java Virtual Machine，简称JVM）确实比等价编译执行的C程序慢10倍。不过，现在很多Java程序在执行前被即时（Just-In-Time，JIT）编译器转换成机器指令程序。这让Java程序在效率上可以和使用传统编译器的语言（如C++）相抗衡，至少在不考虑数组下标检查的时候是这样。

Java语言使用量增长得比所有其他语言都快。最初，这是由于它在开发动态Web页面时所体现的价值。显然，Java使用量迅速增长的一个原因是程序员喜欢它的设计。有些开发者认为C++太大太复杂，难以使用，也不安全。而Java提供了一个新的选择，它具备C++的大部分能力，但是却更小更安全。另一个原因是Java的编译器和解释器是免费的，很容易在网上获取。Java现在已经在多个不同的应用领域得到了广泛的应用。

Java的最新版本是2014年发布的Java SE8。相对于Java最早的版本，现在的Java已经新增了很多重要的特性，包括枚举类、模版、一个新的迭代结构、lambda表达式以及很多类库。

以下是Java程序的一个示例：

```
// Java 程序示例
// 输入：一个小于 100 的整数 listlen，后跟 listlen 个整数值
// 输出：大于所有输入值平均值的输入值的数目
import java.io.*;
class IntSort {
public static void main(String args[]) throws IOException {
  DataInputStream in = new DataInputStream(System.in);
  int listlen,
      counter,
      sum = 0,
      average,
      result = 0;
  int[] intlist =  new int[99];
  listlen = Integer.parseInt(in.readLine());
  if ((listlen > 0) && (listlen < 100)) {
```
91

```
/* 将输入数据读入数组并计算其和 */
    for (counter = 0; counter < listlen; counter++) {
      intlist[counter] =
             Integer.valueOf(in.readLine()).intValue();
      sum += intlist[counter];
    }
/* 计算平均值 */
    average = sum / listlen;
/* 计算大于平均值的输入值的数目 */
    for (counter = 0; counter < listlen; counter++)
      if (intlist[counter] > average) result++;
/* 打印结果 */
      System.out.println(
          "\nNumber of values > average is:" + result);
    } //** end of then clause of if ((listlen > 0) ...
    else System.out.println(
            "Error-input list length is not legal\n");
  } //** main 方法结束
} //** IntSort 类结束
```

2.18 脚本语言

脚本语言的发展历史至今已经超过了 35 年。早期的脚本语言的基本形式是把一个被称作**脚本**（script）的命令序列放在文件里，然后解释执行。此类语言的最早形式叫作 sh（源自 shell，意为“壳”）。它最初是一个命令的集合，这些命令经解释后调用系统的应用子程序，如文件管理、简单的文件过滤等。在添加了变量、控制流语句、函数以及各种其他功能后，最终形成了一个完整的程序设计语言。其中最强大、最广为人知的是贝尔实验室的 David Korn 发明的 ksh（Bolsky and Korn，1995）。

另一种脚本语言是 awk，由贝尔实验室的 Al Aho、Brian Kernighan 和 Peter Weinberger 开发（Aho et al.，1988）。早期的 awk 是报告生成语言（report-generation language），后来演化成为一种更通用的语言。

2.18.1 Perl 的起源与特点

由 Larry Wall 开发的 Perl 语言最初是 sh 和 awk 的一种组合。Perl 自诞生以来快速发展，现在尽管显得有些原始，但却是一种强大的程序设计语言。虽然它仍然被称为脚本语言，但实际上更类似于一种典型的命令式语言，因为在大部分情况下它总是编译执行，或至少在被执行之前会被编译成中间语言。此外，它拥有丰富的语言成分以适用于多种领域的计算问题。

92

Perl 有许多有趣的特性，本章中只提及一部分内容，在本书的后续内容中会进一步讨论这些内容。

Perl 中的变量是静态类型的，采用隐式声明。变量有三个不同的名字空间（namespace），由变量名的首字符标识。所有标量变量名以美元符号“$”开头，所有数组名以符号“@”开头，所有哈希类型的变量名（下文会简单介绍 hash 变量）以百分号“%”开头。此规定使 Perl 程序中的变量名比大多数其他语言的程序更有可读性。

Perl 包含大量隐式变量。有些用于存储 Perl 参数，如特定形式的换行符或在实现中使用的字符。隐式变量通常用作内置函数的默认参数和一些操作符的默认操作数。它们有着独特的、带点神秘色彩的名字，比如 $! 和 @_。隐式变量的变量名也和用户定义的变量名一样，使用三个名字空间，所以 $! 是某个标量变量的名称。

Perl 的数组有两个特性，使得它们与通常的命令式语言的数组有所不同。首先，它们具有动态长度，意思是它们可以在执行过程中根据需要变长和缩短。其次，数组可以是稀疏的，意味着元素的位置之间可能存在间隙（gap）。这些间隙不占用内存空间，数组的迭代语句 **foreach** 会自动跳过这些间隙。

Perl 包含关联数组，称为**散列（hash）**。这些数据结构由字符串索引，是隐式控制的哈希表。Perl 系统提供哈希函数，可在必要时增加数据结构的大小。

Perl 是一种功能强大但有点危险的语言。它的标量类型存储字符串和数字，这些字符串和数字通常以双精度浮点数的形式存储。根据上下文的不同，数字可能被强制转换为字符串，反之亦然。如果字符串在数字上下文中使用，并且字符不能转换为数字，则会被转换为零，这时不会有任何警告或错误消息。这可能导致无法被编译器或运行时系统检测到的错误。Perl 不会检查数组下标，因为无法为数组设置下标范围。对不存在的元素的引用会返回 **undef**，这个量在数值上下文中被解释为零。这意味着在数组元素访问时没有错误检查机制。

Perl 最初仅仅是 UNIX 系统中处理文本文件的实用工具。它一直作为 UNIX 系统的管理工具被广泛使用。当万维网出现后，Perl 作为通用网关接口（Common Gateway Interface，CGI）语言在 Web 中得到了广泛使用，但现在已很少用于此目的。Perl 作为一种通用语言，可以用于计算生物学和人工智能等多种应用领域。

以下是 Perl 程序的一个示例：

```
# Perl 程序示例
# 输入：一个小于 100 的整数 $listlen，后跟 $listlen 个整数值
# 输出：大于所有输入值平均值的输入值的数目
($sum, $result) = (0, 0);
$listlen = <STDIN>;
if (($listlen > 0) && ($listlen < 100)) {
# 将输入数据读入数组并计算其和
  for ($counter = 0; $counter < $listlen; $counter++) {
    $intlist[$counter] = <STDIN>;
  } #- for (counter ... 结束
# 计算平均值
  $average = $sum / $listlen;
# 计算大于平均值的输入值的数目
  foreach $num (@intlist) {
    if ($num > $average) { $result++; }
  } #- foreach $num ... 结束
# 打印结果
  print "Number of values > average is: $result \n";
} #- if (($listlen ... 结束
else {
  print "Error--input list length is not legal \n";
}
```

93

2.18.2 JavaScript 的起源与特点

在 20 世纪 90 年代中期，第一个图形化浏览器出现后，Web 的使用激增。与 HTML（当时还完全是静态的）相关的计算很快变得至关重要。服务器端的计算是通过通用网关接口实

现的，它允许 HTML 文档请求执行服务器上的程序，计算结果以 HTML 文档的形式返回到浏览器。随着 Java Applet 的出现，浏览器端的计算变得可行。这两种方法现在基本都被脚本语言等更新的技术所取代。

JavaScript 最初是由 Netscapc 公司的 Brendan Eich 开发的。它的原名是 Mocha，后来改名为 LiveScript。1995 年底，LiveScript 成为 Netscape 公司和 Sun 微系统公司的共同资产，名称也被改为 JavaScript。在从 1.0 版到 1.5 版的快速发展过程中，JavaScript 中增加了许多新特性和新功能。20 世纪 90 年代末，欧洲计算机制造商协会（ECMA）制定了一个 JavaScript 语言标准 ECMA-262。该标准也已被国际标准组织（ISO）批准为 ISO-16262。微软的 JavaScript 版本被命名为 JScript.NET。

尽管 JavaScript 解释器可以嵌入许多不同的应用程序中，但它最常见的用途是嵌入 Web 浏览器中。JavaScript 代码可以嵌入 HTML 文档中，并在显示文档时由浏览器进行解释执行。JavaScript 在 Web 编程中的主要用途是验证表单输入数据和创建动态 HTML 文档。

94

尽管在名字上看起来关系密切，但 JavaScript 只是与 Java 使用类似的语法。Java 是强类型语言，而 JavaScript 则使用动态类型（见第 5 章）。JavaScript 中的字符串及其数组具有动态长度，因此不会检查数组下标的有效性，而这在 Java 中则是必需的。Java 完全支持面向对象程序设计，但是 JavaScript 既不支持继承，也不支持方法调用的动态绑定。

JavaScript 最重要的用途之一是动态创建和修改 HTML 文档。JavaScript 定义了一个对象层次结构，它与由文档对象模型定义的 HTML 文档的层次结构模型相匹配。HTML 文档中的元素可以通过这些对象来访问，这种访问方式为文档元素的动态控制提供了基础。

以下是一个 JavaScript 脚本，要解决的问题与本章中此前的几个案例相同。注意，我们假设此脚本将从 HTML 文档中调用并由 Web 浏览器解释。

```
// example.js
// 输入：一个小于 100 的整数 listLen，后跟 listLen 个数值量
// 输出：大于所有输入值平均值的输入值的数目

var intList = new Array(99);
var listLen, counter, sum = 0, result = 0;

listLen = prompt (
        "Please type the length of the input list", "");
if ((listLen > 0) && (listLen < 100)) {

// 读入输入数据并计算其和
   for (counter = 0; counter < listLen; counter++) {
        intList[counter] = prompt (
                        "Please type the next number", "");
        sum += parseInt(intList[counter]);
   }

// 计算平均值
   average = sum / listLen;

// 计算大于平均值的输入值的数目
   for (counter = 0; counter < listLen; counter++)
       if (intList[counter] > average) result++;

// 打印结果
   document.write("Number of values > average is: ",
                 result, "<br />");
```

95

```
} else
   document.write(
      "Error - input list length is not legal <br />");
```

2.18.3 PHP 的起源与特点

PHP（Tatroe et al.，2013）是由 Apache 集团员工 Rasmus Lerdorf 于 1994 年研制的。他最初的动机是提供一个工具以跟踪他个人网站的访问者。他在 1995 年开发了一个名为 Personal Home Page Tools（意为“个人主页工具”）的包，这个包成为 PHP 的第一个公开发行版本。最初，PHP 是个人主页（Personal Home Page）的缩写。后来，它的用户社区开始使用递归名称 PHP: Hypertext Preprocessor（意为“PHP：超文本预处理器”），这使得最初的名称逐渐淡出人们的视线。PHP 现在被作为一个开源产品开发、分发和支持。PHP 处理器驻留在大多数 Web 服务器上。

PHP 是一种专门为 Web 应用程序设计的嵌入 HTML 的服务器端脚本语言。当浏览器发送一个嵌入了 PHP 代码的 HTML 文档请求时，PHP 代码会在 Web 服务器上进行解释。PHP 代码通常会生成一段 HTML 代码作为输出，HTML 代码会替换 HTML 文档中的 PHP 代码并被浏览器解析。因此，Web 浏览器上永远看不到 PHP 代码。

PHP 与 JavaScript 在语法外观、字符串和数组的动态特性以及动态类型的使用等方面类似。PHP 数组是 JavaScript 数组和 Perl 散列的组合。

PHP 最早的版本不支持面向对象程序设计。抽象类、接口、析构函数和类成员的访问控制后来被添加到该语言中。

PHP 允许简单地访问 HTML 表单数据，因此使用 PHP 可轻松地处理表单。PHP 支持许多不同的数据库管理系统，这使得它在构建需要对数据库进行 Web 访问的程序时可以发挥重要作用。

当前 PHP 的最新版本是发布于 2015 年的 PHP 7。

2.18.4 Python 的起源与特点

Python（lutz，2013）是一种面向对象的解释性脚本语言。它最初是由 Guido van Rossum 于 20 世纪 90 年代初在荷兰 Stichting Mathematisch Centrum 设计开发的，目前 Python 软件基金会正在继续支持它的发展。Python 被用于和 Perl 相同的应用：系统管理和其他相对较小的计算任务。Python 是一个开源系统，可用于大多数常见的计算平台。Python 的实现可以在 `www.python.org` 上找到，该网站还提供了有关 Python 的大量信息。 96

Python 的语法没有直接取用自任何已有的常用语言。它有类型检查，但属于动态类型语言。Python 包含三种数据结构：列表（list）、**不可变列表**（immutable list，称为 tuple，即**元组**）、**散列**（hash，称为 dictionary，即**字典**），但不包含数组。Python 中提供一些列表方法，例如 `append`、`insert`、`remove` 和 `sort`，以及一些字典上的方法，例如 `keys`、`values`、`copy` 和 `has_key`。Python 还支持源于 Haskell 语言的列表解析。列表解析见 15.8 节。

Python 是一种面向对象的语言。它包含 Perl 中的模式匹配功能，具有异常处理机制，所提供的垃圾回收机制可用于回收不再需要的对象。

`cgi` 模块提供表单处理的功能。此外 Python 中还提供支持 cookie、网络访问和数据库访问的模块。

Python 包含对线程并发的支持，以及对套接字网络编程的支持。它也比其他非函数式程序设计语言更支持函数式编程。

Python 有一个更有趣的特性，那就是它可以被任何用户轻松地扩展。可以用任何可编译的语言编写扩展的模块。可以向模块中添加函数、变量和对象类型。这些扩展是作为 Python 解释器的附加部分实现的。

2.18.5 Ruby 的起源与特点

Ruby（Thomas et al.，2005）是由松本幸弘（Matz）在 20 世纪 90 年代初设计的。自 1996 年发布以后，它就一直在进化。之所以设计 Ruby，是因为松本幸弘对 Perl 和 Python 的不满。尽管 Perl 和 Python 都支持面向对象程序设计[㊀]，但两者都不是纯粹的面向对象语言，比如两个语言里都有原始（非对象）类型，也都支持函数。

Ruby 的主要特点在于它就像 Smalltalk 一样，是一种纯粹的面向对象语言。每个数据值都是一个对象，所有操作都是通过方法调用完成的。Ruby 中的运算符只是为相应的操作指定方法调用的语法机制。因为这些运算符都是方法，所以都可以重新定义。无论是预定义的类还是用户定义的类，所有的类都可以有子类。

Ruby 中的类和对象都是动态的，因此可以动态地为类和对象添加方法。这意味着类和对象在执行期间的不同时刻可以有不同的方法集。因此，同一个类的不同实例化可以有不同的行为。类的定义中可以包含若干方法、数据和常量。

97

Ruby 的语法与 Eiffel 和 Ada 的语法有关。因为 Ruby 中使用了动态类型，所以不需要声明变量。变量的作用域通过其名称指定：以字母开头的变量具有局部作用域；以 @ 开头的变量是实例变量；以 $ 开头的变量具有全局作用域。Ruby 提供了 Perl 的许多特性，例如带有像 $_ 这样的奇怪命名的隐式变量。

与 Python 一样，任何用户都可以扩展和修改 Ruby。Ruby 在文化上很有趣，因为它是第一种在日本设计，而在美国得到相对广泛应用的编程语言。

2.19 .NET 旗帜语言：C#

微软在 2000 年对外宣布了 C# 语言和 .NET 开发平台的计划[㊁]。这两个产品都在 2002 年 1 月发布。

2.19.1 设计过程

C# 的设计基于 C++ 和 Java，但也包含了 Delphi 和 Visual Basic 的一些思想。它的首席设计师 Anders Hejlsberg 此前还设计了 Turbo Pascal 和 Delphi，这就解释了为什么 C# 中会包含类似 Delphi 的一些成分。

C# 的目的是为基于组件的软件开发，特别是 .NET 框架下基于组件的软件开发提供一种语言。在 .NET 环境下，使用各种不同语言开发的组件可以很容易地组合成系统。所有的 .NET 语言，包括 C#、VB.NET、Managed C++、F# 以及 JScript.NET[㊂]都使用通用类型系

㊀ 实际上，Python 只部分地支持面向对象程序设计。

㊁ 第 1 章已经对 .NET 开发系统进行了简要讨论。

㊂ 许多语言已被修改为 .NET 语言。

统（Common Type System，简称 CTS）。CTS 提供了一个公共类库。五种 .NET 语言中所有的类型都继承自一个根类 System.Object。符合 CTS 规范的编译器能够创建可被组合到软件系统中的对象。所有的 .NET 语言都被编译成相同的中间形式，即 Intermediate Language（意为“中间语言”，简称 IL）[㊀]。与 Java 不同，IL 中间代码永远不会被解释执行。实时编译器会在执行 IL 之前将其转换为机器代码。

2.19.2 语言概述

许多人认为，Java 相对于 C++ 最重要的进步之一就是它移除了 C++ 的一些特性。例如，C++ 支持多继承、指针、结构、枚举类型、运算符重载和 GOTO 语句，但 Java 不包括这些特性。显然，C# 的设计者并不赞同这种大规模删除特性的做法，因为除多继承之外上述所有的特性都被 C# 所吸纳了。

98

不过，C++ 中那些被保留在 C# 中的特性其实在 C# 中已得到了改进。例如，C# 的枚举类型比 C++ 的更安全，因为它们不会被隐式地转换为整数，这使得它们更具有类型安全性。结构类型发生了显著的变化，从而产生了一个真正有用的语言成分，而在 C++ 中它几乎没有任何作用。我们将在第 12 章中讨论 C# 的结构类型。C# 尝试改进 C、C++ 和 Java 中使用的 switch 语句。我们将在第 8 章讨论 C# 中的 switch 语句。

C++ 中的函数指针与 C++ 中指向变量的指针一样，也存在安全性方面的不足。C# 包括一个新类型——委托（delegate），它是一种面向对象且类型安全的子程序引用方式。委托用于实现事件处理程序，可以控制线程的执行和回调[㊁]。回调在 Java 中使用接口实现；而在 C++ 中则使用方法指针实现。

C# 中的方法可以接受数量可变的参数，只要它们都具有相同的类型即可。为了实现该功能，需要使用数组类型的形式参数，并在参数前使用保留字 **params** 来标识。

C++ 和 Java 都使用两种不同的类型系统：一种用于原始类型，另一种用于对象。除了容易混淆之外，还经常需要在两个类型系统之间进行值的转换，例如在将一个原始类型的值放入一个存储对象的集合时。C# 可通过隐式装箱（boxing）和拆箱（unboxing）操作使两个类型系统之间的值转换部分隐式化，这一问题将在第 12 章中详细讨论[㊂]。

C# 的其他特性包括大多数程序设计语言不支持的矩形数组和 **foreach** 语句。**foreach** 语句用于数组和集合对象的迭代。在 Perl、PHP 和 Java 5 中也有类似的 **foreach** 语句。此外，C# 还以属性作为公共数据成员的替代品。属性是具有 get 和 set 方法的数据成员，这些方法在对相关数据成员进行引用和赋值时会被隐式调用。

自 2002 年首次发布以来，C# 一直在不断快速发展。当前的最新版本是 C# 7.0。C# 7.0 新添加的特性是元组和一种模式匹配形式。

2.19.3 评价

C# 是对通用程序设计语言 C++ 和 Java 的一种改进。可能有人会说它的一些特性是一

㊀ 最初，IL 被称为 MSIL，即 Microsoft Intermediate Language（微软中间语言）的缩写，但很多人认为这个名字显然太长了。

㊁ 当一个对象调用另一个对象的方法，并且需要在该方法完成任务时得到通知，被调用的方法将回调其调用方，这称为回调。

㊂ 对 Java 语言，这个特性被添加到 Java 5 中。

种倒退，但 C# 确实也包含了一些超越其前辈的成分。它的一些特性肯定会被未来的其他程序设计语言所采用。

99

以下是 C# 程序的一个示例：

```
// C# 程序示例
// 输入：一个小于 100 的整数 listlen，后跟 listlen 个整数值
// 输出：大于所有输入值平均值的输入值的数目
using System;
public class Ch2example {
  static void Main() {
    int[] intlist;
    int listlen,
        counter,
        sum = 0,
        average,
        result = 0;
    intList = new int[99];
    listlen = Int32.Parse(Console.readLine());
    if ((listlen > 0) && (listlen < 100)) {
// 将输入数据读入数组并计算其和
      for (counter = 0; counter < listlen; counter++) {
        intList[counter] =
                       Int32.Parse(Console.readLine());
        sum += intList[counter];
      } //- for (counter ... 结束
// 计算平均值
      average = sum / listlen;
// 计算大于平均值的输入值的数目
      foreach (int num in intList)
        if (num > average) result++;
// 打印结果
      Console.WriteLine(
         "Number of values > average is:" + result);
    } //- if ((listlen ... 结束
    else
      Console.WriteLine(
         "Error--input list length is not legal");
  } //- Main 方法结束
} //- Ch2example 类结束
```

2.20　混合标记程序设计语言

混合标记程序设计语言是一种标记语言，其中一些元素可以指定编程操作，如控制流和计算。下面两节将分别介绍两种混合标记程序设计语言：XSLT 和 JSP。

100

2.20.1　XSLT

可扩展标记语言（eXtensible Markup Language XML）是一种元标记语言。这种语言用于定义标记语言。由 XML 派生的标记语言用于定义 XML 数据文档。尽管 XML 文档可供人工阅读，但更多还是供计算机处理。这种处理有时只是将 XML 文档转换为可有效显示或打印的另一种样式。在许多情况下，这样的转换要将 XML 文档转换为可由 Web 浏览器显示的 HTML。在其他一些情况下，处理 XML 文档中的数据，和处理其他形式的数据文件没什么区别。

XML 文档到 HTML 文档的转换要用另一种标记语言，也就是可扩展样式表语言转换（eXtensible Stylesheet Language Transformation，简称 XSLT）（www.w3.org/TR/XSLT）。XSLT 可以指定类似于程序设计的操作。因此，XSLT 是一种混合标记程序设计语言。XSLT 在 20 世纪 90 年代末由万维网联盟（W3C）定义。

XSLT 处理器以 XML 数据文档和 XSLT 文档（同样以 XML 文档的形式存在）作为输入。在处理过程中，按照 XSLT 文档中描述的转换规则，XML 数据文档被转换成另一个 XML 文档[一]。XSLT 文档通过定义模板来指定转换规则，这里的"模板"是 XSLT 处理器可以在 XML 输入文件中找到的数据模式。XSLT 处理器的转换指令与 XSLT 文档中的每个模板关联，它用于指定如何转换在 XML 数据文档中匹配到的数据。因此，模板（及其相关的处理指令）可被看作是子程序，当 XSLT 处理器在 XML 数据文档中找到匹配的模式时，这些子程序就会被"执行"。

XSLT 还具有较低级别的程序设计结构。例如，循环结构允许选择 XML 文档的重复部分。此外，还有一个排序过程。这些较低级别的结构是用 XSLT 标记指定的，例如表示循环的 `<for each>`。

2.20.2 JSP

Java 服务器端页面标准标记库（Java Server Pages Standard Tag Library，简称 JSTL）的"核心"部分是另一种混合标记程序设计语言，尽管它的形式和用途不同于 XSLT。在讨论 JSTL 之前，有必要介绍 servlet 和 Java 服务器端页面（Java Server Page，简称 JSP）的思想。**servlet** 是驻留在 Web 服务器系统上并在 Web 服务器系统上执行的 Java 类的实例。Web 浏览器上显示的标记文档请求执行 servlet 后，被执行 servlet 的输出会以 HTML 文档的形式返回给发出请求的浏览器。在 Web 服务器进程中运行的 **servlet 容器**会控制 servlet 的执行。servlet 通常用于表单处理和数据库访问。

101

JSP 是旨在支持动态 Web 文档并提供 Web 文档其他处理需求的一组技术。当浏览器请求一个通常由 HTML 和 Java 混合而成的 JSP 文档时，驻留在 Web 服务器系统上的 JSP 处理器程序将文档转换成 servlet。文档中嵌入的 Java 代码被复制到 servlet，而普通 HTML 则被复制到 Java 打印语句中并被原样输出。JSP 文档中的 JSTL 标记的具体处理过程将在下一段中讨论。JSP 处理器生成的 servlet 由 servlet 容器执行。

JSTL 定义了一组 XML 操作元素，这些元素控制 Web 服务器上 JSP 文档的处理。这些元素的形式与 HTML 和 XML 的其他元素相同。最常用的 JSTL 控制操作元素之一是 `if`，它将布尔表达式指定为属性[二]。`if` 元素的内容（也就是开始标记（`<if>`）与其结束标记（`</if>`）之间的文本）是 HTML 代码，这段 HTML 代码只有在布尔表达式的计算结果为 true 时才会被包含在输出文档中。`if` 元素与 C/C++ 中的 `#if` 预处理器命令类似。JSP 容器以类似 C/C++ 预处理器处理 C 和 C++ 程序的方式处理 JSP 文档的 JSTL 部分。预处理器命令是预处理器的指令，用于指定如何根据输入文件构造输出文件。类似地，JSTL 控制操作元素是 JSP 处理器的指令，用于指定如何根据 XML 输入文件构建 XML 输出文件。

`if` 元素的一个常见用途是验证用户在浏览器中提交的表单数据。JSP 处理器可以访问

[一] XSLT 处理器的输出文档也可以是 HTML 或纯文本。

[二] HTML 中的一个属性嵌入元素的开始标记中，这提供了关于该元素的进一步信息。

表单数据，并使用 if 元素进行测试，以确保表单数据是合理的，如果测试未通过，if 元素可以在输出文档中为用户插入错误消息。

对于多重选择控件，JSTL 提供了 choose、when 和 otherwise 元素。JSTL 还包括一个用于在集合上进行迭代操作的 forEach 元素，这里的集合通常是来自客户端的表单值。forEach 元素可以包含 begin、end 和 step 属性以控制迭代。

小结

我们探索了许多程序设计语言的发展史。这一章为读者看待程序设计语言的设计在当前面临的问题提供了一个很好的视角，并为深入讨论当代程序设计语言的重要特征提供了一定的基础。

文献注记

关于早期程序设计语言发展的最重要的历史信息来源也许是由 Richard Wexelblat（1981）编辑的*程序设计语言史*（*History of Programming Languages*）。它包含 13 种重要程序设计语言的发展背景和环境，都是由各个语言的设计者自己撰写的。第二次“历史”会议产生了一项类似的成果，并作为 *ACM SIGPlan Notices* 的专刊出版（ACM，1993a）。该专刊讨论了 13 种以上的程序设计语言的历史和演变。

102

程序设计语言的早期发展（Knuth and Pardo，1977）一文是*计算机科学与技术百科全书*的一部分。这篇长达 85 页的优秀论文详细介绍了 Fortran 之前（包括 Fortran）的语言的发展。该文包括一些示例程序来演示这些语言的特性。

另一本很有趣的书是 Jean Sammet（1969）的*程序设计语言：历史与基础*。这本长达 785 页的书里详细介绍了 20 世纪 50 年代和 20 世纪 60 年代的 80 种程序设计语言。Sammet 还出版了她的几本书的最新版本，比如 *1974—75 年（1976 年）的程序设计语言列表*。

复习题

1. Plankalkül 是哪一年设计的？该设计是哪一年出版的？
2. plankalkül 中包含哪两种常见的数据结构？
3. 20 世纪 50 年代早期的伪码是如何实现的？
4. 快码是为了克服 20 世纪 50 年代早期计算机硬件的两个重大缺点而发明的。它们是什么？
5. 为什么在 20 世纪 50 年代早期，程序解释的执行缓慢是可以接受的？
6. 在 IBM 704 计算机上首次出现的哪种硬件功能对程序设计语言的发展有很大的影响？请解释一下原因。
7. Fortran 设计项目是在哪一年开始的？
8. 在设计 Fortran 的时代，计算机的主要应用领域是什么？
9. Fortran I 的所有控制流语句的来源是哪里？
10. 在 Fortran I 中添加了哪些最重要的功能，从而形成了 Fortran II？
11. Fortran 77 中的哪些控制流语句是在 Fortran IV 的基础上添加的？
12. 第一个具有动态变量的 Fortran 是哪个版本？
13. 第一个提供处理字符串能力的 Fortran 是哪个版本？
14. 20 世纪 50 年代末，语言学家为什么对人工智能感兴趣？
15. LISP 是在哪里开发的？由谁开发的？

16. Scheme 和 Common LISP 语言在哪些方面是对立的?
17. LISP 的哪种方言用于一些大学的程序设计入门课程? [103]
18. 是哪两个专业机构共同设计了 ALGOL 60 ?
19. 块结构出现在什么版本的 ALGOL 中?
20. ALGOL 60 缺少了什么语言元素影响了它的广泛使用?
21. 什么语言被设计用来描述 ALGOL 60 的语法?
22. COBOL 是基于哪种编程设计语言设计的?
23. COBOL 设计过程是在哪一年开始的?
24. COBOL 中出现的什么数据结构源自 Plankalkül ?
25. 哪一个组织对 COBOL 的早期成功最有贡献(就使用范围而言)?
26. 什么用户群体是 Basic 第一个版本的目标?
27. 为什么 Basic 在 20 世纪 80 年代早期是一种重要的语言?
28. PL/I 是用来替代哪两种语言的?
29. PL/I 是为哪个新系列计算机设计的?
30. SIMULA 67 的哪些特性现在已经成为一些面向对象语言的重要组成部分?
31. ALGOL 68 中引入的哪些创新性数据结构常常被认为是 Pascal 的功劳?
32. ALGOL 68 中广泛使用的设计准则是什么?
33. 什么语言引入了 `case` 语句?
34. C 语言中的哪些运算符是以 ALGOL 68 中的类似运算符为模型的?
35. C 的哪两个特性使它比 Pascal 更不安全?
36. 什么是非过程性语言?
37. 哪两种语句使得 Prolog 数据库得到了比较广泛的应用?
38. Ada 的主要应用领域是什么?
39. Ada 调用的并发程序单元是什么?
40. Ada 的什么结构提供了对抽象数据类型的支持?
41. Smalltalk 世界里最常见的是什么?
42. 哪三个概念是面向对象程序设计的基础?
43. 为什么 C++ 要包含已知不安全的 C 特性?
44. 设计 Swift 用来取代什么语言?
45. Ada 和 COBOL 语言有什么共同点?
46. Java 最早的应用领域是什么?
47. 在 JavaScript 中包含的最明显的 Java 特征是什么?
48. PHP 和 JavaScript 的类型系统与 Java 的有什么不同? [104]
49. 哪种数组结构包含在 C# 语言而不是 C、C++ 或 Java 中?
50. Perl 的初始版本打算替换哪两种语言?
51. JavaScript 在哪个应用领域应用最广泛?
52. 从应用角度看，JavaScript 和 PHP 之间的关系是什么?
53. PHP 的主要数据结构是其他语言中的哪两种数据结构的组合?
54. Python 使用什么数据结构来代替数组?
55. Ruby 与 SmallTalk 有什么共同特点?
56. Ruby 算术运算符的哪些特性使它们在所有语言中独一无二?
57. C# 怎样改变了 C 语言的 `switch` 语句的低效性?
58. C# 的主要应用平台是什么?
59. XSLT 处理器的输入是什么?

60. XSLT 处理器的输出是什么？
61. JSTL 的哪个元素与子程序相关？
62. JSP 处理器把 JSP 文档转换成什么？
63. servlet 在哪里执行？

习题

1. 如果 Fortran 设计人员熟悉 plankalkül 的话，你认为 plankalkül 的哪些特征最可能影响 Fortran 0？
2. 估算一下 Backus 701 快码系统的能力，并将其与当代的可编程手持计算器进行比较。
3. 编写一个简短的历史故事，介绍格雷斯·霍珀（Grace Hopper）和她的同事开发的 A-0、A-1 和 A-2 系统。
4. 比较 Fortran 0 与 Laning 和 Zierler 系统的功能。
5. ALGOL 设计委员会最初的三个目标中，你认为当时哪一个最难实现？
6. 基于合理猜测，你认为 LISP 中最常见的语法错误有哪些？
105
7. LISP 最初是一种纯函数式语言，但在发展过程中，包含了越来越多的命令式特性。为什么会这样？
8. 为什么 Algol 60 没有成为一种广泛使用的语言？详细描述三个最重要的原因。
9. 为什么 COBOL 允许长标识符而 Fortran 和 ALGOL 不允许？
10. 概述 IBM 开发 PL/I 的主要动机。
11. IBM 基于某种假设决定开发 PL/I，这个假设正确吗？请结合计算机和程序设计语言在 1964 年之后的发展历史给出你的看法。
12. 用你自己的语言表述一下程序设计语言设计中正交性的概念。
13. 什么原因使得 PL/I 比 AlGOL 68 应用更广泛？
14. 赞成和反对无类型语言的观点都有哪些？
15. 除了 Prolog 还有其他逻辑程序设计语言吗？
16. 你是否认同以下观点：语言本身越复杂用起来就越危险，所以我们应该让所有的语言都小而简单？
17. 你认为由委员会设计语言是个好主意吗？请给出你的理由。
18. 语言总是不断进化的。你认为在改进编程语言时要注意哪些约束条件？把你的答案与 Fortran 的发展过程相比较。
19. 建立一个表来记录程序设计语言设计中的所有主要进展，包括它们出现的时间、它们最初出现在哪个语言中以及开发者是谁。
20. 微软和 Sun 之间有一些关于微软的 J++ 和 C# 以及 Sun 的 Java 设计的公开交流。阅读其中一些文件，这些文件可在各自的网站上找到，并对有关委托（delegate）的分歧进行分析。
21. 近年来，脚本语言中有一些逐步替代传统数组的数据结构。说明这些发展的时间顺序。
22. 为什么纯解释方式是几种最新脚本语言可以接受的实现方法，请给出两个可能的原因。
23. 为什么新的脚本语言比新的编译语言出现得更频繁？
106
24. 请给出关于混合标记程序设计语言的一般描述。

程序设计练习

1. 为了理解程序设计语言中记录的价值，请使用基于 C 的语言编写一个小程序，使用结构数组存储学生信息，包括姓名、年龄、浮点类型的 GPA、字符串类型的年级信息（例如，“新生”等）。另外，用相同的语言编写一个不使用结构的程序，完成同样的任务。
2. 为了理解程序设计语言中递归的价值，请编写两个程序实现快速排序，其中一个使用递归，另一个不使用递归。
3. 为了理解计数控制循环的价值，请编写一个使用计数控制循环结构实现矩阵乘法的程序。然后使用逻辑控制循环（例如 `while` 循环）完成同样的任务。
107

语法和语义描述

本章首先定义术语*语法*和*语义*。然后，详细介绍最常用的语法描述方法：上下文无关文法（也称为 Backus-Naur 范式）。在介绍这一概念的过程中还将介绍推导、分析树、二义性、运算符优先级和结合律，以及扩展的 Backus-Naur 范式等概念。接下来讨论属性文法，它可以用来描述程序设计语言的语法和静态语义。在最后一节中，将介绍描述语义的三种形式化方法：操作语义、公理语义和指称语义。由于语义描述方法的内在复杂性，我们只简要讨论这些方法。这三者中的每一样都可以写一本书（有一些作者已经写了相关书籍）。

3.1 概述

为程序设计语言提供简洁而易懂的描述是一项有难度的任务，但却是语言成功的关键。ALGOL 60 和 ALGOL 68 首先使用了简洁的形式化描述。然而，人们觉得这两种语言的描述并不容易理解，部分原因是它们都使用了新的符号系统。因此，这两种语言被人们接受的程度都受到了影响。另一方面，一些语言的定义虽然简单，但是由于非形式化、不精确，形成了许多有微妙区别的变体。

描述语言的一个难题是必须理解这些描述的人多种多样，其中包括初步评估人员、实现者和用户。大多数新的程序设计语言在设计完成之前都要经过潜在用户（通常是雇用语言设计者的那个组织内的人员）一段时间的审查，这些是初步评估人员。这个反馈周期的成功在很大程度上取决于描述的清晰性。

显然，程序设计语言的实现者必须能够确定语言的表达式、语句和程序单元的构成方式，以及它们在执行时的预期效果。实现者工作的困难在一定程度上取决于语言描述的完整性和精确性。

最后，语言用户必须能够通过语言参考手册来确定如何将软件解决方案实现为程序。教科书和课程是有用的，但语言手册通常是有关一种语言的唯一权威的出版资料。

对程序设计语言的研究，就像对自然语言的研究一样，可以分为对语法和语义的研究。程序设计语言的**语法**（syntax）是其表达式、语句和程序单元的形式。它的**语义**（semantics）是那些表达式、语句和程序单元的含义。例如，Java 语言中 **while** 语句的语法是：

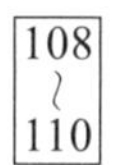


```
while （布尔表达式） 语句
```

此语句形式的语义是，当布尔表达式的当前值为真时，将执行循环体中的语句，然后控制流隐式地返回布尔表达式以重复该过程。如果布尔表达式的值为假，则控制流转移到 **while** 结构之后的语句。

尽管为了方便讨论，语法和语义常常是分开讨论的，但它们是密切相关的。在设计良好的程序设计语言中，语法应该直接体现语义，也就是说，语句的外观应该明显地表达语句要完成的任务。

描述语法比描述语义更容易，部分原因是有一种可用于语法描述的简明而通用的符号系统，但尚未开发出同样简明通用的符号系统来描述语义。

3.2 语法描述的一般问题

无论是自然形成的语言（如英语）还是人工创造的语言（如Java），都是由一些字母表中的字符串组成的。组成语言的字符串称为**语句**（sentence或statement）。语言的语法规则规定了由该语言字母表中的字符所组成的字符串中，哪些是属于这个语言的。例如，英语有一个庞大而复杂的规则集合，用于表示语句的语法。相比之下，即使是最大、最复杂的程序设计语言在语法上也非常简单。

为了简单起见，程序设计语言语法的形式化描述通常不包括对最低层次语法单元的描述。这些最小单元叫作**词素**（lexeme）。词素的描述可以由词法规范给出，它通常不同于语言的语法描述。程序设计语言的词素包括数字字面量、运算符和特殊词等。人们可以把程序看作词素串而不是字符串。

词素被划分成若干组，例如，在程序设计语言中，变量、方法、类等的名称组成一个标识符（identifier）组。每个词素组都由一个名称或词类表示。所以，语言的**词类**（token）是它的词素类别。例如，标识符是一个词类，它的成员是词素或实例，例如`sum`和`total`。在某些情况下，一个词类可能只有一个词素。例如，算术运算符“+”这一词类只有一个词素。考虑以下Java语句：

```
index = 2 * count + 17;
```

此语句的词素和词类是：

```
词素      词类
index     标识符
=         等于号
2         整型字面量
*         乘法符号
count     标识符
+         加法符号
17        整型字面量
;         分号
```

111

本章中的语言描述示例都非常简单，大多数都包括对词素的描述。

3.2.1 语言识别器

一般来说，语言可以通过两种不同的方式进行形式化定义：通过**识别**（recognition）来定义和通过**生成**（generation）来定义（尽管这两种定义对想要学习或使用程序设计语言的人都不太实用）。假设我们有一种语言L，它使用字母表∑中的字符。为了使用识别方法正式定义L，我们需要构造一个识别器R，它能够读取字母表∑中的字符组成的字符串。R将指明给定的输入字符串是否在L中。实际上，R可以接受或拒绝给定的字符串。这种手段就像过滤器，把合法的语句和错误的语句分开。如果向R输入∑上的任意字符串，R只接受L中的字符串，那么R就是对L的描述。因为大多数有用的语言在实际应用中都是无限的，所以这看起来可能是一个冗长而无效的过程。然而，识别器并不是用来枚举一种语言的所有语句——它们有不同的目的。

编译器的语法分析部分是编译器所编译的语言的识别器。在这个角色中，识别器不需要测试某个集合中所有可能的字符串是否属于某种语言。相反，它只需要确定给定的程序是否属于该语言。实际上，语法分析器确定给定的程序在语法上是否正确。语法分析器（parser，也称为解析器）的结构将在第 4 章中进行讨论。

3.2.2 语言生成器

语言生成器是一种可以用来生成语言的语句的机器，我们可以认为生成器有一个按钮，每次按下它都会生成该语言的一条语句。由于在按下生成器按钮时会生成哪条语句是不可预测的，因此生成器作为语言描述符的作用似乎有限。然而，人们更喜欢某种形式的生成器而不是识别器，因为它们更容易阅读和理解。相比之下，编译器（语言识别器）的语法分析部分对于程序员来说没有语言描述那么有用，因为它只能在试错模式下使用。例如，要使用编译器确定特定语句的正确语法，程序员只能提交一个推测版本并观察编译器是否接受它。另一方面，通常可以将特定语句的语法与生成器的结构进行比较来确定其语法是否正确。 112

同一语言的生成器和识别器之间有着密切的联系。这是计算机科学中的一个重大发现，它导致了现在关于形式语言和编译器设计理论的形成。我们将在下一节继续讨论生成器和识别器之间的关系。

3.3 语法描述的形式化方法

本节讨论形式化的语言生成机制，通常称为**文法**（grammar），该机制常用于描述程序设计语言的语法。

3.3.1 Backus-Naur 范式与上下文无关文法

20 世纪 50 年代中后期，诺姆·乔姆斯基（Noam Chomsky）和约翰·巴克斯（John Backus）两人在相互独立的研究工作中，开发出了同样的语法描述形式方法，这个方法后来成为应用最广泛的程序设计语言语法描述方法。

3.3.1.1 上下文无关文法

20 世纪 50 年代中期，著名语言学家诺姆·乔姆斯基描述了四类生成器或文法，用来定义四类语言（Chomsky, 1956, 1959）。其中两类文法分别命名为*上下文无关*（context-free）*文法*和*正规*（regular）*文法*，它们可以非常有效地描述程序设计语言语法。程序设计语言中，词类的构成可以用正规文法来描述。整个程序设计语言语法，除了少数例外，大部分都可以用上下文无关文法来描述。乔姆斯基是语言学家，他的主要兴趣是自然语言的理论性质。他当时对用来与计算机通信的人工语言没有兴趣，所以他的研究后来才被应用到程序设计语言中。

3.3.1.2 Backus-Naur 范式的起源

乔姆斯基在语言分类上的研究结束后不久，ACM-GAMM 小组就开始设计 ALGOL 58。1959 年，ACM-GAMM 小组的著名成员约翰·巴克斯在一次国际会议上发表了一篇描述 ALGOL 58 的里程碑式论文（Backus，1959）。该文介绍了一种新的描述程序设计语言语法的形式化方法。这一新的描述方法后来被彼得·诺尔（Peter Naur）稍作修改，用于描述 ALGOL 60（Naur，1960）。修改后的语法描述方法被称为 **Backus-Naur 范式**（Backus-Naur Form），或简称为 **BNF**。 113

BNF 是一种自然的描述语法的符号。事实上，帕尼尼（Panini）在公元前几百年就用了类似于 BNF 的方式描述梵文的语法（Ingerman, 1967）。

虽然 BNF 在 ALGOL 60 报告中的应用并没有立即被计算机用户接受，但这种描述程序设计语言语法的简洁方法很快成为一种最流行的方法并被沿用至今。

值得注意的是，BNF 与乔姆斯基的上下文无关语言的生成器几乎相同（被称为**上下文无关文法**（context-free grammar））。在本章的其余部分，我们将上下文无关文法简称为文法。而且，BNF 和文法这两个术语可以互换使用。

3.3.1.3　基础

元语言（metalanguage）是用来描述另一种语言的语言。BNF 是用来描述程序设计语言的元语言。

BNF 对语法结构进行抽象。例如，一个简单的 Java 赋值语句可以由抽象 < 赋值语句 > 表示（尖括号通常用于分隔抽象的名称）。< 赋值语句 > 的实际定义表示为

```
< 赋值语句 > → < 变量 >=< 表达式 >
```

箭头左侧的文本称为**左部**（Left-Hand Side，LHS），是被定义的抽象。箭头右侧的文本是左部的定义，它被称为**右部**（Right-Hand Side，RHS），由一些词类、词素以及对其他抽象的引用组成（实际上，词类也是抽象）。总之，这种定义被称为**规则**（rule）或**产生式**（production）。在刚刚给出的规则示例中，显然抽象 < 变量 > 和 < 表达式 > 也必须有定义，这样 < 赋值语句 > 的定义才有用。

这个规则表明，抽象 < 赋值语句 > 被定义为抽象 < 变量 > 的一个实例之后跟随词素 =，再跟随抽象 < 表达式 > 的一个实例。下面是一个语法结构符合该规则的语句：

```
total = subtotal1 + subtotal2
```

BNF 描述或文法中的抽象通常称为**非终结符**（nonterminal symbol，或简称为 nonterminal），规则中的词素和词类称为**终结符**（terminal symbol，或简称为 terminal）。BNF 描述或**文法**都是规则的集合。

非终结符可以有两个或多个不同的定义，表示语言中两种或多种不同的语法形式。多个定义可以写在一条规则内，其中的不同定义之间用符号“|”分隔，表示逻辑“或”(OR)。例如，可以用如下两条规则描述 Java 语言中的 `if` 语句：

114

```
<if 语句 > → if ( < 逻辑表达式 > ) < 语句 >
<if 语句 > → if ( < 逻辑表达式 > ) < 语句 > else < 语句 >
```

或者用如下规则描述：

```
<if 语句 > → if ( < 逻辑表达式 > ) < 语句 >
            | if ( < 逻辑表达式 > ) < 语句 > else < 语句 >
```

在这些规则中，< 语句 > 表示单个语句或复合语句。

尽管 BNF 很简单，但它足够强大，可以描述几乎所有程序设计语言的语法。特别地，它可以描述相似语言结构的列表、不同结构在列表中出现的顺序，以及任意深度的嵌套结构，甚至可以暗示运算符优先级和结合律。

3.3.1.4　描述列表

数学中的变长列表通常使用省略号（⋯）表示。“1，2，⋯”就是一个例子。BNF 不包含省略号，因此需要另一种方法来描述程序设计语言中由语法元素组成的列表（例如，出现在数据声明语句中的标识符列表）。BNF 使用的方法是递归。如果规则的左部出现在其右部

中，则该规则是**递归的**（recursive）。以下规则说明如何使用递归来描述列表：

```
<标识符列表> → 标识符
             | 标识符，<标识符列表>
```

这个规则将 <标识符列表> 定义为单个词类（标识符）或一个标识符后跟一个逗号再跟 <标识符列表> 的另一个实例。本章其余部分的许多文法示例中的列表也都使用递归来描述。

3.3.1.5 文法和推导

文法是用于定义语言的一种生成器。这种语言的语句是通过一系列规则应用产生的，首先是一种特殊的文法非终结符，称为**开始符号**（start symbol）。这一系列的规则应用过程称为**推导**（derivation）。在完整的程序设计语言的文法中，开始符号表示一个完整的程序，通常被命名为 <程序>。例 3.1 所示的简单文法展示了一个推导过程。

115

例 3.1 **一个小语言的文法**

```
<程序> → begin <语句列表> end
<语句列表> → <语句>
           | <语句> ; <语句列表>
<语句>  → <变量> = <表达式>
<变量> → A | B | C
<表达式> → <变量> + <变量>
         | <变量> - <变量>
         | <变量>
```

例 3.1 的文法描述的语言只有一个语句形式：赋值。程序由特殊词 **begin**、分号分隔的语句列表和特殊词 **end** 顺序组成。表达式可以由单个变量构成，也可以是由“+”或“-”运算符以及被其分隔的两个变量构成。这种语言中仅有的变量名是 A、B 和 C。

以下是此语言规则推导出的一个程序：

```
<程序> => begin <语句列表>end
       => begin <语句> ; <语句列表> end
       => begin <变量> = <表达式> ; <语句列表> end
       => begin A = <表达式> ; <语句列表> end
       => begin A = <变量> + <变量> ; <语句列表> end
       => begin A = B + <变量> ; <语句列表> end
       => begin A = B + C ; <语句列表> end
       => begin A = B + C ; <语句> end
       => begin A = B + C ; <变量> = <表达式> end
       => begin A = B + C ; B = <表达式> end
       => begin A = B + C ; B = <变量> end
       => begin A = B + C ; B = C end
```

这个推导和所有的推导一样，都以开始符号开始，在本例中开始符号为 <程序>。符号“=>”读为“推导”。推导序列中的每个字符串都是从上一个字符串推导而来的，方法是将其中一个非终结符代换为它的一个定义。推导过程中的每个字符串，包括 <程序>，都称为**句型**（sentential form）。

在这个推导中，被代换的非终结符总是前一个句型中最左边的非终结符。使用这种代换顺序的推导被称为**最左推导**（leftmost derivation）。推导过程将持续进行，直到句型不包含非终结符为止。这种只由终结符或词素组成的句型就是该推导过程所生成的语句。

116

除了最左推导，也可以采用最右推导，或者采用既不是最左也不是最右的推导顺序。推导顺序对文法生成的语言没有影响。

在推导中，通过选择规则的不同右部来替换非终结符，可以生成语言中的不同语句。通过穷尽所有选择组合，可以生成整个语言。这个语言和大多数其他语言一样是无限的，因此不可能在有限的时间内生成语言中的所有语句。

例 3.2 展示了某种典型程序设计语言的一部分文法。

例 3.2　**一个简单赋值语句的文法**

```
<赋值语句> → <标识符> = <表达式>
<标识符> → A | B | C
<表达式> → <标识符> + <表达式>
         | <标识符> * <表达式>
         | ( <表达式> )
         | <标识符>
```

例 3.2 的文法描述的是赋值语句，其右边是带乘法、加法运算符和括号的算术表达式。例如，语句：

```
A = B * ( A + C )
```

是由以下最左推导产生的：

```
<赋值语句> => <标识符> = <表达式>
           => A = <表达式>
           => A = <标识符> * <表达式>
           => A = B * <表达式>
           => A = B * ( <表达式> )
           => A = B * ( <标识符> + <表达式> )
           => A = B * ( A + <表达式> )
           => A = B * ( A + <变量> )
           => A = B * ( A + C )
```

3.3.1.6　分析树

文法最吸引人的特点之一是，它们可以自然地描述所定义语言的语句的语法层次结构。这种层次结构称为**分析树**（parse tree）。例如，图 3.1 中的分析树显示了先前推导的赋值语句的结构。

117

分析树的每个内部节点都用非终结符标记；每个叶节点都用终结符标记。分析树的每个子树描述语句中的一个抽象实例。

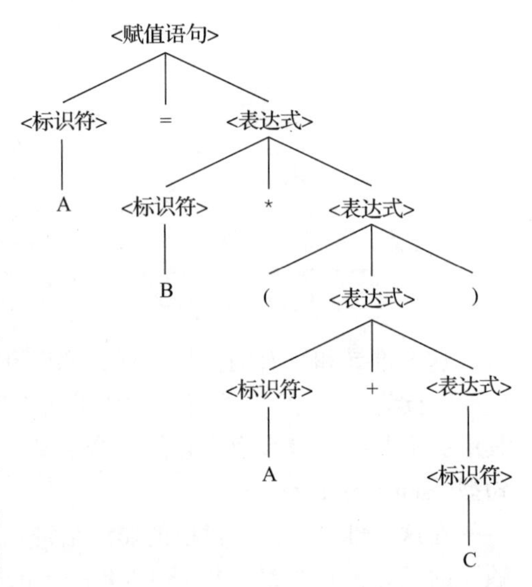

图 3.1　简单语句 A = B * (A + C) 的分析树

3.3.1.7　二义性

一种文法倘若可以通过两个或多个不同的分析树生成同一个句型，就被认为是有**二义的**（ambiguous）。考虑例 3.3 所示文法，它与例 3.2 所示文法只有很小的区别。

例 3.3 简单赋值语句的一个有二义的文法

```
<赋值语句> → <标识符> = <表达式>
<标识符> → A | B | C
<表达式> → <表达式> + <表达式>
         | <表达式> * <表达式>
         | ( <表达式> )
         | <标识符>
```

例 3.3 的文法有二义性，因为语句

```
A = B + C * A
```

有两个不同的分析树，如图 3.2 所示。产生二义性的原因是此文法指定的语法结构比例 3.2 的文法稍微少一些。该文法不是只允许表达式的分析树在右侧增长，而是允许左右两侧都可以增长。

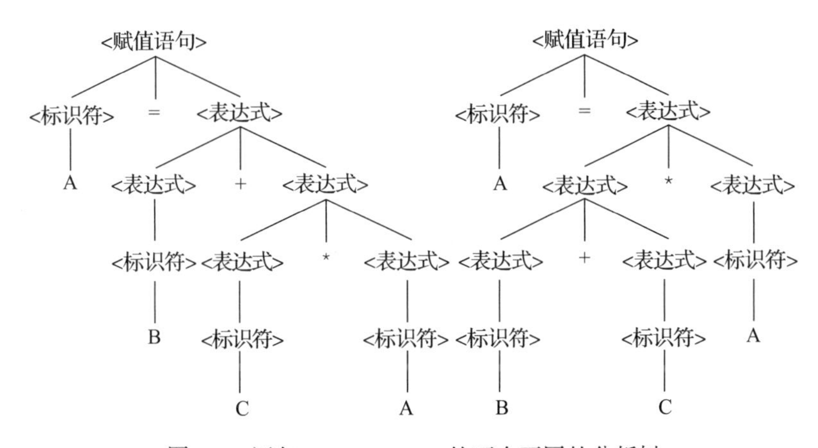

图 3.2 语句 A = B + C * A 的两个不同的分析树

118

语言结构的语法二义性是一个问题，因为编译器通常根据这些结构的语法形式来确定它们的语义。具体来说，编译器根据语句的分析树来为其生成代码。如果一个语言结构可以对应多个分析树，则不能唯一地确定该结构的含义。在后续章节中，我们将通过两个具体的例子讨论这个问题。

文法的其他一些特点有时有助于确定该文法是否有二义[1]。这些特点包括：文法生成的语句有多个最左推导，以及文法生成的语句有多个最右推导。

一些语法分析算法可以处理二义文法。当这样的语法分析器遇到有二义的语言结构时，它使用设计者提供的非文法信息来构造正确的分析树。在许多情况下，一个二义文法可以被改写为非二义文法，后者同样能够生成所需的语言。

3.3.1.8 运算符的优先关系

当一个表达式包含两个不同的运算符（例如 x + y * z）时，一个明显的语义问题是两个运算符的求值顺序（例如，在这个表达式中是先执行加法后执行乘法，还是采用相反的顺序）。这个语义问题可以通过为运算符分配不同的优先级来解决。例如，如果“*”的优先

[1] 请注意，在数学上不存在确定任意文法是否有二义的方法。

级高于“+”（由语言设计者指定），则无论表达式中两个运算符的出现顺序如何，都将首先进行乘法运算。

119

如前所述，给定一个描述特定语法结构的文法，可以从其分析树中确定该结构的部分语义。特别地，如果算术表达式中的运算符在所生成的分析树中的位置较低（因此必须首先求值），表示它优先于分析树中位置较高的运算符。例如，在图 3.2 的第一个分析树中，乘法运算符在树的下方，这表示它优先于表达式中的加法运算符。然而，第二个分析树正好相反。因此，这两个分析树表达了不同的优先关系。

请注意，尽管例 3.2 的文法并非二义文法，但其运算符的优先顺序并不是常用的顺序。在这个文法中，不管涉及什么运算符，一个包含多个运算符语句的分析树，其最低点都是表达式中最右边的运算符，表达式中越是位于左边的运算符，在分析树中的位置越高。例如，在表达式 `A + B * C` 中，“*”是树中的最低者，代表要先完成乘法，但是，在表达式 `A * B + C` 中，“+”是最低的，表示要先完成加法。

可以为我们讨论过的简单表达式设计一种非二义文法，并为“+”和“*”运算符指定一致的优先级，而不受这些运算符在表达式中出现顺序的影响。对不同优先级的运算符，为其操作数指定不同的非终结符，可以得到正确的优先关系。这需要更多的非终结符和一些新规则。我们不再把 < 表达式 > 作为“+”和“*”这两个操作符的操作数，而是使用三个非终结符来表示操作数，这样，语法规则可以将不同的运算符强制安排到分析树中的不同层级。如果 < 表达式 > 是表达式的根符号，则通过让 < 表达式 > 直接生成“+”运算符（使用新的非终结符 < 项 > 作为“+”的右操作数），从而将“+”强制安排到分析树的顶部。接下来，我们可以要求 < 项 > 生成“*”运算符，使用 < 项 > 作为左操作数，使用新的非终结符 < 因子 > 作为右操作数。现在，“*”在分析树中总是处于较低位置，因为在每个推导中它都比“+”离文法开始符号远。例 3.4 的文法就是这样一种文法。

例 3.4　表达式的一种非二义文法

```
<赋值语句> → <标识符> = <表达式>
<标识符> → A | B | C
<表达式> → <表达式> + <项>
         | <项>
<项> → <项> * <因子>
     | <因子>
<因子> → ( <表达式> )
       | <标识符>
```

120

例 3.4 中的文法生成的语言与例 3.2 和例 3.3 中的文法所生成的语言相同，但它是非二义的，并且为乘法和加法运算符指定了常用的优先级。以下是使用例 3.4 的文法对语句 `A=B+C*A` 的推导：

```
<赋值语句> => <标识符> = <表达式>
           => A = <表达式>
           => A = <表达式> + <项>
           => A = <项> + <项>
           => A = <因子> + <项>
           => A = <标识符> + <项>
           => A = B + <项>
           => A = B + <项> * <因子>
```

```
=> A = B + < 因子 > * < 因子 >
=> A = B + < 标识符 > * < 因子 >
=> A = B + C * < 因子 >
=> A = B + C * < 标识符 >
=> A = B + C * A
```

使用例 3.4 的文法，这个语句的唯一分析树如图 3.3 所示。

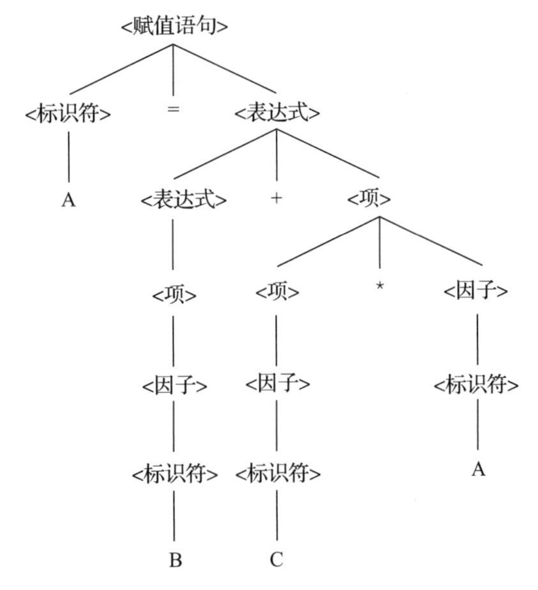

图 3.3 A = B + C * A 在无二义文法下对应的唯一分析树

分析树和推导之间的联系非常紧密：可以很容易地根据其中的一个构造出另一个。非二义文法的每个推导都有唯一的分析树，尽管该树可以由不同的推导过程表示。例如，语句 A = B + C * A 的下列推导与前面对该语句的推导不同。这里是最右推导，而前一个是最左推导。然而，这两个推导都可以表示为同一个分析树。

```
< 赋值语句 > => < 标识符 > = < 表达式 >
             => < 标识符 > = < 表达式 > + < 项 >
             => < 标识符 > = < 表达式 > + < 项 > * < 因子 >
             => < 标识符 > = < 表达式 > + < 项 > * < 标识符 >
             => < 标识符 > = < 表达式 > + < 项 > * A
             => < 标识符 > = < 表达式 > + < 因子 > * A
             => < 标识符 > = < 表达式 > + < 标识符 > * A
             => < 标识符 > = < 表达式 > + C * A
             => < 标识符 > = < 项 > + C * A
             => < 标识符 > = < 因子 > + C * A
             => < 标识符 > = < 标识符 > + C * A
             => < 标识符 > = B + C * A
             => A = B + C * A
```

121

3.3.1.9 运算符的结合律

当一个表达式包含两个具有相同优先级的运算符（如“*”和“/”）时，例如 A / B * C，语义规则需要指定应该先进行哪个运算⊖。此规则称为结合律（associativity）。

⊖ 同一运算符出现两次的表达式也有同样的问题；例如 A / B / C。

就像优先级一样，表达式的文法可以隐含运算符正确的结合律。考虑下面的赋值语句：

```
A = B + C + A
```

按例 3.4 的文法，这个语句的分析树如图 3.4 所示。

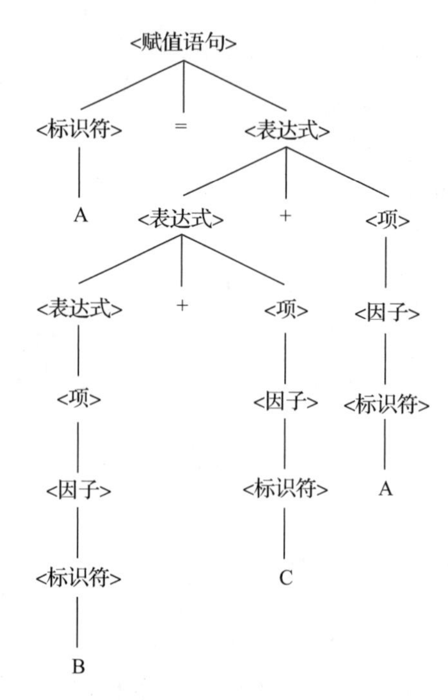

图 3.4　表示加号结合律的 A = B + C + A 的分析树

图 3.4 的分析树中，左加法运算符低于右加法运算符。这是正确的顺序，因为加法通常是左结合的。在大多数情况下，计算机中的加法与结合律没有必然联系。在数学中，加法是结合的，这意味着左、右结合的求值结果相同，即 (A + B) + C = A + (B + C)。然而，计算机中的浮点加法不一定是结合的。例如，假设浮点值存储 7 位精度，考虑将 11 个数字相加的问题，其中一个数字是 10^7，其余 10 个数字是 1。如果每次都将 1 个小数字（1）加在大数字上，则对大数字没有影响，因为小数字出现在大数字的第 8 位。但是，如果先将小数字相加，然后将结果与大数字相加，则 7 位数精度的结果为 $1.000\,001 \times 10^7$。减法和除法在数学或计算机中都是非结合的。因此，正确的结合律对于包含减法或除法的表达式更是必不可少的。

122

当一个文法规则的左部也出现在它的右部的开头时，这个规则是**左递归的**（left recursive）。左递归可以用来指定左结合律。例如，例 3.4 中文法规则的左递归使它的加法和乘法都是左结合的。不幸的是，一些重要的语法分析算法不适用于左递归文法。当要使用这些算法时，必须修改文法以消除左递归。这样文法就无法准确地指定运算符的左结合律。幸运的是，即便文法没有规定左结合，左结合也可以由编译器强制实现。

指数运算在大多数提供该运算的语言中是右结合的。为了指示右结合律，可以使用**右递归**（right recursive）。如果产生式左部出现在右部的右端，则该文法规则是右递归的。如下规则

```
<因子> → <表达式> ** <因子>
       | <表达式>
<表达式> → ( <表达式> )
         | 标识符
```

将指数运算描述为右结合运算符。 123

3.3.1.10 **if-else** 语句的非二义文法

Java 中的 **if-else** 语句的 BNF 规则如下：

```
<if 语句> → if ( <逻辑表达式> ) <语句>
    if ( <逻辑表达式> ) <语句> else <语句>
```

如果还有 <语句> → <if 语句>，那么这个文法是二义的。表明这种二义性的最简单的句型是

```
if (<逻辑表达式>) if (<逻辑表达式>) <语句> else <语句>
```

图 3.5 中的两个分析树显示了这种句型的二义性。请考虑此结构的以下示例：

```
if (done == true)
if (denom == 0)
   quotient = 0;
   else quotient = num / denom;
```

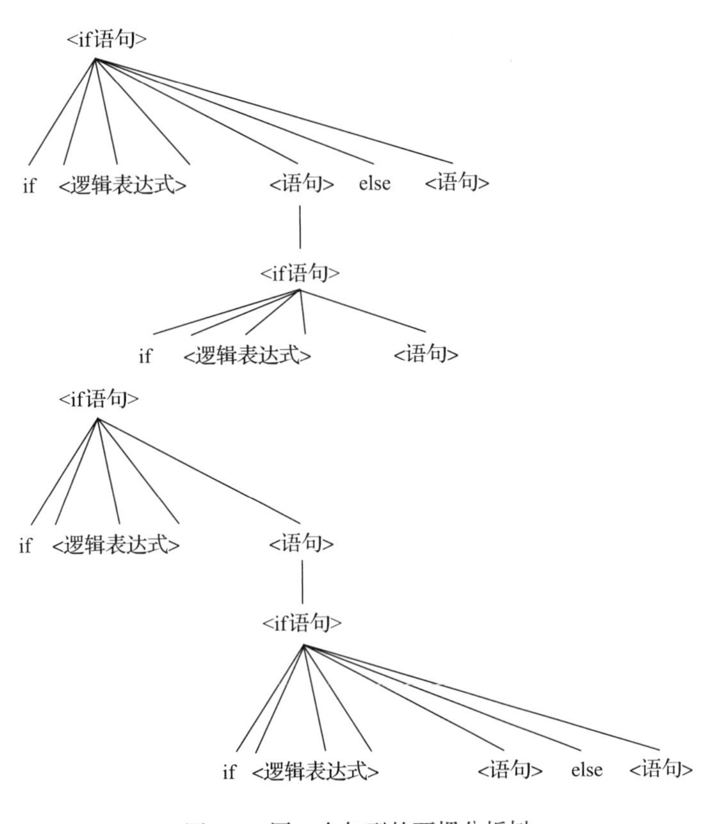

图 3.5 同一个句型的两棵分析树 124

问题是，如果按照图 3.5 中上半部分的分析树进行翻译，则当 done 不为真时将执行 else 子句，这可能不是该结构的设计本意。我们将在第 8 章中研究与这个 else 结合律相关的实际问题。

我们现在设计一个无二义的文法来描述这个 **if** 语句。许多语言中 **if** 结构的规则是，**else** 子句（如果存在）与位于其左边的最近的一个未被匹配的 then 子句进行匹配。因此，在 then 子句和与其匹配的 **else** 之间不能有其他不带 **else** 的 **if** 语句。因此，在这种情况下，必须区分那些已匹配的语句和未匹配的语句，在这些语句中，未匹配的语句指不带

else 的 if 语句，而其他语句都是已匹配的。前一个文法的问题在于，它认为所有的语句都具有相同的语法含义，也就是说，把它们都当作是匹配的。

为了反映语句的不同类别，必须使用不同的抽象或非终结符。基于这种观点的非二义文法如下：

```
<语句> → <已匹配语句> | <未匹配语句>
<已匹配语句> → if(<逻辑表达式>)<已匹配语句>else<已匹配语句>
              | 所有非 if 语句
<未匹配语句> → if(<逻辑表达式>)<语句>
              | if(<逻辑表达式>)<已匹配语句>else<未匹配语句>
```

对于以下句型，只可能有一个分析树：

```
if (<逻辑表达式>) if (<逻辑表达式>) <语句> else <语句>
```

3.3.2 扩展的 BNF 范式

由于 BNF 在使用中存在些许不便，人们在几个方面对它进行了扩展。大多数扩展版本称为扩展的 BNF，或者直接称为 EBNF，尽管它们并不完全相同。这些扩展并没有增强 BNF 的描述能力，它们只增加了 BNF 的可读性和可写性。

不同版本的 EBNF 大多包含如下三个扩展。第一个是用方括号表示产生式右部的可选部分。例如，C 语言的 **if-else** 语句可以描述为

```
<if 语句> → if ( <表达式> ) <语句> [else <语句>]
```

在不使用方括号的情况下，该语句的语法描述需要以下两条规则：

```
<if 语句> → if ( <表达式> ) <语句>
           | if ( <表达式> ) <语句> else <语句>
```

第二个扩展是在产生式右部使用大括号来表示括号内的部分可以重复 0 次（即完全省略）或任意多次。此扩展允许使用一条规则生成列表，而不必使用两条规则以及递归。例如，由逗号分隔的标识符列表可以由以下规则描述：

125

```
<标识符列表> → <标识符> { , <标识符> }
```

这是用隐含迭代替换了递归；大括号内的部分可以迭代任意多次。

第三个常见的扩展涉及多项选择。当必须从一组选项中选择一个时，所有的选项放在圆括号中，由 OR 运算符“|”彼此分隔。例如，

```
<项> → <项> ( * | / | % ) <因子>
```

而在 BNF 中，对这个 < 项 > 的描述需要以下三条规则：

```
<项> → <项> * <因子>
     | <项> / <因子>
     | <项> % <因子>
```

ENBF 扩展中的方括号、大括号和圆括号是**元符号**（metasymbol），这意味着它们是符号工具，而不是所描述语法实体中的终结符。如果这些元符号也是所描述语言中的终结符，作为终结符的实例可以用加下划线或加引号的方式区分。例 3.5 说明了在 EBNF 文法中大括号和多项选择的使用。

例 3.5 表达式文法的 BNF 和 EBNF 形式

```
BNF:
<表达式> → <表达式> + <项>
         | <表达式> - <项>
         | <项>
<项> → <项> * <因子>
     | <项>/ <因子>
     | <因子>
<因子> → <表达式> ** <因子>
       | <表达式>
<表达式> → ( <表达式> )
         | id

EBNF:
<表达式> → <项> { ( + | - ) <项> }
<项> → <因子> {( * | / ) <因子> }
<因子> → <表达式> { ** <表达式> }
<表达式> → ( <表达式> )
         | id
```

126

BNF 规则

```
<表达式> → <表达式> + <项>
```

明确指定（实际上强制指定了）“+”运算符的左结合。然而，EBNF 版本的

```
<表达式> → <项>{+ <项>}
```

并没有蕴含结合律的方向。在针对 EBNF 文法的语法分析器中，通过对语法分析过程的设计来强制实现正确的结合律，从而解决这个问题。这将在第 4 章中进一步讨论。

某些版本的 EBNF 允许在大括号右边附加一个数字上标，以指示括号内部分可重复次数的上限。另外，有些版本使用加号（+）上标来表示重复一次或多次。例如，

```
<复合语句> → begin <语句> {<语句>} end
```

和

```
<复合语句> → begin {<语句>}+ end
```

是等价的。

近年来，BNF 和 EBNF 发生了一些改变。其中包括：

- 使用冒号代替箭头，产生式右部放在下一行。
- 不用垂直线来分隔产生式右部的备选项，而是把不同备选项放置在不同行。
- 使用下标“opt”代替方括号来表示可选的内容。例如：

  构造函数声明→简单名（形式参数列表 $_{opt}$）

- 不在括号所括住的元素列表中使用“|”符号表示可选项，而是使用“one of”（意为“其中之一”）。例如

```
AssignmentOperator → one of = *= /= %= += -=
                            <<= >>= &= ^= |=
```

EBNF 有一个标准，即 ISO/IEC 14977:1996（1996），但很少使用。该标准规定使用等号（=）而不是箭头，用分号表示每个产生式右部的终止，并要求在所有终结符上必须加引号。它还指定了许多其他的符号规则。

3.3.3　文法和识别器

在本章的前面，我们提到了语言生成器和识别器之间的密切关系。事实上，给定一个上127下文无关的文法，可以通过算法由该文法构造相应的语言识别器。人们已经开发了许多实现此构造的软件系统。这样的系统可以为新语言快速创建编译器的语法分析部分，因此非常有价值。第一个此类语法分析器的生成器被命名为 yacc（yet another compiler compiler，意为“另一个编译器的编译器”）(Johnson，1975）。现在有许多这样的系统可用。

3.4　属性文法

与上下文无关文法相比，**属性文法**（attribute grammar）可以描述程序设计语言结构的更多信息。属性文法是上下文无关文法的扩展。该扩展可以方便地描述某些语言规则，例如类型兼容性。在正式定义属性文法之前，必须讲清楚静态语义的概念。

3.4.1　静态语义

程序设计语言的一些特性很难甚至根本不可能用 BNF 来描述。类型兼容性规则就是一种难以用 BNF 描述的语法规则。例如，在 Java 中，浮点值不能赋给整型变量，而反过来赋值则是合法的。尽管此约束可以用 BNF 描述，但它需要增加非终结符和规则。如果 Java 的所有类型规则都在 BNF 中指定，那么文法将变得太大而难以使用，因为文法的大小决定了语法分析器的大小。

考虑一个通用规则，作为不能在 BNF 中定义的语法规则的例子，即所有变量在被引用之前都必须声明。已经证明此规则无法用 BNF 定义。

这些例子说明了被称为静态语义规则的一类语言规则。语言的**静态语义**（static semantics）与程序的执行效果间接相关，与程序的合法形式（语法而非语义）直接相关。一种语言会用很多条静态语义规则描述它的类型约束。之所以称其为静态语义，是因为针对这些规则的检查可以在编译时完成。

历史注记

属性文法已经在各种各样的应用中得到使用。它们被用来提供程序设计语言语法和静态语义的完整描述（Watt，1979）；被用作语言的一种形式定义，可以作为编译器生成系统的输入（Farrow，1982）；被作为几种语法制导编辑系统的基础（Teitelbaum and Reps，1981；Fischer et al.，1984）。此外，属性文法也被用于自然语言处理系统（Correa，1992）。

由于 BNF 不足以描述静态语义，人们为该任务设计了各种更强大的机制。Knuth（1968）设计了属性文法机制来描述程序的语法和静态语义。

属性文法是用于描述程序静态语义规则以及检查其正确性的一种形式化方法。虽然属性128文法在编译器设计中并不总是以形式化的方式使用，但是在每个编译器中都至少非形式化地使用了属性文法的基本概念（Aho et al.，1988）。

3.5 节将讨论动态语义，即表达式、语句和程序单元的含义。

3.4.2 基本概念

属性文法在上下文无关文法的基础上，添加了属性、属性计算函数和谓词函数。与文法符号（终结符和非终结符）相关联的**属性**（attribute）在某种意义上类似于变量，因为可以对它们进行赋值。**属性计算函数**（attribute computation function）有时也称为语义函数，与文法规则相关联。它们用于规定如何计算属性值。**谓词函数**（predicate function）规定语言的静态语义规则，也与文法规则相关联。

在正式定义属性文法并提供一个例子之后，这些概念将变得更加清晰。

3.4.3 属性文法的定义

属性文法是具有以下附加功能的文法：

- 与每个文法符号 X 相关的是一组属性 A（X）。集合 A（X）由两个不相交的集合 S(X) 和 I(X) 组成，即综合属性和继承属性。**综合属性**（synthesized attribute）用于将语义信息沿分析树向上传递，而**继承属性**（inherited attribute）则将语义信息沿分析树向下传递或在不同子树间传递。
- 与每个文法规则相关的是一组语义函数以及一组关于该文法规则中的文法符号属性的谓词函数，其中谓词函数可以为空。对于规则 $X_0 \rightarrow X_1 \cdots X_n$，$X_0$ 的综合属性是用形如 $S(X_0) = f(A(X_1), \cdots, A(X_n))$ 的语义函数计算的。因此，分析树节点上综合属性的值仅取决于该节点的子节点上的属性值。符号 X_j（$1 \leqslant j \leqslant n$）（出现于上述规则中）的继承属性是用形如 $I(X_j) = f(A(X_0), \cdots, A(X_n))$ 的语义函数计算的。因此，分析树节点上继承属性的值取决于该节点的父节点及其同级节点的属性值。注意，为了避免循环，继承属性通常被限制为形如 $I(X_j) = f(A(X_0), \cdots, A(X_{j-1}))$ 的函数。这种形式防止继承属性依赖于自身或分析树右侧的属性。
- 谓词函数的形式是作用在属性集 $\{A(X_0), \cdots, A(X_n)\}$ 的并集和一组属性字面量上的布尔表达式。属性文法要求在推导过程中与所有非终结符相关联的谓词始终为真。谓词函数值为假表示违反了语言的语法或静态语义规则。

129

属性文法的分析树是在其对应的 BNF 文法的分析树上，为后者的每个节点都附加一组属性值（可能为空）而得到的。如果分析树中的所有属性值都已被计算，则该树称为**完全属性**（fully attributed）**树**。尽管在实践中并不总是这样做，但是可以这样理解：编译器首先生成完整的无属性分析树，然后在这棵树上将属性值计算出来。

3.4.4 内在属性

内在属性（intrinsic attribute）是叶节点的综合属性，其值不由分析树决定。例如，程序中变量实例的类型可以来自符号表，该表用于存储变量名及其类型。符号表的内容是由前面的声明语句决定的。假设已经构建好了一个无属性分析树，现在需要为其标记属性值，最开始只有叶节点的内在属性才有值。确定了分析树上的内在属性值之后，才可以使用语义函数计算其余的属性值。

3.4.5 属性文法示例

作为使用属性文法来描述静态语义的一个非常简单的示例，请考虑属性文法的以下片段，该片段描述了一个规则，即 Ada 语言过程中紧跟 **end** 的名称必须与该过程的名称匹配。（此规则无法在 BNF 中声明。）<过程名>的字符串属性由<过程名>. 字符串表示，其内容是编译器在紧跟保留字 **procedure** 之后找到的字符串。请注意，当属性文法的语法规则中同一个非终结符多次出现时，非终结符将用加了方括号的不同下标以示区分。下标和方括号都不是被描述语言的成分。

```
语法规则：<过程定义>  -> procedure <过程名>[1]
                         <过程体> end <过程名>[2];
谓词：<过程名>[1].字符串 == <过程名>[2].字符串
```

在本例中，谓词规则声明子程序开头位置的非终结符<过程名>的属性“字符串”必须与子程序结束位置的非终结符<过程名>的属性“字符串”相等。

接下来，我们考虑属性文法的一个更大的示例。在本例中，将显示如何使用属性文法检查简单赋值语句的类型规则。此赋值语句的语法和静态语义如下：变量名仅限 A、B 和 C。赋值号的右侧可以是变量，也可以是一个变量与另一个变量相加的表达式。变量可以是两种类型之一：整数类型或实数类型。当赋值号右侧有两个变量时，它们不必是同一类型。当操作数类型不同时，表达式类型始终为实数类型。当它们相同时，表达式类型就是操作数类型。赋值号左边的类型必须与右边的类型匹配。因此，右边的操作数类型可以不同，但只有在目标（左边）和右边计算出的值具有相同类型时赋值才有效。属性文法用于指定这些静态语义规则。 130

本例属性文法的（无属性的）语法部分是

```
<赋值语句> → <变量> = <表达式>
<表达式> → <变量> + <变量>
          | <变量>
<变量> → A | B | C
```

本例属性文法中非终结符的属性描述如下：

- 实际类型——与非终结符<变量>和<表达式>相关联的综合属性。它用于存储变量或表达式的实际类型（整数类型或实数类型）。对于变量，实际类型是内在的。对于表达式，它由非终结符<表达式>的子节点的实际类型确定。
- 期望类型——与非终结符<表达式>相关联的继承属性。它用于存储表达式的期望类型（整数类型或实数类型），由赋值语句左边的变量类型决定。

完整的属性文法如例 3.6 所示。

例 3.6　简单赋值语句的属性文法

```
(1) 语法规则：<赋值语句> → <变量> = <表达式>
    语义规则：<表达式>.期望类型 ← <变量>.实际类型
(2) 语法规则：<表达式> → <变量>[2] + <变量>[3]
    语义规则：<表达式>.实际类型 ←
                 if (<变量>[2].实际类型 = 整数类型) and
                    (<变量>[3].实际类型 = 整数类型)
                      then 整数类型
                 else 实数类型
                 end if
    谓词：    <表达式>.实际类型 == <表达式>.期望类型
```

131

（续）

例 3.6	（3）语法规则：<表达式> → <变量> 语义规则：<表达式>.实际类型 ← <变量>.实际类型 谓词：<表达式>.实际类型 == <表达式>.期望类型 （4）语法规则：<变量> → A | B | C 语义规则：<变量>.实际类型 ← look-up(<变量>.字符串) 函数 look-up 在符号表中查找给定的变量名并返回该变量的类型。

例 3.6 中的文法所生成的语句 A = A + B 的分析树如图 3.6 所示。与在文法中一样，为区分在树中重复出现的节点，在这些节点之后添加用方括号括起的数字。

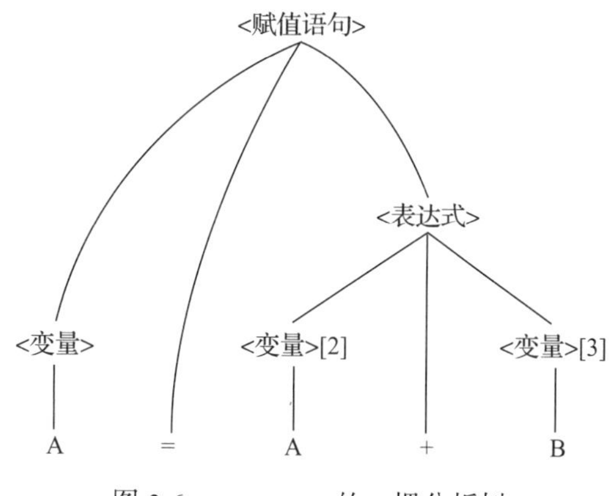

图 3.6　A = A + B 的一棵分析树

3.4.6　计算属性值

现在，考虑分析树上属性值的计算过程，这个过程有时称为**装饰**（decorating）分析树。如果所有的属性都是继承的，那么此过程可以按照从根到叶的完全自上而下的顺序进行。或者，如果所有的属性都是综合的，可以按照从叶到根的完全自下而上的顺序进行。因为我们的文法既有综合属性又有继承属性，所以计算过程不能是单向的。以下是对属性的求值过程，其分别按照可行的计算顺序进行：

1）<变量>.实际类型 ← look-up(A)　（规则 4）
2）<表达式>.期望类型 ← <变量>.实际类型　（规则 1）
3）<变量>[2].实际类型 ← look-up(A)　（规则 4）
<变量>[3].实际类型 ← look-up(B)　（规则 4）
4）<表达式>.实际类型 ← 整数类型或实数类型　（规则 2）
5）<表达式>.期望类型 == <表达式>.实际类型为
TRUE 或 FALSE　（规则 2）

图 3.7 中的树显示了图 3.6 的示例中的属性流。其中的实线表示分析树，虚线表示树中的属性流。

图 3.8 中的树显示了节点上的最终属性值。在本例中，A 被定义为实数类型，B 被定义为整数类型。

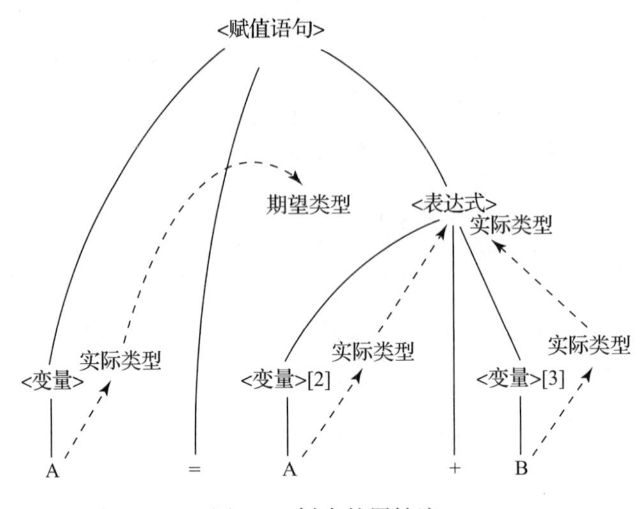

图 3.7　树中的属性流

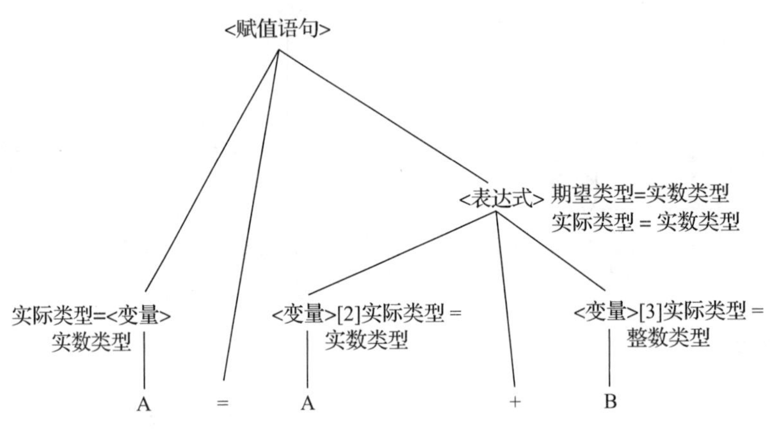

图 3.8　一个完整地标记了属性的分析树

确定属性文法通用的属性求值顺序是一个复杂的问题，需要构造依赖关系图来显示所有属性间的依赖关系。[132]

3.4.7　评价

检查语言的静态语义规则是所有编译器的重要工作内容。即使编译器编写者从来没有听说过属性文法，他也需要使用属性文法的基本思想来设计编译器中的静态语义规则检查过程。

使用属性文法来描述当代真实的程序设计语言的所有语法和静态语义，其主要困难之一是属性文法的规模和复杂性。一门完整的程序设计语言需要大量的属性和语义规则，这使得文法难以编写和阅读。同时，大型分析树上属性值的计算成本也很高。另一方面，相对不太形式化的属性文法对于编译器编写人员来说倒是一个强大且常用的工具，他们对编译器的生成过程比对形式化更感兴趣。[133]

3.5　描述程序的含义：动态语义

现在，我们将讨论如何完成一个困难的任务，即描述程序设计语言的表达式、语句和程序单元的含义或**动态语义**（dynamic semantics）。由于现有符号系统十分强大和自然，描述语法是一件相对简单的事情。另一方面，在动态语义描述的问题上，还没有通用的符号系统或方法。在本节中，我们将简要介绍现有的几种方法。在本节的剩余部分，术语语义（semantics）指的是动态语义。

134

对描述语义的方法论和符号系统存在需求有几个不同的原因。显然，程序员需要知道一种语言的语句是做什么的，才能在程序中有效地使用它们。编译器编写者必须确切地知道语言结构的含义才能正确地为它们设计实现。如果对程序设计语言有一个精确的语义规约，就可以证明用该语言编写的程序的正确性，而无须测试。此外，也可以确认编译器生成的程序完全符合语言定义中指定的行为，也就是说，它们的正确性可以得到验证。可以用工具基于程序设计语言语法和语义的完整规约来自动生成该语言的编译器。最后，开发语言语义描述的语言设计者可以在这个过程中发现设计中的歧义和不一致。

软件开发人员和编译器设计者通常通过阅读语言手册中的英语解释来确定程序设计语言的语义。由于这种解释往往不准确和不完整，因此这种做法显然不能令人满意。由于程序设计语言缺乏完整的语义规约，程序很少能不经过测试就被证明是正确的，而且商业编译器也从来不会从语言描述中自动生成。

Scheme 是第 15 章描述的一种函数式语言，它是少数几种在定义中包含形式语义描述的程序设计语言之一。不过，它使用的方法并不是本章所描述的方法，本章侧重适用于命令式语言的方法。

3.5.1 操作语义

操作语义（operational semantics）的思想是通过指定在机器上运行语句或程序的效果来描述语句或程序的含义。机器上的执行效果被视为其状态变化的序列，其中机器的状态是其存储的值的集合。当然，在计算机上执行编译后的程序，也是一种获得操作语义描述的方法。大多数程序员在学习程序设计语言的时候，多多少少都曾经尝试编写一个小的测试程序来确定某些语言结构的含义。本质上，程序员所做的就是使用操作语义确定语言结构的含义。

使用这种方法进行完整的形式化语义描述有几个问题。首先，机器语言执行中的各个步骤以及由此对机器状态产生的改变太小、数量太多。其次，一台真实的计算机的存储空间太大太复杂。存储设备通常分为几个不同的级别，还可能通过网络与若干其他计算机和存储设备相连。因此，形式化的操作语义描述中并不使用机器语言和真实的计算机。相反，会专门为这个过程设计理想化的计算机以及相应的中间语言和翻译器。

操作语义的使用有不同的层次。在最高层次上，关注的是完整程序执行的最终结果，这有时被称为**自然操作语义**（natural operational semantics）。在最底层，可以用操作语义通过检查程序执行时状态变化的完整序列来确定程序的精确含义，这种用法有时被称为**结构操作语义**（structural operational semantics）。

3.5.1.1 基本过程

创建语言的操作语义描述的第一步是设计适当的中间语言，中间语言应该具备的主要特征是清晰明确。中间语言的每一个结构都必须有一个明显而无二义的含义。这种语言处于中级水平，因为机器语言太低级，不容易理解，而选用另一种高级语言显然不适合。如果要将语义描述用于自然操作语义，则必须为中间语言构造虚拟机（解释器）。虚拟机可用于执行单个语句、代码段或整个程序。如果只需要单个语句的含义，那么可以在没有虚拟机的情况下使用语义描述。在这种方式中，也就是结构操作语义中，可以直观地检查中间代码。

操作语义的基本过程并不罕见。事实上，这一概念在程序设计教科书和程序设计语言参考手册中经常出现。例如，C 语言的 for 结构的语义可以用更简单的语句描述，如：

135

```
C 语句：                                    含义为：
for( 表达式 1; 表达式 2; 表达式 3) {         表达式 1;
  ...                                       Loop: if 表达式 2 == 0 goto out
}                                                 ...
                                                  表达式 3;
                                                  goto Loop
                                            out: ...
```

阅读这种描述的人就相当于虚拟机，假定他（或她）能够正确地“执行”定义中的指令并理解“执行”的效果。

用于操作语义形式化描述的中间语言及其关联的虚拟机通常是高度抽象的。中间语言是为了方便虚拟机理解，而不是人类读者。然而，就我们的目的而言，可以使用更人性化的中间语言。例如，请考虑以下语句列表，对于典型程序设计语言中的简单控制语句，下列语句足以描述它们的语义：

```
ident = var
ident = ident + 1
ident = ident – 1
goto label
if var relop var goto label
```

在这些语句中，relop 是集合 {=，<>，>，<，>=，<=} 中的关系运算符之一，ident 是标识符，var 是标识符或常量。这些语句都很简单，因此易于理解和实现。

对其中的三条赋值语句稍加泛化（generalization），就可以描述更一般的算术表达式和赋值语句。新的赋值语句是

```
ident = var bin_op var
ident = un_op var
```

其中 bin_op 是二元算术运算符，un_op 是一元运算符。当然，多样的算术数据类型和自动类型转换会使这种泛化更为复杂。只需添加几个相对简单的指令，就可以描述数组、记录、指针和子程序的语义。

在第 8 章中，使用这种中间语言描述了各种控制语句的语义。

3.5.1.2 评价

形式操作语义的第一个也是最重要的应用是描述 PL/I 的语义（Wegner，1972）。这个特定的抽象机器和 PL/I 的翻译规则一起被命名为维也纳定义语言（Vienna Definition Language，VDL），其命名源于 IBM 在维也纳设计了这个语言。

136

操作语义为语言用户和语言实现者提供了一种有效的语义描述方法，只要描述保持简单和非形式化。不幸的是，PL/I 的 VDL 描述非常复杂，因此没有发挥实际作用。

操作语义依赖于低级程序设计语言，而不是数学。一种程序设计语言的语句是用更低级的程序设计语言的语句来描述的。这种方法可能导致循环定义，在循环定义中，概念间接地由它们自身所定义。以下两节描述的方法更加形式化，因为它们是基于数学和逻辑的，而不

是程序设计语言。

3.5.2 指称语义

指称语义（denotational semantics）是描述程序意义的最严格、最广为人知的形式化方法。它基于递归函数理论。用指称语义描述程序设计语言的语义是一个长期而复杂的问题。我们的目的是向读者介绍指称语义的核心概念，以及一些与程序设计语言规约相关的简单示例。

为程序设计语言构造指称语义规约的过程中，需要为每个语言实体定义一个数学对象和一个函数，该函数将该语言实体的实例映射到数学对象的实例上。因为数学对象是严格定义的，所以它们为相应实体的确切含义提供了模型。这个想法基于一个事实，即用严格的方法操作数学对象，而不是程序设计语言的结构。这种方法的困难之处在于创建对象和映射函数。这种方法被称为指称（denotational）法，因为数学对象指代（denote）它们所对应的语法实体的含义。

像数学中的所有函数一样，程序设计语言的指称语义规约中的映射函数有一个定义域和一个值域。定义域是函数的合法参数值的集合；值域是参数映射到的对象的集合。在指称语义中，定义域被称为**语法域**（syntactic domain），因为它是被映射的语法结构。值域被称为**语义域**（semantic domain）。

指称语义与操作语义有关。在操作语义中，程序设计语言结构被转换成另一种更简单的程序设计语言结构，前者的含义以后者的含义为基础。在指称语义中，程序设计语言结构被映射到数学对象，或者是集合，或者更常见的函数上。然而，与操作语义不同，指称语义并不一步一步地模拟程序的计算过程。

137

3.5.2.1 两个简单的例子

下面使用一个非常简单的语言结构——二进制数的字符串表示——来介绍指称语义表示法。这种二进制数的语法可以用以下语法规则来描述：

```
<二进制数> → '0'
           | '1'
           | <二进制数> '0'
           | <二进制数> '1'
```

表示二进制数 110 的分析树如图 3.9 所示。注意，我们在语法数字两边加上单引号，以表明它们不是数学意义上的数字。这类似于 ASCII 编码的数字和数学意义上的数字之间的关系。当程序以字符串形式读取数字时，必须先将其转换为数学意义上的数字，然后才能将其用作程序中的值。

二进制数的映射函数的语法域是表示二进制数的所有字符串的集合。语义域是一组非负的十进制数，用 N 表示。

为了用指称语义描述二进制数的含义，我们将实际含义（十进制数）与每一个由单个终结符构成右部的规则相关联。

在本例中，必须将前两个文法规则与十进制数相关联。另外两个文法规则在某种意义上是计算规则，因为它们结合了一个终结符（数学对象可以与之关联）和一个非

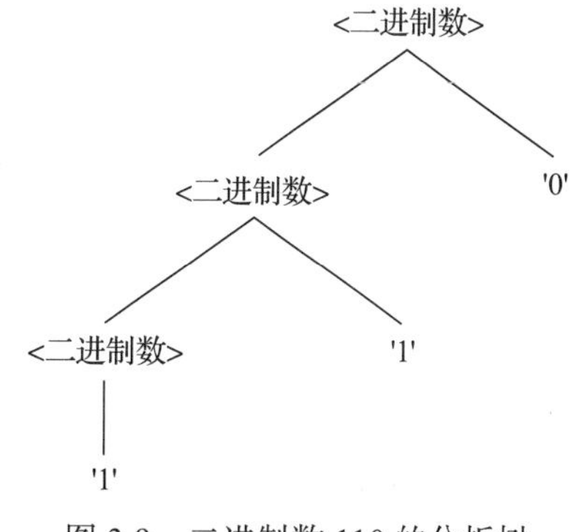

图 3.9 二进制数 110 的分析树

终结符（可以认为它表示某种语言结构）。假设一个计算过程在分析树中自底向上进行，那么右侧的非终结符就已经求得了语义值。因此，如果一个语法规则在右部包含非终结符，则需要一个计算左部含义的函数，该函数代表产生式整个右部的含义。

语义函数名为 M_{bin}，它将前述文法规则中描述的语法对象映射到 N 中的对象，其中，N 是非负十进制数的集合。函数 M_{bin} 定义如下：

138

```
Mbin('0') = 0
Mbin('1') = 1
Mbin( <二进制数> '0' ) = 2 * Mbin( <二进制数> )
Mbin( <二进制数> '1' ) = 2 * Mbin( <二进制数> ) + 1
```

这些含义或表示的对象（在本例中是十进制数）可以附加到图 3.9 所示分析树的节点上，生成图 3.10 中的树。这就是语法制导语义。语法实体被映射到有具体意义的数学对象上。

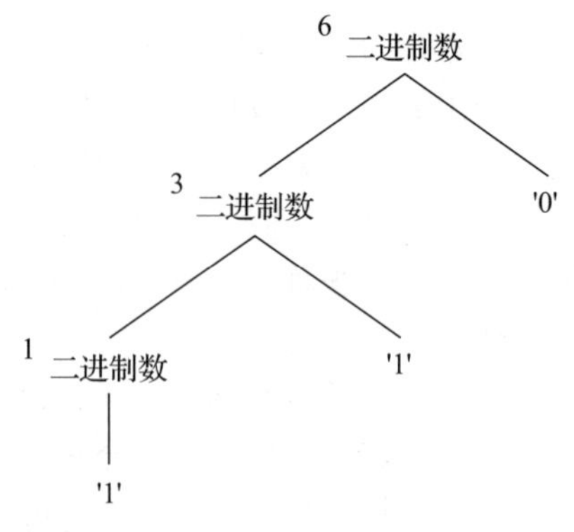

图 3.10　110 的一个带指称对象的分析树

现在展示一个类似的例子来描述十进制字面量语法的含义，这个例子以后还要用到。在本例中，语法域是十进制数的字符串表示的集合。语义域还是集合 N。

```
<十进制数> → '0' | '1' | '2' | '3' | '4' | '5' | '6' | '7' | '8' | '9'
           | <十进制数> ('0' | '1' | '2' | '3' | '4' | '5' | '6' | '7'
           | '8' | '9')
```

这些语法规则的指称语义映射是

```
Mdec( '0' ) = 0, Mdec( '1' ) = 1, Mdec ( '2' ) = 2, . . . ,
Mdec( '9' ) = 9
Mdec( <十进制数> '0') = 10 * Mdec( <十进制数> )
Mdec( <十进制数> '1') = 10 * Mdec( <十进制数> ) + 1
. . .
Mdec( <十进制数> '9') = 10 * Mdec( <十进制数> ) + 9
```

在接下来的部分中，我们将介绍几个简单结构的指称语义描述。这里最重要的简化假设是结构的语法和静态语义都是正确的。此外，假设只包含两种标量类型：整数类型和布尔类型。

139

3.5.2.2　程序状态

程序的指称语义可以用理想计算机中的状态变化来定义。操作语义就是这样定义的，指称语义的定义方式几乎相同。然而，在进一步的简化中，指称语义仅根据程序中所有变量的值定义。因此，指称语义使用程序的状态，而操作语义使用机器的状态来描述语义。操作语义和指称语义的关键区别在于，操作语义中的状态变化是用某种程序设计语言编写的算法定义的，而在指称语义中，状态变化是由数学函数定义的。

程序的状态 s 表示为一组有序对，如下所示：

$$s = \{<i_1, v_1>, <i_2, v_2>, ..., <i_n, v_n>\}$$

每个 i 是变量的名称，关联的 v 是这些变量的当前值。任何 v 都可以具有特殊的值 undef，表示其关联的变量当前未定义。设 VARMAP 是一个带有两个参数（变量名和程序状态）的函数，VARMAP(i_j, s) 的值是 v_j（状态 s 下 i_j 的值）。程序和程序结构的大多数语义映射函数都将状态映射到状态。这些状态变化用于定义程序和程序结构的含义。也有些语言结构（例如表达式）映射到值，而不是状态。

3.5.2.3 表达式

表达式是大多数程序设计语言的基础。假设表达式没有副作用。此外，我们只处理非常简单的表达式：唯一的运算符是“+”和“*”，一个表达式最多只能有一个运算符；操作数只能是标量整型变量和整型字面量；没有括号；表达式的值是整型。下面是这些表达式的BNF描述：

```
<表达式> → <十进制数> | <变量> | <二元表达式>
<二元表达式> → <左表达式> <运算符> <右表达式>
<左表达式> → <十进制数> | <变量>
<右表达式> → <十进制数> | <变量>
<运算符> → + | *
```

我们考虑的唯一错误是在表达式中有一个未定义的变量。显然，表达式中也可能会发生其他错误，但大多数错误都与机器有关。设 Z 为整数集，设 error 为错误值。$Z \cup$ {error} 是表达式的指称语义的语义域。 140

给定表达式 E 和状态 s 的映射函数如下。为了区分数学函数定义和程序设计语言的赋值语句，使用符号Δ= 定义数学函数。此定义中使用的蕴含符号“=>”将操作数的形式与其关联的 case（或 switch）结构连接起来。句点号用于表示被引用节点的子节点。例如，<二元表达式>.<左表达式>指的是<二元表达式>的左子节点。

```
Me (<表达式>, s) Δ= case <表达式> of
          <十进制数> => Mdec ( <十进制数>, s)
          <变量> => if VARMAP ( <变量>, s) == undef
                 then error
                 else VARMAP( <变量>, s)
          <二元表达式> =>
          if (Me(<二元表达式>.<左表达式>, s) == undef OR
              Me(<二元表达式>.<右表达式>, s) == undef)
              then error
              else if (<二元表达式>.<运算符> == '+')
                  then Me(<二元表达式>.<左表达式>, s) +
                       Me(<二元表达式>.<右表达式>, s)
                  else Me(<二元表达式>.<左表达式>, s) *
                       Me(<二元表达式>.<右表达式>, s)
```

3.5.2.4 赋值语句

赋值语句对一个表达式求值，并将目标变量设置为该表达式的值。在这种情况下，描述赋值语句含义的函数将一个状态映射到另一个状态。此函数描述如下：

```
Ma (x = E, s) Δ= if Me (E, s) == error
              then error
              else s' = {<i1, v1'>, <i2, v2'>, . . . , <in, vn'>}, where
                   for j = 1, 2, . . . , n
                    if ij == x
                     then vj' = Me (E, s)
                     else vj' = VARMAP (ij, s)
```

请注意，上面倒数第三行中的“i_j==x”比较的是名称，而不是值。

3.5.2.5 逻辑前测试循环

逻辑前测试循环的指称语义看起来比较简单。为了加快讨论，假设还有另外两个映射函数 M_{sl} 和 M_b，分别将语句列表和状态映射到状态，将布尔表达式映射到布尔值（或 error）。

141

这个函数是

$$
\begin{aligned}
M_l\,(\texttt{while}\ B\ \texttt{do}\ L, s)\ \Delta = &\ \text{if } M_b\,(B, s) == \textbf{undef} \\
&\ \text{then } \textbf{error} \\
&\ \text{else if } M_b\,(B, s) == \text{false} \\
&\quad \text{then } s \\
&\quad \text{else if } M_{sl}\,(L, s) == \textbf{error} \\
&\qquad \text{then } \textbf{error} \\
&\qquad \text{else } M_l\,(\texttt{while}\ B\ \texttt{do}\ L, M_{sl}\,(L, s))
\end{aligned}
$$

在没有发生错误的情况下，循环中的语句执行了指定的次数之后，循环的意义通过程序中变量的值来体现。人们把迭代转换为递归来表达循环的本质，从数学上讲，其中的递归控制由其他的递归状态映射函数定义。递归比迭代更容易用严密的数学来描述。

非常需要注意的是，与实际的程序循环一样，这种定义可能由于不终止而计算不出任何东西。

3.5.2.6 评价

可以像为前述结构定义对象和函数那样，为程序设计语言的其他语法实体定义语义对象和函数。在为一种给定的语言定义了一个完整的系统时，它可以用来确定该语言写的完整程序的含义。这为以非常严格的方式对待程序设计提供了框架。

如前所述，指称语义可以作为语言设计的辅助手段。例如，若一个语句的指称语义描述复杂且难懂，这就提示了设计人员，这种语句对于语言用户来说很可能也难以理解，或许应该考虑换一种方式进行设计。

由于指称描述的复杂性，它们对语言使用者几乎没有用处。另一方面，它们提供了一种极好的简洁地描述语言的方法。

尽管指称语义的使用通常归因于 Scott 和 Strachey（1971），但是描述语言的一般指称方法可以追溯到十九世纪（Frege, 1892）。

历史注记

关于使用指称语言描述自动生成编译器的可能性，人们已经进行了大量研究（Jones，1980；Milos et al.，1984；Bodwin et al.，1982）。这些研究表明，该方法是可行的，但研究工作从未进展到可以生成实用编译器的程度。

3.5.3 公理语义

公理语义（axiomatic semantics）之所以被如此命名，是因为它基于数理逻辑，它是本章讨论的语义规约中最抽象的一种。公理语义不直接指定程序的含义，而是指定程序可以证明的性质。回顾前文所述，语义规约的用途之一是证明程序的正确性。

142

在公理语义中，没有机器或程序状态的模型，也没有程序执行时状态变化的模型。程序的含义以程序变量以及常量之间的关系为基础，这些关系在程序的每次执行中都是相同的。

公理语义有两个不同的应用：程序验证和程序语义规约。本节重点介绍公理语义描述在程序验证中的应用。

公理语义伴随着程序正确性证明方法而产生。如果按照这种方法构造出正确性证明，就表明程序执行了其规约所描述的计算。在证明中，程序的每个语句前后都各有一个逻辑表达式，用于指定对程序变量的约束。公理语义用这种方式，而不是抽象机器的整个状态（如操作语义），来指定语句的含义。用于描述约束的符号系统——实际上是公理语义的语言——是谓词演算。尽管简单的布尔表达式在大多数情况下也足以表示这些约束，但在某些情况下还是能力不足。

当公理语义被用来形式化地指定一个语句的含义时，该含义通过语句对相关断言的影响来体现，这些断言中通常包含受该语句影响的数据。

3.5.3.1　断言

公理语义中使用的逻辑表达式称为谓词或**断言**（assertion）。紧邻在程序设计语句前面的断言描述了该程序点上对程序变量的约束。紧跟在语句之后的断言描述了在语句执行之后对这些变量（可能还有其他的量）的新的约束。这些断言分别称为语句的**前置条件**（precondition）和**后置条件**（postcondition）。对于两个相邻的语句，第一个语句的后置条件是第二个语句的前置条件。为一个给定程序设计公理化描述或证明，就要求程序中的每个语句都有一个前置条件和一个后置条件。

在下面的小节中，我们从根据给定的后置条件计算语句的前置条件的角度来研究断言，尽管从相反的角度来考虑也可以。假设所有的变量都是整数类型。作为一个简单的例子，请考虑下面的赋值语句和后置条件。

```
sum = 2 * x + 1 {sum > 1}
```

前置条件和后置条件断言用大括号括起，以区别于程序语句。此语句的一个可能前置条件是 `{x>10}`。

在公理语义中，给定语句的含义由其前置条件和后置条件定义。实际上，这两个断言精确地指定了执行语句的效果。

143

在下节中，我们重点讨论语句和程序的正确性证明，这是公理语义的常见用途。公理语义更一般的概念是用逻辑表达式精确陈述语句和程序的含义。程序验证是语言公理语义描述的一种应用。

3.5.3.2　最弱前置条件

最弱前置条件（weakest precondition）是保证相关后置条件有效的限制最小的前置条件。例如，对于 3.5.3.1 节给出的语句和后置条件，`{x>10}`、`{x>50}` 和 `{x>1000}` 都是有效的前置条件。其中，所有前置条件中最弱的是 `{x>0}`。

对于语言的每种类型的语句，如果都可以从最一般的后置条件中计算出其最弱前置条件，那么计算这些前置条件的过程就提供了该语言语义的一种简明描述。此外，可以为该语言中的程序构造正确性证明。以程序执行结果的特征作为程序最后一条语句的后置条件，并以此作为证明的开始。此后置条件与最后一条语句一起用于计算最后一条语句的最弱前置条件。然后，这个前置条件被用作倒数第二条语句的后置条件。这个过程一直持续到程序开始为止。在这一点上，第一条语句的前置条件说明了该程序在计算所期望的结果时所需要的条件。如果程序的输入规约蕴含了这些条件，则程序就被证明为正确的。

推理规则（inference rule）是根据其他断言的值推断一个断言是否为真的方法。推理规则的一般形式如下：

$$\frac{S1, S2, \cdots, Sn}{S}$$

这条规则规定，如果 S1, S2, …, Sn 为真，则可以推断 S 为真。推理规则的上半部分称为其**前件**（antecedent），下半部分称为其**后件**（consequent）。

公理（axiom）是一个假定为真的逻辑陈述。因此，公理是一个没有前件的推理规则。

对于某些程序语句，从语句和后置条件计算最弱前置条件是简单的，并且可以由公理来指定。然而，在大多数情况下，最弱前置条件只能由推理规则指定。

为了应用给定程序设计语言的公理语义，无论是为了程序正确性证明还是为了语言的形式语义规约，语言中的每种语句都必须存在相应的公理或推理规则。在下面的小节中，我144们为赋值语句提供了公理，为顺序语句、选择语句和逻辑前试循环语句提供了推理规则。注意，我们假设算术表达式和布尔表达式都没有副作用。

3.5.3.3　赋值语句

赋值语句的前置条件和后置条件共同定义了它的含义。要定义赋值语句的含义，必须有一种从其后置条件计算前置条件的方法。

设 x=E 是一般的赋值语句，Q 为其后置条件。那么，它的最弱前置条件 P 由以下公理定义：

$P = Q_{x \rightarrow E}$

这意味着，将 Q 中所有 x 的实例代换为 E 即可得到 P。例如，如果有赋值语句和后置条件：

```
a = b / 2 - 1 {a < 10}
```

最弱前置条件通过在后置条件 {a < 10} 中用 b / 2 - 1 代换 a 来得到，如下所示：

```
b / 2 - 1 < 10
b < 22
```

因此，这个赋值语句和后置条件的最弱前置条件是 {b < 22}。记住，只有在没有副作用的情况下，这个赋值公理才是正确的。如果赋值语句更改了目标变量以外的变量，则会产生副作用。

指定给定语句的形式公理语义的常用符号形式是：

{P} S {Q}

其中 P 是前置条件，Q 是后置条件，S 是语句形式。对于赋值语句，其符号形式是：

$\{Q_{x \rightarrow E}\}\ x = E\ \{Q\}$

作为计算赋值语句前置条件的另一个示例，请考虑以下内容：

```
x = 2 * y - 3 {x > 25}
```

其前置条件的计算如下所示：

```
2 * y - 3 > 25
y > 14
```
145

因此 {y>14} 是这个赋值语句和后置条件的最弱前置条件。

请注意，赋值语句左边的符号出现在右边不会影响最弱前置条件的计算过程。例如，对于：

```
x = x + y - 3 {x > 10}
```

最弱前置条件是

```
x + y - 3 > 10
y > 13 - x
```

考虑到公理语义是为了证明程序的正确性而发展起来的。因此，人们此时会很自然地想知道赋值语句的公理语义如何用于证明。其方法如下：一个给定的赋值语句，连同它的前置条件和后置条件，可以被认为是一个逻辑语句或定理。当赋值公理应用于后置条件和赋值语句时，计算结果恰好是给定的前置条件，则该定理得证。例如，考虑以下逻辑语句：

```
{x > 3} x = x - 3 {x > 0}
```

在语句及其后置条件下使用赋值公理得到 { x>3 }，这恰好是给定的前置条件。因此，我们已经证明了这个示例逻辑语句。

接下来，考虑以下逻辑语句：

```
{x > 5} x = x - 3 {x > 0}
```

在这种情况下，给定的前置条件为 {x>5}，与公理所产生的断言不一样。然而，{ x > 5} 显然蕴含 { x > 3}。要在证明中使用它，需要一个名为**推论规则**（rule of consequence）的推理规则。推论规则的形式是：

$$\frac{\{P\}\ S\ \{Q\}, P' => P, Q => Q'}{\{P'\}\, S\, \{Q'\}}$$

其中，“=>”符号表示“蕴含”，S 可以是任何程序语句。该规则可以表述为：如果逻辑语句 { P } S { Q } 为真，且断言 P' 蕴含断言 P，断言 Q 蕴含断言 Q'，则可以推断出 { P' } S { Q' }。换言之，推论规则意味着，后置条件总是可以被削弱，前置条件总是可以被加强，这在程序证明中非常有用。例如，可以用它完成上面最后一条逻辑语句示例的证明。如果设 P 为 { x > 3 }，Q 和 Q' 为 { x > 0 }、P' 为 { x > 5}，则：

146

$$\frac{\{x>3\}x=x-3\{x>0\}, (x>5)=>\{x>3\}, (x>0)=>(x>0)}{\{x>5\}x=x-3\{x>0\}}$$

通过赋值公理证明了前件的第一项（{ x>3} x=x-3 {x>0}）。第二项和第三项是显而易见的。因此，根据推论规则，结果为真。

3.5.3.4 顺序语句

顺序语句的最弱前置条件不能用公理来描述，因为前置条件取决于顺序语句中的具体语句类型。在这种情况下，前置条件只能用推理规则来描述。设 S1 和 S2 为程序中相邻的语句。如果 S1 和 S2 具有以下前置和后置条件：

{P1} S1 {P2}
{P2} S2 {P3}

这种两条语句组成的顺序语句的推理规则是：

$$\frac{\{P1\}\ S1\ \{P2\}, \{P2\}\ S2\ \{P3\}}{\{P1\}\ S1, S2\ \{P3\}}$$

因此，对于本例，{ P1 } S1 ; S2 { P3 } 描述了顺序语句 S1; S2 的公理语义。推理规则规定，为了得到顺序语句的前置条件，首先必须计算第二条语句的前置条件。这个新的断言被用作第一条语句的后置条件，以此计算第一条语句的前置条件，也就是整个顺序语句的前置条件。如果 S1 和 S2 是赋值语句

x1 = E1

和

x2 = E2

那么，我们有：

$\{P3_{x2 \to E2}\}$ x2 = E2 {P3}
$\{(P3_{x2 \to E2})_{x1 \to E_1}\}$ x1 = E1 $\{P3_{x2 \to E2}\}$

因此，对于带有后置条件 P3 的顺序语句 x1 = E1; x2 = E2 而言，最弱前置条件是 {(P3X2→E2)X1→E1}。

例如，考虑以下顺序语句和后置条件：

```
y = 3 * x + 1;
x = y + 3;
{x < 10}
```

147

第二条赋值语句的前置条件是：

```
y < 7
```

它用作第一条语句的后置条件。现在可以计算第一条赋值语句的前置条件：

```
3 * x + 1 < 7
x < 2
```

因此，{x<2} 既是第一条语句的前置条件，也是这两个语句所组成的顺序语句的前置条件。

3.5.3.5 选择语句

接下来考虑选择语句的推理规则，前者的一般形式是：

if B **then** S1 **else** S2

只考虑包含 else 子句的选择语句。推理规则是：

$$\frac{\{B \text{ and } P\}\ S1\ \{Q\},\ \{(\text{not } B) \text{ and } P\}\ S2\ \{Q\}}{\{P\}\ \textbf{if}\ B\ \textbf{then}\ S1\ \textbf{else}\ S2\ \{Q\}}$$

此规则规定，对于选择语句，布尔控制表达式为 true 和 false 时都必须进行证明。横线上方的第一条逻辑语句表示 then 子句的语义；第二条表示 else 子句的语义。根据推理规则，需要找到 then 子句和 else 子句的前置条件中都会用到的前置条件 P。

考虑以下使用选择推理规则计算前置条件的示例。作为示例的选择语句是

```
if x > 0 then
  y = y - 1
else
  y = y + 1
```

假设此选择语句的后置条件 Q 是 {y > 0}。可以使用 **then** 子句中的赋值语句对应的

公理：

```
y = y - 1 {y > 0}
```

这将产生 {y-1>0} 或 {y>1}。它可以用作 **then** 子句前置条件的 P 部分。现在将同样的公理应用到 **else** 子句中：

```
y = y + 1 {y > 0}
```

148

它产生前置条件 {y+1>0} 或 {y>-1}。因为 {y>1}=>{y>-1}，所以推论规则允许我们使用 {y>1} 作为整条选择语句的前置条件。

3.5.3.6 逻辑前测试循环

命令式程序设计语言的另一个基本结构是逻辑前测试循环或 **while** 循环。本质上，计算 **while** 循环的最弱前置条件比计算顺序语句的更困难，因为迭代次数并非总能预先确定。在迭代次数已知的情况下，可以将循环展开，从而将其视为顺序语句。

循环语句最弱前置条件的计算问题类似于证明一个关于所有正整数的定理的问题。在后一种情况下，通常使用归纳法，其他的某些循环也可以使用相同的归纳法。归纳的主要步骤是找到归纳假设。**while** 循环的公理语义中的相应步骤是找到一个称为**循环不变量**（loop invariant）的断言，这对于找到最弱前置条件是至关重要的。

计算 **while** 循环的前置条件的推理规则如下：

$$\frac{\{I \text{ and } B\}\ S\ \{I\}}{\{I\}\ \textbf{while}\ B\ \textbf{do}\ \ S\ \textbf{end}\ \{I \text{ and } (\text{not } B)\}}$$

在这个规则中，I 是循环不变量。这看起来很简单，但事实上并非如此。其复杂之处在于找到合适的循环不变量。

while 循环的公理化描述写为：

{P} **while** B **do** S **end** {Q}

循环不变量必须满足一些要求才会有用。首先，**while** 循环的最弱前置条件必须保证循环不变量为真。反过来，循环不变量必须保证循环终止时后置条件为真。这些要求让我们理解了推理规则和公理化描述之间的关系。在循环执行期间，循环不变量的真实性必须不受循环控制布尔表达式求值和循环体语句执行的影响，因此，其名为不变（invariant）。

while 循环的另一个复杂因素是循环终止问题。不终止的循环是不正确的，而且实际上计算不出任何结果。如果 Q 是循环退出后立即满足的后置条件，那么循环的前提条件 P 是保证循环终止而且保证 Q 在循环退出时为真的一个条件。

while 结构的完整公理化描述要求满足所有下列条件，其中 I 是循环不变量：

P => I
{I and B} S { I }
(I and (not B)) => Q
循环终止

149

如果一个循环计算一系列数值，那么当可以使用数学归纳法来证明关于这个数学过程的性质时，可以使用用于确定归纳假设的方法找到循环不变量。对迭代次数与循环体的前置条件之间的关系进行若干次计算，尝试观察出适用于一般情况的模式。将产生最弱前置条件的

过程视为一个函数 wp 是有帮助的。一般地，

wp(statement, postcondition) = precondition

wp 函数通常被称为**谓词转换器**（predicate transformer），因为它接受一个谓词或断言作为参数并返回另一个谓词。

为了找到 I，循环后置条件 Q 用于计算循环体的几个不同迭代次数的前置条件，从 0 次迭代开始。如果循环体包含一条赋值语句，就可以用赋值语句的公理进行计算。考虑示例循环：

```
while y <> x do y = y + 1 end {y = x}
```

记住，等号在这里有两个不同的用途。在断言中，它表示数学上的相等；在断言之外，它表示赋值运算符。

对于 0 次迭代，最弱前置条件显然是：

```
{y = x}
```

对于 1 次迭代，最弱前置条件是：

```
wp(y = y + 1, {y = x}) = {y + 1 = x}, or {y = x - 1}
```

对于 2 次迭代，最弱前置条件是：

```
wp(y = y + 1, {y = x - 1})={y + 1 = x - 1}, or {y = x - 2}
```

对于 3 次迭代，最弱前置条件是：

```
wp(y = y + 1, {y = x - 2})={y + 1 = x - 2}, or {y = x - 3}
```

现在很明显，{y<x} 对于 1 次或多次迭代的情况已经足够了。对于 0 次迭代的情况，结合此条件和 {y=x}，我们得到 {y<=x}，它可以用作循环不变量。**while** 语句的前置条件可以由循环不变量确定。事实上，I 就可以作为前置条件 P。

我们必须确保所选择的循环不变量 I 满足四个标准。首先 P = I，因此 P => I。第二个要求是必须满足以下条件：

{I and B} S {I}

在本例中，有：

150

```
{y <= x and y <> x} y = y + 1 {y <= x}
```

应用赋值公理

```
y = y + 1 {y <= x}
```

可得到 {y+1<=x}，它等价于 {y<x}，这由 {y<=x and y<>x} 所蕴含。所以，前面的命题已经被证明了。

接下来，必须满足：

{I and (not B)} => Q

在本例中，有：

```
{(y <= x) and not (y <> x)} => {y = x}
{(y <= x) and (y = x)} => {y = x}
{y = x} => {y = x}
```

所以，这显然是成立的。接下来，必须考虑循环是否终止。本例中的问题是如下循环

```
{y <= x} while y <> x do y = y + 1 end {y = x}
```

是否可终止。回想一下 x 和 y 被假定为整数变量，很容易看出这个循环确实是可终止的。前置条件保证最初 y 不大于 x。循环体随着每次迭代而增加 y，直到 y 等于 x。无论 y 最初比 x 小多少，它最终都将等于 x。因此循环将终止。因为我们选择的 I 满足所有四个条件，所以它是一个符合要求的循环不变量和循环前置条件。

前述计算循环不变量的过程并不总是产生最弱前置条件（尽管在这个示例中确实如此）。

作为使用基于数学归纳法方法发现循环不变量的另一个示例，请考虑以下循环语句：

```
while  s > 1  do  s = s / 2  end  {s = 1}
```

与以前一样，我们使用赋值公理来寻找循环不变量和循环的前置条件。对于 0 次迭代，最弱的前置条件是 {s=1}。对于 1 次迭代，它是：

```
wp(s = s / 2, {s = 1}) = {s / 2 = 1}, or {s = 2}
```

对于 2 次迭代，它是：

```
wp(s = s / 2, {s = 2}) = {s / 2 = 2}, or {s = 4}
```

对于 3 次迭代，它是：

```
wp(s = s / 2, {s = 4}) = {s / 2 = 4}, or {s = 8}
```

从这些例子中，我们可以清楚地看到不变量是：

```
{s 是 2 的非负幂}
```

151

再一次，计算出的 I 可以作为 P，I 满足这四个要求。与前面寻找循环前置条件的例子不同，这个例子显然不是最弱前置条件。考虑使用前置条件 {s>1}。逻辑语句

```
{s > 1} while  s > 1 do  s = s / 2 end {s = 1}
```

很容易被证明，而且这个前提条件比前面计算的条件范围宽得多。s 的任何正值都满足循环和前置条件，而不仅仅是 2 的幂，如过程所示。由于推论规则，使用比最弱前置条件强的前置条件不会使证明无效。

循环不变量并不总是容易找到。理解这些不变量的性质是有所助益的。首先，循环不变量是循环后置条件的弱化版本，也是循环的前置条件。因此，在循环执行开始之前，I 必须足够弱才能满足，但是当与循环退出条件结合时，它必须足够强以保证后置条件为真。

由于难以证明循环已终止，因此这一要求常常被忽略。如果可以显示循环终止，则循环的公理化描述被称为**完全正确性**（total correctness）。如果满足其他条件但不能保证终止，则称为**部分正确性**（partial correctness）。

在更复杂的循环中，即使是要找到一个合适的部分正确的循环不变量，也需要强大的创造力。因为计算 **while** 循环的前置条件取决于找到循环不变量，所以使用公理语义证明包

含 **while** 循环的程序的正确性是困难的。

3.5.3.7　程序证明

本节提供两个简单程序的验证。正确性证明的第一个例子是一个非常短的程序，它由三个赋值语句组成，这些赋值语句交换两个变量的值。

```
{x = A AND y = B}
t = x;
x = y;
y = t;
{x = B AND y = A}
```

由于该程序完全由顺序赋值语句组成，所以可以使用赋值公理和顺序语句的推理规则来证明其正确性。第一步是对整个程序的最后一条语句和后置条件应用赋值公理。这就产生了前置条件

152

```
{x = B AND t = A}
```

接下来，使用这个新的前置条件作为中间语句的后置条件，并计算它的前置条件，即

```
{y = B AND t = A}
```

使用这个新断言作为第一个语句的后置条件，并应用赋值公理，产生以下结果：

```
{y = B AND x = A}
```

这与程序的前置条件相同，只是 AND 运算符上的操作数顺序不同。因为 AND 是对称算子，所以证明完毕。

下面的例子是计算阶乘的伪代码的正确性证明。

```
{n >= 0}
count = n;
fact = 1;
while count <> 0 do
    fact = fact * count;
    count = count - 1;
end
{fact = n!}
```

前面描述的用于发现循环不变量的方法不适用于本例中的循环。这里需要一些独创性，需要对代码进行简单的研究。循环首先计算阶乘运算中的最后一个乘法，即首先计算 (n - 1) * n，此处假设 n 大于 1。因此，不变量的一个组成部分可能是：

```
fact = (count + 1) * (count + 2) * . . . * (n - 1) * n
```

但还必须确保 count 始终是非负的，可以将其添加到上面的断言中，获得以下结果：

```
I = (fact = (count + 1) * . . . * n) AND (count >= 0)
```

接下来，我们必须确认这个 I 满足不变量的要求。再一次用 I 作为 P，所以 P 显然蕴含 I。下一个问题是：

```
{I AND B} S{I}
```

是否成立。I AND B 如下所示：

```
((fact = (count + 1) * . . . * n) AND (count >= 0)) AND
    (count <> 0)
```

153

可以约简为：

```
(fact = (count + 1) * . . . * n) AND (count > 0)
```

在本例中，我们必须将不变量作为后置条件来计算循环体的前置条件。对于：

```
{P} count = count - 1 {I}
```

得到的 P 是：

```
{(fact = count * (count + 1) * . . . * n) AND
    (count >= 1)}
```

使用此命题作为循环体中第一个赋值语句的后置条件：

```
{P} fact = fact * count {(fact = count * (count + 1)
                          * . . . * n) AND (count >= 1)}
```

在本例中，P 是

```
{(fact = (count + 1) * . . . * n) AND (count >= 1)}
```

很明显（I AND B ）蕴含着这个 P，因此根据推论规则，

{I AND B} S {I}

为真。这样，对 I 的最后一个测试是：

I AND (NOT B) => Q

对于本例，即

```
((fact = (count + 1) * . . . * n) AND (count >= 0)) AND
(count = 0)) => fact = n!
```

这显然为真，因为当 count=0 时，第一部分就是阶乘的定义。因此，我们对 I 的选择满足循环不变量的要求。现在可以使用 **while** 语句的 P（与 I 相同）作为程序中第二个赋值语句的后置条件：

```
{P} fact = 1 {(fact = (count + 1) * . . . * n) AND
    (count >= 0)}
```

该后置条件产生的 P 为

```
(1 = (count + 1) * . . . * n) AND (count >= 0))
```

将其作为程序中第一个赋值语句的后置条件：

```
{P} count = n {(1 = (count + 1) * . . . * n) AND
    (count >= 0))}
```

154

由此产生 P

```
{(n + 1) * . . . * n = 1) AND (n >= 0)}
```

AND 运算符的左操作数为真（因为 1 = 1），右操作数正好是整个代码段 { n >= 0 } 的前置条件。因此，该方案已被证明是正确的。

3.5.3.8 评价

如前所述，使用公理化方法定义完整的程序设计语言语义时，对于语言中每个类型的语句都必须给出公理或推理规则。为程序设计语言的某些语句定义公理或推理规则已被证明是一项困难的任务。这个问题的一个明显的解决方案是在头脑中使用公理化方法设计语言，这样的话，语言中只包含可以给出公理或推理规则的语句。不幸的是，这样一种语言必然会遗漏一些有用而强大的语句。

公理语义是研究程序正确性证明的有力工具，它提供了一个优秀的框架，用于在程序构建的过程之中或之后对程序进行推理。然而，对于语言用户和编译器编写者而言，它在描述程序设计语言的含义方面用处非常有限。

小结

Backus-Naur 形式和上下文无关文法是等价的元语言，非常适合描述程序设计语言的语法。它们不仅是简洁的描述工具，还是可以与提供基本语法结构的图形表示的推导操作相关联的分析树。此外，它们与所生成的语言的识别器自然相关，这使得为这些语言的编译器构建语法分析器相对容易。

属性文法是一种描述语言语法和静态语义的形式化方法。属性文法是上下文无关文法的扩展，它由文法、属性、属性计算函数集和描述静态语义规则的谓词集组成。

本章简要介绍了语义描述的三种方法：操作语义、指称语义和公理语义。操作语义是一种根据语言结构对理想机器的影响来描述其含义的方法。在指称语义中，数学对象用于表示语言结构的含义。语言实体通过递归函数转换为这些数学对象。公理语义是以形式逻辑为基础设计的，是证明程序正确性的工具。

155

文献注记

使用上下文无关文法和 BNF 的语法描述在 Cleaveland 与 Uzgalis（1976）中有详尽的讨论。

公理语义的研究始于 Floyd（1967），并由 Hoare（1969）进一步发展。Hoare 和 Wirth（1973）用这种方法描述了 Pascal 的大部分语义。他们没有完成的部分涉及功能性副作用和 goto 语句。这些是最难描述的。

Dijkstra（1976）描述（并提倡）了在程序开发过程中使用前置条件和后置条件的技术，Gries（1981）中对此进行了详细讨论。

Gordon（1979）和 Stoy（1977）对指称语义进行了很好的介绍。本章讨论的所有语义描述方法的介绍可以在 Marcotty et al.（1976）中找到。另一个很好的参考章节材料是 Pagan（1981）。本章中指称语义函数的形式与 Meyer（1990）中的相似。

复习题

1. 定义语法和语义。
2. 语言描述服务于哪些人？
3. 描述一般的语言生成器的操作。

4. 描述一般的语言识别器的操作。
5. 语句和句型有什么区别?
6. 定义一个左递归的文法规则。
7. 大多数 EBNF 有哪三个扩展?
8. 区分静态语义和动态语义。
9. 谓词在属性文法中起什么作用?
10. 综合属性和继承属性有什么区别?
11. 如何确定给定属性文法树的属性求值顺序?
12. 属性文法的主要用途是什么?
13. 解释描述程序设计语言语义的方法和符号系统的主要用途。
14. 为什么机器语言不能用来定义操作语义中的语句?
15. 描述操作语义的两个使用层次。
16. 在指称语义中，语法域和语义域分别是什么?
17. 在指称语义中，程序状态中存储了什么信息?
18. 最广为人知的语义方法是什么?

156

19. 为了构建语言的指称语义描述，必须为语言中的每个实体定义哪两样东西?
20. 推理规则的哪一部分是前件?
21. 什么是谓词转换函数?
22. 部分正确性对于循环结构意味着什么?
23. 数学的哪一个分支是公理语义的基础?
24. 数学的哪一个分支是指称语义的基础?
25. 使用软件纯解释器描述操作语义有什么问题?
26. 解释公理语义中语句的前置条件和后置条件的含义。
27. 描述使用公理语义证明给定程序的正确性的方法。
28. 描述指称语义的基本概念。
29. 操作语义和指称语义有什么根本的区别?

习题

1. 语言描述的两个数学模型分别采用基于生成和基于识别两种方式。请描述这两种方式如何定义语言的语法。
2. 为以下内容编写 EBNF 描述:
   (1) 一个 Java 类定义头语句
   (2) 一个 Java 方法调用语句
   (3) 一个 C 语言的 `switch` 语句
   (4) 一个 C 语言的 `union` 定义
   (5) C 浮点类型字面量
3. 重写例 3.4 的 BNF，使 “+” 号优先于 “*” 并强制 “+” 成为右关联。
4. 重写例 3.4 的 BNF 以添加 Java 的一元运算符 “++” 和 “--”。
5. 编写一个关于 Java 布尔表达式的 BNF 描述，包括三个运算符 “&&”“||”“!” 以及关系表达式。
6. 使用例 3.2 中的文法，显示以下每个语句的分析树和最左推导:
   (1) `A = A * (B + (C * A))`
   (2) `B = C * (A * C + B)`
   (3) `A = A * (B + (C))`

157

7. 使用例 3.4 中的文法，显示以下每条语句的分析树和最左推导:

（1）A = (A + B) * C

（2）A = B + C + A

（3）A = A * (B + C)

（4）A = B * (C * (A + B))

8. 证明以下文法是二义的：

<S> → <A>
<A> → <A> + <A> | <id>
<id> → a | b | c

9. 修改例 3.4 中的文法以添加一元减号运算符，所添加运算符的优先级高于“+”和“*”。

10. 用自然语言描述由下列文法定义的语言：

<S> → <A> <B> <C>
<A> → a <A> | a
<B> → b <B> | b
<C> → c <C> | c

11. 考虑以下文法：

<S> → <A> a <B> b
<A> → <A> b | b
<B> → a <B> | a

以下哪一条语句是由该文法生成的语言中的？

（1）baab

（2）bbbab

（3）bbaaaaaS

（4）bbaab

12. 考虑以下文法：

<S> → a <S> c <B> | <A> | b
<A> → c <A> | c
<B> → d | <A>

以下哪一条语句是由该文法生成的语言中的？

（1）abcd

（2）acccbd

（3）acccbcc

（4）acd

（5）accc

158

13. 编写一个文法，其语言由 n 个字母 a 后跟相同数量的字母 b 所构成的字符串组成，其中 $n>0$。例如，字符串 ab、aaaabbbb 和 aaaaaaaabbbbbbbb 都属于该语言，但 a、abb、ba 和 aaabb 不属于该语言。

14. 根据问题 13 的文法，为语句 aabb 和 aaaabbbb 绘制分析树。

15. 将例 3.1 的 BNF 转换为 EBNF。

16. 将例 3.3 的 BNF 转换为 EBNF。

17. 将以下 EBNF 转换为 BNF:

S → A{bA}
A → a[b]A

18. 内在属性和非内在综合属性有什么区别？

19. 编写一个属性文法，其基础 BNF 是 3.4.5 节中例 3.6 的 BNF，但其语言规则如下：不能在表达式中混合使用不同数据类型，但对于赋值语句，赋值运算符的两边不必具有相同的类型。
20. 编写一个属性文法，其基础 BNF 是例 3.2 的 BNF，其类型规则与 3.4.5 节的赋值语句示例相同。
21. 使用 3.5.1.1 节中给出的虚拟机指令，给出以下语句的操作语义定义：
   （1）Java 语言中的 `do-while` 语句
   （2）Ada 语言中的 `for` 语句
   （3）C++ 中的 `if—then—else` 语句
   （4）C 语言中的 `for` 语句
   （5）C 语言中的 `switch` 语句
22. 为以下语句编写一个指称语义的映射函数：
   （1）Ada 语言的 `for` 语句
   （2）Java 语言的 `do—while` 语句
   （3）Java 语言的布尔表达式
   （4）Java 语言的 `for` 语句
   （5）C 语言的 `switch` 语句

159

23. 为下列每条赋值语句和后置条件计算最弱前置条件：
   （1）`a = 2 * (b - 1) - 1 {a > 0}`
   （2）`b = (c + 10) / 3 {b > 6}`
   （3）`a = a + 2 * b - 1 {a > 1}`
   （4）`x = 2 * y + x - 1 {x > 11}`
24. 为下列每条由赋值语句组成的顺序语句及其后置条件计算最弱前置条件：
   （1）
```
a = 2 * b + 1;
b = a - 3
{b < 0}
```
   （2）
```
a = 3 * ( 2 * b + a );
b = 2 * a - 1
{b > 5}
```
25. 为下列每个选择结构及其后置条件计算最弱前置条件：
   （1）
```
if (a == b)
    b = 2 * a + 1
else
    b = 2 * a;
{b > 1}
```
   （2）
```
if (x < y)
    x = x + 1
else
    x = 3 * x
{x < 0}
```
   （3）
```
if (x > y)
    y = 2 * x + 1
else
    y = 3 * x - 1;
{y > 3}
```
26. 证明逻辑前测试循环结构 **while** `B` **do** `S` **end** 的正确性有四个标准，请对其进行解释。

27. 证明 (n+1) * ... * n = 1。

28. 证明下列程序的正确性：

```
{n > 0}
count = n;
sum = 0;
while  count <> 0  do
  sum = sum + count;
  count = count - 1;
end
{sum = 1 + 2 + . . . + n}
```

160

第 4 章

Concepts of Programming Languages, Twelfth Edition

词法和语法分析

本章首先用一个简单的例子介绍词法分析。然后讨论语法分析的一般问题，包括语法分析的两种主要方法，以及语法分析的复杂性。接着，介绍自顶向下语法分析器的递归下降实现技术，包括递归下降语法分析的一些事例以及使用递归下降语法分析的语法分析过程。最后一节讨论自底向上语法分析和 LR 语法分析算法，还包含一个小型 LR 语法分析表的例子和用 LR 语法分析过程对一个字符串的分析。

4.1 概述

要深入探索编译器的设计需要至少一个学期的学习，包括为一种小型但实用的程序设计语言设计并实现编译器。这门课的第一部分是词法和语法分析。语法分析器是编译器的核心，因为编译器中所包括的语义分析器和中间代码生成器等重要组件都是由语法分析器所驱动的。

有些读者可能奇怪，为什么在一本关于程序设计语言的书中会用一章来介绍编译器知识。在本书中讨论词法分析和语法分析，主要有两个方面的原因：首先，语法分析器直接基于第 3 章中介绍的文法，所以将它们作为文法的应用来讨论是很自然的。其次，除了用于设计编译器，词法分析器和语法分析器在其他很多场景下也是必需的。许多应用程序，例如程序格式化程序、计算程序复杂度的程序，以及必须分析配置文件并对其内容作出反应的程序，都需要进行词法分析和语法分析。因此，词法分析和语法分析是软件开发人员的重要课题，即使他们从不需要编写编译器。此外，一些计算机科学专业不再要求学生学习编译器设计课程，因此学生对于词法分析和语法分析缺乏必要的了解。在这种情况下，可以将本章纳入程序设计语言的课程中。那些所在专业设置了编译器设计课程的学生可以跳过本章。

第 1 章介绍了三种实现程序设计语言的方法：编译执行、纯解释执行、混合执行。编译执行会使用一种叫作编译器的程序，该程序可以将以高级程序设计语言编写的程序翻译成机器代码。编译执行通常用于实现面向大型应用程序的程序设计语言，这些大型应用程序通常用 C ++ 和 COBOL 等语言编写。纯解释执行不进行翻译，而是使用软件解释器将程序解释为源代码。纯解释执行通常用于执行效率要求不高的小型系统，例如嵌入 HTML 中的脚本和用 JavaScript 等语言编写的脚本。混合执行则是将用高级语言编写的程序翻译为供解释执行的中间形式。当前，这些采用混合执行方式的系统比以往应用更为广泛，这在很大程度上要归功于脚本语言的流行。以前，采用混合执行方式的系统的运行比采用编译执行方式的系统慢得多。但近年来，即时（Just-in-Time，简称 JIT）编译器得到广泛使用，尤其是在 Java 程序和为 Microsoft .NET 系统编写的程序中。在程序中某个方法被首次调用时，JIT 编译器会将中间代码翻译为机器代码。实际上，JIT 编译器将混合执行系统转变成了延迟编译执行系统。

161
~
162

刚才讨论的三种实现方法都使用了词法分析器和语法分析器。

语法分析器几乎总是基于程序语法的形式化描述。最常用的语法描述机制是第 3 章中介绍的上下文无关文法（或BNF范式）。与一些非正式的语法描述不同，使用BNF范式至少有三个优点：第一，程序语法的BNF范式描述无论是对使用者还是对软件系统来说，都是清晰和简洁的；第二，BNF范式描述可以作为语法分析器的直接基础；第三，基于BNF范式的实现由于模块化而相对容易维护。

几乎所有编译器都将语法分析的任务分成两个不同的部分，称为词法分析和语法分析，虽然这样的术语会让人混淆。词法分析器处理小规模的语言结构，例如名字和数值。语法分析器处理大型语言结构，如表达式、语句和程序单元。4.2节将介绍词法分析器。4.3节、4.4节和4.5节将介绍语法分析器。

区分词法分析与语法分析主要有三个原因：

1. 简明性——词法分析技术比语法分析所需的技术简单。因此，如果将两者区分的话，词法分析过程可以更加简单。此外，从语法分析器中删除词法分析的低层次细节，可以使语法分析器更小更简洁。

2. 效率——词法分析在编译过程中需要相当长的时间，因此花时间对词法分析器进行优化是值得的。对于语法分析器的优化目前还没有什么成果，因此将两者分开有利于选择性优化。

3. 可移植性——因为词法分析器需要读取输入的程序文件，有时还需要读取它们的缓存，因此词法分析器在一定程度上是平台相关的。而语法分析器可以是平台无关的。将软件中依赖于机器的模块独立出来通常是很好的做法。

4.2　词法分析

本质上，词法分析器是一个模式匹配器。这个模式匹配器试图在给定字符串中找到与给定字符模式匹配的子串。模式匹配是计算机科学中的一个传统问题。模式匹配最早的应用是文本编辑器，例如在UNIX的早期版本中引入的`ed`行编辑器。在那之后，模式匹配进入一些程序设计语言中，例如Perl和JavaScript。Java、C++和C#的标准类库中也提供了模式匹配的功能。

163

词法分析器是语法分析器的前端。从技术角度看，词法分析是语法分析的一部分。词法分析器在程序结构的最低层中执行语法分析。对编译器而言，作为输入的程序是一个字符串。词法分析器将字符聚集成逻辑分组，并根据分组的结构赋予内部编码。在第3章中，这些逻辑分组被命名为**词素**（lexeme），这些分组类别的内部编码被命名为**词类**（token）[⊖]。词法分析器通过将输入字符串与字符串模式进行匹配来识别词素。尽管词类通常用整数来表示，但为了提高词法分析器和语法分析器的可读性，通常以记名常量引用它们。

例如，考虑以下赋值语句：

```
result = oldsum - value / 100;
```

这一语句的词类和词素如下：

词类	词素
标识符	`result`
赋值运算符	=

⊖ 在一般关于编译方法或编译技术的教材等中，将英文单词“token”翻译成“单词”，其含义与这里的“词素”相同，而不是单词（词素）的类别（词类），故有本书译法。——译者注

标识符	`oldsum`
减法运算符	`-`
标识符	`value`
除法运算符	`/`
整数	`100`
分号	`;`

词法分析器从给定的输入字符串中提取词素，并产生相应的词类。在早期的编译器中，词法分析器通常会处理整个源程序文件，并生成词素和词类的文件。但是现在，大多数词法分析器都作为子程序，可以在输入中定位下一个词素，确定与它相关联的词类编码，然后将它们返回给调用程序，即语法分析器。因此，对词法分析器的每次调用都返回一个词素及其词类。语法分析器看到的输入程序的唯一形式就是词法分析器的输出，一次一个词类。

词法分析过程包括跳过词素以外的注释和空格，因为它们与程序的含义无关。词法分析器还将用户定义名字[1]的词素插入符号表中，供编译器的后续阶段使用。最后，词法分析器还要检测词类中的语法错误（例如格式不正确的浮点数字面），并将此类错误报告给用户。 164

构建词法分析器有三种方法：

1. 使用与正则表达式相关的描述语言，写出被分析语言的词类模式的形式描述[2]。这些描述被用作自动生成词法分析器的软件工具的输入。有许多这样的工具可用，其中最老的工具是通常作为 UNIX 系统一部分的 lex 词法分析器。

2. 设计用于描述被分析语言的词类模式的状态迁移图，并编写实现该图的程序。

3. 设计用于描述被分析语言的词类模式的状态迁移图，并手工构造状态图的表驱动实现。

状态迁移图简称**状态图**（state diagram），是一个有向图。状态图的节点用状态名标记。弧则用于标记导致状态之间迁移的输入字符。弧也可以包含词法分析器在状态迁移时必须执行的动作。

用于词法分析器的状态图表示了一类数理机器，称为**有限状态自动机**（finite automata）。有限状态自动机可以用来识别**正则语言**（regular language）的成员。正则文法是正则语言的生成器。程序设计语言的词类是正则语言，词法分析器是有限状态自动机。

现在我们用状态图和实现它的代码来说明词法分析器的构造。状态图可以只包含每个词类模式的状态和状态迁移。但是，这种方法会产生一个非常大而复杂的图，因为状态图中的每个节点都需要对所分析语言的字符集中的每个字符进行状态迁移。因此，需要考虑简化的方法。

假设需要一个仅用于识别算术表达式的词法分析器，算术表达式中包含作为运算分量的变量名和整数。假设变量名由大写字母、小写字母和数字组成，名字没有长度限制，但必须以字母开头。首先要注意的是，有 52 个不同的字符（大写或小写字母）可作为名字的开始，这需要从状态迁移图的初始状态出发的 52 个状态迁移。然而，词法分析器只关心一串字符是否是一个名字，而不关心它是哪个特定的名字。因此，我们为 52 个字符定义了一个名为 LETTER 的字符类，并在名字的第一个字符处只使用一个状态迁移。

---

[1] 即标识符。——译者注

[2] 正则表达式是现在许多程序设计语言中模式匹配工具的基础，不管是直接还是通过类库间接提供。

简化状态图的另一种方式是使用标记为整数的词类，共有10个不同的字符可以作为整数词素的开头，这对应着从状态图的初始状态出发的10个状态迁移。由于词法分析器不关注到底是哪个数字，因此可以为0～9这10个数字定义一个名为DIGIT的字符类，到达一个包含这10个数字的状态仅仅需要一个状态迁移，这样就可以构建一个压缩的状态图。

165

因为名字可以包含数字，所以从名字的第一个字符的节点迁移，可以使用LETTER或DIGIT的单个状态迁移来继续收集名字中的字符。

接下来，定义词法分析器内部一些常见任务的功能子程序。首先，需要一个有多项职责的子程序，可以将其命名为getChar。调用该子程序时，getChar从输入程序中获取下一个输入字符，并将其放入全局变量nextChar中。getchar还必须确定输入字符所属的字符类，并将其放入全局变量charClass中。使用词法分析器构建词素，可以用字符串或数组来实现，并命名为lexeme。

名为addChar的子程序用于实现将nextChar中的字符放入字符串数组lexeme中的过程。由于被分析程序中包含一些不需要放入lexeme的字符（如词素之间的空格字符），addChar子程序必须被显式调用。在更实际的词法分析器中，注释也不会放在lexeme中。

当调用词法分析器时，如果输入的下一个字符是下一个词素的第一个字符会很方便。因此，每次调用分析器时，都会使用一个名为getNonBlank的函数跳过空格。

最后，需要一个名为lookup的子程序来求得单个字符词类的词类编码。在这个例子中，词类编码是括号和算术运算符。词类编码是编译器作者任意分配给词类的数字。

图4.1中的状态图描述了一些词类模式，包括状态图中每个状态迁移所需的动作。

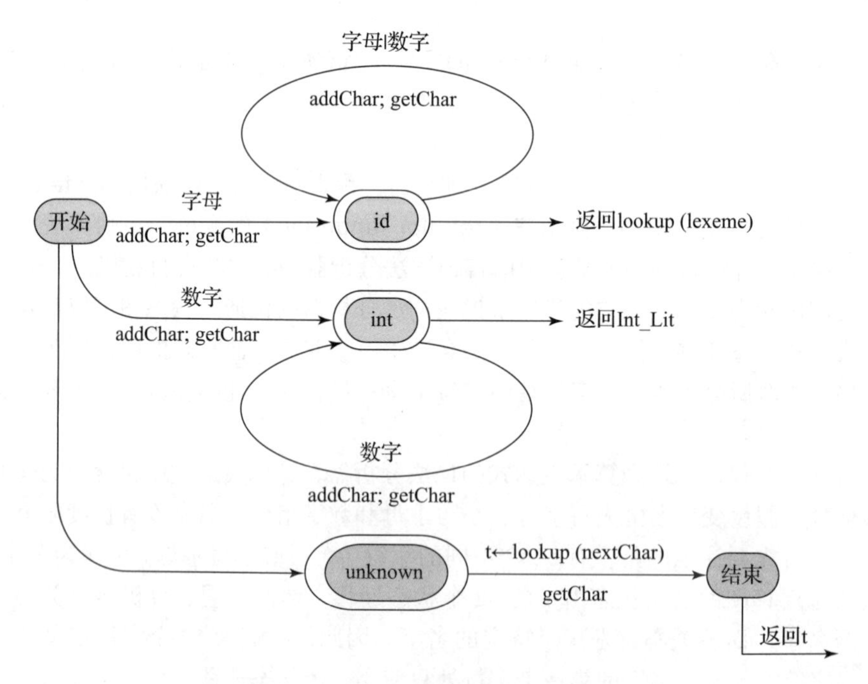

图4.1　识别名字、括号和算术运算符的状态图

下面是用C语言实现的图4.1的状态图中表示的词法分析器，包括用于测试的主驱动程序：

```
/* front.c - a lexical analyzer system for simple
             arithmetic expressions */

#include <stdio.h>
#include <ctype.h>

/* Global declarations */
/* Variables */
int  charClass;
char  lexeme [100];
char  nextChar;
int  lexLen;
int  token;
int  nextToken;
FILE *in_fp, *fopen();

/* Function declarations */
void  addChar();
void  getChar();
void  getNonBlank();
int  lex();

/* Character classes */
#define LETTER 0
#define DIGIT 1
#define UNKNOWN 99

/* Token codes */
#define INT_LIT 10
#define IDENT 11
#define ASSIGN_OP 20
#define ADD_OP 21
#define SUB_OP 22
#define MULT_OP 23
#define DIV_OP 24
#define LEFT_PAREN 25
#define RIGHT_PAREN 26
/******************************************************/
/* main driver */
main() {

/* Open the input data file and process its contents */
   if  ((in_fp = fopen("front.in", "r")) == NULL)
     printf("ERROR - cannot open front.in \n");
   else  {
     getChar();
     do   {
       lex();
    }  while  (nextToken! = EOF);
  }
}

/*****************************************************/
/* lookup - a function to lookup operators and parentheses
            and return the token */

int  lookup(char  ch) {
  switch  (ch) {
    case  '(':
```

```
        addChar();
        nextToken = LEFT_PAREN;
        break;

      case ')':
        addChar();
        nextToken = RIGHT_PAREN;
        break;

      case '+':
        addChar();
        nextToken = ADD_OP;
        break;

      case '-':
        addChar();
        nextToken = SUB_OP;
        break;

      case '*':
        addChar();
        nextToken = MULT_OP;
        break;

      case '/':
        addChar();
        nextToken = DIV_OP;
        break;
      default:
        addChar();
        nextToken = EOF;
        break;
    }
    return nextToken;
}

/*****************************************************/
/* addChar - a function to add nextChar to lexeme */
void addChar() {
  if (lexLen <= 98) {
    lexeme[lexLen++] = nextChar;
    lexeme[lexLen] = 0;
  }
  else
    printf("Error - lexeme is too long \n");
}

/*****************************************************/
/* getChar - a function to get the next character of
            input and determine its character class */

 void getChar() {
   if ((nextChar = getc(in_fp)) = EOF) {
     if (isalpha(nextChar))
      charClass = LETTER;
     else if (isdigit(nextChar))
           charClass = DIGIT;
          else charClass = UNKNOWN;
   }
```

```
   else
     charClass = EOF;
}

/*****************************************************/
/* getNonBlank - a function to call getChar until it
                 returns a non-whitespace character */
void getNonBlank() {
  while  (isspace(nextChar))
    getChar();
}
/

*****************************************************/
/* lex - a simple lexical analyzer for arithmetic
         expressions */
int  lex() {
  lexLen = 0;
  getNonBlank();
  switch  (charClass) {

/* Parse identifiers */
    case  LETTER:
      addChar();
      getChar();
      while  (charClass == LETTER || charClass == DIGIT) {
        addChar();
        getChar();
      }
    nextToken = IDENT;
    break;

/* Parse integer literals */
    case  DIGIT:
      addChar();
      getChar();
      while  (charClass == DIGIT) {
       addChar();
       getChar();
   }
   nextToken = INT_LIT;
   break;

/* Parentheses and operators */
    case  UNKNOWN:
      lookup(nextChar);
      getChar();
      break;

/* EOF */
    case  EOF:
      nextToken = EOF;
      lexeme[0] = 'E';
      lexeme[1] = 'O';
      lexeme[2] = 'F';
      lexeme[3] = 0;
      break;
  } /* End of switch */
 printf("Next token is: %d, Next lexeme is %s\n",
```

```
            nextToken, lexeme);
  return  nextToken;
} /* End of function lex */
```

这段代码所说明的词法分析器相对简单。当然，我们忽略了输入缓存以及其他一些重要的细节。而且我们处理的是一种非常小且简单的输入语言。

166～170

考虑如下表达式：

```
(sum + 47) / total
```

下面是 front.c 词法分析器在处理这个表达式后的输出：

```
Next token is: 25 Next lexeme is (
Next token is: 11 Next lexeme is sum
Next token is: 21 Next lexeme is +
Next token is: 10 Next lexeme is 47
Next token is: 26 Next lexeme is )
Next token is: 24 Next lexeme is /
Next token is: 11 Next lexeme is total
Next token is: -1 Next lexeme is EOF
```

程序中的名称和保留字有相似的模式。尽管可以构建一个状态图来识别程序设计语言的每个保留字，但这将得到一个非常大的状态图。让词法分析器用相同的模式来识别名字和保留字，并查找保留字表确定哪些名字是保留字，这样非常简单快速。使用这种方法，就是将保留字看作名字词类中的例外。

词法分析器经常用于符号表的初始构造，符号表是编译器的名字数据库。符号表中的记录存储用户自定义名字的信息以及名字的属性。例如，如果是变量名，则变量的类型是它存储在符号表中的一个属性。名字通常由词法分析器填入符号表中。名字的属性通常由编译器中位于词法分析器之后的某些部分填入符号表中。

4.3　语法分析问题

分析语法的过程称为**语法分析**（syntax analysis 或 parsing）。

本节将讨论一般性语法分析问题，并介绍自顶向下和自底向上两种主要的语法分析算法，继而讨论语法分析过程的复杂性。

4.3.1　语法分析基础

程序设计语言的语法分析器为给定程序构造语法分析树。在某些情况下，语法分析树只是隐式构造的，这意味着可能仅仅生成了语法分析树的遍历信息。但在所有情况下，构建语法分析树所需的信息都是在语法分析过程中生成的。语法分析树和推导过程包含语言处理器所需的所有语法信息。

171

语法分析有两个明确的任务：首先，语法分析器必须检查输入程序，以确定其语法是否正确。当发现错误时，语法分析器必须生成诊断信息并恢复编译。这里的恢复编译是指语法分析器必须回到正常状态并继续分析输入程序。这一步骤可以使语法分析器在输入程序的一次分析过程中发现尽可能多的错误。如果恢复得不好，错误恢复可能会产生更多的错误，至少是更多的错误信息。语法分析的第二个任务是，对于语法上正确的输入生成完整的语法分析树，至少要遍历整个语法分析树的结构。语法分析树（或它的遍历）是翻译的基础。

语法分析器可以根据构建语法分析树的方向来进行分类。语法分析器可分为**自顶向下**（语法分析树是从根向下构建直到叶子节点）和**自底向上**（语法分析树是从叶子节点向上构建直到根）两大类。

本章对文法符号和字符串使用一个规定的小型符号集合，以使介绍不太混乱。如果用形式语言来描述，这些符号是：

1. 终结符——字母表前面的小写字母（a、b……）
2. 非终结符——字母表前面的大写字母（A、B……）
3. 终结符或非终结符——字母表后面的大写字母（W、X、Y、Z）
4. 终结符串——字母表后面的小写字母（w、x、y、z）
5. 终结符和 / 或非终结符的混合字符串——小写希腊字母（α、β、δ、γ）

对于程序设计语言而言，终结符是语言的小型语法结构，我们称之为词素。程序设计语言的非终结符通常是有意义的名字或缩写，用尖括号括起来，例如 <while 语句>、< 表达式 > 和 < 函数定义 >。语言的句子（对于程序设计语言来说就是程序）是终结符串。混合字符串描述文法规则的右部（RHS），用于语法分析算法。

4.3.2 自顶向下的语法分析器

自顶向下语法分析器以前序方式遍历或构建一个语法分析树。语法分析树的前序遍历从根开始，先访问某个节点再访问其分支，该节点的分支按从左到右的顺序访问，这与最左推导相对应。

172

就推导而言，自顶向下语法分析器描述如下：给定最左推导的一个句型，分析器的任务是找到最左推导的下一个句型。最左推导得到的句型的一般形式是 xAα，根据我们的标号约定，x 是终结符，A 是非终结符，α 是混合串。因为 x 只包含终结符，A 是句型的最左非终结符，因此必须拓展 A 以得到最左推导的下一个句型。确定下一句型就是选择以 A 为左部的正确的文法规则。例如，如果当前句型为 xAα，并且 A 的规则是 A→bB，A→cBb 和 A→a，自顶向下语法分析器必须从这三条规则中选一个形成下一个句型，可以是 xbBα、xcBbα 或 xaα。这就是自顶向下语法分析器的分析决策。

不同的自顶向下分析算法使用不同的信息做出分析决策。最常用的自顶向下语法分析器通过将下一个输入词类与最左非终结符规则的 RHS 可生成的第一个符号相比较，从而在为前句型最左非终结符选择正确的 RHS。无论哪个 RHS 在其生成的字符串的左端具有该词类，都是正确的。因此在句型 xAα 中，分析器将使用 A 所生成的第一个词类来决定应该用哪一条 A 规则来得到下一句型。在上面的例子中，A 规则的三个 RHS 都以不同的终结符开始。分析器根据下一个输入词类可以很容易地选择正确的 RHS，在本例中必须是 a、b 或 c。一般而言，选择正确的 RHS 并不是那么简单，因为当前句型最左非终结符的一些 RHS 可能以非终结符开始。

最常见的自顶向下分析算法之间是密切相关的。**递归下降语法分析器**（recursive-descent parser）是直接基于语言的 BNF 语法描述的语法分析器的直接编码版本。递归下降最常见的替代方法是使用分析表而不是代码来实现 BNF 规则。这两种算法都被称为 **LL 算法**，它们的功能同样强大，这意味着它们用于所有上下文无关文法的同一子集。LL 中的第一个 L 表示从左到右扫描输入；第二个 L 表示生成最左推导。4.4 节将介绍实现 LL 分析器的递归下降方法。

4.3.3 自底向上的语法分析器

自底向上语法分析器从叶子节点开始向根的方向构造语法分析树。这一分析顺序与最右推导相反。也就是说，推导的句型是以从后向前的顺序生成的。就推导而言，自底向上语法分析器描述如下：给定右句型 α，分析器必须确定 α 中的哪个子串是文法规则中的左部（RHS），必须将其归约为 LHS 来得到最右推导的前一个句型。例如，自底向上分析的第一步是确定初始给定句子的哪个子串是右部（RHS），并将其归约为相应的 LHS，以获得推导中的倒数第二个句型。找到正确的 RHS 进行归约是一个复杂的过程，因为给定右句型可能包含所分析语言的文法中的多个 RHS。正确的 RHS 称为**句柄**（handle）。右句型是出现在最右推导中的句型。

173

考虑以下文法和推导：

S → aAc

A → aA | b

S => aAc => aaAc => aabc

句子 aabc 的自底向上语法分析器从该句子开始，必须找到其中的句柄。在本例中，这是一个简单的任务，因为串只包含一个 RHS，即 b。当分析器用它的 LHS（即 A）替换 b 时，就得到了推导的倒数第二个句型 aaAc。如前所述，通常情况下要找到句柄是很困难的，因为句型可能包括几个不同的 RHS。

自底向上语法分析器通过检查可能句柄的一侧或者两侧的符号来查找给定右句型的句柄。可能句柄右侧的符号通常是还没有分析过的输入词类。

最常见的自底向上分析算法是 LR 系列，其中 L 指定从左到右扫描输入，而 R 指定生成最右推导。

4.3.4 语法分析的复杂度

任何用于非二义文法的语法分析算法都是既复杂又低效的。事实上，这些算法的复杂度都是 $O(n^3)$，这意味着它们花费的时间是所分析字符串长度的立方数量级。之所以需要相当多的分析时间，是因为这些算法必须经常回退，并需要对句子的某些部分进行重新分析。当语法分析器在分析过程中出错时就需要重新分析。回退还要求必须拆除并重新构建正在构建（或遍历）的分析树的一部分。复杂度为 $O(n^3)$ 的算法对实际语法分析过程一般没有什么用处，例如对编译器的语法分析，因为它们太慢了。在这种情况下，计算机科学家经常搜索速度更快的算法，尽管这些算法不太通用。通用性通常以效率为代价。就分析而言，更快的算法只适用于所有可能文法集合的一个子集。只要该子集包含描述程序设计语言的语法，那么这些算法就可以被人们接受（实际上，如第 3 章所述，所有的上下文无关文法都不足以描述大多数程序设计语言的所有语法）。

174

实际使用的编译器的语法分析器的所有算法的复杂度都是 $O(n)$，意味着它们花费的时间与要分析的串的长度成线性关系，这比 $O(n^3)$ 算法的效率要高很多。

4.4 递归下降的语法分析

本节将介绍递归下降自顶向下语法分析器的实现过程。

4.4.1 递归下降的语法分析过程

递归下降语法分析器之所以这样命名，是因为它由一系列子程序组成，其中许多子程序是递归的，并且它以自顶向下的顺序生成分析树。这个递归是对程序设计语言本质的一种体现，包括一些不同类型的嵌套结构。例如，语句通常嵌套在其他语句中。此外，表达式中的括号必须正确嵌套。这些结构的语法自然用递归的文法规则来描述。

扩展巴克斯范式 EBNF 非常适合用于递归下降语法分析器。在第 3 章中，EBNF 对 BNF 的主要扩展是花括号和方括号，前者指定它们所包含的内容可以出现零次或多次，后者指定它们的内容可以出现一次或不出现。注意，在这两种情况下，被包含的符号都是可选的。考虑下面的例子：

<if 语句 > → **if** < 逻辑表达式 >< 语句 > [**else**< 语句 >]
< 标识符表 > → < 标识符 >{,< 标识符 >}

在第一个规则中，`if` 语句的 `else` 子句是可选的。在第二个规则中，< 标识符表 > 是一个标识符，其后还可以跟着零个或多个重复的逗号和标识符。

递归下降语法分析器对于文法中的每一个非终结符都有一个子程序。与特定非终结符相关联的子程序的职责如下：当给定输入串时，它会遍历以该非终结符为根且叶子节点与输入串相匹配的语法分析树。实际上，递归下降语法分析子程序是由其关联的非终结符生成的语言（字符串集合）的语法分析器。

考虑下面这个简单算术表达式的 EBNF 描述：

< 表达式 > → < 项 > {(+ | -) < 项 >}
< 项 > → < 因子 > {(* | /) < 因子 >}
< 因子 > → < 标识符 > | < 整数常量 > | (< 表达式 >)

175

在第 3 章介绍过，像上面这样的算术表达式的 EBNF 文法不会强制采用哪一种结合律规则。因此，当使用这样的语法作为编译器的基础时，必须注意确保通常由语法分析驱动的代码生成过程能生成符合语言的结合律规则的代码。当使用递归下降语法分析时，这很容易做到。

在下面的递归下降函数 `expr` 中，词法分析器是 4.2 节中实现的函数。它得到下一个词素并将其词类编码放在全局变量 `nextToken` 中。4.2 节中，词类编码被命名为常量。

对于只有单个 RHS 的规则来说，递归下降子程序相对简单。对于 RHS 中的每一个终结符，该终结符与 `nextToken` 进行比较。如果不匹配，则有语法错误。如果它们匹配，则调用词法分析器以获取下一个输入词类。对于每个非终结符，调用该非终结符的语法分析子程序。

对于上面这个文法例子的第一条规则，可以用 C 语言编写出如下递归下降子程序 `expr`：

```
/* expr
   Parses strings in the language generated by the rule:
   <expr> -> <term> {(+ | -) <term>}
   */
void  expr() {
  printf("Enter <expr>\n");

/* Parse the first term */
  term();

/* As long as the next token is + or -, get
   the next token and parse the next term */
  while  (nextToken == ADD_OP || nextToken == SUB_OP) {
```

```
    lex();
    term();
  }
  printf("Exit <expr>\n");
} /* End of function expr */
```

注意，这个 expr 函数中包含两个用于追踪输出的 printf 语句，这些语句用于生成示例输出，这将在本节稍后讨论。

递归下降子程序是按照如下规定编写的，即每个子程序都将输入的下一个词类放入 nextToken。因此，每当分析函数开始时，它都假设 nextToken 具有尚未在分析过程中使用过的输入的最左词类编码。

expr 函数所分析的语言由一个或多个项组成，这些项被加法运算符或减法运算符分隔开。这个语言就是由非终结符 < 表达式 > 生成的。因此，它首先调用分析项的函数 term，然后只要找到 ADD_OP 词类或 SUB_OP 词类（通过调用 lex 来跳过），就继续调用该函数。这个递归下降函数比其他大多数递归下降函数都要简单，因为它的关联规则只有一个 RHS。此外，它不包括用于语法错误检测或恢复的任何代码，因为没有可检测的错误与文法规则相关联。

176

对于规则中有多个 RHS 的非终结符，递归下降语法分析子程序开始的代码要确定分析哪一个 RHS。在编译器构建时，检查每一个 RHS 以确定在所生成句子的开始处存在终结符集合。将这些集合与输入的下一词类相比较，语法分析器就可以选择正确的 RHS。

< 项 > 的语法分析子程序与 < 表达式 > 的语法分析子程序类似：

```
/* term
   Parses strings in the language generated by the rule:
   <term> -> <factor> {(* | /) <factor>)
   */
void  term() {
  printf("Enter <term>\n");

/* Parse the first factor */
  factor();

/* As long as the next token is * or /, get the
   next token and parse the next factor */
  while  (nextToken == MULT_OP || nextToken == DIV_OP) {
    lex();
    factor();
  }
  printf("Exit <term>\n");
}  /* End of function term */
```

用于处理上述算术表达式文法的非终结符 < 因子 > 的函数必须在其两个 RHS 中选择一个。这个函数还要进行错误检测。在处理 < 因子 > 的函数中，在检测到语法错误时所要做的就是调用 error 函数。在实际语法分析器中，每当检测到错误时都必须生成诊断信息。而且，语法分析器必须能从错误处恢复，以使语法分析过程继续下去。

```
/* factor
   Parses strings in the language generated by the rule:
   <factor> -> id | int_constant | ( <expr )
   */
void factor() {
  printf("Enter <factor>\n");
```

```
/* Determine which RHS */
  if (nextToken == IDENT || nextToken == INT_LIT)

/* Get the next token */
    lex();

/* If the RHS is ( <expr> ), call lex to pass over the
   left parenthesis, call expr, and check for the right
   parenthesis */
  else  {
    if  (nextToken == LEFT_PAREN) {
      lex();
      expr();
      if (nextToken == RIGHT_PAREN)
        lex();
      else
        error();
    }  /* End of if (nextToken == ... */

/* It was not an id, an integer literal, or a left
   parenthesis */
    else error();
  } /* End of else */

  printf("Exit <factor>\n");;
} /* End of function factor */
```

177

例如，运用语法分析函数 expr、term 和 factor 以及 4.2 节介绍的函数 lex，对表达式 (sum+47)/total 的语法分析进行遍历，其遍历过程如下。注意，语法分析从调用 lex 和起始符号例程（在本例中为 expr）开始。

```
Next token is: 25 Next lexeme is (
Enter <expr>
Enter <term>
Enter <factor>
Next token is: 11 Next lexeme is sum
Enter <expr>
Enter <term>
Enter <factor>
Next token is: 21 Next lexeme is +
Exit <factor>
Exit <term>
Next token is: 10 Next lexeme is 47
Enter <term>
Enter <factor>
Next token is: 26 Next lexeme is )
Exit <factor>
Exit <term>
Exit <expr>
Next token is: 24 Next lexeme is /
Exit <factor>
Next token is: 11 Next lexeme is total
Enter <factor>
Next token is: -1 Next lexeme is EOF
Exit <factor>
Exit <term>
Exit <expr>
```

178

对于前面所述表达式，语法分析器所遍历的语法分析树如图4.2所示。

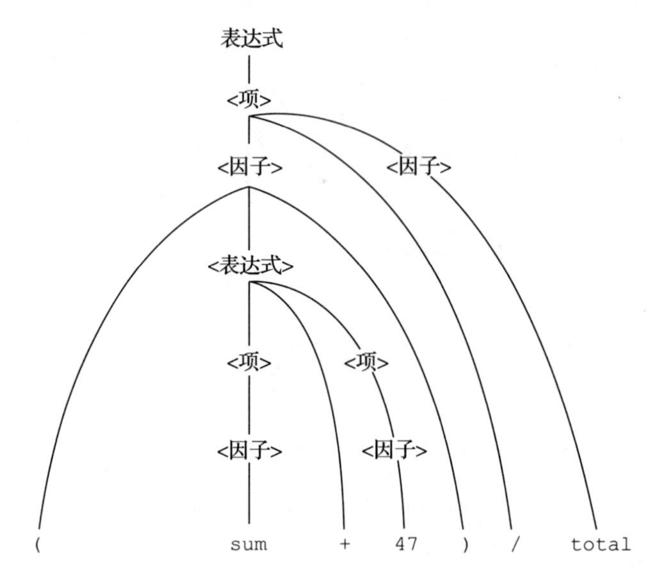

图 4.2　语句 (sum+47)/total 的语法分析树

下面再举一个关于文法规则和语法分析函数的例子，以巩固读者对递归下降语法分析的理解。下面是对 Java 语言中 `if` 语句的文法描述：

<if 语句 > → if(< 布尔表达式 >) < 语句 > [**else**< 语句 >]

这一规则的递归下降语法分析子程序如下：

179

```
/* Function ifstmt
    Parses strings in the language generated by the rule:
    <ifstmt> -> if (<boolexpr>)  <statement>
                   [else <statement>]
    */
void  ifstmt() {
/* Be sure the first token is 'if' */
  if  (nextToken = IF_CODE)
    error();
  else  {
/* Call lex to get to the next token */
    lex();
/* Check for the left parenthesis */
     if  (nextToken = LEFT_PAREN)
       error();
     else  {
/* Parse the Boolean expression */
      boolexpr();
/* Check for the right parenthesis */
     if (nextToken = RIGHT_PAREN)
       error();
     else  {
/* Parse the then clause */
         statement();
/* If an else is next, parse the else clause */
         if  (nextToken == ELSE_CODE) {
/* Call lex to get over the else */
```

```
            lex();
            statement();
          } /* end of if (nextToken == ELSE_CODE ... */
        } /* end of else of if (nextToken != RIGHT ... */
      } /* end of else of if (nextToken != LEFT ... */
    } /* end of else of if (nextToken != IF_CODE ... */
  } /* end of ifstmt */
```

注意，这个函数调用了本节还未给出的对语句和布尔表达式的语法分析函数。

举上面这两个例子是为了让读者相信，一个语言只要有恰当的文法描述，就可以轻松地编写其递归下降语法分析器。我们将在下面几节讨论适用于递归下降语法分析器的文法特征。

4.4.2 LL 文法类

在选择使用递归下降法作为编译器或其他程序分析工具的语法分析策略之前，必须考虑该方法在文法限制方面的局限性。本节将讨论这些限制及其可能的解决方案。

对 LL 语法分析器而言，如果从文法特征来看，那么一个重要的问题就是左递归。例如，考虑以下规则：

A→A+B

A 的递归下降语法分析子程序立即调用自身来分析其 RHS 中的第一个符号。A 的语法分析子程序激活后会立即再次调用自身，如此一次又一次，一直调用下去。显而易见这将会没有休止（除非出现堆栈溢出））。

规则 A→A+B 中的左递归称为**直接左递归**（direct left recursion），因为这种左递归出现在同一规则中。可以通过以下过程将直接左递归从文法中消除：

180

对于每个非终结符 A，

1. 将所有由 A 导出的规则集合到一起，得到 $A \rightarrow A\alpha_1| \cdots\cdots | A\alpha_m | \beta_1 | \beta_2 | \cdots\cdots | \beta_n$，其中 β 都不是以 A 开头的。

2. 将原来所有由 A 导出的规则替换为

$A \rightarrow \beta_1 A' | \beta_2 A' | \cdots\cdots | \beta_n A'$

$A' \rightarrow \alpha_1 A' | \alpha_2 A' | \alpha_m A' | \varepsilon$

注意，ε 表示空串。一个以 ε 作为 RHS 的规则称为擦除规则（erasure rule），因为当把该规则用于推导时可以有效地将它的 LHS 从句型中擦除。

考虑如下文法：

E → E + T | T
T → T * F | F
F → (E) + id

我们来看如何运用上述擦除过程。对于 E 规则（由 E 推导的规则）来说，有 α_1=+T 和 β=T，故可将 E 规则替换为

E → T E′
E′ → + T E′ | ε

对于 T 规则，有 α_1=*F 和 β=F，故可将 T 规则替换为

T → F T′
T′ → * F T′ | ε

由于在F规则中没有左递归，所以保持原样，因此替换后的完整文法是

$E \to T\,E'$
$E' \to +\,T\,E' \mid \varepsilon$
$T \to F\,T'$
$T' \to *\,F\,T' \mid \varepsilon$
$F \to (E) \mid id$

该文法生成与原文法相同的语言，但没有左递归。

与4.4.1节中用EBNF编写的表达式文法一样，该文法没有指定运算符的左结合律。然而，我们可以相当容易地设计出基于该文法的代码生成方法，使加法和乘法运算符具有左结合性。

间接左递归与直接左递归存在相同的问题。例如，假定有如下文法：

$A \to B\ a\ A$
181
$B \to A\ b$

用于这两条规则的递归下降语法分析器会使处理A的子程序立即调用处理B的子程序，B的子程序又反过来立即调用A的子程序。从而产生了与直接左递归一样的问题。左递归问题并不影响用递归下降方法构建自顶向下语法分析器。这是所有自顶向下语法分析算法的共同问题。幸而左递归对于自底向上语法分析算法不是问题。

有一种用于修改给定文法以消除间接左递归的算法（Aho et al.，2006），但是这里并不讨论它。人们在写程序设计语言的文法时，通常都可以避免直接和间接左递归。

左递归并不是唯一阻止自顶向下语法分析的文法特征。另一个问题是，只使用当前句型中最左边的非终结符生成的第一个词类，分析器是否总能根据输入的下一个词类选择正确的RHS。对于非左递归文法，可以相对简单地测试是否可以做到这一点，这个测试叫作**成对不相交测试**（pairwise disjointness test）。这种测试能够基于文法中给定非终结符的RHS计算一个集合，该集合称为FIRST，定义如下：

$FIRST(\alpha) = \{a \mid \alpha =>^* a\beta\}$ (如果 $\alpha =>^* \varepsilon$，那么 $\varepsilon \in FIRST(\alpha)$)

其中，$=>^*$ 表示0次或多次推导。

对任意混合串 α 计算FIRST的算法可以在Aho et al.（2006）中找到。就我们这里的要求而言，FIRST通常可以通过检查文法计算得出。

成对不相交测试如下：

对于有一个以上RHS的文法中的非终结符A，对每一对规则 $A \to \alpha_i$ 和 $A \to \alpha_j$，必须满足

$FIRST(\alpha_i) \cap FIRST(\alpha_j) = \phi$

（即两个集合 $FIRST(\alpha_i)$ 和 $FIRST(\alpha_j)$ 的交集必须为空）。

换言之，如果非终结符A有一个以上的RHS，那么每个RHS的推导所生成的第一个终结符必须是唯一的。考虑以下规则：

$A \to aB \mid bAb \mid Bb$

$B \to cB \mid d$

左边为A规则的RHS的FIRST集合是{a}、{b}和{c}、{d}，它们显然是不相交的。因此这些规则能够通过成对不相交测试。这就意味着，如果用递归下降语法分析器，用于分析非

终结符 A 的子程序代码可以只根据非终结符生成的输入的第一个终结符（词类），来选择所要处理的 RHS。再考虑如下规则：

A → aB | BAb
B → aA | b

182

左边为 A 规则的 RHS 的 FIRST 集合是 {a} 和 {a，b}，它们显然是相交的。因此这两条规则不能通过成对不相交测试。在这种情况下，就语法分析器而言，用于处理 A 的子程序无法通过查看输入的下一个符号来确定正在解析哪个 RHS，因为如果它是 a，则它可能是任意一个 RHS。如果有一个或多个 RHS 都以非终结符开始，那么问题就会更为复杂。

在许多情况下，许多不能通过成对不相交性测试的文法经过修改后可以通过测试。例如，考虑规则：

<变量> → <标识符> | <标识符> [<表达式>]

这一规则表明，< 变量 > 或者是标识符，或者是标识符后跟一个放在方括号内的表达式（下标）。该规则显然不能通过成对不相交测试，因为两个 RHS 都以相同的终结符开始。这个问题可以通过一个叫**提取左因子**（left factoring）的过程来解决。

现在说明如何提取左因子。考虑上面关于 < 变量 > 的规则，它的两个 RHS 都以标识符开始。在这两个 RHS 中，跟在标识符后面的部分是 ε（空串）和 [< 表达式 >]。这两条可以替换为以下两个规则：

<变量> → <标识符> <新符号>
<新符号> → ε | [<表达式>]

不难发现，这两条规则与前面的两条规则生成相同的语言。但是，这两条规则可以通过成对不相交测试。

如果将该文法用作递归下降语法分析器的基础，那么还可以使用另一种方法来取代提取左因子方法。通过对 EBNF 进行扩展，可以用一种非常类似于提取左因子的方式来解决这一问题。考虑前面介绍的关于 < 变量 > 的初始规则，可以将下标放在方括号内，使其称为可选的成分，如下所示：

<变量> → <标识符> [[<表达式>]]

在这条规则中，外层的方括号是元符号，表示其中括住的内容是可选的，而内层的方括号则是所描述程序设计语言的终结符。最关键的是，我们用一个规则替代了两个规则后，不仅可以生成同样的语言，而且还能通过成对不相交测试。

提取左因子的形式化算法参见 Aho et al.（2006）提出来的。提取左因子并不能解决文法的所有成对不相交问题。在某些情况下，为了解决这一问题，必须以其他方式重写规则。

4.5 自底向上的语法分析

本节将介绍自底向上语法分析的一般过程，其中还要介绍 LR 语法分析算法。

183

4.5.1 自底向上的语法分析器的语法分析问题

考虑如下关于算术表达式的文法：

```
E → E + T | T
T → T * F | F
F → (E) | id
```

注意，这个文法可以生成与4.4节中的例子相同的算术表达式。区别在于，这个文法是左递归的，它可以被自底向上语法分析器接受。还要注意，用于自底向上语法分析器的文法通常不包含在扩展BNF时用到的元符号。下面通过最右推导来说明这个文法：

```
E => E + T
  => E + T * F
  => E + T * id
  => E + F * id
  => E + id * id
  => T + id * id
  => F + id * id
  => id + id * id
```

这一推导的每个句型中加下划线的部分是RHS，用相应的LHS重写RHS就可得到前一个句型。自底向上语法分析过程是最右推导的逆过程。因此，在关于推导的例子中，自底向上语法分析器从最后一个句型（输入句子）开始，生成句型的序列，直到只剩下起始符号，在这个文法中是E。在语法分析的每一步中，自底向上语法分析器的任务是在必须重写以得到下一个（前一个）句型的句型中找到特定的RHS（即句柄）。如前所述，一个右句型中可能包含不止一个RHS。例如，右句型E+T*id中就包含了三个RHS，分别是E+T、T和id。其中只有一个是句柄。例如，如果在这个句型中选择E+T来重写，那么得到的句型就是E*id，然而E*id并不是这个文法中合法的右句型。

右句型的句柄是唯一的。自底向上语法分析器的任务是，找出其相关文法所生成的任何右句型中的句柄。句柄的形式化定义如下：

定义：β是右句型$\gamma=\alpha\beta w$的**句柄**（handle），当且仅当$S \Rightarrow^*_{rm} \alpha A w \Rightarrow_{rm} \alpha\beta w$。在这个定义中，$\Rightarrow_{rm}$表示最右推导步骤，而$\Rightarrow^*_{rm}$表示零步或多步最右推导。虽然这个关于句柄的定义在数学上是精确的，但是对于在给定右句型中查找句柄几乎没有什么帮助。在下面的讨论中，我们将给出与句柄相关的一些句型子串的定义，这样做是为了更直观地理解句柄这一概念。

184

定义：β是右句型γ的**短语**（phrase），当且仅当$S \Rightarrow^* \gamma = \alpha_1 A \alpha_2 \Rightarrow^+ \alpha_1 \beta \alpha_2$。在这个定义中，$\Rightarrow +$表示一步或多步推导。

定义：β是右句型γ的**简单短语**（simple phrase），当且仅当$S \Rightarrow^* \gamma = \alpha_1 A \alpha_2 \Rightarrow \alpha_1 \beta \alpha_2$。
如果仔细比较一下这两个定义，就会发现它们仅仅只在最后一步推导时有所不同。短语的定义可以使用一步或多步推导，而简单短语的定义只能使用一步推导。

短语与简单短语的定义看起来可能与句柄的定义一样缺乏实用价值，但实际上并非如此。分析一下短语与语法分析树的关系。短语就是一棵完整语法分析树中以某特定内部节点为根的部分语法分析树中所有叶子节点所组成的串，而简单短语则是以非终结符节点为根经过一步推导所得到的短语。对语法分析树而言，短语是由一个非终结符经过一个或多个层次推导出来的，而简单短语的推导则只经过一个层次。考虑图4.3所示的语法分析树。

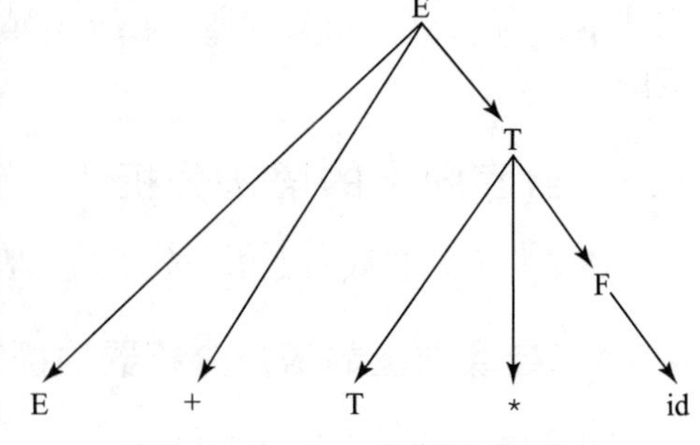

图4.3　E+T*id的语法分析树

在图 4.3 中，语法分析树的叶子节点组成了句型 E+T*id。由于该语法分析树中有三个内部节点，因此也就对应三个短语。每一个内部节点都是一棵子树的根，子树的叶子节点组成短语。整棵语法分析树的根节点是 E，它可以生成完整的句型，即短语 E+T*id。内部节点 T 生成叶子节点 T*id，这是另一个短语。最后，内部节点 F 生成的 id 也是一个短语。因此，句型 E+T*id 的短语有 E+T*id、T*id 和 id。注意，短语不一定是基本文法的 RHS。 185

简单短语是短语的子集。在上述例子中，唯一的简单短语是 id。简单短语一定是文法的 RHS。

之所以介绍短语和简单短语，是因为任何最右句型的句柄都是它的最左简单短语。假如我们能够针对文法画出一棵语法分析树，那么就可以使用一种高度直观的方法找到任意右句型的句柄。但是，这种寻找句柄的方法显然不适用于语法分析器（如果已经有了语法分析树，那么为什么还需要语法分析器呢？）。我们只是希望读者能够直观地感受到，相对于语法分析树，句柄是什么，这比根据句型来思考句柄要更容易一些。

虽然语法分析器的任务是生成语法分析树，但我们现在也可以从语法分析树的角度来思考自底向上语法分析。对于一棵对应于整个句子的语法分析树，很容易找到句柄，在句子中它将首先被重写以得到前一个句型。然后从语法分析树中剪去该句柄，重复进行这一过程，直至到达语法分析树的根节点，这样就可构造出完整的最右推导过程。

4.5.2 移进 - 归约算法

自底向上语法分析器通常称作**移进 - 归约算法**（shift-reduce algorithm），因为移进和归约是其中最常用的两个操作。每个自底向上语法分析器整体上都是一个栈。与其他语法分析器一样，自底向上语法分析器的输入是程序的词类流，输出是一系列文法规则。移进操作将下一个输入词类移到语法分析器的栈内，归约操作将语法分析器栈顶的 RHS（句柄）替换为相应的 LHS。程序设计语言的每一个语法分析器都是一个**下推自动机**（PushDown Automaton，PDA），因为 PDA 是下文无关语言的识别器。虽然熟悉 PDA 对理解自底向上语法分析器的工作方式有一定的帮助，但这并不是必需的。PDA 是一种非常简单的从左向右扫描符号串的数学机器。之所以被命名为 PDA，是因为它使用一个下推栈作为存储器。PDA 可用作上下文无关语言的识别器。给定上下文无关语言字符集上的一个符号串，PDA 能够确定它是不是语言中的句子。在识别句子的过程中，PDA 能够生成一些构建语法分析树所需的信息。

PDA 在检查输入串时，从左到右，一次处理一个符号。由于 PDA 无法看到输入的最左符号之外的其他内容，因此就好像输入是存储在另一个栈中那样。

请注意，递归下降语法分析器也是一个 PDA。这时，栈就是运行时系统的栈，它用于记录子程序调用（及其他信息），与文法的非终结符相对应。

4.5.3 LR 语法分析器

自底向上语法分析算法多种多样，但大都是一种称为 LR 的语法分析器的变种。LR 语法分析器使用一个相对小巧的程序和一张为特定程序设计语言建立的语法分析表。最初的 LR 算法是由 Donald Knuth 设计的（Knuth，1965），这个算法有时也称为**经典 LR 算法**，由于它需要生成语法分析表，而这需要占用大量的计算机时间和内存空间，因此它在发表后的数年中都没有得到使用。后来经典 LR 表的构建过程有了一些变种（DeRemer,1971； 186

DeRemer and Pennello, 1982），这些变种具有两个特点：它们生成语法分析表所需的计算机资源比经典 LR 算法要少得多；它们所适用的文法类别比经典 LR 算法要少。

LR 语法分析器有三大优点：

1. 它适用于所有程序设计语言。

2. 它在从左到右的扫描过程中可以尽早发现语法错误。

3. LR 文法类是 LL 语法分析器可分析的文法类的超集（例如，许多左递归文法都是 LR，但都不是 LL）。

LR 语法分析的唯一不足是，对于给定的完整程序设计语言文法，难以手动生成语法分析表。不过这不是一个严重的缺点，因为有一些程序能以文法为输入来生成语法分析表，这一点在本节后面将会讨论。

在 LR 语法分析算法问世之前，就有一些语法分析算法通过查看句型中可能是句柄的子串的左右两边来找到右句型的句柄。Knuth 认为，可以高效地查看可能句柄的左边，直到查看至语法分析栈的底部，从而确定它是否是句柄。语法分析栈中所有与语法分析过程相关的信息，都可以用一个状态来表示，这个状态可以存储在栈顶。换言之，Knuth 发现不管输入串的长度、句型的长度或语法分析栈的深度是多少，语法分析过程所涉及的只有相对少数的不同情况。每一种情况都可以用一个状态来表示，并存储在语法分析栈中，栈中每一个文法符号都会有一个状态符号。栈顶总是一个状态符号，表示到目前为止整个语法分析历史的相关信息。用带下标的大写字母 S 来表示语法分析器的状态。

图 4.4 给出了一个 LR 语法分析器的结构。LR 语法分析器的语法分析栈的内容具有如下形式：

$S_0X_1S_1X_2......X_mS_m$（栈顶）

其中，S 是状态符号，X 是文法符号。LR 语法分析器就格式而言是字符串对（栈、输入），具体形式如下：

187

$(S_0X_1S_1X_2S_2......X_mS_m,\ a_ia_{i+1}...a_n\$)$

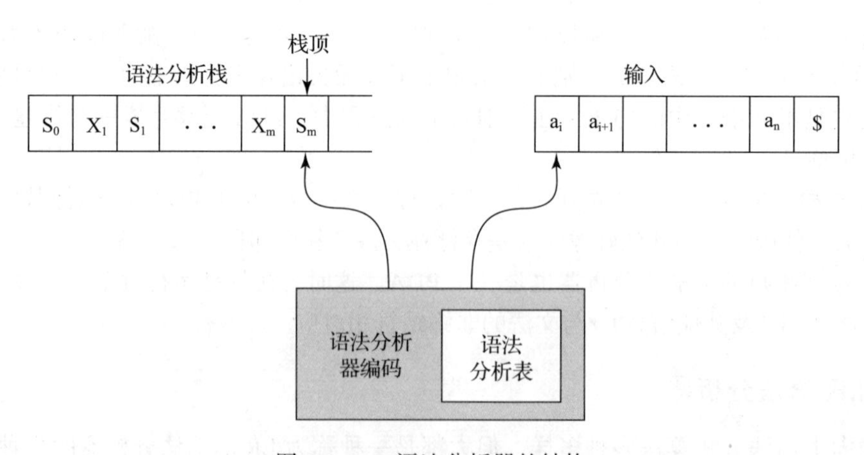

图 4.4　LR 语法分析器的结构

请注意，该输入串在右端有一个美元符号 $，这个符号是在语法分析器初始化时放在那里的，它用于正常终止语法分析器的执行。使用这种格式的语法分析器可以基于语法分析表形式地定义 LR 语法分析器的分析过程。

LR 语法分析表有两个部分，分别命名为 ACTION 和 GOTO。语法分析表的 ACTION 部分用于描述语法分析器的大部分操作，它以状态符号作为行的标记，以文法的终结符作为列的标记。给定语法分析栈栈顶的状态符号表示的语法分析器当前状态和下一个输入符号（词类），语法分析表才能指定语法分析器的操作。语法分析器的两个主要操作是移进和归约。语法分析器或者将下一个输入符号与状态符号一起移进语法分析栈中，或者在栈顶已经形成了句柄，那就将它归约到 RHS 与该句柄相同的规则的 LHS 中。另外还可能要进行两种操作：接受与出错。接受表明语法分析器成功完成了对输入的语法分析，而出错则意味着语法分析器检测到了语法错误。

LR 语法分析表 GOTO 部分的各行以状态符号作为标记，各列则以非终结符作为标记。语法分析表 GOTO 部分的值用于表示在完成归约后，应将哪一个状态符号压入语法分析栈中，这表示句柄已从语法分析栈中移除，新的非终结符已经压入语法分析栈中。这一特定符号可以在这样的行中找到，其标记是在句柄与相关状态符号已经移除后语法分析栈顶的状态符号。使用 GOTO 表中带有标记的各列，这些标记是归约中所用规则的 LHS。

考虑如下关于算术表达式的传统文法：

1）E→ E+T

2）E→ T

3）T→ T*F

4）T→ F

5）F→（E）

6）F→ id

188

该文法的每一条规则都编了号，为了便于在语法分析表中引用它们。

图 4.5 给出了这个文法的 LR 语法分析表，各种操作都用缩写来表示：R 表示归约，S 表示移进。R4 表示用规则 4 进行归约，S6 表示将下一个输入符号移进栈中并将状态 6 压入该栈。ACTION 表中的空白位置表示语法错误。在完整语法分析器中，在该位置要调用错误处理程序。

	操作							Goto		
状态	id	+	*	(	)	$		E	T	F
0	S5			S4				1	2	3
1		S6				接受				
2		R2	S7		R2	R2				
3		R4	R4		R4	R4				
4	S5			S4				8	2	3
5		R6	R6		R6	R6				
6	S5			S4					9	3
7	S5			S4						10
8		S6			S11					
9		R1	S7		R1	R1				
10		R3	R3		R3	R3				
11		R5	R5		R5	R5				

图 4.5　算术表达式文法的 LR 语法分析表

使用软件工具构造 LR 语法分析表很容易，例如 yacc（Johnson, 1975），它以文法作为输入。虽然 LR 语法分析表可以手动生成，但是对于实际程序设计语言的文法来说，这个任务既耗时又乏味又容易出错。对于实际编译器来说，LR 语法分析表总是用软件工具生成。

LR 语法分析器的初始布局为

$(S_0, a_1 \ldots a_n\$)$

语法分析器的操作可以非形式地定义如下：

1. 移进过程很简单：将下一个输入符号与 ACTION 表中移进规格说明的状态符号一起压入栈中。

2. 对于归约操作，相应句柄必须从栈中移除。由于栈中每一个文法符号都有一个状态符号，故从栈中移除的符号数目是句柄中符号数目的两倍。在移除句柄与相关状态符号后，该规则的 LHS 被压入栈中。最后，要用到 GOTO 表，其中，行的标记是在从栈中移除句柄及其状态符号后露出的符号，而列的标记则是一个非终结符，这个非终结符就是归约中所用规则的 LHS。

189

3. 如果动作是接受，那么语法分析完成，并且没有发现错误。

4. 如果动作是出错，那么语法分析器就会调用相应的错误处理程序。

虽然有许多基于 LR 概念的语法分析算法，但是它们只在语法分析表的构造上有所区别。所有 LR 语法分析器都采用这里所介绍的语法分析算法。

通过举例讲解也许是熟悉 LR 语法分析过程最好的方法。初始时，语法分析栈只有一个符号 0，表示语法分析器的状态 0。输入包含输入串以及标记该输入串结束的结尾标志（在这里是美元符号）。语法分析的每一步都根据语法分析栈顶部的（图 4.4 中最右的）符号和下一个（图 4.4 中最左的）输入词类来确定语法分析器的操作。根据语法分析表中 ACTION 部分的相应表格单元选择正确的操作，在归约后使用语法分析表的 GOTO 部分。GOTO 表用于确定在归约后将哪一个状态符号压入语法分析栈中。

下面用 LR 语法分析算法和图 4.5 所示语法分析表来跟踪串 id+id*id 的语法分析过程：

语法分析栈	输入	操作
0	id + id * id $	移进 5
0id5	+ id *id $	归约 6（使用 GOTO[0，F]）
0F3	+ id * id $	归约 4（使用 GOTO[0，T]）
0T2	+ id * id $	归约 2（使用 GOTO[0，E]）
0E1	+ id * id $	移进 6
0E1+6	id * id $	移进 5
0E1+6id5	* id $	归约 6（使用 GOTO[6，F]）
0E1+6F3	* id $	归约 4（使用 GOTO[6，T]）
0E1+6T9	* id $	移进 7
0E1+6T9*7	id $	移进 5
0E1+6T9*7id5	$	归约 6（使用 GOTO[7，F]）
0E1+6T9*7F10	$	归约 3（使用 GOTO[6，T]）
0E1+6T9	$	归约 1（使用 GOTO[0，E]）
0E1	$	接受

Aho 等人（Aho et al，2006）提出的由给定文法生成 LR 语法分析表的算法虽然并不复杂，但超出了程序设计语言类书籍的范围。如前所述，有一些各不相同的软件系统可用于生成 LR 语法分析表。

190

小结

无论程序设计语言是如何实现的，都要进行语法分析。语法分析通常基于所实现语言的形式化语法描述。上下文无关文法（通常也称为 BNF）是描述语法最常用的方法。语法分析的任务通常分为两个部分：词法分析和语法分析。将词法分析独立开来有好几方面原因，包括简明性、效率和可移植性。

词法分析器是一个模式匹配器，用于将程序分离成多个比较小的部分（称为词素）。每个词素都属于某个类别（叫作词类），如整数字面量和名字等。每个词类都被赋予一个数值码，与词素一起由词法分析器产生。词法分析器有三种构造方法：采用软件工具来生成表驱动词法分析器的表；手动建表；编写代码来实现所实现语言中词类的状态图描述。如果状态转移表示为字符类，而不是每个可能字符都从状态节点处进行状态转移，词类的状态图就会小得多。此外，使用表格查找来识别保留字可以简化状态图。

语法分析器有两个目标：检测给定程序的语法错误和生成给定程序的语法分析树，或者只是生成构建语法分析树所需的信息。语法分析器可以是自顶向下的，也可以是自底向上的：自顶向下的语法分析要构建最左推导并按自顶向下的次序构建语法分析树，而自底向上的语法分析则要构建逆向的最右推导并按自底向上的次序构建语法分析树。可用于所有无二义文法的语法分析器的复杂度是 $O(n^3)$，不过由于程序设计语言的文法只是无二义文法的子集，故实现程序设计语言的语法分析器的复杂度只有 $O(n)$。

递归下降语法分析器是一种 LL 语法分析器，它直接根据源语言的文法通过编写代码来实现。EBNF 是一种理想的递归下降语法分析器的基础。递归下降语法分析器对于文法中的每一个非终结符都对应有一个子程序。如果给定文法规则只有一个 RHS，那么代码就比较简单。RHS 是从左向右检查的。对每一个非终结符，代码调用该非终结符相关的子程序，对该非终结符生成的内容进行语法分析。对每一个终结符，代码比较终结符和下一个输入词类。如果匹配，代码只需要调用词法分析器以获得下一个词类；如果不匹配，子程序就报告语法错误。如果规则有一个以上 RHS，子程序必须首先确定应该分析哪一个 RHS，必须能够基于下一个输入词类来做出决定。

有两个不同的文法特征会妨碍基于文法构建递归下降语法分析器的操作。其中一个是左递归，从文法中消除直接左递归的过程相对简单。虽然本书未作讨论，但恰有一种算法可以从文法中消除直接和间接左递归。另一个问题可以通过成对不相交测试来检测，这个测试检查语法分析子程序是否能够基于下一个输入词类来确定正在分析哪一个 RHS。对于一些不能通过成对不相交测试的文法，通常可以采用提取左因子的方法对其进行修改以通过测试。

191

自底向上语法分析器的语法分析问题是找到当前句型的子串，必须将这个子串归约为相应的 LHS，以得到最右推导中的下一个（前一个）句型，这一子串称为句型的句柄。语法分析树可以为识别句型提供直接的基础。自底向上的语法分析器是一种移进—归约算法，因为在大多数情况下，它将下一个输入词素移进语法分析栈中，或者归约栈顶的句柄。

移进—归约语法分析器的 LR 族，是程序设计语言最常用的自底向上语法分析方法，因为这一类语法分析器与其他分析器相比有一些优点。LR 语法分析器使用语法分析栈，栈中包含文法符号和状态符号，以维护语法分析器的状态。语法分析栈顶部的符号总是状态符号，表示语法分析栈中与语法分析过程相关的所有信息。LR 语法分析器使用两张语法分析表：ACTION 表和 GOTO 表。ACTION 表说明在给定语法分析栈顶的状态符号和下一个输入词类时，语法分析器应采取的操作。GOTO 表用于确定归约完成后，应将哪一个状态符号放入语法分析栈。

复习题

1. 语法分析器以文法为基础的三个理由是什么？
2. 说明将词法分析从语法分析中独立出来的三个理由。
3. 定义词素和词类。
4. 词法分析器的主要任务是什么？
5. 简要描述词法分析器的三种构建方法。
6. 状态转移图是什么？
7. 在词法分析器的状态图中，为什么对字母和数字的状态转移采用字符类而不是单个字符？
8. 语法分析有哪两个目标？
9. 阐述自顶向下语法分析器和自底向上语法分析器之间的区别。
10. 阐述自顶向下语法分析器的语法分析问题。
11. 阐述自底向上语法分析器的语法分析问题。
12. 为什么编译器所采用的语法分析算法只对所有文法的一个子集适用？
13. 为什么不用数字而要用命名常量来进行词类编码？ 192
14. 说明如何为只有一个 RHS 的规则编写递归下降语法分析子程序。
15. 说明不能作为自顶向下语法分析器基础的两个文法特征。
16. 对于给定文法和句型的 FIRST 集合是什么？
17. 描述成对不相交测试。
18. 什么是提取左因子？
19. 什么是句型的短语？
20. 什么是句型的简单短语？
21. 什么是句型的句柄？
22. 自顶向下和自底向上的语法分析器以什么数理机器为基础？
23. 描述 LR 语法分析器的三大优点。
24. Knuth 如何评价 LR 语法分析技术？
25. 说明 LR 语法分析器中 ACTION 表的用途。
26. 说明 LR 语法分析器中 GOTO 表的用途。
27. 左递归是 LR 语法分析器的问题吗？

习题

1. 对以下文法规则进行成对不相交测试：
   （1）A → aB | b | cBB
   （2）B → aB | bA | aBb
   （3）C → aaA | b | caB
2. 对以下文法规则进行成对不相交测试：
   （1）S → aSb | bAA
   （2）A → b{aB} | a

（3）B → aB | a

3. 用 4.4.1 节介绍的递归下降语法分析器给出串 `a + b * c` 的跟踪结果。
4. 用 4.4.1 节介绍的递归下降语法分析器给出串 `a * (b + c)` 的跟踪结果。
5. 给定以下文法和右句型，画出语法分析树，并指出短语、简单短语和句柄：

   S → aAb | bBA　A → ab | aAB　B → aB | b

   （1）aaAbb

   （2）bBab

   （3）aaAbBb

193

6. 给定以下文法和右句型，画出语法分析树，并指出短语、简单短语和句柄：

   S → AbB | bAc　A → Ab | aBB　B → Ac | cBb | c

   （1）aAcecbbc

   （2）AbcaBccb

   （3）baBcBbbc

7. 用 4.5.3 节中介绍的文法和语法分析表，给出串 id *（id + id）的完整语法分析过程，包括语法分析栈的内容、输入串和操作。
8. 用 4.5.3 节中介绍的文法和语法分析表，给出串（id + id）* id 的完整语法分析过程，包括语法分析栈的内容、输入串和操作。
9. 从 Aho et al.（2006）中找到消除文法中间接左递归的算法，并用这个算法消除以下文法中的所有左递归：

   S→Aa|Bb　A→Aa|Abc|c|Sb　B→bb

程序设计练习

1. 设计一个用于识别基于 C 的程序设计语言中的注释形式的状态图，其中注释以 /* 开始，以 */ 结束。
2. 为你喜欢的程序设计语言设计一个用于识别其中浮点字面量的状态图。
3. 编写并测试用于实现第 1 题中状态图的代码。
4. 编写并测试用于实现第 2 题中状态图的代码。
5. 对 4.2 节介绍的词法分析器进行修改，使其可以识别如下保留字列表并返回各自的词类编码：

   for (FOR_CODE, 30), **if** (IF_CODE, 31), **else** (ELSE_CODE, 32), **while** (WHILE_CODE, 33), **do** (DO_CODE, 34), **int** (INT_CODE, 35), **float** (FLOAT_CODE, 36), **switch** (SWITCH_CODE, 37).

6. 用 Java 语言改写 4.2 节中给出的（用 C 语言写的）词法分析器。
7. 用 Java 语言改写 4.4.1 节中给出的关于 <表达式>、<项> 和 <因子> 的递归下降语法分析器程序。
8. 对第 1 题中通过了测试的规则，编写一个递归下降语法分析子程序，对由该规则生成的语言进行语法分析。假定有一个名为 `lex` 的词法分析器和一个每当检测到语法错误时都要调用的名为 `error` 的错误处理子程序。
9. 对第 2 题中通过了测试的规则，编写一个递归下降语法分析子程序，对该规则生成的语言进行语法分析。假定有一个名为 `lex` 的词法分析器和一个每当检测到语法错误时都要调用的名为 `error` 的错误处理子程序。

194

10. 实现并测试 4.5.3 小节所给出的 LR 语法分析算法。
11. 给出用于描述 Java 或 C++ 语言中 `while` 语句的 EBNF 规则，并用 Java 或 C++ 语言写出该规则的递归下降子程序。
12. 给出用于描述 Java 或 C++ 语言中的 `for` 语句的 EBNF 规则，并用 Java 或 C++ 语言写出该规则的递归下降子程序。

195

名字、绑定与作用域

本章介绍变量的基本语义问题。首先讨论程序设计语言中名字及特殊单词的性质；然后讨论变量的属性（包括变量类型、变量地址和变量值）以及变量的别名问题；接着介绍绑定和绑定时间等重要概念（包括各种变量属性的绑定时间），以及如何通过它们定义四种不同类别的变量，并在此基础上介绍两种完全不同的名字作用域规则（即静态作用域和动态作用域）以及语句引用环境的概念；最后讨论有名常量和变量初始化。

5.1 概述

命令式程序设计语言是基本冯·诺伊曼计算机体系结构在不同程度上的抽象。冯·诺伊曼体系结构主要由内存与处理器这两部分组成：内存用于存储指令和数据，而处理器则提供修改内存内容的各种操作（运算）。机器内存单元在程序设计语言中抽象为变量。在某些情况下，这种抽象的特性非常类似于内存单元的特性，例如，整数变量通常直接用一个或几个内存字节表示。而在另一些情况下，语言的抽象与硬件内存组织方式的差异又很大，例如，三维数组这种抽象就需要一个软件映射函数来支持。

变量可以由一组性质或属性来刻画，其中最重要的属性是类型——程序设计语言的一个基本概念。在为程序设计语言设计数据类型时要考虑到很多因素（数据类型将在第 6 章中介绍），其中最重要的是变量的作用域和生存期。

函数式程序设计语言允许给表达式命名。这种命名表达式看起来像是在命令式程序设计语言中给变量名字赋值，但两者本质上又是不同的，命名表达式不能改变，因此它们类似于命令式语言中的有名常量。虽然纯函数式语言没有类似于命令式程序设计语言中的那些变量，但是许多函数式语言中都包含了这种变量。

本书的剩余部分常常用一个语言来指称一个语言家族，比如，Fortran 指 Fortran 语言的所有版本，Ada 语言也是这样。在讲到 C 语言时，既包括 C 的早期版本，也包括 C89 与 C99。当命名某个语言的特定版本时，就说明在所要讨论的主题上这个版本与家族中的其他版本有所区别。如果在某个语言版本的名字后加一个加号（+），就表示所讨论的是该语言从该版本以来的所有版本，例如，Fortran 95+ 表示从 Fortran 95 开始的所有 Fortran 版本。“**基于 C 的语言**”表示 C、Objective-C、C++、Java 和 C# 语言[⊖]。

196
~
198

5.2 名字

在开始讨论变量之前，必须首先讨论一下变量的基本属性之一——名字。名字除了与变量相关，还与子程序、形式参数及其他程序结构相关。标识符与名字一词经常会互换使用。

5.2.1 设计问题

与名字有关的主要设计问题有：

⊖ 我们本来想把脚本语言 JavaScript 和 PHP 也包含在基于 C 的语言中，但它们与其祖先的区别太大了。

- 名字中的字母是否大小写敏感？
- 语言中的特殊单词是保留字还是关键字？

这些问题将在以下两节中讨论，还将通过例子说明各种设计选择。

5.2.2 名字形式

名字（name）是用来标识程序中某种实体的字符串。

C99 语言对其内部名字没有长度限制，但只有前 63 个字符有意义，而 C99 的外部名字（指必须使用连接器来处理的定义于函数之外的名字）至多只能有 31 个字符。Java 和 C# 的名字没有长度限制，名字中的所有字符都是有意义的。C++ 语言不限定名字的长度，但有的实现者可能会限制名字的长度。

在大多数程序设计语言中，名字都有相同的形式：一个字母后跟一个由字母、数字和下划线（_）组成的字符串。包含下划线的名字虽然在 20 世纪 70 年代与 20 世纪 80 年代时被广泛使用，但现在已经很少使用了。在基于 C 的语言中，下划线在很大程度上已经被所谓的*驼峰表示法*取代：在由多个单词组成的名字中，第一个单词之外的其他单词的首字母都大写，例如 myStack[㊀]。注意，在名字中使用下划线和混合使用大小写是程序设计风格的问题，而不是语言设计的问题。

> **历史注记**
>
> 最早的程序设计语言使用的是单字符名字。这种记法很自然，因为早期的程序设计基本上就是数学，数学工作者长期用单字符名字来形式表示未知数。
>
> Fortran I 打破了单字符名字的传统，它的名字中最多可以包含 6 个字符。

PHP 语言中所有变量的名字都必须以一个美元符号开始。在 Perl 语言中，变量名字开头的特殊字符 $、@ 或 % 用于指定该变量的类型（尽管这些特殊字符与其他语言中所表示的含义不同）。在 Ruby 语言中，在变量名字开头用的特殊字符 @ 与 @@ 分别指示该变量是实例与类变量。 [199]

在许多语言中，尤其是在基于 C 的语言中，名字中要区分字母的大小写，即这些语言中名字中的字母是**大小写敏感**（case sensitive）的。例如，在 C++ 语言中，`rose`、`ROSE` 和 `Rose` 是三个不同的名字。对某些人而言，这会严重影响可读性，因为这些名字看上去非常相像实际上却表示不同的实体。从这个意义上说，名字中字母大小写敏感性违背了相似的语言结构应具有相似的含义这一设计原则。然而，在变量名字是字母大小写敏感的程序设计语言中，`Rose` 和 `rose` 看起来虽然相似，但它们之间一点联系也没有。

显然，并非所有人都认为名字中区分字母大小写不好。在 C 语言中，字母大小写敏感性问题可以通过不在名字中使用大写字母来避免。然而在 Java 和 C# 语言中，这个问题无法避免，因为许多预定义的名字既包含大写字母也包含小写字母。例如，Java 语言中用于将字符串转换成整型数值的方法是 `parseInt`，如果将其拼写为 `ParseInt` 或者 `parseint`，就不能被识别。这不是可读性而是可写性问题，因为它要求程序员记住特定大小写的用法，这使人们更难以写出正确的程序。编译器的这种强制要求对语言设计人员而言是不能容忍的。

5.2.3 特殊单词

程序设计语言中会用一些特殊单词来指明所要进行的操作以提高程序的可读性。它们也

㊀ 之所以称之为驼峰是因为名字里面的英文单词往往会嵌入大写字母，看起来就像一个骆驼的驼峰。

用来分隔程序和语句中的各语法部分。大多数语言都把特殊单词归为程序员不能重新定义的保留字。但在诸如 Fortran 等语言中，特殊单词仅仅作为关键字处理，这意味着在这些语言中特殊单词是可以重新定义的。

保留字（reserved word）是程序设计语言中不能用作名字的特殊单词。保留字有一个潜在的问题：如果语言中的保留字过多，用户就很难想出不是保留字的名字。最好的例子就是有 300 个保留字的 COBOL，不幸的是，程序员最常用的一些名字出现在 COBOL 保留字列表中，例如 `LENGTH`、`BOTTOM`、`DESTINATION` 和 `COUNT`。

在本书的程序代码示例中，保留字以黑体字表示。

在大多数语言中，在程序中可见在诸如 Java 程序包以及 C 和 C++ 程序库等其他程序单元中定义的名字。这些名字都是预定义的，必须显式移入后才可见。而这些名字一旦移入，就不能重新定义了。

5.3　变量

程序变量是对计算机中一个或一组内存单元的抽象。程序员常常会把变量当作内存地址的名字，然而变量的意义不仅仅只是名字。

200

用名字替代存储数据的绝对数值型内存地址，以使程序更可读，从而更易写更易维护，这是从机器语言发展到汇编语言所迈出的一大步。汇编语言也避免了手动绝对寻址问题，因为将名字转换成实际地址的翻译器会为它们选择内存地址。

一个变量可以通过一个属性六元组来刻画：(名字，地址，值，类型，生存期，作用域)。尽管这样表示变量似乎会使这一看似简单的概念显得过于复杂，但这却是描述变量各个方面的最清晰的方式。

对变量属性的讨论势必要研究一些相关的重要概念，包括别名、绑定、绑定时间、声明、作用域规则以及引用环境。

变量的名字、地址、类型和值等几种属性将在下面几节讨论。生存期与作用域属性将分别在 5.4.3 节和 5.5 节中讨论。

5.3.1　名字

变量名字是程序中最常见的名字，我们在 5.2 节中讨论程序中的实体名字时已经详细讨论过。大多数变量都有名字，而没有名字的变量将在 5.4.3.3 节中讨论。

5.3.2　地址

变量的**地址**（address）是与之相关联的机器内存地址。然而这种关联并不是看起来那么简单。在很多语言里，同一变量可以在程序执行的不同时刻与不同的地址相关联。例如，如果某个子程序有一个在其被调用时在运行时栈中分配的局部变量，那么对该子程序的每次调用都会为该变量分配不同的地址。这些地址在某种意义上就是同一变量的不同实例。

将变量与地址相关联的过程将在 5.4.3 节中进一步讨论。有关子程序及其激活的实现模型将在第 10 章中介绍。

变量的地址有时称为变量的**左值**（l-value），这是因为当变量名字出现在赋值语句的左边时，常常需要访问变量的地址。

多个变量可以具有同一个地址。当用多个变量名字访问同一内存地址时，这些变量就称为**别名**（aliases）。别名可能会降低可读性，因为它可以通过给另一个变量赋值来改变一个变量的值。例如，如果名为 total 和 sum 的两个变量为别名，那么对 total 值的任何改变也会改变 sum 值，反之亦然。在这种情况下，程序的阅读者必须时刻记住，total 和 sum 是同一个内存单元的两个不同名字。因为在一个程序中可以有任意数量的别名，这在实际使用时会非常困难。别名也使程序的验证更加困难。 201

在程序中可以用多种不同的方式创建别名。在 C 和 C++ 语言中创建别名的一种常用方式是使用联合类型。联合将在第 6 章深入讨论。

两个指向同一内存地址的指针变量也是别名。引用变量亦是如此。这种别名只是指针与引用特性的一种副作用。假定 C++ 指针指向一个有名字的变量，那么当指针被去引用时，该变量的名字就是别名。

在许多语言中也可以通过子程序的参数创建别名。这种别名将在第 9 章中介绍。

变量与地址关联的时间对了解程序设计语言非常重要。这个问题将在 5.4.3 节讨论。

5.3.3 类型

变量的**类型**（type）决定了在变量中可存储值的范围和为该类型的值所定义的运算集合。例如，Java 中的 int 类型指定的取值范围为 -2 147 483 648～2 147 483 647，可进行的算术运算包括加法、减法、乘法、除法和取模。

5.3.4 值

变量的**值**（value）是内存单元或与变量相关的内存单元的内容。将计算机内存单元当成抽象单元，比当成物理单元要简单得多。大多数现代计算机内存中的物理单元或其他可寻址单元都是叫作字节的八位单元。对大多数程序变量而言一个字节还是太小了，而抽象内存单元可以满足相关变量的内存需求。例如，尽管在特定语言的特定实现中，浮点值可能占有四个物理字节，但可以假设一个浮点值只占有一个抽象内存单元。任何简单的非结构类型的值都可视作只占有一个抽象单元。此后，术语**内存单元**（memory cell）就是指抽象内存单元。

变量的值有时称为**右值**（r-value），因为它是当变量名字出现在赋值语句的右边时才需要用的值。为访问右值，必须先确定相应左值。但确定变量的左值并不总是简单的。例如，作用域规则会将问题大大复杂化，这一问题将在 5.5 节进行讨论。 202

5.4 绑定的概念

绑定（binding）是指属性和实体之间的关联关系，包括变量与其类型或取值之间的关联关系、操作与符号之间的关联关系等。绑定所发生的时刻被称为**绑定时间**（binding time）。绑定和绑定时间是程序设计语言语义中的重要概念。绑定可以在语言设计阶段、语言实现阶段、编译阶段、加载阶段、链接阶段或运行阶段进行。例如，星号（*）与乘法的绑定往往发生在语言设计阶段。变量数据类型（如 C 中的 int）与变量取值范围的绑定发生在语言实现阶段。Java 中的变量在编译阶段与某种数据类型绑定，变量在程序载入内存之后与存储单元绑定。在某些情况下，变量的绑定也可能直到运行阶段才会发生，如在 Java 方法中声明的变量。对程序库中子程序的调用与子程序代码的绑定发生在链接阶段。

考虑下列 C++ 赋值语句：

```
count = count + 5;
```

这条赋值语句涉及的绑定与绑定时间包括：

- count 的类型在编译阶段绑定。
- count 的取值范围在语言实现阶段（即设计编译器时）绑定。
- 在运算分量的数据类型确定后，运算符 + 的含义在编译阶段绑定。
- 字面量 5 的内部表示在语言实现阶段绑定。
- count 的值在这条语句被执行时绑定。

理解程序实体属性的绑定时间是理解程序设计语言语义的必要前提。例如，想要了解子程序的功能，就必须了解子程序调用中的实际参数与子程序定义中的形式参数是如何绑定的。想要明确某个变量在某一时刻的取值，就必须知道这个变量是在何时通过哪一条或哪几条语句与内存单元绑定的。

5.4.1 属性到变量的绑定

如果第一次绑定发生于程序运行之前，且绑定关系在程序的整个运行过程中保持不变，这种绑定就是**静态**（static）绑定。如果第一次绑定发生于程序运行期间，或者绑定关系在程序运行期间会发生变化，那么这种绑定就是**动态**（dynamic）绑定。在使用虚拟内存时，变量与内存单元之间的物理绑定非常复杂，因为在程序运行过程中，存储单元所在地址空间的页或段可能会被多次移入或移出物理内存。从某种意义上说，这些变量是在被反复地绑定与释放。当然，这种由计算机硬件完成的绑定与释放的重复操作对程序和用户都是不可见的。硬件绑定对于本节的讨论并不重要，所以我们不再考虑该问题。问题的关键在于区分静态绑定与动态绑定。

203

5.4.2 绑定类型

要在程序中引用一个变量，该变量首先必须被绑定到一个数据类型上。这种绑定需要关注两个方面的问题：一方面是如何指定类型，另一方面是何时进行绑定。可以通过某种形式的显式声明或隐式声明来静态地指定变量类型。

5.4.2.1 静态类型绑定

显式声明（explicit declaration）是指在程序的一条语句中列出一批变量名并指明其类型。**隐式声明**（implicit declaration）则不使用这种声明语句，而是通过默认规定将变量与类型关联在一起。在这种情况下，变量名在程序中的第一次出现就是其隐式声明。显式声明和隐式声明都会完成类型的静态绑定。

在 20 世纪 60 年代中期之后设计，且只使用静态类型绑定的程序设计语言中，最常用的那些语言（除 Visual Basic、ML、C#、Swift 等）都要求所有变量必须被显式地声明。

隐式变量类型绑定由编译器或解释器负责完成。隐式变量类型绑定有几种不同的实现方式。其中最简单的一种是命名规定，即编译器或解释器根据变量名的语法形式将变量绑定到某种类型。

虽然隐式声明为程序员提供了一定的便利，但却可能会降低程序的可靠性，因为隐式声明会导致编译过程无法检测代码中的拼写错误和编程错误。

为了避免隐式声明带来的一些问题，可以规定特定类型变量的名字必须以某种特定的特殊字符为前缀。例如，Perl 语言中以字符 $ 为前缀的变量是标量，它可以存储字符串或数值。

此外，以 @ 为前缀的是数组，以 % 为前缀的是散列结构[⊖]。这可以为不同的类型变量创建不同的名字空间。例如，名字 @apple 和 %apple 是无关的，因为它们来自不同的名字空间。在读取程序时，根据变量名可以直接判断出变量的类型。

另一种隐式类型声明依赖于上下文，这种方式被称为**类型推理**（type inference）。在更简单的情况下，上下文就是声明语句中赋值给变量的值的类型。例如，C# 中的 var 变量必须在声明的同时被初始化，这个初始值的类型就是变量的类型。考虑下面的声明：

204

```
var sum = 0;
var total = 0.0;
var name = "Fred";
```

这里 sum、total 和 name 的类型分别是 int、float 和 string。它们都是静态类型变量，它们的类型在声明语句所在程序单元的生存期中是不变的。

Visual Basic、Swift、函数式语言 ML、Haskell、OCaml、F# 也都使用了类型推理。

5.4.2.2 动态类型绑定

对于动态类型绑定而言，变量的类型既不通过声明语句指定，也不通过变量名的拼写确定。只有当程序执行到赋值语句时，被赋值变量才会与赋值语句右边表达式值的类型绑定。这样的赋值语句还可以将变量与内存地址及内存单元绑定，因为不同类型的值可能需要不同大小的存储空间。任何变量都可以被赋予任何类型值。变量的类型在程序执行期间也可以改变任意多次。我们必须认识到，如果变量的类型是动态绑定的，那么它的类型就可能是临时的。

如果变量的类型是静态绑定的，那么可以认为变量名绑定到了类型上，因为两者是同时绑定的。但如果变量的类型是动态绑定的，那么可以认为变量名只是临时绑定到了一个类型上。事实上，变量的名字从来不会直接绑定到类型上。名字可以绑定到变量，而变量可以绑定到类型。

动态类型绑定的语言与静态类型绑定的语言有很大的区别。动态类型绑定的主要优势是程序设计时的灵活性较大。例如，在动态类型绑定的语言中，处理数值数据的程序可以被写成通用程序，从而能够处理任意数字类型的数据。因为把输入数据赋给变量时，用来存储这些数据的变量能够与正确的类型相绑定，所以无论输入什么类型的数据，这段程序都可以接受。反之，如果只使用静态类型绑定，就无法在知道数据类型之前编写 C 程序来进行数据处理。

在 20 世纪 90 年代中期以前，除了一些函数式语言（如 LISP），最常用的程序设计语言基本都使用静态类型绑定。但 20 世纪 90 年代中期以后，使用动态类型绑定的程序设计语言逐渐获得人们的青睐。在 Python、Ruby、JavaScript 和 PHP 中，类型绑定是动态的。例如，JavaScript 脚本可以包含以下语句：

```
list = [10.2, 3.5];
```

205

不管变量 list 以前是什么类型，这一赋值都会使 list 成为一个长度为 2 的一维数组。如果之后的赋值语句为：

```
list = 47;
```

⊖ 数组和散列都是要考虑的类型，因为它们都可以在其元素中存储任意标量。

那么在赋值之后，list 又会成为一个标量变量。

C#2010 中包含了动态类型绑定的选项。通过在声明中使用保留字 dynamic，可以声明变量以使用动态类型绑定，如下所示：

```
dynamic  any;
```

这与将 any 声明为 **object** 类型类似，但又有所不同。类似之处在于，any 可以被赋予任意类型的值，就像被声明为 **object** 类型一样。而不同之处在于，它不能用于互操作。例如，不能用于与动态类型语言 IronPython 和 IronRuby（分别是 Python 和 Ruby 的 .NET 版本）的互操作。但是，当需要从外部源向程序导入未知类型的数据时，使用它是很合适的。类成员、属性、方法参数、方法返回值和局部变量都可以被声明为 **dynamic**。

在纯面向对象语言（如 Ruby）中，所有的变量都是引用，它们没有类型；所有的数据都是对象，任何变量都可以引用其他对象。从某种意义上说，这些语言中的变量都具有相同的类型——也就是引用。但这种引用与 Java 中的引用不同，Ruby 中的变量可以引用任何对象，而后者只能引用特定类型的值。

动态类型绑定有两方面的缺陷。首先，它降低了程序的可靠性。相对于静态类型绑定的语言的编译器，动态类型绑定的语言的编译器检测错误的能力较弱。 动态类型绑定允许将任何类型的值赋给任何变量。赋值语句右边的不正确类型不仅不会被检测为错误，反而会导致赋值语句左边也变成错误的类型。例如，在某个 JavaScript 程序中，i 和 x 是数值标量，而 y 是一个数组。赋值语句

```
i = x;
```

由于输入错误，被误写为赋值语句

```
i = y;
```

在 JavaScript 或任何一种动态类型绑定的语言中，解释器不仅无法检测到其中的错误，还会将 i 的类型错误地改为数组。而在后续的程序中使用 i 时，它又会被当成一个标量，从而导致错误的结果。而在静态类型绑定的语言（如 Java）中，编译器会检测到赋值语句中的错误，程序也不会被执行。

206

值得注意的是，某些静态类型绑定的语言可能也会存在这样的缺陷，如 C 和 C++。在很多时候，编译器会将赋值语句右边的类型自动地转换为赋值语句左边的类型。

动态类型绑定的最大缺点可能是成本。实现动态属性绑定的成本相当高，特别是在执行时间方面。程序执行时必须进行类型检查。此外，每个变量都必须有一个相关的运行时描述符，以维护当前的类型。变量值存储空间的大小必须可变，因为不同类型的值需要占用不同大小的存储空间。

最后，对变量进行动态类型绑定的语言通常使用纯解释器而不是编译器来实现。计算机中的指令不允许运算分量的类型在编译时未知。因此，如果在编译时不知道 a 和 b 的类型，编译器就无法为表达式 a + b 生成机器指令。相对于执行等价的机器码，纯解释执行要花费至少 10 倍的时间。当然，如果语言是使用纯解释器实现的，那么动态类型绑定所占用的时间就会被整个解释器的时间所湮没，因此这个环境下类型绑定的成本似乎并不高。另一方面，静态类型绑定的语言很少通过纯解释器来实现，因为这些语言中的程序可以很容易地翻译成高效的机器码。

5.4.3 存储绑定和生存期

命令式程序设计语言的根本特征在很大程度上取决于其变量存储绑定的设计。因此，清楚地理解这些绑定是很重要的。

变量所绑定的内存单元必须取自一个可用的内存池。这个过程被称为**分配**（allocation）。**去分配**（deallocation）则是将已与变量解除绑定的内存单元重新放回内存池的过程。

变量的**生存期**（lifetime）是变量绑定到某个内存地址所持续的时间。因此，变量的生存期从它绑定到内存单元时开始，到它与该内存单元解除绑定时结束。为了研究变量的存储绑定，可以根据变量的生存期将（非结构化的）标量变量分成四类，即静态变量、栈动态变量、显式堆动态变量和隐式堆动态变量。我们将在下面几节讨论这四个类别的定义、作用和优缺点。

5.4.3.1 静态变量

静态变量（static variable）是在程序执行开始之前就绑定到内存单元的变量，且在程序执行结束之前静态变量会一直绑定在相同的内存单元上。静态绑定变量在程序设计中有多种用途。全局可访问变量可以在程序的整个执行过程中使用，因此在执行过程中必须将它们绑定到不变的内存单元上。有时，使用对历史敏感的子程序是很方便的。这样的子程序必须有局部静态变量。 207

静态变量的另一个优点是效率较高。所有的静态变量都可以直接寻址[⊖]；而其他类型的变量常常需要间接寻址，间接寻址的存取速度比较慢。此外，静态变量在运行时不会因为分配和去分配而产生开销，尽管这种开销常常可以忽略不计。

静态绑定存储空间的一个缺点是灵活性的降低；特别是只有静态变量的语言不支持递归子程序。另一个缺点是静态变量无法共享存储空间。例如，一个程序中的两个子程序都需要大型数组，且这两个子程序不会同时被调用。如果数组都是静态的，那么它们无法共享存储空间。

C 和 C++ 允许程序员在函数内使用 `static` 关键字来定义静态变量。注意，在 C++、Java 以及 C# 程序中，如果 `static` 关键字用于声明类中的变量，则表示所声明的变量是类变量，而非实例变量。有时，类变量在类的第一次实例化之前就会被静态创建。

5.4.3.2 栈动态变量

栈动态变量（stack-dynamic variable）的存储绑定在变量的声明语句确立时完成，但其类型是静态绑定的。所谓声明的**确立**（elaboration），是指内存空间分配及其绑定的过程。声明确立在执行到声明所在的代码时进行。因此，确立发生在运行阶段。例如，当调用 Java 方法时，出现在方法头部的变量声明会被确立，当方法执行完毕时，被声明的变量会被去分配。

顾名思义，栈动态变量的存储空间是在运行时栈中分配的。

有些语言允许变量声明发生在任何一个可以出现语句的地方，如 C++ 和 Java。在这些语言的一些实现中，在函数或方法中声明的所有栈动态变量（不包括在嵌套分程序中声明的变量）都可以在函数或方法开始执行时绑定到存储空间，即使其中一些变量的声明并没有出现在函数或方法的开始处。这种情况下，变量在声明之后才变为可见，但它的存储绑定和初始化（如果在声明语句中指定的话）在函数或方法开始执行时就会发生。变量的存储绑定在 208

⊖ 在一些实现中，静态变量通过基址寄存器来寻址，这使得访问它们的开销与访问栈分配变量的开销接近。

变量变为可见之前发生，这并不会影响语言的语义。

栈动态变量的优点包括：至少在大多数情况下，递归子程序都需要某种形式的动态局部存储，以使递归子程序的每个活动副本都有自己的局部变量版本。使用栈动态变量可以满足这些需求。即使在不使用递归的情况下，为子程序使用栈动态局部存储也不是没有好处，因为子程序中的局部变量可以共享相同的内存空间。

相对于静态变量，栈动态变量的缺点包括：分配和去分配的运行时开销，由间接寻址导致的较慢的访问速度，以及子程序不对历史敏感。栈动态变量的分配和去分配不需要耗费大量的时间，因为在子程序开始时声明的所有栈动态变量都会一起分配并一起去分配，而不是单独对它们进行操作。

在 Java、C++ 和 C# 中，在方法中定义的变量默认都是栈动态变量。

除存储之外的所有属性都静态地绑定到栈动态标量变量上。对于某些结构化类型，情况则并非如此，这一问题将在第 6 章讨论。栈动态变量分配和去分配过程的实现将在第 10 章讨论。

5.4.3.3　显式堆动态变量

显式堆动态变量（explicit heap-dynamic variable）是由程序员编写的显式运行时指令进行分配和去分配操作的无名（抽象）内存单元。这些变量在堆上分配和去分配，只能通过指针或引用变量引用。堆是一组内存单元的集合，由于其使用的不可预测性，它在组织上高度混乱。用于访问显式堆动态变量的指针和引用变量的创建方法与其他标量变量相同。显式堆动态变量的创建由运算符（如 C++）或系统子程序调用（如 C）完成。

在 C++ 中，分配运算符 **new** 使用类型名作为其运算分量。在执行分配操作时，会生成一个运算分量类型的显式堆动态变量，并返回变量地址。由于显式堆动态变量在编译时就与类型绑定，因此这是一种静态绑定。显式堆动态变量的存储绑定发生于运行阶段，也就是变量被创建的时候。

除了用于创建显式堆动态变量的子程序或运算符，一些语言还提供了用于显式销毁堆动态变量的子程序或运算符。

209

作为显式堆动态变量的一个例子，分析下面这段 C++ 代码：

```
int *intnode;        // 创建一个指针
intnode = new int; // 创建相应的堆动态变量
. . .
delete intnode;      // 去分配 intnode 所指向的堆动态变量
```

在这个例子中，**int** 类型的显式堆动态变量由运算符 **new** 创建，并由指针 intnode 引用，最后由运算符 **delete** 进行去分配操作。C++ 需要显式去分配运算符 **delete**，因为它不使用类似垃圾收集这样的隐式存储空间回收。

在 Java 中，除基本标量类型外的所有数据都是对象。Java 的对象都是显式堆动态变量，都需要通过引用变量来访问。Java 不能显式地销毁堆动态变量，它使用了隐式垃圾收集。垃圾收集将在第 6 章中讨论。

C# 中既有显式堆动态对象又有栈动态对象，它们都会被隐式去分配。此外，C# 还支持 C++ 风格的指针。这种指针可以引用堆、栈，甚至是静态变量和对象。这些指针与 C++ 中的指针具有相同的危险性，而且它们在堆上引用的对象也不会隐式去分配。C# 之所以提供指针，是希望 C# 组件能够与 C 和 C++ 组件互操作。为了尽量避免指针的使用，同时也为了告知程序的阅读者在代码中使用了指针，所有定义指针的方法的头部都必须包含保留字 **unsafe**。

显式堆动态变量通常用于构造动态结构，如在程序执行期间需要增长和 / 或收缩的链表和树结构。使用指针或引用以及显式堆动态变量，可以很方便地构造此类结构。

显式堆动态变量的缺点包括：难以正确使用指针和引用，引用变量所导致的额外开销，以及存储管理实现的复杂性。这本质上是堆管理的问题，它代价高昂且相当复杂。第 6 章将详细讨论显式堆动态变量的实现方法。

5.4.3.4 隐式堆动态变量

隐式堆动态变量（implicit heap-dynamic variable）只有在被赋值时才会绑定到堆存储空间。事实上，每次赋值时它们所有的属性都会被绑定。例如，考虑下面的 JavaScript 赋值语句：

```
highs = [74, 84, 86, 90, 71];
```

不管变量 highs 在程序中是否已被使用过，也不管它曾用于存储什么值，现在它都是一个包含五个数值的数组。

210

这类变量的优点是高度的灵活性，允许编写高度通用的代码。缺点则是维护所有动态属性（如数组下标类型和范围等）所需的额外的运行时开销。此外，编译器在检测错误时可能会有所遗漏，这一问题将在 5.4.2.2 节讨论。

5.5 作用域

作用域是理解变量所需考虑的一个重要因素。变量的**作用域**（scope）就是变量可见的语句范围。如果一个变量在某条语句中被引用或赋值，那么该变量在该语句中就是**可见的**（visible）。

语言的作用域规则决定如何将特定名字变量相关联，在函数式语言中则会决定如何将名字与表达式相关联。特别地，对于在当前执行的子程序或分程序外部声明的变量，作用域规则决定如何将这些变量的引用与它们的声明相关联，以确定变量的属性（分程序将在 5.5.2 节讨论）。因此，无论是使用某一种语言编写程序还是阅读这种语言的程序代码，清晰地理解该语言的作用域规则都是非常重要的。

如果变量在程序单元或分程序中声明，那么它就是**局部**（local）变量。如果变量不在程序单元或分程序中声明，但对该程序单元或分程序可见，那么它就是非局部变量。全局变量是一种特殊的非局部变量，我们将在 5.5.4 节讨论它。

关于类作用域、包作用域及名字空间作用域的问题将在第 11 章讨论。

5.5.1 静态作用域

ALGOL 60 引入了一种将名字绑定到非局部变量的方法，称为**静态作用域**（static scoping）[1]。这种方法被后续的很多命令式语言和非命令式语言所采用。之所以称其为静态作用域，是因为变量的作用域可以在执行之前静态地确定。这就允许程序的阅读者（及编译器）通过检查源代码来确定程序中每个变量的类型。

[1] 静态作用域有时又被称为词法作用域。

静态作用域语言有两类：一类是可以嵌套子程序的语言，它创建嵌套静态作用域；另一类是不能嵌套子程序的语言。在后一类语言中，静态作用域也由子程序创建，但嵌套作用域只能由嵌套类定义和嵌套分程序来创建。

Ada、JavaScript、Common LISP、Scheme、Fortran 2003+、F# 和 Python 都允许嵌套子程序，但是基于 C 的语言不允许。211

在本节中，对静态作用域的讨论只针对那些允许嵌套子程序的语言。最初，假设所有作用域都与程序单元关联，所有引用的非局部变量都在其他程序单元中声明[⊖]。在本章中，假设作用域是访问非局部变量的唯一方法。这一假设仅仅是为了简化讨论。事实上，该假设并非对所有语言都成立，对于所有使用静态作用域的语言来说该假设甚至是完全不成立的。

当在程序中读到对变量的引用时，可以通过查找声明变量的语句（显式声明或隐式声明）来确定变量的属性。在具有嵌套子程序的静态作用域语言中，可以使用以下过程：假设引用了子程序 sub1 中的变量 x。首先搜索子程序 sub1 中的声明以寻找 x 的正确声明。如果没有发现声明，则在声明子程序 sub1 的**静态父亲**（static parent），即上一级子程序的声明中继续搜索。如果还是没有找到，则到更高一级的单元，即声明子程序 sub1 的父亲的程序单元中继续搜索，直至找到 x 的声明，或是在最上一级单元中仍未找到 x 的声明为止。如果最终没有找到声明，会报告变量未声明的错误。子程序 subl 的静态父亲、sub1 静态父亲的静态父亲、直至最上一级的子程序，都是 sub1 的**静态祖先**（static ancestor）。实际上，静态作用域的实现（将在第 10 章讨论）通常会比上述过程更有效率。

考虑以下嵌套了 sub1、sub2 两个函数的 JavaScript 函数 big：

```
function big() {
  function sub1() {
    var x = 7;
    sub2();
  }
  function sub2() {
    var y = x;
  }
  var x = 3;
  sub1();
}
```

在静态作用域下，对 sub2 中 x 的引用是对 big 中声明的变量 x 的引用。对 x 的搜索从引用所在的 sub2 开始，由于无法在 sub2 中找到 x 的声明，会继续搜索 sub2 的静态父亲 big，从而在 big 中找到 x 的声明。而 sub1 中声明的 x 在上述的搜索过程中被忽略，因为 sub1 不是 sub2 的静态祖先。212

在某些使用静态作用域的语言中，无论该语言是否允许嵌套子程序，一些变量的声明都可以在其他一些代码段中被屏蔽。例如，在前文所述的 JavaScript 函数 big 中，big 和 sub1 中都声明了变量 x，而 sub1 嵌套在 big 中。sub1 中对 x 的任何引用都是在引用 sub1 中的 x，也就是说外部的 x 在 sub1 中被屏蔽了。

5.5.2 分程序

许多语言都允许在可执行代码中定义新的静态作用域。这一强大的概念是由 ALGOL 60

⊖ 未在其他程序单元中定义的非局部变量将在 5.5.4 节中讨论。

引入的，它允许一段代码拥有自己的局部变量，这些局部变量的作用域也仅限于这段代码。这些变量通常是栈动态变量，因此变量存储空间的分配在执行到该代码段时进行，去分配在退出该代码段时进行。这段代码称为**分程序**（block），它是**分程序结构语言**（block-structured language）的起源。

基于 C 的语言允许在任何复合语句（被配对的大括号所包含的语句序列）中声明变量，从而定义新的作用域。这样的复合语句就是分程序。例如，如果 `list` 是一个整数数组，就可以编写下面的程序：

```
if (list[i] < list[j]) {
  int temp;
  temp = list[i];
  list[i] = list[j];
  list[j] = temp;
}
```

由分程序创建的作用域（这些分程序可以嵌套在更大的分程序中）的处理方式与由子程序创建的作用域完全相同。对于那些未在分程序中声明的变量的引用，按照由小到大递增的顺序搜索包含该引用的作用域（分程序或子程序），直至找到变量的声明。

考虑下面的 C 语言函数骨架：

```
void sub() {
  int count;
  . . .
  while (. . .) {
    int count;
    count++;
    . . .
  }
  . . .
}
```

其中，对 **while** 循环中 `count` 的引用是对循环中局部变量 `count` 的引用。函数 `sub` 所声明的 `count` 在 **while** 循环的代码段中被屏蔽了。一般来说，一个变量声明会屏蔽更大的作用域中具有相同名字的变量声明[⊖]。注意，这种代码在 C 和 C++ 中是合法的，但在 Java 和 C# 中是不合法的。因为 Java 和 C# 的设计者认为在嵌套分程序中重用名字很容易出错。 213

尽管 JavaScript 为嵌套函数使用静态作用域，但不能在 JavaScript 中定义非函数的分程序。

大多数函数式程序设计语言都包含一个与命令式语言中的分程序（通常称为 `let`）相关的结构。这个结构包含两个部分，第一部分用于将名字绑定于某个值，这个值通常用表达式的形式给出；第二部分中的表达式会使用第一部分中定义的名字。函数式语言中的程序由表达式而不是语句组成。因此，`let` 结构的最后一部分是表达式，而不是语句。在 Scheme 中，`let` 结构是对函数 `LET` 的调用，其形式如下：

```
(LET (
    (名字₁  表达式₁)
    ...
    (名字ₙ  表达式ₙ))
    表达式
)
```

⊖ 如 5.5.4 节所述，在 C++ 中可以使用域运算符（::）访问内部作用域中被屏蔽的全局变量。

LET 调用的语义为：计算前 *n* 个表达式，并将表达式的值赋给相关联的名字。然后计算最后一个表达式的值，并将其作为 LET 的返回值。这不同于命令式语言中的分程序，因为名字是值，而不是命令式语言中的变量。名字一旦被设置好就不能再被改变。然而，它们又类似于命令式语言的分程序中的局部变量，因为它们的作用域是 LET 调用的局部。下面的调用：

```
(LET (
  (top (+ a b))
  (bottom (- c d)))
  (/ top bottom)
)
```

会计算并返回表达式 (a+b)/(c-d) 的值。

在 ML 中，**let** 结构的形式如下：

```
let
    val 名字₁ = 表达式₁
    . . .
    val 名字ₙ = 表达式ₙ
in
    表达式
end;
```

214

每个 **val** 语句都将一个名字绑定到一个表达式。与 Scheme 相同，第一部分的名字类似于命令式语言中的有名常量；一旦设置好，就不能再改变[⊖]。以下是 **let** 结构的一个例子：

```
let
  val  top = a + b
  val bottom = c - d
in
  top / bottom
end;
```

在 F# 中，**let** 结构的一般形式如下：

```
let left_side = 表达式
```

let 结构中的 left_side 可以是名字或元组模式（由逗号分隔的一系列名字）。

函数定义中由 **let** 定义的名字的作用域是从定义表达式的结尾到函数的结尾。通过缩进代码可以创建一个新的局部作用域，从而限制 **let** 的作用域。尽管任何缩进都有效，但一般惯例是缩进四个空格。在下面的代码中

```
let n1 =
    let  n2 = 7
    let  n3 = n2 + 3
    n3;;
let n4 = n3 + n1;;
```

n1 的作用域覆盖了整个代码片段，而 n2 和 n3 的作用域则会在缩进结束时结束。所以，在最后一个 **let** 中使用 n3 会导致错误。**let** n1 作用域中的最后一行是绑定到 n1 的值，它可以是任意表达式。

⊖ 如第 15 章所述，名字可以重置，但其过程实际上是创建一个新的名字。

第 15 章将会介绍关于 Scheme、ML、Haskell 和 F# 中 let 结构的更多细节。

5.5.3 声明顺序

在 C89 以及其他一些语言中，除了嵌套分程序中的数据声明，函数中所有数据的声明都必须放在函数的开头。而有一些语言，如 C99、C++、Java、JavaScript 和 C#，则允许变量的声明出现在程序单元中任何一个可以出现语句的地方。变量声明可以创建与复合语句或子程序无关的作用域。例如，在 C99、C++ 和 Java 中，所有局部变量的作用域都是从声明处开始，到声明所在的分程序的末尾结束。 215

根据 C# 的官方文档，分程序中的变量无论被声明在分程序中的什么位置，只要不在嵌套分程序中，那么它的作用域就是整个分程序。这一规则也适用于方法。但这其实是一种误导，因为 C# 要求变量的声明必须在使用之前。因此，尽管变量的作用域被认为可以从变量的声明处直到包含该声明的分程序或子程序的头部，变量并不能在声明之前被使用。

回想一下，C# 不允许嵌套分程序中的变量声明与嵌套作用域中的变量具有相同的名字。将它与声明作用域是整个分程序的规则结合，会发现以下嵌套声明非法：

```
{
  {int  x;  // 非法
  ...
  }
  int  x;
}
```

在 JavaScript 中，局部变量可以在函数中的任何位置被声明，但这种变量的作用域始终是整个函数。如果在变量声明之前使用变量，则此时该变量的值是未定义。对未定义值的引用是合法的。

C++、Java 以及 C# 中的 **for** 语句允许在它们的初始化表达式中定义变量。在 C++ 的早期版本中，这种变量的作用域是从变量定义处直到包含 **for** 语句的最小分程序的末尾。但在 C++ 标准中，其作用域则仅限于 for 结构，Java 和 C# 也是如此。例如在如下的代码骨架中：

```
void  fun() {
   . . .
   for (int  count = 0; count < 10; count++){
     . . .
   }
   . . .
}
```

变量 count 的作用域是从 **for** 语句直到循环体结束（右括号处）。在 Java、C#、以及 C++ 的后续版本中皆是如此。 216

5.5.4 全局作用域

C、C++、PHP、JavaScript、Python 等语言允许程序由一系列函数定义构成，其中变量的定义可以出现在函数之外。这种在函数外部被定义的变量是全局变量，它们对文件中的函数都是可见的。

C 和 C++ 都支持全局数据的声明和定义。声明指定数据的类型和其他属性，但不会分配存储空间。定义则在指定属性的同时分配存储空间。对某个特定的全局名字，C 程序中可以有多个兼容的声明，但只能有一个定义。

一个变量在函数定义之外被声明，则说明这个变量在其他文件中被定义。C 程序中的全局变量在该文件所有后续函数中都隐式可见，包含同名局部变量声明的函数除外。在函数之后定义的全局变量，也可以通过将其声明为外部变量的方式，使其在函数中可见，如下所示：

```
extern int  sum;
```

在 C99 中，全局变量的定义通常有初始值。而全局变量的声明则没有初始值。如果声明位于函数定义之外，则不需要使用 **extern** 限定符。

这种声明和定义的思想可以延伸到 C 和 C++ 的函数上。函数的原型只声明函数名和接口而不提供具体代码，完整的代码在函数定义中给出。

在 C++ 中，可以使用域操作符（::）访问被同名的局部变量所屏蔽的全局变量。例如，假设全局变量 x 在一个函数中由于局部变量 x 的存在而被屏蔽，那么要引用这个全局变量就需要使用 ::x。

PHP 语句可以穿插在函数定义之中。出现在 PHP 语句中的变量会被隐式声明。在函数外被隐式声明的变量是全局变量，在函数内被隐式声明的变量是局部变量。全局变量的作用域从变量声明处开始，到程序结束时终止，但不包括任何后续的函数定义。因此，全局变量并非在任意函数中都是隐式可见的。通过两种方式可以使全局变量对其作用域中的函数中可见：如果函数包含一个与全局变量同名的局部变量，则全局变量可以通过 $GLOBALS 数组来访问，并将全局变量的名字这一字符串字面量作为数组的下标；如果函数不包含与全局变量同名的局部变量，将全局变量放于 global 声明语句中就可以使其可见。考虑下面的例子：

217

```
$day = "Monday";
$month = "January";

function calendar() {
  $day = "Tuesday";
  global $month;
  print "local day is $day  ";
  $gday = $GLOBALS['day'];
  print "global day is $gday <br \>";
  print "global month is $month ";
}

calendar();
```

代码被解释执行后会产生如下的输出：

```
local day is Tuesday
global day is Monday
global month is January
```

JavaScript 中的全局变量与 PHP 中的全局变量类似，但在声明了同名局部变量的 JavaScript 函数中无法访问全局变量。

Python 中全局变量的可见性规则有些特殊。就像 PHP 一样，Python 中的变量通常不需要被声明。变量在作为赋值语句的目标时会被隐式声明。全局变量可以在函数中被引用，但它只有在函数中被声明为全局变量后才能在函数中被赋值。考虑下面的例子：

```
day = "Monday"

def tester():
print "The global day is:", day

tester()
```

由于全局变量可以在函数中被直接引用，所以脚本的输出为：

```
The global day is: Monday
```

下面的脚本尝试为全局变量 day 赋值：

218

```
day = "Monday"

def  tester():
  print "The global day is:", day
  day = "Tuesday"
  print "The new value of day is:", day

tester()
```

该脚本产生了一个 UnboundLocalError 错误消息。因为函数第 2 行中对 day 的赋值使其成为一个局部变量，这样函数第 1 行中对 day 的引用就是对局部变量的非法前向引用。

如果变量 day 在函数开头被声明为全局变量，那么对 day 的赋值就是对全局变量的赋值。这样对 day 的赋值就不再创建局部变量。如下的代码采用这样的方法：

```
day = "Monday"

def tester():
  global  day
  print  "The global day is:", day
  day = "Tuesday"
  print  "The new value of day is:", day

tester()
```

该脚本的输出为：

```
The global day is: Monday
The new value of day is: Tuesday
```

Python 中的函数可以嵌套。嵌套函数中定义的变量可通过静态作用域在嵌套函数中访问，但此类变量在嵌套函数中必须被声明为 **nonlocal**[㊀]。5.7 节中的程序骨架演示了对 **nonlocal** 变量的访问。

在 F# 中，在函数定义外被定义的所有变量都是全局变量。它们的作用域从其定义处开始直至文件的结尾。

在面向对象语言的类与成员声明中，声明顺序和全局变量也是一个重要问题。这些将在 12 章中讨论。

219

㊀ 保留字 **nonlocal** 在 Python 3 中引入。

5.5.5 对静态作用域的评价

静态作用域提供了一种非局部访问的方法，在许多情况下该方法都能很好地工作。但是这种方法也存在一些问题。首先，在大多数情况下，它提供的对变量和子程序的访问权限超出了必要范围。简单说来，作为一个简洁地指定访问限制的工具，这种方法显得有些粗糙。更为重要的是与程序进化有关的问题。软件是高度动态的，程序会被经常使用并处于不断的变化当中。程序的变化常常导致代码重构，进而破坏在静态作用域语言中限制变量和子程序访问的初始结构。为了避免维护这些访问限制的复杂性，开发人员经常在遇到障碍时抛弃这些结构。因此，绕开静态作用域的限制可能会导致程序的设计相对于原始版本出现较大的偏差，甚至程序中没有发生变更的区域也会出现这一问题。开发者们因此倾向于使用更多的全局变量。这样，所有子程序最终都嵌套在同一层（也就是主程序）中，所有变量也都是全局变量而不是嵌套在深层次的子程序中[⊖]。最终的设计就会显得笨拙而做作，也不会反映出基本的概念设计。Clarke、Wileden 和 Wolf（1908）详细讨论了静态作用域的种种缺陷。静态作用域的一种替代方法是封装结构，许多较新的语言都是用封装结构来控制变量和子程序访问权限。我们将在第 11 章中介绍封装结构。

5.5.6 动态作用域

在 APL、SNOBOL4 和早期版本的 LISP 中，变量的作用域是动态的。Perl 和 Common LISP 还允许声明变量具有动态作用域，尽管这些语言中默认的作用域机制是静态的。**动态作用域**（dynamic scoping）基于子程序的调用序列，而不是子程序之间的空间关系。因此，动态作用域只能在运行时确定。

再次考虑 5.5.1 节中的函数 `big`，这里去掉函数调用：

```
function big() {
  function sub1() {
    var x = 7;
  }
  function sub2() {
    var y = x;
    var z = 3;
  }
  var x = 3;
}
```

220

假设动态作用域规则适用于非局部引用。那么 **sub2** 中引用的标识符 x 的含义就是动态的，它不能在编译阶段确定。此处引用的 x 可能是两处 x 声明中的任意一个，具体取决于子程序的调用序列。

想要在运行阶段确定 x 的正确含义，一种方法是从局部声明处开始搜索。这也是静态作用域的处理方式。但除此之外，动态作用域和静态作用域两者间再无相似之处。当局部声明搜索失败时，就继续搜索其动态父亲或调用函数的声明。如果仍然无法找到 x 的声明，则在该函数的动态父亲中继续搜索，依此类推，直至找到 x 的声明。如果在所有的动态祖先中都没有找到 x 的声明，则会发生运行时错误。

考虑上文例子中对 `sub2` 的两种不同的调用序列。一种情况是 `big` 调用 `sub1`，`sub1`

⊖ 类似于 C 语言的结构。

再调用 sub2。此时，搜索会从局部过程 sub2 转移到它的施调者 sub1，最终在 sub1 中找到 x 的声明。在这种情况下，sub2 中引用的是 sub1 中声明的 x。另一种情况是 big 直接调用 sub2。此时，sub2 的动态父亲是 big，所以 sub2 中引用的是 big 中声明的 x。

注意，如果使用静态作用域，那么无论在哪个调用序列中，sub2 中引用的都是 big 中声明的 x。

Perl 中的动态作用域有些特殊。尽管与传统动态作用域的语义相同，但 Perl 中的动态作用域与本节讨论的情况又有一定的区别（参见程序设计练习 1）。

5.5.7 对动态作用域的评价

动态作用域对于程序设计领域影响深远。使用动态作用域时，无法静态地确定程序语句可见的非局部变量的正确属性。此外，对动态作用域变量名的引用并不总是指向同一个变量。在引用非局部变量的子程序中，引用这些变量的语句在不同的执行中可能会引用不同的非局部变量。有些程序设计问题就是由动态作用域直接导致的。

首先，在从子程序开始执行到结束执行的时间跨度内，无论子程序的文本相似性如何，也无论程序的执行如何到达当前子程序，子程序中的局部变量对其他任何执行中的子程序都是可见的。没有任何方法可以在这种访问机制下保护局部变量。子程序总是在所有此前已调用且尚未结束执行的子程序环境中执行。因此，相对于静态作用域，动态作用域会降低程序的可靠性。

动态作用域的第二个问题是无法对非局部变量的引用实施静态类型检测。这是由于无法静态地找到被引用为非局部变量的变量声明。

动态作用域还会降低程序的可读性，因为必须知道子程序的调用序列才能确定对非局部变量的引用的含义。这对于程序阅读者来说实际上是不可能的。 221

最后，在使用静态作用域时，访问动态作用域语言中的非局部变量要比访问非局部变量花费更长的时间，其原因将在第 10 章中解释。

另一方面，动态作用域并非没有价值。在许多情况下，从一个子程序传递到另一个子程序的参数是施调程序中定义的变量。而在动态作用域语言中，由于这些变量在被调用子程序中是隐式可见的，所以不需要传递它们。

不难理解为什么动态作用域的适用范围不如静态作用域广泛。与使用动态作用域语言编写的等价程序相比，使用静态作用域语言编写的程序可读性更强、可靠性更高、执行速度更快。正是因为如此，在 LISP 的大多数现存方言中，动态作用域都被静态作用域所取代。我们将在第 10 章讨论静态作用域和动态作用域的实现方法。

5.6 作用域和生存期

变量的作用域与生存期有时似乎是关联的。例如，一个在不包含方法调用的 Java 方法中声明的变量，其作用域从它的声明处开始到方法的结尾处结束，生存期从方法被加载时开始直到方法执行完毕时结束。虽然该变量的作用域与生存期明显不一样，静态作用域是一个文本或空间概念，而生存期是一个时间概念，但在这个例子中它们至少看起来是相关的。

作用域与生存期之间的关联性在其他情况下并不成立。例如，在 C 和 C++ 中，在函数中使用修饰符 **static** 声明的变量被静态绑定到该函数的作用域和存储空间上。这个变量的作用域是静态的，也是该函数的局部变量，但其生命周期却延伸到程序的整个执行过程。

当涉及子程序调用时，作用域和生存期也不相关。考虑以下 C++ 函数：

```
void printheader() {
  . . .
 } /* printheader 结束 */
void compute() {
  int sum;
  . . .
  printheader();
 } /* compute 结束 */
```

变量 sum 的作用域完全包含在函数 compute 中。尽管 printheader 被函数 compute 调用，但 sum 的作用域不会扩展到 printheader 函数中。而 sum 的生存期会涵盖 printheader 的执行过程。无论 sum 在 printheader 被调用之前绑定在哪个存储位置，在 printheader 执行时和执行后 sum 的存储绑定都会维持不变。

222

5.7　引用环境

语句的**引用环境**（referencing environment）是指该语句中所有可见变量的集合。在静态作用域语言中，语句的引用环境是在其局部作用域中声明的变量及其祖先作用域中所有可见变量所构成的集合。在这类语言中，编译语句时需要该语句的引用环境，这样才能生成代码和数据结构以允许在运行时引用其他作用域中的变量。我们将在第 10 章讨论静态作用域语言和动态作用域语言中非局部变量引用的实现技术。

在 Python 中，作用域可以由函数定义来创建。语句的引用环境包含局部变量和该语句所在函数中被声明的所有变量，但不包含非局部作用域中被邻近函数中的声明所屏蔽的那些变量。每一个函数定义都会创建一个新的作用域，同时也创建一个新的引用环境。考虑下面的 Python 程序骨架：

```
g = 3; # 一个全局变量

def sub1():
    a = 5; # 创建一个局部变量
    b = 7; # 创建另一个局部变量
    . . . <------------------------------ 1
  def  sub2():
       global g;  # 全局变量 g 从此可以被赋值
         c = 9;  # 创建一个新的局部变量
         . . . <------------------------------ 2
         def  sub3():
           nonlocal  c:  # 使得非局部变量 c 在此可见
           g = 11;  # 创建一个新的局部变量
           . . . <------------------------------ 3
```

程序中各标记点处的引用环境如下：

标记点	引用环境
1	sub1 中的局部变量 a 和 b，全局变量 g 用于引用而不是赋值
2	sub2 中的局部变量 c，全局变量 g 用于引用和赋值
3	sub2 中的非局部变量 c，以及 sub3 中的局部变量 g

223

现在考虑这段代码中的变量声明。首先请注意，尽管 sub1 的作用域级别比 sub3 更高（嵌套层次较低），但 sub1 的作用域并不是 sub3 的静态祖先，所以 sub3 无权访问 sub1 中声明的变量。理由如下：sub1 中声明的变量是栈动态变量，因此在 sub1 执行前不会进行存储绑定。而 sub3 可以在 sub1 执行之前执行，这意味着 sub1 中的变量在 sub3 执行时可能还没有完成存储绑定，因此 sub3 不能访问 sub1 中的变量。

如果子程序已开始执行，那么这个子程序在执行尚未终止之前是**活动**（active）的。在动态作用域语言中，语句的引用环境包含局部声明变量以及当前活动的其他子程序中的变量。活动子程序中的一些变量可以在引用环境中被屏蔽。最近处于活动状态的子程序可以声明一些变量，这些变量会屏蔽此前处于活动状态的子程序中同名的变量。

考虑下面的示例程序。假设其中的函数调用是 main 调用 sub2，sub2 再调用 sub1。

```
void sub1() {
  int a, b;
  . . . <------------ 1
}  /* sub1 结束 */
void sub2() {
  int b, c;
  . . . . <------------ 2
  sub1();
}  /* sub2 结束 */
void main() {
  int c, d;
  . . . <------------ 3
  sub2();
}  /* main 结束 */
```

程序中各标记点处的引用环境如下：

标记点	引用环境
1	sub1 中的 a 和 b，sub2 中的 c，main 中的 d（main 中的 c 和 sub2 中的 b 被屏蔽）
2	sub2 中的 b 和 c，main 中的 d（main 中的 c 被屏蔽）
3	main 中的 c 和 d

5.8 有名常量

有名常量（named constant）是只与值绑定一次的变量，它有助于提高程序的可读性和可靠性。例如，使用名字 pi 替代常量 3.14159265 可以提高程序的可读性。

224

有名常量的另一个重要用途是将程序参数化。例如，假设一个程序处理固定数量的数据值，如 100 个。在程序中的许多位置都需要使用常量 100，以声明数组下标范围、控制循环执行次数。考虑下面的 Java 代码：

```
void example() {
  int[] intList = new int[100];
  String[] strList =  new  String[100];
  . . .
  for  (index = 0; index < 100; index++) {
    . . .
  }
  . . .
  for  (index = 0; index < 100; index++) {
    . . .
  }
```

```
    . . .
    average = sum / 100;
    . . .
  }
```

如果需要处理不同数量的数据值，就需要在程序中找到所有的 100 并将其修改。在大型程序中，这个任务既乏味又容易出错。一个更为简单可靠的方法是将有名常量作为程序的参数，如下所示：

```
void example() {
  final int  len = 100;
  int[] intList =  new int[len];
  String[] strList =  new  String[len];
  . . .
  for (index = 0; index < len; index++) {
    . . .
  }
  . . .
  for (index = 0; index < len; index++) {
    . . .
  }
  . . .
  average = sum / len;
  . . .
}
```

现在，不管用于指定长度的数字在程序中出现了多少次，当长度发生变化时只需要修改一行代码（变量 len）即可。这个例子也体现了抽象的优点。len 是对数组元素数量和循环迭代次数的抽象。这个例子说明有名常量有助于修改程序。

225

C++ 允许将值与有名常量动态绑定。这样就允许将包含变量的表达式赋值给声明中的常量。例如，C++ 语句

```
const int  result = 2 * width + 1;
```

将 result 声明为一个整型有名常量，它的值就是表达式 2 * width + 1 的值。在为 result 分配存储空间并将其与值绑定时，变量 width 的值必须是可见的。

Java 也允许将值与有名常量动态绑定。使用保留字 **final** 定义 Java 中的有名常量（如前文中的例子）。在声明语句或是后续的赋值语句中都可以为有名常量设置初始值，在赋值时可以使用任意表达式。

C# 中有两种有名常量，分别是用 **const** 定义的常量和用 **readonly** 定义的常量。使用 **const** 定义的有名常量是隐式**静态**的，它与值静态绑定；也就是说，该绑定发生在编译阶段，这意味着与常量绑定的值只能用字面量或其他 const 成员来指定。而使用 **readonly** 定义的有名常量与值动态绑定，赋值操作可以在声明时进行也可以在静态构造函数中进行[⊖]。因此，如果程序需要一个每次使用时值都相同的常量值对象，那么就应该使用 **const** 常量。反之，如果程序需要的常量值对象只有在创建对象时才能确定它的值，且在程序的不同执行中它的值可以不同，那么就应该使用 **readonly** 常量。

将值绑定到有名常量，这样的讨论自然会引出变量初始化的话题。因为将值绑定到有名常量的过程与变量初始化的过程相同，只不过有名常量值的绑定是永久的。

⊖ C# 的静态构造函数在类实例化之前的某个不确定时刻运行。

在很多情况下，如果变量在声明它们的程序或子程序代码开始执行前就有值，这会很方便。与存储绑定同时发生的值绑定被称为变量的**初始化**（initialization）。如果存储绑定是静态的，那么绑定与初始化都发生在运行阶段之前。在这种情况下，初始值必须指定为字面量或表达式，且表达式中的非字面量的运算分量必须是已定义的有名常量。如果存储绑定是动态的，那么初始化也是动态的，初始值可以是任意表达式。

在大多数语言中，初始化是在变量的声明中指定的。例如在 C++ 中可以使用以下代码：

```
int sum = 0;
int* ptrSum = &sum;
char name[] = "George Washington Carver";
```

226

小结

字母大小写敏感性和下划线的使用是名字的设计问题。

变量的特征可以是属性的六元组：名称、地址、值、类型、生存期和作用域。

别名是绑定于同一个存储地址的两个或多个变量。人们认为它们会降低语言的可靠性，又很难将它们从语言中完全消除。

绑定是属性和程序实体的关联。了解属性与实体的绑定时间对于理解程序设计语言的语义十分重要。绑定可以是静态的，也可以是动态的。显式声明或者隐式声明提供一种变量与类型静态绑定的方式。一般而言，动态绑定较为灵活，但却牺牲了可读性、效率和可靠性。

根据标量变量的生存期，可以将它们分为静态、栈动态、显式堆动态、隐式堆动态四类。

静态作用域是 ALGOL 60 及其大部分后续语言的一个主要特性。它提供了一种简单可靠和有效的方法使非局部变量在子程序中可见。相对于静态作用域，动态作用域更加灵活，但却牺牲了可读性、效率和可靠性。

大多数函数式语言都允许用户用 `let` 结构创建局部作用域，这限制了它们定义的名字的作用域。

语句的引用环境是对该语句可见的所有变量的集合。

有名常量是和值仅绑定一次的变量。

复习题

1. 名字的设计问题是什么？
2. 字母大小写敏感的名字有什么潜在的危险？
3. 什么是别名？
4. C++ 的哪一类引用变量总是产生别名？
5. 什么是变量的左值？什么是变量的右值？
6. 定义绑定和绑定时间。
7. 在设计和实现语言后，在程序的哪四个时间能发生绑定？
8. 定义静态绑定和动态绑定。
9. 隐式声明的优点和缺点分别是什么？
10. 动态类型绑定的优点和缺点分别是什么？
11. 给出静态、栈动态、显式堆动态和隐式堆动态的变量的定义，并指出它们的优点和缺点。
12. 给出生存期、作用域、静态作用域和动态作用域的定义。

227

13. 在使用静态作用域的程序中，对非局部变量的引用是如何与其定义相关联的？
14. 静态作用域中的一般性问题是什么？
15. 什么是语句的引用环境？
16. 什么是子程序的静态祖先？什么是子程序的动态祖先？
17. 程序中的分程序是什么？
18. 在函数式语言中，`let` 结构的作用是什么？
19. 用 ML 的 `let` 结构定义的名字和在 C 分程序中声明的变量有什么区别？
20. 描述如何把 F# 的 `let` 封装在一个函数中，以及如何放在所有函数的外部。
21. 动态作用域的优点和缺点分别是什么？
22. 有名常量的优点是什么？

习题

1. 下列哪个标识符的可读性最好？请给出理由。

```
SumOfSales
sum_of_sales
SUMOFSALES
```

2. 有些程序设计语言是无类型的。这种没有类型的语言有哪些明显的优点和缺点？
3. 用你知道的一种语言来编写一条包含一个算术运算符的简单赋值语句。对这条语句中的每个组成成分，列出在执行语句时用来确定语义的各种绑定。对每种绑定，指出相应的绑定时间。
4. 解释动态类型绑定和隐式堆动态变量之间的关系。
5. 描述一种子程序中的历史敏感变量有用的情况。
6. 思考下面的 JavaScript 代码骨架：

228

```
// The main program
var  x;
function  sub1() {
  var  x;
  function  sub2() {
    . . .
  }
}
function  sub3() {
  . . .
}
```

假设这个程序的执行过程遵循下面的单元调用顺序：

main 调用 sub1
sub1 调用 sub2
sub2 调用 sub3

（1）假设使用静态作用域，其中哪一个 x 的声明对于下列 x 的引用是正确的？

i. sub1
ii. sub2
iii. sub3

（2）重复步骤（1），但假设使用动态作用域。

7. 假设下面的 JavaScript 程序使用静态作用域规则进行解释。在函数 sub1 中将输出什么样的 x 值？

若使用动态作用域规则，在函数 sub1 中又将输出什么样的 x 值？

```
var x;
function  sub1() {
  document.write("x = " + x + "");
}
function  sub2() {
   var x;
   x = 10;
   sub1();
}
x = 5;
sub2();
```

8. 考虑下面的 JavaScript 程序：

```
var  x, y, z;
function  sub1() {
  var  a, y, z;
  function sub2() {
    var  a, b, z;
    . . .
  }
  . . .
}
function  sub3() {
  var  a, x, w;
  . . .
}
```

229

假设使用静态作用域，请列出 sub1、sub2 和 sub3 的函数体中所有可见的变量，以及声明这些变量的程序单元。

9. 考虑下面的 Python 程序：

```
  x = 1;
  y = 3;
  z = 5;
  def sub1():
    a = 7;
    y = 9;
    z = 11;
    . . .
  def sub2():
    global  x;
    a = 13;
    x = 15;
    w = 17;
    . . .
    def sub3():
```

```
    nonlocal  a;
    a = 19;
    b = 21;
    z = 23;
    . . .
. . .
```

假设使用静态作用域，请列出 sub1、sub2 和 sub3 的函数体中所有可见的变量，以及声明这些变量的程序单元。

230

10. 考虑下面的 C 程序：

```
void fun(void) {
  int a, b, c; /* definition 1 */
  . . .
  while (. . .) {
    int b, c, d; /*definition 2 */
    . . . <-------------  1
    while (. . .) {
    int c, d, e; /* definition 3 */
    . . . <-------------  2
    }
   . . . <--------------  3
   }
  . . . <----------------  4
}
```

对这个函数的每一个标记点，请列出每个可见变量，以及定义该变量的语句的数目。

11. 考虑下面的 C 程序骨架：

```
void fun1(void);  /* prototype */
void fun2(void);  /* prototype */
void fun3(void);  /* prototype */
void main() {
  int a, b, c;
  . . .
 }
void  fun1(void) {
  int  b, c, d;
  . . .
 }
void  fun2(void) {
  int  c, d, e;
  . . .
 }
void  fun3(void) {
  int  d, e, f;
  . . .
 }
```

231

给定下面的调用序列，并假设使用的是动态作用域，在最后一个被调用函数的执行期间，哪些变量是可见的？对于每一个可见变量，给出定义这些变量的函数名字。

（1）main 调用 fun1；fun1 调用 fun2；fun2 调用 fun3。
（2）main 调用 fun1；fun1 调用 fun3。
（3）main 调用 fun2；fun2 调用 fun3；fun3 调用 fun1。
（4）main 调用 fun3；fun3 调用 fun1。
（5）main 调用 fun1；fun1 调用 fun3；fun3 调用 fun2。
（6）main 调用 fun3；fun3 调用 fun2；fun2 调用 fun1。

12. 考虑下面用类似 JavaScript 语法编写的程序：

```
// main program
var  x, y, z;

function  sub1() {
var  a, y, z;
. . .
}
function  sub2() {
  var  a, b, z;
  . . .
}
function  sub3() {
  var  a, x, w;
  . . .
}
```

给定下面的调用序列，并假设使用的是动态作用域，在最后一个被调用函数的执行期间，哪些变量是可见的？对于每一个可见变量，给出定义这些变量的单元名字。

（1）main 调用 sub1；sub1 调用 sub2；sub2 调用 sub3。
（2）main 调用 sub1；sub1 调用 sub3。
（3）main 调用 sub2；sub2 调用 sub3；sub3 调用 sub1。
（4）main 调用 sub3；sub3 调用 sub1。
（5）main 调用 sub1；sub1 调用 sub3；sub3 调用 sub2。
（6）main 调用 sub3；sub3 调用 sub2；sub2 调用 sub1。

232

程序设计练习

1. Perl 既允许静态作用域，也允许某种动态作用域。写一个使用这两种作用域的 Perl 程序，清晰展现它们在效果上的差别。解释本章描述的动态作用域和 Perl 语言实现的动态作用域的差别。
2. 设计一段 Common LISP 程序，要求清晰地表明静态和动态作用域之间的不同点。
3. 设计一段 JavaScript 脚本程序，它有三层嵌套子程序，每个嵌套子程序都要引用所有嵌套它的子程序中的变量。
4. 使用 Python 完成第 3 题。
5. 写一个包含以下语句序列的 C99 函数：

```
x = 21;
int x;
x = 42;
```

运行这个程序并解释运行结果。用 C++ 和 Java 重写相同的代码，并比较它们的结果。

6. 用 C++、Java 和 C# 设计一个测试程序，确定 `for` 语句中所声明变量的作用域。特别地，代码必须确定在 `for` 语句循环体之后该变量是否可见。
7. 用 C 或 C++ 编写三个函数：一个函数静态声明大数组，另一个函数在栈上声明同样的大数组，第三个函数从堆中生成相同的大数组。对每个函数调用很多次（至少 100 000 次），输出每个子程序所需的时间，并解释结果。

233

第6章

Concepts of Programming Languages, Twelfth Edition

数据类型

本章首先介绍数据类型的概念和常见基本数据类型的特征。接下来讨论枚举类型和子范围类型的设计。然后研究结构化数据类型的细节，特别是数组、关联数组、记录、元组、列表和联合。之后，对指针和引用进行深入研究。最后讨论可选类型。

对于每种数据类型，我们都将描述它的设计问题，以及某些常用语言的设计人员在设计时所作出的选择，并对这些设计进行评价。

接下来的三节将深入研究类型检查、强类型和类型等价规则。本章最后一节还会简要介绍数据类型理论的基础知识。

数据类型的实现方法有时会对其设计产生重大影响。因此，各种数据类型（特别是数组）的实现将是本章的另一个重要组成部分。

6.1 概述

数据类型（data type）定义一组数据值，以及这些数据值上的一组预定义运算。计算机程序通过处理数据产生结果。决定程序完成该任务的难易程度的一个重要因素是所使用语言中可用的数据类型与待解决的现实问题之间的匹配程度。因此，支持适当的数据类型和结构集合，对于语言来说是很重要的。

当代关于数据类型化的概念已经历经60年的发展。在最初的语言中，问题空间数据结构都只能使用语言所支持的少量基本数据结构来建模。例如，在20世纪90年代以前的Fortran中，链表和二叉树都是用数组来实现的。

COBOL的数据结构迈出了脱离Fortran I模型的第一步，它允许程序员指定十进制数据值的精度，还为信息记录提供一种结构化的数据类型。PL/I将指定精度的功能扩展到整数类型和浮点数类型。PL/I的设计者引入了大量数据类型，旨在支持多样化的应用程序。ALGOL 68引入了一种更好的方法，即提供一些基本类型和一些灵活的结构定义运算符，并允许程序员为每个需求设计一个数据结构。显然，这是数据类型设计的发展过程中最重要的进步之一。用户定义类型还可以通过对类型进行有意义的命名来提高程序的可读性。它们允许对特定应用场景下的变量进行类型检查，否则这些应用场景就不可能实现。用户定义类型也提高了可修改性：程序员仅需改变类型定义语句就能改变程序中一类变量的类型。

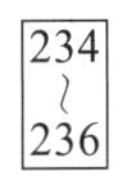

在用户定义类型这个概念的基础上更进一步，就得到了抽象数据类型。20世纪80年代中期以后的大多数程序设计语言都支持抽象数据类型。抽象数据类型的基本思想是将对用户可见的类型接口与对用户隐藏的数据表示和运算集分离。高级程序设计语言提供的所有类型都是抽象数据类型。第11章将详细讨论用户定义抽象数据类型。

程序设计语言中类型系统的用途很多，其中最实用的是错误检测。6.12节将讨论由语言类型系统指导的类型检查的过程和价值。类型系统的第二个重要用途是为程序模块化提供帮助。这是由于跨模块类型检测可以确保模块之间接口的一致性。类型系统的另一个用途体现于文档。程序文档信息中关于数据的类型声明可以提供有关程序行为的线索。

程序设计语言的类型系统定义类型如何与语言中的每个表达式相关联，包括类型等价和类型兼容的规则。当然，理解程序设计语言的语义最重要的部分之一就是理解它的类型系统。

尽管近年来关联数组的流行程度显著提高，但在命令式语言中，数组和记录仍然是两种最常见的结构化（非标量）数据类型。自从 1959 年第一种函数式程序设计语言（LISP）出现以来，列表就一直是这类语言的核心部分。在过去十年中，函数式设计语言的日益流行使得列表也被添加到主要的命令式程序设计语言中，如 Python 和 C#。

结构化数据结构是由类型运算符或构造函数定义的，这些运算符或构造函数用于形成类型表达式。例如，C 语言分别使用方括号类型运算符和星号类型运算符来指定数组和指针。

从逻辑性和实用性的角度来看，借助描述符来指代变量是很方便的。**描述符**（descriptor）是变量属性的集合。在实现中，描述符是存储变量属性的内存区域。如果所有属性都是静态的，那么只有在编译时才需要描述符。这些描述符由编译器构建，通常作为符号表的一部分在编译时使用。而对于动态属性，则必须在执行期间维护部分或全部描述符。在这种情况下，描述符由运行时系统使用。在任何情况下，描述符都会被用于类型检查，以及构建用于内存分配和去分配操作的代码。

使用变量（variable）术语时必须谨慎。只使用传统命令式程序设计语言的人可能会把标识符视同为变量，但在考虑数据类型时，这可能会导致混淆。在某些程序设计语言中，标识符没有数据类型。所以，明智的做法是记住标识符只是变量的一个属性。

对象（object）这个词常和变量值以及变量所占用的空间相关联。但在本书中，对象一词只指代用户定义抽象数据类型和语言定义抽象数据类型的实例，而不指代预定义类型程序变量的值。我们将在第 11 章和第 12 章详细讨论对象。

237

接下来我们将讨论一些常见的数据类型。对于大部分数据类型，将说明其特有的设计问题。对于所有的数据类型，将给出一个或多个设计示例。所有数据类型都面临一个基本的设计问题：应该为该类型的变量提供哪些运算，以及如何指定这些运算？

6.2 基本数据类型

如果一种数据类型在定义中未使用其他数据类型，则该数据类型被称为**基本数据类型**（primitive data type）。几乎所有的程序设计语言都会提供一组基本数据类型。有些基本数据类型仅仅是硬件的反映，如大多数整数类型。而另一些基本数据类型则只需要少量的非硬件支持即可实现。

在指定结构化类型时，需要使用基本数据类型以及一个或多个类型构造函数。

6.2.1 数值类型

很多早期的程序设计语言只提供基本的数值类型。在现代程序设计语言中，数值类型仍发挥着核心作用。

6.2.1.1 整数

最常见的基本数值类型是整数类型。计算机的硬件通常都会支持几种不同大小的整数类型。一些程序设计语言通常还会支持一些其他大小的整数。例如，Java 包含 `byte`、`short`、`int`、`long` 这四种有符号整数类型。一些语言（如 C++ 和 C#）则包含无符号整数类型，它们是没有符号的整数值的类型。无符号类型通常用于二进制数据。

在计算机中，有符号整数值由一串比特位表示，其中一位（通常是最左边的一位）表示符号。大多数整数类型可以由硬件直接支持。硬件不直接支持的整数类型的一个例子是 Python 中的长整数类型（F# 也提供这种整数）。这个类型的值没有长度限制。长整数的值可以直接用字面量来定义，例如：

```
243725839182756281923L
```

Python 中的整数算术运算会产生过大的整数值，因此不能用 int 类型表示，这些值会存储为长整数类型。

238

负整数可以用符号—幅度表示法来存储，即二进制串中的符号位用于表示该整数为负数，其余位用于表示该整数的绝对值。然而，符号—幅度表示法并不适用于计算机的算术运算。现在大多数计算机使用**二进制补码**（twos complement）来存储负整数，这对加法和减法都很方便。在使用二进制补码时，负整数表示为其绝对值所对应的二进制串的逻辑补再加 1。而有些计算机还会使用**补码**（ones-complement），此时负整数会被表示为其绝对值所对应的二进制串的逻辑补。补码表示法的缺点是 0 有两种不同的表示。有关整数表示的详细信息，请参阅有关汇编语言程序设计的书籍。

6.2.1.2 浮点数

浮点（floating-point）**数据类型**模拟实数，但很多时候只能表示实数的近似值。例如，π 和 e（自然对数的底）都无法用浮点数准确地表示。事实上，这两个数也不可能在任何有限的计算机内存中被准确地表示。在大多数计算机中，浮点数以二进制的形式存储，这就加剧了问题的严重性。例如，即使是十进制数 0.1 也无法用有限的二进制位来表示[⊖]。浮点类型的另外一个问题是在算术运算时会损失精度。关于浮点表示法的更多信息，可以查阅有关数值分析的书籍。

借用科学记数法中的形式，浮点数可以使用小数和指数来表示。早期的计算机使用了很多不同的方法来表示浮点数。而大多数较新的计算机使用 IEEE 浮点数标准 754 格式。语言实现者采用硬件支持的表示形式。大多数语言包括两种浮点类型，通常被称为 float 和 double。float 类型是标准大小，在内存中通常占用四个字节。当需要更大的小数部分和（或）更大范围的指数时，则使用 double 类型。双精度 double 类型变量所占用的存储空间通常是 float 类型变量的两倍，从而提供至少两倍的小数位数。

可以由浮点数类型表示的值的集合是根据精度和范围定义的。**精度**（precision）是一个值的小数部分的精度，用位数来度量。而**范围**（range）则包括小数范围以及更为重要的指数范围。

图 6.1a 和图 6.1b 分别展示了 IEEE 浮点数标准 754 格式中的单精度和双精度浮点数（IEEE, 1985）。IEEE 格式的详细资料可在参考文献 Tanenbaum（2005）中找到。

239

6.2.1.3 复数

有些程序设计语言支持复数数据类型，例如 Fortran 和 Python。复数值被表示为一对浮点数的有序对。在 Python 中，复数的虚部通过在数值后标记 j 或 J 来指定。例如：

```
(7 + 3j)
```

支持复数类型的程序设计语言会为复数的算术运算提供运算符。

⊖ 十进制的 0.1 等于二进制的 0.0001100110011…。

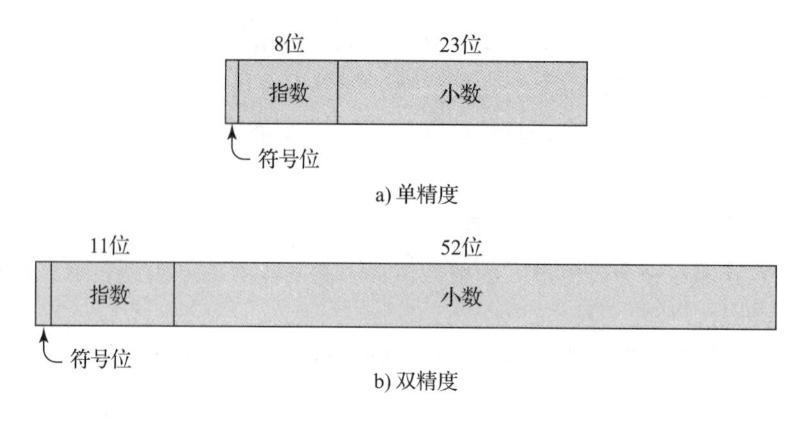

图 6.1　IEEE 浮点数格式

6.2.1.4　十进制

大多数针对商用系统应用程序而设计的大型计算机都支持**十进制**（decimal）数据类型。十进制数据类型存储固定位数的十进制数字，隐含的十进制点位于固定位置。这是处理商用数据时主要的数据类型，因此，它对 COBOL 来说必不可少。C# 和 F# 也提供了十进制数据类型。

十进制类型的优点是能够准确地存储指定范围内的十进制数值，而浮点数则无法实现这一点。如 6.2.1.2 节中给出的例子，十进制数字 0.1 可以使用十进制类型准确地表示，但使用浮点数类型就不可以。十进制类型的缺点是值的范围受到限制，因为不允许使用指数。十进制类型在内存中会浪费空间，具体原因在下面的段落中讨论。

十进制类型的存储类似于字符串，使用二进制码表示十进制数字。这一表示方法被称为**二进制编码的十进制**（Binary Coded Decimal，简称 BCD）。在某些情况下，每个字节存储一个数字，而在其他一些情况下，也可以在每个字节中压缩存储两个数字。无论是哪种方式，它都要比二进制表示法占用更多的存储空间。编码一个十进制数字至少需要 4 个二进制位。因此，要存储六位编码的十进制数，需要 24 个二进制位内存。而以二进制方式存储相同的数则只需要 20 个二进制位[⊖]。在有些计算机上，十进制数值的运算是由硬件完成的，而在硬件不支持这一功能的计算机上，十进制数值的运算是用软件来模拟的。

240

6.2.2　布尔类型

布尔类型可能是所有数据类型中最简单的。它的取值只有两个元素：真和假。布尔类型最早在 ALGOL 60 中被引入，1960 年以后设计的大多数通用语言都包含了布尔类型。一个例外是 C89，它在条件语句中使用数值表达式，所有非零的运算分量都被认为是真，而零运算分量则被认为是假。虽然 C99 和 C++ 都有布尔类型，但也允许使用数值表达式来模拟布尔类型。在随后的 Java 和 C# 中，这一做法不再被允许。

布尔类型在程序中经常用作开关或标记。尽管其他类型（如整数）可以用于这些目的，但是使用布尔类型更具可读性。

布尔值可以用一个二进制位表示，但很多计算机不能有效地访问内存中的单个二进制位，所以它们通常存储在内存中最小的有效寻址单元中，通常是一个字节。

⊖　当然，除非程序需要维护大量较大的十进制值，否则，这些存储差别并不明显。

6.2.3 字符类型

字符数据以数值编码的形式存储在计算机中。传统上应用最广泛的编码是 8 位的 ASCII 码（美国信息交换标准码），它使用 0～127 的数值来编码 128 个不同的字符。ISO 8859-1 是另一种 8 位字符编码，但它允许编码 256 个不同的字符。

ASCII 字符集已不再能满足经济全球化以及世界范围内计算机通信的需求。为此，Unicode 协会在 1991 年发布了 USC-2 标准，这是一个 16 位的字符集。这种字符编码通常被称为 Unicode。Unicode 包含了世界上大多数自然语言的字符。例如，Unicode 包含了塞尔维亚使用的西里尔字母以及泰语的数字。Unicode 的前 128 个字符与 ASCII 相同。Java 是第一个广泛使用 Unicode 字符集的语言。此后，JavaScript、Python、Perl、C#、F# 和 Swift 也开始使用 Unicode。

1991 年后，Unicode 协会与国际标准组织（International Standards Organization，ISO）合作，开发了一个 4 字节的字符编码，称为 UCS-4 或 UTF-32，该编码在 2000 年发布的 ISO/IEC 10646 标准中进行了描述。 241

为了提供处理单个字符编码的方法，大多数程序设计语言都包含一个基本数据类型。但 Python 所支持的字符事实上是一个长度为 1 的字符串。

6.3 字符串类型

字符串类型（character string type）的值由字符序列组成。字符串常量可用于标记输出，各类数据的输入和输出通常也以字符串的形式进行。当然，对于所有进行字符处理的程序来说，字符串也是一种基本数据类型。

6.3.1 设计问题

字符串类型特有的两个重要设计问题是：

- 字符串应该是一种特殊的字符数组还是一种基本类型？
- 字符串的长度应该是静态的还是动态的？

6.3.2 字符串及其运算

最常见的字符串运算包括赋值、拼接、子串引用、比较和模式匹配。

子串引用（substring reference）是对给定字符串的子串的引用。在讨论子串引用时，通常以数组为上下文，此时子串引用被称为**切片**（slice）。

一般来说，字符串上的赋值和比较操作比较复杂，因为两个字符串运算分量可能具有不同的长度。例如，如果将一个较长的字符串赋给一个较短的字符串时，会发生什么情况？反之又会如何？通常，对于这些情况，我们会做出简单而明智的选择，但程序员经常记不住它们。

有些语言直接支持模式匹配。而在另外一些语言中，这一功能则由函数或者类库提供。

如果字符串没有被定义为基本类型，则字符串数据通常存储在由单个字符组成的数组中，并在语言中被引用。这是 C 和 C++ 采用的方法，它们使用 char 数组存储字符串。这些语言通过标准库提供字符串运算的集合。字符串的许多用户和部分库函数都遵循一个惯例，即以一个特殊字符 null 来表示字符串的终止，null 用 0 表示，这是维护字符串变量长度 242

的另一种方法。函数在字符串上执行库操作，直到 null 字符出现。生成字符串的库函数通常提供 null 字符。由编译器生成的字符串也包含 null 字符。例如下面的声明：

```
char str[] = "apples";
```

在这个例子中，str 是一个元素为 char 的数组，其内容是 apples0，其中 0 代表 null 字符。

C 和 C++ 中最常用的字符串库函数包括：用于移动字符串的 strcpy；用于把一个字符串连接到另一个字符串上的 strcat；用于按字母序（字符编码的顺序）比较两个指定字符串的 strcmp；用于返回字符串长度（不含 null 字符）的 strlen。大多数字符串运算函数的参数值和返回值都是指向 char 数组的 char 指针。参数也可以是字符串字面量。

C 标准库中的字符串运算函数在 C++ 中也可以使用，但它们本质上是不安全的，会导致许多程序设计错误。其问题在于函数移动了字符串数据，却不能防止数据超出目标字符串的范围。例如，考虑下面的 strcpy 调用：

```
strcpy(dest, src);
```

如果 dest 的长度是 20，而 src 的长度是 50，strcpy 将在 dest 之后的 30 个字节上也执行写入操作。这里的关键问题是 strcpy 函数并不知道 dest 的长度，所以它不能确保 dest 后面的内存不会被覆盖。C 字符串库中的其他一些函数也会发生同样的问题。除了 C 语言风格的字符串，C++ 还通过它的标准类库支持字符串，这个库也类似于 Java。由于 C 字符串库的不安全性，C++ 程序员应该使用标准库中的 String 类，而不是 char 数组和 C 字符串库。

在 Java 中，字符串由 String 类和 StringBuffer 类支持，其中 String 类的值是字符串常量，而 StringBuffer 类的字符串值是可变的，类似于由单个字符组成的数组。字符串的值通过 StringBuffer 类中的方法来指定。C# 和 Ruby 中的字符串类与 Java 类似。

Python 也将字符串作为基本类型，它具有子字符串引用、拼接、访问单个字符的索引的操作，以及查找和替换的方法。此外，还有一些面向字符串中字符成员的操作。因此，虽然 Python 的字符串是基本类型，但从字符和子串引用的角度看非常像字符数组。类似于 Java 中的 String 类对象，Python 中的字符串是不可变的。

在 F# 中，字符串是一个类。用 Unicode UTF-16 表示的单个字符可以访问但不能改变。字符串可以用“+”运算符来拼接。在 ML 中，字符串是一个不可变的基本数据类型。它使用“^”作为拼接运算符，并包含用于引用子串和获取字符串长度的函数。

> **历史注记**
>
> SNOBOL 4 是第一个支持模式匹配的广为人知的语言。

243

在 Swift 中，String 类支持字符串。String 对象可以是常量，也可以是变量。二进制“+”运算符连接 String 变量。append 方法用于向 String 对象添加 Character 对象。String 中的 characters 方法用于检查 String 对象中的各个字符。

Perl、JavaScript、Ruby 和 PHP 都包含内置的字符串模式匹配运算。在这些语言中，模式匹配表达式在一定程度上基于数学正则表达式，因此它们经常被称为**正则表达式**（regular expression）。它们从早期的 UNIX 文本编辑器 ed 发展为 UNIX shell 语言的一部分，并最终演变为现在这种复杂形式。关于这种模式匹配表达式，有介绍相关内容的完整书籍（Friedl, 2006）。在本节中，我们将通过两个相对简单的示例简要介绍这些表达式的样式。

考虑下面的模式表达式：

```
/[A-Za-z][A-Za-z\d]+/
```

这个模式匹配（或描述）程序设计语言中的典型名字形式。方括号括起来的是字符类。第一个字符类代表所有字母；第二个代表所有字母和数字（缩写 \d 表示一个数字）。如果只包含第二个字符类，就不能阻止名字以数字开头。跟在第二个字符类后面的加号说明必须有一个或者更多该字符类中的元素。所以，整个模式匹配字符串以字母开头，后面跟一个或多个字母或数字的字符串。

接下来，考虑以下模式表达式：

```
/\d+\.?\d*|\.\d+/
```

这个模式匹配数值字面量。“\.”代表字面量的小数点[1]。问号表示它后面的内容出现零次或一次。竖线“|”分开了上述模式的两种可能情况。第一种情况匹配的字符串有一个或多个数字，后面可能跟有一个小数点，然后是零个或多个数字。第二种情况匹配的字符串以小数点开头，后面有一个或多个数字。

在 C++、Java、Python、C# 和 F# 的类库中，都包含了用正则表达式进行模式匹配的功能。

6.3.3 字符串长度选项

关于字符串的长度，在设计上有几种不同的选择。第一个选择是静态长度，它在创建字符串时设置。这种字符串称为**静态长度字符串**（static length string）。选择这种方式的有 Python 中的字符串、Java 语言中 String 类的不可变对象、C++ 标准类库中类似的类、Ruby 中的内置 String 类，以及 C# 和 F# 中的 .NET 类库。 244

第二个选择是允许字符串的长度可变，但不得超过在定义变量时设置的一个声明过的固定最大值。例如 C 中的字符串和 C++ 中 C 风格的字符串。这种字符串称为**限定动态长度字符串**（limited dynamic length String）。这样的字符串变量可以存储 0 到最大值之间的任意数量字符。回想一下，C 中的字符串用一个特殊字符来表示字符串的结尾，而不是维护字符串的长度。

第三个选择是允许字符串的长度可变，且长度没有上限。JavaScript、Perl 和 C++ 标准库就是这样设计的。这种字符串被称为**动态长度字符串**（dynamic length string）。这种选择需要一些额外的开销来进行动态存储分配和回收，但是提供了最大的灵活性。

6.3.4 评价

字符串类型对语言的可写性很重要。相对于基本字符串类型，作为数组的字符串在处理时会面临一些不便。例如，考虑这样一种语言，它将字符串视为字符数组，而且没有预定义函数来实现 C 中的 strcpy 的功能，那么字符串的简单赋值操作就需要循环来完成。将字符串作为基本类型添加到语言中，无论是从语言本身还是编译器的复杂度看，代价都不高。因此，一些当代的语言没有把字符串作为基本类型，实在没什么道理。当然，通过标准库提供字符串类型和将字符串作为基本类型，便利性是差不多的。

---

[1] 句点必须用反斜杠来转义，因为句点在正则表达式中具有特殊的含义。

对于字符串类型值来说，诸如简单的模式匹配和字符串连接等操作是必不可少的。虽然动态长度字符串在使用上更为灵活，但需要在这种额外的灵活性和实现开销之间进行权衡。

6.3.5 字符串类型的实现

字符串类型可以由硬件提供支持，但在大多数情况下，用软件实现对字符串的存储、检索和处理。当字符串类型表示为字符数组时，语言通常只提供很少的操作。

静态字符串类型的描述符仅在编译期会被用到，它包含三个字段。每个描述符的第一个字段是类型的名称。对于静态长度字符串，第二个字段是类型的长度（以字符为单位），第三个字段是首字符的地址，该描述符如图 6.2 所示。受限动态字符串需要一个运行时描述符来存储字符串最大长度、当前长度和地址，如图 6.3 所示。动态长度字符串需要的运行时描述符更为简单，因为只需要存储当前长度和首字符地址。虽然我们将描述符描述为独立的存储块，但在大多数情况下，它们存储在符号表中。

245

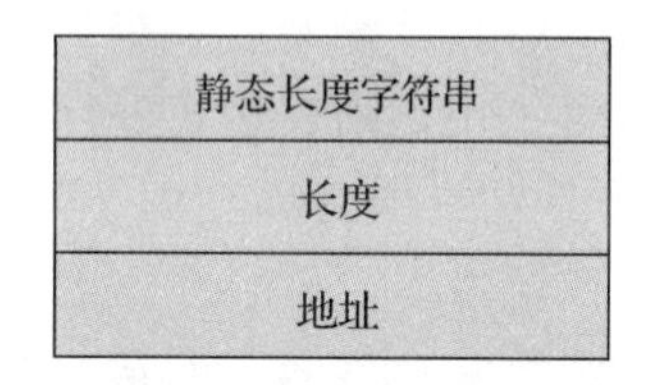

图 6.2 静态长度字符串的编译时描述符

限定动态长度字符串
最大长度
当前长度
地址

图 6.3 限定动态长度字符串的运行时描述符

C 和 C++ 的限定动态长度字符串不需要运行时描述符，因为它们使用 null 字符来标记结尾。它们也不需要最大长度信息，因为这两种语言不对数组下标进行范围检查。

静态长度字符串和限定动态长度字符串不需要特殊的动态存储分配。对于限定动态长度字符串，当字符串变量与存储空间绑定时，就已经根据最大长度分配了足够的存储空间，所以只涉及一次内存分配过程。

动态长度字符串则需要更复杂的存储管理。字符串的长度以及字符串绑定的存储空间，都必须动态地增长和缩小。

有三种支持动态长度字符串所需的动态分配和去分配的方法。第一种方法是将字符串存储在链表中，当字符串增长时，可以从堆中获得所需的新存储单元。这种方法的缺点是链表中的指针会占用额外的存储空间，字符串运算也会不可避免地变得复杂。

第二种方法是以指针数组的形式存储字符串，数组元素指向在堆中分配的单个字符。这个方法虽然会占用额外空间，但是字符串处理可能比链表方法更快。

第三种方法是将整个字符串存储在相邻连续的存储空间中。这种方法的问题是：当字符串增长时，如何把与已占用存储空间相邻的存储空间继续分配给字符串？很多时候，这些存储空间是不可用的。作为替代方法，我们可以找到一个新的连续内存空间来存储整个新字符串，并将原有字符串移动到这个新区域，然后再释放原字符串所占用的内存。这种方法比较常用。6.11.7.3 节将讨论可变大小存储单元的分配与去分配管理的一般问题。

虽然链表方法需要更多的存储空间，有些字符串运算也会因为指针追踪而变慢，但是相关的分配和去分配过程会很简单。与之相对，将整个字符串存储在相邻存储空间中所需的存储空间会小得多，字符串运算也会比较快，但内存的分配和去分配过程会慢一些。

246

6.4 枚举类型

枚举类型（enumeration type）是在定义中提供或枚举所有可能值（这些值被称为常量）的类型。枚举类型提供了一种定义和组合命名常量的方法，这些命名常量称为**枚举常量**（enumeration constant）。下面的C#示例是一种典型枚举类型的定义方式：

```
enum  days {Mon, Tue, Wed, Thu, Fri, Sat, Sun};
```

枚举常量通常被隐式地赋予整型值0、1、…，也可以在类型定义中显式地为其赋予任何整型字面量。

6.4.1 设计问题

枚举类型的设计问题如下：

- 枚举常量是否允许出现在多个类型定义中？如果是，如何检查该常量在程序中出现时的类型？
- 枚举值会自动强制转换成整数吗？
- 其他类型会自动强制转换成枚举类型吗？

这些设计问题都与类型检查有关。如果枚举变量被强制转换为数值类型，则几乎无法控制其合法操作的范围或值的范围。如果 `int` 类型的值被强制转换为枚举类型，则可以为枚举类型变量分配任何整数值，不论该值是否表示枚举常量。

6.4.2 设计

在没有枚举类型的语言中，程序员通常用整数值来模拟枚举类型。例如，假设我们需要在没有枚举类型的C语言中表示颜色，可以用0表示蓝色，1表示红色，依此类推。这些值的定义如下所示：

```
int    red = 0, blue = 1;
```

现在在程序中，我们可以使用 `red` 和 `blue`，就像它们是一种颜色类型一样。这种方法的问题在于，我们没有为其定义类型，所以在使用时就不会有类型检查。例如，把这两个颜色加起来是合法的，但这显然不是我们期望的操作。用算术运算符将颜色类型变量与其他数值类型分量结合在一起也是合法的，虽然这没什么用处。此外，因为它们只是变量，所以可以为它们赋任何整数值，从而破坏它们与颜色之间的指代关系。如果把 `red` 和 `blue` 定义为命名常量，就能解决这个问题。 247

C和Pascal是最早被广泛使用的包含枚举数据类型的语言。C++包括C的枚举类型。在C++中，有如下代码：

```
enum  colors {red, blue, green, yellow, black};
colors myColor = blue, yourColor = red;
```

尽管枚举类型常量能被赋予任意整型字面量（或常量值的表达式），但上面的 `colors` 类型使用了默认的内部值（即0和1）作为枚举常量。当将枚举值放入整数上下文时，它们会被强制转换为 `int` 类型。也就是说，允许在任何数值表达式中使用枚举值。例如，如果 `myColor` 的当前值为 `blue`，则表达式

```
myColor++
```

会使 myColor 的值变为 green。

C++ 还允许将枚举常量分配给任何数值类型的变量，尽管这可能是一个错误。但是，C++ 中不会将其他类型的值强制转换为枚举类型。例如：

```
myColor = 4;
```

在 C++ 中就是非法的。但如果在等号右边进行显式类型转换，这个赋值就是合法的。这种规定可以防止一些潜在的错误。

在同一引用环境中，C++ 枚举常量只能以一种枚举类型出现。

2004 年，Java 5.0 版本中加入了枚举类型。Java 中的所有枚举类型都是预定义类 Enum 的隐式子类。因为枚举类型都是类，所以它们可以有实例数据字段、构造函数和方法。从语法上来说，除了能够包含数据字段、构造函数和方法外，Java 枚举类型的定义与 C++ 类似。枚举变量的可能取值就是这个类的可能实例。所有枚举类型都继承了包括 toString 在内的一些方法。使用静态方法 values 可以得到由枚举类型的实例构成的数组；使用 ordinal 方法可以得到枚举变量的内部数字值。任何其他类型的表达式都不能赋给枚举变量。枚举变量也永远不会强制转换为其他任何类型。

C# 的枚举类型与 C+ 很相似，但它不会自动强制转换为整数。因此，对枚举类型的操作仅限于有意义的操作。同样，枚举变量的取值范围也会限定在特定枚举类型的取值范围内。

248

在 ML 中，枚举类型被 datatype 声明语句定义为新的类型，例如，在以下的代码中：

```
datatype weekdays = Monday | Tuesday | Wednesday |
Thursday | Friday
```

weekdays 的元素类型是整数。

F# 的枚举类型类似于 ML，但保留字是 type 而非 datatype，且第一个值会放于 OR 运算符“|”之后。

Swift 有一个枚举类型，其中的枚举值是自己的名称，而不是内部整数值。枚举类型在类似于 switch 结构的结构中定义，例如：

```
enum fruit {
   case orange
   case apple
   case banana
}
```

在引用其中的枚举值时应使用“.”符号。例如，引用 apple 的值需要使用 fruit.apple。

有趣的是，相对较新的脚本语言都没有包含枚举类型，例如 Perl、JavaScript、PHP、Python 和 Ruby。甚至 Java 也是在推出十年后才增加了枚举类型。

6.4.3 评价

枚举类型可以提高程序的可读性和可靠性。提高可读性的方式很直接：相对于编码的值，命名的值更容易辨认。

在可靠性方面，C#、F#、Java 5.0 和 Swift 的枚举类型具备两个方面的优势。第一，对于枚举类型，所有的算术运算都是不合法的。例如，把一周中的若干天加起来的操作就是不允许的。第二，枚举变量不能被赋予超出定义范围的值[⊖]。如果枚举类型 colors 有 10 个枚举常量，并使用 0～9 作为它的内部值，那么就不能将大于 9 的数值赋给 colors 类型的枚举变量。

由于 C 语言中的枚举变量被视为整型变量，所以它不具备上述两个优点。

相对于 C 语言，C++ 略好一些。在 C++ 中，只有经过显式的类型转换，才可以将数值赋给枚举类型变量。此外，还需要检查该数值是否在枚举类型的内部数值范围内。不幸的是，如果用户以显式赋值的方式指定了一个较宽的内部数值取值范围，这种检查就会失效。例如：

249

```
enum  colors {red = 1, blue = 1000, green = 100000}
```

在该例子中，给 colors 类型的变量赋值时，只会检查该数值是否在 1～100000 的范围内。

6.5 数组类型

数组是数据元素的同质聚合，数组中的元素通过其在聚合体中相对于第一个元素的位置来标识。数组中的各个元素具有相同的类型。使用下标表达式来指定单个数组元素的引用。如果下标表达式中包含变量，那么就需要在运行期间进行额外的计算以确定被引用数组元素的内存地址。

在诸如 C、C++、Java、C# 等语言中，数组的所有元素都必须具有相同的数据类型。在这些语言中，指针和引用只能指向或引用一种数据类型，因而被指向或被引用的对象或数据值也是单一类型的。在诸如 JavaScript、Python、Ruby 等其他一些语言中，变量是对对象或数据值的无类型引用。在这些情况下，虽然数组仍然由单一类型的元素所组成，但这些元素可以引用不同类型的对象或数据值。这样的数组仍然是同质的，因为数组元素仍具有相同的类型。在 Swift 中，数组可以是类型化的，即数组只包含单一类型的值，也可以是非类型化的，这意味着数组可以包含任何类型的值。

C# 和 Java 5.0 通过它们的类库提供了泛型数组，其数组元素是对对象的引用。我们将在 6.5.3 节讨论这一问题。

6.5.1 设计问题

数组的主要设计问题有：

- 什么类型的下标是合法的？
- 是否检查下标表达式的范围？
- 下标范围是何时绑定的？
- 何时进行数组存储空间的分配？
- 支持不规则数组还是矩形多维数组？或两者都支持？
- 给数组分配了存储空间后，能对数组进行初始化吗？
- 如果支持数组切片，那么是哪种类型的数组切片？

在下文中，我们将讨论常用的程序设计语言中数组的设计选择。

250

⊖ 在 C# 和 F# 中，整数值可以显式强制转换为枚举类型，并赋予枚举变量名。这种值必须用 Enum.IsDefined 方法检测，之后才能把它们赋予给枚举变量名。

6.5.2 数组和索引

数组中的指定元素是通过一个两级语法机制引用的，其中第一部分是聚合的名称，第二部分可能是一个动态选择器，由一个或多个**下标**（subscript）或**索引**（index）项组成。如果数组元素的引用中所有的下标都是常量，那么选择器是静态的；否则，选择器是动态的。选择运算可被看作是从数组名和下标值集合到聚合中的元素的映射。数组有时被称为**有限映射**（finite mapping）。这个映射可以符号化地表达为：

array_name(subscript_value_list)→element

数组引用的语法基本是通用的：数组名称后面是下标列表，下标列表用圆括号或者方括号括起来。在某些提供多维数组的语言中，每个下标都放在独立的方括号内。用圆括号括住下标表达式会有一个问题：圆括号常常也用于在子程序调用中括起参数，这使得数组的引用看起来与函数调用完全一样。例如，考虑下面的Ada赋值语句：

```
Sum := Sum + B(I);
```

由于Ada中子程序参数和数组下标都使用圆括号包围，因此程序的读者和编译器都必须利用其他信息来确定该赋值语句中的`B(I)`是函数调用还是对数组元素的引用，这显然降低了可读性。

尽管存在潜在的可读性问题，Ada的设计者仍选择用圆括号括住下标，这是为了在表达式中实现数组引用和函数调用之间的一致性。做出这个选择的部分原因是数组元素引用和函数调用都是映射，数组元素引用将下标映射到数组的特定元素，而函数调用将实际参数映射到函数定义，并最终映射到函数值。

Fortran和Ada之外的大多数语言都使用方括号来分隔其数组索引。

数组类型中涉及两种不同的数据类型：元素类型和下标类型。下标类型通常是整数。

早期的程序设计语言并未强制规定必须隐式地检查下标范围。下标范围错误在程序中是很常见的，所以要求下标范围检查是保证语言可靠性的一个重要因素。许多现代的程序设计语言都不要求对下标进行范围检查，但是Java、ML和C#有这样的要求。

Perl中的下标操作有些特殊。Perl中所有的数组名都以@符号开头。但数组元素总是标量，而标量的名字又都以$符号开头，因此对于数组元素的引用需要使用$符号，而不是@符号。例如，对数组`@list`的第二个元素的引用是`$list[1]`。

251

在Perl中，还可以使用负的下标值引用数组元素。在这种情况下，下标的值是被引用元素相对于数组末尾的偏移量。例如，如果数组`@list`有五个元素（下标为0..4），

历史注记

Fortran 90之前的Fortran和PL/I的设计者将圆括号用于数组下标，因为那时没有其他合适的字符可用。穿孔卡不支持方括号字符。

历史注记

Fortran I将数组下标的数量限制为3，是因为在设计语言时主要考虑运行效率。Fortran I的设计者利用IBM 704的3个索引寄存器，开发出了一种非常快捷的方式来访问维度不高于3的数组中的元素。Fortran IV率先在有7个索引寄存器的IBM 7094上实现。这使得Fortran IV的设计者可以将数组的下标数量上限增加到7。当时大多数语言并没有这样的限制。

$list[-2] 就是对下标为 3 的元素的引用。在 Perl 中引用不存在的元素，会触发 undef，而不是报告错误。

6.5.3 下标绑定和数组的种类

下标类型与数组变量的绑定通常是静态的，但是下标的取值范围有时是动态绑定的。

在某些语言中，下标范围的下限是隐含的。例如，在基于 C 的语言中，下标的下限固定为 0。在其他一些语言中，下标的下限则必须由程序员指定。

从数组下标范围绑定、存储绑定以及从何处分配存储空间等方面，数组可以分为四类。这四个类别的名称能够表明在这三个问题上的设计选择。在前三个类别中，一旦下标范围被绑定并分配了存储空间，它们在变量的生命周期内就不再变化。显然，当下标范围固定后，数组也就不能再改变大小。

静态数组（static array）是下标范围静态绑定、存储静态分配（在运行时之前完成）的数组。静态数组的优势在于效率：不需要动态分配或去分配。缺点是数组的存储空间在程序的整个运行阶段都是固定的。

固定栈动态数组（fixed stack-dynamic array）的下标范围是静态绑定的，但存储空间的分配是在程序执行到数组声明语句时才进行的。固定栈动态数组的优势在于存储空间上的分配效率。只要两个子程序不同时处于活动状态，一个子程序中的大数组就能与另一个子程序中的大数组使用相同的空间。即使两个数组位于不同的分程序中，只要两者不同时处于活动状态，它们依然可以共享存储空间。这种数组的缺点在于存储空间分配和去分配时的时间开销。

固定堆动态数组（fixed heap-dynamic array）与固定栈动态数组类似，在分配存储空间后，下标范围和存储绑定都是固定的。不同之处在于，下标范围和存储绑定都是在用户程序执行期间请求它们时才进行的，且存储空间是从堆而不是栈中分配的。固定堆动态数组的优势在于灵活性，即数组的大小总是与实际需求相匹配。其缺点是从堆中分配空间会比从栈中分配空间耗时更长。

堆动态数组（heap-dynamic array）的下标范围和存储分配的绑定都是动态的，并且可以在数组的生命期内任意次数地改变。堆动态数组相对于其他数组的优势是它的灵活性：数组能够在程序执行中根据空间需求的变化而增长或收缩。其缺点是存储空间分配和去分配的耗时比较长，而且可能在程序执行中多次发生。下面给出了这四种数组的例子。 [252]

在 C 和 C++ 的函数中声明且使用 static 限定符的数组是静态数组。

在 C 和 C++ 的函数中声明且未使用 static 的数组是固定栈动态数组。

C 和 C++ 还提供固定堆动态数组。C 语言标准库函数 malloc 和 free 分别提供通用的堆分配和去分配功能。C++ 语言中的运算符 new 和 delete 也可用于管理堆空间。数组可被看作是一个指向存储单元集合的指针，指针可以被用作索引，6.11.5 节将阐述相关内容。

在 Java 中，所有非泛型数组都是固定堆动态数组。这些数组一旦创建，它们的下标范围和存储空间就不会再改变。C# 也提供了这类数组。

C# 中 List 类的对象是泛型堆动态数组。这些数组对象在创建时不包含任何元素：

```
List<String> stringList = new List<String>();
```

使用 Add 方法可以将元素添加到此对象：

```
stringList.Add("Michael");
```

对这些数组元素的访问是通过下标进行的。

Java 引入了一个与 C# 中的 List 相似的类 ArrayList。它与 C# 中的 List 的不同之处在于它不支持下标操作，必须使用 get 和 set 方法访问数组元素。

在 Perl 中，使用 push 函数（在数组末端添加一个或多个元素）和 unshift 函数（在数组头部添加一个或多个元素），或者将超过数组当前最大下标的下标值赋给数组，都可以增大数组。而赋值空列表 () 给数组，可以把数组缩减成没有元素的空数组。数组的长度定义为最大下标值加 1。

与 Perl 一样，JavaScript 允许数组使用 push 和 unshift 方法增大数组，并通过将数组设置为空列表来缩小数组，但 JavaScript 不支持负下标。

JavaScript 数组可以是稀疏的，即数组的下标值不必连续。例如，假设一个名为 list 的数组中有 10 个元素，下标范围可以是 0..9[㊀]。执行下面的赋值语句后

```
list[50] = 42;
```

数组 list 有 11 个元素，长度变为 51。下标为 11..49 的元素都没有定义，所以不需要存储空间。在 JavaScript 数组中引用不存在的元素会产生 undefined 错误。

253

Python 和 Ruby 的数组只能通过添加元素或者连接其他数组的方法来增大。Ruby 和 Perl 支持负下标，但 Python 不支持。在 Python 中，可以删除数组的元素或片段。对 Python 中不存在的元素的引用会导致运行出错，而 Ruby 中这样的引用会产生 nil 但不会报错。

Swift 动态数组对象使用从零开始的整数下标。该对象包含了几种有用的方法：append 方法将元素添加到数组的末尾；insert 方法可以在数组中的任意位置插入新元素，但如果插入位置的下标超出了数组当前的长度，则会导致错误；removeAtIndex 方法可以从数组中删除元素；此外还有 reverse 方法和 count 方法。

虽然 ML 的定义不包括数组，但广泛使用的实现版本 SML/NJ 包含数组。

F# 中唯一预定义的集合类型是数组（其他集合类型通过 .NET 框架库提供）。这些数组类似于 C# 数组。该语言可使用 foreach 语句处理数组。

6.5.4　数组初始化

有些语言提供了在内存分配的同时初始化数组的方法。C、C++、Java、Swift 和 C# 都允许初始化数组。考虑以下的 C 声明语句：

```
int list [] = {4, 5, 7, 83};
```

数组 list 被创建并使用值 4、5、7 和 83 进行初始化。编译器同时还设置了数组的长度。这种方便的做法也会付出一定的代价。它使系统无法检测程序员所犯的一些错误，例如错误地将某个值遗漏在初始化列表之外。

如 6.3.2 节所述，C 和 C++ 中的字符串是以字符（char）数组的形式实现的。可以用字符串常量来初始化这些数组，如：

```
char name [] = "freddie";
```

㊀ 下标范围也可以设置为 1000..1009

数组 name 将拥有 8 个元素，因为所有字符串都会以空字符（0）结尾，该字符由系统为字符串常量隐式提供。

C 和 C++ 中的字符串数组也可以用一系列字符串字面量初始化。例如：

```
char  *names [] = {"Bob", "Jake", "Darcie"};
```

这个例子说明了 C 和 C++ 中字符字面量的性质。在上文使用字符串字面量初始化 char 数组 name 的示例中，字面量被视为 char 数组。但在后面的示例（names）中，字面量被视为指向字符的指针，因此数组 names 是指向字符的指针数组。例如，names[0] 是一个指针，它指向字符数组中的字母‘B’，该数组包含字母‘B’‘o’‘b’和一个空字符。

254

在 Java 中，可以用类似的语法来定义和初始化引用 String 对象的数组。例如：

```
String[] names = ["Bob", "Jake", "Darcie"];
```

6.5.5 数组运算

数组运算是将数组作为一个整体进行处理的运算。最常见的数组运算包括赋值、连接、相等比较、不等比较以及切片，这些运算将在本节中单独讨论。

基于 C 的程序设计语言不提供任何数组运算，只能通过 Java、C++ 和 C# 中的方法来处理数组。Perl 支持数组赋值运算，但不支持比较。

Python 的数组被称为列表，即使它拥有动态数组的所有特点。由于对象可以是任意类型，所以这些数组可以是异构的。Python 提供了数组赋值运算，但它只会改变引用关系。Python 还提供了数组连接运算（+）和元素成员资格（in）运算。它包括两个不同的比较运算符：一个用于判断两个变量是否引用了同一个对象（is），另一个比较被引用对象中的所有相应对象（无论它们嵌套的深度如何），从而判断两个变量是否相等（==）。

与 Python 一样，Ruby 数组的元素也是对象的引用。当在两个数组之间使用 == 运算符时，仅当两个数组具有相同的长度并且对应的元素也都相等时，判断的结果才为真。Ruby 的数组可以用 Array 方法连接起来。

F# 在 Array 模块中包含许多数组运算符，包括 Array.append、Array.copy 和 Array.length。

数组及其运算是 APL 的核心：它是有史以来最强大的数组处理语言。但由于它相对难以理解并且对后续语言的影响不大，我们在这里只简要地介绍它的数组运算。

在 APL 中，针对向量（一维数组）、矩阵以及标量运算分量定义了四个基本的算术运算。例如：

```
A + B
```

是合法的表达式，无论 A 和 B 是标量、向量还是矩阵。

APL 包含向量和矩阵上的一组一元运算符，其中一些运算符如下（其中 V 是向量，M 是矩阵）：

ϕV 反转向量 V 中的元素
ϕM 反转矩阵 M 中的列向量
θM 反转矩阵 M 中的行向量
$\emptyset$M 转置矩阵 M（行变为列，列变为行）

255

÷M 反置矩阵 M

APL 还包含几个特殊的运算符，它们把其他运算符作为运算分量。其中一个是内积运算符，它用句点 (.) 指定。内积运算符需要两个运算分量，它们都是二元运算符。例如

```
+.×
```

就是一个新的运算符，它接受两个参数，参数可以是向量也可以是矩阵。它首先将两个参数的相应元素相乘，然后对结果求和。例如，如果 A 和 B 是向量，则

```
A × B
```

就是 A 和 B 的数学内积（A 和 B 的相应元素的乘积构成的向量）。以下语句

```
A +.× B
```

表示 A 和 B 的内积之和。如果 A 和 B 是矩阵，则此表达式表示 A 和 B 的矩阵乘法。

APL 中的特殊运算符实际上以函数的形式出现，第 15 章将介绍它们。

6.5.6 矩阵数组和锯齿形数组

矩阵数组（rectangular array）是一个多维数组，其中所有行均包含相同数量的元素，所有列也均包含相同数量的元素。矩阵数组精确地模拟了矩形表格。

锯齿形数组（jagged array）中，每行的长度不一定相同。例如，可能存在这样一个锯齿形数组，它包含三行，这三行中分别有 5 个、7 个和 12 个元素。这种特性也适用于数组的列，或是更高的维度。因此，假设数组有第三个维度（层），每层都可以包含不同数量的元素。只有当多维数组实际上是数组的数组时，才可能存在锯齿形数组。例如，矩阵就可以是一维数组的数组。

C、C++ 和 Java 都支持锯齿形数组，但不支持矩阵数组。在这些语言中，对多维数组中元素的引用需要对每个维度都使用一对方括号。例如：

```
myArray[3][7]
```

C# 和 F# 支持矩阵数组和锯齿形数组。对矩阵数组中元素的引用只需将所有下标表达式都放在一对方括号中即可。例如：

256

```
myArray[3, 7]
```

6.5.7 切片

数组的**切片**（slice）是指该数组的某个子结构。例如，对于一个矩阵 A，它的第一行就是一个可能的切片，最后一行、第一列等也是如此。需要注意的是，切片并不是一种新的数据类型。相反，它是一种将数组的一部分作为一个单元来引用的机制。如果数组不能作为语言中的单元进行运算，那么切片机制就不能用于该语言。

考虑下面的 Python 声明：

```
vector = [2, 4, 6, 8, 10, 12, 14, 16]
mat = [[1, 2, 3],[4, 5, 6],[7, 8, 9]]
```

回想一下，Python 数组的默认下界是 0。引用 Python 切片的语法是一对用冒号分隔的数值表达式。其中第一个数字是切片中第一个元素的下标，第二个数字是切片中最后一个元素之

后的下标。因此，vector[3:6] 表示一个包含三个元素的数组切片，它包含 vector 中第 4 至第 6 个元素（即下标为 3、4、5 的元素）。只给出一个下标即可指定矩阵的一行。例如，mat[1] 引用 mat 的第二行；可以使用与指定一维数组中的一部分相似的语法指定一行中的一部分。例如 mat[0][0:2] 指 mat 的第一行中的第一个和第二个元素，也就是 [1, 2]。

Python 还支持更复杂的数组切片。例如 vertor[0:7:2] 以步长为 2 的方式间隔引用 vector 中从下标 0 开始直至 7 的元素，但下标为 7 的元素不包括在内，也就是 [2, 6, 10, 14]。

Perl 支持两种形式的数组切片，即使用下标列表指定切片，或使用下标范围指定切片。例如：

```
@list[1..5] = @list2[3, 5, 7, 9, 13];
```

注意，数组切片引用使用了数组名，而不是标量名。因为切片是数组，而不是标量。

Ruby 通过其 Array 对象中的 slice 方法支持数组切片，该方法可以使用三种形式的参数。当以单个整型表达式作为参数时，该表达式被解释为下标，slice 方法会返回指定下标的元素。当以两个整型表达式作为参数时，第一个表达式被解释为切片中第一个元素的下标，第二个表达式被解释为切片中元素的数量。例如，假设有如下定义：

```
list = [2, 4, 6, 8, 10]
```

则 list.slice(2, 2) 返回 [6, 8]。slice 方法的第三种形式是范围，其格式为在两个整型表达式之间使用两个句点。在这种方式下，slice 方法会返回由数组中给定下标范围的元素所组成的数组。如 list.slice(1..3) 返回 [4, 6, 8]。 257

6.5.8 评价

几乎所有程序设计语言中都包含数组。自从在 Fortran I 中引入数组以来，其主要的进展是切片和动态数组。数组的最新进展是关联数组，我们将在 6.6 节中讨论。

6.5.9 数组类型的实现

相对于实现基本类型，实现数组类型需要更多的编译时间。访问数组元素的代码必须在编译期生成，并在运行阶段执行以获得数组元素的地址。类似

```
list[k]
```

这样的数组元素引用，其要访问的地址无法预先计算得到。

一维数组被实现为一组相邻的内存单元。假设数组 list 的下标下界是 0，那么 list 的访问函数通常是：

```
list[k] 的地址 = list[0] 的地址 + k* 元素大小
```

其中，加法运算的第一个运算分量是访问函数的常数部分，第二个运算分量是变量部分。

如果元素类型是静态绑定的，数组到存储空间也是静态绑定的，那么常量部分的值可以在运行之前计算出来。加法和乘法运算则必须在运行时完成。

对下标下界为任意值的数组，该访问函数的一般形式为：

```
list[k] 的地址 = list[ 下界 ] 的地址 + ((k- 下界 )* 元素大小 )
```

一维数组在编译期的描述符形式如图 6.4 所示。该描述符包含生成访问函数所需要的信

息。如果运行时不做索引范围检查，并且属性都是静态的，则运行时只需要访问函数，不需要描述符。如果在运行时进行索引范围检查，则索引范围可能需要存储在一个运行时描述符中。如果某类数组的下标范围是静态的，则该范围也可能合并到进行下标检查的代码中，这样就不再需要运行时描述符。如果所有描述符条目都是动态绑定的，那么就必须在运行时维护描述符中的所有组成部分。

258

数组
元素类型
索引类型
索引的上界
索引的下界
地址

图 6.4　一维数组的编译期描述符

真正的多维数组，也就是那些不是数组的数组的多维数组，在实现上比一维数组更复杂，尽管对更高维度的扩展是很简单的。硬件存储单元是线性的，通常就是一个简单的字节序列。所以，二维或更高维度的数据类型的值必须映射到一维的存储单元上。有两种方法能把多维数组映射到一维：行优先顺序或者列优先顺序（后者在所有得到广泛应用的语言中都未被使用）。在**行优先顺序**（row major order）中，首先存放第一个下标值为下界值的元素，接下来存放第一个下标值为下界值之后第二个值的元素，依此类推。如果数组是一个矩阵，则按行存储。例如如下矩阵：

```
 3 4 7
 6 2 5
(1 3 8)
```

按行优先顺序存储为：

```
3, 4, 7, 6, 2, 5, 1, 3, 8
```

多维数组的访问函数将数组基址与一组索引值映射到由下标值指定的元素的内存地址。按行优先顺序存储的二维数组的访问函数实现如下。通常，某个元素的地址等于结构的基址加上元素大小乘以该结构中位于该元素之前的元素数量。对于行优先顺序矩阵，某个元素之前的元素数量等于该元素之前的行数乘以行的大小，再加上当前行中该元素左边元素的数量。在图 6.5 所给出的示例中，假设下标下界都是 0。

259

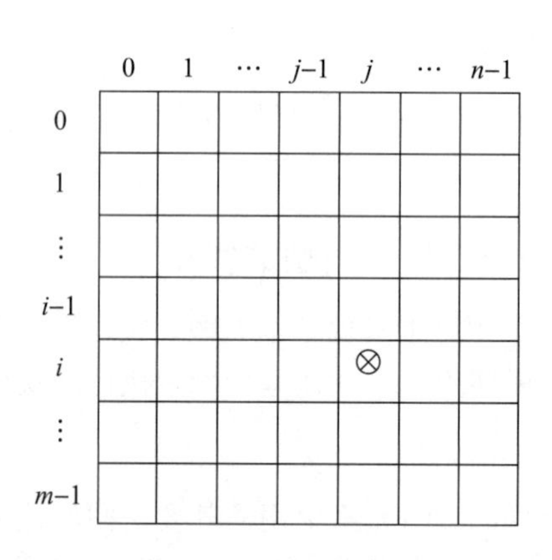

图 6.5　下标为 [i, j] 的元素在矩阵中的位置

要获得实际的地址值，必须将要访问的元素之前的元素数量乘以元素大小。现在，访问函数可以写成：

```
a[i,j] 的位置 = a[0,0] 的地址 +
                (((第 i 行之前的行数 * 行的大小) +
                第 j 列左边的元素数量) * 元素大小)
```

由于第 i 行之前的行数是 i，且第 j 列左边的元素数量是 j，所以

```
a[i,j] 的位置 = a[0,0] 的地址 + (((i*n)+j) * 元素大小)
```

其中 n 是每行的元素数量。式子中第一项是常数部分，后一项是变量部分。

推广到下标下界为任意值的情形，访问函数的形式为：

```
a[i,j] 的位置 = a[row_lb,col_lb] 的地址 +
              (((i-row_lb)*n)+(j-col_lb))* 元素大小
```

其中 row_lb 为行下标的下界，col_lb 为列下标的下界。这个式子变形为：

```
a[i,j] 的位置 = a[row_lb,col_lb] 的地址 -
              (((row_lb*n)+col_lb)* 元素大小 )+
              (((i*n)+j)* 元素大小 )
```

其中前两项是常量，最后一项是变量。这样的访问函数可以比较简单地推广到任意维度的数组。

对数组的每个维度，访问函数都需要一条加法和一条乘法指令。因此，访问数组元素时如果下标数量较多，则代价会比较大。多维数组的编译期描述符如图 6.6 所示。

多维数组
元素类型
索引类型
维数
索引范围
…
索引范围n-1
地址

图 6.6　多维数组的编译期描述符

260

6.6　关联数组

关联数组（associative array）是无序数据元素的一个集合，这些元素由相等数量的**键值**（key）进行索引。因为非关联数组有规律，所以不必存储索引。然而对于关联数组，用户定义的键值必须保存在数组结构中。因此，关联数组的每个元素实际上都是一对实体，即一个键值和一个元素值。我们用 Perl 语言的关联数组设计来说明这种数据结构。Python、Ruby 和 Swift 直接支持关联数组，Java、C++、C# 和 F# 的标准类库也支持它。

关联数组唯一的设计问题是数组元素的引用形式。

6.6.1　结构与运算

在 Perl 中，关联数组被称为**散列**（hash），因为在它的实现中数组元素是通过散列函数存储和检索的。Perl 中散列的名字空间是不同的：每一个散列变量名都必须以百分号（%）开头。每个散列元素都包含两个部分：一个是字符串类型的键值，一个是标量类型（即数字、字符串或引用）的元素值。可以用赋值语句把字面量值赋值给散列，如：

```
%salaries = ("Gary" => 75000, "Perry" => 57000,
             "Mary" => 55750, "Cedric" => 47850);
```

在 Perl 中，使用符号引用散列中各个元素值的方式与引用数组元素相似。将键值放在大括号中，将散列名替换为标量变量名，此处的标量名除第一个字符外都与散列名相同。之所以用标量名引用散列元素值，是因为尽管散列不是标量，但散列元素的数值部分是标量。回想一下，Perl 中标量变量的名字以 $ 开头。所以，将 58850 赋给散列 %salaries 中键值为 "Perry" 的元素的操作如下：

```
$salaries{"Perry"} = 58850;
```

使用这样的赋值语句还可以在散列中添加新元素。也可以使用 **delete** 运算符从散列中删除元素，例如：

```
delete $salaries{"Gary"};
```

如果将一个空的字面量赋值给散列，散列会被清空，例如：

```
@salaries = ();
```

Perl 中散列的大小是动态的，它会在添加新元素时变大，也会在删除元素以及清空散列时变小。运算符 exists 会判断其运算分量是否是散列中的一个元素，并依据判断结果返回真或假。例如：

261

```
if (exists $salaries{"Shelly"}) . . .
```

运算符 keys 会返回散列的键值数组，运算符 values 返回散列元素值的数组，运算符 each 对散列中的每个元素进行迭代。

Python 的关联数组被称为**字典**（dictionary），它与 Perl 中的散列相似，但是元素值都是对象的引用。Ruby 中支持的关联数组和 Python 中的相似，但它的键值可以是任意对象[⊖]，而不仅仅是字符串。由此可见，从 Perl 的散列（键值必须是字符串），到 PHP 的数组（键值可以是整数或者字符串），再到 Ruby 的散列（键值可以是任意对象），这是一个逐步发展的过程。

PHP 的数组既是普通数组又是关联数组。该语言提供的函数既可以用索引的方式，也可以用散列的方式访问数组元素。数组元素可以用简单的数值索引创建，也可用字符串散列键值创建。

Swift 的关联数组称为字典。键值可以是一种特定类型，而元素值可以是混合类型，它们都是对象。

如果需要搜索元素，关联数组要比数组好得多，因为用于访问元素的隐式散列运算是非常高效的。此外，当存储的数据要配对时，如员工的姓名和工资，关联数组将是理想的选择。另一方面，如果必须处理列表中的每个元素，则使用数组将更为高效。

6.6.2　关联数组的实现

为快速查找，Perl 在实现关联数组时进行了优化，当需要增大数组规模时，它也能相当快速地重组。尽管关联数组在开始时只会用到散列值的一小部分，但它还是为每个数据项计算出一个 32 位的散列值，并和数据项存储在一起。当关联数组必须增大直至超过它的初始大小时，并不需要改变散列函数，而只是使用更多二进制位的散列值。这时只有一半的数据项需要移动。因此，虽然关联数组的增大需要开销，但开销并没有想象中高。

262

PHP 的数组元素通过散列函数存入内存。而所有元素都是按创建顺序链接在一起的，这些链接可以使用 current 和 next 函数对元素进行迭代访问。

6.7　记录类型

记录（record）是数据元素的集合，其中的单个元素通过名称标识，并通过从该结构开头开始的偏移量访问。

在程序中经常需要为具有不同类型或不同大小元素的数据集合建模。例如，在校大学生的信息通常包括姓名、学号、年级平均成绩等。针对这一集合，可能会使用字符串记录姓名，使用整数记录学号，使用浮点数记录年级平均成绩，等等。记录就是针对这样的需求而

⊖ 会发生变化的对象不适合作为键值，因为对象改变，散列函数值也会改变。因此，数组和散列从不用作键值。

设计的。

记录和异构数组可能看起来是相同的，但事实并非如此。异构数组的元素都是对分散在不同位置的数据对象的引用，这些数据对象通常存放在堆上。记录中的元素可能大小不同，但都存储在相邻的内存单元中。

自 20 世纪 60 年代初期 COBOL 引入记录以来，记录已经成为所有最流行的程序设计语言中的一部分，在 Fortran 中只有 Fortran 90 以前的版本除外。在一些支持面向对象的程序设计语言中，可以用数据类来模拟记录。

C、C++、C# 和 Swift 使用 `struct` 数据类型支持记录。在 C++ 中，结构体与类的差异很小。在 C# 中，结构体也与类相关，但有很多不同。C# 中的结构体是栈分配的值类型，而类对象则是堆分配的引用类型。结构体在 C++ 和 C# 中通常用作封装结构，而不只是数据结构。我们将在第 11 章深入讨论结构体的这种用途。ML 和 F# 也包含结构体。

在 Python 和 Ruby 中，记录可以以散列的方式实现，而散列本身可以是数组的元素。

下面的各节将介绍如何声明和定义记录，如何引用记录中的字段，以及常见的记录操作。

记录的设计问题包括：

- 引用记录字段的语法形式是什么？
- 是否允许省略引用？

263

6.7.1 记录的定义

记录与数组的根本区别在于记录的元素或**字段**（field）不是用下标来引用的。而是用标识符来命名和引用。记录与数组的另一个不同之处在于某些程序设计语言中的记录可以包含联合，这将在 6.10 节中讨论。

在 COBOL 程序中，记录声明是程序数据段的一部分。例如：

```
01  EMPLOYEE-RECORD.
    02  EMPLOYEE-NAME.
        05  FIRST    PICTURE IS X(20).
        05  Middle   PICTURE IS X(10).
        05  LAST     PICTURE IS X(20).
    02  HOURLY-RATE PICTURE IS 99V99.
```

记录 `EMPLOYEE-RECORD` 由记录 `EMPLOYEE-NAME` 和字段 `HOURLY-RATE` 组成。记录声明前的数字 `01`、`02` 和 `05` 是**级别数字**（level number），它们的相对值表明记录结构的层级。任何一行，如果它后面的行具有更高的级别数字，那么这一行本身就是一个记录。`PICTURE` 子句表明记录中字段储存位置的格式，`X(20)` 表示 20 个字母或数字符号，`99V99` 表示小数点居中的 4 位数字。

在 Java 中，记录可以定义为数据类，嵌套记录可以定义为嵌套类。这些类的数据成员就是记录字段。

6.7.2 记录中字段的引用

对记录中字段的引用在语法上有几种不同的方式。其中两种需要命名所需字段以及记录。COBOL 的字段引用具有如下形式：

```
字段名 OF 记录名 1 OF ... OF 记录名 n
```

其中，第一个记录是包含特定字段的最小或最内层的记录，下一个记录是包含前一个记录的记录，依此类推。例如，在上文给出的 COBOL 记录中，可按如下方式引用 Middle 字段：

```
Middle OF EMPLOYEE-NAME OF EMPLOYEE-RECORD
```

其他的大多数语言采用**点标记**（dot notation）来引用字段，引用中的各个部分通过句点连接。点标记法中记录名的次序与 COBOL 引用中的相反：首先是包含字段的最大记录的名字，最后是字段的名字。假设 Middle 是 Employee_Name 记录中的字段，而 Employee_Name 是嵌入记录 Employee_Record 的一个记录，则可以使用如下方式引用 Middle 字段：

264

```
Employee_Record.Employee_Name.Middle
```

记录字段的**全限定引用**（fully qualified reference）是指，从包含字段的最大记录直至需要引用的字段，其中所有中间记录的名字都在引用中指明。前面 COBOL 案例中的字段引用就是全限定引用。作为全限定引用的一种替代，COBOL 允许对记录字段进行**省略引用**（elliptical reference）。在省略引用中，字段名必须出现，但部分或全部记录名可以省略，只要引用没有歧义即可。例如 FIRST、FIRST OF EMPLOYEE-NAME 和 FIRST OF EMPLOYEE-RECORD，都是对前面 COBOL 记录中 FIRST 字段的省略引用。虽然省略引用能给程序员带来方便，但它要求编译器具有复杂的数据结构和处理过程，以便正确地识别出被引用的字段。此外，它们还可能影响可读性。

6.7.3　评价

在程序设计语言中，记录通常是很有价值的数据类型。记录类型的设计非常简单，使用起来也很安全。

记录和数组是密切相关的结构形式，因此比较它们是很有趣的。当所有数据值都有相同的类型并且（或者）以相同的方式进行处理时，就使用数组。当有一种对结构进行遍历的系统化方法时，这种处理就很容易完成。动态下标可以很好地支持这样的处理过程。

当数据值集合异构，且不同字段的处理方式也不同的时候，就使用记录。此外，记录的各个字段通常不需要按某种特定的次序进行处理。字段名类似于字面量、常量或者下标。因为它们是静态的，所以可以高效地访问字段。动态下标可以用来访问记录字段，但是它不允许类型检查，而且速度也比较慢。

记录和数组代表了在实现数据结构的两个独立但相关的应用时，两种周全又高效的方法。

6.7.4　记录类型的实现

记录中的各个字段存储在连续的内存空间中，但因为各个字段的大小不一定相同，所以数组的访问方式不适用于记录。记录使用偏移地址，即相对记录结构头部的偏移量与各个字段相关联。对字段的访问可以通过这些偏移量来完成。记录的编译期描述符如图 6.7 所示，记录不需要运行时描述符。

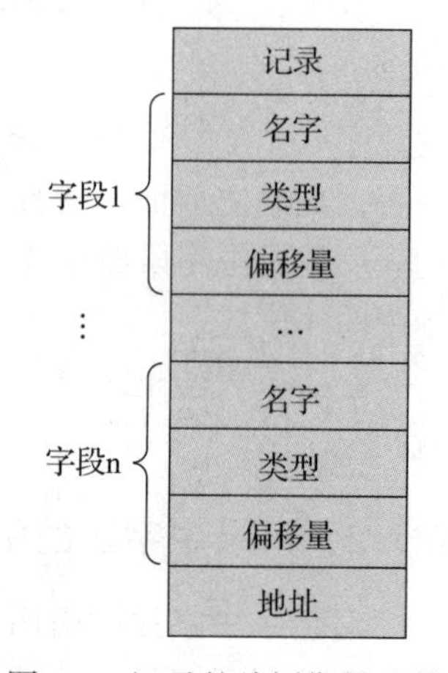

图 6.7　记录的编译期描述符

6.8 元组类型

元组类似于记录，但其元素没有命名。

Python 包含一个不可变的元组类型。如果需要更改元组，可以使用 list 函数将其转换为一个数组，更改数组之后再使用 tuple 函数把它转换回元组。元组的一个用途是使数组成为被写保护的类型。例如当数组作为参数被发送至外部函数，但用户又不希望函数修改该参数时，就可以使用元组。

Python 的元组与其列表紧密相关，只不过元组是不可变的。可以通过指定元组字面量来创建元组，如下所示：

```
myTuple = (3, 5.8, 'apple')
```

注意元组中的元素不必是同一类型。

在引用元组中的元素时需要将索引放在方括号中，例如：

```
myTuple[1]
```

引用了元组中的第一个元素，因为元组的索引是从 1 开始的。

265
~
266

使用加号（+）可以连接元组，使用 **del** 语句可以删除元组。其他一些运算符和函数也可以操作元组。

ML 包含一个元组数据类型。ML 中的元组至少要包含两个元素，而 Python 中的元组则可以为空，或是只包含一个元素。与 Python 一样，ML 的元组也可以包含不同类型的元素。下面的语句创建了一个元组：

```
val myTuple = (3, 5.8, 'apple');
```

访问元组中元素的语法如下：

```
#1(myTuple);
```

该语句引用了元组的第一个元素。

在 ML 中，可以用类型声明定义新的元组类型，例如：

```
type intReal = int * real;
```

这个新的元组类型的值包含一个整数和一个实数。星号用于分隔元组中的元素，每组元素表明一种类型，与算术无关，注意不要被误导。

F# 也有元组。在创建元组时需使用 let 语句并为其赋予一个元组值，这一元组值是一个放置于括号中的表达式列表，列表中的表达式以逗号分隔。如果一个元组有两个元素，可以使用函数 fst 和 snd 分别引用它们。如果一个元组有多个元素，则通常使用左侧为 let 语句的元组模式引用这些元素。元组模式只是一个名字序列，每个名字对应元组中的一个元素。当元组模式的左边是 let 时，意味着这是一个多重赋值。例如：

```
let tup = (3, 5, 7);;
let a, b, c  = tup;;
```

把 3、5、7 分别赋值给 a、b、c。

通过在 Python、ML 和 F# 中使用元组，函数可以有多个返回值。Swift 中的元组按值传

267 递，因此当函数不更改数据时，元组可用于给函数传递数据。

6.9 列表类型

最早支持列表类型的程序设计语言 LISP，它也是最早的函数式语言。列表类型一直是函数式语言的一部分，但近年来一些命令式语言也包含它们。

Scheme 和 Common LISP 中的列表用括号分隔，列表中元素之间不使用任何分隔符号。例如：

```
(A B C D)
```

嵌套的列表具有相同的形式。例如：

```
(A (B C) D)
```

在该列表中，(B C) 是嵌套在外层列表中的列表。

数据和代码在 LISP 及其后代语言中具有相同的语法形式。如果列表 (A B C) 被解释为代码，则表示调用参数为 B 和 C 的函数 A。

在 Scheme 中，列表的基本运算包括用于分隔列表的两个函数和用于创建列表的两个函数。CAR 函数会返回列表的第一个元素。例如：

```
(CAR '(A B C))
```

在参数列表前使用引号，是为了避免解释器把 (A B C) 当作对带有参数 B 和 C 的函数 A 的调用。此时，函数 CAR 返回 A。

CDR 函数返回的列表中会移除原列表中的第一个元素。例如：

```
(CDR '(A B C))
```

这个函数调用会返回列表 (B C)。

Common LISP 提供了 FIRST（与 CAR 作用相同）、SECOND、TENTH 等函数，它们分别返回列表中由函数名称所指定的元素。

在 Scheme 和 Common LISP 中，可以用 CONS 和 LIST 函数构建新列表。CONS 函数接收两个参数并返回一个新列表，第一个参数作为新列表的第一个元素，第二个参数作为新列表的其余元素。例如：

```
(CONS 'A '(B C))
```

这个调用会返回新列表 (A B C)。

LIST 函数可以接收任意数量的参数，并返回一个以这些参数作为元素的列表。例如：

```
(LIST 'A 'B '(C D))
```

268 这个调用会返回新列表 (A B (C D))。

ML 也提供了列表和列表运算，但它们看起来与 Scheme 中的不同。ML 中的列表写在方括号中，元素之间用逗号分隔。例如下面就是一个整数列表：

```
[5, 7, 9]
```

[] 表示空列表，也可用 nil 来指定空列表。

Scheme 中的 CONS 函数在 ML 以二元插入运算符 :: 的形式出现。例如：

```
3 :: [5, 7, 9]
```

会返回新列表 [3, 5, 7, 9]。

列表中的元素必须具有相同的类型，所以下面这样的列表是非法的：

```
[5, 7.3, 9]
```

ML 中的函数 hd（head）和 tl（tail）与 Scheme 中的函数 CAR 和 CDR 相对应。例如：

```
hd [5, 7, 9] 是 5
tl [5, 7, 9] 是 [7, 9]
```

Scheme 和 ML 中的列表及列表运算详见第 15 章。

F# 中的列表与 ML 中的列表有一定的关系，但也有几个显著的区别。F# 中列表的元素用分号分隔，而 ML 则用逗号分隔。F# 中 hd 与 tl 的功能和 ML 中的相同，但它们是 List 类中的方法。例如，List.hd [1; 3; 5; 7] 会返回 1。F# 中的 CONS 运算使用两个冒号来指定，这与 ML 相同。

Python 包含一个列表数据类型，它也充当 Python 数组。与 Scheme、Common LISP、ML 和 F# 中的列表不同，Python 中的列表是可变的。它可以包含任意类型的数据值或对象。Python 列表是通过将列表值赋值给列表名创建的。列表值是由逗号分隔并用方括号括起来的表达式序列。例如：

```
myList = [3, 5.8, "grape"]
```

要引用列表中的元素时，应在方括号中给出下标，例如：

```
x = myList[1]
```

这个语句把列表 myList 中的 5.8 赋给 x。列表中元素的索引从 0 开始。列表元素可以用赋值语句来更改，或用 del 来删除，例如：

```
del myList[1]
```

这个语句会删除列表 myList 中的第二个元素。

269

Python 包含一个名为**列表解析**（list comprehension）的用于创建数组的强大机制。列表解析是一种源于集合表示法的思想。它的首次出现是在函数式程序设计语言 Haskell 中（参见第 15 章）。列表解析的机制是把函数应用于给定数组中的每一个元素，然后根据函数运算结果构造一个新的数组。Python 列表解析的语法如下：

[expression **for** iterate_var **in** array **if** condition]

例如：

```
[x * x  for  x  in range(12)  if  x % 3 == 0]
```

函数 **range** 创建了数组 [0, 1, 2, 3, 4, 5, 6, 7, 8, 9, 10, 11, 12]。条件语句会过滤掉数组中所有不能被 3 整除的数字。计算剩余数字的平方，然后将平方的结果放在一个新的数组中返回。这一列表解析会返回以下数组：

```
[0, 9, 36, 81]
```

Python 还支持列表切片。

Haskell 中列表解析的形式是:

```
[body | qualifiers]
```

例如，如下列表定义语句

```
[n * n | n <- [1..10]]
```

定义了一个列表，列表中包含从 1 到 10 的数字的平方。

F# 中的列表解析功能也可以用于创建数组，例如:

```
let myArray = [|for i in 1 .. 5 -> (i * i) |];;
```

这个语句创建了数组 [1; 4; 9; 16; 25]，并命名为 myArray。

如 6.5 节所述，C# 和 Java 分别支持泛型堆动态集合类 List 和 ArrayList。这些结构实际上就是列表。

6.10　联合类型

联合（union）类型的变量在程序执行的不同时刻可以存储不同类型的值。编译器的常量表就是一个需要用到联合类型的典型案例，该表用来存储从正在编译的程序中找到的常量。表中的每个字段都用于存储常量值。假设正在编译的语言中常量的类型有整型、浮点型和布尔型，如果在常量表的同一位置（即表中的字段）上能够存储这三种类型中任意一种的值，那么表的管理就会很方便。这样，所有常量值都能以同样的方式寻址。在某种意义上，这一位置上的类型就是三种类型的联合。

270

6.10.1　设计问题

将在 6.12 节中讨论的联合类型的类型检查是该类型主要的设计问题。

6.10.2　判别式与自由联合类型

C 和 C++ 都提供联合结构，但在语言层面不支持类型检查。在 C 和 C++ 中，使用 union 来声明联合结构。在这些语言中，由于程序员在使用联合时完全无须进行类型检查，故这些联合被称为自由联合。考虑如下 C 语言代码:

```
union flexType {
 int intEl;
 float  floatEl;
};
union flexType el1;
float x;
. . .
el1.intEl = 27;
x = el1.floatEl;
```

最后一个赋值语句没有执行类型检查，因为系统不能确定 el1 值的当前类型，所以它会把二进制表示的 27 赋给 **float** 类型的变量 x，当然这样做是没有意义的。

对联合的类型检查要求每个联合结构都包含一个类型指示器。这个指示器被称为**标签**（tag）或**判别式**（discriminant），带有判别式的联合被称为**判别式联合**（discriminated union）。

第一种提供判别式联合的语言是 ALGOL 68。现在 ML、Haskell 和 F# 也都支持判别式联合。

6.10.3 F# 的联合类型

在 F# 中，使用 type 语句来声明联合，其中运算符 OR (|) 用来定义联合中的元素。例如：

```
type intReal =
   | IntValue of int
   | RealValue of float;;
```

271

在上述例子中，`intReal` 是联合类型，`IntValue` 和 `RealValue` 是构造符。用构造符可以创建 `intReal` 类型的值，就好像它们是函数一样，如下所示[⊖]：

```
let ir1 = IntValue 17;;
let ir2 = RealValue 3.4;;
```

访问联合的值时需要使用模式匹配结构。使用保留字 **match** 来指定 F# 中的模式匹配。该结构的一般形式如下：

```
match 模式 with
     | 表达式列表 1 -> 表达式 1
     | ...
     | 表达式列表 n -> 表达式 n
```

其中的模式可以是任意数据类型。表达式列表可以包含通配符（_），也可以只是一个通配符。例如下面的 match 结构：

```
let a = 7;;
let b = "grape";;
let x = match (a, b) with
      | 4, "apple" -> apple
      | _, "grape" -> grape
      | _ -> fruit;;
```

为了显示 `intReal` 联合的类型，可以使用下面的函数：

```
let printType value =
    match value with
        | IntValue value -> printfn "It is an integer"
        | RealValue value -> printfn "It is a float";;
```

下面几行代码给出了对该函数的调用和输出结果：

```
printType ir1;;
It is an integer
printType ir2;;
It is a float
```

272

6.10.4 评价

在某些语言中，联合是具有潜在不安全性的结构。联合是 C 和 C++ 不是强类型语言的原因之一，因为这些语言不允许对联合类型的引用做类型检查。另一方面，在 ML、Haskell

⊖ `let` 语句用于给名字赋值，并创建一个静态作用域。在使用 F# 交互式解释器时，用两个分号结束语句。

和 F# 等语言中，联合可以被安全地使用。

Java 和 C# 都不包含联合，这反映了某些程序设计语言正越来越关注安全性。

6.10.5 联合类型的实现

联合是通过对每个可能的变量使用相同的地址来实现的。因此，为占用内存空间最大的变量类型分配内存空间就足够了。

6.11 指针和引用类型

指针（pointer）类型变量的取值范围由内存地址和一个特殊值 nil 构成。这里的 nil 并不是一个有效地址，它只是用来表明指针目前不能用于引用内存单元。

指针是为两种不同的用途而设计的。首先，指针提供间接寻址的功能，这在汇编语言中经常被用到。其次，指针提供一种管理动态存储空间的方法。指针可用于访问动态分配的存储区域，也就是**堆**（heap）中的位置。

从堆中动态分配的变量是**堆动态变量**（heapdynamic variable）。它们往往没有与其相关联的标识符，因此只能用指针或引用类型变量来引用。没有名字的变量是**匿名变量**（anonymous variable）。正是在指针的第二个应用领域中，出现了最重要的设计问题。

不同于数组和记录，指针不是结构化类型，尽管它是使用类型运算符（在 C 和 C++ 中为 *）来定义的。此外，指针也不同于标量变量，因为它用于引用其他变量而不是用于存储数据。用于引用其他变量的变量称为**引用类型**（reference type），而用于存储数据的变量称为**值类型**（value type）。

指针的这两种用途提高了语言的可写性。例如，假如需要使用一种没有指针或动态存储的语言来实现诸如二叉树这样的动态数据结构。程序员必须提供并维护一个可以由并行数组实现的可用树节点池。同时，程序员还必须猜测所需节点的最大数量。显然，这是一种笨拙且容易出错的方式。

273 将在 6.11.6 节讨论的引用变量与指针密切相关。

6.11.1 设计问题

指针的主要设计问题如下：

- 指针变量的作用域和生存期是什么？
- 堆动态变量（指针引用的值）的生存期是什么？
- 是否限制指针所指向的值的类型？
- 指针是用于动态存储管理还是间接寻址，还是两者兼而有之？
- 语言应该支持指针类型还是引用类型，还是两者都应该支持？

6.11.2 指针运算

提供指针类型的语言通常包括两个基本的指针运算：赋值和去引用。赋值运算将指针变量的值设置为某个有用的地址。如果指针变量仅用于管理动态存储，则空间分配机制就通过运算符或内置子程序来初始化指针变量。如果指针用于非堆动态变量的间接寻址，就必须用显式运算符或内置子程序来获取变量的地址，然后再赋给指针变量。

表达式中的指针变量可以用两种不同的方式来解释。一方面，指针可解释为对它所绑定的内存单元内容的引用，在这种情况下指针就是地址。这也是表达式中的非指针变量的解释方式，虽然在这种情况下它的值可能并不是一个地址。另一方面，指针也可解释为对它所绑定的内存单元所指向的另一个内存单元的值的引用。这种情况下，指针是间接引用。前一种情况是正常的指针引用，后一种情况是指针**去引用**的结果。去引用是指针的第二种基本运算，它通过一级间接层次来引用。

指针去引用可以是显式的也可以是隐式的。在许多现代语言中，指针的去引用只在显式指定时发生。在 C++ 中，使用一元运算符星号（*）来指定指针的去引用操作。考虑这样一个指针去引用的例子：如果 ptr 是一个指针变量，它的值是 7080，而地址为 7080 的单元中存储的数据是 206，那么表达式

```
j = *ptr
```

会将 j 的值设置为 206。这个过程如图 6.8 所示。

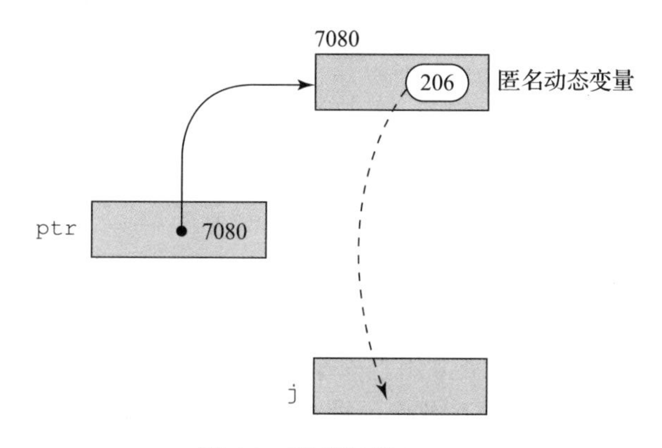

图 6.8　赋值运算 j=*ptr

当指针指向记录时，引用记录字段的语法因语言而异。在 C 和 C++ 中，有两种使用指向记录的指针来引用记录中的字段的方法。如果指针变量 p 指向含有 age 数据字段的记录，(*p).age 可用于指向 age 数据字段。运算符→用在指向记录的指针与该记录中的某数据字段之间，它将指针去引用和数据字段引用结合起来。例如，表达式 p→age 与 (*p).age 的效果就是相同的。

为管理堆而提供指针的语言必须包含显式存储分配操作。有时会用子程序指定存储分配，如 C 中的 malloc。在支持面向对象的程序设计语言中，常常用 **new** 运算符指定堆对象的存储分配。C++ 不提供隐式去分配的功能，它使用 **delete** 作为去分配运算符。

6.11.3　指针的相关问题

第一种包含指针变量的高级程序设计语言是 PL/I，在该语言中指针可指向堆动态变量和其他程序变量。PL/I 的指针非常灵活，但它们的使用可能会导致一些编程错误。其中一些错误在后来的程序设计语言中仍然存在。一些较新的程序设计语言，如 Java，已经用引用类型替代了指针，并利用其隐式内存去分配的机制缓解了指针的一些主要问题。引用类型实际上就是一个操作受限的指针。

6.11.3.1　空挂指针

空挂指针（dangling pointer）或**空挂引用**（dangling reference）是指向已经去分配的堆动

态变量的地址的指针。空挂指针的危险性有诸多原因。首先，它指向的内存空间可能已重新分配给新的堆动态变量。如果这个新变量的类型与原变量不同，空挂指针的类型检查就是无效的；即使新的动态变量仍然具有相同的类型，它的值也与原变量的值毫无关系。其次，若空挂指针用于更改堆动态变量的值，新的堆动态变量的值就会被销毁。最后，空挂指针指向的位置可能已经被内存管理系统临时使用，如用于指向一串可用的内存空间，那么此时修改它的值将导致内存管理出错。

274～275

在许多语言中，执行如下操作序列都可以创建空挂指针：

（1）创建一个新的堆动态变量，然后令指针 p1 指向它。

（2）将 p1 的值赋给指针 p2。

（3）对 p1 指向的堆动态变量进行显式去分配操作（例如设置 p1 的值为 nil），但是这个操作并没有改变 p2 的值。现在 p2 就是一个空挂指针。如果这个去分配操作没有改变 p1 的值，那么 p1 和 p2 就都是空挂指针（当然，这是一个别名问题，p1 和 p2 互为别名）。

例如，在 C++ 中可以进行如下操作：

```
int * arrayPtr1;
int * arrayPtr2 = new int[100];
arrayPtr1 = arrayPtr2;
delete [] arrayPtr2;
// 现在 arrayPtr1 是空挂指针，因为所指向的堆存储空间已被去分配。
```

在 C++ 中，arrayPtr1 和 arrayPtr2 现在都是空挂指针，因为 C++ 的 **delete** 运算符对于其运算分量指针的值没有影响。在 C++ 中，一个常用且安全的操作是在 **delete** 运算符的后面执行赋 0 操作，即把 0（代表“空”）赋给指针，以表示该指针指向的值已经被去分配。

请注意，动态变量的显式去分配是产生空挂指针的原因。

> **历史注记**
>
> Pascal 包含显式去分配运算符 dispose。dispose 可能会产生空挂指针，因此一些 Pascal 实现方案会忽略它。尽管这有效地防止了空挂指针的产生，但它也不允许重用程序不再需要的堆存储空间。前面讲过，Pascal 最初是用于教学的语言，而不是一种行业工具。

6.11.3.2　丢失的堆动态变量

丢失的堆动态变量（lost heap-dynamic variable）是指已分配了存储空间，但用户程序无法访问的堆动态变量。这样的变量常被称为**垃圾变量**（garbage），因为它们既不能发挥最初的用途，也不能重新分配以在程序中发挥新的用途。丢失的堆动态变量大都由以下操作产生：

（1）令指针 p1 指向一个新创建的堆动态变量。

（2）随后令指针 p1 指向另一个新创建的堆动态变量。

这时第一个堆动态变量就丢失或无法访问了。这一现象有时又被叫作**内存泄漏**（memory leakage）。无论语言使用显式还是隐式去分配操作，内存泄漏的问题都可能存在。后面的各节将研究语言的设计者如何解决空挂指针和堆动态变量的丢失问题。

276

6.11.4　C 和 C++ 中的指针

C 和 C++ 中的指针可以像汇编语言中的地址一样使用。这意味着它们非常灵活，但必须小心使用。这种设计没有提供空挂指针和堆动态变量丢失问题的解决方案。不过，C 和 C++ 可以进行指针运算，使这两种语言中的指针比其他语言中的指针更有吸引力。

无论变量被分配在何处，C 和 C++ 中的指针都可以指向这个变量。事实上，C 和 C++ 中的指针可以指向内存中的任何位置，无论该位置上是否有变量。这是此类指针的危险之一。

在 C 和 C++ 中，星号（*）运算符用于去引用，而和号（&）运算符用于获取变量的地址。例如下面的代码：

```
int *ptr;
int count, init;
. . .
ptr = &init;
count = *ptr;
```

变量 ptr 的赋值语句把 ptr 设置成 init 的地址。count 的赋值语句对 ptr 去引用，从而得到 init 所在位置的值，然后把它赋给 count。因此，这两个赋值语句的作用是将 init 的值赋给 count。注意指针的声明指定了它的作用域类型。

可将正确作用域类型变量中的任意内存地址赋给指针，也可以将 0 值也就是 nil 赋给指针。

以某些受限制的形式进行指针算术运算也是可行的。例如，如果 ptr 是一个指针变量并指向某个数据类型的变量，那么

```
ptr + index
```

是一个合法的表达式。它的语义并非简单地将 index 的值加到 ptr 上，而是先将 index 的值乘以 ptr 指向的数据所占用的内存单元的大小，再加到 ptr 上。例如，如果 ptr 指向一个占用 4 个内存单元的类型，就把 index 乘以 4 再加到 ptr 上。这种地址运算主要用于数组操作。下面的讨论只和一维数组相关。

277

在 C 和 C++ 中，所有的数组都用 0 作为数组下标的下界，不带下标的数组名表示数组中第一个元素的地址。针对下面的声明：

```
int list [10];
int *ptr;
```

考虑如下赋值：

```
ptr = list;
```

它把 list[0] 的地址赋给 ptr。赋值之后，下面的表述就是正确的：

- *(ptr+1) 与 list[1] 等价。
- *(ptr+index) 与 list[index] 等价。
- ptr[index] 与 list[index] 等价。

从这些表述可以清楚地看出，指针操作和下标索引操作具有同样的效果。此外，指向数组的指针可以通过下标索引来访问，就好像它也是数组名一样。

C 和 C++ 中的指针可以指向函数。这个特性用于将函数作为参数传递给另一个函数。指针还可以用于参数传递，参见第 9 章。

C 和 C++ 包含了 void * 类型的指针，它可以指向任何类型的值。它们实际上是通用指针。然而，void * 指针不存在类型检查的问题，因为这种指针的去引用是不被允许的。void * 指针的一个常见用法是作为在内存上操作的函数的参数类型。例如，假设我们需要

一个函数将一系列数据字节从内存中的一个位置移动到另一个位置。如果函数能够传递两个任意类型的指针，这个函数就将是最通用的。在函数中使用 void * 类型的形式参数是合法的，因为无论将什么类型的指针作为实际参数传递，函数都可以将它们转换为 char * 类型并执行操作。

6.11.5 引用类型

引用类型（reference type）变量和指针类似，但有一个重要的基本区别：指针指向内存中的地址，而引用则是引用内存中的对象或值。因此，虽然可以对地址进行算术运算，但不能对引用执行这种运算。

C++ 包含一个特殊的引用类型，它主要用于函数定义中的形式参数。C++ 引用类型变量是一个常量指针，它总是被隐式地去引用。因为 C++ 引用类型变量是常量，所以必须在其定义中用某个变量的地址进行初始化，初始化之后，引用类型变量就不能再被设置为引用其他任何变量。隐式去引用禁止给引用变量的地址值赋值。

278

在定义引用类型变量时，变量名之前需使用 & 符号。例如：

```
int result = 0;
 int &ref_result = result;
. . .
ref_result = 100;
```

在这段代码中，result 和 ref_ result 互为别名。

C++ 中的引用类型在函数定义中作为形式参数时，可以为施调函数和被调函数提供双向沟通。对于非指针基本参数类型，这是不可能的，因为 C++ 参数是按值传递的。将指针作为参数传递也可以实现双向沟通，但指针形式参数需要显式去引用，这会降低代码的可读性和安全性。在被调函数中引用参数的引用方式与其他参数完全一致。当形式参数是引用类型时，施调函数也无须说明对应的实际参数有什么特别之处。编译器传给引用参数的是地址而不是值。

为了满足比 C++ 更高的安全性要求，Java 的设计者完全移除了 C++ 风格的指针。与 C++ 中的引用变量不同，Java 引用变量不是常量，可以指向不同的类实例。所有的 Java 类实例都通过引用变量来引用。事实上。这也是 Java 引用变量的唯一用途。这些问题将在第 12 章进一步讨论。

请看如下代码，String 是一个 Java 标准类：

```
String str1;
. . .
str1 = "This is a Java literal string";
```

在这段代码中，str1 被定义为一个指向 String 类实例或对象的引用。它最初被设置为 null。随后的赋值语句将 str1 指向一个包含字符串 "This is a Java literal string" 的 String 对象。

由于 Java 类实例是隐式去分配的（Java 中没有显式去分配运算符），所以 Java 中不会有空挂引用。

C# 包含 Java 的引用和 C++ 的指针。但强烈建议不要使用指针。实际上，任何使用指针的子程序都必须加上 **unsafe** 标签。尽管引用指向的对象是隐式去分配的，但指针指向的对象并不是这样。C# 中包含指针只是为了允许 C# 程序与 C 或 C++ 程序交互。

在 Smalltalk、Python 和 Ruby 等面向对象语言中，所有变量都是引用。它们总是被隐式地去分配。而且，这些变量的直接值也都不能被访问。 279

6.11.6 评价

我们已经讨论过了空挂指针与垃圾变量的问题。堆管理的问题将在 6.11.7.3 节中讨论。

指针可以与 goto 语句相比。goto 语句拓宽了下一步可以执行的语句范围。而指针变量则拓宽了变量可以引用的内存空间的范围。Hoare（1973）曾说过“将指针引入高级语言是我们无法挽回的退步”，这也许是对指针最严厉的批评。

另一方面，指针在一些程序设计应用中是必不可少的。例如，在编写设备驱动程序时需要使用指针访问特定的绝对地址。

Java 和 C# 中的引用具备与指针相媲美的灵活性与能力，同时又避免了一些可能的危害。程序员是否愿意牺牲 C 和 C++ 中指针的强大功能，以换取引用所具备的更强的安全性，这还有待观察。C# 程序使用指针的程度将是衡量这一点的一个指标。

6.11.7 指针和引用类型的实现

在大多数程序设计语言中，指针用于堆管理。对于 Java 和 C# 中的引用，以及 Smalltalk 和 Ruby 中的变量来说也是如此，因此我们不应区别对待指针和引用。下面首先简单介绍指针和引用是如何在内部表示的，然后讨论空挂指针问题的两种可能解决方法，最后描述堆管理技术的主要问题。

6.11.7.1 指针和引用的表示

在大多数大型计算机中，指针和引用是存储在内存单元中的单个值。然而在以 Intel 微处理机为基础的早期微型计算机中，地址由两部分组成：地址段和偏移。因此，在这些系统中，指针和引用被实现为一对 16 位存储单元，每个存储单元用于存放地址的一部分。

6.11.7.2 空挂指针问题的解决方法

对于空挂指针问题，目前已有一些推荐的解决办法。其中，**墓碑法**（tombstone）在每个堆动态变量中加入一个叫作墓碑的特殊单元（Lomet, 1975）。墓碑本身是一个指向堆动态变量的指针。实际的指针变量只指向墓碑，而不指向堆动态变量。在去分配堆动态变量时，墓碑会被保留但被赋值为 `nil`，以表示堆动态变量不再存在。这种方法可以防止指针指向已经被去分配的变量。当引用一个指向 `nil` 墓碑的指针时，这一错误的引用会被检测到。 280

墓碑法在时间和空间上的花销都很大。因为墓碑永不释放，它们所占的内存也不会回收。每次通过墓碑访问堆动态变量，都需要多一级间接寻址，这在大多数计算机上需要额外的计算周期。显然，没有一个流行语言的设计者认为值得用这样的成本来换取安全性，因为没有流行语言使用墓碑。

替代墓碑的一种方法是在 UW-Pascal（Fischer 和 LeBlanc, 1977, 1980）的实现中使用过的**锁–键法**（locks-and-keys approach）。在这个 UW-Pascal 的编译器中，指针值被表示为有序对（键值，地址），其中键值是整数值。堆动态变量被表示为变量的存储空间加上一个用于存储整数锁值的头部单元。当为堆动态变量分配内存空间时，会创建一个锁值，并将其存放在堆动态变量的锁单元以及 new 语句所指定的指针的键值单元中。每次访问去引用指针时，都要比较指针的键值与堆动态变量的锁值。如果它们匹配，则访问是合法的；否则，访问将被视为运行时错误。在复制指针时，必须也复制键值。因此，任何数量的指针都可以引用给定的堆动态变量。当使用 `dispose` 对堆动态变量进行去分配操作时，其锁值也将被清理并被设置为一个非法锁值。因此，如果去引用一个不是由 `dispose` 指定的指针，它的地址值仍然完好，但键值与锁值将不再匹配，因此这样的访问将不被允许。

当然，空挂指针问题最好的解决方法是禁止程序员对堆动态变量进行去分配操作。如果程序不能显式地对堆动态变量进行去分配操作，就不会存在空挂指针的问题。为此，运行时系统必须在堆动态变量不再有用时，对其隐式地进行去分配操作。LISP 系统一直是这样做的，Java 和 C# 也都用这个方法处理引用变量。回想一下，C# 的指针并不包括隐式去分配操作。

6.11.7.3　堆管理

堆管理可能是一个非常复杂的运行时过程。我们分两种不同的情况研究这个过程：一种情况是所有堆存储单元都以同一大小为单位进行分配和去分配，另一种情况是堆存储单元的大小可变。注意，对于存储空间的去分配过程，我们只讨论隐式方法。我们的讨论简短而不全面，因为对这些过程及其相关问题的透彻分析并不是一个语言设计问题，而是一个实现问题。

（1）大小固定的存储单元

最简单的情况是所有的分配和去分配操作都对固定大小的存储单元进行。如果每个存储单元都包含一个指针，情况就更加简单了。这是许多 LISP 实现的场景，其中存储空间的动态分配问题首次大规模出现。所有 LISP 程序和大多数 LISP 数据都包含链表形式的存储单元。

281

在大小固定的分配堆空间中，使用单元中的指针将所有可用的存储单元连接起来，形成一个可用空间的链表。分配的操作很简单，当需要存储单元时，就从这个表中取得所需数量的存储单元。去分配的操作过程则复杂得多。由于多个指针可以指向同一个堆动态变量，因此很难判断程序何时不再使用该变量。仅仅是一个指针与某个存储单元断开连接，显然并不会使得该存储单元变成垃圾，因为此时可能仍有其他指针指向该存储单元。

LISP 程序中几个最频繁的操作会产生一些程序不会再访问的存储单元，此时它们需要被去分配（退回可用空间的列表）。LISP 的一个基本设计目标是确保由运行时系统负责回收不再使用的存储单元，而不是由程序员负责回收。这个目标给 LISP 的实现者留下了一个基本的设计问题：应在何时执行去分配操作？

垃圾收集有几种不同的方法。其中两种最常见最传统的方法在某种程度上是截然相反的。**引用计数器**（reference counter）是其中一种方法，该方法在无法访问的内存被创建时增加其回收计数；**标记清除**（mark-sweep）是另外一种方法，该方法仅在可用空间的列表为空时才回收内存。这两种方法有时分别称作**急切方法**（eager approach）和**惰性方法**（lazy approach），这两种方法还衍生出许多变体。但本节只讨论基本的过程。

内存回收中的引用计数法在每个存储单元中维护一个计数器，它存储了当前指向该存储单元的指针数量。当指针和存储单元断开连接时，计数器在执行递减操作的同时会嵌入一个检查引用计数器是否为 0 的操作。如果引用计数器是 0，就表示没有指针指向这个存储单元，这就意味着该存储单元成为垃圾，可以被放回可用空间的列表。

引用计数器方法有三个不同的问题。第一，如果存储单元相对较小，则计数器所需的空间很大。第二，维护计数器的值显然需要占用一些运行时间。每次指针的值改变时，指针以前指向的存储单元的计数器都需要减 1，而指针现在指向的存储单元的计数器都需要加 1。在像 LISP 这样的语言中，几乎每个动作都需要改变指针，维护计数器的值所需的运行时间就占程序总执行时间的很大一部分。当然，如果指针的改变并不十分频繁，就不存在这样的问题。使用**延迟引用计数**（deferred reference counting）方法可以在一定程度上缓解引用计数器的低效问题，这种方法避免了将引用计数器用于某些指针。第三，当存储单元连接成环时也会产生问题。在环形列表中，每个存储单元的引用计数器值都至少是 1，所以它们都无法被放回到可用空间的列表中。该问题的一种解决方法可以在（Fricdman 和 Wise, 1979）中找到。 282

引用计数器方法的优点是它在本质上是递增的。它的操作与应用程序的操作交织在一起，不会在应用程序的运行过程中造成太严重的延迟。

垃圾收集时原始的标记清除过程如下：运行时系统根据需求分配内存，并在需要时断开指针与存储单元的关联，而不考虑内存重用（允许垃圾堆积），直到它分配了所有可用的存储单元。此时，标记清除过程开始收集残留在堆上的垃圾。为了便于处理，每个堆存储单元都有一个额外的指示符位或指示字段供垃圾收集算法使用。

标记清除的过程有三个不同的阶段。首先，堆中的每个存储单元都设置了指示器，以指示哪些存储单元是垃圾。当然，这个假设只对一些存储单元是正确的。第二步，即标记阶段，是最困难的一步。程序中的每个指针都跟踪到堆中，将所有可访问的存储单元都标记为不是垃圾。然后执行第三阶段，即清除阶段：堆中没有标记为仍在使用的存储单元都被放回到可用空间的列表中。

为了说明算法如何标记当前还在使用的存储单元，我们给出了标记算法的一个简单版本。假定所有堆动态变量或堆存储单元都由一个信息部分、一个名为 `marker` 的标记部分、两个分别名为 `llink` 和 `rlink` 的指针组成。这些存储单元用于构建从任意节点开始均最多只有两条边的有向图。标记算法将遍历图中的所有生成树，标记找到的所有存储单元。像其他的图遍历算法一样，标记算法也使用递归。

```
for every pointer r  do
    mark(r)

void mark(void  * ptr) {
    if (ptr != 0)
      if (*ptr.marker is not marked) {
        set *ptr.marker
        mark(*ptr.llink)
        mark(*ptr.rlink)
      }
}
```

图 6.9 展示了上述过程在给定有向图中的运行示例。这个简单的标记算法需要占用大量的存储空间（因为需要栈来支持递归）。Schorr 和 Waite（1967）提出了一种不需要额外栈空间的标记过程。他们的方法在追踪链接结构时反转指针。然后，当到达列表末尾时，该过程可以跟随指针返回结构。 283

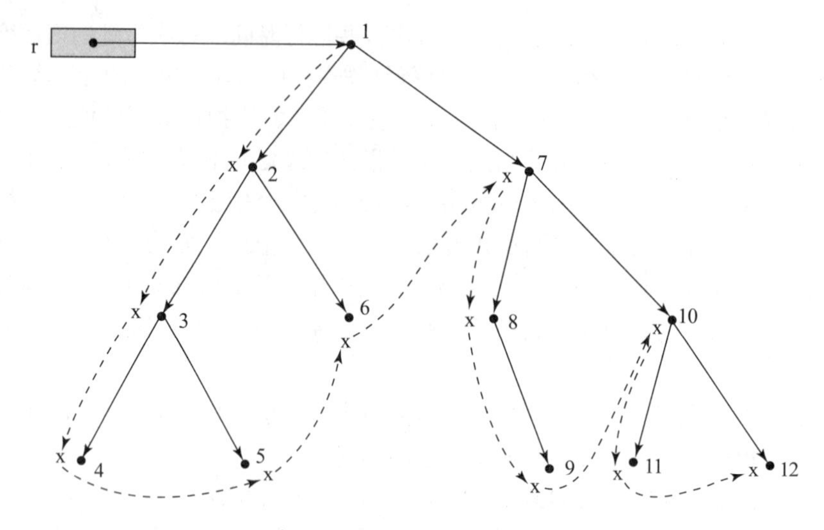

虚线表示标记节点的顺序

图 6.9　标记算法的运行示例

原始版本的标记清除过程最严重的问题是执行的机会太少——只有当程序使用了所有或几乎所有的堆存储单元时，才执行该过程。在这种情况下，标记清除过程将耗费更长时间，因为大多数单元格必须被跟踪并标记为当前正在使用，这会导致在应用程序运行中出现明显的延迟。此外，这个过程可能只产生少量可放回可用空间列表的存储单元。这个问题已经在逐步改进中得到了解决。例如，**增量标记清除**（incremental mark-sweep）垃圾回收的执行更加频繁，在内存消耗完之前就进行垃圾回收，使得该方法在回收存储空间的数量方面更为有效。此外，每次运行该过程所需的时间明显缩短，从而减少应用程序执行过程中的延迟。另一种替代方法是在不同的时间对部分（而不是全部）内存执行标记清除。该方法与增量标记清除方法一样，相对于原始版本的方法也有显著改进。

使用 Suzuki（1982）中描述的指针旋转和滑动操作，可以使标记清除方法中的标记算法以及引用计数器方法的过程更加高效。

（2）可变大小存储单元

管理一个分配了可变大小存储单元[㊀]的堆，不仅会面临与管理固定大小存储单元相同的困难，还会面临一些其他的问题。大多数程序设计语言都需要可变大小存储单元。管理可变大小存储单元所引起的额外问题取决于所使用的方法。如果使用标记清除方法，就会出现下列问题：

284

- 想通过初始设置堆中所有单元的指示器以指示它们是垃圾是很困难的。因为存储单元的大小不同，扫描它们就是一个问题。一种解决方法是要求每个存储单元的第一个字段存放存储单元的大小。这样扫描就可以进行了，尽管它比固定大小单元上的相同操作需要更多的空间和时间。
- 标记过程很重要。如果没有在存储单元中预先定义指向它的指针的位置，那么如何从指针开始跟踪链表？完全不包含指针的存储单元也是一个问题。在每个存储单元中加

㊀ 这些存储单元有不同的大小是因为它们是抽象的存储单元，它们存储变量的值而不是变量类型。此外，变量还可以是结构化类型。

入一个内部指针并由运行时系统在后台维护，就可以解决这个问题。但这个后台维护内部指针的过程增加了程序运行的空间和时间开销。

- 维护可用空间的列表是另一个开销的来源。列表最初可以只有一个存储单元，它包含所有的可用空间。请求内存空间只会减小这个存储单元的大小，收回的存储单元则会添加到列表中。问题在于，不久后这个列表就会变成一个包含许多不同大小的内存块的长列表。这会降低内存分配的速度，因为请求存储空间时需要在列表中寻找足够大的内存块。最终，这个列表会由很多非常小的块组成，它们对大多数请求来说不够大。这时，需要将相邻的内存块重新组合为较大的内存块。为了缩短搜索时间，也可以使用列表中第一个足够大的内存块，但这要求列表按照内存块的大小排序。无论是哪种方法，维护这个表都有额外的开销。

如果使用引用计数器，前两个问题可以避免，但可用空间列表的维护问题依然存在。

要全面研究内存管理问题，请参阅 Wilson（2005）。

6.12 可选类型

在编程中常常会出现一种情况：需要指明某个变量当前没有值。一些早期的程序设计语言使用零作为数值变量的空值。这种方法无法区分零值变量何时表示值为零，何时表示没有值。一些较新的语言提供了这样一种数据类型，它既可以具有正常值，也可以具有特殊值以表示其变量没有值。具有此功能的变量被称为**可选类型**（optional type）变量。C#、F# 和 Swift 等语言都直接支持可选类型。

C# 的变量有两大类：值和引用类型。引用类型是类，本质上也是可选类型。null 值表示引用类型没有值。值类型都是结构类型，可以声明为可选类型，这允许它们的值为 null。类型名后面加上问号（?）可以将变量声明为可选类型，例如

```
int? x;
```

285

为了确定变量是否具有正常值，可以将其与 null 进行比较，如

```
int? x;
. . .
if(x == null)
   Console.WriteLine("x has no value");
else
   Console.WriteLine("The value of x is: {0}", x);
```

Swift 中的可选类型与 C# 中的类似，只是空值名为 nil，而不是 null。上述代码的 Swift 版本为：

```
var Int? x;
. . .
if x == nil
  print("x has no value")
else
  print("The value of x is: \(x)")
```

6.13 类型检查

在讨论类型检查时，运算分量和运算符的概念被推广到包括子程序和赋值语句。子程序

可以被看作是运算符，它们的参数就是运算分量。赋值符号则可以被看作二元运算符，目标变量和表达式是它的运算分量。

类型检查（type checking）是确保运算符的运算分量是兼容类型的过程。**兼容**（compatible）类型是指运算分量的类型对运算符合法，或根据语言规则允许将编译器生成的代码（或解释器）隐式转换为合法的类型，这个自动转换被称为**强制类型转换**（coercion）。例如，在 Java 中将一个 `int` 变量和一个 `float` 变量相加，`int` 变量的值会被强制转换成 `float` 类型，然后执行浮点数加法运算。

类型错误（type error）是指运算符所操作的运算分量的类型不合适。例如，在 C 的初始版本中，如果把 `int` 类型的值传递给想要接收 `float` 类型值的函数，就会发生类型错误（因为该语言的编译器不检查参数的类型）。

如果在一种语言里，变量对类型的绑定都是静态的，那么类型检查几乎总是能够静态地进行。动态类型绑定需要在程序运行期间进行类型检查，这称为**动态类型检查**（dynamic type checking）。

包括 JavaScript 和 PHP 在内的一些语言只允许进行动态类型检查，因为它们是动态类型绑定的。在编译期进行类型检查比在运行时要好，因为错误改正得越早，所花的代价就越少。静态类型检查的代价是降低了程序员操作的灵活性，可能会导致一些技巧无法使用。不过，现在人们普遍认为，编程中的这类技巧容易出错，也会降低程序的可读性。

286

当语言允许在程序运行的不同时刻在同一个内存单元中存储不同类型的值时，类型检查就变得复杂了。这样的内存单元可以由 C 和 C++ 中的联合，以及 ML、Haskell 和 F# 中的判别式联合来创建。在这些情况下，如果要进行类型检查，类型检查就必须是动态的，并且要求运行时系统维护这些内存单元中当前值的类型。因此，在 C++ 这样的语言里，即使所有变量的类型绑定都是静态的，静态类型检查时也不一定能发现所有类型错误。

6.14　强类型

在 20 世纪 70 年代所谓的“结构化程序设计改革”中，一个著名的语言设计思想是**强类型**（strongly typed）。强类型被广泛认为是一种非常有价值的语言特性。但遗憾的是，它的定义通常并不严格，甚至经常未经定义就在计算机文献中使用。

如果一种程序设计语言总是检测到类型错误，那么它就是**强类型**语言。这要求在编译期或是运行时确定所有运算分量的数据类型。强类型的重要性体现在它能够检查所有导致类型错误的变量误用。强类型语言还允许在运行时检查那些可以存放不同类型数据的变量的类型错误。

C 和 C++ 不是强类型语言，因为它们包含不进行类型检查的联合类型。

ML 是强类型语言，即使一些函数参数的类型可能在编译期不能确定。F# 也是强类型语言。

尽管 Java 和 C# 是基于 C++ 的，但它们几乎也是强类型语言。尽管显式类型转换可能会导致类型错误，但由于没有隐式类型转换，所以类型错误总是能被检测出来。

语言中的强制类型转换规则对类型检查的结果有很大的影响。例如，Java 中的表达式是强类型的。然而，算术运算符的运算分量分别是浮点类型和整型时，这一算术表达式是合法的。此时先把整型运算分量的值强制转换为浮点类型，然后再执行浮点运算，这通常是程序员的做法。可是，这种强制类型转换也会失去强类型的一个优势——错误检测。例如，假设程序设置了整型变量 a 和 b，以及浮点型变量 d。现在程序员想打印 a+b，但错写成了 a+d，编译器就无法检测出这个错误。a 的值会被简单地强制转换为浮点型。由此可见，强类型的价值被强制类型转换削弱了。像 C 和 C++ 那样使用了较多强制类型转换的语言，不如像 ML 和 F# 那样没有强制类型转换的语言可靠。Java 和 C# 中的赋值类型强制转换仅仅是 C++ 的一半，因此它们的错误检测优于 C++，但仍没有达到 ML 和 F# 的效果。第 7 章将详细讨论强制类型转换问题。 287

6.15 类型等价

类型兼容性的思想是在引入类型检查问题时提出的。兼容性规则规定了每个运算符可接受的运算分量类型，从而明确了可能的类型错误[⊖]。这些规则之所以被称为兼容性规则，是因为在有些情况下，编译器或运行时系统可以隐式地将运算分量的类型转换为运算符可接受的类型。

对于预定义的标量类型，类型兼容性规则简单而严格。但对于结构化类型，例如数组、记录以及一些用户自定义类型，兼容性规则就要复杂得多。这些类型的强制转换是很少见的，所以其问题不是类型兼容性，而是类型等价。如果不使用强制类型转换，表达式中某一类型的运算分量也可以由另一类型的运算分量替换，那么这两种类型就是**等价**（equivalent）的。类型等价是一种严格的类型兼容——不使用强制类型转换的兼容。这里的核心问题是如何定义类型等价。

类型等价规则的设计是很重要的，因为它影响到数据类型及其数据类型上的运算的设计。对于这里讨论的类型，预定义运算极少。两个变量类型等价的最重要的结果可能是两者可以互相为对方赋值。

定义类型等价有两种方法：有名类型等价和结构类型等价。**有名类型等价**（name type equivalence）意味着两个变量如果在同一个声明语句中定义，或使用相同类型名声明，则它们类型等价。**结构类型等价**（structure type equivalence）意味着两个变量的类型如果具有相同的结构，则它们类型等价。这两种方法都有很多的变体，很多程序设计语言也会组合使用它们。

有名类型等价很容易实现，但限制较大。在严格的解释下，一个属于整数子范围类型的变量和一个整数类型的变量就不是类型等价的。例如，假设 Ada 使用严格的有名类型等价，那么以下的 Ada 程序中：

```
type Indextype is 1..100;
count : Integer;
index : Indextype;
```

变量 count 和 index 就不是类型等价的，这两个变量不能互相赋值。

结构化类型或者用户自定义类型通过参数在子程序之间传递时，会出现有名类型等价的另一个问题。这种类型只能全局性地定义一次。子程序不能在本地声明这种形式参数的类型。这也是 Pascal 早期版本的一个问题。 288

注意，要使用有名类型等价，所有类型都必须有名字。大多数程序设计语言允许用户定

⊖ 类型兼容性也是子程序调用中的实际参数和子程序定义中的形式参数之间的关系问题。这个问题将在第 9 章进行叙述。

义没有名字的匿名类型。如果一种语言使用了有名类型等价，那么编译器必须隐式地给这些类型指定内部名字。

结构类型等价比有名类型等价更灵活，但实现起来更困难。对于有名类型等价，判断等价只要比较两个类型名即可。但对于结构类型等价，必须比较两个类型的整个结构。这种比较有时并不简单，例如像链表那样需要引用自身类型的数据结构。还有一些其他的问题，例如，如果两个记录（或 struct）的结构相同而字段名不同，它们是否类型等价？如果两个一维数组类型具有相同的元素类型，但下标范围分别为 0..10 和 1..11，那么在允许声明语句设置数组下标下界的语言中，这两个一维数组是否类型等价？如果两个枚举类型具有相同数量的成员但这些成员的字面量拼写不同，它们是否类型等价？

结构类型等价的另一个问题在于，它不允许区分具有相同结构的各个类型。例如，考虑下面这个类似 Ada 语言的声明：

```
type Celsius = Float;
     Fahrenheit = Float;
```

从结构类型等价的角度看，这两个类型的变量是类型等价的，因而在表达式中可以混用。但在上面的例子中，这并不是我们想要的结果，因为类型名不同意味着它们并不等价。一般来说，名字不同（但结构相同）的类型可能意味着它们是对不同问题值的数据抽象，所以也不应视为类型等价。

Ada 使用了一种限定形式的有名类型等价，但提供了两种类型结构：子类型和派生类型，从而避免了有名类型等价的相关问题。**派生类型**（derived type）是一种新类型，它基于以前定义的类型，虽然它们拥有完全相同的结构但并不等价。派生类型从它的父类型中继承了所有的属性。考虑如下例子：

```
type Celsius is new Float;
type Fahrenheit is new Float;
```

尽管这两个派生类型的结构完全相同，但它们并不等价。同时，它们与其他任何浮点类型也不等价。字面量不遵循这一规则。类似 3.0 这样的字面量一般是实数类型，并与任何浮点类型等价。派生类型也可以包含父类型的范围约束，并继承父类型的所有运算。

289

Ada 的**子类型**（subtype）是对已有类型进行范围约束而得到的类型。子类型与父类型等价。例如在下面的声明中：

```
subtype Small_type is Integer range 0..99;
```

类型 Small_type 与类型 Integer 是等价的。

注意，Ada 的派生类型和它的子范围类型差异很大。例如下面的类型声明：

```
type Derived_Small_Int is new Integer range 1..100;
subtype Subrange_Small_Int is Integer range 1..100;
```

Derived_Small_Int 类型的变量和 Subrange_Small_Int 类型的变量取值范围相同，都继承了 Integer 类型中的运算。但 Derived_Small_Int 类型的变量与 Integer 类型不兼容。另一方面，Subrange_Small_Int 类型的变量与 Integer 类型的常量和变量以及子类型都是兼容的。

Ada 非受限数组类型的变量使用了结构类型等价。考虑下面的类型声明和两个对象声明：

```
type Vector is array (Integer range <>) of Integer;
Vector_1: Vector (1..10);
Vector_2: Vector (11..20);
```

虽然两个对象有不同的名称和下标范围，但它们的类型是等价的，因为对于非受限数组类型的对象，使用的是结构类型等价，而不是有名类型等价。这两个类型都包含10个元素，元素的类型都是 Integer，所以它们是类型等价的。

对于受限匿名类型，Ada 使用严格限制的有名类型等价形式。考虑下面受限匿名类型的声明：

```
A : array (1..10) of Integer;
```

在这个例子中，编译器为 A 指定了一个匿名的唯一类型，但这个类型不能被程序访问。如果还声明了：

```
B : array (1..10) of Integer;
```

那么 A 和 B 都是匿名的。尽管它们在结构上相同，但是它们之间存在区别，所以不是类型等价的。多重声明：

```
C, D : array (1..10) of Integer;
```

290

生成两个匿名类型来分别用于 C 和 D，它们不等价。该声明实际上应被视为以下两个声明：

```
C : array (1..10) of Integer;
D : array (1..10) of Integer;
```

注意 Ada 中的有名类型等价比本节开始时定义的有名类型等价更加严格。如果把代码写成：

```
type List_10 is array (1..10) of Integer;
C, D : List_10;
```

那么 C 和 D 是类型等价的。

有名类型等价在 Ada 中很有效，部分原因是除匿名数组外的所有类型都要求有类型名（匿名数组由编译器指定内部名字）。

Ada 的类型等价规则比那些有许多强制类型转换的语言更加严格。例如，Java 中加法运算符的两个运算分量可以是该语言中几乎任何数值类型的结合，实施运算时只需要把一个运算分量转换为另一个运算分量的类型即可。但在 Ada 中，算术运算符的运算分量没有强制类型转换。

C 使用名字和结构类型等价。每一个 struct、enum 和 union 的声明都会创建一个不与其他任何类型等价的新类型。所以，结构体、枚举和联合类型使用有名类型等价，其他非标量类型则使用结构类型等价。如果数组类型中的元素类型相同，那它们就是等价的。此外，如果数组的大小是固定的，它就与其他大小相同的数组等价，同时也与没有固定大小的数组等价。注意 C 和 C++ 中的 typedef 并不引入新的类型，它只为已有的类型定义新名字。所以，任何用 typedef 定义的类型都与它的父类型等价。C 中结构体、枚举和联合使用有名类型等价的一个例外是，如果两个结构体、枚举或联合在不同的文件中定义，则会使用结构类型等价。允许在不同文件中定义的结构体、枚举和联合等价，是有名类型等价规则的一个漏洞。

C++ 与 C 相似，但定义在不同文件中的结构体和联合不再是有名类型等价规则的特例。

在 Fortran 和 COBOL 这种不允许用户定义和命名类型的语言中，显然不能使用有名类型等价。

诸如 Java 和 C++ 这种面向对象的语言带来了另一种类型兼容问题，即对象兼容性以及它与继承结构之间的关系，这将在第 12 章中讨论。

第 7 章将讨论表达式中的类型兼容性问题，第 9 章将讨论子程序参数的类型兼容性问题。

291

6.16 理论和数据类型

类型理论涉及数学、逻辑学、计算机科学和哲学等多个学科。它在 20 世纪早期始于数学，后来成为逻辑学中的标准工具。对类型理论的一般性讨论必然是复杂、冗长和高度抽象的。即使仅限于计算机科学，类型理论都包括很多复杂的主题，如类型化的 λ 演算、连接符、有界量词的元理论、存在类型以及高阶多态性等。所有这些话题都远远超出了本书的讨论范围。

在计算机科学中，类型理论有两个分支：实用的和抽象的。前者主要研究商业程序设计语言中的数据类型；后者主要研究类型化的 λ 演算，这是过去半个世纪理论计算机科学家广泛研究的领域。本节仅仅简要介绍程序设计语言中数据类型的数学形式。

数据类型定义了一组值以及这些值上的一组运算。**类型系统**（type system）是一组类型以及这些类型在程序中的使用规则。显然，每种类型化的程序设计语言都定义了一个类型系统。每种语言的类型系统的形式模型都由一组类型和一组函数组成，这些函数定义了该语言的类型规则，这些规则用来决定表达式的类型。描述类型系统规则（即属性文法）的形式化系统参见第 3 章。

属性文法的另一个替代模型使用一个类型映射和一组与文法规则无关的函数来指定类型规则。类型映射类似于指称语义中的程序状态，它包含一组有序对，每个有序对的第一个元素都是一个变量名，第二个元素是它的类型。使用程序中的类型声明创建类型映射。在静态类型语言中，类型映射只需要在编译时维护，尽管它会在编译器分析程序时改变。如果动态执行任何类型检查，则必须在执行期维护类型映射。在编译系统中，类型映射被具体实现为一个主要由词法和语法分析器所构建的符号表。动态类型有时通过值或者对象所附带的标签来维护。

如前文所述，数据类型是值的集合，数据类型中的元素通常是有序的。例如，所有枚举类型的元素都是有序的。然而，数学概念上的集合元素并不需要有序。尽管有这个差异，集合运算还是能在数据类型上使用以描述新的数据类型。程序设计语言的结构化数据类型通过类型标识符，或是与集合运算相对应的构造函数来定义。下面将简要介绍这些集合运算和类型构造函数。

292

有限映射是一个从有限的值集合（域集）到范围集之中的值的函数。有限映射在程序设计语言中为两种不同的类型建模：函数类型和数组类型，虽然在某些语言中函数并不是类型。所有语言都包含数组，它是根据从数组下标到数组元素的映射函数定义的。对于传统的数组，这个映射很简单——即从整数值映射到数组元素的地址；对于关联数组，该映射由一个描述散列运算的函数定义。这个散列函数把关联数组的键值（通常是字符串[⊖]）映射到数组

⊖ 在 Ruby 中，关联数组的键值不需要是字符串，它可以是任意类型。

元素的地址上。

集合 S_1、S_2、…、S_n 的笛卡尔积或叉积是 $S_1 \times S_2 \times \cdots \times S_n$。笛卡尔积所得的集合中的每一个元素都包含每个集合中的一个元素，所以 $S_1 \times S_2 = \{(x, y) \mid x$ 来自集合 S_1 而 y 来自集合 $S_2\}$。例如，如果 $S_1=\{1, 2\}$, $S_2=\{a, b\}$，那么 $S_1 \times S_2=\{(1, a), (1, b), (2, a), (2, b)\}$。笛卡尔积定义了数学上的元组，元组是 Python、ML 和 F# 中的一种数据类型（见 6.5 节）。笛卡尔积还可以为记录或结构建模，虽然并不准确。笛卡尔积的元素没有名字，但记录需要名字。例如，下面是使用 C 语言编写的结构体：

```
struct intFloat {
  int myInt;
  float myFloat;
};
```

这个结构体定义了 int×float 的笛卡尔积类型，元素名是 myInt 和 myFloat。

两个集合 S_1 和 S_2 的并集定义为 $S_1 \cup S_2=\{x \mid x$ 是 S_1 中的元素或 x 是 S_2 中的元素 $\}$。如 6.10 节所述，集合的并集是对联合数据类型的建模。

在数学中，子集是通过提供一个元素必须遵守的规则来定义的。它们是 Ada 中子类型的模型，但并不完全准确，因为 Ada 中的子类型必须包含父类型集合中的连续元素。而数学概念上集合元素是无序的，所以这个模型并不完美。

注意，用类型运算符定义的指针（如 C 中的 *）不是用集合运算来定义的。

关于数据类型形式化的讨论就此结束，这也意味着关于数据类型的讨论到此为止。 293

小结

语言的数据类型在很大程度上决定了语言的风格和用途。数据类型和控制结构构成了语言的核心。

大多数命令式语言的基本数据类型包括数值、字符和布尔型。数值类型通常由硬件直接支持。

用户自定义的枚举类型和子范围类型在使用上非常方便，提高了程序的可读性和可靠性。

数组是大多数程序设计语言的一部分。访问函数中给出了数组元素的引用和该元素的地址之间的关系，这是映射的一种实现方式。数组可以是静态的，如 C++ 数组定义可以使用 static 修饰符；可以是固定栈动态的，如在 C 语言函数中未使用 static 修饰符；可以是固定堆动态的，如 Java 中的对象；还可以是堆动态的，如 Perl 中的数组。大部分语言都只支持对完整数组的一部分操作。

大部分程序设计语言现在都有记录类型。记录类型中的字段可以通过很多种方式指明。以 COBOL 为例，可在不指明所有包含字段的记录的情况下引用记录的字段，但这会影响实现，并降低代码的可读性。在一些支持面向对象的语言中，记录由对象来支持。

元组类似于记录，但其元素没有命名。Python、ML 和 F# 都支持元组。

列表是函数式程序设计语言的重要类型，现在也包含在 Python 和 C# 中。

联合能使得同一个位置在不同时间存储多种不同类型的值。判别式联合包括一个记录当前类型值的标签。自由联合不包含这样的标签。除了 ML、Swift 和 F#，大部分拥有联合的语言都没有为其提供安全的设计。

使用指针可以灵活地寻址，并控制动态存储空间的管理。指针存在一些固有的危险性，例如很难避免空挂指针以及内存泄漏。

引用类型（如 Java 和 C# 中的引用）提供了堆管理功能，但它们不会有指针的危险性。

枚举和记录类型相对容易实现。数组也很简单，尽管当数组有多个下标时，访问数组元素的开销可能会比较大。访问函数需要为每个下标进行一次加法和一次乘法运算。

如果不考虑堆管理，指针的实现也是很容易的。如果所有内存单元的大小相同，堆管理也就很容易实现，但如果内存单元的大小是多样的，存储单元的分配与去分配则会相当复杂。

可选类型变量允许存储没有值的状态。这使得程序可以指示变量何时没有值。

强类型的概念要求必须检测出所有类型错误。强类型的价值在于可以提高程序的可靠性。

294

语言的类型等价规则决定了在语言的结构化类型中哪些操作是非法的。有名类型等价和结构类型等价是定义类型等价的两种基本方法。

类型理论在许多方面都有了长足发展。在计算机科学领域，类型理论的实用分支定义了程序设计语言中的类型和类型规则。集合论可以用来为程序设计语言中的大部分结构化数据类型建模。

文献注记

在数据类型的设计、使用以及实现等方面，有着极为丰富的相关文献。Hoare 在 Dahl et al.（1972）中为结构化类型给出了最早的系统定义。Cleaveland（1986）给出了对各种数据类型的一般性讨论。

Fischer 和 LeBlanc（1980）讨论了对 Pascal 数据类型可能存在的非安全性进行运行时检测。大多数关于编译器设计的书，如 Fischer 和 LeBlanc（1991）、Aho et al.（1986）都描述了数据类型的实现方法。其他一些程序设计语言的文档，如 Pratt 和 Zelkowitz（2001）、Scott（2009）也都给出了数据类型的实现方法。关于堆管理问题的详细讨论可在 Tenenbaum et al.（1990）中找到。垃圾回收方法由 Schorr 和 Waite（1967）、Deutsch 和 Bobrow（1976）开发。关于垃圾回收算法的全面讨论可在文献 Cohen（1981）以及 Wilson（2005）中找到。

复习题

1. 什么是描述符？
2. 小数数据类型具有什么优点和缺点？
3. 字符串类型的设计问题是什么？
4. 描述字符串长度的三种选择。
5. 给出序数类型、枚举类型和子范围类型的定义。
6. 用户定义的枚举类型有什么优点？
7. C# 中用户定义的枚举类型在哪些方面比 C++ 的枚举类型更可靠？
8. 数组有哪些设计问题？
9. 给出静态数组、固定栈动态数组、固定堆动态数组以及堆动态数组的定义。每种数组各有什么优点？

295

10. 在 Perl 中引用一个不存在的数组元素时，会发生什么？
11. JavaScript 是如何支持稀疏数组的？

12. 哪些语言支持负下标？
13. 哪些语言支持带步长的数组切片？
14. 什么是聚集常量？
15. 定义行优先顺序和列优先顺序。
16. 数组的访问函数是什么？
17. 在 Java 的数组描述符中，哪些是必不可少的？在什么时候（编译时或运行时）必须存储它们？
18. 关联数组的结构是什么？
19. COBOL 记录中级别数字的作用是什么？
20. 定义对记录中字段的全限定引用和省略引用。
21. 记录和元组的主要区别是什么？
22. Python 元组是可变的吗？
23. F# 元组模式的作用是什么？
24. 在哪些命令式语言中，列表用作数组？
25. Scheme 函数 `CAR` 的作用是什么？
26. F# 函数 `tl` 的作用是什么？
27. Scheme 的 `CDR` 函数用什么方式修改其参数？
28. Python 的列表解析以什么为基础？
29. 定义联合、自由联合和判别式联合。
30. F# 中的联合是判别式联合吗？
31. 指针类型的设计问题有哪些？
32. 指针的两个常见问题是什么？
33. 为什么在多数语言中指针必须严格指向单一类型变量？
34. C++ 引用类型是什么？它的用途是什么？
35. 就在 C++ 中作为形式参数而言，为什么引用变量比指针更好？
36. 相比于其他语言中的指针，Java 和 C# 中引用类型的变量有什么优点？
37. 描述垃圾回收机制中的惰性方法和急切方法。
38. 为什么在 Java 和 C# 的引用上执行四则运算没有意义？
39. 什么是类型兼容？
40. 定义类型错误。
41. 定义强类型。
42. 为什么 Java 不是强类型语言？
43. 非变换的类型转换是什么？
44. 哪些语言没有强制类型转换？ 296
45. 为什么 C 和 C++ 不是强类型语言？
46. 什么是有名类型等价？
47. 什么是结构类型等价？
48. 有名类型等价的主要优势是什么？
49. 结构类型等价的主要不足是什么？
50. C 中的什么类型使用结构类型等价？
51. 什么集合操作可以建模 C 的 `struct` 数据类型？

习题

1. 赞成和反对将布尔值表示为内存中单个二进制位的理由分别是什么？
2. 十进制值是如何浪费内存空间的？

3. VAX 微型计算机的浮点数使用了一种与 IEEE 标准不一样的格式，这种格式是什么？ VAX 计算机的设计者为何选择它？关于 VAX 浮点表示法可参考 Sebesta（1991）。
4. 从安全性和实现成本的观点出发，比较用于避免空挂指针的墓碑法与锁键法。
5. 指针隐式去引用只存在于某些语境中的缺点是什么？
6. 说明 Ada 的子类型和派生类型之间的所有区别。
7. C 和 C++ 中的→运算符有什么重要用途？
8. C++ 和 Java 中的枚举类型有哪些不同？
9. 多维数组可按照行优先顺序存储（如 C++）或按列优先顺序存储（如 Fortran）。对这两种储存方式下的三维数组编写相应的访问函数。
10. 在 Burroughs Extended ALGOL 语言中，矩阵被存储为指针的一维数组，这些指针指向矩阵的各行，而矩阵又被视为值的一维数组。这种方案的优缺点是什么？
11. 分析并写一份报告，对 C 中的 `malloc` 和 `free` 函数与 C++ 中的 `new` 和 `delete` 运算符进行比较。在比较中，将安全性作为主要考虑内容。
12. 分析并写一份报告，对使用 C++ 指针变量和 Java 引用变量访问固定堆动态变量进行比较。在比较中，将安全性和便利性作为主要考虑内容。

297

13. 写一份简短报告，讨论 Java 设计者决定不包含 C++ 指针的得失。
14. 与 C++ 需要的显式堆存储空间回收相比，赞成和反对 Java 的隐式堆存储空间回收的理由有哪些？请考虑实时系统。
15. 尽管在 Java 早期的几个版本中没有枚举类型，但 C# 仍要包含枚举类型的理由有哪些？
16. 对于 C# 中的指针，理想的使用程度是什么？如果指针并不是完全必要的，那么指针的使用频率将会如何？
17. 列出两个关于矩阵应用的清单，其中一个是关于锯齿形数组的，另一个则是关于矩形数组的。然后讨论一下，在程序设计语言中，是否应该只包含锯齿形数组，或只包含矩形数组，或两者都应包含？
18. 比较一下 C++、Java 和 C# 的类库处理字符串的能力。
19. 查阅 Gehani（1983）中给出的强类型定义，并将其与本章的定义比较。两者有什么不同？
20. 在什么情况下，静态类型检查优于动态类型检查？
21. 解释强制类型转换规则是如何削弱强类型所带来的好处的。

程序设计练习

1. 设计一组简单的测试程序，判断你用过的某个 C 编译器的类型兼容规则。将你的发现写成一份报告。
2. 判断你用过的某个 C 编译器是否实现了 `free` 函数。
3. 用一种可以执行下标范围检查的语言编写一个处理矩阵的程序，并从编译器中得到其汇编代码或机器指令的版本。查找出用于下标范围检查的指令数目，并与整个矩阵处理程序的指令总数对比。
4. 假设你有一个可以决定是否使用下标范围检查的编译器，写一个处理大型矩阵存取的程序并记录其运行时间。在使用和不使用下标范围检查的两种情况下运行程序，并比较两次运行的时间。
5. 用 C++ 写一个简单程序，检查枚举类型的安全性。该程序至少包含 10 种对枚举类型的不同操作，判断哪些不正确的操作是合法的。然后用 C# 编写这个程序，运行它并判断有多少不正确的操作是合法的。比较两者的结果。

298

6. 用 C++ 或 C# 写一个程序，该程序包含两个不同的枚举类型以及大量使用枚举类型的操作。同时，写一个只使用整型变量的具有相同功能的程序。比较两者的可读性，并预测两者可靠性的差异。
7. 写一个 C 程序，只使用下标对二维数组元素进行大量引用。再写一个程序，执行相同的操作，但在存储—映射函数中使用指针和指针算术对数组进行引用。比较这两个程序的效率（时间复杂度），哪个程序更可靠？为什么？

8. 编写一个 Perl 程序，其中使用散列和大量对散列的操作。例如，散列可以存储人员姓名和年龄。用一个随机数生成器产生含有三个字符的姓名和年龄，将其添加到散列中。当产生一个重复的名字时，则需要访问一次散列，但不向散列中添加新元素。重新写一个不使用散列的相同程序。比较这两个程序的执行效率，比较它们的编程难易度和程序的可靠性。
9. 自己选择一种语言写一个程序，要求当该语言使用名字等价或结构等价时，程序的表现不同。
10. 对于简单的赋值语句 A = B，哪些类型的 A 与 B 在 C++ 中合法但在 Java 中不合法？

299

表达式与赋值语句

正如标题所示，本章的主题是表达式和赋值语句。我们将首先讨论表达式的语义规则，它决定了表达式中运算符的运算顺序。接着将解释当函数存在副作用时，运算分量求值顺序可能带来的问题。然后讨论重载运算符（包括预定义和用户定义的重载运算符），以及它们在程序中对表达式的影响。接下来描述并评价混合方式表达式。进而讨论隐式与显式的加宽类型转换与狭类型转换的定义和评价。随后讨论关系表达式与布尔表达式，包括这类表达式中短路求值的过程。最后还将介绍包括表达式赋值和混合方式赋值在内的赋值语句，我们将从最简单的形式开始讨论，直至赋值语句的所有变体。

字符串的模式匹配表达式已在第 6 章作为字符串相关的内容被介绍过，故本章不再提及。

7.1 概述

表达式是程序设计语言中描述计算过程的基本手段。对程序员来说，理解他们所使用语言的表达式的语法和语义是至关重要的。我们在第 3 章已经介绍了一套用于描述表达式语法的形式化机制（BNF）。本章将讨论表达式的语义。

为了理解什么是表达式求值，需要熟悉运算符和运算分量的求值顺序。表达式的运算符求值顺序是由语言的结合律和优先级规则所决定的。虽然表达式的值有时还会取决于运算分量的求值顺序，但语言的设计者通常不会明确说明该顺序。因此，语言的实现者可以自由选择运算分量的求值顺序，而这可能导致同样的程序在不同的实现中得到不同的结果。其他一些与表达式语义相关的问题还包括类型不匹配、强制转换以及短路求值。

命令式程序设计语言的本质体现于赋值语句的主导地位。这些语句的目的是改变变量的值或程序的状态，而在这个过程中可能会产生副作用。因此，变量的概念是所有命令式语言中不可或缺的一部分，而这些变量的值会在程序的执行过程中发生变化。

函数式语言使用不同种类的变量，例如函数参数。这些语言中的声明语句把值绑定到名字上。这些声明类似于赋值语句，但没有副作用。

7.2 算术表达式

对一些数学、自然科学、工程领域中的算术表达式进行自动计算，是早期高级程序设计语言最基本的目标之一。在程序设计语言中，大多数算术表达式的特征都来源于在数学领域中形成的惯例。程序设计语言中的算术表达式由运算符、运算分量、括号和函数调用组成。运算符可以是**一元**的（unary），表示它只有一个运算分量；也可以是**二元**的（binary），表示它有两个运算分量；还可以是**三元**的（ternary），表示它有三个运算分量。

300 ~ 302

在大多数程序设计语言中，二元运算符是**中缀**（infix）的，即运算符出现在两个运算分量之间。但 Perl 语言是个例外，它有一些运算符是**前缀**（prefix）的，即运算符出现在两个运算分量之前。在 Scheme 和 LISP 中，所有运算符都是前缀的。大多数一元运算符都是前缀的，但在基于 C 的语言中 ++ 和 -- 运算符既可以是前缀的也可以是后缀的。

算术表达式用于描述一个算术计算。实现这样一个计算必将导致两种操作：取出运算分量（通常是从内存中取出），以及对这些运算分量执行算术运算。我们将在下文中研究算术表达式的一些常见设计细节。

以下是算术表达式的主要设计问题，本节将讨论这些问题：

- 运算符的优先级规则是什么？
- 运算符的结合律规则是什么？
- 运算分量的求值顺序是什么？
- 对运算分量求值的副作用是否存在约束？
- 语言是否允许用户自定义运算符重载？
- 表达式中允许什么类型混合？

7.2.1　运算符求值顺序

运算符的优先级与结合律规则决定了语言中运算符的求值顺序。

7.2.1.1　优先级

表达式的值至少在一定程度上取决于表达式中运算符的求值顺序。考虑下面的表达式：

```
a + b * c
```

假设变量 a、b、c 的值分别是 3、4、5。如果从左向右运算（即先加法后乘法），结果将是 35。若从右向左运算，结果则是 23。

数学家们在很早之前就建立了求值优先级层次的概念，将运算符放置于这样的优先级层次结构中，表达式的求值顺序就可以部分依赖于这一层次结构，而不是简单地按照从左向右或从右向左的顺序进行求值。例如，在数学中，乘法被认为比加法具有更高的优先级，这可能是由于乘法运算的复杂性更高。如果将这一惯例运用在上面的示例中，就会先执行乘法再执行加法，这与大多数程序设计语言中的规则是一致的。

303

运算符优先级规则（operator precedence rule）定义了表达式求值时不同优先级运算符的运算顺序。在语言的设计者眼中，表达式中运算符优先级规则建立在运算符优先级层次结构的基础上。在常见的命令式语言中，运算符优先级规则几乎是完全相同的，因为它们都源于数学上的规则。在这些语言中，幂运算的优先级最高（如果该语言提供这种运算的话），其次是相同优先级的乘法运算和除法运算，然后是相同优先级的二元加法运算和二元减法运算。

许多语言还包括一元加法和减法。一元加法被称为**恒等运算符**（identity operator），因为它通常不关联任何运算，对其运算分量也没有任何影响。Ellis 和 Stroustrup（1990, p.56）认为 C++ 中一元加法运算符的出现其实是历史的巧合，并且它毫无用处。很显然，一元减法会改变运算分量的符号。在 Java 和 C# 中，一元减法还会将 short 和 byte 类型的运算分量隐式地转换为 int 类型。

在所有常见的命令式语言中，一元减法运算符可以出现在表达式的开头，也可以出现在表达式内部的任意位置，但必须用括号将它和相邻的运算符分开。例如：

```
a + (- b) * c
```

是合法的，但

```
a + - b * c
```

通常是不合法的。

接下来，考虑以下表达式：

```
- a / b
- a * b
- a ** b
```

在前两个表达式中，一元减法运算符和二元运算符的优先级顺序无关紧要，因为两个运算符的求值顺序不影响表达式的值。但在第三个表达式中，运算符的优先级顺序会影响表达式的值。

在常见的程序设计语言中，只有 Fortran、Ruby、Visual Basic 和 Ada 有幂运算符。在这四种语言中，幂运算相对于一元减法具有更高的优先级，因此

```
- A ** B
```

等价于

304

```
-(A ** B)
```

在 Ruby 和基于 C 的语言中，算术运算符的优先级如下：

	Ruby	基于 C 的语言
最高优先级	**	后缀 ++、--
	一元运算符 +、-	后缀 ++、--、一元运算符 +、-
	*、/、%	*、/、%
最低优先级	二元运算符 +、-	二元运算符 +、-

运算符 ** 表示幂运算。运算符 % 有两个整型运算分量，所得的结果是第一个运算分量除以第二个运算分量得到的余数[㊀]。基于 C 的语言中的运算符 ++ 和运算符 -- 将在 7.7.4 节中介绍。

APL 是一种比较独特的语言，它只有一个单一的优先级，我们将在下一节中介绍。

优先级只给出了运算符求值顺序的一部分规则；而结合律也会对运算符求值顺序有一定的影响。

7.2.1.2　结合律

考虑以下表达式：

```
a - b + c - d
```

如果加法运算符与减法运算符的优先级相同，就像程序设计语言中那样，那么优先级规则不会对该表达式的运算符求值顺序进行任何规定。

当表达式中存在两个优先级相同的相邻运算符[㊁]时，**结合律规则**（associativity rule）会决定先执行哪个运算符。运算符既可以遵从左结合律，也可以遵从右结合律，这意味着当表达式中存在相同优先级的相邻运算符时，既可以先执行左边的运算符也可以先执行右边的运算符。

㊀ 在 C99 之前的版本中，运算符 % 在某些情形下是依赖于实现的，因为除法也依赖于实现。

㊁ 若两个运算符之间仅有一个运算分量，则称这两个运算符相邻。

常见语言的结合律是从左到右的，但幂运算符（如果语言支持的话）的结合律有时是从右向左的。在 Java 表达式

```
a - b + c
```

中，先执行左边的运算符。

305

在 Fortran 和 Ruby 中幂运算是右结合的，所以表达式

```
A ** B ** C
```

先执行右边的运算符。

在 Visual Basic 中，幂运算符（^）是左结合的。

下面是一些常见语言中的结合律规则：

语言	结合律规则
Ruby	左结合：*、/、+、- 右结合：**
基于 C 的语言	左结合：*、/、%、二元运算符 +、二元运算符 - 右结合：++、--、一元运算符 -、一元运算符 +

如 7.2.1.1 节所述，APL 中所有运算符都有相同的优先级。因此，在 APL 的表达式中，运算符的求值顺序完全由结合律决定，所有的运算符都是从右到左执行的。例如，表达式

```
A × B + C
```

先执行加法运算符，然后执行乘法运算符（× 是 APL 中的乘法运算符）。如果 A、B、C 的值分别是 3、4、5，则这个 APL 表达式的值为 27。

许多常用语言的编译器都利用了这样一个事实，即一些算术运算符具有数学结合律，这意味着结合律规则对仅包含这些运算符的表达式的值没有影响。例如，加法具有结合律，所以在数学中，表达式

```
A + B + C
```

的值与运算符的求值顺序无关。如果浮点数运算对于具有数学结合律的运算符也具有结合律，那么编译器就可以根据这一事实来进行一些简单的优化。特别是，如果允许编译器对运算符的求值重新排序，就可能为表达式求值生成执行速度稍快的代码。编译器通常会进行此类优化。

遗憾的是，在计算机里，浮点数表示法和浮点数的算术运算都只是近似于其数学上对应的操作（由于存储空间限制）。数学运算符具有结合律，并不意味着对应的浮点数运算也具有结合律。事实上，只有当所有的运算分量和中间结果都可以用浮点计数法精确地表示时，这个过程才具有精确的结合律。例如，在某些极端情况下，计算机中的整数加法就不具有结合律。考虑如下表达式：

306

```
A + B + C + D
```

其中 A 和 C 是很大的正数，B 和 D 是绝对值很大的负数。在这种情况下，B 和 A 相加不会造成溢出异常，但 C 和 A 相加就可能会溢出。同样，C 和 B 相加不会导致溢出，但 D 和 B 相加就可能会溢出。由于计算机中的算术限制，加法在这种情况下并不具有结合律。因此，如果

编译器对这些加法运算符重新排序，就可能会影响表达式的值。当然，如果知道变量的近似值，程序员就可以避免这一问题。程序员可以将表达式定义成两部分（在两个赋值语句中），确保不会发生溢出。然而，程序员很难注意到这种顺序依赖，因为这种溢出情况可能会以更加微妙的方式发生。

7.2.1.3　括号

程序员可以在表达式中加入括号以调整优先级和结合律规则。在表达式中，被括号括起来的部分的优先级要高于相邻的无括号部分。例如，尽管乘法的优先级比加法高，但表达式

```
(A + B) * C
```

会先执行加法运算，这在数学上是很自然的操作。在这个表达式中，只有完成了括号内子表达式的加法运算，才能得到乘法运算符的第一个运算分量。同理，7.2.1.2 节中的表达式可以写成

```
(A + B) + (C + D)
```

的形式以避免溢出。

若语言允许在算术表达式中使用括号，就可以省去所有的优先级规则，而只是简单地将所有运算符按从左到右或从右到左的顺序结合。程序员可以通过括号来获得想要的求值顺序。这种方法十分简单，因为程序的开发者和阅读者都不必记忆优先级或者结合律规则。但这一方案的缺点在于，它会使表达式的书写变得十分烦琐，同时也严重影响代码的可读性。不过 APL 的设计者 Ken Iverson 还是选择了这一方案。

7.2.1.4　Ruby 表达式

回想一下，Ruby 是一种纯粹的面向对象语言。也就是说，其中的每一个数据值（包括字面量）都是对象。Ruby 支持基于 C 的语言中所有的算术和逻辑运算。在表达式方面，Ruby 与基于 C 的语言的区别在于，所有的算术、关系和赋值运算符，以及数组索引、移进和位逻辑运算，都以方法的形式实现。例如，表达式 `a+b` 是对 `a` 所引用的对象调用 `+` 方法，此时 `b` 所引用的对象被作为参数传递给该方法。

307

把运算符实现为方法会导致一个有趣的结果，即它们可以被应用程序重写。因此，可以重定义这些运算符。虽然重写一些预定义类型的运算符通常没有什么用处，但正如我们将在 7.3 节中看到的那样，为用户定义的类型重写一些预定义运算符将非常有用，在一些语言中这可以通过运算符重载来实现。

在 C++ 和 Ada 中，运算符实际上是作为函数调用实现的。

7.2.1.5　LISP 表达式

与 Ruby 一样，LISP 中的所有算术和逻辑运算都由子程序完成。但 LISP 中的子程序必须被显式地调用。例如，要在 LISP 中描述 C 表达式 `a+b*c`，就必须写为如下表达式[⊖]：

```
(+ a (* b c))
```

在这个表达式中，`+` 和 `*` 都是函数名。

7.2.1.6　条件表达式

`if-then-else` 语句可以用于带条件的表达式赋值。例如，考虑下面的代码：

⊖ 当列表在 LISP 中被解释为代码时，第一个元素是函数名，其他元素是函数的参数。

```
if  (count == 0)
  average = 0;
else
  average = sum / count;
```

在基于C的语言中，这段代码可以被更方便地描述为包含条件表达式的赋值语句，其形式为：

表达式1？　表达式2：表达式3

其中，表达式1被解释为布尔表达式。如果表达式1的值为真，则整个表达式的值将是表达式2的值；否则，它将是表达式3的值。例如，上述 if-then-else 程序片段可以用如下包含条件表达式的赋值语句来替代：

```
average = (count == 0) ? 0 : sum / count;
```

308

其中，问号表示 then 子句的开始，冒号表示 else 子句的开始，这两个子句都是必不可少的。注意，条件表达式中的问号（?）是三元运算符。

在基于C的语言中，条件表达式可以在程序中任何可以使用其他表达式的地方使用。此外，Perl、JavaScript 和 Ruby 中也提供了条件表达式。

7.2.2 运算分量求值顺序

表达式有一个不常被讨论的设计特性就是运算分量求值顺序。表达式中的变量通过从内存中获取它们的值来计算。常量有时也是这样计算的。还有些时候，常量可能是机器语言指令的一部分，不需要从内存中读取。如果一个运算分量是带括号的表达式，就必须先执行它包含的所有运算符，之后才能将它的值当作运算分量来使用。

如果运算符的两个运算分量都没有副作用，则运算分量的求值顺序无关紧要。因此，我们只关心运算分量的计算有副作用时运算分量的求值顺序。

7.2.2.1 副作用

函数副作用（functional side effect）发生在函数更改它的参数或全局变量时。全局变量在函数外部声明，但可在函数中访问。

考虑如下表达式：

```
a + fun(a)
```

如果函数 fun 没有副作用（即不改变 a 的值），那么 a 和 fun(a) 这两个运算分量的运算顺序就不影响表达式的值。但是，如果函数 fun 会改变 a 的值，那么就有副作用。考虑这种情况：函数 fun 返回 10，并将其参数的值改成 20。假设有如下代码：

```
a = 10;
b = a + fun(a);
```

在表达式求值时如果先获取 a 的值，那么它的值就是 10，表达式的求值结果是 20。但是如果先计算第二个运算分量，则第一个运算分量就会变为 20，整个表达式的结果将会是 30。

下面的C程序描述了类似的问题，其中的函数 fun1 改变了表达式中的一个全局变量：

```
int a = 5;
int fun1() {
```

309

```
    a = 17;
    return  3;
  }   /* end of fun1 */
  void  main() {
    a = a + fun1();
  }   /* end of main */
```

函数 main 中最终得到的 a 值与表达式 a+fun1() 的运算顺序有关。如果先为 a 求值，那么 a 的值将为 8，如果先为函数求值，那么 a 的值将为 20。

请注意，数学中的函数不存在副作用，因为数学中没有变量的概念。函数式程序设计语言也是如此。数学以及函数式程序设计语言中的函数比命令式语言中的函数更容易推理和理解，因为它们的上下文与它们的含义无关。

对于运算分量求值顺序问题和副作用的问题，有两种可能的解决方案。在第一种方案中，语言的设计者可以禁止函数副作用，以防止函数计算影响表达式的值；在第二种方案中，在语言的定义中可以明确表达式中运算分量的运算顺序，并要求语言的实现者按该顺序实现语言。

在命令式语言中，禁止函数副作用是比较困难的，这会降低程序员编程的灵活性。例如，C 和 C++ 语言中只有函数，这意味着所有的子程序都只能返回一个值。为了消除参数双向传递带来的副作用，但又必须让子程序能够向外传递多个值，就需要将这些向外传递的值都放在一个结构体中，然后将这个结构体作为函数的返回值。同时，还必须禁止在函数中访问全局变量。但在对效率要求很高的情形下，使用全局变量以避免参数传递是提高程序执行速度的一种重要方法。例如，编译器对符号表等数据进行全局访问是很普遍的。

严格限制求值顺序还存在一个问题，即编译器使用的一些代码优化技术会改变运算分量的求值顺序。当涉及函数调用时，必须禁止这些优化方法的使用，以保证原有的求值顺序。在实际的语言设计中，目前还没有完美的解决办法。

Java 语言规定的运算分量求值顺序是从左向右，从而避免了本节所讨论的问题。

7.2.2.2　引用透明性和副作用

引用透明性的概念与函数副作用有关，并受其影响。如果程序中任意两个具有相同值的表达式能够在程序中的任意位置互换，且不影响程序的运行，那么就称这个程序具有**引用透明性**（referential transparency）。引用透明的函数的值完全取决于其参数[⊖]。下面的例子说明了引用透明和函数副作用的关系：

310

```
result1 = (fun(a) + b) / (fun(a) - c);
temp = fun(a);
result2 = (temp + b) / (temp - c);
```

如果 fun 函数没有副作用，则 result1 和 result2 的值将相等，因为赋值给它们的表达式是等效的。但如果函数 fun 有副作用，比如它会把 b 或 c 加 1，那么 result1 将不等于 result2。也就是说，副作用影响了程序的引用透明性。

引用透明的程序有几个优点。其中最重要的一点是，这种程序的语义比那些引用不透明的程序的语义更容易理解。从可理解性的角度看，引用透明使得程序中的函数等价于数学函数。

⊖ 此外，函数的值也不能依赖于参数的求值顺序。

使用纯函数式语言编写的程序是引用透明的，因为程序中没有变量。纯函数式语言中的函数不能有状态，因为状态需要被存放在局部变量中。如果这样的函数需要用到来自函数外部的值，这个值也必须是常量，因为在函数式语言中没有变量。也就是说，函数值仅依赖于它的参数值。

关于引用透明性，我们将在第 15 章中进一步讨论。

7.3 重载运算符

算术运算符通常有多种用途。例如，+ 通常用来表示整数加法和浮点数加法。在诸如 Java 的一些语言中，它也用来拼接字符串。运算符具有多种用法的现象叫作**运算符重载**（operator overloading）。一般情况下，只要不降低可靠性和可读性，运算符重载就是可接受的。

运算符重载可能会带来危险。作为二元运算符，C++ 中的 & 用来表示按位与的逻辑运算。但作为一元运算符时，它的意义是完全不同的。此时，它的运算分量只有一个变量，表达式的值是该变量的地址。在这种情况下，& 被称作取地址运算符。例如，如下语句

```
x = &y;
```

311

将 y 的地址放入 x。& 的多用途会导致两个问题。首先，两个完全无关的运算符使用相同的符号，这会降低程序的可读性。其次，如果错误地漏掉了按位与运算符的第一个运算分量，编译器是无法发现这个错误的，因为编译器会将该运算符解释为一个取址运算符，这种错误很难被诊断。

几乎所有的程序设计语言都有一个不太严重但相似的问题。由于减号运算符的重载，编译器不能判断这个运算符是一元的还是二元的[⊖]。当减号运算符用作二元运算时，如果漏掉了第一个运算分量，编译器同样不会发现这个错误。好在一元减号运算符和二元减号运算符的意义很接近，所以可读性未受太大影响。

一些支持抽象数据类型的语言（参见第 11 章）允许程序员进一步重载运算符，如 C++、C# 和 F# 等。例如用户想要定义整型标量和整型数组之间的 * 运算符，以表示数组中的每个元素都与该标量相乘。这样的运算符可以通过编写一个名为 * 的函数子程序来定义，并由该函数子程序执行这一操作。当重载运算符被调用时，编译器将根据运算分量的类型选择运算符的正确含义，就像调用语言定义的重载运算符一样。例如，如果在 C# 程序中定义了这样一个 * 运算符，那么只要 * 的左运算分量是一个整数而右运算分量是一个整型数组，C# 的编译器就会使用这个新的定义。

合理使用用户定义的运算符重载机制可以提高程序的可读性。例如，如果矩阵抽象数据类型的 + 和 * 被重载，而 A、B、C、D 是矩阵类型的变量，就可以用

```
A * B + C * D
```

替代

```
MatrixAdd(MatrixMult(A, B), MatrixMult(C, D))
```

另一方面，用户定义的运算符重载也可能会降低可读性。首先，用户可以把 + 定义为

⊖ ML 为减缓该问题为一元和二元减号运算符使用了不同的符号。~ 为一元减号运算符，- 为二元减号运算符。

乘法。而且，在程序中看到 * 运算符时，读者必须找出其运算分量的类型和这个运算符的定义才能确定其含义。而它们可能会被定义在其他文件中。

此外，还要考虑利用不同组织或团队所创建的模块来构建软件系统的过程。如果其他组织或团队以不同的方式重载了相同的运算符，显然在系统整合之前需要消除这些差异。312

C++ 有几个运算符是不能重载的。包括类或结构体成员运算符（.）和作用域解析运算符（::）。有趣的是，运算符重载是少数几个没有从 C++ 复制到 Java 的特征之一，但 C# 支持运算符重载。

用户定义的运算符重载的实现将在第 9 章中讨论。

7.4　类型转换

类型转换分为狭转换和加宽转换。**狭转换**（narrowing conversion）将值转换为一个甚至无法存储原始类型值的近似值的类型。例如，在 Java 中将 `double` 类型的值转换为 `float` 类型，就是狭类型转换，因为 `double` 的取值范围比 `float` 大得多。而**加宽转换**（widening conversion）将值转换为一个至少可包含原始类型值的近似值的类型。例如，在 Java 中将 `int` 类型的值转换为 `float` 类型，就是加宽类型转换。加宽转换几乎总是安全的，因为转换后值的近似大小保持不变。而狭转换并不总是安全的，因为转换后值的大小可能会发生变化。例如，在 Java 程序中将浮点数 1.3E25 转换为整数，所得结果与原来的值就没有任何关系。

虽然加宽类型转换通常是安全的，但可能会降低精度。在很多语言的实现中，虽然整数到浮点数的转换是一个加宽转换，但可能会丢失一些精度。例如，在很多情况下，整数是用 32 个二进制位来存储的，其精度至少是 9 位数字。如果浮点数也用 32 个二进制位来存储的话，其精度就只有 7 位数字（部分空间用于存储指数）。也就是说，整数到浮点数的加宽类型转换会损失 2 位精度。

非基本类型的强制类型转换当然会更加复杂。第 5 章已经讨论了数组和记录类型赋值兼容的复杂性。另外一个问题是，当方法具有什么样的参数类型和返回值类型时，才允许重载超类中的方法？是只有类型相同时才允许，还是在其他一些情况下也允许？这个问题，以及基于子类型的子类的概念将在第 12 章中讨论。

类型转换可以是显式的，也可以是隐式的。下面分别讨论这两种类型转换。

7.4.1　表达式中的强制转换

在设计算术表达式时需要做出决策：运算符是否可以有不同类型的运算分量。允许运算符有不同类型运算分量的表达式是**混合方式表达式**（mixed-mode expression），支持这种表达式的语言必须定义运算分量隐式类型转换的规则，因为计算机中没有接受不同类型运算分量的二元运算符。在第 5 章中曾经提到过，强制类型转换（coercion）被定义为由编译器或运行时系统执行的隐式类型转换。程序员显式请求的类型转换称为显式转换（cast），而不是强制转换。313

虽然有些运算符符号可能会重载，但我们假设，对于语言中定义的每个运算分量类型和运算符，计算机系统都会在硬件上或是在某种层次的软件模拟中提供操作[⊖]。对于使用静态类

⊖ 这一假设在一些语言中并不成立。本节将给出一个示例。

型绑定的语言中的重载运算符，编译器会根据运算分量的类型选择正确的操作类型。如果运算符的两个运算分量类型不同且在该语言中是合法的，编译器就必须选择其中一个运算分量进行强制类型转换，并生成强制类型转换的代码。在接下来的讨论中，我们将介绍几种常用语言中强制类型转换的设计方案。

对于算术表达式中的强制类型转换问题，语言设计者们的意见并不一致。那些反对大范围使用强制类型转换的人认为，这种转换可能导致可靠性问题，因为它们削弱了类型检查的益处。而支持大范围使用强制类型转换的人则认为，限制这种转换会降低灵活性。问题是，这类错误究竟应该由程序员来关注，还是应该由编译器负责检测。

举一个简单的例子，考虑如下 Java 代码：

```
int a;
float b, c, d;
. . .
d = b * a;
```

假设乘法运算符的第二个运算分量本应是 c，但被误写为了 a。因为混合方式表达式在 Java 中是合法的，所以编译器不会认为这是一个错误，而只会生成代码将 int 类型运算分量 a 的值强制转换为 float 类型。但如果混合方式表达式在 Java 中不合法，那么编译器就会检测到类型错误。

允许使用混合方式表达式会削弱这类错误的检测能力，所以 F#、Ada 和 ML 都不允许使用混合方式表达式。例如，它们不允许在表达式中混合使用整数类型和浮点数类型的运算分量。

大多数其他常用语言对混合方式算术表达式没有限制。

基于 C 的语言中有一些整数类型比 int 类型更小，Java 中的 byte 和 short 也是如此。无论调用何种运算符，所有这些类型的运算分量都会被强制转换为 int 类型。因此，虽然数据可以存储在这些类型的变量中，但在转换为更大类型之前不能对其进行任何操作。例如，考虑以下的 Java 代码：

```
byte  a, b, c;
. . .
a = b + c;
```

b 和 c 的值都会被强制转换为 int 类型，然后执行 int 类型的加法。之后，再把结果转换回 byte 类型并存储在 a 中。考虑到现代计算机的内存容量较大，除非必须存储大量 byte 和 short 类型的数据，否则没有必要使用这两种类型。

历史注记

PL/I 为实现表达式的灵活性所做的努力，可以作为强制类型转换过多使用所带来的危险性和代价的范例。在 PL/I 中，算术运算符允许一个运算分量是字符串变量而另一个运算分量是整数。在运行时，扫描字符串可以得到一个数值。如果恰好含有一个小数点，就会假定该值为浮点数类型。于是另一个运算分量会被强制转换为浮点数类型，最终的运算结果也是浮点数。这种强制类型转换策略的代价很高，因为类型检查和类型转换都必须在运行时进行。它还削弱了检测程序员在表达式中所犯错误的可能性，因为二元运算符可以将两个任意类型的运算分量结合在一起。

314

7.4.2 显式类型转换

大多数语言都提供一些显式类型转换（包括加宽转换和狭转换）的功能。在某些情况下，显式狭类型转换使对象原有的值产生较大变化时，就会生成警告信息。

在基于C的语言中，显式类型转换被称作 cast。在实施这种类型转换时，需要将转换后的类型放在待转换表达式之前的括号中，例如：

```
(int)angle
```

之所以要用括号把类型名称括起来，是因为C语言中存在一些使用两个单词的类型名，例如长整型 long int。

ML 和 F# 中的显示类型转换使用与函数调用一样的语法。例如在 F# 中有：

```
float(sum)
```

7.4.3　表达式错误

表达式求值过程中可能会出现许多错误。如果语言要求静态或动态类型检查，运算分量的类型错误就不会发生。我们已经讨论过表达式中的强制转换导致的错误。其他类别的错误是计算机算术的局限性和算术本身的局限性造成的。最常见的错误是运算的结果无法在内存单元中存储。根据结果偏大或偏小，这种错误分别被叫作上溢或下溢。算术上有不允许除以0的限制，但这种在数学上不合法的事在程序中并不能完全避免。

浮点数上溢、下溢和除0都是运行时错误的例子，这类错误有时叫作**异常**（exception）。我们将在第14章讨论允许程序检测和处理异常的语言工具。

315

7.5　关系表达式和布尔表达式

除了算术表达式，程序设计语言还支持关系表达式和布尔表达式。

7.5.1　关系表达式

关系运算符（relational operator）是比较两个运算分量的值的运算符。关系表达式包含两个运算分量和一个关系运算符。关系表达式的值是布尔型的，除非语言中不包含布尔类型。关系运算符经常重载各种类型。决定关系表达式真假的操作取决于运算分量的类型。这种操作可以很简单（如运算分量是整型时），也可以很复杂（如运算分量是字符串时）。通常，可用于关系运算符的运算分量类型包含数值类型、字符串和枚举类型。

在某些程序设计语言中，用于判断相等和不等的关系运算符的语法是不同的。例如，在基于C的语言中使用 != 表示不等，Fortran95+ 使用 .NE. 或 <>，ML 和 F# 则使用 <>。

> **历史注记**
>
> Fortran I 的设计者使用英文缩写来表示关系运算符，因为在设计 Fortran I 的时代（20世纪50年代中期），穿孔卡片还没有包含符号 > 和 <。

JavaScript 和 PHP 有两个额外的关系运算符 === 和 !==，它们类似于 == 和 !=，但是禁止强制转换运算分量的类型。例如，表达式：

```
"7" == 7
```

在 JavaScript 中返回真，因为当字符串与数字分别是关系运算符的两个运算分量时，字符串会被强制转换为数字。但表达式：

```
"7" === 7
```

则返回假，因为字符串运算分量不会被强制转换类型。

Ruby 使用 == 表示使用强制类型转换的相等关系运算符，使用 `eql?` 表示不使用强制类型转换的相等关系运算符。而 Ruby 中的 === 运算符则只在 `case` 语句的 `when` 子句中使用，这将在第 8 章中讲述。

关系运算符的优先级始终低于算术运算符，因此在表达式：

```
a + 1 > 2 * b
```

中，先对算术表达式求值然后才进行关系比较。

7.5.2 布尔表达式

布尔表达式由布尔变量、布尔常量、关系表达式和布尔运算符组成。布尔运算符一般包含逻辑与 AND、逻辑或 OR 和逻辑非 NOT 三种，有时还包括异或和等价。布尔运算符通常只接受布尔类型的运算分量，包括布尔变量、布尔字面量和关系表达式，最终得到布尔类型的值。 316

在布尔代数中，OR 和 AND 运算符必须有相同的优先级。但在基于 C 的语言中，AND 的优先级比 OR 高。这也许是源于 AND 与乘法以及 OR 与加法之间毫无根据的关联性，即 AND 的优先级总比 OR 高。

算术表达式可以是关系表达式的运算分量，而关系表达式又可以是布尔表达式的运算分量，因此这三类运算符必须有不同的优先级。

在基于 C 的语言中，算术运算符、关系运算符、布尔运算符的优先级如下：

最高优先级　　后缀 ++、--
　　一元 +、一元 -、前缀 ++、--!、
　　*、/、%
　　二元 +、二元 -
　　<、>、<=、>=
　　=、!=
　　&&
最低优先级　　||

C99 之前的 C 语言版本相对于其他流行的命令式语言来说有些特别，因为它们没有布尔类型，也没有布尔值，它们用数值表示布尔值。在使用标量变量（数值或字符）和常量来代替布尔运算分量时，0 表示假，非 0 表示真。布尔表达式的计算结果是整数，0 代表假，1 代表真。在 C99 和 C++ 中，算术表达式也能被当作布尔表达式来使用。

C 语言关系表达式的设计会导致一个奇怪的结果，即如下表达式是合法的：

```
a > b > c
```

由于 C 语言的关系运算符是左结合的，所以首先对最左边的关系运算符进行求值操作并得到 0 或 1。然后，再将这个值与变量 `c` 进行比较。在这个表达式中，不会比较 `b` 与 `c`。

包括 Perl 和 Ruby 在内的一些语言提供了两套二元逻辑运算符，其中 `&&` 和 `and` 表示逻

辑与，|| 和 or 表示逻辑或。&& 和 and（以及 || 和 or）之间的区别是字母拼写的版本优先级更低。此外，and 与 or 的优先级相同，但 && 的优先级却比 || 高。

317

把基于 C 的语言中的非算术运算符都包括进来，会得到 40 多个运算符和至少 14 种不同的优先级，这清晰地反映了在这些语言中运算符的丰富性和表达式的复杂度。

正如第 6 章所述，可读性要求语言应该包括布尔类型，而不能只是简单地在布尔表达式中使用数值类型。如果使用数值类型作为布尔运算分量，一些错误就无法被检测到，因为无论是有意地还是无意地，任何数值表达式都是布尔运算符的合法运算分量。在其他命令式语言中，如果将非布尔表达式用作布尔运算符的运算分量，就会检测到该错误。

7.6　短路求值

表达式的**短路求值**（short-circuit evaluation）是指表达式的运算结果在对所有运算分量和运算符求值之前就已确定。例如，对于下述的算术表达式：

```
(13 * a) * (b / 13 - 1)
```

如果 a=0，则表达式的值与 (b/13-1) 的值无关，因为对于任意 x 均有 0*x=0。也就是说，当 a=0 时，不需要对 (b/13-1) 求值，也无须再执行第二个乘法。然而，在程序执行过程中找出这种可快捷执行的算术表达式是比较困难的，因此算术表达式从不使用短路求值。

对于下述的布尔表达式：

```
(a >= 0) && (b < 10)
```

如果 a<0，则表达式的值与 (b < 10) 无关，因为无论 b 取何值，(False && (b<10)) 的值都为假。也就是说，当 a<0 时，不需要对变量 b、常量 10 以及第二个关系表达式求值，也无须再执行 && 运算。不同于算术表达式，布尔表达式中这种可短路求值的情形在程序执行过程中很容易被发现。

为了说明在布尔表达式中不进行短路求值可能导致的问题，我们假设 Java 不进行短路求值。使用 while 语句可以编写一个表查找的循环。假设包含 listlen 个元素的 list 是要搜索的数组，key 是要搜索的值，一段简单的用于表查找的 Java 代码如下：

```
index = 0;
while ((index < listlen) && (list[index] != key))
  index = index + 1;
```

如果布尔表达式的求值不是短路求值，则无论第一个表达式的值是什么，都要计算 while 语句中布尔表达式的两个关系表达式。这样的话，如果 key 不在 list 中，程序将由于下标越界的异常而终止。这是由于当循环执行至 index==listlen 时会引用 list[listlen]，而 list 下标的上界为 listlen-1。

318

如果语言提供了布尔表达式的短路求值，那么短路求值的使用就不会导致这一问题。在前面的例子中，短路求值方法会对 AND 运算符的第一个运算分量求值，如果第一个运算分量为假，则会跳过第二个运算分量。

如果语言提供了布尔表达式的短路求值，而表达式中又有副作用，那么可能会发生一些不易察觉的错误。假设表达式中的某个部分有副作用，而表达式的短路求值又导致存在副作用的部分不被求值。也就是说，只有完整地对整个表达式求值，副作用才会体现。如果程序的正确执行恰好又依赖于这个副作用，那么短路求值就会导致严重的错误。例如，在下面的 Java 表达式中：

```
(a > b) || ((b++) / 3)
```

只有 `a<=b` 时 `b` 的值才会改变（在第二个算术表达式中执行）。如果程序员假设执行期间每一次对表达式求值时都会改变 `b` 的值（程序的正确性取决于这种改变），这个程序就会出错。

在基于 C 的语言中，`AND` 和 `OR` 运算符通常被记作 `&&` 和 `||`，它们都会进行短路求值。然而，这些语言也包含按位的 AND 和 OR 运算符（分别记为 `&` 和 `|`），这两个符号也可用于布尔值的运算分量，但不会进行短路求值。当然，只有当所有的运算分量都被限定为 `0`（表示假）或 `1`（表示真）时，按位的运算符才相当于通常的布尔运算符。

Ruby、Perl、ML、F# 和 Python 中所有的逻辑运算符都会短路求值。

7.7 赋值语句

如前所述，赋值语句是命令式语言的核心结构之一。它提供了一种机制，使得用户可以动态地改变值与变量的绑定。下面将首先讨论最简单的赋值操作，然后描述多种可供选择的功能。

7.7.1 简单赋值

目前使用的几乎所有程序设计语言都使用等号作为赋值运算符。在这些语言中，表示相等的关系运算符都必须与等号不同，以免与赋值运算符混淆。

319

ALGOL 60 率先使用了 := 作为赋值运算符，以避免混淆赋值运算符和相等关系运算符。Ada 也使用了这一赋值运算符。

关于如何在语言中使用赋值，有很多不同的设计选择。在诸如 Fortran 和 Ada 等语言中，赋值操作只能作为一个独立的语句出现，赋值操作的结果被限制为一个单独的变量。当然，也有很多不同的做法。

7.7.2 条件赋值

Perl 允许在赋值语句上根据条件来指定赋值目标。例如

```
($flag ? $count1 : $count2) = 0;
```

等价于

```
if ($flag) {
  $count1 = 0;
} else {
  $count2 = 0;
}
```

7.7.3 复合赋值运算符

复合赋值运算符（compound assignment operator）是描述常用赋值形式的一种简写方法。使用这种技术可以简化赋值的形式，其目标变量也作为右侧表达式中的第一个运算分量出现，正如

```
a = a + b
```

复合赋值运算符是由 ALGOL 68 引入的，后被 C 语言采用但形式稍有不同。它已成为 Perl、JavaScript、Python、Ruby 以及其他基于 C 的语言的一部分。这些赋值运算符的语法是将所需的二元运算符和 = 运算符连接起来。例如

```
sum += value;
```

等价于

```
sum = sum + value;
```

320 支持复合赋值运算符的语言对大多数二元运算符都有相应的复合赋值形式。

7.7.4 一元赋值运算符

在基于 C 的语言、Perl 以及 JavaScript 中，有两种独特的一元算术运算符，它们事实上是缩写的赋值语句。它们将递增、递减操作与赋值结合起来。用于递增的 ++ 运算符和用于递减的 -- 运算符既可用于表达式，也可用于构建独立的单运算符赋值语句。它们可以作为前缀运算符用在运算分量之前，也可以作为后缀运算符用在运算分量之后。对于赋值语句：

```
sum = ++ count;
```

首先 count 的值递增 1，然后再赋给 sum。这个操作也可以表述为：

```
count = count + 1;
sum = count;
```

如果相同的运算符用作后缀运算符，例如：

```
sum = count ++;
```

则 count 会首先被赋值给 sum，然后才递增。它等效于下面的语句：

```
sum = count;
count = count + 1;
```

下面是一个使用一元递增运算符的完整赋值语句的例子：

```
count ++;
```

其作用是让 count 增加 1。虽然看起来不像是赋值操作，但它确实是一条赋值语句。它与下面的语句等价：

```
count = count + 1;
```

当两个一元运算符作用于同一个运算分量时，结合律是从右向左。例如：

```
- count ++
```

首先 count 的值递增 1，然后才取负值。因此它等价于：

```
- (count ++)
```

而不是

321
```
(- count) ++
```

7.7.5 赋值表达式

在基于 C 的语言、Perl 以及 JavaScript 中，赋值语句会产生一个结果，这个结果的值与赋给目标变量的值相同。这意味着赋值语句可以被用作表达式或是其他表达式中的运算分量。这种设计使得赋值运算符与其他二元运算符非常相似，只不过它会对运算符左边的运算分量产生副作用。例如，C 语言中常常有这样的语句：

```
while ((ch = getchar()) != EOF) { ... }
```

在这个语句中，使用 getchar 获得从标准输入文件（通常是键盘）中输入的下一个字符，并将它赋值给变量 ch。然后将 ch 的值与常量 EOF 进行比较，如果 ch 不等于 EOF，则执行复合语句 {…}。注意，这里的赋值语句必须放在括号中，因为在允许将赋值语句看作表达式的语言中，赋值运算符的优先级低于比较运算符。如果没有括号，就会首先将新读入的字符与 EOF 进行比较，然后再将比较的结果（0 或 1）赋给 ch。

允许将赋值语句作为表达式中的运算分量也会有缺点，它会导致另一种表达式副作用。这种副作用会使表达式难以阅读和理解，有任何一种副作用的表达式都会有这样的缺点。这样的表达式不能被理解为数学意义上的表达式（在数学上表达式是一个数值的表示），它实际上是一系列有着奇怪执行顺序的执行序列。例如，表达式

```
a = b + (c = d / b) - 1
```

表示指令

```
Assign d / b to c
Assign b + c to temp
Assign temp - 1 to a
```

注意，将赋值运算符当作一般的二元运算符，就可以对多个目标变量赋值。例如：

```
sum = count = 0;
```

首先将 count 赋值为 0，然后再把 count 的值赋给 sum。这种多目标赋值在 Python 中也是合法的。

在 C 语言赋值操作的设计中，损失了错误检查能力，而这又常常导致程序出错。例如，假设程序员写下这样的代码：

```
if (x = y) ...
```

而不是：

```
if (x == y) ...
```

322

编译器检查不出这种很容易犯的错误。编译器本应检查关系表达式的值，却检查了赋给 x 的值（在本例中就是 y 的值）。这其实是两个设计决策的结果：允许赋值运算符像普通二元运算符一样工作，以及使用两个非常相似的运算符 = 和 == 来表达完全不同的意思。这是 C 和 C++ 程序缺乏安全性的另一个例子。注意，Java 和 C# 的 if 语句中只允许使用布尔表达式，因此这样的问题不会出现。

7.7.6 多重赋值

包括 Perl 和 Ruby 在内的几种比较新的程序设计语言都提供多目标多源的赋值语句。比

如，在 Perl 中可以有：

```
($first, $second, $third) = (20, 40, 60);
```

其语义是把 20、40、60 分别赋给 $first、$second、$third。如果需要互换两个变量的值，可以通过单个赋值语句来完成，例如：

```
($first, $second) = ($second, $first);
```

可以在不使用临时变量（至少不需要程序员负责创建和管理临时变量）的前提下正确地交换 $first 和 $second 的值。

除了左右没有括号之外，Ruby 中多重赋值的最简形式的语法类似于 Perl。Ruby 中包含多重赋值的一些更详细的版本，这里不再讨论。

7.7.7　函数式程序设计语言中的赋值

纯函数式语言中使用的所有标识符以及其他函数式语言中使用的一些标识符只是值的名字。因此，它们的值从不改变，例如，在 ML 中，val 声明语句将名字绑定到数值上，它的形式如下所示：

```
val cost = quantity * price;
```

如果 cost 出现在下一个 val 声明的左边，就会为名字 cost 创建一个新的版本，它与原来的 cost 没有任何关系，原来的 cost 被隐藏起来了。

F# 有一个使用 let 保留字的类似声明语句。F# 中的 let 与 ML 中的 val 的区别在于 let 会创建一个新的作用域，而 val 不会。事实上，val 声明通常嵌套在 ML 的 let 结构中。let 和 val 将在第 15 章讨论。

323

历史注记

首次实现 C 语言的 PDP-11 计算机具有自动递增和自动递减寻址模式，它们是 C 的递增和递减运算符用作数组下标时的硬件版本。由此可以推测，这些 C 运算符的设计基于 PDP-11 的体系结构。但这种猜测是错误的，因为 C 运算符是从 B 语言继承而来的，B 语言在第一个 PDP-11 出现之前就已经被设计出来了。

7.8　混合方式赋值

混合方式表达式已经在 7.4.1 节中进行了讨论。通常，赋值语句也是混合方式的。混合方式赋值的设计问题是：表达式的类型是否必须与被赋值变量的类型一致？或者说，强制类型转换可以在某些类型不匹配的情况下使用吗？

C、C++ 和 Perl 对混合方式赋值使用强制类型转换规则，这些规则与混合方式表达式所使用的类似；也就是说，许多可能的类型混合是合法的，并且可以自由地应用强制类型转换[㊀]。

与 C++ 明显不同的是，只有所需的强制类型转换是加宽类型转换[㊁]时，Java 和 C# 才允许使用混合方式赋值。因此，可以将 int 值赋给 float 变量，反之则不行。C 和 C++ 中

㊀ 注意，在 python 和 Ruby 中，类型关联在对象上而不是变量上。因此，在这些语言中并不存在混合类型赋值。

㊁ 并非完全如此。如果把一个整型字面量（编译器默认指定其类型为 int）赋给 char、byte 或者 short 类型的变量，并且这个字面量在相应类型的范围内，那么 int 值在狭转换中转换为对应的变量类型，这个狭转换不会造成错误。

大约一半的混合类型赋值在 Java 和 C# 中是禁止的，这是提高可靠性的一种简单而有效的方式。

当然，在函数式语言中，赋值只用于为值命名，因此不存在混合方式赋值。

小结

表达式由常量、变量、括号、函数调用和运算符组成。赋值语句由目标变量、赋值运算符和表达式组成。

表达式的语义在很大程度上取决于各运算符的运算顺序。语言对于表达式中运算符的结合律和优先级规则决定了这些表达式中运算符的求值顺序。当函数存在副作用时，运算分量的求值顺序也很重要。类型转换有加宽类型转换和狭类型转换两种。一些狭类型转换会产生不正确的值。尽管隐式类型转换或强制类型转换会削弱类型错误检测带来的好处，从而降低可靠性，但它们还是经常在表达式中出现。

赋值语句有各种各样的形式，包括条件赋值、赋值运算符和列表赋值。 324

复习题

1. 给出运算符优先级和运算符结合律的定义。
2. 什么是三元运算符？
3. 什么是前缀运算符？
4. 哪些运算符通常用右结合律？
5. 什么是不具有结合律的运算符？
6. APL 对结合律是怎样规定的？
7. 在 C++ 和 Ruby 中，运算符的实现方式有什么区别？
8. 给出函数副作用的定义。
9. 什么是强制类型转换（coercion）？
10. 什么是条件表达式？
11. 什么是运算符重载？
12. 给出狭类型转换和加宽类型转换的定义。
13. 在 JavaScript 中，== 和 === 有什么区别？
14. 什么是混合方式表达式？
15. 什么是引用透明？
16. 引用透明的优点有哪些？
17. 运算分量求值顺序与函数副作用是怎么相互影响的？
18. 什么是短路求值？
19. 指出一种对布尔表达式使用短路求值的语言。指出一种从不进行短路求值的语言。
20. C 语言怎样支持关系表达式和布尔表达式？
21. 复合赋值运算符的目的是什么？
22. C 语言中一元算术运算符的结合律是什么？
23. 把赋值运算符看作算术运算符可能存在的一个缺点是什么？
24. 哪两种语言包含多重赋值？
25. Java 中允许哪些混合方式赋值？
26. ML 中允许哪些混合方式赋值？
27. 什么是显式类型转换（cast）？

习题

1. 什么时候你会希望编译器忽略表达式中类型的不同？

325

2. 请陈述赞成和反对混合方式算术表达式的观点。
3. 你认为在你最喜欢的语言中消除运算符重载是否有益处？为什么？
4. 取消所有运算符优先级规则，并且使用括号来指明优先级是个好主意吗？为什么？
5. C 的赋值运算符（如 +=）应当被引入那些尚不包含该运算符的语言中吗？为什么？
6. C 的一元赋值运算符（如 ++count）应当被引入那些尚不包含该运算符的语言中吗？为什么？
7. 描述程序设计语言中加法运算符不具有交换律的情况。
8. 描述程序设计语言中加法运算符不具有结合律的情况。
9. 假设表达式的结合律和优先级规则如下：

优先级	最高	*、/、not
		+、-、&、mod
		-（一元）
		=、/=、<、<=、>=、>
		and
	最低	or、xor
结合律	从左到右	

在每个子表达式两侧加上括号，为每个右括号加上上标，以表明表达式的运算顺序。比如，对于表达式：

```
a + b * c + d
```

其运算顺序可以表示为

$((a + (b * c)^1)^2 + d)^3$

（1）a * b - 1 + c
（2）a * (b - 1) / c **mod** d
（3）(a - b) / c & (d * e / a - 3)
（4）-a **or** c = d **and** e
（5）a > b **xor** c **or** d <= 17
（6）-a + b

326

10. 假设所有运算符都没有优先级，结合律为从右到左，请指出第 9 题中各表达式的运算顺序。
11. 假设仅有的运算分量名称分别是 a、b、c、d 和 e，对于第 9 题定义的运算符优先级规则和结合律，写一个 BNF 描述。
12. 利用第 11 题的文法，画出第 9 题中表达式的语法树。
13. 函数 fun 定义如下：

```
int fun(int* k) {
 *k += 4;
 return 3 * (*k) - 1;
 }
```

假设 fun 函数在如下程序中被调用：

```
void  main() {
  int i = 10, j = 10, sum1, sum2;
  sum1 = (i / 2) + fun(&i);
  sum2 = fun(&j) + (j / 2);
}
```

以下两种情况下，sum1 的值和 sum2 的值分别是多少？

（1）运算分量的求值顺序是从左到右；

（2）运算分量的求值顺序是从右到左。

14. 你反对（或支持）APL 运算符优先级规则的主要原因是什么？
15. 请解释为何在 C 语言中难以消除函数的副作用？
16. 针对你选择的语言，列出能消除一切运算符重载的运算符符号。
17. 对于你所知道的两种语言，当狭类型转换使被转换的值失去意义时，它们是否会给出错误信息？
18. 是否应当允许用于 C 或 C++ 的优化编译器改变布尔表达式中各子表达式的顺序？为什么？
19. 考虑以下 C 程序：

```
int fun(int *i) {
  *i += 5;
  return  4;
}
void main() {
  int x = 3;
  x = x + fun(&x);
  }
```

327

执行 main 函数的赋值语句后，在如下的条件下，x 的值分别是什么？

（1）运算分量按从左到右的顺序计算；

（2）运算分量按从右到左的顺序计算。

20. 为什么 Java 指定表达式中的运算符都按照从左到右的顺序求值？
21. 解释一种语言的强制类型转换规则如何影响其错误检测。

程序设计练习

1. 在某个支持 C 语言的系统中执行习题中第 13 题的代码，解释变量 sum1 和 sum2 的结果是如何得到的。
2. 分别用 C++、Java 和 C# 重写练习 1 中的程序，运行并比较结果。
3. 用你最喜欢的语言写一段测试程序，确定其中算术运算符和布尔运算符的优先级和结合律，并输出运算结果。
4. 设计一个 Java 程序，以展示当表达式中的一个运算分量是函数调用时，运算分量求值顺序的规则。
5. 用 C++ 完成练习 4。
6. 用 C# 完成练习 4。
7. 用 C++、Java 或 C# 设计一个程序，以展示当一些表达式被用作函数的实参时，这些表达式的求值顺序。
8. 设计一个包含如下语句的 C 程序：

```
int  a, b;
a = 10;
b = a + fun();
printf("With the function call on the right, ");
printf(" b is: %d\n", b);
a = 10;
b = fun() + a;
printf("With the function call on the left, ");
printf(" b is: %d\n", b);
```

在程序中定义 fun 函数，其作用是让 a 增加 10。解释所得的结果。

9. 用 Java、C++ 或 C# 设计一个程序，进行大量的浮点数运算以及相同数量的整数运算，比较两种运算花费的时间。

328

语句级控制结构

程序的控制流又被称为执行序列，可以从多个层次考察它。第 7 章讨论了由运算符的结合律与优先级规则所决定的表达式内部的控制流。第 9 章和第 13 章将讨论最高层次的控制流，即程序单元之间的控制流。介于上述二者之间的，就是本章将讨论的语句控制流。

本章将首先对控制语句的演化过程进行简要回顾。然后将深入讨论二路选择语句与多路选择语句。之后讨论多种循环语句，这些循环语句被大量使用并不断优化。接下来，我们将简要介绍无条件分支语句。最后介绍保护命令控制语句。

8.1 概述

在使用命令式语言编写的程序中，计算是通过对表达式求值，并将求值结果赋值给变量的方式来完成的，但一个实用的程序几乎不可能仅由赋值语句组成。为了让程序更加灵活和强大，至少还需要另外两种语言机制：能够在（语句执行的）多个控制流路径之间进行选择的结构，以及能够重复执行某条语句或语句序列的结构。提供这些功能的语句被称为**控制语句**（control statement）。

函数式程序设计语言中的计算是通过对表达式求值并将函数应用于给定的参数来完成的。此外，表达式和函数之间的执行流由其他表达式和函数控制，它们有时看起来类似于命令式语言中的控制语句。

在第一个成功的程序设计语言 Fortran 中，控制语句事实上是由 IBM 704 的架构师们设计的。这些控制语句都与机器指令直接相关，所以它们的能力更多源自指令的设计而不是语言的设计。当时，人们对程序设计的难度知之甚少，因此，认为 20 世纪 50 年代中期的 Fortran 语言中的控制语句完全够用。但按照今天的标准，这些控制语句是远远不足的。

在 20 世纪 60 年代中期到 20 世纪 70 年代中期的这 10 年，人们对控制语句进行了大量的研究和讨论。这些工作的主要结论之一是，尽管一条单独的控制语句（即可选择的 goto 语句）就能满足最低限度的要求，但不包含 goto 语句的语言只需少量的其他控制语句也能达到同样的效果。事实证明，任何一种算法，只要它能够用流程图来表示，就可以用一个只包含两种控制语句的程序设计语言实现。这两种控制语句的一种用于在两个控制流路径之间进行选择，另一种用于逻辑控制的循环迭代（Böhm 和 Jacopini，1966）。这样就得到了一个重要结论，即无条件分支语句是多余的，因为它虽然可能有用但绝非必要。这一事实，再加上使用无条件分支语句（或 goto）时的实际问题，引发了关于 goto 语句的大量争论，具体见 8.4 节。

329
~
330

程序员更关心控制语句的可写性和可读性，而不是理论研究的结果。所有广泛应用的语言除那两种必需的控制语句外，往往还包含更多的控制语句，因为控制语句数量的增多和多样性的提高会使程序的可写性增强。例如，相对于逻辑控制循环语句，计数控制循环语句有时会更加容易使用。限制语言中控制语句数量的主要因素是可读性，因为语句形式越多，程序的阅读者要学习的语言就越庞大。回想一下，人们一般不会学习某种大型语言中的所有语句，而只是学习他们选择使用的子集，但他们所学的子集往往与编写该程序的程序员所使用的子集不同。另一方面，如果控制语句太少就不得不使用 goto 这样的低级语句，从而降低程序的可读性。

怎样找到一个既满足功能需求又能满足可写性需求的最佳控制语句集合，这一问题被人们广泛讨论。它的本质是，语言应该扩展到什么程度，才能既提高程序的可写性，又不过度牺牲程序的简明性、长度和可读性。

控制结构（control structure）包含控制语句，以及那些被其控制执行的语句。

所有的选择和循环控制语句只有一个设计问题，即控制结构是否应该有多个入口？所有的选择和循环迭代结构都会控制代码片段的执行，问题是这些代码片段的执行是否总是从第一条语句开始。目前人们普遍认为，多入口并不利于提高控制结构的灵活性，反而会增加复杂性并降低可读性。请注意，只有在包含 goto 和语句标签的语言中才可能实现多入口。

此时读者可能会想，为什么控制结构中的多出口不被视为一个设计问题？因为所有语言都允许控制结构有某种形式的多出口。其基本原理是，如果控制结构的所有出口都被限定为只能跳转到控制结构之后的第一条语句，那么即使没有显式出口，控制结构执行结束后也会跳转到那一条语句，这不会影响可读性更没有危险。然而，如果出口跳转的目标不受限制，就有可能跳转到包含控制结构的某个程序单元中的任意位置，这会像 goto 语句一样影响程序的可读性。有 goto 语句的语言允许 goto 语句出现在包括控制结构在内的任意位置。因此，问题在于是否包含 goto 语句，而不在于是否允许控制表达式中的多出口存在。 331

8.2 选择语句

选择语句（selection statement）提供了在两个或多个执行路径中做出选择的方法。Böhm 和 Jacopini 证明，这种语句在所有语言中都是基础而不可或缺的。

选择语句分为两类：二路选择，以及 n 路选择或多路选择。8.2.1 节将讨论二路选择语句，8.2.2 节将讨论多路选择语句。

8.2.1 二路选择语句

尽管命令式语言中的二路选择语句都十分相似，但是它们的设计也有一些不同。二路选择器的一般形式为：

```
if 控制表达式
   then 子句
   else 子句
```

8.2.1.1 设计问题

二路选择器的设计问题可以总结为：

- 用于控制选择方向的表达式，其形式与类型是怎样的？
- `then` 子句和 `else` 子句如何描述？
- 嵌套选择器的含义如何描述？

8.2.1.2 控制表达式

如果不使用保留字 **`then`**（或其他语法记号）引出 `then` 子句，控制表达式就需要放在括号中。如果使用保留字 **`then`**（或其他记号）引出 `then` 子句，就不需要括号，可以像在 Ruby 中那样省略。

C89 中没有布尔数据类型，所以把算术表达式当作控制表达式使用。在 Python、C99 和

C++ 中，控制表达式既可以是算术表达式，也可以是布尔表达式。在其他的现代语言中，控制表达式只能是布尔表达式。

8.2.1.3　子句的形式

在许多语言中，then 和 else 子句以单语句或复合语句的形式出现。Perl 略有区别，它的 then 和 else 子句只能是复合语句，即使子句中只有一条语句。在许多语言中，then 和 else 子句的内容会被放在大括号中。在 Python 和 Ruby 中，then 和 else 子句是语句序列而不是复合语句。在这些语言中，使用一个保留字来标识整个选择语句的结束。

332

Python 语言用缩进来标识复合语句。例如：

```
if x > y :
  x = y
  print "case 1"
```

其中所有具有相同缩进幅度的语句都被包含在复合语句中[㊀]。注意，Python 使用冒号来引出 then 子句。

子句形式的变化会影响嵌套选择器的含义，这将在下一小节中讨论。

8.2.1.4　嵌套选择器

我们在第 3 章讨论了二路选择器语句的直接语法引起的语法二义问题。这种二义语法如下：

```
<if 语句> →  if <逻辑表达式> then <语句>
             | if <逻辑表达式> then <语句> else <语句>
```

问题在于，当选择语句嵌套在另一条选择语句的 then 子句中时，无法确定 else 子句与哪一个 if 相关联。这个问题反映在选择语句的语义上。考虑以下类似 Java 的代码：

```
if (sum == 0)
  if (count == 0)
    result = 0;
else
    result = 1;
```

根据 else 子句与第一个 then 子句匹配还是与第二个 then 子句匹配，可以用两种不同的方式解释这段代码。从缩进上来看，else 子句似乎与第一个 then 子句匹配。但在除 Python 和 F# 之外的现代语言中，语义不受缩进的影响，因此缩进会被编译器忽略。

在这个例子中，问题的关键是 else 子句跟在两个 then 子句之后，它们之间没有其他的 else 子句，也没有语法指示器来确定 else 子句究竟与哪个 then 子句相匹配。与许多命令式语言一样，Java 的静态语义规定 else 子句总是与最近的之前未被匹配过的 then 子句配对。可以用静态语义规则而不是语法实体来消除上例中的二义性，此时 else 子句与第二个 then 子句匹配。使用规则而不是某个语法实体的缺点是，尽管程序员可能想让 else 子句与第一个 then 子句匹配，但编译器认为语法正确的结构在语义上却是相反的。在 Java 中，如果想要使 else 子句与第一个 then 子句匹配，则需要把内层的 **if** 放在一个复合语句中，例如：

333

㊀ 复合语句后面的语句必须具有与 if 相同的缩进。

```
if (sum == 0) {
  if (count == 0)
    result = 0;
}
else
    result = 1;
```

C、C++ 和 C# 也存在相同的选择语句嵌套问题，而 Perl 要求所有 then 和 else 子句都是复合语句，所以不存在这一问题。上述代码使用 Perl 可以写为：

```
if (sum == 0) {
  if (count == 0) {
    result = 0;
  }
} else {
    result = 1;
}
```

如果需要另一种语义，那么代码为：

```
if (sum == 0) {
  if (count == 0) {
    result = 0;
  }
  else {
    result = 1;
  }
}
```

避免选择语句嵌套问题的另一种方法是使用另一种形式的复合语句。考虑 Java 中 **if** 语句的语法结构。then 子句紧跟在控制表达式后面，而 else 子句则由保留字 **else** 引入。当 then 子句中只有一条语句且存在 else 子句时，虽然不需要标记 then 子句的结束，但事实上保留字 **else** 起到了这样的作用。当 then 子句是复合语句时，它以右大括号作为结尾。然而，如果 **if** 结构中的最后一个子句（不管是 then 子句还是 else 子句）不是复合语句，就不存在用于标记整个选择语句结束的语法实体。针对这一情况，可以使用一个特殊的词来解决嵌套选择器的语义问题，同时增强语句的可读性。Ruby 中的选择语句就是这样设计的。例如： 334

```
if a > b then sum = sum + a
  acount = acount + 1
else sum = sum + b
  bcount = bcount + 1
end
```

这条选择语句的设计比基于 C 的语言中的选择语句更加规范，因为无论 then 和 else 子句中有多少条语句，选择语句的形式都是相同的（Perl 也是如此）。在 Ruby 中，then 和 else 子句由语句序列而不是复合语句组成。对于本小节开始所给出的选择器示例，第一种解释是 else 子句与嵌套 **if** 相匹配，使用 Ruby 可以将其编写为：

```
if sum == 0  then
  if count == 0 then
    result = 0
  else
    result = 1
  end
end
```

其中，else字句之后的**end**保留字标志着嵌套**if**结束。因此，else子句显然与内层then子句相匹配。

对于本小节开始给出的选择器示例，第二种解释是else子句与外层的**if**相匹配，使用Ruby可以编写为：

```
if sum == 0 then
  if count == 0 then
    result = 0
  end
else
    result = 1
end
```

下面的Python代码与上面的Ruby代码在语义上是等价的：

```
if sum == 0 :
  if count == 0 :
    result = 0
else:
  result = 1
```

335

如果**else:**与嵌套的**if**具有相同的缩进幅度，则else子句与内层的**if**匹配。

ML不存在选择器的嵌套问题，因为它不允许使用没有else的**if**语句。

8.2.1.5　选择器表达式

在函数式语言ML、F#和LISP中，选择器不是一条语句，而是一条可求值的表达式。因此，它可以出现在任意一个允许出现表达式的位置。考虑下面用F#编写的选择器示例：

```
let y =
    if x > 0 then  x
    else 2 * x;;
```

这段代码会创建名字y，并根据x是否大于0将y的值设置为x或2*x。

在F#中，**if**结构中then子句返回值的类型必须与else子句返回值的类型相同。如果没有else子句，则then子句不能返回普通类型的值。在这种情况下，它只能返回一个特殊的类型**unit**，它表示没有值。**unit**类型在代码中表示为()。

8.2.2　多路选择语句

多路选择语句允许选择任意数量的语句或语句组中的一个。因此，它是选择器的泛化。事实上，二路选择器也可以用多路选择器来实现。

在程序中，经常需要在两条以上控制路径中进行选择。尽管多路选择器也可以通过二路选择器和goto语句来构建，但这样的结构复杂而不可靠，读写的难度也很高。显然，需要用一个专门的结构来实现多路选择功能。

8.2.2.1　设计问题

多路选择器的一些设计问题与二路选择器相似。例如，多路选择器中表达式的类型就依然是一个问题。在多路选择的情况下，由于可能的选择更多，所以类型的选择范围也会更大，而二路选择器只需要一个仅有两个可能值的表达式。另一个问题是，选择执行的是单条语句、复合语句，还是语句序列？第三个问题是，选择语句是否只执行其中的一个可选代码片段？对于二路选择器来说这不是问题，因为在执行期间，它们始终只允许控制路径上有一条子句。正如我们将看到的，想解决多路选择器的这个问题，需要在可靠性和灵活性之间进行权衡。第四个问题是 case 值的规范形式。最后，如果选择器表达式的值没有匹配到任何一个可选代码片段（可选代码片段中没有该值），会产生什么样的结果？是简单地禁止这种情况的发生，还是在这种情况发生时不进行任何操作？ 336

下面是对这些设计问题的总结：

- 用于控制选择的表达式的形式与类型是怎样的？
- 可选代码片段如何描述？
- 执行流是否仅限于一个可选代码片段？
- case 的值如何描述？
- 如果选择器表达式的值没有对应的选项，应如何处理？

8.2.2.2 多路选择器示例

C 中多路选择器语句是 **switch**，在 C++、Java 和 JavaScript 中也是如此。它的设计相对原始，其一般形式是：

```
switch (控制表达式){
    case 常量表达式1: 语句1;
    ...
    case 常量表达式n: 语句n;
    [default: 语句n+1]
}
```

这里控制表达式和常量表达式都是离散类型，包括整数类型、字符类型以及枚举类型。可选语句可以是语句序列、复合语句或是语句块。可选的 **default** 代码片段用来处理在控制表达式中没有出现过的值。如果控制表达式的值没有对应的选项，同时 default 代码片段也不存在，则语句不执行任何操作。

switch 语句在代码片段的末尾没有提供隐式分支。这允许控制流在一次执行过程中流经多个可选代码片段。考虑下面这个例子：

```
switch  (index) {
   case  1:
   case  3: odd += 1;
            sumodd += index;
   case  2:
   case  4: even += 1;
            sumeven += index;
   default: printf("Error in switch, index = %d\n", index);
}
```

337

这段代码在每次执行时都打印错误消息。在每次执行常量 1 或常量 3 所对应代码片段时，常量 2 和常量 4 所对应代码片段也会被执行。要在逻辑上分隔这些代码片段，必须使用显式分支。人们通常使用 **break** 语句来退出 **switch** 语句，break 语句实际上是一种受限的 goto 语句。**break** 语句会使控制流跳转至包含它的复合语句后的第一条语句。

下面的 **switch** 语句使用了 **break** 语句，因此每次执行都被限定为只执行一个可选代码片段：

```
switch (index) {
  case 1:
  case 3: odd += 1;
```

```
            sumodd += index;
            break;
    case 2:
    case 4: even += 1;
            sumeven += index;
            break;
    default: printf("Error in switch, index = %d\n", index);
  }
```

有时，允许控制流从一个可选代码片段跳转至另一个可选代码片段会很方便。例如，在上面的例子中，case 1 和 case 2 所对应的代码片段是空的，因此控制流可以从 1 和 2 分别跳转至 3 和 4，这也是 **switch** 语句里没有隐式分支的原因。当某个代码片段中丢失了本该出现的 **break** 语句时，控制流就会错误地跳转至下一个代码片段，从而导致可靠性问题。C 语言中 switch 语句的设计者用可靠性来换取灵活性。但研究表明，从一个可选代码片段到另一个可选代码片段的控制流跳转很少被使用。C 中的 **switch** 语句以 ALGOL 68 中的多路选择语句为原型，后者也没有在可选代码片段中使用隐式分支。

C 中的 switch 语句实际上对 case 表达式的位置没有任何限制，case 表达式被当作普通语句标签对待，这可能会导致在 switch 结构里出现高度复杂的结构。下面的例子摘自 Harbison 和 Steele（2002）。

```
switch (x)
  default:
  if (prime(x))
    case 2: case 3: case 5: case 7:
      process_prime(x);
  else
     case 4: case 6: case 8: case 9: case 10:
       process_composite(x);
```

338

这段代码的结构看起来非常复杂，但它是为解决一个实际问题设计的，并且能正确有效地解决这个问题[⊖]。

Java 禁止 case 表达式出现在 switch 语句结构顶层以外的位置，从而避免了这样的复杂情况。

C# 的 switch 语句与其他更早的基于 C 的语言有两点不同。第一处不同之处是，C# 的静态语义规则不允许隐式执行多个代码片段。该规则要求每个可选代码片段都必须以一条显式的无条件分支语句来结尾：要么是用于将控制流转移到 **switch** 结构之外的 **break**，要么是用于将控制流转移到另一个可选代码片段（或其他任何位置）的 goto 语句。例如：

```
switch (value) {
   case -1:
      Negatives++;
      break;
   case 0:
      Zeros++;
      goto case 1;
   case 1:
      Positives++;
   default:
```

⊖ 该问题是：当 x 为素数时，调用 process_prime，否则调用 process_composite。这个 switch 结构的设计是针对大多数情况下 x 在 1 到 10 之间这一前提而优化的。

```
        Console.WriteLine("Error in switch \n");
    }
```

注意，Console.WriteLine 是 C# 中显示字符串的方法。

另一处不同之处是，C# 中的控制表达式与 case 语句都可以是字符串。

PHP 的 **switch** 使用了与 C 相同的语法，但表达式的类型更加灵活。case 表达式的值可以是 PHP 的任何标量类型——字符串、整数或双精度浮点数。如果被选中执行的代码片段末尾没有 **break**，那么会和 C 一样继续执行下一个代码片段。

Ruby 有两种形式的多路选择结构，它们都被称作 case 表达式，也都会产生最后一个被求值的表达式的值。这里只描述 Ruby 中 case 表达式的一种版本，它在语义上类似于一串嵌套的 if 语句：

```
case
when 布尔表达式 then 表达式
...
when 布尔表达式 then 表达式
[else 表达式 ]
end
```

339

这个 case 表达式的语义是每次自顶向下地每次对一个布尔表达式求值。case 表达式的值是第一个取值为真的布尔表达式所对应的表达式的值。这一语句的 else 表示真，else 子句是可选的。例如，有如下表达式[⊖]：

```
leap = case
       when year % 400 == 0 then true
       when year % 100 == 0 then false
       else year % 4 == 0
       end
```

如果是闰年的话，则该表达式的值为真。

Ruby 中另一种形式的 case 表达式类似于 Java 的 switch 语句。Perl 和 Python 中没有多路选择语句。

8.2.2.3 多路选择结构的实现

多路选择结构本质上是一个包含 n 条分支的代码片段，其中 n 是可选代码片段的数量。实现这样一条多路选择语句，需要使用多个条件分支指令。再次以 C 中的 switch 语句为例，其一般形式为：

```
switch( 表达式 ){
    case 常量表达式₁: 语句₁;
        break;
    ...
    case 常量表达式ₙ: 语句ₙ;
        break;
    [default: 语句ₙ₊₁]
}
```

对上述语句的简单解释如下：

⊖ 这个例子来自 Thomas et al.（2013）。

```
对表达式求值并赋值给 t 的代码
goto branches
label1: 语句1的代码
       goto out
...
labeln: 语句n的代码
       goto out
default: 语句n+1的代码
        goto out
branches: if t = 常量表达式1 goto label1
          ...
          if t = 常量表达式n  goto labeln
          goto default
out:
```

340

可选代码片段的代码位于 branches 标签之前，因此，在生成 branches 部分的代码时，分支的目标都是已知的。对于这些被编码的条件分支，另一种实现方法是将 case 值和标签放入一个表中，并在循环中使用线性查找来寻找正确的标签。这种方法所需的空间更小。

无论是条件分支还是在表中线性查找，都是简单但低效的方法，仅当 case 的数量比较少（如小于 10）时才是可行的。要找到正确的 case，平均需要检查一半的 case 值。如果最终选择了 default 分支，则意味着所有的 case 值都已经被检查过。因此，当 case 的数量大于等于 10 时，这种方法的低效所带来的坏处就超过了简单所带来的好处。

当 case 的数量大于等于 10 时，编译器可以创建一个可选代码片段标签的散列表，这样选择任意代码片段所需的时间都很短且大致相等。如果像 Ruby 那样允许用数值范围作为 case 表达式，则这种散列表的方法就不再适用。对于这种情况，使用 case 值和可选代码片段地址的二分搜索表可能更为合适。

如果 case 值的范围相对较小，且一半以上的值范围都有对应的可选分支，则可以创建一个下标为 case 值、数组元素为可选代码片段标签的数组。当某个 case 值没有对应的分支时，相应的数组元素为 default 片段的标签。这样，就可以通过数组的索引找到正确的代码片段标签，其速度是很快的。

当然，在这些方法中进行选择是编译器的额外负担。在很多编译器中，只使用其中的两种方法。就像很多其他场景一样，选择和使用所谓最高效方法的这一过程，反而会使编译器花费更多的时间。

8.2.2.4　使用 if 实现多路选择

在很多情况下，多路选择仅仅使用 **switch** 或 **case** 语句来实现是不够的（Ruby 中的 **case** 是一个例外）。例如，当必须使用布尔表达式而不是某些有序类型进行选择时，可以使用嵌套的二路选择器来模拟多路选择器。为了弥补深度嵌套的二路选择器可读性差的缺陷，以 Perl 和 Python 为代表的一些语言专门针对这种用途进行了扩展。这个扩展允许简写一些特殊字。具体而言，else-if 会被替换为单个特殊字，用于表示嵌套 **if** 语句结束的特殊字也会被省略。该嵌套选择器被称为 else-if 子句。考虑下面一段 Python 选择器的代码（Python 中的 else-if 写为 **elif**）:

```
if  count < 10 :
  bag1 = True
elif count < 100 :
  bag2 = True
```

```
elif count < 1000 :
  bag3 = True
```

341

它等价于：

```
if count < 10 :
  bag1 = True
else :
  if count < 100 :
    bag2 = True
  else :
    if count < 1000 :
      bag3 = True
    else :
      bag4 = True
```

在上述两个例子中，使用 else-if 语句的第一个版本可读性较高。注意，由于该例中每一个可选语句都是依据布尔表达式来选择的，因此难以使用 **switch** 语句来模拟该示例。由此可见，else-if 语句并不是 **switch** 的冗余形式。事实上，当代语言中没有一个多路选择器能像 if-then-else-if 语句那样通用。对于带有 else-if 子句的一般选择器语句，其操作语义的描述如下：

if E_1 **goto** 1
if E_2 **goto** 2
...
1: S_1
goto out
2: S_2
goto out
...
out: ...

其中 E_1、E_2 等是逻辑表达式，S_1、S_2 等是语句。从这个描述可以看到多路选择结构和 else-if 语句之间的区别：在多路选择结构里，所有的 E 都被限制为单个表达式的值与其他值之间的比较。

不含 else-if 语句的程序设计语言也可以使用相同的控制结构，但需要更多的代码。

前文使用 Python 编写的 if-then-else-if 语句在 Ruby 中可以使用 case 语句来实现：

```
case
when count < 10 then bag1 = true
when count < 100 then bag2 = true
when count < 1000 then bag3 = true
end
```

else-if 语句基于一种常见的数学语句，即条件表达式。

342

Scheme 中的多路选择器是一种基于数学条件表达式的特殊形式（称为 COND）的函数。COND 是数学条件表达式的一个略微泛化的版本，它允许多个谓词同时为真。因为不同的数学条件表达式有不同数量的参数，所以 COND 不需要固定数量的实际参数。COND 的每个参数都是一对表达式，其中第一个表达式是一个谓词（其求值结果可以是 #T 或 #F）。

COND 的一般形式如下：

```
(COND
    (谓词₁ 表达式₁)
    (谓词₂ 表达式₂)
    ...
    (谓词ₙ 表达式ₙ)
    [(ELSE 表达式ₙ₊₁)]
)
```

其中 ELSE 子句是可选的。

COND 的语义为：从第一个参数中的谓词开始，每次对一个参数中的谓词进行求值，直至某个谓词的求值结果为 #T，然后对该谓词对应的表达式求值，求值结果就被返回为 COND 的值。如果所有谓词求值的结果均不为真且 ELSE 存在，则对 ELSE 子句中的表达式求值并返回。如果所有谓词求值的结果均不为真且 ELSE 不存在，则不指定 COND 的值。因此所有的 COND 都应包含 ELSE 子句。

下面是一个调用 COND 的例子：

```
(COND
  ((> x y) "x is greater than y")
  ((< x y) "y is greater than x")
  (ELSE "x and y are equal")
)
```

请注意，对字符串字面量求值所得的结果是字符串本身，故调用这个 COND 所生成的结果是一个字符串。

8.3　重复语句

在**重复语句**（iterative statement）中，一条语句或一个语句的集合可被执行零次、一次或多次。重复语句通常又被称为**循环**（loop）。从 Plankalkül 开始，每一种程序设计语言都包含一些能够使一段代码重复执行的方法。循环对于计算机的能力来说非常重要。如果无法使用循环重复地执行一条语句或一个语句的集合，那么程序员就必须在代码中按顺序编写每一个操作，这样的程序将会庞大而笨拙，在编写时需要耗费大量时间，在存储时也需要占用大量内存。

343

程序设计语言中最早的迭代语句与数组直接相关，这是因为在计算机发展早期，计算基本上是数值运算，经常需要用循环来处理数组中的数据。

人们研发了几种循环控制语句。它们的分类主要取决于设计者如何回答以下两个基本的设计问题：

- 如何控制语句的重复？
- 控制机制在循环语句的何处出现？

在循环控制时主要使用逻辑、计数或两者结合的方法。控制机制的位置主要是循环的顶部或底部。这里所谓的顶部和底部是逻辑上的概念，而不是物理上的概念。问题的关键不在于控制机制的物理位置，而在于控制机制是否执行，以及它对循环的影响发生在循环体执行前还是执行后。还有一种方法，它允许用户决定将控制机制放在循环的顶部、底部，还是中间。这一方法将在 8.3.3 节讨论。

循环体（body of an iterative statement）是由重复语句控制执行的语句的集合。我们使用术语**前测试**（pretest）表示在循环体执行之前检查循环是否结束，使用**后测试**（posttest）表示在循环体执行之后检查循环是否结束。循环控制语句及其关联的循环体构成一个**重复语句**[㊀]。

8.3.1 计数控制循环

循环的计数控制语句包含一个**循环变量**（loop variable），用于保存当前的计数。这个计数控制语句还指定了循环变量的**初始**（initial）值和**终止**（terminal）值，以及循环变量值每次的变化量，即**步长**（stepsize）。循环的初始值、终止值和步长称为**循环参数**（loop parameter）。

虽然逻辑控制循环比计数控制循环更通用，但却不见得更为常用，因为计数控制循环更复杂，设计要求也更高。

计数控制循环有时会得到专门为其设计的机器指令的支持。但机器架构可能会比设计该架构时流行的程序设计方法存在更长的时间。例如，VAX 计算机中有一条指令可以方便地实现后测试的计数控制循环。在 20 世纪 70 年代中期，也就是设计 VAX 的时代，Fortran 中也有这样的指令，但等到 VAX 计算机被广泛使用时，Fortran 中已不再有这样的循环（被前测试循环取代）。当时，其他广泛使用的语言中也没有后测试的计数控制循环。 344

8.3.1.1 设计问题

计数控制循环语句有许多设计问题。循环变量和循环参数的性质导致了这一系列设计问题。显然，循环变量与循环参数的类型应该是相同或至少是兼容的。但哪些类型是被允许使用的呢？整数类型显然是被允许的，但枚举、字符和浮点数类型又当如何？另一个问题是，循环变量应该具有与普通变量相同的作用域，还是应具有一些特殊的作用域？允许用户修改循环体内的循环变量或循环参数，虽然会提高灵活性但可能降低代码的可理解性，因此另一个问题是，用复杂性来换取灵活性是否值得。类似的问题还有计算循环参数的次数和时间。如果对循环参数只进行一次求值，这样的循环简单但灵活性会比较差。最后，如果循环参数的作用域超出了循环，循环终止后它的值是多少？

以下是对这些设计问题的总结：

- 循环变量的类型和作用域是什么？
- 在循环体中修改循环变量和循环参数是否合法？如果是合法的，这样的修改会不会影响循环控制？
- 对循环参数的求值只进行一次，还是在循环体每次运行时都进行？
- 循环终止后循环变量的值是什么？

循环终止后循环变量值的问题在某些语言中已得到了解决，例如在 Fortran 90 中，循环变量在循环终止后被标记为未定义。以 Ada 为代表的其他一些语言将循环变量的作用域设置为循环本身。

8.3.1.2 基于 C 的语言中的 `for` 语句

C 语言中 `for` 语句的一般形式为：

```
for(表达式1;表达式2;表达式3)
    循环体
```

循环体可以是一条单独的语句，也可以是复合语句或空语句。

由于 C 语言中的赋值语句本身具有一个结果值，所以赋值语句也可被看作是表达式。`for` 语句中的表达式通常就是赋值语句。第一个表达式用于初始化，只在 `for` 语句开始执

㊀ 原文为“The iteration statement and the associated loop body together form an iteration statement”，根据上下文应是“The iteration control statement and the associated loop body together form an iterative statement”。——译者注

行时进行一次求值。第二个表达式用于循环控制，每次执行循环体之前都会进行求值。在C语言中，0值表示逻辑假，非0值表示逻辑真。因此，当第二个表达式的值为0时循环就会终止；否则就会执行循环体。在C99中，这个表达式可以是布尔类型。C99中的布尔类型只存储0或1。**for**语句中最后一个表达式的求值在每次循环体执行之后进行。它通常用于增加循环计数器的值。下面将会给出C语言中**for**语句的操作语义。由于C语言中表达式可以用作语句，所以表达式求值显示为语句。

345

```
    表达式1
loop:
    if 表达式2 = 0 goto out
    [循环体]
    表达式3
    goto loop
out: ...
```

下面是C语言中一个简单的**for**语句例子：

```
for (count = 1; count <= 10; count++)
  . . .
}
```

C语言中**for**语句的三个表达式都是可选的。当省略第二个表达式时，它的值会默认设置为真，因此没有第二个表达式的**for**语句会是一个死循环。而当省略第一个和（或）第三个表达式时，则不会做出任何假设。例如，省略第一个表达式仅仅意味着没有初始化。

注意，C语言中的**for**语句不需要计数。构建计数与逻辑循环结构都是很容易的，我们将在下一节展示。

C语言中**for**语句的设计是：没有显式的循环变量和循环参数；所有相关变量均可以在循环体中修改；表达式的求值按照之前所定义的顺序进行；虽然从分支进入**for**语句的循环体会造成混乱，但这一做法是合法的。

C语言中的**for**语句是最灵活的，因为其中的表达式可以包含多个子表达式，于是就可以使用多个不同类型的循环变量。当**for**语句的某个表达式包含多个子表达式时，子表达式之间用逗号分隔。C语言中所有语句都有值，这种包含了多个子表达式的语句也不例外。它的值是其中最后一个子表达式的值。

考虑下面的**for**语句：

```
for (count1 = 0, count2 = 1.0;
     count1 <= 10 && count2 <= 100.0;
     sum = ++count1 + count2, count2 *= 2.5);
```

这段代码的操作语义描述如下：

```
    count1 = 0
    count2 = 1.0
loop:
    if count1 > 10 goto out
    if count2 > 100.0 goto out
    count1 = count1 + 1
    sum = count1 + count2
    count2 =  count2 * 2.5
    goto loop
out: . . .
```

346

在这个例子中，C 中的 **for** 语句不需要也没有循环体。所有期望的动作都在 **for** 语句中，而不是循环体中。第一个和第三个表达式均包含多条语句。所有的表达式都进行了计算，但它们的值却并未在循环控制中使用。

C99 和 C++ 中的 **for** 语句与 C 早期版本中的 for 语句有两个方面的不同。首先，除了算术表达式，还可以使用布尔表达式来控制循环；其次，在第一个表达式中可以定义变量，例如：

```
for (int count = 0; count < len; count++) { . . . }
```

在 **for** 语句中定义的变量，其作用域是从变量定义处直至循环体结束。

Java 和 C# 中的 **for** 语句与 C++ 类似，但它们的循环控制表达式只能是布尔类型。

在所有基于 C 的语言中，后两个循环参数在每次循环时都会进行求值。此外，循环参数表达式中的变量可以在循环体中被修改。因此，这些循环可能会很复杂且不可靠。

8.3.1.3 Python 中的 for 语句

Python 中 **for** 语句的一般形式是：

```
for 循环变量 in 对象 :
    - 循环体
[else:
    -else 子句 ]
```

循环变量被赋予对象中的一个值，这里的对象通常会指定一个范围，该范围与循环体的每次执行一一对应。循环终止后，循环变量的最终值是最后一次赋予它的值。循环变量可以在循环体中更改，但这样的更改不会影响循环操作。如果存在 else 子句，则它会在循环正常终止之后执行。

考虑下面的例子：

```
for count in [2, 4, 6]:
   print count
```

它的输出是：

```
2
4
6
```

347

对于 Python 中大多数简单的计数循环，都会用到 **range** 函数。该函数可以接受 1、2 或 3 个参数。下面的例子说明了 **range** 函数的用法：

```
range(5) 返回 [0, 1, 2, 3, 4]
range(2, 7) 返回 [2, 3, 4, 5, 6]
range(0, 8, 2) 返回 [0, 2, 4, 6]
```

注意，**range** 函数从不返回指定参数范围内的最大值。

8.3.1.4 函数式语言中的计数控制循环

命令式语言中的计数控制循环使用计数器变量，但这样的计数器变量在纯函数式语言中是不存在的。函数式语言使用递归而不是迭代，使用递归函数而不是语句来控制语句的重复执行。在函数式语言中，计数循环可以如下模拟：计数器可以是一个函数的参数，该函数重复地执行循环体，而循环体在第二个函数中指定并作为参数被发送给循环函数。也就是说，这个循环函数的参数包括循环体函数和循环重复次数。

F# 语言中模拟计数循环的 forLoop 函数的一般形式如下：

```
let rec forLoop loopBody reps =
    if reps <= 0  then
        ()
    else
        loopBody()
        forLoop loopBody, (reps - 1);;
```

在 forLoop 函数中，参数 loopBody 是包含循环体的函数，而参数 reps 代表循环重复次数。函数名之前的保留字 **rec** 表示该函数是递归函数。空括号表示不执行任何操作，这里之所以要使用空括号，是因为 F# 中空语句是不合法的，每个 **if** 语句都必须有一个 else 子句。

8.3.2 逻辑控制循环

在很多情况下，需要使用一个布尔表达式而不是计数器来控制语句的重复执行。对于这些情况，逻辑控制循环在使用上就很方便。事实上，逻辑控制循环也比计数控制循环更通用。任何一个计数循环都可以实现为逻辑循环，但反之则不然。此外还应注意，只有选择结构和逻辑循环结构是表达流程图中的控制结构时所必需的。

8.3.2.1 设计问题

348

由于逻辑控制循环比计数控制循环简单得多，所以设计问题也更少：

- 循环的控制应当使用前测试还是后测试？
- 逻辑控制循环是计数循环的一种特殊形式，还是一种独立的语句？

8.3.2.2 示例

基于 C 的程序设计语言既包含前测试的逻辑控制循环也包含后测试的逻辑控制循环，它们都不是计数控制循环语句的特殊形式。前测试与后测试的逻辑控制循环具有如下的形式：

```
while (控制表达式)
    循环体
```

以及

```
do
    循环体
while (控制表达式);
```

下面的 C# 代码片段给出了这两种逻辑控制循环的示例：

```
sum = 0;
indat = Int32.Parse(Console.ReadLine());
while (indat >= 0) {
  sum += indat;
  indat = Int32.Parse(Console.ReadLine());
}

value = Int32.Parse(Console.ReadLine());
do {
   value /= 10;
```

```
    digits ++;
} while  (value > 0);
```

注意，这些示例中的所有变量都是整数类型。Console 对象的 ReadLine 方法从键盘中获取一行文本，Int32.Parse 从字符串参数中找出数字，将其转换为 **int** 类型并返回。

在前测试的逻辑循环（**while**）中，只要控制表达式的求值结果为真，就执行循环体中的语句或语句片段。在后测试的逻辑循环（**do**）中，循环体会反复执行直至控制表达式的值为假。在这两种循环中，循环体都可以是复合语句。这两种循环的操作语义描述如下：

```
while

    循环：
        if 控制表达式为假 goto out
        [ 循环体 ]
        goto loop
    out: ...

do-while

    循环：
        [ 循环体 ]
        if 控制表达式为真 goto loop
```

349

在 C 和 C++ 中，通过分支进入 **while** 与 **do** 的循环体都是合法的。C89 使用算术表达式来控制循环，而在 C99 和 C++ 中，算术表达式和布尔表达式皆可用于控制循环。

Java 中的 **while** 语句和 **do** 语句与 C 以及 C++ 中的类似，不过控制表达式的类型必须是 **boolean**。此外，由于 Java 没有 goto 语句，所以只能从循环体的开始处进入循环体。

后测试循环较少使用，它在某种程度上比较危险，因为程序员有时会忘记循环体总是至少会执行一次。将后测试循环的控制语句置于循环体之后，可以使语法和语义一致，这一语法设计可以使逻辑清晰从而避免此类问题。

在纯函数式程序设计语言中，可以用递归函数来模拟前测试逻辑循环。这一函数与 8.3.1.5 节中模拟计数循环的函数类似。在这两种情况下，循环体都被写作函数。下面是用 F# 编写的前测试逻辑循环的模拟函数的一般形式：

```
let rec whileLoop test body =
    if test() then
        body()
        whileLoop test body
     else
         ();;
```

8.3.3 用户定义的循环控制机制

对程序员来说，在某些情况下将循环控制语句放在循环顶部或尾部以外的其他位置可能会更方便。因此，有些语言提供了这种功能。用户定义循环控制的语法机制相对简单，所以它的设计并不困难。这样的循环包含死循环结构，但其中也包含一个或多个用户定义的循环出口。也许最有趣的问题是，只退出单个循环，还是退出多个嵌套的循环。这种机制的设计问题包括：

- 条件机制是否应该成为出口的一个组成部分？

- 应该只从一个循环体中退出，还是从多个嵌套的循环中退出？

C、C++、Python、Ruby 与 C# 都包含无条件无标记的退出语句（**break**）。Java 与 Perl 包含无条件带标记的退出语句（Java 中的 **break**、Perl 中的 **last**）。

350

下面是一个 Java 嵌套循环的例子，其中的 break 语句用于从内层循环跳至外层循环之外：

```
outerLoop:
  for (row = 0; row < numRows; row++)
     for  (col = 0; col < numCols; col++) {
       sum += mat[row][col];
       if (sum > 1000.0)
         break outerLoop;
     }
```

C、C++ 和 Python 包含一种无标记的控制语句 continue，用于将控制流转移到包含它的最内层循环的控制机制上。它并不会退出循环，而是在不终止循环的情况下跳过当次循环执行中剩余的部分。例如，对于如下的代码：

```
while (sum < 1000) {
  getnext(value);
  if (value < 0) continue;
  sum += value;
}
```

如果 value 小于 0，则程序会跳过赋值语句，控制流将会转移到循环顶部的条件语句。另一方面，对于如下的代码：

```
while (sum < 1000) {
  getnext(value);
  if (value < 0) break;
  sum += value;
}
```

如果 value 小于 0，则程序会终止循环。

last 与 **break** 都为循环提供了多个出口，这似乎在某种程度上降低了程序的可读性。然而，由于需要循环终止的异常情况非常常见，所以这样的语句是合理的。而且，可读性也不会受到太严重的损害，因为循环退出的跳转目标一定是循环之后的第一条语句（或是包含当前循环语句的外层循环），而不是程序中的任意位置。最后，如果选择使用多个 break 来退出多层循环，程序的可读性会受到更大的影响。

用户定义循环出口的动机很简单：使用严格受限的分支语句来满足对 goto 语句的共同需求。goto 语句的跳转目标可以是程序中的任意位置，既可以在 goto 语句之前，也可以在 goto 语句之后。但用户定义循环出口的跳转目标只能位于出口之后，且紧跟在循环体复合语句的结尾。

351

8.3.4　基于数据结构的迭代

一般的基于数据的重复语句使用用户定义的数据结构和用户定义的函数（迭代器）来遍历数据结构中的元素。迭代器在每次迭代执行开始时被调用，每次被调用时，迭代器都会按照特定的顺序从特定的数据结构中返回一个元素。例如，假设一个程序有一个用户定义的数据节点二叉树，并且每个节点中的数据都必须按照特定的顺序进行处理。用户为二叉树定义的重复语句将反复设置循环变量，使其在每一轮迭代中指向二叉树中一个新的节点。用户定义重复语句在首次执行时需要向迭代器发送一个特殊的调用，以获取二叉树中的第一个元素。迭代器必须记录它所访问的最后一个节点，以确保在遍历二叉树时不会重复地访问某个节点。也就是说，迭代器必须是历史敏感的。当迭代器不能再找到更多的元素时，用户定义重复语句就终止了。

基于 C 的语言中的 **for** 语句由于其较高的灵活性，可以用来模拟用户定义重复语句。再次考虑二叉树节点的处理过程。如果名为 `root` 的变量指向树根，且函数 `traverse` 使其参数按照所需的顺序指向树中的下一个元素，则可以用如下代码遍历二叉树：

```
for (ptr = root; ptr == null; ptr = traverse(ptr)) {
  . . .
}
```

在这个语句中，`traverse` 就是迭代器。

相对于早期的软件开发范型，面向对象程序设计中用户定义重复语句的重要性更高，因为面向对象程序设计的用户常常将抽象数据类型用作数据结构，例如集合。在这种情况下，用户定义重复语句及其迭代器就必须由抽象数据类型的编写者提供，因为用户不知道该类型对象的实现方式。

Java 5.0 中新增了 **for** 语句的一种加强版本。对于实现了 `Iterable` 接口的数组或集合，该语句可以简化数组中的值或集合中的对象的遍历操作。（Java 中所有预定义的泛型集合都实现了 `Iterable` 接口。）例如，如果有一个名为 `myList` 的 `ArrayList`[⊖]集合，集合中的元素为字符串，则以下语句将遍历 `myList` 中的每一个元素，并将它们分别设置为 `MyElement`：

```
for  (String myElement : myList) { . . . }
```

352

这样的语句被称为“`foreach`”，尽管它使用了保留字 **for**。

C# 和 F#（以及其他 .NET 语言）也有用于集合的泛型库类。例如，列表有泛型集合类，它们是动态长度数组、堆栈、队列和字典（散列表）。所有这些预定义的泛型集合都具有内置的迭代器，并由 **foreach** 语句隐式使用。此外，用户也可以定义自己的集合并编写自己的迭代器，迭代器可以实现 `IEnumerator` 接口以便在自定义的集合上使用 **foreach**。

例如，可参考以下的 C# 代码：

```
List<String> names =  new  List<String>();
names.Add("Bob");
names.Add("Carol");
names.Add("Alice");
. . .
foreach  (String name  in  names)
  Console.WriteLine(name);
```

在 Ruby 中，**分程序**（block）是一个用花括号或配对的保留字 **do** 与 **end** 界定的代码序列。分程序可以与专门编写的方法一起使用，以创建许多有用的结构，如数据结构的迭代器。这样的结构由一个方法调用以及紧随其后的分程序组成。分程序实际上是一个匿名方法，它被当作参数发送给在它之前被调用的方法。被调用的方法可以调用这个分程序，这个

⊖ `ArrayList` 是一个预定义的泛型集合，本质上是一个动态数组，其元素可以是任意类型的对象。

分程序可以生成输出或是对象。

Ruby 预定义了几个迭代器方法，例如用于计数控制循环的 times 和 upto，以及用于数组和散列的简单迭代的 each。例如，下面的例子使用了 times：

```
>> 4.times {puts "Hey!"}
Hey!
Hey!
Hey!
Hey!
=> 4
```

注意 >> 是交互式 Ruby 解释器的提示符号，=> 用于指示表达式的返回值。Ruby 的 puts 语句会显示其参数。在这个例子中，times 方法被发送至对象 4，分程序也作为参数被一起发送。times 方法调用了 4 次该分程序，产生了 4 行输出。目标对象 4 是 times 的返回值。

353

Ruby 中最常见的迭代器是 each，它常用于遍历数组并将一个分程序应用到数组中的每一个元素上[⊖]。为此，允许分程序带有参数是比较方便的。如果分程序带有参数，参数会出现在分程序的开头，并用竖线（|）分隔。下面的例子使用了分程序参数，它演示了 each 的用法。

```
>> list = [2, 4, 6, 8]
=> [2, 4, 6, 8]
>> list.each {|value| puts value}
2
4
6
8
=> [2, 4, 6, 8]
```

在这个例子中，each 方法被发送至数组，并为数组中的每个元素调用分程序。分程序产生的输出是数组元素的列表。each 的返回值是它被发送至的数组。

Ruby 中没有计数循环，取而代之的是 upto 方法。例如，如下代码：

```
1.upto(5) {|x| print x, " "}
```

输出结果：

```
1 2 3 4 5
```

也可以使用类似于其他语言中 for 循环的语法，例如：

```
for x in 1..5
  print x, " "
end
```

事实上，Ruby 中没有 **for** 语句——类似上面这样的结构会被 Ruby 转换为 upto 方法调用。

现在我们来看看分程序是如何工作的。**yield** 语句类似于方法调用，只是没有接收方对象，并且调用是请求执行紧随方法调用之后的分程序，而不是调用方法。只有在调用分程序的方法中，才调用 **yield** 语句。如果分程序有参数，则在 **yield** 语句的括号中指定参数。分程序所返回的值是分程序中最后一个被求值的表达式的值。这个过程也用于实现内置

⊖ 这类似于第 15 章将讨论的映射函数。

的迭代器，例如 times。 354

Python 为重复语句提供了强大的支持。假设要处理某个用户定义数据结构中的节点，并假设该数据结构包含一个能按所需顺序遍历节点的方法。下面的骨架类定义包含这样一个遍历方法，该方法每次都生成一个此类实例的节点。

```
class MyStructure:
    # 其他方法定义，包括构造函数

    def traverse(self):
        # if 存在另一个节点：
        #     把 nod 置为下一个节点
        # else:
        #     return
yield nod
```

这里的 traverse 方法看起来是一个普通的 Python 方法，但是它包含一个 **yield** 语句，这会极大地改变方法的语义。实际上，该方法是在单独的控件线程中运行的。**yield** 语句的作用类似于返回。在第一次调用 traverse 方法时，**yield** 返回结构的初始节点；而在第二次调用时，它返回第二个节点。在第一次之外的所有 traverse 调用中，都从上一次执行时停止的位置开始执行。它不会从头开始而是接续上一次执行。这种方法中的任何本地存储都是跨调用维护的。在 traverse 中，后续调用从其代码的开头开始执行，但其状态与以前执行时的状态相同。在 Python 中，任何包含 **yield** 语句的方法都称为生成器，因为它每次都为一个元素生成数据。

当然，也可以生成结构中的所有节点，并将它们存储在一个数组中，然后再在数组中处理它们，但节点的数量可能很庞大，需要一个很大的数组来存储它们。使用迭代器的方法更优雅，并且不受数据结构大小的影响。

8.4 无条件分支

无条件分支语句（unconditional branch statement）可以将控制流转移到程序中的指定位置。20 世纪 60 年代末，语言设计领域最激烈的争论是，无条件分支语句是否应成为任意高级语言的一部分，如果是的话，它的使用是否应该有所限制。无条件分支语句，也就是 goto 语句，是控制程序语句执行流的最强大的语句。但 goto 语句使用不慎会导致严重的问题。goto 语句具有强大的力量和极高的灵活性（所有其他控制结构都可以通过 goto 和选择器来实现），但正是这种力量使它的使用变得危险。如果没有语言设计或程序设计标准所施加的限制，使用 goto 语句会使程序的可读性变得很差，降低程序的可靠性，并提高程序的维护成本。 355

这些问题的直接诱因是 goto 能够强制任何语句跟随在某个执行序列之后执行，不管从文本顺序上看该语句是在已执行语句之前还是之后。当一个程序中语句的执行顺序与它们的出现顺序几乎相同，也就是按照习惯的顺序从上到下时，程序的可读性最佳。因此，限制 goto 语句使其只能用于向下跳转，可以部分缓解这个问题。也就是说，允许 goto 语句跳转到当前代码片段附近以应对错误或异常情况，但不允许使用它们来构建任何类型的循环。

一些语言在设计时就没有 goto 语句，如 Java、Python 和 Ruby。然而，目前最流行的语言都包含 goto 语句。Kemighan 和 Ritchie（1978）认为 goto 语句极容易被滥用，但 Ritchie 设计的 C 语言中仍然包含了 goto 语句。那些不包含 goto 的语言提供了额外的控制语句，这些控制语句通常以循环出口的形式出现，以便用于那些本需要 goto 语句的场合。

相对较新的 C# 语言包含 goto 语句，尽管它所基于的语言之一 Java 并没有包含 goto。如 8.2.2.2 节所述，在 C# 的 **switch** 语句中可以合法地使用 goto。

8.3.3 节讨论的循环出口语句事实上都是 goto 语句，但它们受到严格限制，也没有降低程序可读性，实际上还提高了程序可读性，因为不使用它们可能会使代码变得复杂而不自然，从而难以理解。

8.5 保护命令

Dijkstra（1975）提出了不同形式的选择和循环结构。他的主要动机是提供控制语句，以支持那些能够在程序开发过程中，而不是通过事后的验证或测试来确保正确性的程序设计方法。文献 Dijkstra（1976）中描述了这种方法。另一个动机是，保护命令使人们能更加清晰地进行推理。简单地说，在保护命令语句中，选择语句中的可选代码片段可以独立于语句的任何其他部分来考虑，这对于普通的程序设计语言中的选择语句来说并不适用。

本章之所以讨论保护命令，是因为它们是此后为 CSP 中并发程序设计所研发的语言机制的基础（Hoare，1978）。正如将在第 15 章讨论的，在 Haskell 中也可以使用保护命令来定义函数。

356

Dijkstra 所提出的选择结构具有如下形式：

```
if <布尔表达式> -> <语句>
[] <布尔表达式> -> <语句>
[]  ...
[] <布尔表达式> -> <语句>
fi
```

结尾保留字 **fi** 是开头的保留字 **if** 的回文。这样的结尾保留字取自 ALGOL 68。被称为 fatbars 的分程序用于分隔受保护的子句，并允许子句成为语句序列。选择语句中的每一行都由一个布尔表达式（卫兵）和一条语句或语句序列组成，称为**保护命令**（guarded command）。

历史注记

尽管一些人早就指出了 goto 语句的潜在问题，但在计算机领域广泛揭示 goto 危险性的第一人是 Edsger Dijkstra。他在信中指出："现在的 goto 语句太原始，它会把程序搞得一团糟。"（Dijkstra，1968a）在 Dijkstra 发表关于 goto 的观点后的最初几年，很多人公开主张要么彻底抛弃 goto 语句，要么至少限制它的使用。在那些不赞成完全抛弃 goto 语句的人当中，Donald Knuth（1974）认为有时 goto 发挥的作用超过了它对程序可读性的危害。

这个选择语句看起来和多路选择相同，但是它的语义不同。在执行过程中，每次到达语句时，都会对所有布尔表达式求值。如果有多个布尔表达式为真，则可以不确定地选择一个相应的语句执行。某个实现可能总是选择执行与第一个值为真的布尔表达式所关联的语句，但也有可能选择任意一个与值为真的布尔表达式所关联的语句。因此，程序的正确性不取决于选择了哪一个（与值为真的布尔表达式相关联的）语句。如果没有一个布尔表达式的求值结果为真，则会发生运行时错误，导致程序终止。这就要求程序员考虑并列举出所有的可能性。考虑下面的例子：

```
if i = 0 -> sum := sum + i
[] i > j -> sum := sum + j
[] j > i -> sum := sum + k
fi
```

如果 i=0 且 j>i，那么该选择语句是执行第一个赋值语句还是第三个赋值语句是不确定的；如果 i 等于 j 且它们的值不为 0，则会报告运行时错误，因为没有一个条件为真。

这个语句允许程序员使用简明的方式声明，在某些情况下执行顺序是无关紧要的。例如，要找到两个数中的最大值，我们可以使用：

```
if  x >= y -> max := x
[] y >= x -> max := y
fi
```

它计算得到了想要的结果，而不会过度地指定解决方案。特别是，如果 x 和 y 相等，将哪个赋值给 max 就不重要了。这是一种由语句的不确定性语义提供的抽象化形式。 357

现在用传统程序设计语言的选择器来编写这个过程：

```
if (x >= y)
  max = x;
else
  max = y;
```

也可以编写成：

```
if (x > y)
  max = x;
else
  max = y;
```

这两段代码在本质上没有区别。第一段代码在 x 与 y 相等时将 x 赋给 max；第二段代码在同样的情况下将 y 赋给 max。这两个实现方式之间的选择使得对代码的形式化分析和正确性验证更加复杂，这正是 Dijkstra 研发保护命令的原因之一。

Dijkstra 所提出的循环结构具有如下形式：

```
do <布尔表达式> -> <语句>
[] <布尔表达式> -> <语句>
[] ...
[] <布尔表达式> -> <语句>
od
```

这个结构的语义是：所有的布尔表达式在每次迭代时都要求值。如果有多个布尔表达式为真，则不确定地（也许是随机地）选择一个相关联的语句来执行，之后再次对布尔表达式求值。当所有的表达式同时为假时，循环终止。

考虑下面的问题：给定四个整型变量 q1、q2、q3 和 q4，重新排列这四个变量，使得 q1<=q2<=q3<=q4。如果不使用保护命令，一个简单的解决方案是将四个变量值放入一个数组并对数组排序，然后再把数组中的值分别赋值给标量变量 q1、q2、q3 和 q4。虽然这个解决方案并不难，但它需要大量代码，特别是在必须包含排序过程的情况下。

现在，考虑下面的代码，它使用保护命令来解决同样的问题，从而更加简洁明了[⊖]：

```
do q1 > q2 -> temp := q1; q1 := q2; q2 := temp;
[] q2 > q3 -> temp := q2; q2 := q3; q3 := temp;
[] q3 > q4 -> temp := q3; q3 := q4; q4 := temp;
od
```

358

⊖ 这里的代码与 Dijkstra（1975）中的略有不同。

Dijkstra 的保护命令控制语句很有趣，部分原因在于它们揭示了语句的语法和语义与程序验证之间是如何互相影响的。使用 goto 语句时，程序验证实际上是不可能的。如果只使用逻辑循环和选择结构，或者只使用保护命令，验证就可以被大大简化。保护命令的公理语义可以方便地说明（Gries，1981）。但显然，与传统的确定性命令相比，保护命令在实现上的复杂度会显著增加。

8.6　结论

我们描述并讨论了各种语句级控制结构。下面对此进行简单的评价。

首先，理论成果表明，只有顺序结构、选择结构和前测试逻辑循环结构对于表达计算而言是不可缺少的（Böhm 和 Jacopini，1966）。这个结果被那些希望完全禁止无条件分支的人所采用。当然，即使不使用理论上的理由，也有足够多的实际问题可以证明 goto 语句的不足之处。goto 语句的一个主要的合法用途是提前退出循环，但用 **break** 语句这样严格受限的分支语句也可以满足此需求。

对 Böhm 和 Jacopini 的研究成果的一个明显的误用是反对选择结构和前测试逻辑循环结构之外的其他任何控制结构。目前还没有哪一种被广泛使用的语言采取这一措施，而且我们猜测任何一种语言都不会这样做，因为这会对可写性和可读性产生负面影响。只使用选择结构和前测试逻辑循环结构编写的程序通常在结构上不太自然且更复杂，因而难以编写也难以阅读。例如，C# 的多路选择结构极大地提高了 C# 的可写性，而没有产生明显的负面影响。另一个例子是许多语言中的计数循环结构，特别是当语句很简单时。

目前尚不清楚的是，许多其他控制结构的效能是否值得使其被纳入语言中（Ledgard 和 Marcotty，1975）。这个问题在很大程度上取决于语言的规模是否必须最小化这一基本问题。Wirth（1975）和 Hoare（1973）都强烈支持语言设计的简单化。对于控制结构来说，简单化意味着语言中只应包含少数几个很简单的控制结构。

已被研发的多种多样的语句级控制结构体现了语言设计者的不同观点。在发明、讨论和评估之后，对于语言中应包含哪些控制结构的精确集合的问题，仍没有一致的意见。当然，大多数现代语言都有类似的控制语句，只不过它们在语法和语义的细节上有一些变化。此外，人们对于是否应包含 goto 语句的问题仍有分歧，C++ 和 C# 中有 goto 语句，而 Java 和 Ruby 中则没有。

359

小结

控制语句分为以下几类：选择、多路选择、循环迭代和无条件分支。

在基于 C 的语言中，**switch** 语句是多路选择语句的代表。C# 禁止从一个选中的代码片段隐式地延续执行至下一个可选代码片段，从而消除了以前版本的可靠性问题。

人们为高级语言研发了大量不同的循环语句。C 的 **for** 语句是最灵活的循环结构，但这种灵活性也带来了一些可靠性问题。

大多数语言都为循环提供了退出语句；这些语句取代了 goto 原来最常见的用途之一。

基于数据的迭代器是用于处理链表、散列表、树等数据结构的循环语句。在基于 C 的语言中，**for** 语句允许用户为自定义的数据创建迭代器。Perl 和 C# 中的 **foreach** 语句是标准数据结构的预定义迭代器。在当代的面向对象语言中，用于集合的迭代器是由标准接口指定的，这些接口由集合的设计者实现。

Ruby 也包含迭代器，它们是一种发送到不同对象的特殊形式的方法。该语言为常见的用途预定义了迭代器，也允许用户自定义迭代器。

无条件分支语句，也就是 goto 语句，是大多数命令式程序设计语言的组成部分。它的问题已经被广泛讨论和辩论。目前的共识是，它应该保留在大多数语言中，但它的危险性应该通过程序设计规范来最小化。

Dijkstra 的保护命令是一种具有积极理论特色的控制语句。虽然它们还没有被用作语言的控制语句，但其部分语义已出现在 CSP 的并发机制和 Haskell 的函数定义中。

复习题

1. 控制结构的定义是什么？
2. Böhm 和 Jocopini 关于流程图证明了什么？
3. 分程序的定义是什么？
4. 对于所有的选择和循环控制语句，其设计问题是什么？
5. 选择结构的设计问题是什么？
6. Python 设计的复合语句有什么特别之处？
7. F# 选择器在什么情况下有 else 子句？
8. 二路选择器的嵌套问题有什么常见的解决办法？ 360
9. 多路选择语句的设计问题是什么？
10. 在多路选择语句的一次执行过程中，当决定是否执行多个可选代码片段时，应在哪两种语言特性中权衡？
11. C 的多路选择语句有什么特殊之处？
12. C 的 **switch** 语句来源于以前的哪种语言？
13. 解释一下 C# 的 **switch** 语句为什么比 C 的 **switch** 语句更安全。
14. 对于所有的循环控制语句，其设计问题是什么？
15. 计数控制循环语句的设计问题是什么？
16. 什么是前测试循环语句？什么是后测试循环语句？
17. C++ 和 Java 的 **for** 语句有什么区别？
18. C 中的 **for** 语句在哪些方面比其他语言更灵活？
19. Python 中 **range** 函数的作用是什么？
20. 现在的哪些语言不包含 goto 语句？
21. 逻辑控制循环语句的设计问题是什么？
22. 研发用户定义循环控制语句的主要原因是什么？
23. 用户定义循环控制机制的设计问题是什么？
24. 与 C 的 **break** 语句相比，Java 中 **break** 语句的优势有哪些？
25. C++ 和 Java 的 **break** 语句有什么区别？
26. 什么是用户定义的循环控制机制？
27. 哪个 Scheme 函数实现了多路选择语句？
28. 函数式程序设计语言如何实现重复执行语句？
29. Ruby 如何实现迭代器？
30. 哪种语言预定义的迭代器可以显式调用，以遍历预定义的数据结构？
31. 哪种常见的语言借鉴了 Dijkstra 的保护命令中的一些设计？

习题

1. 描述三种需要结合使用计数循环语句和逻辑循环语句的情况。

361
2. 从 Liskov et al.（1981）中学习 CLU 迭代器的特点，并说出它的优点和缺点。
3. 比较 Ada 和 C# 中控制语句的设置，确定哪个更优，并说明原因。
4. 在复合语句中使用特殊的结束保留字，有什么优点与缺点？
5. 在 Python 中使用缩进来指定控制语句中的复合语句，说明其理由和优缺点。
6. 请分析控制语句中的开始保留字与结束保留字互为倒序是否会影响程序可读性（如 ALGOL 68 中的 **case-esac** 保留字）？例如输入时可能会出现输入错误。
7. 利用 *Science Citation Index*（SCI）找到一篇引用 Knuth（1974）的文章。在阅读这篇文章和 Knuth 的论文之后，写一篇论文，简述关于 goto 问题的结论。
8. 在 Knuth（1974）关于 goto 问题的论文中，他提出了使用多个出口的循环控制语句。请阅读这篇论文，并给出这个语句的操作语义描述。
9. 在 Java 中，控制语句仅能使用布尔表达式（C++ 还允许使用算术表达式），支持和反对此规定的理由有哪些？
10. 描述在 Python 的 **for** 语句中简便使用 else 子句的一个程序示例。
11. 给出三个需要后测试循环的程序实例。
12. 推测控制语句能转换为 C 语言循环语句的原因。

程序设计练习

1. 用指定的语言重写下列循环结构的伪代码：

```
  k = (j + 13) / 27
loop:
  if k > 10 then goto  out
  k = k + 1
  i = 3 * k - 1
  goto  loop
out: . . .
```

（1）C、C++、Java 或 C#
（2）Python
362
（3）Ruby

此处假设所有变量都是整型。讨论使用哪种语言编写这段代码可以实现最好的可写性、最好的可读性，或是在两者之间取得最佳平衡。

2. 重新完成第 1 题，但是这次所有的变量及常数均为浮点数，同时将

```
k = k + 1
```

更改为

```
k = k + 1.2
```

3. 使用指定的语言，通过多路选择语句重写以下代码：

```
if ((k == 1) || (k == 2)) j = 2 * k - 1
if ((k == 3) || (k == 5)) j = 3 * k + 1
if (k == 4) j = 4 * k - 1
if ((k == 6) || (k == 7) || (k == 8)) j = k - 2
```

（1）C、C++、Java 或 C#
（2）Python
（3）Ruby

假设所有变量都是整型。讨论使用这些语言各自有什么优点。

4. 重写以下 C 程序代码片段，但不使用 **goto** 和 **break** 语句。

```
j = -3;
for (i = 0; i < 3; i++) {
  switch  (j + 2) {
    case  3:
    case  2: j--; break;
    case  0: j += 2; break;
    default: j = 0;
  }
  if  (j > 0)  break;
 j = 3 - i
}
```

5. 在 Rubin（1987）写给 *CACM* 编辑的信中，他使用如下的代码证明，一些含有 goto 语句的程序在可读性方面要优于不含 goto 语句的等价程序。这段代码用于在一个 $n*n$ 的整数矩阵 x 中寻找第一个只包含 0 的行。

363

```
for (i = 1; i <= n; i++) {
  for (j = 1; j <= n; j++)
    if (x[i][j] != 0)
     goto reject;
  println ('First all-zero row is:', i);
  break;
reject:
 }
```

用 C、C++、Java 或 C# 中的一种语言重写这段程序（不包含 goto 语句）。比较你的代码与示例代码的可读性。

6. 考虑这样一个程序设计问题：给定三个整型变量 first、second 和 third，把三者的值分别赋给 max、mid 和 min 三个变量，但不能使用数组、用户定义子程序以及预定义子程序。针对该问题给出两个解决方案：一个使用嵌套选择结构，另一个不使用。比较两个方案的复杂度与可靠性。
7. 使用 C 语言中的 **if** 与 goto 语句改写第 4 题中的 C 代码片段。
8. 使用 Java 语言改写第 4 题中的 C 代码片段，但不使用 **switch** 结构。
9. 使用 C 语言改写对 Scheme 中 COND 函数的调用，将得到的值赋给 y：

```
(COND
 ((> x 10) x)
 ((< x 5) (* 2 x))
 ((= x 7) (+ x 10))
)
```

364

第 9 章

Concepts of Programming Languages, Twelfth Edition

子 程 序

子程序是程序的基本组成部分，也是程序设计语言设计中最重要的概念。本章将讨论子程序设计问题，包括参数传递方法、局部引用环境、重载子程序、泛型子程序，以及与子程序相关的别名和副作用问题，还将讨论间接调用子程序、闭包与协同程序等。

子程序的实现方法将于第 10 章讨论。

9.1 概述

程序设计语言有两种基本抽象设施，即过程抽象和数据抽象。在早期的高级程序设计语言中只有过程抽象，以子程序形式出现的过程抽象是所有程序设计语言中的核心概念。然而，在 20 世纪 80 年代，很多人开始认为数据抽象也同样重要。数据抽象将在第 11 章详细讨论。

20 世纪 40 年代建造的巴贝奇分析机是第一台可编程计算机，它可以在程序的不同位置重用指令卡片集。在现代程序设计语言中，可以把这样的一组语句写成子程序。这种重用既节省内存空间也节省编码时间。这样的重用也是一种抽象，因为子程序的计算细节被程序中调用该子程序的语句所取代。在程序中借助子程序就不再需要描述计算步骤，而是通过调用语句来实现描述（子程序中的语句集合），从而有效地对细节进行抽象。子程序这种强调逻辑结构和隐藏底层细节的能力提高了程序的可读性。

面向对象语言中的方法与本章讨论的子程序密切相关。方法同子程序的主要区别在于其调用方式以及与类和对象的关系。尽管方法的这些特殊性质将在第 12 章讨论，但方法与子程序的共同特征（如参数、局部变量等）将在本章讨论。

9.2 子程序基础

9.2.1 子程序的一般性质

365~366

本章所讨论的所有子程序都具有以下性质（9.13 节介绍的协同程序除外）：

- 每个子程序都只有一个入口点。
- 调用程序单元在执行被调用子程序期间挂起，即在任一给定时刻仅有一个子程序在执行。
- 在子程序执行结束时总是将控制权交还给调用者。

不满足上述性质中任何一条的就不是子程序，而是协同程序和并发单元（第 13 章）。

大多数子程序都有名字，但也有匿名的。9.12 节将介绍 C# 中匿名子程序的例子。

9.2.2 基本定义

子程序定义（subprogram definition）用于描述子程序抽象的接口和行为，**子程序调用**（subprogram call）则用于显式请求执行特定的子程序。子程序在被调用执行期间处于**活动**状态，该期间具体为子程序被调用后从开始执行到终止前的这段时间。子程序可以分为过程与函数这两种基本形式，9.2.4 节将定义并讨论这两种子程序。

子程序定义的第一部分是**子程序首部**（subprogram header），它有以下几方面用途。首先，它指定了这个语法单元是哪一种子程序[㊀]的定义，在有多种子程序的语言中，一般用一个专有单词来指定子程序的种类；其次，如果子程序不是匿名的，那么子程序首部要提供该子程序的名字；第三，子程序首部可能还要指定参数表。

例如，考虑如下子程序首部：

```
def adder (参数表):
```

这是一个名为 `adder` 的 Python 子程序首部。Ruby 语言的子程序首部也以 **`def`** 开头，但 JavaScript 语言的子程序首部以 `function` 开头。

在 C 语言中，名为 `adder` 的函数首部可以是如下形式：

```
void adder (参数表)
```

函数首部的保留字 **`void`** 表示该子程序（函数）没有返回值。

子程序体用于定义子程序动作。在基于 C 的语言（以及诸如 JavaScript 等其他一些语言）中，子程序体用花括号括住。Ruby 语言中用 **`end`** 语句结束子程序体。在 Python 语言中，与复合语句一样，函数体中的语句必须缩进，函数体用下面第一个未缩进语句结束[㊁]。

Python 函数有别于其他常见程序设计语言函数的一个特性是，Python 的函数定义语句（`def` 语句）是可执行的。`def` 语句在执行时将给定函数名分配给给定函数体。在函数的 `def` 语句执行之前不能调用这个函数。例如，对下面的代码框架：

367

```
if . . .
  def fun( . . . ):
    . . .
else
  def fun( . . . ):
    . . .
```

如果执行这个选择结构（即这个 `if` 语句）中的 then 子句，那么就调用其中的 `fun` 函数，而不调用 else 子句中的 fun 函数。类似地，如果选择了 else 子句，就会调用其中的 fun 函数，而不是 then 子句中的 fun 函数[㊂]。

Ruby 的方法与其他程序设计语言中的子程序有一些明显的区别。Ruby 方法虽然一般在类定义中定义，但同样也可在类定义外定义，此时 Ruby 方法可被看作根对象 `Object` 的方法。这种方法就像 C 和 C++ 中的函数一样，可不经过对象接收器直接被调用。不经对象接收器调用的 Ruby 方法实际上默认指定了 **`self`** 接收器。如果在当前类中按名字找不到某个方法，程序就会搜索其外包类，有必要时会一直往外搜索直到 `Object` 根对象。

㊀ 有些程序设计语言包括两种子程序：过程和函数。

㊁ 这个未缩进语句不是函数体的一部分，而是与该函数定义并列的下一个语句。——译者注

㊂ 这一段的描述不是很严格，python 语句

```
def fun(...):
...
```

是函数定义语句，它不是用于调用 `fun` 函数，而是用于定义 `fun` 函数，这一段的意思应该是：如果执行这个选择结构（即这个 `if` 语句）中的那么（`then`）子句，那么就定义其中的 `fun` 函数，而不定义否则（`else`）子句中的 `fun` 函数。类似地，如果选择了否则子句，就会定义其中的 `fun` 函数，而不是那么子句中的 `fun` 函数。——译者注

子程序的**参数配置**（parameter profile）包括其形式参数的个数、次序和类型。子程序**协议**（protocol）指该子程序的参数配置，而当子程序为函数时，子程序**协议**则指该子程序的参数配置再加上其返回值类型。在子程序有类型的语言中，这些类型由子程序协议定义。

子程序可以具有声明与定义两部分。在C语言中，变量可以有变量声明与变量定义两种形式，变量声明用于提供类型信息但不定义变量。类似地，子程序声明提供子程序协议但不包括子程序体。对于不允许前向引用子程序的语言，子程序声明是必需的。无论是对变量还是对子程序，进行静态类型检查都需要提供声明。对子程序要检查参数类型。在C和C++程序中经常使用称为函数**原型**（prototype）的函数声明，这种函数声明一般放在头文件中。

在除了C和C++的大部分其他语言中，子程序都不需要声明，因为这些语言没有要求子程序在调用之前必须先进行定义。

9.2.3　参数

子程序是对计算过程的典型描述。非方法子程序有两种方法来访问所要处理的数据：一是直接访问非局部变量（在子程序外声明但在子程序中可见的变量），二是通过参数传递。在子程序中可使用局部于该子程序的名字来访问通过参数传递的数据。参数传递比直接访问非局部变量更灵活。通过参数访问所要处理数据的子程序所进行的计算本质上是一种参数化计算。子程序可对通过其参数接收到的任何数据进行计算（要求参数的类型与子程序所期望的类型一致）。如果子程序执行时通过非局部变量访问数据，那么为了计算处理不同的数据，唯一的途径是在每次调用子程序之前为这些非局部变量赋以新值。过多访问非局部变量会降低程序的可靠性。对需要访问的子程序可见的变量通常在不需要访问它们的地方也可见。这个问题在第5章讨论过。

368

尽管方法也是通过非局部引用与参数访问外部数据，但方法所处理的主要数据是所调用方法的对象。然而，当方法访问非局部数据时，其可靠性问题就与非方法子程序相同。而且，在面向对象语言中，访问（与类而不是与对象相关联的）类变量的方法与非局部数据的概念相关，应尽可能避免。这种情况与C函数访问非局部变量的情况一样，方法会因改变其参数或局部数据之外的对象而产生副作用。这种改变使得方法的语义更为复杂，并会降低可靠性。

Haskell等纯函数式程序设计语言中没有可变数据，因此用这些语言编写的函数不能以任何方式改变内存——它们仅仅执行计算并返回求得的结果值（或函数，因为在纯函数式语言中函数也是值）。

在有些情况下，把计算过程（而不是数据）当作参数传递给子程序是很方便的。在这种情况下可把执行计算的子程序的名字用作参数。这种形式的参数将在9.6节讨论，数据参数则在9.5节讨论。

子程序首部中的参数叫作**形式参数**（formal parameter）。因为不同于通常意义下的变量，它们有时被视为哑变量：在大多数情况下它们只在调用子程序时绑定到存储空间，这种绑定常常通过程序中的其他程序变量来完成。

子程序调用语句中必须包含所调用子程序的名字和与形式参数一一对应的参数列表。列表中的这些参数称为**实际参数**（actual parameter）[㊀]。实际参数有别于形式参数，因为这两种参

㊀ 有些作者把实际参数叫作变元，把形式参数叫作参数。

数通常不仅在形式上有不同限制，而且在具体使用上也大不相同。 369

在大多数程序设计语言中，实际参数与形式参数的对应关系（实际参数到形式参数的绑定）是由它们的位置决定的：第一个实际参数绑定到第一个形式参数，以此类推。这种参数称为**位置参数**（positional parameter）。当参数列表相对较短时，这是将实际参数与对应的形式参数关联起来的一种高效而安全的方法。

然而，当参数列表比较长时，程序员很容易搞错参数列表中实际参数的顺序。对这个问题的一种解决思路是提供**关键字参数**（keyword parameter），在调用时以形式参数名指定绑定哪一个实际参数。关键字参数的优点是它们可在实际参数列表中以任意顺序出现。Python 函数就可以这种方式来调用：

```
sumer(length = my_length,
      list = my_array,
      sum = my_sum)
```

为此，要求 sumer 函数的定义中必须包含 length、list 和 sum 三个形式参数。

关键字参数的缺点是，相应子程序的使用者必须知道其各个形式参数的名字。

除了关键字参数，诸如 Python 等一些语言中也允许同时使用位置参数。在一个子程序调用中可以混合使用关键字参数和位置参数，例如：

```
sumer(my_length,
      sum = my_sum,
      list = my_array)
```

对这种调用方式的唯一限制是，当实际参数列表中出现了关键字参数后，其后的所有实际参数都必须是关键字参数。这种限制是必要的，因为在关键字参数出现后，参数的位置就不再明确了。

在 Python、Ruby、C++ 与 PHP 等语言中，形式参数可以有默认值。当没有实际参数传递给子程序首部中的形式参数时，就使用默认值。考虑如下 Python 函数首部：

```
def compute_pay(income, exemptions = 1, tax_rate)
```

在调用函数 compute_pay 时，形式参数 exemptions 对应的实际参数可缺省，此时其值取 1。在 Python 函数调用中，缺省实际参数的位置不需要保留逗号，因为这种逗号的唯一价值是指示下一个参数的位置，但是在这种情况下并无必要：在缺省实际参数之后的所有实际参数都必须加上关键字。例如，参见如下调用： 370

```
pay = compute_pay(20000.0, tax_rate = 0.15)
```

由于 C++ 不支持关键字参数，默认参数的规则有所不同。因为参数间有前后位置关系，默认参数必须出现在最后。一旦在调用中缺省了一个默认参数，剩余的形式参数就都必须取默认值。在 C++ 中可以将函数 compute_pay 的函数首部写为：

```
float compute_pay(float income, float tax_rate,
                  int exemptions = 1)
```

注意，其中已重新排列了形式参数的次序，以使有默认值的形式参数出现在最后。例如，下面是 C++ 中对 compute_pay 函数的调用：

```
pay = compute_pay(20000.0, 0.15);
```

在大多数不支持形式参数使用默认值的语言中，子程序调用中实际参数的数目必须与子程序定义首部中形式参数的数目相匹配。然而，在C、C++、Perl与JavaScript等语言中并没有这个要求。当调用中实际参数的数目少于函数定义中形式参数的数目时，由程序员负责确保参数在位置上相互对应，使子程序能够正常有效地执行。

尽管这种允许参数数量可变的设计很容易造成错误，但有时也非常方便。例如，C语言中的printf函数能够打印任意数量的项（数据值和/或字面量）。

C#中的方法可以接受可变数目的参数，只要这些参数的类型相同。方法通过params修饰符指定其形式参数。在调用方法时可传递一个数组或一组表达式，这些值由编译程序放在一个数组中，并提供给被调用的方法。例如，对下述方法：

```
public void DisplayList(params int[] list) {
   foreach (int next in list) {
      Console.WriteLine("Next value {0}", next);
   }
}
```

如果DisplayList是为类Myclass定义的，且有如下声明：

```
Myclass myObject = new Myclass;
int[] myList = new int[6] {2, 4, 6, 8, 10, 12};
```

371

那么，可以使用下述两种方式调用DisplayList：

```
myObject.DisplayList(myList);
myObject.DisplayList(2, 4, 3 * x - 1, 17);
```

Ruby语言支持一种复杂但高度灵活的实际参数配置。初始参数都是表达式，其值对象传递给对应的形式参数。这些参数可后跟一组“键=>值”对，它们被放在一个匿名散列表中，并把对散列表的引用传递给下一个形式参数。由于Ruby语言不支持关键字参数，这组配置可作为关键字参数的一种替代方法。散列项可后跟一个以星号开头的参数，这种参数称为*数组形式参数*。当调用这种方法时，将数组形式参数设置为对新的Array对象的引用，剩余实际参数都被赋值给这个新的Array对象中的元素。如果数组形式参数所对应的实际参数是一个数组，则该实际参数也要在开头加上星号并且必须是最后一个实际参数[⊖]。由此，Ruby语言支持可变数目的参数，其方式和C#语言类似。由于在Ruby数组中可存储不同类型的值，传递给同一数组的各实际参数也不要求有相同的类型。

下面这个例子给出了一个函数定义框架以及对它的调用，这可以解释Ruby的参数结构：

```
list = [2, 4, 6, 8]
def tester(p1, p2, p3, *p4)
  . . .
end  . . .
tester('first', mon => 72, tue => 68, wed => 59, *list)
```

在tester内部，其形式参数的值为：

```
p1 is 'first'
p2 is {mon => 72, tue => 68, wed => 59}
p3 is 2
p4 is [4, 6, 8]
```

⊖ 这并不完全正确，因为数组形式参数后能接一个以与号（&）开头的方法或函数引用。

Python 语言所提供的参数功能与 Ruby 相似。

9.2.4 过程与函数

有两种不同类别的子程序——过程和函数，它们都可被视为扩展语言的方式。子程序是一组用于定义参数化计算的语句。函数有返回值，而过程没有。在大多数不包含过程这种子程序独立形式的语言中，函数可定义为无返回值从而作为过程使用。过程的计算是由单一调用语句执行的，因此从效果上说，过程定义了新的语句。例如，如果某种语言没有提供排序语句，用户可建立一个过程对数组进行排序，并通过调用该过程来代替原本并不存在的排序语句。只有一些比较旧的语言，如 Fortran 和 Ada 支持过程。

372

过程能够通过两种方法在调用程序单元中产生结果：如果变量不是形式参数，但在过程和调用程序单元里都可见，那么在过程中可改变它们；如果过程中包含能够把数据传给调用者的形式参数，那么过程可改变这些形式参数。

函数与过程在结构上类似，但函数在语义上模拟了数学函数。如果一个函数所建立的模型是准确可信的，那么就不会产生副作用，即它既不会修改其参数，也不会修改定义在函数外的任何变量。这种函数返回一个值——这是它唯一期望的结果。但实际上，大多数程序设计语言中的函数都有副作用。

在表达式中，调用函数要用到函数名字和所需实际参数。执行函数所产生的结果会返回给调用代码，并替换掉调用本身。例如，表达式 f(x) 的值就是用 x 调用函数 f 时得出的值。对于不产生副作用的函数而言，返回值是它的唯一作用。

函数用于定义新的用户定义运算符。例如，如果某一语言中没有提供幂运算符，那么就可编写一个函数，使其返回以一个参数为底，以另一个参数为指数的幂值。在 C++ 中可以把该函数的首部写成

```
float power(float base, float exp)
```

可以这样调用它

```
result = 3.4 * power(10.0, x)
```

标准 C++ 库包含一个类似的函数 pow。将它与 Perl 语言中内置了幂运算符的类似语句相比较：

```
result = 3.4 * 10.0 ** x
```

有些程序设计语言允许用户通过为运算符定义新的函数来重载运算符。9.11 节中将详细讨论用户定义重载运算符的方法。

373

9.3 子程序的设计问题

子程序具有复杂的结构，所以这里要花较长的篇幅来讨论子程序的设计问题。其中一个明显的问题是如何选择参数的传递方式。各个语言所采用的各不相同的参数传递方法反映了参数传递方法的多样性。另一个与此紧密相关的问题是，是否需要根据形式参数的类型对与其对应的实际参数进行类型检查。

子程序的局部环境的基本特征在某种程度上决定了子程序的基本特征。关于局部环境最重要的问题是：对局部变量是动态分配还是静态分配的。

子程序定义是否可以嵌套也是一个问题。另一个问题是子程序名字是否可以作为参数传递。如果子程序名字可以作为参数传递并且也允许子程序嵌套，那么就会产生新的问题：如何确定作为参数传递的子程序的正确引用环境。

正如第 5 章所述，函数副作用可能会带来问题。因此对副作用的限制是函数所要解决的一个设计问题，函数返回值的类型和数量是另一个设计问题。

最后，还有一个问题是子程序是否可重载或泛型化（也叫泛化或类属化）。**重载子程序**（overloaded subprogram）指在同一个引用环境中一个子程序与另一个子程序具有相同的名字。**泛型子程序**（generic subprogram，也可叫作**类属子程序**）指能够在各种调用中对不同类型的数据进行计算。**闭包**（closure）指嵌套的子程序及其引用环境，它们允许从程序的任何位置调用子程序。

下面汇总了子程序的常见设计问题，9.10 节中将详细讨论其他与函数相关的问题：

- 对局部变量是进行动态分配还是进行静态分配？
- 子程序定义能否出现在另一个子程序定义中？
- 使用哪个或哪些参数传递方法？
- 是否需要根据形式参数类型对相应的实际参数进行类型检查？
- 如果子程序可作为参数传递并且可以嵌套，那么被传递的子程序的引用环境是什么？
- 是否允许函数具有副作用？
- 函数是否可以返回哪些类型的值？
- 函数可以返回多少个值？
- 子程序能重载吗？
- 子程序可泛型化吗？
- 如果语言允许子程序嵌套，那么它会支持闭包吗？

374

下面几节将讨论这些设计问题并举例说明。

9.4 局部引用环境

这一节继续讨论与子程序中定义的变量有关的问题，也将简单讨论一下与子程序嵌套有关的问题。

9.4.1 局部变量

子程序可以定义自己的变量，从而就定义了局部引用环境。在子程序内定义的变量称为**局部变量**（local variable），因为这些变量的作用域一般就是定义它们的子程序体。

用第 5 章的术语来说，局部变量既可为静态变量，也可为栈动态变量。如果局部变量是栈动态变量，那么这些局部变量会在子程序开始运行时与存储空间绑定，并在终止运行时解除绑定。栈动态局部变量有许多优点，其中最主要的优点是其灵活性。递归子程序中必须使用栈动态局部变量。栈动态局部变量的另一个优点是，活动子程序中的局部变量可与所有非活动子程序中的局部变量共享存储空间。当然，只有在计算机内存较小时，这才是一个重要优点。

栈动态局部变量主要存在如下问题：首先，在每次子程序调用中，都要耗费时间来分配、初始化（在需要时）以及释放栈动态局部变量。其次，栈动态局部变量必须间接访问，而静态变量则可直接访问[⊖]。由于局部变量在栈中的位置只能在执行期间确定（见第 10 章），对这种局部变量只能进行间接访问。最后，当所有局部变量都是栈动态变量时，子程序就不能是历史敏感的（history sensitive），即它们无法在各次调用之间保留局部变量的数据值。然而，有时还需要编写历史敏感的子程序，一个常见的例子是，在生成伪随机数时就需要使用历史敏感的子程序：每次调用该子程序时都要根据上一次计算出的伪随机数计算出下一个伪随机数，为此就须将上一个伪随机数存放在静态局部变量中。协同程序和循环结构所用的子程序（参见第 8 章）也要求是历史敏感的。

与栈动态局部变量相比，静态局部变量的主要优势是，由于不需要在运行期间对静态局部变量分配与释放存储空间，它们会稍微高效一些，另外直接访问也明显比间接访问的效率要高，当然，这样一来子程序也就是历史敏感的了。静态局部变量的最大缺点是它们无法支持递归，而且，它们的存储空间不能和其他非活动子程序中的局部变量共享。

375

大多数当代语言中都把子程序中的局部变量默认为栈动态局部变量。在 C 和 C++ 函数中，除非特地把局部变量声明为 **static** 静态变量，否则它们都是栈动态变量。例如，在下述 C（或 C++）函数中，变量 sum 为静态变量，而 count 则是栈动态变量：

```
int adder(int list[], int listlen) {
  static int sum = 0;
  int count;
  for (count = 0; count < listlen; count ++)
    sum += list [count];
  return  sum;
}
```

在 C++、Java 和 C# 语言的方法中只能使用栈动态局部变量。

在 Python 语言中，方法定义中唯一能使用的声明是全局变量声明。任何在方法中声明为全局的变量都必须在方法外定义。在方法外定义的变量无须在该方法中声明为全局变量就可在方法中引用，但这样的变量不能在方法中赋值。如果某一全局变量的名字在某个方法里被赋值了，那么这个名字就被隐式声明为局部变量，对该名字的赋值不会影响到同名的全局变量。Python 方法中的所有局部变量都是栈动态变量。

9.4.2 嵌套子程序

嵌套子程序的思想源于 ALGOL 60 语言，其目的是创建逻辑和作用域的层次结构。如果某个子程序只会在另一个子程序中用到，那么为什么不把它就放在后者中定义并让其对程序的其他部分隐藏呢？由于在允许嵌套子程序的语言中通常要使用静态作用域，这也提供了一个从外包子程序中授权访问非局部变量的高度结构化的方法。回顾一下在第 5 章讨论过的由此而引发的问题。在很长一段时间里，只有直接从 ALGOL 60 衍生而来的语言（比如 ALGOL 68、Pascal 与 Ada）才允许嵌套子程序。而很多其他语言（包括 C 及其所有直接后继语言）都不允许子程序嵌套。不过近年来，一些新的语言也开始允许子程序嵌套了，包括 JavaScript、Python 和 Ruby 等。此外，大多数函数式程序设计语言也都允许子程序嵌套。

9.5 参数传递方法

参数传递方法是指参数传入和传出被调用子程序的方法。本节首先集中介绍参数传递方

⊖ 在某些实现方案中，对静态变量也要间接访问，因此栈动态局部变量就没有了这个缺点。

法的不同语义模型。然后讨论语言设计者为这些语义模型设计的不同实现模型。接下来考察几种语言的设计选择，讨论实现模型使用的实际方法。最后讨论语言设计者选择这些方法时要面对的设计考量。

376

9.5.1 参数传递的语义模型

形式参数可以用三种不同的语义模型来描述：它们可以接收来自对应实际参数的数据；它们可传递数据给实际参数；两者皆可。这三种模型分别称为 **in 方式**（in mode）、**out 方式**（out mode）与 **inout 方式**（inout mode）。例如，考虑一个将 `int` 值组成的两个数组 `list1` 和 `list2` 作为参数的子程序，这个子程序将 `list1` 加到 `list2` 中并将修改后的 `list2` 作为结果返回。这个子程序还须从这两个已知数组中创建出一个新数组并返回它。对于这个子程序而言，`list1` 应为 in 方式，因为子程序不会改变它。`list2` 应为 inout 方式，因为子程序不仅需要该数组的初始值，而且还须返回它的新值。第三个数组应为 out 方式，因为这个数组没有初始值，还须将计算的新值返回给调用者。

有两种概念模型可以用来描述参数传递过程中数据的传输方法：复制实际的值（到调用者，到被调用子程序，或者到这两者），或者发送一条访问路径。最常见的访问路径是一个简单指针或引用。图 9.1 描述了复制值时参数传递的三种语义模型。

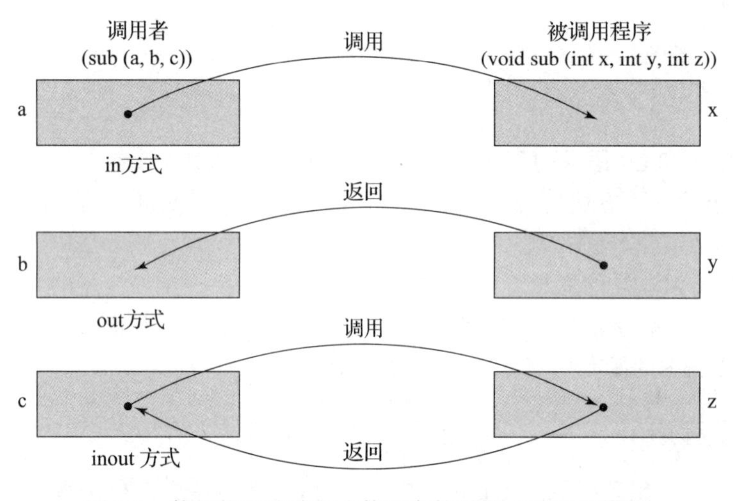

图 9.1 使用物理移动方式传递参数时的三种语义模型

9.5.2 参数传递的实现模型

语言设计者开发了多种模型来指导三种基本参数传递方式的实现。下面将讨论其中的几种模型并评价各自的优缺点。

377

9.5.2.1 按值传递

当参数**按值传递**（passed by value）时，实际参数的值用来初始化对应的形式参数，然后该形式参数被当作子程序中的局部变量，从而实现 in 方式语义。

按值传递一般通过复制实现，因为这往往会令访问更加高效。也可以通过发送到调用者中实际参数值的访问路径实现按值传递，但要求该值只能位于写保护单元（只能读取的单元）。强制写保护并不简单。例如，子程序可能将传递过来的参数再传递给另一个子程序，这是使用复制传递的另一个原因。在 9.5.4 节将看到 C++ 为通过访问路径发送的按值传递参数指定写保护提供了一种方便而有效的方法。

按值传递的优势在于，对于标量类型的值来说，无论是链接成本还是访问时间，它的花费都很小。

使用复制来实现按值传递方法的主要缺点是，在被调用子程序的内部，或者在调用者和被调用子程序外部的一些区域里，必须为形式参数分配额外的存储空间。此外，实际参数必须复制到对应形式参数的存储区域内。如果参数很大，例如包含许多元素的数组，则存储空间和复制操作耗费也很大。

9.5.2.2 按结果传递

按结果传递（pass-by-result）是 out 方式参数的一种实现模型。当参数按结果传递时，没有值传递给子程序。对应的形式参数用作局部变量，但在控制权传回调用者之前，其值被传递给调用者的实际参数。很明显，该实际参数必须是变量。（如果它是字面量或表达式，调用者该如何引用计算出来的结果呢？）

按结果传递的方式除了具有与按值传递同样的优点和缺点，还有一些其他的缺点。如果值像通常情况那样通过复制返回（而不是通过访问路径返回），那么按结果传递也需要与按值传递同样的额外存储空间和复制操作。就像按值传递那样，通过访问路径来实现按结果传递的困难之处在于这通常要通过复制来实现。在这种情况下，问题是需要确保被调用子程序不能使用实际参数的初始值。

按结果传递的另一个问题是可能存在实际参数冲突，例如下述调用就会产生一个冲突：

```
sub(p1, p1)
```

在 sub 中，假设两个形式参数名不同，显然它们可被赋予不同的值。于是，两个形式参数中后一个复制给对应实际参数的就是调用者中 p1 的值。这样，实际参数的复制顺序决定了它们的值。例如以下 C# 方法，它在形式参数上用 **out** 修饰符指定了按结果传递的方式[⊖]。 378

```
void Fixer(out int x, out int y) {
  x = 17;
  y = 35;
}
. . .
f.Fixer(out a, out a);
```

如果 Fixer 执行到最后，形式参数 x 先赋值给了对应的实际参数，那么调用者中实际参数 a 的值为 35。如果 y 首先赋值，那么调用者中实际参数 a 的值为 17。

因为很多语言的赋值次序与实现相关，所以不同的实现可能产生不同的结果。

即使是在使用其他参数传递方法时，用两个相同的实际参数调用子程序也可能导致不同种类的问题，参见 9.5.2.4 节。

按结果传递还可能导致的另一个问题是，实现者能够选择在两个不同的时刻，即在调用时与返回时，对实际参数地址求值。例如以下 C# 方法的代码：

```
void DoIt(out int x, int index){
  x = 17;
```

⊖ **out** 修饰符也必须在对应的实际参数上指定。

```
    index = 42;
  }
  . . .
  sub = 21;
  f.DoIt(list[sub], sub);
```

这里，`list[sub]` 的地址在方法开始和结束之间发生了改变。实现者须选择何时将该参数绑定到地址上——在调用时还是在返回时。如果在方法的入口处计算地址，就把 `17` 返回给 `list[21]`；如果在方法返回前计算地址，就把 `17` 返回给 `list[42]`。有在子程序开始和结束时计算 out 方式参数地址的两种实现方案，这会造成程序在两种实现方案之间不可移植。避免此问题的一个显而易见的方法是，让语言设计者指定必须在何时计算用于返回参数值的地址。

9.5.2.3 按值 - 结果传递

按值 - 结果传递（pass-by-value-result）是 inout 方式参数的一种实现模型，其中实际参数的值被复制了。它其实是按值传递和按结果传递的一种组合。实际参数的值用来初始化对应的形式参数，并用作局部变量。实际上，按值 - 结果传递的形式参数必须有与被调用子程序相关的本地存储。子程序执行结束时，形式参数的值传回给实际参数。

379

按值 - 结果传递有时称为**按复制传递**（pass-by-copy），因为在子程序入口，实际参数的值复制给形式参数，子程序终止时，形式参数的值又被复制回实际参数。

按值 - 结果传递的缺点与按值传递和按结果传递一样，需要额外的参数存储空间和复制操作的时间。与按结果传递类似，它也有实际参数的赋值顺序问题。

按值 - 结果传递的优点与按引用传递有关，相关讨论见 9.5.2.4 节。

9.5.2.4 按引用传递

按引用传递（pass-by-reference）是 inout 方式参数的第二种实现模型。然而，与按值 - 结果传递不同，按引用传递不是来回复制数据值，而是将访问路径（通常是地址）发送给被调用子程序。它提供了访问存储实际参数的单元的路径。这样，就允许被调用子程序在调用程序单元中访问实际参数。实际上，实际参数在被调用子程序中共享。

按引用传递的优点是传递过程自身的时间、空间效率都很高，不需要额外的空间和复制操作。

然而，按引用传递也有一些不足之处。首先，对形式参数的访问比按值传递的参数慢，因为需要额外的间接寻址操作[⊖]。其次，当数值只需要单向传递给被调用子程序时，实际参数可能被无意间错误地改动。这个问题将在下文中加以讨论。

按引用传递的另一个缺点是可创建别名。该问题是可预料的，因为按引用传递使得访问路径对被调用子程序可用，从而提供对非局部变量的访问。这类别名问题和在其他情况下相同：它降低了可读性和可靠性，也使得程序验证更加困难。按引用传递的另一个问题在于是否允许被调用子程序更改传递的指针。在 C 中，这是可能的，但是在其他一些语言中，例如 Pascal 和 C++，在调用子程序中隐式地撤销了地址形式参数的引用，从而阻止了这种变化。

有几种方式可为按引用传递参数创建别名。首先，实际参数之间可能发生冲突。请思考下述通过引用传递两个参数的 C++ 函数（参见 9.5.3 节）：

⊖ 参见 9.5.3 节。

```
void fun(int &first, int &second)
```

380

如果在调用 fun 函数时把同一个变量传递了两次：

```
fun(total, total)
```

那么 fun 函数中的 first 和 second 就是别名。

第二，数组元素之间的冲突也可能造成别名。例如，用两个以变量下标指定的数组元素调用 fun 函数，

```
fun(list[i], list[j])
```

如果两个参数按引用传递，且 i 恰好等于 j，那么 first 和 second 又成了别名。

第三，如果子程序的两个形式参数分别是一个数组元素和整个数组，且都按引用传递，则下述调用：

```
fun1(list[i], list)
```

可能在 fun1 中造成别名，因为 fun1 可通过第二个参数访问 list 的所有元素，通过第一个参数访问一个数组元素。

还有一种获得按引用传递参数别名的方式是通过形式参数和可见非局部变量之间的冲突获得。例如，考虑下述 C 代码：

```
int * global;
void main() {
   . . .
   sub(global);
   . . .
}
 void  sub(int  * param) {
   . . .
}
```

在 sub 中，param 和 global 是别名。

当用按值－结果传递代替按引用传递时，所有可能的别名都会被消除。但除了别名，有时也会出现其他问题，参见 9.5.2.3 节。

9.5.2.5 按名传递

按名传递（pass-by-name）是 inout 方式的参数传递方法，但它不对应单个实现模型。当参数按名传递时，实际参数事实上会被代换到子程序中所有对应形式参数的出现位置。在之前讨论的方法中，形式参数会在调用子程序时被绑定到实际的值或地址上。按名传递方法与它大不相同，形式参数会在调用子程序时被绑定到一个访问方法上，但对值或地址的实际绑定却推迟到形式参数赋值或被引用的时候。实现按名传递参数需要将一个计算形式参数的地址或值的子程序及其引用环境传递到被调用子程序中。该子程序 / 引用环境就是一个闭包（参见 9.12 节）[⊖]。按名传递参数实现起来比较复杂和低效，还会增加程序的复杂性，降低可读性和可靠性。

381

因为任何广泛使用的语言都不包含按名传递，此处不再进一步讨论。然而，汇编语言宏指令的编译时，以及 C++、Java5.0 和 C# 2005 中泛型子程序的泛型参数都会用到它，参

⊖ 这些闭包最初（在 ALGOL 60 中）被称为形实转换程序（thunk）。

见9.9节。

9.5.3　参数传递方法的实现

本节将讨论如何实现各种参数传递的实现模型。

在目前大多数语言中，参数通过运行时栈进行通信。运行时栈由管理程序执行的运行时系统初始化和维护。运行时栈广泛用于子程序控制链接和参数传递，参见第10章。下述讨论都假定运行时栈用于所有参数传递过程。

按值传递参数将值复制到栈中位置。这些位置就用作对应形式参数的存储空间。按结果传递的实现方式与按值传递相反。按结果传递实际参数的赋值存放在栈中，在被调用子程序终止时，调用程序单元可在此找到它们。按值－结果传递参数可直接按照其语义实现为按值传递和按结果传递的结合体，它在栈中的位置由调用者初始化，然后在被调用子程序中用作局部变量。

按引用传递参数最容易实现。多数语言仅允许按引用传递变量，但Fortran按引用传递所有类型的参数。在Fortran里，无论实际参数是什么类型，必须只将其地址放在栈中。对于字面量，也将其地址放入栈中。对于表达式，编译程序在控制权转移到被调用子程序之前必须构建表达式求值代码，然后把代码存放求值结果的存储单元地址放入栈中。Fortran编译程序必须防止被调用子程序改变字面量或表达式参数的值。

382

在被调用子程序中访问形式参数，需要在地址的栈中位置进行间接寻址。使用运行时栈实现按值传递、按结果传递、按值－结果传递和按引用传递的过程见图9.2。使用`sub(w, x, y, z)`在`main`中调用子程序`sub`，其中`w`按值传递，`x`按结果传递，`y`按值－结果传递，`z`按引用传递。

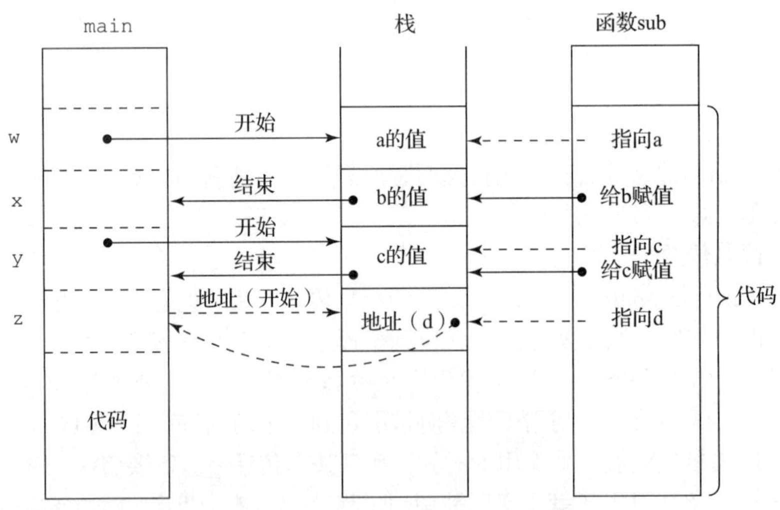

图9.2　常见参数传递方法的一种可能的栈实现

9.5.4　常用语言的参数传递方法

C语言使用按值传递。通过将指针用作参数来实现按引用传递（inout方式）参数的语义。指针的值对被调用函数可用，并且不需要来回复制。然而，因为传递了通向调用者中数据的一条访问路径，被调用函数可改变调用者的数据。但对指针形式参数的所有引用都必须在函数中显式地去引用。C 使用按值传递的方式源于 ALGOL 68。在 C 和 C++ 中，形式参数都可为指向常量的指针类型，而对应的实际参数不一定是常量，因为在这种情形它们会被强制转换为常量。这使得指针参数在提供按引用传递的高效性的同时，也获得了按值传递的单向语义。在被调用函数中隐式指定了对这些参数的写保护。

C++ 包含了一种叫作引用类型的特殊指针类型，正如第 6 章所讨论的，引用类型通常用作参数的类型。引用参数在函数或方法中隐式地去引用，它们的语义按引用传递。C++ 中也允许将引用参数定义为常量，例如，考虑如下代码：

383

```
void fun(const int &p1, int p2, int &p3) { . . . }
```

其中，参数 p1 按引用传递，但不能在函数 fun 中改变，参数 p2 按值传递，参数 p3 按引用传递。p1 和 p3 都不需要在 fun 函数中显式地去引用。

常量参数和 in 方式参数并不完全类似。常量参数显然实现了 in 方式。但是，在除 Ada 外的所有常用命令式语言中，in 方式参数都可在子程序中赋值，虽然这些改动从来不在对应的实际参数值中反映出来。在 Ada 中，这种赋值是不合法的。常量参数永远不能赋值。

与 C 和 C++ 语言一样，Java 的所有参数都是按值传递。然而，因为对象只能通过引用变量来访问，所以对象参数实际上是按引用传递。尽管作为参数传递的对象引用在被调用子程序中不能修改，但如果存在修改对象的方法，被引用的对象就可能会发生变化。因为引用变量不能直接指向标量变量，而且 Java 也没有指针，标量无法在 Java 中按引用传递（但包含标量的对象引用可以这样）。因此，当一个标量被传递到 Java 方法时，它不会被该方法修改。

C# 语言中默认的参数传递方法是按值传递。在形式参数和对应的实际参数前都加上 ref 来指定按引用传递。例如，考虑下面 C# 方法框架和调用：

```
void sumer(ref int oldSum, int newOne) { . . . }
. . .
sumer(ref sum, newValue);
```

sumer 的第一个参数是按引用传递，第二个是按值传递。所有的 ref 参数必须在传递给实际参数前赋值。

C# 也支持 out 方式参数，按引用传递参数不需要初始值。这种参数在形式参数表中用 out 修饰符指定。

PHP 语言的参数传递方法类似于 C#，但在形式参数或实际参数中可指定按引用传递。当指定按引用传递时，需要在参数前面加上 & 符号。

历史注记

ALGOL 60 引入了按名传递方式，但也允许选用按值传递方式。主要因为按名传递参数的方式实现困难，所以 ALGOL 60 之后流行的语言都没有采用它（SIMULA 67 语言除外）。

历史注记

ALGOL W（Wirth 和 Hoare，1966）引入了按值－结果传递参数的方式，这种方式替代了低效的按名传递，并避免了按引用传递的问题。

Swift 语言中默认的参数传递方法是按值传递，并且以这种方式传递的形式参数在被调用子程序中不能更改。可通过在形式参数前加保留字 **inout** 指定按引用传递语义。

Perl 语言采用一种原始的参数传递方法。所有实际参数都隐式存放在名为 @_ 的预定义数组中（可以用来存放一切）。子程序在此数组中检索实际参数的值（或地址）。该数组的元素事实上是实际参数的别名。因此，当在被调用子程序中修改 @_ 中的元素时，假定存在对应的实际参数（实际参数个数不一定要与形式参数个数相同）且它是一个变量，则修改就会反映在对应的实际参数上。

384

Python 和 Ruby 的参数传递方法是**按赋值传递**（pass-by-assignment）或**按共享传递**（pass-by-sharing）。因为所有数据值都是对象，每个变量都是对象引用。在按赋值传递中，实际参数的值赋给形式参数。这样，按赋值传递实际上就是按引用传递，因为所有的实际参数值都是引用。然而，只有在某些情形中才会产生按引用传递语义。例如，很多对象实质上不可改变。在纯面向对象语言中，用赋值语句改变变量的值，比如在赋值语句

```
x = x + 1
```

中就没改变 x 所引用的对象。它仅仅提取 x 引用的对象，将其增 1，然后（使用 x+1 的值）创建一个新对象，再将 x 改为引用此新对象。所以，把标量对象的引用传给子程序时，被引用的对象不能在此处发生改变。因为该引用是按值传递的，虽然在子程序中修改了形式参数，但调用者中的实际参数并不会因此受到影响。

现在，假设把一个数组引用作为参数传递。如果对应的形式参数被赋予一个新的数组对象，对调用者并没有影响。但如果形式参数用于给数组里的元素赋值，例如

```
list[3] = 47
```

这时，实际参数就会受影响。所以，改变形式参数的引用对调用者没有影响，但改变作为参数传递的数组中的元素则会有影响。

9.5.5　参数类型检查

目前大家达成的共识是，软件可靠性要求检查实际参数类型是否与对应形式参数类型一致。如果没有这样的类型检查，一个小小的打字错误都可能导致很难诊断的程序错误，因为无论是编译程序还是运行时系统都无法检测出它们。例如，在函数调用

```
result = sub1(1)
```

中，实际参数为整数常量。如果 sub1 的形式参数为浮点数类型，那么不进行参数类型检查就发现不了错误。尽管整数类型的 1 和浮点数类型的 1 有相同的值，但二者的表示完全不同。在期望浮点数类型参数值却被传入整型实际参数值时，sub1 无法产生正确的结果。

385

诸如 Fortran 77 和较早版本的 C 语言等早期程序设计语言都不要求做参数类型检查[⊖]，但大多数后来的语言都有此要求。但最近一些语言如 Perl、JavaScript 和 PHP 又不要求做参数类型检查。

对 C 和 C++ 的参数类型检查需要做专门讨论。原始 C 语言既不检查参数的数目也不检

⊖ 这里所述不够准确。事实上，ALGOL 60、Pascal、Modula 等早期语言都要求对参数进行类型检查。——译者注

查参数的类型。在C89中，函数可以用两种方式来定义形式参数。它们可以像原始C语言中那样定义，即先将形式参数名字在圆括号中列出，随后给出各个参数的类型声明[⊖]，如下所示：

```
double sin(x)
  double x;
  { . . . }
```

用这种形式就避免了类型检查。见下述调用：

```
double value;
int count;
. . .
value = sin(count);
```

它是合法的，尽管不可能正确。

另一种与原始C定义方法不同的方法是**原型法**（prototype），这种方法把形式参数的类型也放在参数表中，例如，在

```
double sin(double x)
 { . . . }
```

中，如果对该版本的 sin 还是进行同样的调用，即调用

```
value = sin(count);
```

也是合法的。它将根据形式参数的类型（**double**）对实际参数的类型（**int**）进行检查。尽管它们并不匹配，但由于可将 **int** 类型强制转换为 **double** 类型（这是一种宽强制转换），在参数传递时就进行了转换操作。如果转换不可行（例如，当实际参数是一个数组时）或者参数的个数出错，那么就会检查出语义错误。因此，在C89中，用户可选择是否对参数进行类型检查。

在C99和C++中，所有函数的形式参数都必须用原型方式表示。然而，它们允许用省略号替换参数表最后面的部分参数来避免对这些参数进行类型检查。例如，在函数

```
int  printf(const char* format_string, . . .);
```

中，在调用 printf 函数时必须至少包含一个指向字面量字符串的指针参数。除此之外，后面的任何参数（包括没有参数）都合法。函数 printf 根据字符串参数中出现的格式码来决定是否有额外的参数。例如，整数输出的格式码是 %d。格式码作为字符串的一部分出现，例如，在函数调用

386

```
printf("The sum is %d\n", sum);
```

中，字符串中的 % 表示 printf 函数还有一个参数。

在将实际参数类型强制转换成形式参数类型时有一个更有趣的问题，基本类型可以按引用传递，正如在C#中那样。假设一个方法调用将 **float** 类型值传递给 **double** 类型形式参数。如果参数是按值传递的，**float** 类型值会强制转换为 **double** 类型，且不会出现

⊖ ALGOL 60等语言早就采用了类似方式，原始C语言的这种形式参数定义方式应该就借鉴了ALGOL60等语言。——译者注

问题。这种强制转换非常有用，因为它允许一个库提供可用于 **float** 与 **double** 类型值的两种子程序。然而，再假设该参数按引用传递。当 **double** 形式参数值返回给调用者中 **float** 实际参数时，就会发生溢出。为避免出现这类问题，C# 要求 ref 实际参数的类型严格匹配对应的形式参数类型（即不允许强制类型转换）。

Python 和 Ruby 没有参数类型检查，因为这些语言中的类型与我们这里所说的类型是不同的概念。对象有类型，但变量没有，所以形式参数也没有类型，因此不能进行参数类型检查。

9.5.6　多维数组参数

第 6 章已经详细讨论了用于将多维数组元素引用的下标值映射到内存地址的存储映射函数。在诸如 C 和 C++ 等语言中，当多维数组作为参数传递给被调用子程序时，编译程序只有在看到被调用子程序代码（不是调用子程序代码）的情况下才能构建该数组的映射函数。这是真实的要求，因为被调用子程序可与调用它们的程序分开编译。可以考虑一下在 C 语言中将矩阵传递给函数的问题。C 的多维数组实际上是数组的数组，并且它们是按行存储的。下面是下标下界为 0、元素大小为 1 的按行存储矩阵的存储映射函数：

```
地址 (mat[i, j]) = 地址 (mat[0, 0]) + i * 列数 + j
```

请注意，该映射函数需要知道列数，而不是行数。因此，在 C 和 C++ 中，当矩阵作为参数传递时，形式参数须在第二对括号中包含列数。如下述 C 程序所示：

387

```
void fun(int matrix[][10]) {
 . . . }
void main() {
  int mat[5][10];
  . . .
  fun(mat);
  . . .
}
```

这种把矩阵作为参数传递的方法存在一个问题：它不允许程序员编写可接受不同列数矩阵的函数，程序员要为每个列数不同的矩阵编写一个新的函数。这实际上意味着无法编写能处理多维数组的灵活的可高效重用的函数。由于 C 和 C++ 包含指针运算，有一个办法可避免该问题。矩阵作为指针传递，矩阵的实际维数也作为参数传递。那么，当每次要引用矩阵中的一个元素时，该函数可使用指针运算来对用户编写的存储映射函数求值。例如，对于如下函数原型：

```
void fun(float *mat_ptr,
         int num_rows,
         int num_cols);
```

下面这个语句将变量 x 的值移动到 fun 函数中参数矩阵的 [row][col] 元素：

```
*(mat_ptr + (row * num_cols) + col) = x;
```

这虽然可行，但显然难以阅读，而且由于太复杂会容易出错。如果用宏来定义存储映射函数，那么就可降低阅读难度，如：

```
#define mat_ptr(r,c) (*mat_ptr + ((r) *
                     (num_cols) + (c)))
```

如此一来，上面这个赋值语句可以改写为：

```
mat_ptr(row,col) = x;
```

其他语言则采用不同的方式来处理多维数组的传递问题。

在 Java 和 C# 中，数组是对象。所有数组都是一维数组，但数组元素也可以为数组。每个数组都继承了一个在创建数组对象时设置的表示数组长度的命名常量（Java 中的 length 和 C# 中的 Length）。矩阵的形式参数带两对空方括号，例如，在下述 Java 方法中：

388

```
float sumer(float mat[][]) {
   float sum = 0.0f;
   for (int row = 0; row < mat.length; row++) {
     for (int col = 0; col < mat[row].length; col++) {
       sum += mat[row][col];
     }  //** for (int row . . .
   } //** for (int col . . .
   return sum;
}
```

因为每个数组都有自身长度值，所以矩阵的各行可以有不同的长度。

9.5.7 设计考量

在选择参数传递方法时最重要的是要考虑两个问题：一是效率，二是需要单向还是双向数据传递。

当代软件工程原则要求子程序代码中尽可能减少对子程序外部数据的访问。为达到此目标，只要没有数据通过参数传回调用者，就应使用 in 方式参数；当调用者没有数据传送给被调用子程序而被调用子程序却要向调用者返回数据时，就应使用 out 方式参数。最后，只有当数据须在调用者和被调用子程序间双向移动时，才应使用 inout 方式参数。

在实际语言设计时有一点与此原则冲突。有时会需要为单向参数传递访问路径。例如，当要将一个大数组传递给一个子程序且子程序不修改它时，一般倾向于使用单向方式。然而，按值传递必须将整个数组移动到子程序的局部存储区，这会花费大量的时间和空间。因此，大数组通常通过引用传递，Ada 83 定义允许实现者在两种结构化参数传递方法中进行选择。C++ 常量引用参数提供了另一种解决方案，还有一种可选方式是允许用户在各方法中进行选择。

函数参数传递方法的选择与另一个设计问题，即函数的副作用相关。关于函数的副作用问题将在 9.10 节讨论。

9.5.8 参数传递实例

考虑下面这个 C 函数：

```
void swap1(int a, int b) {
  int temp = a;
  a = b;
  b = temp;
}
```

389

假设该函数被如下语句调用：

```
swap1(c, d);
```

由于C采用按值传递，swap1 调用后的动作可用下述伪代码描述：

```
a = c          - 移入第一个参数
b = d          - 移入第二个参数
temp = a
a = b
b = temp
```

尽管a最后取值为d，b最后取值为c，但因为没有回传任何内容给调用者，所以c和d的值保持不变。

我们可对C的交换函数进行修改，借助指针参数达到按引用传递的效果：

```
void swap2(int *a, int *b) {
  int temp = *a;
  *a = *b;
  *b = temp;
}
```

可用如下语句调用 swap2 函数：

```
swap2(&c, &d);
```

在这个调用执行时，函数 swap2 的动作可描述如下：

```
a = &c          - 移入第一个参数的地址
b = &d          - 移入第二个参数的地址
temp = *a
*a = *b
*b = temp
```

这样，交换操作就成功了：确实交换了c和d的值。在C++中，我们可以用引用参数将 swap2 写成：

```
void swap2(int &a, int &b) {
   int  temp = a;
  a = b;
  b = temp;
}
```

这种简单的交换操作却无法在Java中实现，因为Java既无指针，也无C++的那种引用。在Java中，引用变量仅能指向对象，而不能是标量值。[390]

按值-结果传递和按引用传递的语义在不涉及别名时是一样的。Ada用按值结果的参数传递方式来实现 inout 方式的标量参数。为了了解按值-结果传递，可考虑下述函数 swap3，它采用了按值-结果传递参数。它是用类Ada的语法编写的：

```
procedure swap3(a : in out Integer, b : in out Integer) is
  temp : Integer;
   begin
   temp := a;
   a := b;
   b := temp;
   end swap3
```

假设用如下过程调用语句调用 swap3：

```
swap3(c, d);
```

调用 swap3 所执行的动作为：

```
addr_c = &c          - 移入第一个参数的地址
addr_d = &d          - 移入第二个参数的地址
a = *addr_c          - 移入第一个参数的值
b = *addr_d          - 移入第二个参数的值
temp = a
a = b
b = temp
*addr_c = a          - 移出第一个参数的值
*addr_d = b          - 移出第二个参数的值
```

这样，这个交换子程序正确运行。再考虑如下调用：

```
swap3(i, list[i]);
```

在这种情形下，所执行的动作为：

```
addr_i = &i            - 移入第一个参数的地址
addr_listi= &list[i]   - 移入第二个参数的地址
a = *addr_i            - 移入第一个参数的值
b = *addr_listi        - 移入第二个参数的值
temp = a
a = b
b = temp
*addr_i = a            - 移出第一个参数的值
*addr_listi = b        - 移出第二个参数的值
```

在这种情况下这个子程序的执行还是正确的，因为返回参数值的地址是在调用子程序时计算的，而不是在返回时计算的。如果实际参数的地址是在返回时计算的，那么就会产生错误的结果。

391

最后，我们再考虑一下，在使用按值－结果传递和按引用传递时，如果涉及别名，那么会发生什么。考虑以类 C 语法写的如下程序框架：

```
int i = 3; /* i is a global variable */
void fun(int a, int b) {
  i = b;
}
void main() {
  int list[10];
  list[i] = 5;
  fun(i, list[i]);
}
```

在函数 fun 中，如果采用按引用传递，那么 i 和 a 就为别名。如果采用按值－结果传递，那么 i 和 a 就不是别名。假设采用按值－结果传递，那么函数 fun 所执行的动作如下：

```
addr_i = &i              - 移入第一个参数的地址
addr_listi = &list[i]    - 移入第二个参数的地址
a = *addr_i              - 移入第一个参数的值
b = *addr_listi          - 移入第二个参数的值
i = b                    - 将 i 置为 5
*addr_i = a              - 移出第一个参数的值
*addr_listi = b          - 移出第二个参数的值
```

在这种情况下，函数 fun 中对全局变量 i 的赋值将把 i 的值从 3 改为 5，但复制回的第一个形式参数（例子中的倒数第二行）将它的值重新置为 3。因此可以看出，如果采用按引用传递，那么复制回的结果就不是语义的一部分，i 的值仍为 5。同时可以注意到，由于第二个参数的地址是在 fun 开始执行时计算的，对全局变量 i 的任何改变都不会影响最后返回的 list[i] 地址。

9.6 子程序作为参数

在程序设计过程中，如果可以把子程序名字作为参数传递给其他子程序，那么有若干种情况是最容易处理的。一个常见的例子是，子程序要对数学函数采样。例如，用于实现数值积分的子程序要通过在函数上采样大量不同的点来估算函数图下方的面积。在编写这样的子程序时，应保证它能用于任意给定函数，而不必为每个需要积分的函数重写代码。因此，可以很自然地把计算数学函数的程序函数的名字作为参数传给积分子程序。

392

尽管这种想法看起来很简单，但其工作细节却十分复杂。如果只需要传递子程序代码，那么可以通过传递一个指针来实现。然而，这可能会引起两个难题。

第一个难题是对作为参数传递的子程序进行参数类型检查。在 C 和 C++ 中，函数不能作为参数传递，但函数指针可以。函数指针的类型包含函数协议。因为该协议中包含所有参数类型，所以可对这些参数进行完整的类型检查。

把子程序作为参数的第二个难题出现在允许嵌套子程序的语言中。问题是应使用什么引用环境来执行被传递的子程序，有以下三种选择：

- 执行被传递子程序的调用语句所在环境（**浅层绑定**（shallow binding））
- 被传递子程序的定义所在环境（**深层绑定**（deep binding））
- 把子程序作为实际参数传递的调用语句所在环境（**临时绑定**（ad hoc binding））

下面以用 JavaScript 语法编写的程序作为例子来说明这三种选择：

```
function sub1() {
  var x;
  function sub2() {
    alert(x); // 用 x 的值创建会话框
    };
  function  sub3() {
    var  x;
    x = 3;
    sub4(sub2);
    };
  function  sub4(subx) {
    var  x;
    x = 4;
    subx();
    };
  x = 1;
  sub3();
  };
```

考虑函数 sub2 被函数 sub4 调用时的执行情况。对于浅层绑定，该执行的引用环境就是 sub4 的引用环境，因此对 sub2 中 x 的引用就被绑定到 sub4 的局部变量 x 上，这时程序的输出为 4。对于深层绑定，函数 sub2 的执行引用环境就是 sub1 的引用环境，因此对 sub2 中 x 的引用就被绑定到 sub1 的局部变量 x 上，这时输出为 1。对于临时绑定，对

sub2 中 x 的引用被绑定到函数 sub3 的局部变量 x 上，这时输出为 3。

393

在有些情况下，包含子程序声明的子程序也会被作为参数传递。在此情况下，深层绑定和临时绑定的效果是相同的。可能由于有人觉得，将过程作为参数的环境与被传递子程序之间缺少自然联系，所以临时绑定一直没有被使用过。

浅层绑定不适用于带有嵌套子程序的静态作用域语言。例如，假设 Sender 过程将 Sent 过程作为参数传递给 Receiver 过程。问题在于，Receiver 可能不在 Sent 的静态环境中，从而使 Sent 很难访问 Receiver 的变量。另一方面，对任何子程序（包括作为参数发送的子程序）来说，这种语言的引用环境由其定义的词法位置决定是完全正常的。因此，这些语言使用深度绑定就更合乎逻辑。一些动态作用域的语言则使用浅层绑定。

历史注记

Pascal（Jensen 和 Wirth，1974）的初始定义允许把子程序作为参数传递，而不必包含参数类型信息。如果可独立编译（这在初始 Pascal 中是不可能的），甚至不允许编译程序检查参数数量是否正确。若不可独立编译，则可以检查参数的一致性，但这是个非常复杂的任务，人们通常不会这样做。

9.7　子程序间接调用

在有些情况下，子程序必须间接调用。最常见的情况是，在运行之前还不知道要调用哪个子程序。在调用子程序时需要用到在调用之前的执行过程中设置的指向该子程序的指针或引用。间接子程序调用有两种常见应用：第一种是现在几乎所有 Web 应用程序和许多非 Web 应用程序都要使用的图形用户界面的事件处理，第二种是要求被调用子程序在完成其工作时通知调用者的回调。如常，此处不讨论这些特定的程序设计，而是讨论支持它们的程序设计语言。

子程序间接调用并不是一个最近才发展出来的概念。C 和 C++ 都允许程序定义函数指针，通过函数指针调用函数。在 C++ 中，根据函数的返回类型和参数类型来确定函数指针的类型，因此一个指针只能指向具有特定协议的函数。例如，下述声明定义一个可指向任何把 **float** 和 **int** 作为参数类型并返回 **float** 类型值的函数的指针（pfun）：

```
float (*pfun)(float, int);
```

任何与该指针具有相同协议的函数都可用作该指针的初始值或在程序中赋值给该指针。在 C 和 C++ 中，就像没有跟随方括号的数组名字一样，没有跟随圆括号的函数名字就是函数（或数组）的地址。所以，下面两个分别给函数指针指定初始值与给函数指针赋值的语句都是合法的：

394

```
int myfun2 (int, int);              // 函数声明
int (*pfun2)(int, int) = myfun2;    // 创建一个指针并将其初始化为
                                    // 指向 myfun2
pfun2 = myfun2;                     // 将函数的地址赋值给指针
```

这样，就可以用下述两个语句中的任何一个来调用函数 myfun2：

```
(*pfun2)(first, second); pfun2(first, second);
```

第一个语句显式解除了对指针 pfun2 的引用，这个操作合法但不必要。

C 和 C++ 的函数指针可作为参数传递并从函数中返回，但函数不能直接用作参数或函数返回类型。

在 C# 中，将方法指针作为对象处理可以提高方法指针的效能和灵活性。它们被称为**代理**（delegate），因为程序不是调用方法，而是代理相应的动作。

在使用代理时，先要用特定的方法协议定义代理类。代理的实例中保存有方法的名字和可被调用的代理协议。代理声明的语法与方法声明相同，但要在返回类型之前插入保留字 **delegate**。例如，对于如下代理声明：

```
public delegate int Change(int x);
```

这个代理可用任何带 **int** 类型参数且返值类型为 **int** 的方法来实例化。例如，对于如下方法声明：

```
static int fun1(int x);
```

可以通过将这个方法的名字发送给代理 Change 的构造函数，以将该代理实例化，如下所示：

```
Change chgfun1 =  new  Change(fun1);
```

该语句也可简写为：

395

```
Change chgfun1 = fun1;
```

下面是一个通过代理 chgfun1 调用 fun1 的例子：

```
chgfun1(12);
```

代理类的对象可以存储多个方法。可以用运算符 += 添加第二个方法，如下所示：

```
Change chgfun1 += fun2;
```

这个语句把 fun2 放在代理 chgfun1 中，即使 fun2 此前的值为 **null**。代理实例中存储的所有方法按照这些方法在代理实例中放置的顺序被依次调用，这种情况称为**多播代理**（multicast delegate）。无论这些方法返回什么值，结果只返回最后一个被调用方法所返回的值或对象。当然，这意味着在大多数情况下，通过多播代理调用的方法所返回的都是 **void**。

本例把一个静态方法放入代理 Change 中。实例方法也可通过代理来调用，为此代理要存储对该方法的引用。代理也可以泛型化。

代理用于 .NET 应用程序的事件处理，也用于实现闭包（参见 9.12 节）。

与 C 和 C++ 的情况一样，Python 中不带后续圆括号的函数的名字就是指向该函数的指针。Ada 95 中有指向子程序的指针，但 Java 中没有。在 Python、Ruby 以及大多数函数式语言中，将子程序当作数据一样处理，所以可把子程序赋给变量。因此，这些语言中几乎不需要使用指向子程序的指针。

9.8　函数设计问题

下面是几个特定于函数的设计问题：

- 是否允许有副作用？

- 可以返回哪些类型的值?
- 可以返回多少个值?

9.8.1 函数的副作用

如第 5 章所述，由于在表达式中调用函数时的副作用问题，函数的参数都应是 in 方式的。实际上，有些语言就有这样的要求，例如，Ada 函数就只能有 in 方式的形式参数。这一要求有效防止了函数通过参数或通过参数和全局变量的别名产生副作用。然而，在其他大多数命令式语言中，函数都既有按值传递的参数也有按引用传递的参数，这就使得函数可能产生副作用和别名问题。 396

Haskell 等纯函数式语言中没有变量概念，其中的函数也就没有副作用问题。

9.8.2 返回值类型

大多数命令式程序设计语言都对函数的返回值类型有所限制。C 允许函数返回除数组和函数外的任何类型，在需要数组和函数作为返回值时，可用指针类型返回值来代替。C++ 与 C 类似，但它还允许函数返回用户定义的类型或类。Ada、Python 和 Ruby 是当前命令式语言中仅有的几个允许函数（和方法）返回任意类型值的语言。然而，由于在 Ada 中函数不是一种类型，所以它们不能从函数中返回。当然，函数可以返回指向函数的指针。

在一些程序设计语言中，子程序是第一类对象，这意味着它们可作为参数传递，从函数中返回并赋值给变量。在诸如 Python 与 Ruby 等命令式语言中，方法是第一类对象。在大多数函数式语言中，函数也是第一类对象。

Java 和 C# 语言中都没有函数，但它们的方法与函数类似。在这两个语言中，方法可返回任意类型或类。但因为方法不是类型，所以不能返回方法。

9.8.3 返回值的个数

在大多数语言中，函数只能返回单个值，但也有例外，Ruby 就允许方法返回多个值。在 Ruby 方法中，如果 `return` 语句后没有跟表达式，那么就返回 `nil`；如果 `return` 语句后跟一个表达式，那么就返回该表达式的值；如果 `return` 语句后跟多个表达式，那么就返回由这些表达式的值所组成的数组。

在 ML、F# 与 Python 等支持元组的语言中，在需要返回多个值时可将这些值放在一个元组中返回。

9.9 重载子程序

重载运算符有多种含义。一个特定重载运算符的含义由其运算分量的类型决定。例如，在 Java 程序中，如果 * 运算符有两个浮点类型运算分量，那么就采用浮点数乘法。但如果同样的运算符有两个整数运算分量，那么就采用整数乘法。

重载子程序（overloaded subprogram）指在同一引用环境中与另一个子程序具有相同名字的子程序。每一个重载子程序都必须有一个唯一的协议，即它必须与其他同名子程序在参数的个数、顺序、类型与（可能有的）返回类型上有所区别。重载子程序调用的含义由实际参数表与（可能有的）返回值类型决定。同一名字的各重载子程序通常用于实现相同的过程，尽管这并不是必需的。 397

C++、Java 和 C# 语言中都提供了预定义重载子程序。例如，C++、Java 和 C# 中的许多类都有重载构造函数。由于每个版本的重载子程序都有不同于其他版本的参数配置，编译程序可通过不同类型的参数来区分对它们的调用。但这个操作并不简单。如果允许参数的强制类型转换，那么会使得区分过程极度复杂。简而言之，这里的问题是，如果没有一个方法的参数配置与方法调用中实际参数的数量和类型相匹配，但是有两个或多个方法具有可通过强制类型转换匹配的参数配置，那么应该调用哪个方法？语言设计者必须确定如何给不同的强制转换排序，使编译程序能够选择“最佳”的方法来匹配调用。这个事做起来很复杂，建议想了解这一处理过程复杂程度的读者阅读 C++ 中消除方法调用歧义的规则（Stroustrup，1997）。

由于 C++、Java 和 C# 语言支持混合式表达式，返回类型就不能用于区分重载函数（或重载方法）。重载函数（或重载方法）调用的上下文不允许确定返回类型。例如，如果 C++ 程序有两个名叫 fun 的函数，它们都有一个 **int** 类型的参数，但其中一个函数返值类型为 **int**，另一个函数返值类型为 **float**，那么程序就不能对其进行编译，因为编译程序无法确定要用哪个版本的 fun 函数。

用 Java、C++、C# 和 F# 语言可以编写多种版本的具有相同名字的子程序。在 C++、Java 和 C# 语言中，最常见的用户定义重载方法是构造函数。

重载含有默认参数的子程序可能会导致有歧义的子程序调用。例如，考虑下述 C++ 代码：

```
void fun(float b = 0.0);
void fun();
  . . .
  fun();
```

其中的调用 fun() 存在歧义，会导致编译错误。

9.10 泛型子程序

软件重用对提高软件生产率做出了重大贡献。提高软件可重用性的一种方法是，不要为在不同类型的数据上实现相同的算法建立不同的子程序。例如，程序员不必为仅有元素类型不同的四个数组编写四个不同的排序子程序。

398

多态（polymorphic）子程序在不同的激活点采用不同类型的参数。重载子程序提供了一种特殊的多态性——**临时多态性**（ad hoc polymorphism）。重载子程序的行为不必是类似的。

支持面向对象程序设计的语言一般都支持子类型多态性。**子类型多态性**（subtype polymorphism）意味着类型 T 的变量可访问类型 T 或派生于 T 的类型的任意对象。

Python 和 Ruby 方法提供了一种更为一般的多态性。回想一下，这两个语言中的变量没有类型，形式参数也没有类型。因此，只要定义了用于方法中形式参数的运算符，该方法就适用于任何类型的实际参数。

参数多态性（parametric polymorphism）由附带泛型参数的子程序提供，泛型参数用于描述子程序参数类型的类型表达式中。可为此类子程序的不同实例赋予不同的泛型参数，从而产生接受不同参数类型的子程序版本。子程序的参数定义都具有相同的行为。参数多态子程序通常被称为泛型子程序。C++、Java5.0+、C#2005+ 和 F# 语言都提供编译时的参数多态性。

9.10.1 C++ 泛型函数

C++ 泛型函数的描述性名字是模板函数，模板函数定义的一般形式如下：

```
template <模板参数>
-- 可能包含模板参数的函数定义
```

至少要有一个模板参数，可以是以下两种形式之一：

```
class 标识符
typename 标识符
```

类形式的模板参数用于类型名字。**typename** 形式的模板参数用于向模板函数传递值。例如，向模板函数传递一个整数值作为数组的大小有时会很方便。

一个模板可以将另一个模板作为参数，在实践中参数一般是用于定义某一用户定义泛型类型的模板类，但这里不对其加以讨论[⊖]。

例如，考虑如下模板函数：

```
template <class Type>
Type max(Type first, Type second) {
  return  first > second ? first : second;
}
```

399

其中，Type 是用于指定函数所要操作的数据的类型的参数。该模板函数可对任何定义了运算符 > 的类型实例化。例如可用 **int** 作为参数实例化该模板：

```
int max(int  first, int second) {
  return first > second ? first : second;
}
```

尽管该过程可被定义为一个宏，但使用宏定义会有一个缺点：如果其参数是有副作用的表达式，宏就不能正确执行。例如，假定宏定义如下：

```
#define max(a, b) ((a) > (b)) ? (a) : (b)
```

该定义是泛化的，因为它可用于任何数值类型。然而，如果用有副作用的参数调用它，它就不能总是正确地执行，例如，宏调用

```
max(x++, y)
```

产生的结果为

```
((x++) > (y) ? (x++) : (y))
```

只要 x 的值大于 y，x 就会自增两次。

C++ 模板函数的实例化是隐式进行的：它在某个调用中命名该目标函数时进行，或者在用 & 运算符获取其地址时进行。例如，在以下代码段中，示例模板函数 max 将被实例化两次，一次对 **int** 类型参数，一次对 **char** 类型参数：

```
int a, b, c;
char d, e, f;
. . .
```

⊖ 模板类参见第 11 章。

```
c = max(a, b);
f = max(d, e);
```

下面是一个 C++ 泛型排序子程序：

```
template <class Type>
void generic_sort(Type list[], int len) {
  int top, bottom;
  Type temp;
  for (top = 0; top < len - 2; top++)
    for (bottom = top + 1; bottom < len - 1; bottom++)
      if (list[top] > list[bottom]) {
        temp = list[top];
        list[top] = list[bottom];
        list[bottom] = temp;
      }  //** end of if (list[top] . . .
}  //** end of generic_sort
```

400

对该模板函数可做如下实例化：

```
float flt_list[100];
. . .
generic_sort(flt_list, 100);
```

C++ 模板函数是子程序的“难兄难弟”，其形式参数类型在调用中动态绑定到实际参数类型上。在这种情况下，只需要代码的一个副本，而基于 C++ 的实现方式，须在编译期间为每个所需的不同类型创建一个副本，且子程序调用到子程序的绑定是静态进行的。

9.10.2 Java 5.0 泛型方法

Java 5.0 中增加了对泛型类型和方法的支持。在 Java 5.0 中，泛型类的名字被指定为类名后跟一个或多个用尖括号括住的类型变量。例如：

```
generic_class<T>
```

其中 T 为类型变量。第 11 章将针对泛型类型进行更详细的讨论。

Java 的泛型方法和 C++ 的泛型子程序在一些方面很不相同。首先，泛型参数必须是类，而不能是基本类型。因此无法使用泛型方法模拟前述 C++ 示例，该例中数组单元类型是泛型，且可为基本类型。在 Java 中，数组单元（与容器相对）不能是泛型。其次，尽管 Java 泛型方法可实例化任意多次，但该过程仅建立一个代码副本。这个泛型方法的内部版本称为原始方法，它操作 Object 类对象。当返回该泛型方法的泛型值时，编译程序就将其转换为合适的类型。最后，在 Java 中可限制能作为泛型参数传递给泛型方法的类的范围。这种限制称为**绑定**（bound）。

作为 Java5.0 泛型方法的例子，考虑以下框架性的方法定义：

```
public static  <T> T doIt(T[] list) {
  . . .
}
```

401

这里定义了名字为 doIt 的方法，它以由泛型类型的元素组成的数组作为参数。该泛型类型的名字为 T，且它必须是数组。下面是调用 doIt 的例子：

```
doIt<string>(myList);
```

再考虑下一个版本的 doIt，它包含对泛型参数的绑定：

```
public static <T extends Comparable> T doIt(T[] list) {
  . . .
}
```

这里所定义的方法有一个泛型数组参数，这个数组的元素是用以实现 **Comparable** 接口的类，这是对泛型参数的约束或绑定。保留字 **extends** 用于表示泛型类是后面那个类的子类。然而，**extends** 在此处有不同的含义。表达式

```
<T extends BoundingType>
```

指定 T 应该是绑定类型 BoundingType 的一个“子类型”。所以 **extends** 在此处的意思是，泛型类（或接口）扩展了该绑定类（如果该绑定是一个类），或者实现了绑定接口（如果该绑定是一个接口）。绑定保证了泛型的任意实例化元素都能与 Comparable 的方法 CompareTo 进行比较。

如果泛型方法对其泛型类型有两个或多个限制，那么就应将它们添加到以符号 & 分隔的 **extends** 子句中。泛型方法也可以有多个泛型参数。

Java 5.0 支持*通配类型*（wildcard type）。例如，Collection<?> 为集合类的通配类型，该类型可用于以任何类作为成员的任意集合类型。例如，考虑如下泛型方法：

```
void printCollection(Collection<?> c) {
   for (Object e: c) {
     System.out.println(e);
   }
}
```

无论 Collection 的成员是什么类，该方法都会打印 Collection 类的元素。在使用通配类型的对象时需要多加小心。例如，由于这一类型的特定对象的成员都有一个类型，其他类型的对象就不能添加到这个集合中。例如，考虑

```
Collection<?> c = new ArrayList<String>();
```

只有在类型为 String 时，使用 add 方法往这个集合里添加东西才是合法的。　402

像非通配类型那样，通配类型也会被限制。这样的类型称为*受限通配类型*。例如，考虑下述方法首部：

```
public void drawAll(ArrayList<? extends Shape> things)
```

这里的泛型类型就是一个作为 Shape 类的子类的通配类型。这里的方法 drawAll 可以写出类型是 Shape 子类的任何对象。

9.10.3 C# 2005 泛型方法

C# 2005 泛型方法与 Java 5.0 方法的功能类似，但它不支持通配类型。C# 2005 泛型方法有一个独特特性，即在调用泛型方法时，如果编译程序可推断出某个未指定的实际参数类型，则该实际参数类型可省略。例如，考虑下述类定义框架：

```
class MyClass {
  public static  T DoIt<T>(T p1) {
    . . .
  }
}
```

如果编译被程序能从调用的实际参数中推断出泛型类型，DoIt 方法就可以在不指定泛型参数的情况下被调用。例如，下述两个调用都是合法的：

```
int myInt = MyClass.DoIt(17);   // 调用 DoIt<int>
string myStr = MyClass.DoIt('apples');
    // 调用 DoIt<string>
```

9.10.4 F# 泛型函数

F# 的类型推断系统并不是总能确定参数类型或函数返回类型。在这种情况下，对某些函数，F# 可以为参数和返回值推导出泛化类型。这种情况称为**自动泛化**（automatic generalization）。例如，考虑如下函数定义：

```
let getLast (a, b, c) = c;;
```

由于该定义中不包含类型信息，函数和返回值的类型都推断为泛化类型。该函数不包含任何计算，只是一个简单泛型函数。

403

函数可定义为具有泛型参数，如下例所示：

```
let printPair (x: 'a) (y: 'a) =
   printfn "%A %A" x y;;
```

其中 %A 格式区分符可用于任何类型。类型 a 前的撇号（“'”）用于指定它是泛型类型[㊀]。由于该函数定义不包含带类型约束的操作，它能够（带有泛型参数）正常使用。算术运算符就是带类型约束的操作的例子。例如，考虑如下函数定义：

```
let adder x y = x + y;;
```

x 与 y 以及返回值的类型都被类型推断设置为 int。因为 F# 不允许强制类型转换，下述调用是非法的：

```
adder 2.5 3.6;;
```

即使将参数的类型设置为泛型，+ 运算符也把 x 和 y 的类型设置为 **int**。

泛型类型也可在尖括号中显式指定，如下所示：

```
let printPair2<'T> x y =
    printfn "%A %A" x y;;
```

必须使用类型[㊁]调用该函数，如下所示：

```
printPair2<float> 3.5 2.4;;
```

由于 F# 具有类型推断系统但无强制类型转换，因此，与 C++、Java5.0+ 和 C# 2005+ 等语言相比，F# 泛型函数的用处不大，尤其是在用于数值计算时。

9.11 用户定义的重载运算符

在 Ada、C++、Python 和 Ruby 等语言中，用户可以对运算符重载。假定要开发一个

㊀ a 并无特别之处，它可以为任何合法标识符。根据规定，它使用字母表开头的小写字母。

㊁ 显式类型转换指定泛型类型的名字必须用以 T 开头的大写字母来命名。

支持复数及其算术运算的 Python 类。复数可用两个浮点数表示。Complex 类的两个成员是 real 和 imag。在 Python 中，二元算术运算可以实现为（对第一个运算分量的）方法调用，并把第二个运算分量作为参数传递。加法所对应方法的名字是 _add_。例如表达式 x+y 可实现为 x._add_(y)。为了给新的 Complex 类对象的加法重载 + 运算，只需为 Complex 提供名为 _add_ 的方法来执行该运算，如下：

404

```
def __add__ (self, second):
  return Complex(self.real + second.real, self.imag +
   second.imag)
```

在大多数支持面向对象程序设计的语言中，隐式传送对当前对象的引用和各个方法调用。然而，在 Python 中，这种引用必须显式传送，这就是 _add_ 方法中把 self 作为第一个参数的原因。

在 C++ 中，对 Complex 类可编写出如下所示的加法方法[㊀]：

```
Complex operator +(Complex &second) {
  return  Complex(real + second.real, imag + second.imag);
}
```

9.12 闭包

闭包的定义很简单，**闭包**（closure）就是子程序及定义它的引用环境。如果要让子程序可在程序的任意位置调用，那么就需要引用环境。然而，把闭包的概念解释清楚并不是一件容易的事情。

对于不允许子程序嵌套的静态作用域程序设计语言而言，闭包没有任何用处，因此这类语言也不支持闭包。在这类语言中，无论在程序的什么位置调用子程序，子程序引用环境中的所有变量（局部变量和全局变量）都是可访问的。

当子程序可嵌套时，子程序的引用环境除了包含局部变量和全局变量，还可包含在所有外包子程序中定义的变量。然而，尽管当子程序仅在外层作用域活动和可见时才能被调用不会造成问题，但子程序在其他地方被调用时却可能成为问题。如果子程序可作为参数传递或可以赋给变量时，这个子程序就可以在程序中的所有位置被调用，从而造成上述问题。这就带来了一个相关问题：子程序还可能在它所嵌套的（即外包它的）一个或多个子程序结束之后被调用，这一般意味着在这些嵌套子程序中定义的变量已从内存释放——它们不再存在。对于可在程序的任意位置调用的子程序，其引用环境须在调用处可用。因此，在嵌套子程序中定义的变量可能需要拥有与整个程序相同的生存期，而不仅仅是定义它们的子程序的生存期。生存期与整个程序相同的变量也称为**无限延伸**（unlimited extent）。这通常意味着它们必须是堆动态变量，而不能是栈动态变量。

405

几乎所有函数式程序设计语言、大多数脚本程序设计语言和至少一种命令式语言（C#）都支持闭包。这些语言都有静态作用域，并允许嵌套子程序[㊁]，也允许把子程序作为参数传递。下面是一个用 JavaScript 编写的闭包的例子：

㊀ C++ 和 Python 都有预定义的复数类，所以例子中的方法是不必要的，此处仅用于演示。

㊁ 在 C# 中，可嵌套的方法只有匿名代理和 λ 表达式。

```
function makeAdder(x) {
    return function(y) {return x + y;}
}
. . .
var add10 = makeAdder(10);
var add5 = makeAdder(5);
document.write("Add 10 to 20: " + add10(20) +
"<br />");
document.write("Add 5 to 20: " + add5(20) +
"<br />");
```

假定这段代码嵌套在一个 HTML 文档中，其输出可用浏览器显示如下：

```
Add 10 to 20: 30
Add 5 to 20: 25
```

在这个例子中，闭包是在 makeAdder 函数中定义并被 makeAdder 函数返回的匿名函数。在闭包函数中引用的变量 x 被绑定到发送给 makeAdder 的参数上。makeAdder 函数被调用了两次，一次是用参数 10 调用的，另一次则是用参数 5 调用的。因为每一次调用都被绑定到不同的 x 值上，所以每一次调用都返回这个闭包的不同版本。对 makeAdder 的第一次调用创建了一个把 10 加到其参数上的函数，第二次调用又创建了一个把 5 加到其参数上的函数。这两个版本的函数分别被绑定到 makeAdder 的不同激活上。显然，调用 makeAdder 时创建的 x 版本的生存期必须扩展到整个程序的生存期。

406

在 C# 中可以用嵌套的匿名代理编写同样的闭包函数。嵌套方法的类型被指定为带 int 参数并返回匿名代理的函数。返回类型用该代理的特定标记 Func<int, int> 指定。尖括号中第一个类型为参数类型。这一代理可封装只有一个参数的方法。第二个类型为代理所封装方法的返回类型。

```
static Func<int, int> makeAdder(int x) {
  return delegate(int y) { return x + y;};
}
. . .
Func<int, int> Add10 = makeAdder(10);
Func<int, int> Add5 = makeAdder(5);
Console.WriteLine("Add 10 to 20: {0}", Add10(20));
Console.WriteLine("Add 5 to 20: {0}", Add5(20));
```

这段代码的结果与前面 JavaScript 闭包示例的结果完全相同。

匿名代理可改写为表达式。下面是在 makeAdder 方法体中用 λ 表达式替代了代理：

```
return y => x + y
```

Ruby 块的实现策略是，在其定义处可见的变量都可引用，即使在调用时变量已消失。这就使得块也成为了闭包。

9.13　协同程序

协同程序（coroutine）是一种特殊的子程序。与传统意义上的子程序里调用者与被调用子程序之间存在的主从关系不同，调用者和被调用的协同程序之间更加平等。事实上，协同程序控制机制常被称为**对称单元控制模型**（symmetric unit control model）。

协同程序可有多个入口点，并都由协同程序自己控制。它们能在多次激活之间维持自身的状态。这意味着协同程序必须对历史敏感，因此要用到静态局部变量。协同程序的二次执行通常始于其起点以外的其他位置。因此，协同程序的调用称为**恢复**（resume），而不称为调用。

407

例如，考虑以下协同程序框架：

```
sub co1(){
  . . .
  resume  co2();
  . . .
  resume  co3();
  . . .
}
```

在第一次恢复 co1 时，它从第一条语句处开始，然后向下执行，在执行到恢复 co2 时，将控制权交给 co2。下次恢复 co1 执行时，就会从恢复 co2 之后的第一条语句开始执行。第三次恢复 co1 执行时，会从恢复 co3 之后的第一条语句开始执行。

协同程序保留着子程序的一个常见特征：在任意时刻，只有一个协同程序在运行。

如上例所示，协同程序常常在部分执行后，而不是执行完毕后，将控制权交给另一个协同程序。重新开始时，它会从移交控制权语句的下一条语句开始执行。这种相互交织的执行序列与多任务操作系统的工作方式有关。在多任务操作系统中，尽管可能仅有一个处理器，但所有运行程序都并行执行，它们共用同一个处理器。对协同程序而言，这称为**准并发**（quasi-concurrency）。

通常，协同程序由应用程序中名为主单元的程序单元创建，但主单元不是协同程序。协同程序创建时执行初始化代码，然后把控制权交回主单元。构建完整的协同程序组后，主程序会恢复其中一个协同程序，然后该组协同程序按一定顺序执行，直至任务完成，当前前提是任务可完成。如果协同程序执行到了最后，控制权就会交回到创建它的主单元。这是当需要时结束一组协同程序运行的机制。而在某些程序里，只要电脑仍在运行，协同程序就仍运行。

利用这样一组协同程序可解决的一个问题是模拟扑克牌游戏。假设该游戏的四个玩家使用同样的策略。要模拟该游戏，可让主单元创建一组协同程序，每个协同程序有自身的手牌。在模拟打牌过程时，主单元可恢复一个协同程序，该协同程序出牌后，恢复下一个协同程序，如此循环，直至游戏结束。

假设程序单元 A 和 B 为两个协同程序，图 9.3 给出了 A 和 B 的两种可能执行序列。

在图 9.3a 中，协同程序 A 的执行由主单元启动。A 执行一些语句后启动 B。B 首次把控制权交给 A 时，A 从上次执行结束处继续执行。请注意，此时 A 的局部变量值与上次执行结束时一致。图 9.3b 展示了协同程序 A 和 B 的另一种执行序列，此处 B 的执行由主单元启动。

408

与图 9.3 中的例子不同，协同程序通常有一个包含恢复语句的循环。图 9.4 展示了此情形的执行序列：A 由主单元启动，在自身主循环内部启动 B，而 B 又会在自身主循环内部启动 A。

Python 生成器是一种协同程序。

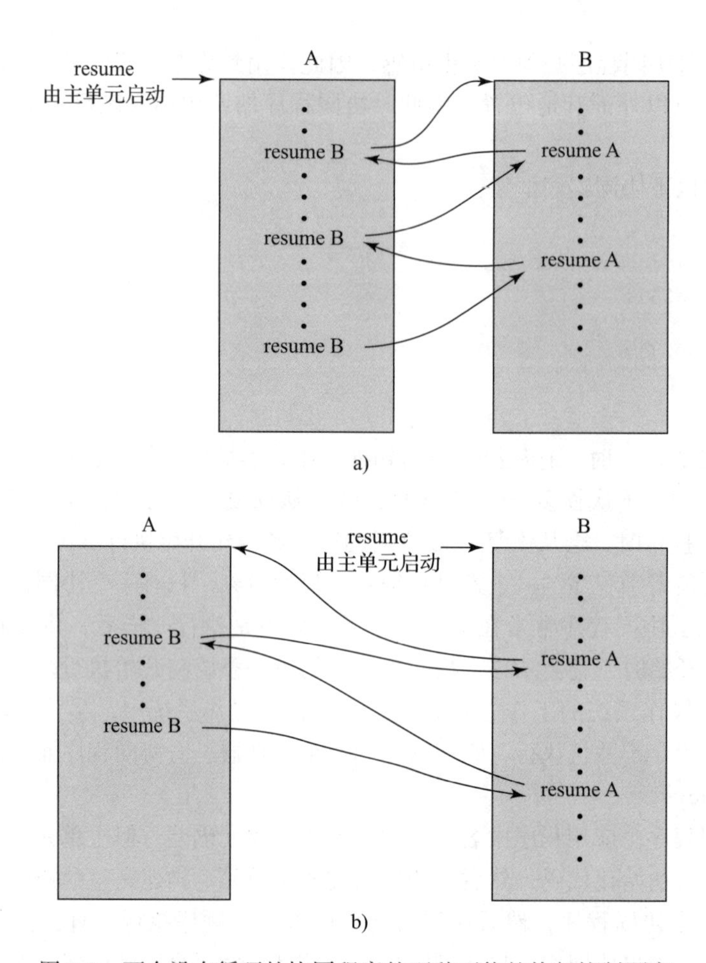

图 9.3　两个没有循环的协同程序的两种可能的执行控制顺序

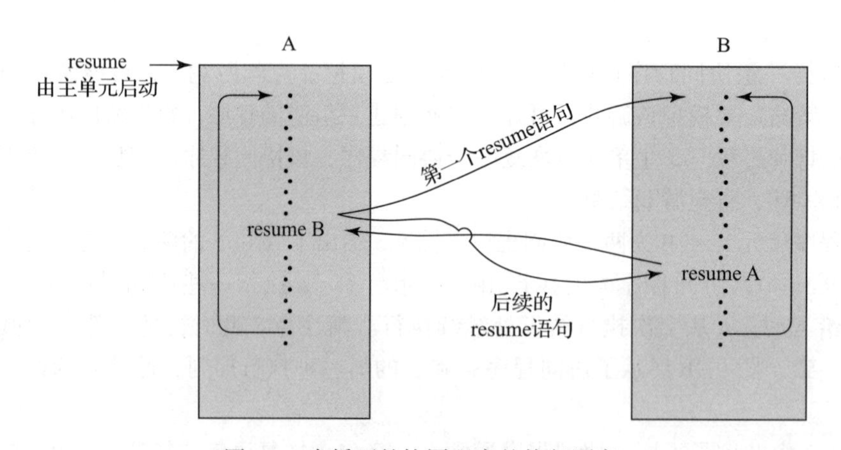

409

图 9.4　有循环的协同程序的执行顺序

小结

在程序设计语言中由子程序表示过程抽象。子程序定义描述该子程序代表的行为，而对子程序的调用让这些行为发生。子程序首部标识子程序定义并提供接口，即其原型。

形式参数用于表示子程序调用中实际参数的名字。在 Python 和 Ruby 中，可使用数组和哈希表作为形式参数以支持数量可变的参数。JavaScript 也支持数量可变的参数。实际参数可通过地址或关键字与形式参数联系起来。参数可有默认值。

子程序既可为函数，也可为过程。函数是对数学函数的模型化，用来定义新的操作，而过程用来定义新的语句。

子程序中的局部变量可为栈动态变量，以提供对递归调用的支持；也可为静态变量，以提供高效率和历史敏感的局部变量。

在 JavaScript、Python、Ruby 和 Swift 等语言中，子程序内可以嵌套子程序定义。

参数传递有三种基本语义模型：in 方式、out 方式和 inout 方式，并包含多种实现方式：按值传递、按结果传递、按值 – 结果传递、按引用传递、按名传递。在大多数语言中，参数在运行时栈中传递。

按引用传递参数会出现别名，这种情况不仅在两个或多个参数间发生，也在某个参数和可被访问的非局部变量间发生。

多维数组参数会给语言设计者带来难题，因为被调用子程序不仅仅需要知道数组名，还需要知道如何计算存储映射函数。

子程序名字作为参数是很必要的，但却很难理解。难点在于，在执行作为参数传递的子程序时，如何确定其引用环境。

410

C 和 C++ 支持函数指针。C# 有代理，代理是可存储方法引用的对象。代理可存储多个方法引用，以支持多播调用。

Ada、C++、C#、Ruby 和 Python 等语言都支持子程序重载和运算符重载。只要可通过参数类型和返回值的类型区分各重载版本，子程序就可重载。函数定义可用于构建运算符的其他含义。

C++、Java 5.0 和 C# 2005 中的子程序可为泛型，利用参数多态性，可把数据对象的期望类型传递给编译程序，进而根据需要的类型建立不同的程序单元。

程序设计语言函数设施的设计者须自己决定如何限制函数返回值和返回值个数。

闭包是子程序及其引用环境，可用于支持嵌套子程序的静态作用域语言。它允许子程序从函数中返回，并赋给变量。

协同程序是一种有多个入口的特殊子程序，可让子程序交替运行。

复习题

1. 子程序有哪三个一般特征？
2. 子程序处于活动状态是什么意思？
3. 子程序首部包含哪些成分？
4. Python 子程序有什么与其他语言不同的特征？
5. 哪些语言支持数量可变的参数？
6. 什么是 Ruby 的数组形式参数？
7. 什么是参数描述？什么是子程序协议？
8. 什么是形式参数？什么是实际参数？
9. 关键字参数有何优点和缺点？
10. 函数和过程有何区别？
11. 子程序的设计问题有哪些？

12. 动态局部变量有何优点和缺点？
13. 静态局部变量有何优点和缺点？
14. 哪些语言允许嵌套子程序定义？
15. 参数传递的三大语义模型是什么？
16. 按值传递、按结果传递、按值 - 结果传递、按引用传递分别有什么优缺点？它们分别是以什么方式传递参数的？传递的概念模型分别是什么？
411
17. 请描述出按引用传递参数时可能发生别名的所有情况。
18. 在实际参数和形式参数的类型不一致时，最初的 C 语言和 C89 在处理方法上有什么区别？
19. 参数传递方法有哪两个基本设计问题？
20. 描述一下把多维数组作为参数传递所带来的问题。
21. Ruby 使用了哪种参数传递方法？
22. 把子程序名字作为参数传递会带来哪两个问题？
23. 对于作为参数传递的子程序，定义其引用环境的*浅层绑定*和*深层绑定*。
24. 什么是重载子程序？
25. 什么是参数多态性？
26. C++ 的模板函数是如何实例化的？
27. Java5.0 泛型方法中的泛型参数与 C++ 方法的泛型参数有何本质不同？
28. 如果 Java 5.0 方法返回一个泛型类型，那么实际上返回的是哪种类型的对象？
29. 如果用三个不同的泛型参数调用 Java 5.0 泛型方法，编译程序会为该方法创建多少种不同的版本？
30. 函数的设计需要考虑什么问题？
31. 给出允许函数返回多个值的两种语言的名字。
32. 严格地说代理是什么？
33. F# 泛型函数主要有哪些缺点？
34. 什么是闭包？
35. 哪些语言特性使闭包有效？
36. 哪些语言允许用户重载运算符？
37. 协同程序与传统子程序有何不同？

习题

1. 如在 Python 和 C++ 语言中一样，用户程序可为已有的运算符进行新的定义，试给出支持与反对这种做法的理由。你认为这种用户定义的运算符重载好还是不好？提出论据支持你的论点。
412
2. 在大多数 Fortran IV 实现中，参数是按引用传递的，而且只通过访问路径传递。请分析该设计的优缺点。
3. Ada 83 设计者允许实现者选择以复制方式或引用方式实现 inout 方式的参数。请说明这样做的理由。
4. 假设要编写一个方法，以在新的输出页面上打印标题和页码。第一次调用该方法时，页码是 1，以后每调用一次增加 1。如果不用参数和非局部变量的引用来实现该方法，这在 Java 中能做到吗？在 C# 中呢？
5. 考虑如下用 C 语法编写的程序：

```
void swap(int a, int b) {
  int temp;
  temp = a;
  a = b;
  b = temp;
}
void main() {
```

```
  int value = 2, list[5] = {1, 3, 5, 7, 9};
  swap(value, list[0]);
  swap(list[0], list[1]);
  swap(value, list[value]);
}
```

对以下每一种参数传递方法，在对 swap 进行三次调用后，每一次变量 value 和 list 的值分别为多少？

（1）按值传递

（2）按引用传递

（3）按值 - 结果传递

6. 举一个反对在子程序中同时存在静态局部变量和动态局部变量的理由。
7. 考虑如下用 C 语法编写的程序：

```
void fun (int first, int second) {
  first += first;
  second += second;
}
void main() {
  int list[2] = {1, 3};
  fun(list[0], list[1]);
}
```

413

对以下每一种参数传递方法，在程序执行完后，list 数组中的值分别是什么？

（1）按值传递

（2）按引用传递

（3）按值 - 结果传递

8. 找出反对 C 的设计中只提供函数子程序的理由。
9. 找一本 Fortran 教科书，学习语句函数的语法和语义，然后论证它们在 Fortran 中存在的合理性。
10. 研究 C++ 和 Ada 中用户定义运算符重载的方法，然后写一个报告，用评价语言标准比较这两种语言提供的重载方法。
11. C# 支持 out 方式参数，但 Java 和 C++ 都不支持。试解释原因。
12. 研究按名传递参数的 Jensen 策略，简短地描述其定义和用法。
13. 研究 Ruby 和 CLU 中的迭代器机制，并给出它们的相似之处和不同之处。
14. 认真研究程序设计语言中的子程序嵌套问题，为什么很多现代语言都不允许子程序嵌套？
15. 至少给出两个反对按名传递参数的理由。
16. 详细比较 Java 5.0 和 C# 2005 中的泛型子程序。

程序设计练习

1. 用你熟知的语言写一个程序，来确定按引用传递和按值传递一个大数组所需的时间比。在你使用的机器和实现中，要让该数组尽可能大。如果需要，则多次传递该数组，以获得传递操作的精确时间比。
2. 写一个 C# 或者 Ada 程序来确定何时计算 out 方式参数的地址（是在子程序调用时还是执行结束时）。
3. 写一个 Perl 程序，把一个字面量按引用传递给一个子程序，并让子程序试图更改该参数的值。给出 Perl 的设计思路，并解释结果。
4. 用 C# 把第 3 题重做一遍。
5. 用一种支持静态局部变量和动态栈变量的语言写一个程序。在子程序中创建六个大矩阵（至少是 100×100 的矩阵），其中三个为静态矩阵，三个为栈动态矩阵。用 1 到 100 的随机数把两个静态矩阵和两个栈动态矩阵填满。子程序中的代码须对静态矩阵执行大量的矩阵乘法操作，并对这一过程

414

计时。然后对栈动态矩阵重复同样的操作。比较结果并解释原因。

6. 写一个 C# 程序，它包含两个调用很多次的方法。两个方法都把一个大数组作为参数，一个按值传递，一个按引用传递。比较调用这两个方法所用的时间，并解释其中的不同。一定要调用足够多次，来显示出所需时间的差异。
7. 用你喜欢的语言写一个程序，使其在以按引用传递和按值 – 结果传递方式传递参数时产生不同的结果。
8. 写一个 C++ 泛型函数，其参数是一个由泛型元素构成的数组，以及一个与数组元素类型相同的标量。数组元素和标量的类型是泛型参数。数组的下标是正整数。该函数须在给定的数组中查找给定的标量，并返回该标量在数组中的下标。如果标量不在数组中，函数须返回 `-1`。使用类型 **`int`** 和 **`float`** 来测试该函数。
9. 设计一个子程序和调用代码，使其按引用传递和按值 – 结果传递一个或多个参数时，会产生不同的结果。

415

子程序实现

本章目标是探索子程序的实现方法。本章涉及的知识包括如何链接子程序，以及为什么对于 20 世纪 60 年代早期那些缺少警惕性的编译器编写人员来说，ALGOL 60 是一个挑战。本章将从最简单的情况，即有静态局部变量且不能嵌套的子程序开始；接下来是有栈动态局部变量的更复杂的子程序；最后以栈动态局部变量和静态作用域的嵌套子程序结尾。因为需要包含能够访问非局部变量的机制，支持嵌套子程序的语言中子程序的实现难度会增大。

本章首先对静态作用域语言中访问非局部变量的静态链方法进行详细讨论。接下来对实现代码分程序的技术进行描述。最后，对动态作用域语言中访问非局部变量的几种方法进行讨论。

10.1 调用和返回的一般语义

子程序链接（subprogram linkage）是子程序调用和返回操作的统称。子程序的实现必须基于待实现语言的子程序链接的语义。

一个典型语言中会有很多操作与子程序调用相关联。参数传递方式的具体实现必须包含于调用过程之中。在调用过程中，如果局部变量非静态，则必须为在被调用子程序中声明的局部变量分配存储空间，并将这些变量绑定在存储空间上。调用程序单元的执行状态也必须保存。执行状态包括寄存器值、CPU 状态位和环境指针（Environment Pointer, EP）在内的所有能让调用程序单元恢复执行的内容。环境指针（详见 10.3 节）用于在子程序执行期间访问参数和局部变量。调用过程中的控制权也必须交给子程序代码，并保证在子程序执行完毕时，控制权可正确返回。最后，如果语言支持嵌套子程序，则调用过程必须创建某种机制，以访问对被调用子程序可见的非局部变量。

相较于复杂的调用操作，子程序返回所需要的操作相对简单。如果子程序具有用复制方式实现的 out 方式或者 inout 方式参数，返回过程的首个操作就是把与形式参数关联的局部值移动到实际参数上；然后，必须释放局部变量的存储空间，并恢复调用程序单元的执行状态；最后，必须把控制权返回给调用程序单元。

416
~
418

10.2 “简单”子程序的实现

首先从实现简单子程序的任务开始。子程序不能嵌套，而且所有局部变量都是静态的，所以称之为“简单”。早期 Fortran 的子程序就是如此。

“简单”子程序调用需要以下操作：

- 保存当前程序单元的执行状态；
- 计算并传递参数；
- 将返回地址传递给被调用子程序；
- 将控制权移交至被调用子程序。

“简单”子程序返回需要以下操作：

- 若存在 out 方式或按值 – 结果传递型参数，则将这些参数的当前值移动到对应实际参数上或对实际参数可用；
- 若子程序为函数，则须将函数值移动到调用者能访问的地方；
- 恢复调用者的执行状态；
- 将控制权交还调用者。

调用和返回操作需要存储以下内容：

- 调用者的状态信息；
- 参数；
- 返回地址；
- 函数返回值；
- 子程序代码使用的临时数据。

以上信息与局部变量和子程序代码共同组成子程序在执行和将控制权返回给调用者时所需全部信息的集合。

现在问题在于调用者和被调用者之间如何分配调用操作和返回操作。对于简单子程序，整个过程相对简单。必须由调用者完成调用的最后三个操作，而调用者和被调用者均可保存调用者的执行状态。在返回时，必须由被调用者完成第 1、2、4 步操作，而调用者和被调用者均可恢复调用者的执行状态。总之，被调用者的链接操作可在被调用子程序执行开始或结束这两个不同时刻发生。这两个操作也称为子程序链接的**序幕**（prologue）和**尾声**（epilogue）。简单子程序不需要序幕，因为所有被调用者的链接操作都发生在其执行结束时。

419

简单子程序由两个独立部分组成：子程序的实际代码（不会改变）、局部变量及前述数据（子程序执行时会改变）。对于简单子程序，这两部分的规模固定。

子程序非代码部分的格式或布局被称为**活动记录**，因为其描述的数据只在子程序活动期间或者执行期间使用。活动记录的形式为静态。**活动记录实例**是活动记录的一个具体例子，即活动记录形式的一组数据。

由于仅使用简单子程序的语言不支持递归，任意时刻每个子程序只能有一个活动版本，因此子程序的活动记录只能有一个实例。活动记录的一种可能布局如图 10.1 所示。此处以及本章剩余部分省略了活动记录中应该存储的调用者执行状态，因其比较简单且与本章的讨论无关。

由于“简单”子程序的活动记录实例规模固定，可静态分配存储空间。事实上，它可依附到子程序的代码部分。

局部变量
参数
返回地址

图 10.1　简单子程序的活动记录

图 10.2 中的程序由主程序和 A、B、C 三个子程序组成。尽管图上所有代码段和活动记录实例分离，但在某些情况下，活动记录实例可依附到关联代码段上。

图 10.2 中的完整程序并不完全由编译器构造。如果语言允许单独编译，那么四个程序单元 MAIN、A、B、C 的编译年份和日期可能不同。在编译每个程序单元时，其机器代码与一系列对外部子程序的引用一起被写入文件。图 10.2 所示的可执行程序由**链接器**放到一起，链接器是操作系统的一部分，有时也称为装入程序、链接器 / 装入程序或链接编辑器。主程序调用链接器的首个任务是查找包含该程序引用的已编译子程序的文件，并将它们载入内存。接下来，子程序入口地址必须被链接器设置为主程序调用子程序的目标地址。在被载入的子程序中，对于对其他子程序的调用以及对库子程序的所有调用，链接器也必须完成相同

的操作。在前述例子中，为 MAIN 调用了链接器，链接器必须找到 A、B、C 的机器代码程序及其活动记录实例，并将它们与 MAIN 的代码一起载入内存。然后，它必须为所有对 A、B、C 的调用，以及在 A、B、C 和 MAIN 中调用的任何库子程序都设置目标地址。 420

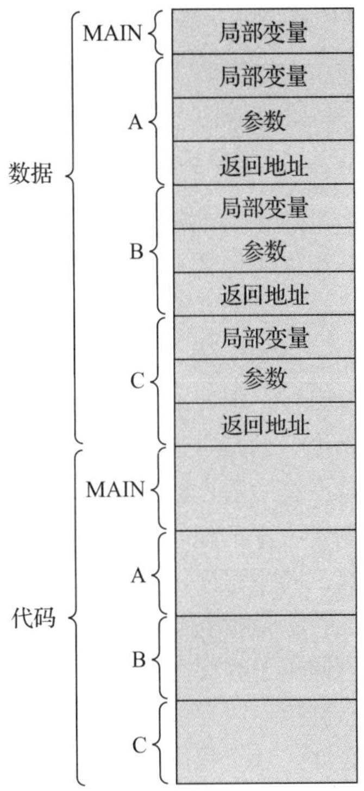

10.3 具有栈动态局部变量的子程序实现

现在来讨论如何在具有栈动态局部变量的语言中实现子程序链接，并调用和返回操作。

支持递归是栈动态局部变量的最大优势之一。使用栈动态局部变量的语言也都支持递归。

如果子程序可嵌套，则复杂度将增加，这部分内容将在 10.4 节讨论。

421

图 10.2 含有简单子程序的程序代码和活动记录

10.3.1 更复杂的活动记录

在使用栈动态局部变量的语言中，相较于简单子程序的链接，子程序链接更为复杂，原因如下：

- 编译器必须生成代码以实现局部变量的隐式分配和释放。
- 递归增加了子程序中多个活动同时发生的可能。在给定时刻，子程序可能存在多个实例（可能是未执行完的实例），其中包括至少一个来自子程序外部的调用以及一个或多个递归调用。活动的数量只受限于机器的内存规模。每个活动都需要自己的活动记录实例。

对于大多数语言，在编译时已经知道了给定子程序的活动记录格式，在很多情况下，因为所有局部数据的规模固定，所以活动记录规模也已知。但某些语言并不如此，例如在 Ada 中，实际参数值决定了局部数组规模。此时，格式为静态，但规模为动态。使用栈动态局部变量的语言必须动态创建活动记录实例。这种语言的典型活动记录如图 10.3 所示。

这些记录项必须首先出现，因为返回地址、动态链接和参数均由调用程序单元存放在活动记录实例中。

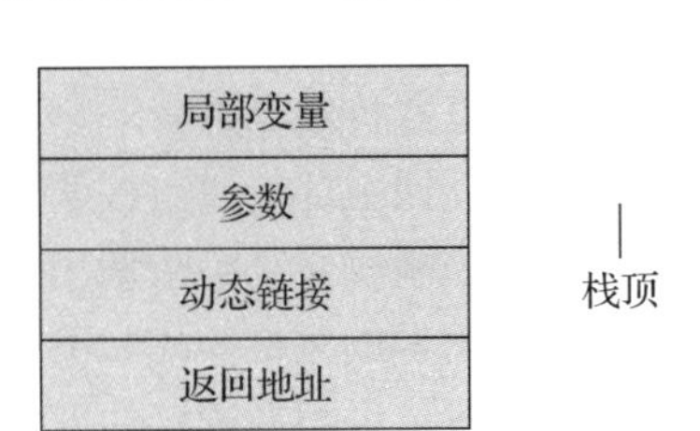

图 10.3 使用栈动态局部变量的语言中的典型活动记录

返回地址通常包含一个指向操作的指针，该操作位于调用程序单元代码段中的调用语句之后。**动态链接**是指向调用者活动记录实例底部的指针。在静态作用域语言中，该链接用来在程序发生运行错误时提供回溯信息。在动态作用域语言中，该动态链接用来访问非局部变量。活动记录中的实际参数是调用者提供的值或地址。

局部标量变量绑定到活动记录实例内的存储空间。结构类型的局部变量可能被分配至其他空间，只有它们的描述符和指向该空间的指针是活动记录的一部分。只有在被调用子程序里，才能给局部变量分配空间并进行初始化，因此它们在最后出现。

请思考下述 C 函数框架： 422

```
void sub(float total, int part) {
  int list[5];
  float sum;
  . . .
}
```

sub 的活动记录如图 10.4 所示。

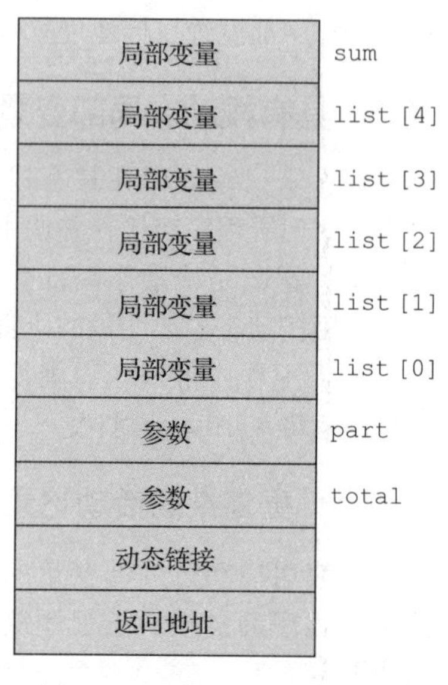

图 10.4 函数 sub 的活动记录

激活子程序必须动态创建该子程序活动记录的一个实例。如前所述，活动记录的格式在编译时固定，但对于某些语言，其规模可能依赖于调用过程。由于调用和返回的语义规定，最先完成的往往是最后调用的子程序，可在栈上创建这些活动记录的实例。该栈是运行时系统的一部分，因此被称为**运行时栈**，但我们通常只把它称为栈。对于每个子程序活动，无论它们是否递归，都在栈上创建活动记录的一个新实例，以提供参数、局部变量和返回地址所需的单独副本。

控制子程序的执行还需用到环境指针。初始，环境指针指向底部，即主程序活动记录实例的首个地址。运行时系统必须保证它总是指向当前执行的程序单元的活动记录实例的底部。当调用子程序时，当前环境指针在新的活动记录实例中以动态链接形式存储。然后，将环境指针指向新活动记录实例的底部。从子程序返回后，将栈顶设置为当前环境指针值减 1，将环境指针设置为刚执行完的子程序的活动记录实例中的动态链接。重置栈顶能够有效移除顶部的活动记录实例。

423

环境指针用作对参数及局部变量等活动记录实例数据内容进行偏移寻址的基址。

请注意，当前使用的环境指针并未存储在运行时栈中。只有被保存的版本才会以动态链接的形式存储在活动记录实例中。

前面讨论了链接过程中的几个新操作。10.2 节中的列表必须参考这些新的操作进行修订。假设使用本节给出的活动记录格式，新的操作如下：

调用者的操作如下：

- 创建活动记录实例；
- 保存当前程序单元执行状态；
- 计算并传递参数；
- 将返回地址传递给被调用者；
- 将控制权移交给被调用者。

被调用者的序幕操作如下：

- 在栈里以动态链接的形式保存旧环境指针，并创建新值；
- 给局部变量分配存储空间。

被调用者的尾声操作如下：

- 若存在按值–结果传递或者 out 方式参数，则将这些参数的当前值移动至对应实际参数中；
- 若子程序是函数，则将函数值移动至调用者能访问的地方；
- 将栈指针设置成当前环境指针值减 1 以恢复栈指针，并将环境指针设置成旧的动态链接；

- 恢复调用者的执行状态；
- 将控制权交还调用者。

如第 9 章所述，子程序从调用开始直至执行完毕均为**活动**（active）状态。当它转换为非活动状态，其局部作用域将不复存在，其引用环境也不再有意义。因此，此时可销毁其活动记录实例。

参数不总是传递到栈中。RISC 机器的寄存器数量通常比 CISC 机器多，因此，很多为 RISC 机器设计的编译器会将参数传递到寄存器中。在本章的剩余部分，我们假设参数传递到栈中，但该方法也可稍做修改以应用于参数传递至寄存器的情况。 424

10.3.2 不含递归的例子

请思考下述 C 程序框架：

```
void fun1(float r) {
  int s, t;
  . . .     <---------- 1
  fun2(s);
  . . .
}

void fun2(int x) {
  int y;
  . . .     <---------- 2
  fun3(y);
  . .
}
void fun3(int q) {
  . . .     <---------- 3
}
void main() {
  float p;
  . . .
  fun1(p);
  . . .
}
```

该程序的函数调用顺序为：

```
main 调用 fun1
fun1 调用 fun2
fun2 调用 fun3
```

图 10.5 为标记了 1、2 和 3 的标记点处的栈内容。

标记 1 处，仅 main 函数和 fun1 函数的活动记录实例储存在栈中。fun1 调用 fun2 时，在栈上创建 fun2 的一个活动记录实例。fun2 调用 fun3 时，在栈上创建 fun3 的一个活动记录实例。fun3 执行完毕，其活动记录实例从栈上清除，并用环境指针重置栈顶指针。函数 fun2 和 fun1 终止时，也执行类似过程。main 调用 fun1 并返回后，栈中仅剩 main 的活动记录实例。请注意，有些实现方案与上述例子不同，它们不在栈上为 main 函数使用活动记录实例，但上述做法能够简化实现过程。在该例子以及本章所有其他例子中，假设栈从低位地址向高位地址增长，在某些具体实现方案里，栈也可反向增长。 425

在某些特定情况下，栈中动态链接的集合称为**动态链**（dynamic chain）或**调用链**（call

chain）。它表示程序执行到当前位置的动态历史，当前执行位置往往在位于栈顶的活动记录实例对应的子程序代码中。局部变量的起始地址存储于环境指针中，计算所得偏移量可以表示代码中对局部变量的引用，且该偏移被称为**局部偏移量**（local_offset）。

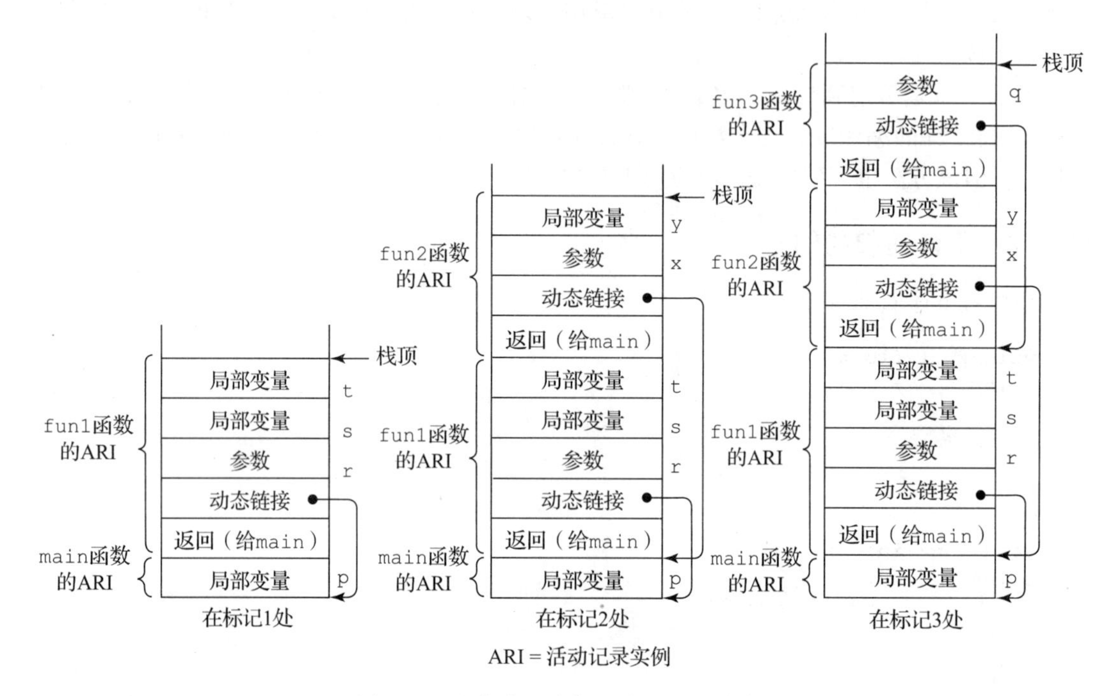

图 10.5　程序中三个标记点处的栈内容

在编译时，活动记录中变量的局部偏移量可以根据与活动记录相关的子程序声明的变量顺序、类型和大小确定。为简化讨论，这里假设所有变量都仅在活动记录中占据一个位置。活动记录中从下往上数，将参数个数加二的位置分配给子程序中声明的第一个局部变量，最下端的两个位置留给返回地址和动态链接。声明的第二个局部变量离栈顶的位置比第一个近一位，其余声明以此类推。例如之前的示例程序，在 fun1 函数中，变量 s 的局部偏移量是 3，变量 t 的局部偏移量为 4。同样，在 fun2 函数中，变量 y 的局部偏移量是 3。局部变量的地址即为环境指针加上该变量的局部偏移量。

426

10.3.3　递归

下述 C 程序例子使用递归计算阶乘：

```
int factorial(int n) {
    <---------- 1
  if (n <= 1)
    return 1;
  else return (n * factorial(n - 1));
    <---------- 2
 }
void main() {
  int value;
  value = factorial(3);
    <---------- 3
 }
```

图 10.6 展示了 factorial 函数的活动记录格式。它包括一项额外内容——函数返回值。

图 10.7 展示了程序三次执行到 factorial 函数内标记 1 时的栈内容。每次执行到此处，栈内容都会多一个未定义函数值的活动记录。第一个活动记录实例包含 main 调用函数的返回地址，其他实例则包含 factorial 函数的返回地址，递归调用则使用这些地址完成。

图 10.8 展示了程序三次执行到 factorial 函数内标记 2 时的栈内容。标记 2 位于 return 指令执行后，活动记录从栈上移除前。factorial 函数中的代码计算参数 n 的当前值与递归调用函数的返回值的乘积。factorial 的第一个返回值为 1，该活动记录实例给参数 n 保存值 1，计算所得乘积 1 返回给 factorial 函数的第二个活动，该值乘以参数 2，将 2 返回给 factorial 的第一个活动，该值再乘以参数 3，得到最终函数值 6，将其返回给 main 中对 factorial 的第一次调用。

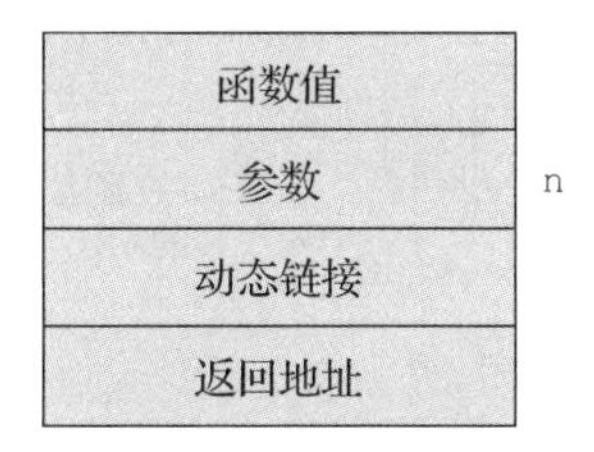

图 10.6　factorial 函数的活动记录

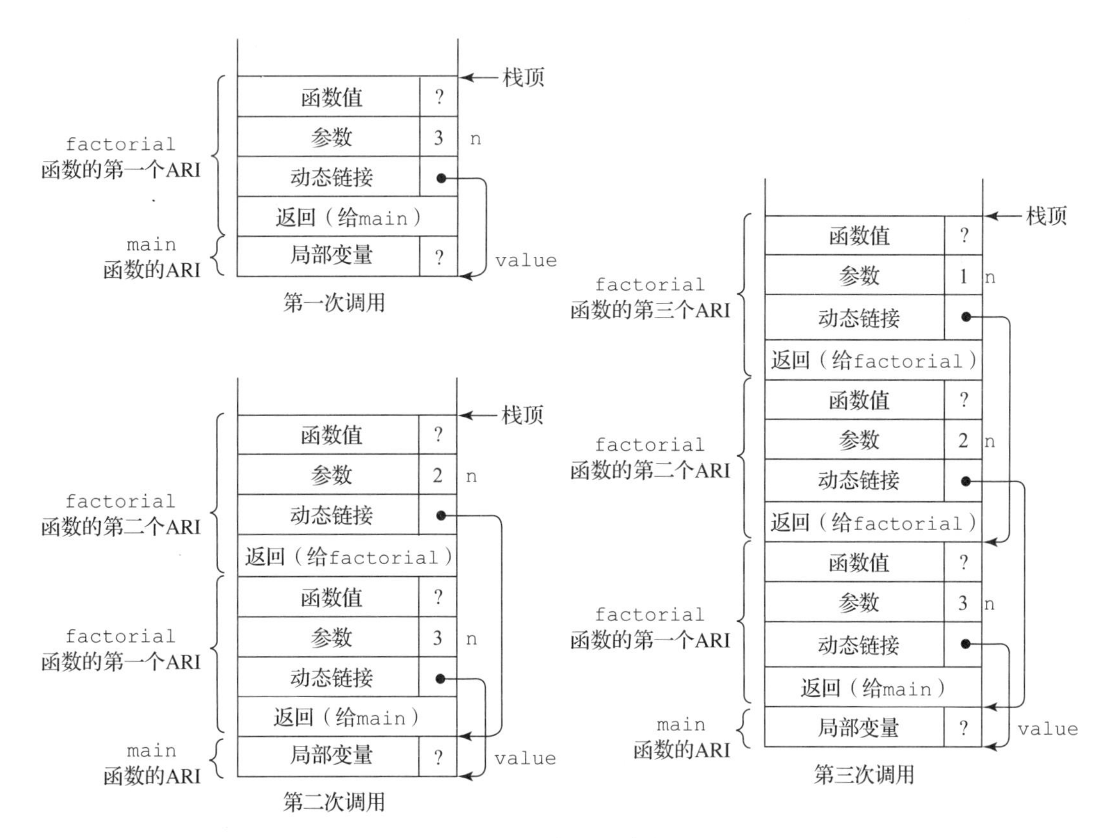

图 10.7　factorial 中标记 1 处的栈内容

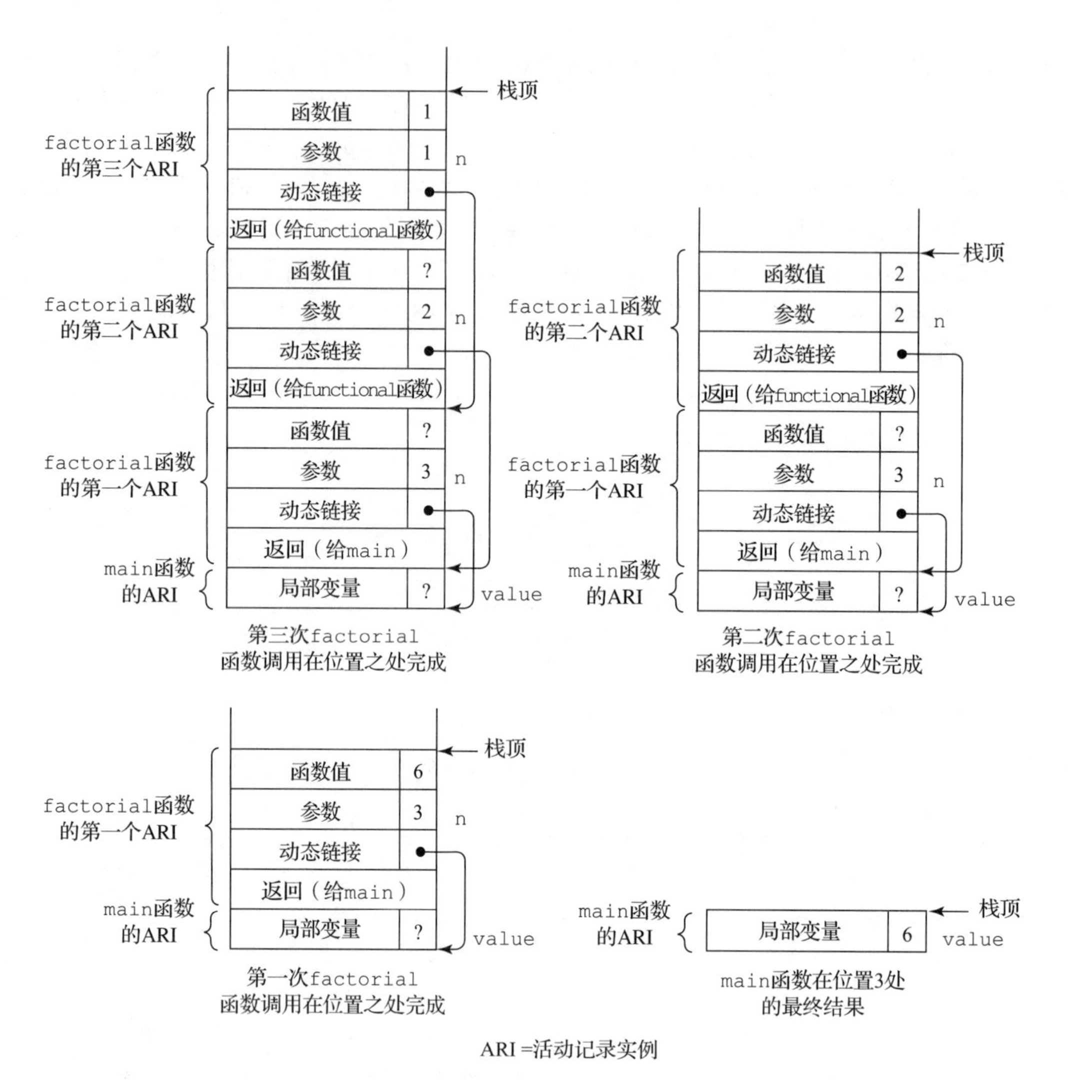

图 10.8　执行 main 和 factorial 过程中的栈内容

10.4　嵌套子程序

一些非基于 C 语言的静态作用域语言使用栈动态局部变量且允许子程序嵌套，包括 Fortran 95+、Ada、Python、JavaScript、Ruby、Swift 及函数式语言。本节将研究最广泛应用的子程序嵌套方法，并在章节最后部分讨论闭包。

427~429

10.4.1　基础

在支持嵌套子程序的静态作用域语言中，引用非局部变量需要进行两个步骤。栈和已有活动实例中应包含所有能以非局部方式访问的非静态变量。因此，访问过程中首先要在栈中找到定义变量的活动记录实例，然后在该活动记录实例中使用变量的局部偏移量来访问它。

找到正确的活动记录实例是一个较为有趣却困难的步骤。首先，值得注意的是，对于给定子程序，只有在静态祖先作用域中声明的变量是可见且可访问的。其次，当嵌套子程序引用变量时，其所有静态祖先的活动记录实例一定在栈上。静态作用域语言的静态语义规则充分保证了这一点：仅当子程序的所有静态祖先子程序都处于活动状态时，才能调用该子程序[⊖]。如果某个静态祖先处于非活动状态，其局部变量就不会绑定到储存空间中，此时访问它们没有意义。

非局部引用语义指出，只有在最内层嵌套的外层作用域中找到的第一个声明才是正确的声明。因此，为支持非局部引用，必须在栈中找到对应静态祖先的所有活动记录实例，下一节将阐述它的实现方法。

在 10.5 节讨论分程序之前，不考虑分程序的问题，所以在本节后文中，假设所有作用域都由子程序定义。因为在基于 C 的语言中，函数不能嵌套（这些语言中唯一的静态作用域必须用分程序创建），本节的讨论内容不能直接适用于它们。

10.4.2 静态链

对于允许嵌套子程序的语言，实现静态作用域的最常用方法是静态链。该方法在活动记录中添加一个称作静态链接的新指针。**静态链接**也常被称为*静态作用域指针*，它指向静态父类的活动记录实例底部用于访问非局部变量。在活动记录中，静态链接通常记录在参数下方。如果将静态链接加至活动记录中，局部偏移量会发生改变。现在有返回地址、静态链接和动态链接三个元素出现在参数下方。

430

静态链由连接栈中特定活动记录实例的静态链接组成。在子程序 P 的执行过程中，P 的活动记录实例中的静态链接指向 P 的静态父程序单元的活动记录实例。如果 P 有静态祖父程序单元的话，则父实例中的静态链接又指向其祖父活动记录实例。因此，静态链按照静态父程序单元优先的顺序，连接正在执行子程序的所有静态祖先。这条链可用于在静态作用域语言中实现对非局部变量的访问。

可以使用静态链查找非局部变量的正确活动记录，查找过程相对简单。搜索静态链则可以引用非局部变量，找到包括该变量的活动记录实例，直到找到一个包括该变量的静态祖先活动记录实例。实际上，该过程可以更加容易。由于在编译时，作用域嵌套已知，编译器可以判断其是否为局部引用，并确定包括该非局部变量的活动记录实例需经过的静态链长度。

静态深度是与静态作用域相关的整数，是从最外围作用域算起，该静态作用域的嵌套深度。如果静态深度为 0，意味着该程序单元没有嵌套其他任何单元。如果子程序 A 在非嵌套程序单元中定义，其静态深度为 1。如果子程序 A 还包括嵌套子程序 B 的定义，则 B 的静态深度为 2。

假设引用非局部变量 X，引用 X 的子程序和声明 X 的子程序的静态深度之差即为正确的活动记录实例所需要经过的静态链长度。该差值也被称为引用**嵌套深度**，或者**链偏移量**。一对有序的整数（链偏移量、局部偏移量）即可表示实际引用，链偏移量为到正确活动记录实例的链接数（10.3.2 节对局部偏移量进行了讨论）。以下述 Python 框架程序为例：

```
# Global scope
. . .
def f1():
  def f2():
    def f3():
      . . .
    # end of f3
```

⊖ 当然，此规则不适用于闭包。

```
    . . .
  # end of f2
  . .
# end of f1
```

全局作用域、f1、f2和f3的静态深度分别为0、1、2和3。若过程f3引用了在f1中声明的变量，该引用的链偏移量为2（f3静态深度与f1静态深度的差值）。同理，若过程f3引用了在f2中声明的变量，该引用的链偏移量为1。相同的处理机制同样适用于对局部变量的引用，此时链偏移量为0。只是在声明变量的子程序中，使用环境指针而不是指向活动记录实例的静态指针来作为基址。

431

为了描述非局部访问的完整过程，请思考下述JavaScript程序框架：

```
function main(){
  var x;
  function bigsub() {
    var a, b, c;
    function sub1 {
      var a, d;
      ...
      a = b + c; <--------------------------------1
      ...
    }  // end of sub1
    function sub2(x) {
      var b, e;
      function sub3() {
        var c, e;
        ...
        sub1();
        ...
        e = b + a; <----------------------------2
      } // end of sub3
      ...
      sub3();
      ...
      a = d + e; <--------------------------------3
    } // end of sub2
    ...
    sub2(7);
    ...
  } // end of bigsub
  ...
  bigsub();
  ...
} // end of main
```

程序调用的顺序是：

```
main 调用 bigsub
bigsub 调用 sub2
sub2 调用 sub3
sub3 调用 sub1
```

当程序第一次运行至标记点1处时，栈状态如图10.9所示。

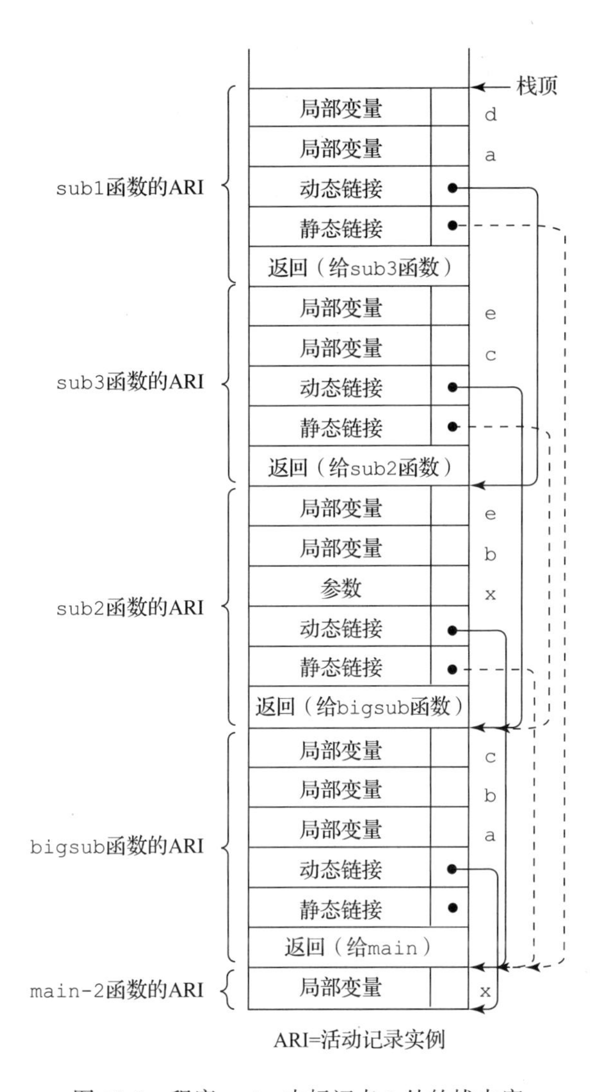

图 10.9 程序 main 中标记点 1 处的栈内容

过程 sub1 的标记 1 引用了局部变量 a，而非 bigsub 中的非局部变量 a。该引用的链偏移量 / 局部偏移量对为（0, 3）。偏移对（1, 4）表示引用了 bigsub 中的非局部变量 b。第一个局部变量的局部偏移量为 3（bigsub 过程没有参数)，因此，其局部偏移量为 4。值得注意的是，用动态链接搜索一个包含 b 声明的活动记录实例，会找到在 sub2 中声明的变量 b，显然这是错误的。若在动态链中使用偏移对（1, 4），则会使用 sub3 中的变量 e。但是，静态链接指向 bigsub 的活动记录，其中包含正确版本的变量 b。此时引用环境中不包含 sub2 中的变量 b，无法进行（正确地）访问。位置 1 引用的 c 是 bigsub 中定义的 c，偏移对为（1,5）。

sub1 执行结束后，其活动记录实例将从栈中删除并把控制权交回给 sub3。而 sub3 中位置 2 上引用的变量 e 可用偏移对（0, 4）进行访问，该变量为局部变量。而该处引用的变量 b 为 sub2 中声明的变量 b，sub2 是包含该声明的最近静态祖先，可用偏移对（1, 4）对其进行访问。b 为 sub1 中声明的第一个变量且 sub2 有一个参数，因此，局部偏移量为 4。位置 2 引用的变量 a 是 bigsub 中声明的 a，因为 sub3 及其静态父过程 sub2 均没有变量

432
~
433

a 的声明，可以使用偏移对（2, 3）对其进行引用。

sub3 执行结束后，sub3 的活动记录实例从栈中删除，此时，只有 main、bigsub 和 sub2 的活动记录实例还在栈中。在 sub2 中的位置 3，只有活动的例程中有 a 的声明，引用的变量 a 为 bigsub 中定义的 a，可用偏移对（1, 3）对其进行访问。这里对 d 的引用为静态语义错误，因为作用域中没有变量 d 的声明。编译器尝试计算链偏移量 / 局部偏移量对时，会检测到该错误。位置 3 上的 e 是 sub2 中的局部变量 e，可用（0, 5）对其进行访问。

综上所述，在位置 1、2 和 3 上引用 a 的方法表示如下：

- （0, 3）(局部);
- （2, 3）(相隔 2 层);
- （1, 3）(相隔 1 层)。

接下来阐述静态链在程序执行过程中的状态维持。如果维护太复杂，静态链的简洁高效将毫无意义。此处假设子程序不作为参数传递。

每个子程序调用和返回时必须修改静态链。返回时的修改相对简单：当子程序结束时，首先将其活动记录实例从栈中移出，新的栈顶活动记录实例是调用了刚刚结束的子程序的程序单元。该活动记录实例里的静态链没有改变，还能像调用其他子程序之前那样正常工作，因此无需任何其他操作。

调用子程序的操作相对复杂。尽管在编译时，能够很容易地确定父作用域，但在调用时找到父作用域的最新活动记录实例相对困难。这个步骤必须在动态链上搜索，直到找到父作用域的第一个活动记录实例。不过，只要把子程序的声明和引用像变量的声明和引用那样处理，就可以避免进行这种搜索。当编译器遇到子程序调用时，首先必须确定声明被调用子程序的子程序，该子程序一定是调用者的静态祖先。然后，计算嵌套深度，即在调用者与声明被调用子程序的子程序之间外层作用域的个数。最后，保存该信息，执行期间可通过子程序调用进行访问。在调用时，通过向下移动调用方的静态链，可以找到被调用子程序的活动记录实例的静态链接。此移动中的链接数等于在编译时计算的嵌套深度。

434

再请思考一下程序 mian 和图 10.9 所示栈状态。在 sub3 中调用 sub1 时，编译器可以确定在声明被调用过程 sub1 的 bigsub 中，sub3（调用者）的嵌套深度是 2 级。如果执行在 sub3 中调用 sub1 的语句，这些信息将用于设定 sub1 的活动记录实例的静态链接。该静态链接指向一个活动记录实例，在调用者的活动记录实例中，静态链中的第二个静态链接也指向该实例。在该例子中，调用者是 sub3，其静态链接指向其父亲（sub2）的活动记录实例，而 sub2 的活动记录实例的静态链接指向 bigsub 的活动记录实例。所以，sub1 的新活动记录的静态链接设置为指向 bigsub 的活动记录实例。

这种方法适用于不将子程序作为参数传递的一切子程序链接。

使用静态链访问非局部变量的缺点是引用超出静态祖先作用域的变量比引用局部变量需要更多的开销。这需要沿着静态链在每个外层作用域中检查每一个从引用到声明的链接。然而，实际中长距离非局部变量引用极少，所以该缺点及其产生的额外开销可以接受。静态链的另一个缺点是编写对时间要求极高的程序时，非局部变量引用的成本很难评估，因为每个引用的成本取决于引用和作用域声明之间的嵌套深度。更麻烦的是，随后的代码修改可能会更改嵌套深度，从而改变一些引用的时间成本，无论这些引用所在的代码是否被修改。

替代静态链的方法中最有名的一种是名为 display 的辅助数据结构。但目前尚未找到优于静态链方法的其他方法，因此静态链仍是最普遍使用的方法。此处也不对其他方法进行讨论。

本节中描述的过程和数据结构使用不允许函数返回函数且不允许将函数赋给变量的语言正确实现闭包。但是，有些语言不能完全支持上述全部操作，因此需要几种新机制来实现此类语言中对非局部变量的访问。首先，如果子程序在嵌套作用域中访问变量，而不是全局作用域，该变量就不能仅存储在它自身作用域的活动记录中。在子程序激活该活动记录之前，该活动记录可能已经被删除了。这样的变量也可以存储在堆中并进行无限域扩展（它们的生存期是整个程序的生存期）。其次，子程序必须能够访问存储在堆中的非局部变量。最后，更新其栈版本的同时必须更新非局部访问的堆分配变量。显然，这是对使用静态链实现静态作用域的重要扩展。

435

10.5 分程序

如第 5 章所述，包括基于 C 的语言在内的许多语言，都为变量提供了用户专用的局部作用域，称为**分程序**。以下述代码为例：

```
{ int temp;
  temp = list[upper];
  list[upper] = list[lower];
  list[lower] = temp;
}
```

在基于 C 的语言中，分程序被指定为一个复合语句，该语句的开头为一个或多个数据定义。在上述分程序中，变量 temp 的生存期从控制流进入分程序到其离开分程序。使用这类局部变量的优点是它在分程序的引用环境中不会影响在程序其他地方声明的同名变量。

分程序的实现可使用 10.4 节实现嵌套子程序的静态链过程。分程序可被视为无参数子程序，它总在程序的相同地方被调用。每个分程序都有活动记录。每次执行分程序时，都会创建其活动记录的一个实例。

还可用另一种更简单高效的方法实现分程序。因为分程序的进入和退出是严格按照文本顺序进行的，在程序执行的任何时刻，分程序中变量所需的最大储存空间可静态确定。这些储存空间可分配在活动记录中局部变量的后面。所有分程序变量的偏移量都可静态计算，因此分程序变量的处理方式可与局部变量相同。

例如下述框架程序：

```
void main() {
  int x, y, z;
  while ( . . ) {
    int a, b, c;
    .
    while ( . . . ) {
      int d, e;
      .
    }
  }
  while ( . . . ) {
    int f, g;
    . . .
  }
  . .
}
```

436

图10.10展示了该程序的静态内存布局。注意变量 f 和 g 分别占用了与 a 和 b 相同的内存空间，因为当退出 a 和 b 的分程序时，在给 f 和 g 分配内存空间之前，a 和 b 就从栈中删除了。

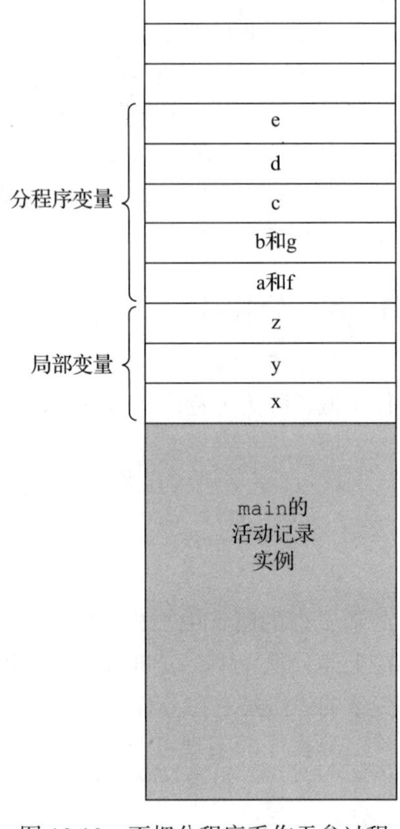

图10.10 不把分程序看作无参过程时的分程序变量存储空间

10.6 动态作用域的实现

在动态作用域语言中实现局部变量及其非局部引用至少有两种不同的方法：深层访问和浅层访问。两种访问方法的概念与深层绑定和浅层绑定的概念无关，它们之间的重要区别在于，深层绑定和浅层绑定会导致不同的语义，而深层访问和浅层访问则不会。

10.6.1 深层访问

如果局部变量是栈动态变量，且是动态作用域语言中活动记录的一部分，则对非局部变量的引用可通过从最近一个激活的子程序开始搜索目前活跃的其他子程序的活动记录实例来实现。这种概念类似于在支持嵌套子程序的静态作用域语言中访问非局部变量，不同之处在于这里使用动态链而不是静态链。动态链以与激活顺序相反的顺序将所有子程序活动记录实例链接在一起，动态链正是在动态作用域语言中引用非局部变量所需的。此方法称为深度访问，因为访问可能需要在栈中进行深入搜索。

437 请思考下述程序框架：

```
void sub3() {
  int x, z;
  x = u + v;
  . . .
}

void sub2() {
  int w, x;
  . . .
}

void sub1() {
  int v, w;
  . . .
}

void main() {
  int v, u;
  . . .
}
```

该程序的语法结构看起来像是用基于C的语言写的，但它并不局限于任何特定语言。假设有下述函数调用：

```
main 调用 sub1
sub1 调用 sub1
sub1 调用 sub2
sub2 调用 sub3
```

执行上述调用序列后，函数 sub3 执行过程中的栈内容如图 10.11 所示。请注意，活动记录实例中没有静态链接，因为静态链接在动态作用域语言中没有任何用处。

请思考一下函数 sub3 中对变量 x、u 和 v 的引用。x 的引用在 sub3 的活动记录实例中。找到 u 的引用需要在栈中搜索所有活动记录实例，经过搜索发现，只有 main 函数有 u 变量。该搜索过程涉及下面 4 个动态链接，共检查 10 个变量名。v 的引用在子程序 sub 的最新（动态链上最近的）活动记录实例中。

在动态作用域语言中用于非局部访问的深层访问方法和静态作用域语言中的静态链方法有两个重要区别。首先，在动态作用域语言中，所需搜索的链长度无法在编译时确定，必须搜索链中的每个活动记录实例，直到找到该变量的第一个实例。这就是动态作用域语言的执行速度通常比静态作用域语言慢的原因之一。其次，活动记录必须存储用于搜索过程的变量名称，而在静态作用域语言实现中仅需要值。（静态作用域不需要名称，因为所有的变量都用链偏移量 / 局部偏移量对来表示。）

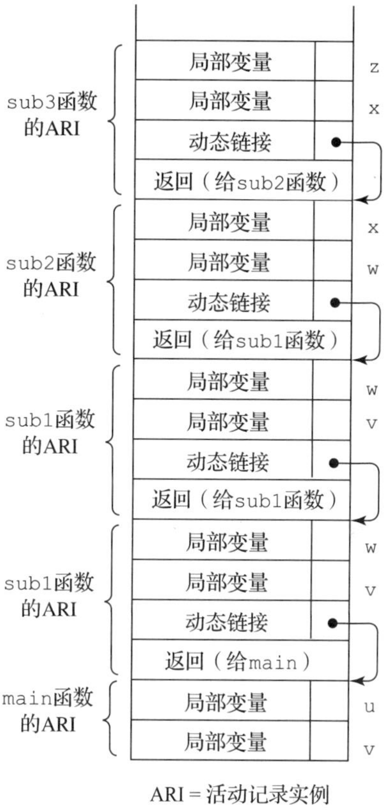

ARI = 活动记录实例

图 10.11　动态作用域程序的栈内容

10.6.2　浅层访问

浅层访问是另一种实现方法，而非另一种语义。如前所述，深层访问和浅层访问语义相同。对于浅层访问，子程序中声明的变量不储存在该子程序的活动记录里。由于在动态作用域中，给定时刻最多有一个特定名称变量的一个可见版本，所以可以采用完全不同的方法。浅层访问的一个变体是在完整的程序中为每个变量名称使用单独的堆栈。每次在被调用子程序的开头，通过声明创建某个名称的新变量时，就为该变量提供栈顶的一个内存单元来存储其名称。对该名称的每个引用都指向与该名称关联的堆栈顶部的变量，因为栈顶的变量是最近创建的。子程序终止时，其局部变量的生存期结束，这些变量名从栈中弹出。这种方法允许快速引用变量，但在子程序进入和退出时维护栈的代价很高。

438~439

图 10.12 展示了在与图 10.11 相同的情况下前面示例程序的变量栈的内容。

实现浅层访问的另一种选择是使用中央表，中央表为程序中的每个不同变量名占一个位置。表中每一项都用**活动位**来表示变量名是否具有当前绑定或变量关联。对任何变量的访问都可以是中央表中的偏移量。该偏移量为静态，因此能够快速访问。

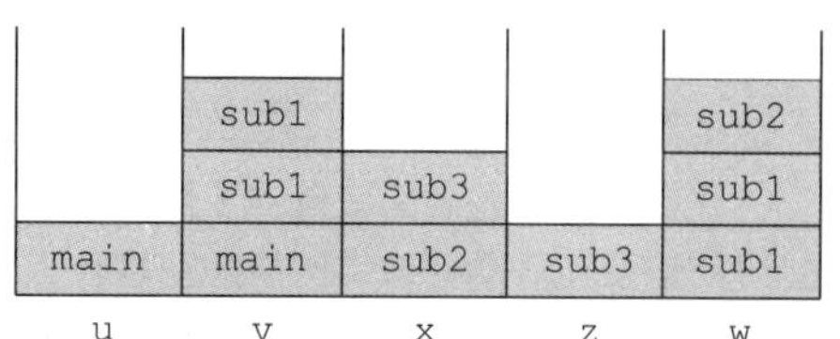

图 10.12　使用浅层访问实现动态作用域的一种方法

SNOBOL 实现方案使用了中央表技术。

维护中央表非常简单。子程序调用要求在逻辑上将其所有局部变量放置在中央表中。如果新变量在中央表中的位置已经处于活动状态——即如果它包含一个生存期尚未结束的变量（由活动位指示）——该值必须在新变量的生存期内保存在某个位置。每当变量开始其生存期时，必须设置其中心表位置的活动位。

中央表的设计方法和临时替换值的存储方式有多种变体。一种变体具有“隐藏”堆栈，在该堆栈上存储所有已保存的对象。由于子程序的调用和返回以及局部变量的生存期是嵌套的，因此它可以很好地工作。

第二个变体也许是最简洁和划算的实现方式。使用单个单元格的中央表，该表仅存储具有唯一名称的每个变量的当前版本。替换变量存储在创建替换变量的子程序活动记录中。这是一个堆栈机制，但是它使用已存在的堆栈，因此产生的新开销很小。

选择深层访问还是浅层访问非局部变量，取决于子程序调用和非局部引用的相对频率。440深层访问方式提供快速的子程序链接，但在引用非局部变量，尤其是远距离的非局部变量（根据调用链）时，开销会很大。浅层访问方式可更加快速地引用非局部变量，尤其是远距离的非局部变量，但是子程序链接的开销较大。

小结

子程序链接语义的实现需要执行许多操作。对于“简单”子程序，这些操作相对简单。调用必须保存执行状态，参数和返回地址必须传递给被调用子程序，控制权也必须转移。而返回时，按结果传递的值和按值–结果传递的参数必须返回，如果子程序是函数，还必须传回返回值，恢复执行状态，并将控制权转交回调用者。在支持栈动态局部变量和嵌套子程序的语言中，子程序链接更加复杂。其中可能有多个活动记录实例，这些实例必须存储在运行栈中，静态和动态链接必须保存在活动记录实例中。静态链接允许在静态作用域的语言中引用非局部变量。

在支持栈动态局部变量和嵌套子程序的语言中，子程序有两个组成部分：静态的实际代码和栈动态的活动记录。活动记录实例包括形式参数和局部变量。对非局部变量的访问是通过一系列静态父指针实现的。

在动态作用域的语言中，可使用动态链或中央变量表方法实现对非局部变量的访问。动态链虽然访问慢，但调用和返回较快；中央表方法的访问速度快，但调用和返回较慢。

复习题

1. 本章如何定义“简单”子程序？
2. 执行状态信息由调用程序还是被调用程序存储？
3. 链接到子程序时必须存储什么？
4. 链接器的任务是什么？
5. 实现带有栈动态局部变量的子程序比实现简单子程序更加困难，原因是什么？
6. 活动记录和活动记录实例的区别是什么？
7. 为什么返回地址、动态链接和参数要放在活动记录的底部？
8. 441哪些类型的机器经常使用寄存器来传递参数？
9. 在支持栈动态局部变量和嵌套子程序的静态作用域语言中，定位非局部变量的两个步骤是什么？
10. 定义静态链、静态深度、嵌套深度和链偏移量。

11. 什么是环境指针？它有什么作用？
12. 静态链方法中如何表示变量引用？
13. 列举三个不支持嵌套子程序的常用程序设计语言。
14. 静态链方法存在什么潜在问题？
15. 阐明实现分程序的两种方法。
16. 描述实现动态作用域的深层访问方法。
17. 描述实现动态作用域的浅层访问方法。
18. 在动态作用域语言中对非局部变量的深层访问方法与静态作用域语言中的静态链方法之间的两个不同点是什么？
19. 从调用和非局部访问两个方面，比较深层访问方法和浅层访问方法的效率。

习题

1. 当下述框架程序执行到位置 1 时，说明栈的所有活动记录实例，包括静态链和动态链。假定 bigsub 在第 1 级。

```
function bigsub() {
  function a() {
     function b() {
        ... <---------------------------1
     } // end of b
     function  c() {
       ...
       b();
       ...
     } // end of c
     ...
     c();
     ...
  } // end of a
  ...
  a();
  ...
} // end of bigsub
```

442

2. 当下述框架程序执行到位置 1 时，说明栈的所有活动记录实例，包括静态链和动态链。假定 bigsub 在第 1 级。

```
function bigsub() {
  var mysum;
  function a() {
   var x;
    function b(sum) {
     var y, z;
     ...
     c(z);
     ...
    } // end of b
    ...
    b(x);
    ...
  } // end of a
  function c(plums) {
    ... <----------------------------1
  } // end of c
```

```
    var l;
    ...
    a();
    ...
} // end of bigsub
```

3. 当下述框架程序执行到位置1时，说明栈的所有活动记录实例，包括静态链和动态链。假定 bigsub 在第1级。

```
function bigsub() {
function a(flag) {
  function b() {
    ...
    a(false);
    ...
 } // end of b
 ...
  if (flag)
    b();
  else c();
 ...
} // end of a
 function c() {
   function d() {
     ... <-----------------------1
   } // end of d
 ...
   d();
    ...
  } // end of c
  ...
  a(true);
  ...
} // end of bigsub
```

443

当该程序执行到 d 时，调用顺序是

bigsub 调用 a

a 调用 b

b 调用 a

a 调用 c

c 调用 d

4. 当下述框架程序执行到位置1时，说明栈的所有活动记录实例，包括静态链和动态链。该程序用深层访问方法实现动态作用域。

```
void fun1() {
  float a;
  . . .
}

void fun2() {
  int b, c;
  . . .
}

void fun3() {
  float d;
  . . . <--------- 1
}
```

```
void main() {
  char e, f, g;
  . . .
}
```

当该程序执行到 fun3 时，调用顺序是

main 调用 fun2

fun2 调用 fun1

fun1 调用 fun1

fun1 调用 fun3

5. 假设第 4 题中的程序是使用为每个变量名创建一个栈的浅层访问方法来实现的。说明程序执行到 fun3 时的堆栈。假设程序可通过第 4 题中的调用顺序到达 fun3。 444
6. 在 Java 方法中，局部变量在每次活动开始时动态地分配内存，在什么情况下，某个活动中的局部变量可保留上一次活动的值？
7. 在动态作用域语言中，当使用动态链访问非局部变量时，变量名必须与变量值一起存储在活动记录中。如果这样做，每个非局部变量的访问都需要进行一系列费时的名称字符串比较。试设计另一种方法，来加快这些字符串的比较。
8. Pascal 允许给非局部目标变量使用 goto 语句。如果静态链用于非局部变量的访问，这些语句应如何处理？提示：请思考如何为新调用过程的静态父过程寻找正确的活动记录实例（参见 10.4.2 节）。
9. 在每个活动记录实例中使用两个静态链接，可稍微扩展静态链方法，其中第二个链接指向静态祖先的活动记录实例。该方法如何影响子程序链接和非局部引用所需的时间？
10. 设计一个程序框架和一个调用序列，生成一个活动记录实例，使其静态链接和动态链接在运行栈中指向不同的活动记录实例。
11. 如果编译器使用静态链方法实现分程序，在子程序的活动记录中，哪些条目需出现在分程序的活动记录中？
12. 检查 3 个不同体系结构的子程序调用指令，其中至少包含一个 CISC 机和一个 RISC 机，简要比较它们的功能（这些指令的设计通常至少确定了部分编译器编写者设计子程序链接的方式）。

程序设计练习

写一个程序，它包含两个子程序，其中一个子程序有一个参数，并对该参数执行一些简单的操作，另一个子程序有 20 个参数，对全部参数执行一个简单的操作。主程序必须多次调用这两个子程序。记录程序的执行时间，输出调用每个子程序的时间。分别在 RISC 机和 CISC 机上运行该程序，并比较两个子程序所需时间之比。根据比较结果，请对这两种机器上的参数传递速度提出自己的看法。 445

第 11 章

Concepts of Programming Languages, Twelfth Edition

抽象数据类型与封装结构

本章探索支持数据抽象的程序设计语言构造。在最近 50 年关于程序设计方法学和程序设计语言设计的新思想中，数据抽象是影响最深远的思想之一。

本章首先讨论程序设计语言中数据抽象的一般概念。然后，通过一个示例来定义和说明数据抽象。接着，描述 C++、Java、C# 和 Ruby 语言对数据抽象的支持。为了说明这些支持数据抽象的语言设计异同，将分别给出用 C++、Java 和 Ruby 实现的数据抽象示例。然后，讨论 C++、Java 5.0 和 C# 2005 创建参数化抽象数据类型的能力。

本章用于演示抽象数据类型概念和结构的所有语言都支持面向对象程序设计。这是因为几乎所有当代程序设计语言都支持面向对象程序设计，而几乎所有不支持面向对象程序设计和抽象数据类型的语言都已逐渐销声匿迹。

支持抽象数据类型的结构是数据的封装以及对该类型对象的操作。大型程序的构建需要包含多种类型的封装。这些封装和相关的命名空间问题也将在本章中讨论。

某些程序设计语言支持逻辑封装而不是物理封装，这实际上被用于封装名称，关于这部分的讨论见 11.7 节。

11.1 抽象的概念

实体的**抽象**（abstraction）是仅包含其最重要属性的视图或表示。在一般意义上，抽象允许将实体的实例集中到不需要考虑其公共属性的分组中。例如，假设将鸟定义为具有如下属性的生物：两只翅膀、两条腿、一个尾巴和一些羽毛。然后，如果说乌鸦是一只鸟，那么对乌鸦的描述就不需包括这些属性。知更鸟、麻雀和啄木鸟也是如此。在描述不同种类的鸟时，这些共有属性可抽象出来。而对于特定的物种，只需考虑区分该物种的属性。例如，乌鸦的属性有黑色、特定的大小和比较吵闹。乌鸦的描述需提供这些属性，但不需提供与其他鸟类相同的属性，如此大大简化了物种成员的描述。对于鸟类而言，当需要查看更高级别的细节而不是特殊属性时，可以考虑使用一种不太抽象的物种视图。

447～448

在程序设计语言的世界中，抽象是对付程序设计复杂性的利器。它非常有效，因其允许程序员只关注主要属性并忽略次要属性。

当前程序设计语言中两种基本的抽象方式是过程抽象和数据抽象。

过程抽象（process abstraction）是程序设计语言设计中最古老的概念之一（Plankalkül 在 20 世纪 40 年代已支持过程抽象）。所有的子程序都是过程抽象，因为它们为程序提供了一种用来指定过程，而不必提供过程完成细节的方式（至少对于调用者而言是这样）。例如，程序要对某种类型的数值数组排序时，通常会调用一个子程序来完成排序工作，在排序处会有这样一条语句：

```
sortInt(list, listLen)
```

该调用是对实际排序过程的抽象，其中并没有指定排序的算法。该调用与被调用子程序中实现的算法相互独立。

子程序 `sortInt` 仅有的基本属性是：待排序的数组名、数组中元素的类型、数组长度，以及调用 `sortInt` 会得到的排好序的数组。`sortInt` 实现的具体算法并不是用户需要关心的基本属性。用户只需要知道排序子程序名及其调用方式。

随着过程抽象的广泛应用，数据抽象必然也会广泛应用。因为每个数据抽象必不可少的核心组成部分是其操作，而操作被定义为过程抽象。

11.2 数据抽象简介

数据抽象的演化始于 20 世纪 60 年代推出的第一版 COBOL 语言，它包含了记录数据结构[⊖]。基于 C 的语言都有结构体，其实结构体也是记录。抽象数据类型是一种数据结构，它采用记录的形式，但还包含操作其数据的子程序。

在语法上，抽象数据类型是一种包含特定数据类型的数据描述，以及提供给该类型相关操作的子程序的闭包。通过访问控制，可以向外部使用该类型的单元隐藏不必要的细节。使用抽象数据类型的程序单元可声明该类型的变量，但隐藏了该数据类型的实际表示。抽象数据类型的实例称为**对象**（object）。

设计数据抽象的动机之一和过程抽象相似，它是对付复杂性的武器，有助于管理大规模的复杂程序。设计抽象数据类型的其他动机和优点在本节后面讨论。

449

将在第 12 章中讨论的面向对象程序设计是数据抽象在软件开发中使用的产物，而数据抽象是其基本组成部分之一。

11.2.1 浮点型抽象数据类型

抽象数据类型的概念，至少就内置类型而言，不是最近才取得的研究进展。包括 Fortran I 中的数据类型在内的所有内置数据类型都是抽象数据类型，尽管人们很少用这个名称称呼它们。例如，考虑一个浮点数据类型。大部分程序设计语言都至少包含一种浮点类型。浮点类型提供创建变量以存储浮点型数据的方法，以及操作浮点型对象的一组算术操作。

高级语言中的浮点类型使用了数据抽象中的一个关键概念：信息隐藏。存储单元中浮点数据值的实际格式对用户隐藏，这种类型的操作仅由语言来提供。除了利用内置操作构造，不允许用户在该类型的数据上创建新的操作。用户也不能直接操作浮点值的实际表示形式的各个部分，因为这些部分对用户是隐藏的。该特征允许程序在特定语言的各种实现之间移植，尽管这些实现可能使用了该数据类型的不同表示形式。例如，IEEE 754 浮点标准表示形式制定于 20 世纪 80 年代中期，在这之前的不同计算机体系结构使用了多种不同的浮点表示法。然而，这种差异没有阻止使用浮点类型的程序在各种体系结构之间移植。

11.2.2 用户自定义抽象数据类型

用户自定义抽象数据类型应提供和语言定义类型（如浮点类型）相同的特性：一个类型定义，以允许程序单元声明此类型的变量并隐藏该类型对象的表示；该类型对象上的一个操作集合。

⊖ 如第 2 章所述，记录数据结构存储了字段，字段有名称，其类型可互不相同。

下面在用户定义类型上下文中正式定义抽象数据类型。**抽象数据类型**（abstract data type）是满足以下条件的数据类型：

- 此类型对象的表示形式对于使用它的程序单元来说是隐藏的，因此只有在类型定义中提供的操作才能直接操作这些对象。
- 类型声明和提供类型接口的类型对象操作协议被包含在一个语法单元中。类型接口不依赖对象的表示形式或操作的实现方式，另外，其他程序单元可创建所定义类型的变量。

信息隐藏有多个优点，其中之一是提高可靠性。使用特定抽象数据类型的程序单元称为该类型的客户**程序**（client）。无论有意或无意，客户程序都不能直接操作对象的底层表示形式，从而提高了对象的完整性。只能通过所提供的操作修改对象。

450

信息隐藏的另一个优点是缩小了程序员在读写程序某部分时必须知晓的代码范围和变量数目。变量的值只能由限定范围内的代码修改，使得代码更易理解，更易查找不正确修改的源头。

信息隐藏还减少了名称冲突的可能性，因为变量的作用域更小。

最后，请思考信息隐藏的下述优点：假定栈抽象的最初实现方式使用链表表示形式。后来，由于该表示形式存在内存管理问题，栈抽象改为使用连续表示形式（在数组中实现栈）。因为使用了数据抽象，可在定义栈类型的代码上进行该修改，而在栈抽象的客户程序中不需要进行任何修改。当然，若修改了操作协议，则需修改客户程序。

尽管抽象数据类型的定义要求对象的数据成员应该向客户隐藏，但是依然存在较多客户需要访问这些数据成员的情况。常见的一种解决方法是提供访问器方法，称为 `getter` 和 `setter`，允许客户程序间接访问所谓的隐藏数据——这种方法比简单地将数据声明为 public 来直接访问它们更好。访问器方法有 3 个优势：

（1）只提供 getter 方法，而不提供对应的 setter 方法，就可提供只读访问。

（2）可在 setter 中包含约束。例如，如数据值应限制为某个范围，可用 setter 来强制实现。

（3）如果 getter 和 setter 是唯一的访问途径，就可修改数据成员的具体实现方式而不会影响客户程序。

在抽象数据类型中把数据指定为 public，以及为数据提供访问器，都违反了抽象数据类型原则。有人认为，这些都只是使不完善的设计变得可用的漏洞。如 11.4.6.2 节所述，Ruby 不允许将实例数据声明为 public，但是 Ruby 易于创建访问器函数。在隐藏所有数据的情况下设计抽象数据类型是对开发人员的一个挑战。

把类型声明及其操作封装到一个语法单元中的主要优点在于，它可将一个程序组织成可单独编译的逻辑单元。实现有时与类型声明包含在一起，有时在单独语法单元中。在不同语法单元中包含类型实现及其操作的优点是增加了程序的模块化程度，并且明确地将设计与实现分离开来。如果类型与操作的声明和定义在同一个语法单元中，就必须用某种方式对客户程序单元隐藏指定定义的部分。

451

11.2.3　示例

栈是一种被广泛应用的数据结构，可存储一些数据元素并且仅允许访问在栈顶的数据元素。假设要为栈构建抽象数据类型，应有下述抽象操作：

```
create(stack)            生成并初始化一个栈对象 stack
destroy(stack)           回收栈 stack 的存储空间
empty(stack)             谓词（或 Boolean 类型）函数，当特定的栈 stack
                         为空时返回 true，否则返回 false
push(stack, element)     将特定的元素 element 放入特定的栈 stack 中
pop(stack)               从特定的栈 stack 中删除栈顶元素
top(stack)               从特定的栈 stack 中返回栈顶元素的副本
```

请注意抽象数据类型的某些实现不需构造和析构操作。例如，简单地将变量定义为抽象数据类型可隐式创建底层数据结构并将其初始化。该变量作用域结束后，其存储空间会被隐式回收。

使用栈类型的客户应该含有以下代码片段：

```
. . .
create(stk1);
push(stk1, color1);
push(stk1, color2);
temp = top(stk1);
. . .
```

11.3　抽象数据类型的设计问题

语言中定义抽象数据类型的机制必须提供一个语法单元来封装类型的声明和实现该类型对象上操作的子程序原型。这些类型声明和子程序原型必须对客户可见。这样客户程序才能声明抽象类型的变量并操作它们的值。尽管类型名外部可见，但类型的表示形式必须隐藏。类型的表示形式与实现操作的子程序定义可放在该语法单元的内部或外部。

除了抽象数据类型定义时提供的操作，很少需要为该类型的对象提供通用的内置操作。几乎没有能广泛适用于各种抽象数据类型的操作，包括赋值操作以及相等和不等的比较操作。如果该语言不支持用户重载赋值操作，则抽象类型中必须包含赋值操作。在某些情况下，相等和不等比较操作应在抽象类型中进行预定义。例如，如该抽象类型实现为一个指针，相等则意味着指针相同，但是设计者可能希望这意味着指针所指向的数据结构相同。 452

某些操作被很多抽象数据类型所需要，但因为它们不通用，所以常常只能由类型设计者提供。这些操作包括迭代器、访问器、构造器以及析构器。迭代器在第 8 章已讨论。访问器使得客户程序不能直接访问的数据。构造器用于初始化新建对象的各个部分。析构器常用来在不能隐式回收内存的语言中回收抽象数据类型对象中各部分使用的堆存储空间。

如前所述，抽象数据类型封装了数据类型及其操作。包括 C++、Java 和 C# 在内的很多现代语言都直接支持抽象数据类型。

关于抽象数据类型设计的第一个议题是抽象数据类型能否被参数化。例如，如果某个语言支持参数化抽象数据类型，则可为某种结构设计一种可以存储任何类型元素的抽象数据类型。参数化抽象数据类型将在 11.5 节中讨论。第二个设计议题是应提供哪些访问控制以及如何指定这些访问控制。最后，语言设计者还必须确定类型的规范在物理上是否与其实现分开（或者这是否可由开发人员选择）。

11.4　语言示例

数据抽象的概念源于 SIMULA 67 语言，不过该语言未能为抽象数据类型提供完整的支

持，因为它并没有包含隐藏实现细节的方法。本节讨论C++、Java、C#和Ruby语言对数据抽象的支持。

11.4.1　C++中的抽象数据类型

通过在C中加入某些特性而创建的C++于1985年第一次发布，其中首要的是支持面向对象程序设计的特性。因为面向对象程序设计的核心要素是抽象数据类型，显然C++必须给予支持。

C++提供了两个彼此非常类似的能够直接支持抽象数据类型的结构：类和结构体。由于结构体常用于只包含数据的情形，我们在此处不再深入讨论。

453

C++中的类是类型。声明类的实例的C++程序单元可访问该类中的任何公共实体，但只能通过该类的实例访问。

访谈

C++：它的诞生、普遍性以及受到的质疑

BJARNE STROUSTRUP

Bjarne Stroustrup是C++语言的设计者和最初实现者，同时也是《A Tour of C++》《Programming—Principles and Practice using C++》《The C++ Programming Language》和《The Design and Evolution of C++》等书的作者。他的研究兴趣包括分布式系统、设计、程序设计技术、软件开发工具及程序设计语言。他积极参与C++的ANSI/ISO标准化。Stroustrup博士目前是摩根斯坦利纽约分布技术部门的管理总监，也是德克萨斯A&M大学工程学院的计算机科学专业的杰出研究教授（Distinguished Research Professor）。同时，他还是美国国家工程院院士、ACM会员和IEEE会员。由于"他的早期工作为C++语言奠定了基础，在这样的工作基础以及Stroustrup先生的持续努力下，C++语言已成为计算机历史上最有影响力的程序设计语言之一"，Stroustrup先生在1993年获得ACM格雷斯默里霍泊奖（ACM Grace Murray Hopper Award）。

（访谈时间：2002年）

关于你和计算技术的简史

你在20世纪80年代初期加入贝尔实验室之前，是做什么工作的，在哪里工作？

我在1979年加入了贝尔实验室，在那里我研究分布式系统的整体领域。在这之前，我在剑桥大学攻读该领域的博士学位。

你是立即着手开发"含有类的C"（后来变成了C++）的吗？

在开始开发"含有类的C"和C++之前，我在做几个涉及分布式计算的项目。例如，我试图找到一种方法，能把UNIX的内核分配到几台机器中，并帮助许多项目建立模拟器。

你是因为对数学的兴趣而从事该行业的吗？

我获得了"数学和计算机科学"学士学

位，硕士学位则是正式的数学学位。我曾错误地以为，计算是某种应用数学。我学习了几年的数学，自身定位是一个可怜的数学家，但是，这仍然比不懂数学要好得多。我学士毕业时，还从来没见过计算机。关于计算技术，我热爱的是程序设计，而非数学领域。

剖析一种成功的语言

我喜欢回顾，列出一些使 C++ 变得普遍的东西，然后得到用户的反应。它是开源的、非专有的、ANSI/ISO 标准化的。

ISO C++ 标准是很重要的。有很多独立开发和演化的 C++ 实现，这些实现没有共同遵循的标准，也没有引导 C++ 演化的标准过程，因此会产生一个紊乱的语言库。

同时，既有开源的实现，又有收费的实现也是很重要的。除此之外，对于很多用户而言，标准提供一个不受实现提供者左右的保护方法也是非常关键的。

ISO 标准进程是开放且民主的。C++ 标准委员会的出席人数几乎没有少于过 50 人，且每次会议通常都有来自超过 8 个国家的代表参加，其绝不仅仅是供应商的论坛。

C++ 非常适用于系统程序设计（在 C++ 诞生之初，系统程序设计占有了开发代码市场的最大份额）。

是的，对于任何系统程序设计项目来说，C++ 都是强有力的竞争者。它对于目前发展速度最快的嵌入式系统程序设计来说也非常有效。此外，C++ 的另一个可发展领域是高性能数值 / 工程 / 科学程序设计。

其面向对象性质以及类与库的引入，使程序设计更加有效和透明。

C++ 是一种多范例程序设计语言。即它支持一些基本的程序设计风格（包括面向对象程序设计）和这些风格的混合体。如果应用得好，它提供的库将比只使用一个范例提供的库更干净、灵活、高效。C++ 标准库的容器和算法就是一个例子，它基本上是一个泛型程序设计框架。当与面向对象的类体系一起使用时，可以产生一个类型安全、有效、灵活的优化混合体。

它在 AT&T 发展环境中的孵化。

AT&T 贝尔实验室提供了一种对 C++ 发展至关重要的环境。对于各种疑难问题，该实验室拥有格外丰富的资源，还为实践性研究提供了独一无二的支持。C++ 和 C 源自同一个实验室，获益于同样极具智慧的传统、经验和杰出人士。自始至终，AT&T 都支持 C++ 的标准化。但是，不像许多现代语言那样，C++ 并不是大规模市场运动的受益者。这并不是简单地由实验室产生效用的方式。

我是否在你的排行榜中遗漏了什么东西？

当然。

现在，让我转述一些对 C++ 的批评，请你进行回应：“C++ 又大又笨重，hello world”程序在 C++ 中比在 C 中大 10 倍。

C++ 显然不是一个小型语言，几乎没有现代程序设计语言是小型语言。如果一种语言很小，那么往往需要庞大的库来完成工作，并且常常不得不依赖规定和扩展。我不愿意将语言中非常复杂的核心部分隐藏于系统某处，而更喜欢将这些部分暴露出来，这样它们才能被看到，接触到，并有效地标准化。在大多数情况下，我不认为 C++ 很笨重，C++ 的“hello world”程序并不比 C 版本的大，在我的机器上并非如此，在你的机器中也不应该这样。

事实上，在我的机器上，“hello world”的 C++ 版本比 C 版本的还小。没有语言层面上的原因会使得一种版本的代码比另一种版本的代码多，这都取决于实现者如何组织库。如果一个版本的代码明显比另一个多得多，那就该向产生更多代码版本的实现者报告这个问题。

有些评论认为，与 C 语言相比，C++ 的程序设计更难。而你曾经也承认过这一点。

是的，我确实说过“C 容易让你开枪时

不小心打到自己的脚，C++ 虽然比较困难，但是如果你真的这么做了，它会把你整条腿废掉”。但人们常常会忽略，我所说的关于 C++ 的话在不同程度上适用于所有强大的语言。当你试图阻止人们犯简单的错误时，他们就会开始犯更难以察觉的错误。那些能避免简单错误的人，可能正在犯一个更难以察觉的错误。拥有强大的支持和保护机制的环境的一个问题是，难题总是太晚被发现，导致一旦发现就处于无法修正或者难以修正的境况。另外，罕见的问题比常见问题更难发觉，因为你往往不会怀疑它有问题。

454~455

C++ 适用于当今的嵌入式系统，但不适用于互联网软件。

C++ 适用于嵌入式系统，同时也适用并且已经被广泛使用于互联网软件中。例如，搜索一下我的“C++ 应用”网页，你会发现一些重要网络服务提供商，例如 Amazon、Adobe、Google、Quicken 和 Microsoft，它们都非常依赖于 C++。游戏程序设计是另外一个非常依赖 C++ 的领域。

在你详述的见解中，我是不是还遗漏了什么？

当然。

11.4.1.1　封装

在 C++ 类中定义的数据称为**数据成员**（data member），定义的函数（方法）称为**成员函数**（member function）。数据成员和成员函数分为两个类别：类和实例。类的成员与类相关联，实例成员与该类的实例相关联。本章只讨论类的实例成员。类的所有实例都共享一组成员函数，但每个实例都有一组自身的数据成员。类实例可为静态变量、栈动态变量或是堆动态变量。如果是静态或栈动态变量，则可直接通过值变量引用。如果是堆动态变量，则要通过指针引用。栈动态的类实例总是通过对象声明来创建，其生命周期截止于其声明语句所在的程序段尾。堆动态的类实例通过 `new` 操作符创建，用 `delete` 操作符销毁。堆动态和栈动态的类实例均可拥有引用堆动态数据的指针数据成员，因此即使一个类实例是栈动态的，它也可包含引用堆动态数据的数据成员。

有两种不同的方式来定义类的成员函数：把函数的完整定义放在类中，或仅放在其头部。当声明和实现都在类定义中时，成员函数是隐式内联函数，其代码放在调用者的代码中，而不需要通常的调用和返回链接过程。如果类定义中仅包含了成员函数的声明，那么其完整定义出现在类外，且单独编译。运行效率是实时应用程序中最重要的属性，而将成员函数设计为内联函数，可节省函数调用开销。但内联函数的缺点是它使得类定义接口变乱，降低了可读性。

将成员函数的定义放置在类定义外面，使声明和实现相分离，这是现代程序设计思想的一个共同目标。

11.4.1.2　信息隐藏

C++ 类既可以包含隐藏实体，也可以包含可见实体（这意味着这些实体对类的客户程序隐藏或可见）。要隐藏的实体需置于 `private` 子句下，可见或公有实体则放置在 `public` 子句下。因此，`public` 子句是对类实例接口的描述。`protected` 是除以上两种之外的另一种可见性类别，其成员仅对子类可见，对客户程序不可见。

456

11.4.1.3　构造函数和析构函数

C++ 允许用户在类定义中创建构造函数，以便初始化新建对象的数据成员。构造函数也可以分配由新建对象的指针成员引用的堆动态数据。构造函数将在类对象创建时被隐式调用。构造函数与其初始化对象的类具有相同名称。构造函数可被覆盖，但类的每个构造函数必须具有唯一的参数剖面。

此外，C++ 类还可以包含**析构函数**（destructor），此函数将在类实例的生命周期结束时被隐式调用。由前可知，栈动态类实例可以包含引用堆动态数据的指针成员，析构函数中包含 **delete** 操作符来释放此类成员引用的堆空间。析构函数也通常用作调试辅助手段，可显示或打印即将被释放对象的部分或所有数据成员的值。析构函数名称由类名称前加波浪号（~）构成。

构造函数和析构函数都没有返回类型，也不使用 **return** 语句。它们均可显式调用。

11.4.1.4 示例

用栈作为 C++ 抽象数据类型的一个例子：

```
#include <iostream.h>
class Stack {
  private:  //** These members are visible only to other
          //** members and friends (see Section 11.6.4)
    int *stackPtr;
    int maxLen;
    int topSub;
  public:  //** These members are visible to clients
    Stack() { //** A constructor
      stackPtr = new int [100];
      maxLen = 99;
      topSub = -1;
    }
    ~Stack() {delete  [] stackPtr;};  //** A destructor
    void push(int number) {
      if (topSub == maxLen)
        cerr << "Error in push--stack is full\n";
      else stackPtr[++topSub] = number;
    }
    void pop() {
      if (empty())
        cerr << "Error in pop--stack is empty\n";
      else topSub--;
    }
    int top() {
       if  (empty())
         cerr << "Error in top--stack is empty\n";
       else
         return  (stackPtr[topSub]);
    }
    int  empty() {return  (topSub == -1);}
}
```

457

因为没有必要弄懂这些代码的所有细节，这里仅讨论该类定义的几个方面。Stack 类对象是栈动态变量，但它包含一个引用堆动态数据的指针。Stack 类有三个数据成员：stackPtr、maxLen 和 topSub，它们都是私有的。stackPtr 用于引用堆动态数据（即实现栈的数组）。该类还有四个公有的成员函数：push、pop、top 和 empty，以及一个构造函数和一个析构函数。所有这些成员函数都在类内部定义，尽管它们也可在类外部定义。由于这些成员函数的函数体包含在类中，它们都隐式内联。构造函数调用 **new** 操作符从堆里分配包含有 100 个 int 元素的数组，还初始化 maxLen 和 topSub。

下述示例程序使用了 Stack 抽象数据类型：

```
void main() {
  int topOne;
  Stack stk;  //** Create an instance of the Stack class
  stk.push(42);
  stk.push(17);
  topOne = stk.top();
  stk.pop();
  . . .
}
```

下面是仅有成员函数原型的 Stack 类定义，代码存储在带有 .h 扩展名的头文件中。成员函数的定义跟在类定义后面，使用域解析运算符（ : : ）来表示成员函数所属的类。这些成员函数的定义存储在后缀名为 .cpp 的代码文件中。

```
// Stack.h - the header file for the Stack class
#include <iostream.h>
class Stack {
  private:  //** These members are visible only to other
            //** members and friends (see Section 11.6.3)
    int *stackPtr;
    int maxLen;
    int topSub;
  public:    //** These members are visible to clients
    Stack();  //** A constructor
    ~Stack();  //** A destructor
    void push(int);
    void pop();
    int top();
    int empty();
}

// Stack.cpp - the implementation file for the Stack class
#include <iostream.h>
#include "Stack.h"
using std::cout;
Stack::Stack() {  //** A constructor
  stackPtr =  new int  [100];
  maxLen = 99;
  topSub = -1;
}
Stack::~Stack() {delete  [] stackPtr;};  //** A destructor
void Stack::push(int  number) {
  if (topSub == maxLen)
    cerr << "Error in push--stack is full\n";
  else  stackPtr[++topSub] = number;
}
void Stack::pop() {
  if (topSub == -1)
    cerr << "Error in pop--stack is empty\n";
  else  topSub--;
}
int top() {
      if  (topSub == -1)
        cerr << "Error in top--stack is empty\n";
      else
        return  (stackPtr[topSub]);
```

458

```
    }
int Stack::empty() {return  (topSub == -1);}
```

11.4.2 Java 中的抽象数据类型

Java 支持抽象数据类型的方式大体上与 C++ 相似，但有一些重要的不同点。所有对象都在堆中分配空间，并通过引用变量访问。Java 方法必须完全在类中定义。方法体必须与和它对应的方法头放在一起[⊖]。因此，Java 抽象数据类型在一个语法单元中声明和定义。Java 编译器可内联任何未覆盖的方法。通过把定义声明为私有，即可对客户程序隐藏。

与 C++ 类相比，Java 类的一个重要优势是支持所有对象的隐式垃圾回收。这使程序员可以忽略对象的重新分配问题以及抽象数据类型实现中混乱的去分配代码。 459

Java 访问修饰符可添加到方法和变量定义上，而不用在类定义中包含公共和私有子句。如果实例变量或方法没有访问修饰符，则它就具有包访问权限，具体可以参见 11.7.2 节。

11.4.2.1　示例

下述为 stack 例子的 Java 类定义：

```
class StackClass {
  private int [] stackRef;
  private int maxLen,
              topIndex;
  public StackClass() {  // A constructor
    stackRef = new int [100];
    maxLen = 99;
    topIndex = -1;
  }
  public void push(int number) {
    if (topIndex == maxLen)
      System.out.println("Error in push-stack is full");
    else stackRef[++topIndex] = number;
  }
  public void pop() {
    if (empty())
      System.out.println("Error in pop-stack is empty");
    else --topIndex;
  }
  public int top() {
    if (empty()) {
      System.out.println("Error in top-stack is empty");
      return  9999;
    }
    else
      return (stackRef[topIndex]);
  }
  public boolean empty() {return (topIndex == -1);}
}
```

下述示例使用 StackClass：

⊖ Java 接口是该规则的例外，接口包含方法头，但不能包含方法体。

```
public class TstStack {
  public static void main(String[] args) {
    StackClass myStack = new StackClass();
    myStack.push(42);
    myStack.push(29);
    System.out.println("29 is: " + myStack.top());
    myStack.pop();
    System.out.println("42 is: " + myStack.top());
    myStack.pop();
    myStack.pop(); // Produces an error message
  }
}
```

460

Java 与 C++ 中栈实现的一个明显不同之处是 Java 缺少析构函数，Java 采用的隐式垃圾回收机制[⊖]避免了使用它们。

11.4.2.2　评价

尽管在一些修饰方式上有区别，Java 对抽象数据类型的支持与 C++ 类似。Java 清楚地提供了设计抽象数据类型所必需的内容。

11.4.3　C# 中的抽象数据类型

C# 以 C++ 和 Java 为基础，并引入了一些新的结构。与 Java 类似，所有 C# 类实例都是堆动态的。所有类都有预定义的默认构造函数，用来为实例数据提供初始值。默认构造函数为变量提供了典型初始值，如 **int** 类型的 0、**boolean** 类型的 **false** 等。用户可为自己定义的类提供一个或多个构造函数，这些构造函数对类的全部或部分实例数据提供初值。没有在用户定义构造函数中初始化的任何实例变量将由默认构造函数赋值。

尽管 C# 允许定义析构函数，但由于它对绝大多数堆对象使用垃圾回收机制，析构函数很少被用到。

11.4.3.1　封装

C++ 同时包含类和结构体，它们是几乎相同的结构。它们的唯一区别在于，类的默认访问修饰符是 **private**，而结构体的默认访问修饰符是 **public**。C# 也包含结构体，但与 C++ 结构体大不相同。C# 结构体在某种意义上可以认为是轻量级的类。它们可拥有构造函数、属性、方法和数据域，也可实现接口，但不支持继承。C# 结构体和类的另一个重要区别在于，结构体是值类型，而不是引用类型，它们在运行时栈而不是堆中分配存储空间。如果它们作为参数传递，则与其他值类型一样，默认为按值传递。所有 C# 值类型，包括所有基本类型，实际上都是结构体。与其他预定义的值类型相同，例如 **int** 或 **float**，结构体可通过声明创建。它们还可通过 **new** 操作符来创建，**new** 调用构造函数来初始化它们。

461

C# 结构体主要用于实现相对较小的不需用作继承基类的简单类型。对象在栈上比在堆上分配空间更为方便时，也可使用结构体类型。

11.4.3.2　信息隐藏

C# 中 **private** 和 **protected** 访问修饰符的使用方式与 Java 完全相同。

C# 提供了从 Delphi 中借鉴过来的特点，可在不需要客户程序显式调用方法的情况下，实现 getter 和 setter。该特点使得用户可以隐式地访问特定的私有实例数据。例如下述

⊖ 在 Java 中，finalize 方法用作析构函数。

简单类和客户程序：

```
public class  Weather {
  public int  DegreeDays {  //** DegreeDays is a property
    get {
       return  degreeDays;
    }
     set {
       if(value < 0 || value > 30)
         Console.WriteLine(
              "Value is out of range: {0}",  value);
       else
         degreeDays = value;
    }
  }
  private int degreeDays;
   . . .
  }
. . .
Weather w =  new Weather();
int  degreeDaysToday, oldDegreeDays;
. . .
w.DegreeDays = degreeDaysToday;
. . .
oldDegreeDays = w.DegreeDays;
```

Weather 类中定义了属性 DegreeDays。该成员提供了访问私有数据成员 degreeDays 的 getter 和 setter 方法。在类定义之后的客户程序中，尽管 degreeDays 似乎被当成公有成员变量处理，但仅能通过属性对其进行访问。请注意在 setter 方法中使用了隐式变量 **value**，这是属性新值的引用机制。

此处未列出 C# 版本的栈示例。11.4.2.1 节中的 Java 版本与 C# 版本的唯一区别在于输出方法调用，以及 empty 方法的返回类型使用 **bool**，而不是 **boolean**。 462

11.4.4 Ruby 中的抽象数据类型

Ruby 通过类对抽象数据类型提供支持。在功能方面，Ruby 类与 C++ 和 Java 类相似。

11.4.4.1 封装

在 Ruby 中，类由以关键字 **class** 开头、**end** 结尾的复合语句定义。实例变量名的语法形式必须以 @ 符号开始。实例方法与 Ruby 函数的语法相同：以保留字 **def** 开头，以 **end** 结尾。类函数在名称前加上类名和句点分隔符，以和实例方法区分。例如，在 Stack 类中，类方法名应以 Stack 开头。Ruby 中的构造函数命名为 initialize。因为构造函数不能覆盖，所以每个类只能有一个构造函数。

Ruby 类为动态类，可随时添加成员，只要新增类定义可以指定新成员即可。而且，甚至像 String 这样的预定义类也可扩展。例如下述类定义：

```
class myClass
  def meth1
    . . .
  end
end
```

用第二个类定义添加第二个方法 meth2，就可扩展该类：

```
class myClass
  def meth2
    . . .
  end
end
```

方法也可从类中删除。完成该操作需提供另一个类定义，在其中把要删除的方法作为参数发送给 remove_method 方法。Ruby 动态类是语言设计者以可读性（也意味着可靠性）换取灵活性的另一个例子。允许类的动态修改，很明显提高了语言的灵活性，但会令可读性受损。为在程序的特定位置确定类的行为，必须在程序中找到该类的所有定义并把它们全部都放到一起考虑。

463

11.4.4.2 信息隐藏

Ruby 中方法的访问控制也是动态的，因此只有在执行过程中才能检测到违反访问控制的情况。默认方法访问修饰符是 public，但也可为 protected 或 private。有两种方式可以指定访问控制，它们使用与访问级别同名的函数——**private** 和 **public**。一种方式是不传入参数直接调用适当的函数。该方法会将在类中之后定义的方法重置为默认访问。例如：

```
class MyClass
  def meth1
  . . .
  end
  . . .
private
  def meth7
  . . .
  end
  . . .
end   # of class MyClass
```

另一种方式是把指定方法名称作为参数用以调用访问控制函数。例如，下述代码在语义上等同于前述类定义：

```
class MyClass
  def meth1
  . . .
  end
  . . .
  def meth7
  . . .
  end
  private :meth7, . . .
   end # of class MyClass
```

在 Ruby 中，类的所有数据成员都是私有的，且无法改变。因此，只能通过类的方法来访问数据成员，其中一些方法可能是访问器方法。在 Ruby 中，可通过访问器方法访问的实例数据称为**属性**。

假设有一个实例变量 @sum，其 getter 和 setter 方法如下：

```
def sum
  @sum
end
def sum=(new_sum)
  @sum = new_sum
end
```

464

请注意，getter 的名称是没有 @ 的实例变量名，setter 方法名除附加一个等号（=）外与对应的 getter 相同。

在类定义中，getter 和 setter 分别由 Ruby 系统调用 attr_reader 和 attr_writer 隐式生成。它们的参数是属性名的符号，如下所示：

```
attr_reader :sum, :total
attr_writer :sum
```

11.4.4.3 示例

以下是用 Ruby 实现 stack 示例：

```
# Stack.rb - defines and tests a stack of maximum length
#             100, implemented in an array
class  StackClass

# Constructor
  def initialize
    @stackRef = Array.new(100)
    @maxLen = 100
    @topIndex = -1
  end

# push method
   def push(number)
     if @topIndex == @maxLen
       puts "Error in push - stack is full"
     else
       @topIndex = @topIndex + 1
       @stackRef[@topIndex] = number
      end
      end

# pop method
  def pop
     if empty
       puts "Error in pop - stack is empty"
     else
       @topIndex = @topIndex - 1
     end
   end

# top method
   def top
     if empty
       puts "Error in top - stack is empty"
     else
       @stackRef[@topIndex]
     end
   end

# empty method
  def empty
    @topIndex == -1
  end
end  # of Stack class

# Test code for StackClass
myStack = StackClass.new
```

465

```
myStack.push(42)
myStack.push(29)
puts "Top element is (should be 29): #{myStack.top}"
myStack.pop
puts "Top element is (should be 42): #{myStack.top}"
myStack.pop
# The following pop should produce an
# error message - stack is empty
myStack.pop
```

请回忆一下，标记 #{ 变量 } 将变量的值转换为字符串，并插入它所处的字符串中。该类定义了一个可储存任何类型对象的 stack 结构。

11.4.4.4　评价

Ruby 中一切皆对象，而数组实际上是对象引用的数组。这明显使得这里的栈比 C++ 和 Java 中的示例更加灵活。此外，类对象可给定最大长度，只需简单地向构造函数传递所需最大长度。当然，由于 Ruby 中数组的长度是动态的，可修改该类以实现不限定长度的栈对象，此时唯一的限制是计算机的内存容量。因为类和实例变量名的形式不同，Ruby 的可读性略优于本节讨论的其他语言。

11.5　参数化抽象数据类型

能够参数化抽象数据类型通常很方便。例如，我们应该可以设计一个能存储任何标量类型元素的栈抽象数据类型，而不需为每种不同的标量类型编写不同的栈抽象。请注意，这只在静态类型语言中是一个问题，因为在 Ruby 等动态类型语言中，任何栈都可存储任何类型的元素。实际上，栈的不同元素可以为不同类型。以下三个小节将讨论在 C++、Java5.0 和 C# 2005 中如何构建参数化抽象数据类型。

466

11.5.1　C++

C++ 支持参数化抽象数据类型。为了把 11.4.1 节的 C++ 栈类示例泛化为适用于任意栈规模，只需改变构造函数，如下：

```
Stack(int size) {
  stackPtr = new int  [size];
  maxLen = size - 1;
  topSub = -1;
}
```

栈对象的声明可如下：

```
Stack stk(150);
```

Stack 类定义中可同时包含这两个构造函数，这样用户可使用默认规模的栈或指定其规模。

类模板化可泛化栈的元素类型，即元素类型为模板参数。栈类型的模板类的定义如下：

```
#include <iostream.h>
template <typename Type>  // Type is the template parameter
class Stack {
  private:
    Type *stackPtr;
    int maxLen;
```

```
      int topSub;
    public:
  // A constructor for 100 element stacks
      Stack() {
        stackPtr = new Type [100];
        maxLen = 99;
        topSub = -1;
      }
  // A constructor for a given number of elements
      Stack(int size) {
        stackPtr = new Type [size];
        maxLen = size - 1;
        topSub = -1;
      }
      ~Stack() {delete  stackPtr;};  // A destructor
      void push(Type number) {
        if (topSub == maxLen)
          cout << "Error in push-stack is full\n";
        else  stackPtr[++ topSub] = number;
      }
      void pop() {
        if (empty())
          cout << "Error in pop-stack is empty\n";
        else  topSub --;
      }
      Type top() {
        if (empty())
         cerr << "Error in top--stack is empty\n";
        else
          return  (stackPtr[topSub]);
      }
      int  empty() {return  (topSub == -1);}
  }
```

467

C++ 模板类在编译时被实例化为类型化类。例如，下述声明可创建 Stack 模板类实例和类型化类实例：

```
Stack<int> myIntStack;
```

尽管如此，如果已为 int 类型创建了 Stack 模板类的一个实例，就不需创建类型化类。

11.5.2 Java 5.0

Java 5.0 支持一种参数化抽象数据类型，其中泛型参数必须是类。请回顾一下，第 9 章曾简要讨论过它。

最常见的泛型类型是集合类型，如 LinkedList 和 ArrayList，它们都是在 Java 支持泛型之前就被添加到类库的。原始集合类型存储 Object 类实例，因此它们能存储任意对象(但不是基本类型)。这样一来，集合类型总能存储多种类型（只要它们是类)。但这可能导致三个问题：首先，每次从集合中删除一个对象时，对象必须转换成正确的类型。其次，在元素添加到集合中时，缺乏错误检查机制。这意味着，即使该集合只希望存储 Integer 对象，但在集合创建好后，任意类的对象都能添加到集合中。最后，集合类型不能存储基本类型。因此，为了把 int 值放入 ArrayList 中，需要把该值放到一个 Integer 类的实例中。例如下述代码：

```
//* 创建一个ArrayList对象
ArrayList myArray = new ArrayList();
//* 创建一个元素
myArray.add(0, new Integer(47));
//* 取第一个对象
Integer myInt = (Integer)myArray.get(0);
```

468

在 Java 5.0 中，最常用的集合类 ArrayList 变为了泛型类。这些泛型类的实例化需在类构造函数上调用 **new** 并通过尖括号向其传递泛型参数。例如，下述语句可实例化 ArrayList 类，用来存储 Integer 对象：

```
ArrayList <Integer> myArray = new ArrayList <Integer>();
```

该新类克服了 Java 5.0 之前的集合类型存在的两个问题。此处只有 Integer 对象才能放入集合 myArray 中。而且，当从集合中删除对象时，不必进行类型转换。

Java 5.0 还给链表、队列和集合等泛型集合类提供接口。

用户也可在 Java 5.0 中定义泛型类。例如如下语句：

```
public class MyClass<T> {
  . . .
}
```

该类也可用如下语句实例化：

```
MyClass<String> myString;
```

这些用户定义泛型类有一些缺点。首先，它们不能存储基本类型。其次，其中的元素不能索引。元素必须通过 add 方法才能被添加到用户定义的泛型集合中。下面将用 ArrayList 实现泛型栈作为示例。请注意，size 方法返回结构中的元素个数，可以通过该方法找到 ArrayList 的最后一个元素。元素可以通过 remove 方法从结构中删除。下面是泛型类：

```
import  java.util.*;
public class  Stack2<T> {

  private ArrayList<T> stackRef;
  private int maxLen;
  public Stack2() { // A constructor
    stackRef = new ArrayList<T> ();
    maxLen = 99;
  }
  public void push(T newValue) {
    if (stackRef.size() == maxLen)
      System.out.println("Error in push-stack is full");
    else
      stackRef.add(newValue);
  }
  public void pop() {
    if (empty())
      System.out.println("Error in pop-stack is empty");
    else
      stackRef.remove(stackRef.size() - 1);
  }
  public T top() {
    if empty()) {
```

469

```
        System.out.println("Error in top-stack is empty");
        return null;  }
      else
        return (stackRef.get(stackRef.size() - 1));
    }
    public boolean empty() {return (stackRef.isEmpty());}
```

该类可用下述语句实例化为 String 类型：

```
Stack2<String> myStack = new Stack2<String>();
```

回顾第 9 章内容，Java 5.0 支持通配符类型。例如，Collection<?> 是所有集合类的通配类。这允许方法接受任何集合类型作为参数。由于集合本身可为泛型类，因此，在某种意义上，Collection<?> 类是泛型类的泛型。

在使用通配符类型的对象时要特别注意。例如，由于某种类型对象的组成部分有类型，其他类型的对象就不能加入集合。考虑以下示例：

```
Collection<?> c = new ArrayList<String>();
```

通过 add 方法把非 String 类型的变量加入该集合是非法的。

在 Java 5.0 中可定义仅用于有限类型集合的泛型类。例如，一个类可声明泛型类型的变量并调用该变量的某个特定方法，例如 compareTo。如果该类用于实例化的类型中不包含 compareTo 方法，就不能使用该类。为了防止将泛型类用于实例化不支持 compareTo 方法的类型，可用如下的泛型参数来定义：

```
<T extends Comparable>
```

Comparable 是声明 compareTo 的接口。如果该泛型类型在类定义中使用，该类就不能用于实例化没有实现 Comparable 接口的类型。此处选择使用 **extends** 保留字看起来很奇怪，但其实使用它与子类型的概念有关。很明显，Java 的设计者不希望为此给该语言添加另一个更加含蓄的保留字。 470

11.5.3 C# 2005

与 Java 的情况一样，第一版 C# 定义的集合类 ArrayList、Stack 和 Queue 可存储任何类的对象。这些类存在与 Java 5.0 以前版本中的集合类同样的问题。

2005 版本的 C# 加入了泛型类。5 个预定义的泛型集合为 Array、List、Sack、Queue 和 Dictionary（Dictionary 类实现了哈希功能）。与 Java 5.0 完全一样，这些类解决了在集合中出现类型混杂的问题和删除元素时需转换类型的问题。

像 Java 5.0 一样，用户可以在 C# 2005 中定义泛型类。用户定义的 C# 泛型集合的一个功能是其中的元素可以被索引（通过下标来访问）。尽管索引一般是整数类型，但也可用字符串作索引。

Java 5.0 支持通配符类型，但 C# 2005 不支持。

11.6 封装结构

本章的前 5 节讨论抽象数据类型，它们都是最小化封装。本节讨论大型程序需要的多类型封装。

11.6.1　概述

程序代码规模超过几千行时，会有两个明显的实际问题。首先，从程序员的角度来看，将该程序以子程序或抽象数据类型定义的单个集合呈现，难以让其达到一个合理的组织水平以便于管理。其次，大型程序的第二个实际问题在于重编译。对于相对比较小的程序而言，每次修改后重新编译整个程序的成本并不高。但是对大型程序而言，重新编译的成本非常大。因此，一个明确的需求是设法避免重新编译程序中没有被修改影响到的部分。这两个问题的一个明显的解决方案是将程序组织为逻辑相关的代码和数据集合，让每个逻辑单元可单独编译而不用重编译整个程序的其他部分。**封装**（encapsulation）就是这样的集合。

封装通常放在库中，并可在其他程序中重用，而无须重编写它们。至少在过去的50年里，人们一直在写规模超过几千行代码的程序，因此，提供封装的技术已演化了较长时间。

在支持嵌套子程序的语言中，可通过把子程序定义嵌套在逻辑上更大并使用它们的子程序中来组织程序。这可在Python和Ruby中实现。然而，如第5章所述，这种组织程序的方法使用静态作用域，这非常不理想。因此，即使是在支持嵌套子程序的语言中，它也不是组织封装结构的主要方法。

471

11.6.2　C中的封装

尽管C并不完全支持抽象数据类型，但它可以模拟抽象数据类型和多类型封装。

在C中，一组相关的函数和数据定义可以放在一个可独立编译的文件中。该文件作为库使用，具有其实体的实现。该文件的接口，包括数据、类型和函数声明，则放在另一个文件中，该文件称为**头文件**（header file）。类型表示可以通过在头文件中将其声明为指向结构类型指针的方式来隐藏。而结构类型的完整定义只需出现在实现文件中。

为客户程序提供的一般是源代码形式的头文件和实现文件的编译版本。在使用该库时，通过 `#include` 预处理规范把头文件包含在客户程序代码中，以完成对函数和数据引用的类型检查。`#include` 规范也记录了客户程序依赖该库的实现文件这一事实。这种方法能将封装的规范和实现有效地分离。

虽然这些封装有效，但是也引入了一些不安全因素。例如，用户可把头文件中的定义剪切并粘贴到客户程序中，而不使用 `#include`。这也是可行的，因为 `#include` 命令只是把头文件的内容复制到使用该语句的文件中。然而，该方法会产生两个问题。第一，客户程序会丢失对库（以及其头文件）的依赖性说明文档。第二，假设在用户已经把头文件复制到客户程序后，库的作者更改了头文件和实现文件，那么客户程序可能会将新的实现文件与旧的头文件一起使用。例如，即使在与实现代码一起重新编译的新的头文件中变量 x 被定义为 **float**，在客户代码使用的旧的头文件中，变量 x 依然被定义为 **int** 类型。因此，实现代码中 x 被编译为 **int** 类型而客户代码中 x 被编译为 **float** 类型。在这种情况下连接器无法检测出错误。

正因为如此，用户必须确保头文件和实现文件都是最新版本，这通常用 `make` 工具来完成。

此方法的另一个缺点是指针的比较与内在问题，以及赋值问题。

11.6.3　C++中的封装

C++提供两种不同的封装：像在C语言中一样定义头文件和实现文件，或定义类头部和类定义。由于C++模板和独立编译之间相互影响，C++模板库的头文件经常包含资源的完整定义，而不只是数据声明和子程序协议。这部分是由于C++程序使用了C连接器。 472

当非模板类用于封装时，类头文件中只有成员函数的原型，而函数定义在类外部的代码文件中，如11.4.1.4节最后一个例子所示。这样就非常清晰地将接口从实现中分离了出来。

包含类但不包含泛化封装结构导致了一个语言设计问题，即在定义使用两个不同类对象的操作时，该操作无法被自然归于任何一个类。例如，假设有一个抽象数据类型用于矩阵，一个抽象数据类型用于向量，而向量和矩阵要进行乘法操作。该乘法代码则需要能够访问向量和矩阵类中的数据成员，但其中没有任何一个类是这些代码的自然归属。此外，无论这些代码属于哪个类，访问另一个类的成员都会有问题。在C++中，可通过让非成员函数成为类的友元函数来处理该问题。友元函数可以访问声明该函数为友元的类的私有实体。对于向量/矩阵的乘法操作，C++的一个解决方法是在向量和矩阵类的外部定义该操作，但把它定义为向量和矩阵类的友元函数。以下框架代码展示了此情形：

```
class Matrix;  //** A class declaration
class Vector {
  friend Vector multiply(const Matrix&, const Vector&);
  . . .
};
class  Matrix {  //** The class definition
  friend Vector multiply(const Matrix&, const Vector&);
  . . .
};
//** The function that uses both Matrix and Vector objects
Vector multiply(const Matrix& m1, const Vector& v1) {
  . . .
}
```

除了函数，整个类都可被定义为另一个类的友元，这样友元类的所有成员均可访问该类的所有私有成员。

11.6.4 C#程序集

C#包含一种比类更大的封装结构：程序集。所有.NET程序设计语言都使用程序集。程序集由.NET编译器构建。一个.NET应用程序可包含一个或多个程序集。**程序集**是一个文件[㊀]，它在应用程序中显示为一个动态链接库（`.dll`）[㊁]或者可执行文件（`.exe`）。程序集定义一个可以单独开发的模块，且包含多个不同组件。程序集中一个重要的组件是从源语言编译成中间语言表示的程序设计代码。在.NET中，中间语言称为通用中间语言（Common Intermediate Language，CIL），可被所有.NET语言使用。由于程序集的代码是用CIL编写的，所以程序集可用于任何体系结构、设备或操作系统。在执行时，CIL会被即时编译为其所处设备体系结构上的本地代码。 473

㊀ 程序集可包含任意多个文件。

㊁ **动态链接库**（Dynamic Link Library，DLL）是一组类与方法的集合，这些类和方法在执行过程中根据需要单独链接到执行程序。因此，尽管执行程序可访问某特定DLL的所有资源，但只有实际使用的部分才会加载并进行链接。自Windows发布起，DLL就一直是Windows程序设计环境中的一部分。然而，.NET的DLL与以前Windows系统的DLL有很大区别。

除了CIL代码外，.NET程序集包括描述其所定义的每个类以及所使用的所有外部类的元数据。程序集还包括一个清单，其中列出了该程序集引用的其他程序集和一个自身程序集的版本号。

在.NET中，程序集是软件部署的基本单元。程序集可私有，此时它们只能用于一个应用程序；程序集也可公开，这意味着所有的应用程序都可使用它们。

如前所述，C#有访问控制符 **internal**。类的 **internal** 成员对于它所在的程序集中的所有类都可见。

Java有一个类似于程序集的文件结构，称为Java Archive（JAR），它也用于Java软件系统的部署。JAR用Java工具 `jar` 而不是编译器构建。

11.7　命名封装

我们可以认为封装，特别是抽象数据类型，是有逻辑关联的软件资源的语法容器。封装的目的是提供一种将程序组织到逻辑单元中进行编译的方法。这允许程序的各个部分在修改后进行独立重编译。但要构建大型程序还需要另一种封装：命名封装。

大型程序通常由许多独立工作甚至可能是在不同地理位置的开发者共同编写。为此需要程序的逻辑单元独立并可以协同工作。这就导致了一个命名问题：独立工作的开发人员应如何为变量、方法和类命名，才能避免意外使用在该软件系统其他部分已使用的名称？

474

库是这一类命名问题的起源。在过去20年里，大型软件系统越来越依赖支持软件的库。几乎所有用现代程序设计语言编写的软件都需要使用大而复杂的标准库以及应用程序专用的库。多个库的广泛使用使得新的名称管理机制成为必需。例如，开发人员向现存库中加入新名称，或者创建新库时，所使用的新名称不能与客户应用程序或者其他库中的已有名称冲突。没有语言处理器的帮助，这实际上无法实现，因为库作者无法预知客户程序会使用什么名称，或客户程序所用的其他库中使用了什么名称。

命名封装定义名称作用域来帮助规避名称冲突问题。每个库都可创建自身的命名封装，以避免本库与其他库或者客户代码间出现名称冲突问题。同样地，软件系统的每个逻辑单元都可创建命名封装。

命名封装是一种逻辑封装，这意味着它不需要在物理空间上连续。不同代码集即使存储在不同的多个地方，依然可放在同一个命名空间中。在后面的小节中，我们将简要地介绍命名封装在C++、Java和Ruby中的应用。

11.7.1　C++命名空间

C++包含一种 **namespace** 规范，用以帮助程序管理全局命名空间的问题。每个库都可放在自身命名空间中，在该命名空间外使用其中的名称时，需要使用命名空间名来修饰程序中的名称。例如，假设有一个实现栈的抽象数据类型头文件。如果担心其他库文件可能也定义了这里使用的名称，可以把定义栈的文件放在其自身的命名空间中。这是通过把栈的所有声明都放在一个命名空间块中来完成的，如下：

```
namespace myStackSpace {
  // Stack declarations
}
```

栈抽象数据类型的实现文件可通过作用域解析符 `::` 来引用头文件中声明的名称，

例如：

```
myStackSpace::topSub
```

实现文件也可出现在与头文件使用的命名空间相同的命名空间块中，这样可以使得头文件中声明的所有名称对于实现文件均可见。该方法更简单，但略微降低了代码的可读性，因为某个名称在实现文件中的声明位置会变得较为不清晰。

475

客户程序要在库的头文件中访问其命名空间中的名称，有三种方式。第一种是用命名空间的名称修饰库中的名称。例如，对变量 topSub 的引用可以采用如下方式：

```
myStackSpace::topSub
```

如果实现文件与实现代码不在相同的命名空间中，实现代码可以这种方式引用它。

另外两个方法使用 using 指令。该指令可用于修饰命名空间中的单个名称，例如

```
using myStackSpace::topSub;
```

该方法使得 topSub 可见，但不作用于 myStackSpace 名称空间中其他名称。

using 指令还能用于修饰命名空间中的所有名称，例如

```
using namespace myStackSpace;
```

包含这条指令的代码可直接访问该命名空间内定义的名称，例如

```
p = topSub;
```

请注意，命名空间是 C++ 中比较复杂的特性，此处只介绍了其最简单的一部分。

C# 的命名空间与 C++ 非常类似。

11.7.2 Java 包

Java 包含的命名封装结构称为包。包可以包含多种类型[⊖]的定义，包中的类型之间为部分友元关系。此处的部分是指，包中类型所定义的实体，无论是 public、protected（参见第 12 章）还是未指定访问修饰符，均对本包内的所有其他类型可见。

没有访问修饰符的实体被认为是有**包作用域**（package scope），因为它们在整个包中可见。因此 Java 不太需要显式的友元声明，也没有包括 C++ 的友元函数或友元类。

476

文件中定义的资源通过包声明指定到某个包中，例如：

```
package stkpkg;
```

包声明必须作为文件首行。每个不存在包声明的文件的资源均被隐式置于同一个未命名包内。

包的客户程序可使用完全限定名称来引用包中定义的类型。例如，如果包 stkpkg 有一个名为 myStack 的类，该类就可在 stkpkg 的客户程序中引用为 stkpkg.myStack。同样地，myStack 对象中的变量 topSub 可引用为 stkpkg.myStack.topSub。因为当包相互嵌套时这种方式很快会变得笨重。为此，Java 提供了 **import** 声明，允许用较短的代码引用包中定义的类型名称。例如，假设客户程序包含下述语句：

⊖ 此处的类型是指类或接口。

```
import stkpkg.myStack;
```

现在，类 myStack 可仅通过其名称来引用。可在 **import** 语句中使用星号代替类型名称以访问包中的所有类型名称。例如，如果希望导入 stkpkg 包中所有类型，可使用如下语句：

```
import stkpkg.*;
```

请注意，Java 的 **import** 只是一种缩写机制，并没有其他隐藏的外部资源可以通过 **import** 变得可见。事实上，在 Java 中，对编译器或类装载器（使用包名和 CLASSPATH 环境变量）能找到的所有资源而言，没有东西被隐式地隐藏。

Java 的 **import** 声明记录了程序对包资源的依赖关系。如果不使用 **import** 声明，依赖关系就会变得不明显。

11.7.3 Ruby 模块

Ruby 类可用作命名空间封装，其机制类似于其他支持面向对象程序设计的语言中的类。Ruby 还有另一种命名封装，称为**模块**（module）。模块通常定义方法和常量集，非常便于用来封装相关方法和常量组成的库，因为这些方法和常量的名称在独立命名空间中，不会和使用模块的程序中的其他名称冲突。模块和类有区别，模块不能实例化，不能派生子类，也不能定义变量。模块中定义的方法名称包含该模块的名称。例如下述模块定义：

477

```
module MyStuff
  PI = 3.14159265
  def MyStuff.mymethod1(p1)
  . . .
  end
  def MyStuff.mymethod2(p2)
  . . .
  end
end
```

假设 MyStuff 模块存储于自身文件中，如果程序想使用 MyStuff 中的常量和方法，就必须先访问该模块。require 方法把字符串字面量形式的文件名作为参数，然后该模块的常量和方法就可通过模块名来访问。下述例子使用示例模块 MyStuff，该模块存储于 myStuffMod 文件中。

```
require 'myStuffMod'
. . .
MyStuff.mymethod1(x)
. . .
```

模块详见第 12 章。

小结

抽象数据类型的概念及其在程序设计中的应用，是程序设计作为工程学科发展中的一个里程碑。尽管该概念相对简单，但是直到有为支持它而设计的程序设计语言之后，它的使用才变得方便和安全。

抽象数据类型的两个基本特征是对数据对象与其相关操作的封装和信息隐藏。语言可以直接支持抽象数据类型，或使用更通用的封装来模拟它们。

C++ 的数据抽象由类提供。类就是类型，其实例可为栈动态或者堆动态的。成员函数（方法）可把全部定义放在类中，也可只把其定义规范放在类中而将其具体定义放在其他文件中，这样可独立编译。C++ 类可有两个子句，每个子句以一个访问修饰符作为前缀：private 或 public。构造函数和析构函数都可在类定义中给出。在堆分配存储空间的对象必须通过 `delete` 显式地释放。

478

除了 Java 中所有的对象都在堆分配内存并通过引用变量访问外，Java 的数据抽象和 C++ 的相似，此外，Java 中所有对象都通过垃圾管理器回收。在 Java 中，访问修饰符放在各个声明或定义中，而不是附加在子句上。

C# 通过结构体和类来支持抽象数据类型。结构体是值类型且不支持继承。C# 的类和 Java 的类似。

Ruby 通过类来支持抽象数据类型。Ruby 的类和其他大部分语言的类不同，它们是动态的，其中的成员可在执行过程中添加、删除、修改。

C++、Java 5.0 和 C# 2005 允许参数化抽象数据类型——Ada 通过其泛型包，C++ 通过模板类，Java 5.0 和 C# 2005 则通过它们的集合类、接口和用户定义的泛型类来达到此目的。

为了支持大型程序的创建，一些当代语言使用了多类型封装结构，该结构可以包含逻辑相关的类型集。封装也可提供对其实体的访问控制。封装为程序员提供了一种组织程序的方式，这种方式也便于重编译。

C++、C#、Java 和 Ruby 提供命名封装。在 Ada 和 Java 中，它们称为包；在 C++ 和 C# 中，它们称为命名空间；在 Ruby 中，它们称为模块。部分原因是 Java 可使用包，所以它没有友元函数或友元类。

复习题

1. 在程序设计语言中，两种不同的抽象是什么？
2. 定义抽象数据类型。
3. 抽象数据类型定义分为两部分有何好处？
4. 支持抽象数据类型的语言设计要求是什么？
5. 抽象数据类型的语言设计问题是什么？
6. C++ 对象是从哪里分配内存的？
7. C++ 成员函数定义可放在哪些不同的位置？
8. C++ 构造函数的用途是什么？
9. 构造函数的合法返回类型是什么？
10. 所有的 Java 方法是在哪里定义的？
11. 如何创造 C++ 的类实例？
12. Java 的类实例是从哪里分配内存的？
13. 为什么 Java 没有析构函数？

479

14. Java 方法是在哪里定义的？
15. Java 类是在哪里分配内存空间的？
16. 为什么析构函数在 Java 中不被频繁使用，而在 C++ 中却频繁使用？
17. 什么是友元函数？什么是友元类？
18. Java 没有友元函数和友元类的一个原因是什么？

19. 描述 C# 中结构与类的根本差异。
20. 在 C# 中结构对象是如何创建的?
21. 列出使用私有类型的访问器优于将类型设置为 public 的三个原因。
22. C++ 中的结构和 C# 中的结构的不同之处是什么?
23. Ruby 中的所有构造函数名是什么?
24. Ruby 中的类和 C++、Java 中的有何根本差异?
25. 如何创建 C++ 模板类的实例?
26. 描述在构建大型程序时促使人们开发封装结构的两个问题。
27. 用 C 定义抽象数据类型时会发生什么问题?
28. 什么是 C++ 的命名空间?它的设计目的是什么?
29. 什么是 Java 的包?它的设计目的是什么?
30. 描述 .NET 程序集。
31. Ruby 模块可存放什么元素?

习题

1. 一些软件工程师认为,所有导入的实体都应该用导出程序单元名来限定。你同意该观点吗?说明理由。
2. 假设一个人设计了栈抽象数据类型,其中,函数 `top` 返回一条访问路径(或指针),而不是返回第一个元素的副本。这样它就不是一个真正的数据抽象。为什么?举例说明。
3. 分析 C++ 中命名空间和 Java 中包的异同。
4. 和在 C++ 或 Java 中编写访问器方法相比,C# 属性有何优点?
5. 解释 C 中封装方式的危险性。
6. 为什么 C++ 没有消除第 5 题中的问题?
7. 为什么析构函数在 Java 中很少使用,而在 C++ 中必不可少?

480

8. 简述 C++ 内联函数机制的优点与缺点。
9. 举出一个 C# 结构比 C# 类更加适用的场景。
10. 解释为什么命名封装对开发大型程序来说很重要。
11. 描述客户端从 C++ 的命名空间中引用名称的三种方式。
12. C# 标准库的命名空间 `System` 对 C# 程序并非隐式可用的。这是否是一个好的设计?为什么?
13. Ruby 中的对象可动态改变,这有什么优点和缺点?
14. 比较 Java 的包和 Ruby 的模块。

程序设计练习

1. 用你熟悉的一种语言,设计一个元素为整型的矩阵抽象数据类型,要支持加法、减法和矩阵乘法的操作。
2. 用你熟悉的一种语言,设计一个元素为浮点型的队列抽象数据类型,要支持入队、出队和清空的操作。出队操作删除元素,并返回该元素的值。
3. 修改 11.4.1 节中用于抽象栈类型的 C++ 类,改为使用链表表示,并使用本章中相同的代码测试。
4. 修改 11.4.2 节中用于抽象栈类型的 Java 类,改为使用链表表示,并使用本章中相同的代码测试。
5. 写出复数的抽象数据类型,支持如下操作:加、减、乘、除、提取实部与虚部,以及用两个浮点常量、变量或表达式构建复数。使用 C++、Java、C# 或 Ruby 语言。
6. 写出队列的抽象数据类型,队列的每个元素存储 10 个字符长度的名称,且需要从堆中动态分配空间。支持如下操作:入列、出列和清空。使用 C++、Java、C# 或 Ruby 语言。

7. 为队列写一个元素可为任何基本类型的抽象数据类型。使用 Java 5.0、C# 2005 或 C++ 语言。
8. 为队列写一个抽象数据类型，其元素是一个长度为 20 的字符串和一个表示优先级的整数。该队列必须支持如下操作：入队，将一个字符串和一个整数作为参数；出队，从队列中返回优先级最高的字符串；清空队列。该队列不按照其元素的优先级进行维护，所以出队操作必须遍历整个队列。
9. deque 是一种具有两端的队列，该队列可在队头和队尾添加和删除元素。修改程序设计练习 7 的解决方案，实现 deque。
10. 为有理数（分子和分母）写一个抽象数据类型，包括构造函数和如下方法：获取分子、获取分母、加法、减法、乘法、除法、相等测试和显示。使用 Java、C#、C++ 或 Ruby 语言。

481 ~ 482

第 12 章
Concepts of Programming Languages, Twelfth Edition

面向对象程序设计支持

本章首先简要介绍面向对象程序设计，并延伸讨论继承与动态绑定等主要设计问题。接着，讨论 Smalltalk、C++、Java、C# 和 Ruby 对面向对象程序设计的支持，并简要回顾面向对象语言中方法调用与方法的动态绑定的实现。最后讨论反射机制。

12.1 概述

支持面向对象程序设计的语言目前已稳固地扎根主流。从 COBOL 到 LISP，以及在这两种语言之间的几乎所有程序设计语言都支持面向对象程序设计。C++ 除了支持面向对象程序设计，还支持面向过程和面向数据程序设计。CLOS 是 LISP 的面向对象版本（Paepeke, 1993），同时也支持函数式程序设计。像 Java 和 C# 这些为支持面向对象程序设计而设计的新语言并不支持其他程序设计范型，但仍然采用基本的命令式结构，并具有旧式命令式语言的特征。当然，也有难以界定类型的语言，例如 Ruby。从 Ruby 中所有数据都是对象这个意义上看，它是一种纯面向对象的语言，但它同时也是支持面向过程程序设计的一种混合语言。Smalltalk 是纯面向对象但不同于传统面向对象的语言，它是第一种全面支持面向对象程序设计的语言。不同的程序设计语言对面向对象程序设计的支持细节差异很大，这是本章要讨论的主要话题。

本章的内容在很大程度上依赖于第 11 章，可以认为本章是第 11 章的延续。这反映了一个事实：面向对象程序设计本质上是抽象原理在抽象数据类型上的一种应用。具体而言，在面向对象程序设计中，要提取一组相似的抽象数据类型的共性，并将其构成一种新类型。这组集合的成员都将从新类型中继承这些共性。这种特性就是继承，是面向对象程序设计以及支持面向对象程序设计语言的重要特征。

本章还将详细讨论面向对象程序设计的另一个特征，即方法调用与方法的动态绑定。

尽管某些函数式语言也支持面向对象程序设计，如 CLOS、OCaml 和 F#，但本章不讨论这些语言。

484

12.2 面向对象程序设计

12.2.1 引言

面向对象程序设计（object-oriented programming）这一概念起源于 SIMULA 67，到 1980 年 Smalltalk 演化成 Smalltalk 80，面向对象程序设计才得以全面发展[⊖]。甚至有些人认为 Smalltalk 是纯面向对象程序设计语言的基础模型。面向对象语言必须支持三大语言特性，即抽象数据类型、继承以及方法调用与方法的动态绑定。第 11 章详细讨论了抽象数据类型，所以本章重点介绍继承和动态绑定。

⊖ 尽管 SIMULA 67 中有类，在其内部定义的成员不对外部代码隐藏。

12.2.2 继承

长期以来，软件开发者一直肩负提高软件生产率的压力。随着计算机硬件成本的不断降低，这种压力持续加剧。到 20 世纪 80 年代中后期，对很多软件开发人员而言，能够明显提高他们专业生产力的最有希望的途径之一就是软件复用。抽象数据类型及其封装和访问控制显然是软件复用的候选对象。抽象数据类型复用也面临着两大问题，第一，几乎在所有情况下，现有类型的特性和功能都不能完全适合新用途，而旧的类型至少需要经过微调才能使用。这种看似微调的修改工作有时很困难，因为它们要求修改人员了解全部或部分现有代码，然而在大多数情况下，修改人员并不是程序原作者。此外，这样的修改通常还需要更新所有客户程序。

第二，所有数据类型定义相互独立并且处于同一级别[⊖]。有时依赖程序解决的问题存在着内建空间，即内部对象是兄弟关系（彼此相似），或是父子关系（具有后代关系）。在这种情况下，上述设计会导致开发人员无法构造出描述对象关系的程序。

继承机制提供了一种解决方案，用于解决抽象数据类型复用所引入的程序修改问题和程序组织问题。假设新创建的抽象数据类型能继承已有类型的数据和功能，并且还允许开发人员自行修改和新增实体。那软件复用会变得很方便，不再需要改变被复用的抽象数据类型。程序员可以从已有的抽象数据类型开始，修改得到其后代类型，从而满足新问题的需求。同时，继承机制还提供了一种用来定义相关类之间层次关系的框架，用于反映问题空间中这些类之间的亲子代关系。 485

在面向对象语言中，延续 SIMULA 67 的命名方法，通常把抽象数据类型称为**类**（class）。与抽象数据类型的实例一样，类的实例称为**对象**（object）。通过继承一个类而定义出来的**新类**（derived class），称为**派生类**（subclass）或**子类**（child class）。派生出新类的类则称为**基类**（base class）、**父类**（parent class）或**超类**（superclass）。定义类的对象上操作的子程序称为**方法**（method）。对方法的调用称为**消息**（message）。类方法的完整集合称为该类的**消息协议**（message protocol）或**消息接口**（message interface）。面向对象程序中的计算，是通过对象发送消息到其他对象，或在某些情况下发送到类来指定的。

方法类似于子程序。两者都是执行一些计算的代码集合，且都可以接受参数并返回结果。

传递消息与调用子程序并不相同。子程序通常处理其调用者作为参数传递它的数据，或者处理非本地或全局访问的数据。而传递消息则是执行对象中某个方法的请求。方法所操作的数据中至少有一些属于对象本身。对象方法所定义的过程也可以处理对象本身。对象是抽象数据类型，这些方法也应为处理对象数据的唯一方式。子程序定义一个进程，它可以对发送给它的任何数据（或在非本地或全局中可用的数据）执行这个进程。

考虑如下继承示例：类 `Vehicle` 中具有表示年份、颜色或车型变量。该类有一个子类是 `Truck`，它可从 `Vehicle` 中继承变量，但需要添加变量来表示运输能力和车辆数目。图 12.1 简单表示了 `Vehicle` 类和 `Truck` 类之间的关系，其中箭头表示子类指向父类。

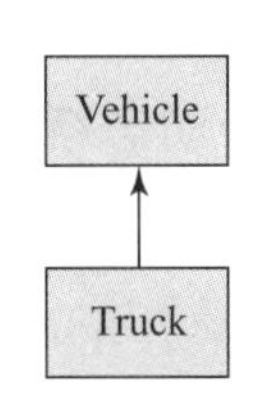

图 12.1 一个简单的继承示例

特别注意，派生类（子类）在许多方面与其父类有所不

⊖ 这与 C 程序中的函数类似，C 程序中的函数也相互独立且处于同一级别。

同[1]，以下为父类和子类的一些最常见差异：

（1）子类可在继承父类中成员的基础上再添加变量或方法。

（2）子类可对一个或多个继承得来的方法进行修改。修改后的方法与原方法同名，通常也具有与原方法相同的协议。

486

（3）父类中可定义不能被子类所访问的私有变量和方法。

新方法**覆盖**（override）继承的方法，所以被继承的方法也称为被覆盖方法，新方法称为**覆盖方法**（overridden method）。覆盖方法的目的是在子类中提供一个与父类中的操作类似的操作但它是针对子类的对象定制的。例如，父类 `Bird` 可能有一个绘制泛型鸟的 `draw` 方法。名为 `Waterfowl` 的子类可以覆盖从 `Bird` 继承的 `draw` 方法来绘制泛型 `Waterfowl`，可能是一只鸭子。

在面向对象中，类可以拥有两种方法和两种变量，但最常用的是**实例方法**（instance method）和**实例变量**（instance variable）。在一个类中，它的每个对象都拥有自己的实例变量，用于存储对象的状态。同一个类中，两个对象的区别在于它们的实例变量状态不同[2]。例如，汽车类有表示颜色、车型和年份的实例变量。实例方法只能用于操作类的对象。**类变量**（class variable）属于类，而不属于类的对象，因此对类而言，类变量只有一个副本。例如，如果需要计算类的实例数目，计数器就不能是实例变量，而必须为类变量。**类方法**（class method）可对整个类进行操作，也可对类的对象进行操作。可以通过在名称前加上类名或引用其实例之一的变量来调用它们。如果一个类定义了一个类方法，即使没有该类的实例，也可以调用该方法。类方法可以被用于创建类的实例。

如果一个新类只是一个父类的子类，则称该派生过程为**单继承**（single inheritance）；如果一个类具有多个父类，该称派生过程为**多继承**（multiple inheritance）。当多个类之间通过单继承彼此关联时，这些类的派生关系可用一棵派生树来表示，而多继承的类关系可用一个派生图来表示。该情况在 12.4.2.2 节中的图 12.5 中展示。

继承是提高软件复用可能性的一种手段，但是它也存在不足之处。在继承层次结构中，各个类之间形成了依赖。这一现象恰恰与抽象数据类型之间相互独立的优点相反。当然，也不是所有抽象数据类型都必须完全独立。但一般而言，抽象数据类型的独立性是其最突出的优点之一。想同时满足这两个优点，既增加抽象数据类型的复用性，又不在其间产生相互依赖，是十分困难的。甚至在大多情况下，类之间的依赖关系自然地反映了问题空间中存在的依赖关系。

第 11 章讨论了类中通常称为成员的变量和方法的访问控制。私有成员在类中可见，公共成员对类的客户程序也可见。继承带来了新的可见性类别，即子类可见性。基类的私有成员对子类不可见，但公共成员对子类和客户程序都可见。可访问性的第三级是受保护，基类的受保护成员对子类可见，但对客户程序不可见。

487

12.2.3 动态绑定

面向对象程序设计语言的第三个基本特征（在抽象数据类型和继承之后），是消息与方法定义的动态绑定过程中所提供的多态性[3]，也称为**动态分派**（dynamic dispatch）。请思考下

[1] 如果子类和父类没有区别，定义子类显然就没有任何意义。

[2] 在 Ruby 中这是不正确的，Ruby 中同一个类的不同对象可在其他方面有区别。

[3] 多态性参见第 9 章。

述情况：假设存在基类 A，它定义了方法 draw，用于绘制与基类相关的图形。定义类 B 为 A 的子类。此时，B 类中也需要一个类似于 A 中的 draw 方法，但因为子类的对象与基类的对象略有不同，新的 draw 方法也应有所不同。因此子类覆盖了继承来的 draw 方法。如果 A 和 B 的客户程序中有这样一个变量，它既可以引用 A 类对象也可以指向 B 类对象，则该引用会成为一个**多态**（polymorphic）引用。如果通过多态引用来调用两个类中定义的 draw 方法，那么系统就必须在程序执行时决定应调用哪个方法，调用 A 或 B 中的哪个方法是通过判断该引用当前所指向的对象来决定的[㊀]，图 12.2 展示了这种情况。

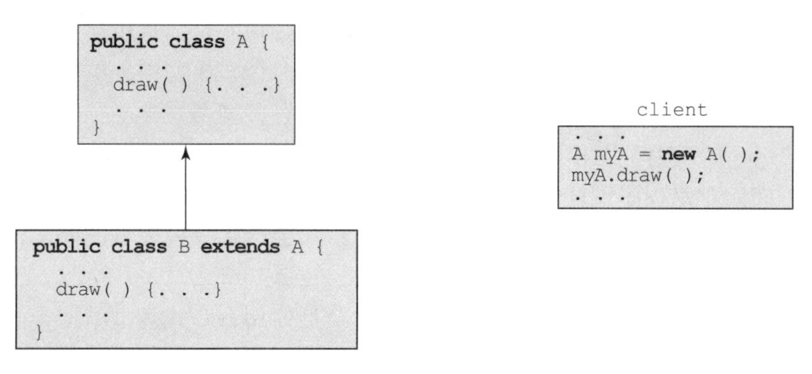

图 12.2　动态绑定

多态性是所有静态类型面向对象语言的一个自然组成部分。在某种意义上，多态性使静态类型语言有一些动态类型，具体体现在方法调用与对应方法的绑定上。多态变量的类型实际上是动态的。

动态绑定使得软件系统在开发和维护过程中更易扩展。假设我们将二手车实现为 Car 类，此类中每辆车都为其子类，子类包含车的图片和特定信息。用户可以通过一个程序来浏览汽车，该程序会在用户浏览时显示每辆汽车的图像和信息。每辆车（及其信息）的显示都包含一个按钮，如果用户对特定的车感兴趣，可以单击该按钮。浏览完毕后，系统会打印用户想查看的车的图片和信息。实现该系统的一种方式是，把感兴趣的车辆的引用放在基类 Car 的引用数组中。用户确认后，就可以打印出他们感兴趣的所有车辆的信息，供其研究和比较。当然，车辆的列表可能会频繁改变。为此，需要 Car 的子类也进行相应修改，但修改了子类集合则不再需要修改系统的其他部分。

488

在某些情况下，继承层次结构的设计会导致一个或多个类在层次结构中处于非常高的位置，因此实例化它们没有意义。例如，假设某个程序定义了一个 Building 类和特定于 Building 类型的子类集合，如 French_Gothic_Cathedrals。此时，如果我们在 Building 类中实现 draw 方法，就显得没有什么意义。但由于 Building 的所有子类中都需要有此方法的实现，这时可以将该方法的协议（而不是方法的实现体）包含在 Building 类中。这种方法通常称为**抽象方法**（abstract method）（C++ 称为纯虚拟方法）。至少包含一个抽象方法的类被称为**抽象类**（abstract class）（C++ 称为抽象基类）。抽象类不能实例化，因为它的一些方法虽然有声明，但没有定义（没有方法体）。抽象类的任何子类想要实例化，都必须提供所有继承来的抽象方法的具体实现（定义）。

㊀ 方法调用与对应方法的动态绑定有时称为动态多态性。

12.3　面向对象语言的设计问题

当设计程序设计语言特性来支持继承与动态绑定时，有多个问题需要仔细考虑。本节将讨论其中最重要的一些问题。

12.3.1　对象的排他性

完全致力于计算对象模型的语言设计人员设计了一个包含所有其他类型概念的对象系统。从简单的标量整数到完整的软件系统，所有东西都是这种思维方式下的对象。这种做法的优点是语言及其应用的优雅性和一致性。主要缺点是必须通过消息传递过程来完成简单的操作，这通常使它们比命令式模型中的类似操作慢。在命令式模型中，单个机器指令就可以实现这种简单的操作。但在纯面向对象计算模型中，所有类型都是类。预定义和用户定义的类之间没有区别，所有类都以相同的方式处理，并且所有计算都是通过消息传递来完成的。

489

对于支持面向对象程序设计的命令式语言，对象排他性的一种替代方法是：保留基本命令式语言的完整类型集合，并添加对象类型模型。这样会产生一种大型的语言，其类型结构会使人感到困惑。当然，专业用户除外。

排他性对象的另一种替代方法是：为基本标量类型使用命令式类型结构，而将所有结构化类型实现为对象。这种选择提升了对基本类型值的操作速度，该速度可与命令式模型中同样操作的预期速度相提并论。

12.3.2　子类是否为子类型

如果一个语言允许程序中的类变量在任何情况下都可以替换为其祖先类之一的变量，而不会导致类型错误且不更改程序行为，则该语言支持**替代原则**（principle of substitution）。对于这种语言，如果从类 A 中派生出类 B，那么 B 就拥有 A 所拥有的一切，而且，B 类对象的行为在被当作 A 类对象时与 A 类对象相同[㊀]。如果上述条件为真，则 B 为 A 的**子类型**（subtype）。尽管作为其父类的子类型的子类必须公开其父类公开的所有成员，但子类可以拥有不在父类中的成员，并仍然为子类型。

Ada 语言的子类型就是预定义子类型例子。例如：

```
subtype Small_Int is Integer range -100..100;
```

Small_Int 类型的变量拥有 Integer 变量的所有操作，但只能保存 Integer 所有可能值的一个子集。此外，每个 Small_Int 变量都可以在任何使用 Integer 变量的地方使用，在某种意义上，Small_Int 变量就是 Integer 变量。

子类型的定义不允许父类中的公有实体在子类中私有化。因此，子类型的派生过程必须要求将父类的公有实体作为子类中的公有实体继承。

子类和子类型是不同的概念。例如，子类如果更改其某个覆盖方法的行为，则不能是子类型；同样，通过定义相同的成员（就类型和行为而言），不是另一个类的子类的类可以是该类的子类型。子类型继承接口和行为，而子类继承实现，这主要是为了促进代码重用。

490

大多数支持面向对象程序设计的静态类型语言的设计方式都要求子类是父类的子类型，除非程序员专门设计了行为不同于其父类的子类。

㊀　这个要求有一个基本理论问题：一般来说，无法确定两个程序的行为是否相同。

一个明显的问题是：子类是否为子类型的议题是理论问题还是实践问题？定义其覆盖方法保留其相应覆盖方法的类型协议而不是效果的子类可能并不常见。因此，这不是一个常见的实际问题。但是，如果有一个相当简单的方法强制要求所有子类都是子类型，则继承将建立在更合理的理论基础上。

12.3.3 单继承与多继承

面向对象程序设计语言的另一个议题是：语言除允许单继承外，还允许多继承吗？也许这项议题并不简单。多继承的目的是允许一个新类继承两个或多个类。

既然多继承非常有用，那为什么很多语言设计者不把它囊括进来呢？这有两类原因：复杂性和效率。多继承新增的复杂性可以用下面几个问题来描述。首先，设一个类有两个不相关的父类，两个父类所定义的名称都不在对方的定义中，这种情况没有任何问题。然而，假设子类 C 继承了类 A 和类 B，类 A 和类 B 都定义了一个可继承方法 display。如果 C 需要引用这两个版本的 display，将如何完成？当两个父类都定义相同名称的方法，并且必须在子类中重写其中一个或两个方法时，这种歧义性问题会更加复杂。

如果类 A 和类 B 派生于一个共同的父类 Z，且类 A 和类 B 是类 C 的父类，则会出现另一个问题。这种情形称为**菱形**（diamond）或**共享**（shared）继承。此时，类 A 和类 B 都应包含类 Z 的可继承变量。假设类 Z 包含一个可继承变量 sum，那么类 C 是应该继承 sum 的这两个版本呢，还是继承其中的一个呢如果只需继承一个，应该继承哪一个？在某些程序设计情况下，可能只需要继承其中的一个，而在其他情况下，则需要同时继承两个。当类 A 和类 B 都从类 Z 继承一个方法并重写该方法时，也会出现类似的问题。如果类 C 继承了这两个重写方法，那么在类 C 的客户程序调用该方法时，应该调用哪个方法，或者两者都调用。菱形继承如图 12.3 所示。

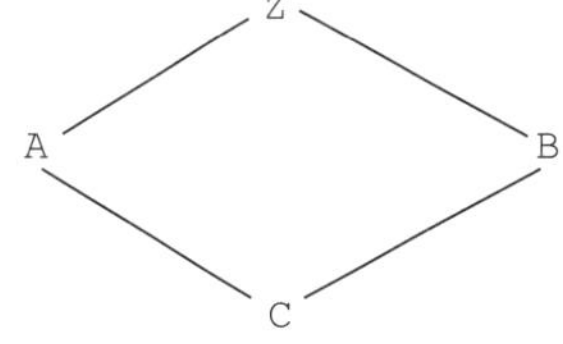

图 12.3 菱形继承示例

491

有关效率的问题更多是在程序设计上。例如，C++ 中要支持多继承，至少在一些机器体系结构上，每个动态绑定的方法调用仅需要一次额外的数组访问和一次额外的加法操作（Stroustrup，1994，p.270）。即使程序并没有使用多继承，该操作也必不可少，不过该操作的额外开销很小。

但使用多继承容易使程序组织复杂化。许多尝试使用多继承的人发现，将类用作多个父类是非常困难的。而且困难并不局限于最初的开发者所发现的那些问题。或许在未来，一个类可能被另一个开发人员用作新类的父类之一。维护使用多继承的系统可能面临更严峻的问题，因为多继承会导致类之间更复杂的依赖关系。对于目前的情况来说，人们尚不清楚是否值得花费额外的精力来设计和维护使用多继承的系统。

接口有点类似于抽象类，其方法已声明但未定义。接口无法实例化，可用作多继承的替代方法[⊖]。接口提供了多继承的很多优点，但缺点较少。例如，当使用接口而不是多继承时，可以避免菱形继承的问题。

12.3.4 对象的分配和释放

有两个关于对象的分配和释放的设计问题。第一个是对象分配的位置。如果对象的行

⊖ 接口最初出现在 Java 中，其设计人员认识到使用多继承带来的困难。

为与抽象数据类型类似，就可以在任何位置上分配。它们可以从运行时栈中分配，或用类似 **new** 的操作符或函数显式地在堆中创建。如果它们都是堆动态的，那么通过指针或引用变量创建和访问统一方法将很有利。这种设计简化了对象的赋值操作，使其在所有情况下只改变指针或引用值。它还允许隐式解除对象的引用，从而简化访问语法。

栈动态的对象会存在一个与子类型有关的问题。假设类 B 是类 A 的子类，并且 B 是 A 的子类型，则 B 类型对象可以赋给 A 类型变量。例如，若 b1 是 B 类型变量，a1 是 A 类型变量，那么

```
a1 = b1;
```

语句合法。假设 a1 和 b1 都引用堆动态对象，那这就只是一个简单的指针赋值。但是，如果 a1 和 b1 都是栈动态变量，那么它们就都是值变量，赋值对象的值必须复制到目标对象所在空间中。假如 B 从 A 继承的基础上又增加了一个新的数据域，a1 在栈中就没有足够的空间来存放 b1 的全部内容。此时多出部分会被简单截取，这将给编写或使用这段代码的程序员带来困惑。这种截取称为**对象切片**（object slicing）。下述示例和图 12.4 阐明了这一问题。

492

```
class A {
  int x;
  . . .
};
class B : A {
  int y;
  . . .
}
```

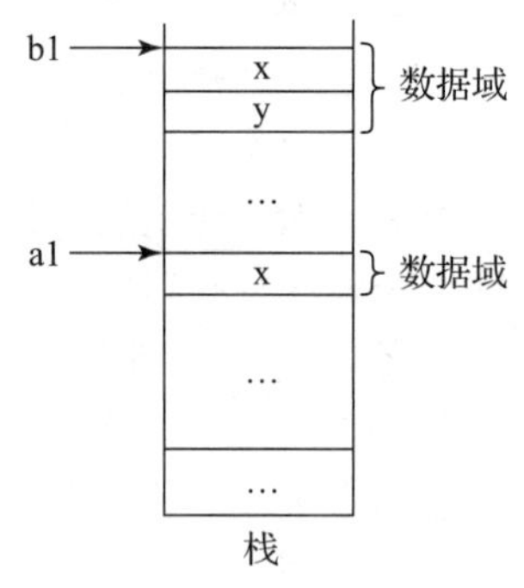

图 12.4 对象切片示例

这里的第二个问题与从堆中分配对象的情况有关。问题是释放空间是隐式的还是显式的，或两者兼有。如果释放是隐式的，则需要一些隐式的存储回收方法。如果释放是显式的，则可能会产生悬挂指针或引用的创建问题。

12.3.5 动态绑定与静态绑定

正如 12.2.3 节所讨论的，消息到方法的动态绑定是面向对象程序设计的基本部分。此处的问题是消息到方法的所有绑定是否都是动态的。一种替代方案是允许用户指定某个绑定是动态还是静态。这种方案的优点是静态绑定的速度比动态绑定快。所以，如果一个绑定不需要为动态，为什么还要付出额外的代价呢？

12.3.6 嵌套类

定义嵌套类最主要的目的是信息隐藏。如果只有一个类需要新类，那么没有必要定义它，这样其他类也可以看到它。此时，新类可以嵌套在使用它的类中。在某些情况下，新类可嵌套在子程序中，而非直接嵌套在另一个类中。

493

嵌套新类的类称为**嵌套类**（nesting class）。与类嵌套相关的最明显的设计问题与可见性有关。具体来说，一个问题是嵌套类的哪些成员在嵌套类中是可见的？另一个重要的问题正好相反，即被嵌套类的哪些成员在嵌套类中是可见的？

12.3.7 对象的初始化

初始化所涉及的问题是对象在创建时是否应赋予一个初始值，以及如何赋予这一初始值。这个问题比最初想象的要复杂得多。一个问题是对象应手动初始化还是通过某种隐式机制初始化。当创建子类的对象时，父类成员的初始化是隐式的还是需要程序员显式地处理？

12.4 支持面向对象程序设计的特定语言

12.4.1 Smalltalk

Smalltalk 被视为一个最权威的面向对象程序设计语言。它也是第一个全面支持这种范例的语言。因此，本节首先从 Smalltalk 开始讨论支持面向对象程序设计的语言。

12.4.1.1 一般特征

在 Smalltalk 中，对象的概念是通用的。实际上，从简单的整数常量 2 到复杂的文件处理系统，所有事物都是对象。它们都被作为对象统一处理。它们都有自身的存储空间、内部的处理能力、与其他对象通信的能力以及从祖先类那里继承方法和实例变量的可能性。在 Smalltalk 中，类不能嵌套。

所有的计算都是通过消息进行的，即使是一个简单的算术操作。例如，表达式 `x + 7` 被实现为向 `x` 发送 `+` 消息（以执行 `+` 方法），将 `7` 作为参数发送。该操作返回一个新的数值对象，该对象的内容就是相加的结果。

对消息的回复具有对象的形式，用于返回所请求或计算的信息，或仅用于确认请求的服务已经完成。

所有 Smalltalk 对象都从堆中分配，并通过引用变量引用，这些变量是隐式解引用的。不存在显式释放空间的语句或操作。因此，所有的释放操作都是隐式的，它们使用垃圾收集过程进行存储回收。 494

在 Smalltalk 中，当创建对象时必须显式调用构造函数。一个类可以有多个构造函数，但每个构造函数必须有唯一的名称。

Smalltalk 类不能嵌套在其他类中。

与 C++ 之类的混合语言不同，Smalltalk 只针对一种软件开发范式设计——面向对象。此外，它完全没有采用命令式语言的外观。其目的的纯洁性体现在其简单而统一的设计上。

第 2 章提供了一个 Smalltalk 程序的示例。

12.4.1.2 继承

Smalltalk 子类继承它的父类中的所有成员。子类也可有自身的实例变量，但其名称必须与祖先类中的变量名不同。子类还可以定义新的方法，也可以重新定义某个祖先类中已有的方法。当子类拥有与祖先类相同名称和协议的方法时，子类方法隐藏祖先类的方法。要访问被隐藏的方法，必须在消息前加上伪变量 `super`。该前缀使得程序从超类开始搜索方法，而不是从子类本身开始。

由于子类不能隐藏父类中的成员，所有子类都是子类型。

Smalltalk 语言不支持多继承。

12.4.1.3 动态绑定

Smalltalk 中消息与方法的动态绑定操作如下：发给对象的消息会在对象所属的类中搜索对应方法。如果搜索失败，则在该类的超类中继续搜索，依此类推，直到搜索至没有超类的系统类 Object。Object 为类派生树的根，其中每个类都是这棵派生树上的结点。如在上述搜索链中没有找到任何方法，则会产生错误。这种方法称为动态搜索—它在消息发送时发生。Smalltalk 在任何情况下都不会把消息与方法静态绑定。

Smalltalk 中唯一的类型检查是动态的，唯一的类型错误发生在消息被发送到没有匹配方法的对象时，无论是本地方法还是继承方法。这是与大多数其他语言不同的类型检查概念。Smalltalk 类型检查的简单目标是确保消息与某个方法匹配。

Smalltalk 变量没有类型，任何名称都可以绑定到任何对象。其直接结果是，Smalltalk 支持动态多态性。只要变量的类型不相关且一致，所有 Smalltalk 代码就都是通用的。变量上的操作（方法或操作符）的意义由变量当前所绑定对象的类决定。

495

此处讨论的要点之一是，只要表达式中引用的对象有相匹配的方法与表达式消息，该对象本身的类型就无关紧要。这就意味着没有代码是与特定类型绑定的。

12.4.1.4 Smalltalk 的评价

Smalltalk 是一种小型语言，尽管 Smalltalk 系统庞大。其语法简单且高度规范。如果小型语言是围绕一个简单但强大的概念构建的，那么它可以提供强大的功能，Smalltalk 就是一个很好的典范。对 Smalltalk 而言，该概念就是：所有的程序设计都可以通过仅使用继承建立的类层次结构、对象以及消息传递完成。

然而，与传统命令式编译语言的程序相比，等效的 Smalltalk 程序要慢得多。虽然由消息传递模型提供数组索引和循环在理论上很有趣，但效率仍是评价程序设计语言的重要因素之一。因此，效率在 Smalltalk 实际应用的多数讨论中依然是个明显的问题。

Smalltalk 的动态绑定允许直到运行时才检测到类型错误。可以编写包含不存在方法的消息的程序，并且在消息发送之前不会检测到它，这将导致在开发后期发生比静态类型语言中更多的错误修复。然而，在实践中，类型错误对于 Smalltalk 程序来说并不是一个严重的问题。

总的来说，Smalltalk 的设计始终偏向于语言优雅和严格遵循面向对象程序设计支持的原则，通常没有考虑实际问题，特别是执行效率。这在只使用对象和无类型变量的设计中表现得最为明显。

Smalltalk 的用户界面对计算产生了重要的影响：窗口、鼠标指向设备、弹出和下拉菜单的集成使用都是在 Smalltalk 中最先出现的，它主导着当代软件系统。

Smalltalk 最深远的影响也许在于其面向对象程序设计思想的发展，如今这已经成为使用最广泛的设计与编码方法论。

12.4.2 C++

第 2 章介绍了 C++ 如何由 C 和 SIMULA 67 演化而来，其设计目标是支持面向对象程序设计，并几乎完全向后兼容 C。第 11 章讨论了 C++ 类如何支持抽象数据类型。本节将探讨 C++ 对面向对象程序设计其他要素的支持。C++ 类、继承和动态绑定的细节庞杂，本节只讨论其中最重要的部分，尤其是与 12.3 节描述的设计直接相关的问题。

496

C++ 是第一个被广泛使用的面向对象程序设计语言，而且仍是最流行的语言之一。因此它自然经常被与其他语言进行比较。基于这些原因，此处对 C++ 的介绍比本章中讨论的其他语言更详细。

访谈

关于程序设计范型和更好的程序设计

BJARNE STROUSTRUP

Bjarne Stroustrup 是 C++ 语言的设计者和最初实现者，同时也是 *A Tour of C++*、*Programming—Principles and Practice using C++*、*The C++ Programming Language*、*The Design and Evolution of C++* 等书的作者。他的研究兴趣包括分布式系统、设计、程序设计技术、软件开发工具及程序设计语言。他积极参与 C++ 的 ANSI/ISO 标准化。Stroustrup 博士目前是摩根斯坦利纽约分布技术部门的管理总监，也是得克萨斯 A&M 大学工程学院的计算机科学专业的杰出研究教授（Distinguished Research Professor）。同时，他还是美国国家工程院院士、ACM Fellow 和 IEEE Fellow。由于"他的早期工作为 C++ 语言奠定了基础，在这样的工作基础以及 Stroustrup 先生的持续努力下，C++ 语言已成为计算机历史上最有影响力的程序设计语言之一"，Stroustrup 先生在 1993 年获得 ACM 格雷斯默里霍泊奖（ACM Grace Murray Hopper Award）。

（访谈时间：2002 年）

程序设计范型

请谈谈你对于面向对象范型的看法，包括其优点和缺点。

首先我想说一下"面向对象程序设计"是什么意思——许多人认为"面向对象"就是"好"的代名词。如果是这样，就不需要其他范型了。面向对象的关键是使用类层次结构，它通过一些大致相当于虚函数的东西来提供多态行为。要正确使用"面向对象"，很重要的一点是要避免直接访问这种层次结构中的数据，应该只使用设计良好的函数接口。

除了一些众所周知的优点，面向对象程序设计也有明显的不足。特别是并非每一个概念都天然地适合类层次结构，而且支持面向对象的机制比起其他方法来会显著地增加开销。对于很多简单的抽象，那些不依赖于类层次和运行时绑定的类反而能提供更简单和高效的选择。除此以外，在不需要运行时解析处，基于（编译时）参数化多态的通用程序设计将是一个表现更好且效率更高的设计方法。

那么，C++ 是"面向对象"的吗?

C++ 支持多种范型，包括面向对象程序设计、通用程序设计以及过程化程序设计。并且这些范型的组合定义了多范型程序设计，即支持一种以上的程序设计风格（"范型"）以及这些风格的组合。

你能不能举一个多范型程序设计的小例子?

请思考一下经典例子"形状的集合"的一个变种（它源自早期第一种支持面向对象程序设计的语言 SIMULA 67）：

```
void draw_all(const vector<Shape*>& vs)
{
    for (int i = 0; i<vs.size(); ++i)
        vs[i]->draw();
}
```

此处同时用了泛型容器 vector 和多态类型 Shape。vector 提供了静态类型安全和最佳的运行性能。Shape 提供了不必重新编译就能处理形状（即任何 Shape 派生类的对象）的能力。

我们可以很容易地将上述代码一般化为任何满足 C++ 标准库要求的容器：

```
template<class C>
    void draw_all(const C& c)
{
    typedef typename C::
        const_iterator CI;
    for (CI p = c.begin();
        p!=c.end(); ++p)
        (*p)->draw();
}
```

使用迭代器可以把这个 draw_all() 函数应用在不支持下标的容器中，例如标准库链表：

```
vector<Shape*> vs;
list<Shape*> ls;
// . . .
draw_all(vs);
draw_all(ls);
```

甚至还可将它进一步一般化，来处理任何由一对迭代器定义的元素序列：

```
template<class Iterator> void
draw_all(Iterator b, Iterator e)
{
    for_each(b,e,mem_fun(&Shape::draw));
}
```

为了简化实现，我使用了标准库算法 for_each。

可对标准库链表和数组来调用这个最终版本的 draw_all()。

```
list<Shape*> ls;
Shape* as[100];
// . . .
draw_all(ls.begin(),ls.end());
draw_all(as,as+100);
```

为工作选取“合适的”语言

具备多种程序设计范型的背景知识有何用？或者说，投入时间进一步熟悉面向对象语言是否比学习其他语言更好一些？

要成为软件领域的专家，掌握多种语言和多种程序设计范型是必不可少的。当前，C++ 是最好的多范型程序设计语言，也是学习各种形式的程序设计方法的一种好语言。然而，只了解 C++ 是不够的，更不用说只了解单一范型的语言了。这有点像色盲和只会说一种语言的人：他们很难知道自己遗漏了什么。许多好的程序设计灵感来自学习和领悟的多种程序设计风格，而且知道如何将这些风格应用于不同的语言。

而且，我认为，要设计任何重要的程序，都必须具备坚实和宽广的教育背景，而不能仅受过匆忙狭隘的“速成培训”。

12.4.2.1　一般特征

为了保持与 C 语言的向后兼容性，C++ 保留了 C 语言的类型系统，并向其中添加了类。因此，C++ 既有传统的命令式语言类型，又有面向对象语言的类结构。这一特性支持不与特定类相关联的方法或函数，并令 C++ 成为同时支持过程式程序设计和面向对象程序设计的一种混合式语言。

C++ 的对象可以是静态的、堆栈动态的或堆动态的。对于堆动态对象，需要显式地使用 `delete` 操作符进行回收，因为 C++ 不包含隐式存储回收。

C++ 中许多类定义都包含析构方法，当类对象不再存在时，就隐式调用这个析构方法。析构方法用于释放数据成员引用的堆内存。它还可以用来记录对象在结束之前的部分或全部状态，通常用于调试目的。

12.4.2.2　继承

C++ 类可派生于已有类，派生后已有类则成为该类的父类或基类。与 Smalltalk 和大多数支持面向对象程序设计的语言不同，C++ 类能够不需要超类而独立存在。在派生类定义中，派生类的名称即以冒号 (:) 附加其基类的名称，如以下语法形式：

```
class derived_class_name : base_class_name { ... }
```

类定义中，定义的数据称为该类的*数据成员*，定义的函数称为该类的*成员函数*（其他语言中成员函数常称作方法）。基类的部分或所有成员都可以被派生类继承，派生类也可以添加新成员和修改继承的成员函数。

所有 C++ 对象在使用之前都必须初始化。每个 C++ 类中都会至少包含一个初始化新对象数据成员的构造函数。创建对象时隐式调用构造函数方法。如果数据成员中有任何一个是指向堆分配数据的指针，构造函数就分配该内存。

如果一个类是从另一个类派生的，则在创建派生类对象时必须初始化继承的数据成员。为此，隐式地调用基类构造函数。可在调用派生对象的构造函数时向其基类的构造函数提供初始化数据，一般使用下述结构完成：

497～499

```
子类（子类参数）: 基类（超类参数）{
...
}
```

当类定义不包含构造函数时，编译器将自动生成默认构造函数。如果该类有基类，默认构造函数将自动调用其基类的构造函数。

类成员可以是私有的、受保护的或公共的。私有成员只能通过成员函数和类的友元访问。函数、成员函数和类都能够被声明为类的友元，从而有权访问该类的私有成员。公共成员在任何地方都可见。受保护成员类似于私有成员，但在派生类中除外，其访问方式将在后文描述。派生类可以修改其继承成员的可访问性。派生类的完整语法形式如下：

```
class 派生类名称: 派生方式 基类名称
{ 数据成员和成员函数的声明 };
```

派生方式可为 public 或者 private[1]（不要将公共派生和私有派生与公共成员和私有成员混淆）。基类的公共成员和受保护成员在公共派生类中也分别是公共成员和受保护成员；在私有派生类中，基类的公共成员和受保护成员都是私有的。因此，在类层次结构中，私有派生类断绝了所有后代类对祖先类成员的访问权限。基类中的私有成员由派生类继承，但它们对该派生类的成员不可见，因此无用。私有派生提供了如下可能性：子类的成员可有不同于父类中对应成员的访问权限。考虑如下示例：

```
class base_class {
  private:
    int a;
    float  x;
  protected:
    int b;
    float y;
  public:
    int c;
    float z;
};
```

[1] 也可为 protected，但此处不讨论该选项。

```
class subclass_1 : public base_class {. . .};
class subclass_2 : private base_class {. . .};
```

500

在 subclass_1 中，b 和 y 是受保护的，c 和 z 是公共的。在 subclass_2 中，b、y、c 和 z 是私有的。subclass_2 派生类的成员不能访问 base_class 中的成员。base_class 的数据成员 a 和 x 在 subclass_1 和 subclass_2 中都不能访问。

请注意，私有派生子类不能是子类型。例如，如果基类有一个公共数据成员，那么在私有派生下，该数据成员在子类中是私有的。因此，如果子类的一个对象被基类的一个对象所替代，那么访问该数据成员在子类对象上将是非法的。但是，公共派生的子类可以是而且通常是子类型。

在私有类派生下，父类的任何成员对派生类的实例都不隐式可见。必须可见的任何成员都必须在派生类中重新导出。虽然派生方式是私有的，但这种重新导出实际上使得成员不再被隐藏。例如，考虑以下类定义：

```
class subclass_3 : private base_class {
  base_class :: c;
  . . .
}
```

现在，subclass_3 的实例可以访问 c。对 c 而言，派生方式如同公有。在该类定义中，双冒号（: :）是域解析运算符，用以说明定义后面实体的类。

下述段落的示例说明了私有派生的用途和用法。

请思考下面的 C++ 继承示例，在此例中定义了一个泛型链表类，然后为该类定义两个有用的子类：

```
class single_linked_list {
  private:
    class node {
      public:
        node *link;
        int contents;
    };
    node *head;
  public:
    single_linked_list() {head = 0};
    void  insert_at_head(int);
    void  insert_at_tail(int);
    int  remove_at_head();
    int  empty();
};
```

被嵌套类 node 定义链表的结点，包含一个整数变量和一个指向 node 对象的指针变量。node 类位于 private 子句中，对其他类不可见。node 的成员都为公共成员，对嵌套类 single_linked_list 可见。如果这些成员是私有的，则 node 类需要将嵌套类声明为友元，以使自身成员在嵌套类中可见。注意，嵌套类对嵌套类的成员没有特殊的访问权限。嵌套类的方法只能访问嵌套类的静态数据成员[⊖]。

501

嵌套类 single_linked_list 只有作为链表头部的一个指针数据成员。它包含一个

⊖ 类也可在嵌套类的方法中定义，这种类的作用域规则与直接嵌套在其他类中的类相同，甚至也与在方法中声明的局部变量的作用域规则相同。

构造函数，该函数将 head 设置为空指针值。这四个成员函数允许在列表对象的两端插入节点，从列表的一端删除节点，以及测试列表是否为空。

下述定义给出了栈和队列类，它们都基于 single_linked_list 类：

```
class stack : public single_linked_list {
  public:
    stack() {}
    void push(int value) {
      insert_at_head(value);
    }
    int pop() {
      return remove_at_head();
    }
};
class queue : public single_linked_list {
  public:
    queue() {}
    void enqueue(int value) {
      insert_at_tail(value);
    }
    int dequeue() {
      remove_at_head();
    }
};
```

请注意 stack 和 queue 子类的对象都可以访问定义在其基类 single_linked_list 中的 empty 函数（因其采用公共派生方式）。这两个子类定义不做任何事的构造函数。当创建子类的对象时，将隐式调用子类中适当的构造函数。然后调用基类中可用的构造函数。因此，当在本例中创建 stack 类的对象时，将调用 single_linked_list 的构造函数，执行必要的初始化工作。然后调用 stack 的构造函数，但它不做任何事。

类 stack 和类 queue 都面临同样严重的问题：其客户程序可访问其父类 single_linked_list 的所有公共成员。stack 对象的客户程序可以调用 insert_at_tail，但这破坏了栈的完整性。类似地，queue 对象的客户程序可以调用 insert_at_head，因为 stack 和 queue 是 single_linked_list 的子类型。当子类需要继承其基类的整个接口时，则使用公共派生方式。另一种方法是使用子类只继承基类的实现的派生方式。这两个示例使用 **private** 而不是 **public** 派生方式来编写两个派生类，使它们不再是其父类的子类型[⊖]。如此，两者需要重新输出 empty，因为对这两个派生类的实例而言，empty 将会隐藏。这种情况说明私有派生选项的必要性。下面是新栈 stack_2 和新队列 queue_2 的定义：

502

```
class stack_2 : private single_linked_list {
  public:
    stack_2() {}
    void push(int value) {
      single_linked_list :: insert_at_head(value);
    }
    int pop() {
      return single_linked_list :: remove_at_head();
    }
```

⊖ 它们不是子类型，因为其父类的公共成员在客户程序中可见，但在子类的客户程序中不可见（因为在子类中这些父类成员是私有的）。

```
    single_linked_list:: empty();
};
class queue_2 : private single_linked_list {
  public:
    queue_2() {}
    void enqueue(int value) {
      single_linked_list :: insert_at_tail(value);
    }
    int dequeue() {
      single_linked_list :: remove_at_head();
    }
    single_linked_list:: empty();
};
```

这两个类使用重复导出基类方法的方式（使用 ::），使这些方法能够被客户端访问。当使用公共派生时则不必如此。

栈和队列的两个版本说明了子类型与非子类型的派生类型之间的区别。因为可用链表实现栈和队列，链表就是两者的一般化形式。因此，可以通过继承链表类来定义栈和队列类。然而，这两种类型都不是链表类的子类型，因为它们都将父类的公共成员设为私有，这使得客户端无法访问它们。

需要友元的原因是有时必须编写能够访问两个不同类的成员的子程序。例如，假设程序用一个类来表示向量，用另一个类来表示矩阵，并需要一个子程序将向量对象和矩阵对象相乘。在 C++ 中，该乘法函数可作为这两个类的友元。

503

C++ 允许多继承，允许将多个类指定为一个新类的父类。例如，假定需要一个类，用于绘制图形，且新类的方法需要在单独的线程中运行，就可以如下定义：

```
class Thread { . . . };
class Drawing { . . . };
class DrawThread : public Thread, public Drawing { . . . };
```

类 Draw Thread 继承了类 **Thread** 和类 Drawing 的所有成员。如果 Thread 和 Drawing 包含同名成员，它们可通过域解析操作符（::）由 DrawThread 类的对象无歧义地引用。该多继承的示例如图 12.5 所示。

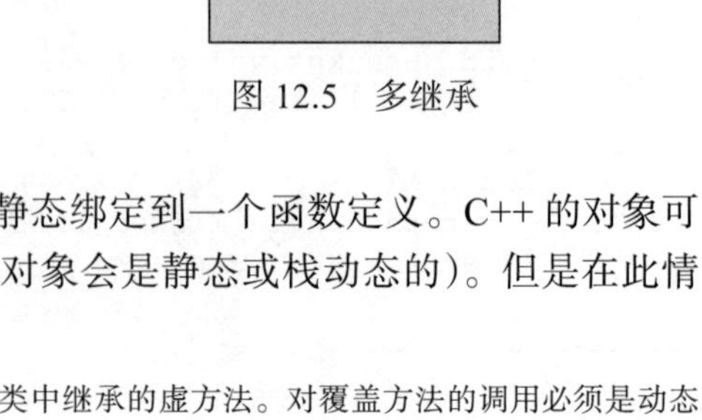

12.5 节将讨论在 C++ 中实现多继承的一些问题。

C++ 中覆盖方法[⊖]的参数形式必须与被覆盖的方法完全相同。如果参数形式有任何差异，则将子类中的方法视为与祖先类中具有相同名称的方法无关的新方法。覆盖方法的返回类型必须与被覆盖方法的相同，或者是被覆盖方法的返回类型的公共派生类型。

Thread　Drawing　DrawThread

图 12.5　多继承

12.4.2.3　动态绑定

到目前为止我们定义的所有成员函数都是静态绑定的；也就是说，对其中一个函数的调用都被静态绑定到一个函数定义。C++ 的对象可通过值变量来操作，而不用通过指针或引用（这样对象会是静态或栈动态的）。但是在此情

⊖ 如前所述，覆盖方法是在派生类中定义以取代从祖先类中继承的虚方法。对覆盖方法的调用必须是动态绑定的。

况下，对象的类型已知并且为静态的，所以不需要动态绑定。另一方面，具有其基类类型的指针变量可指向任何其基类的公共派生类的堆动态对象，这使得它成为一个多态变量。如果其基类的任何成员都非私有，公共派生的子类就是子类型。私有派生的子类不是子类型。指向基类的指针不能用来引用不是子类型的子类中的方法。 504

C++ 不允许值变量（与指针或引用相反）是多态的。当通过多态变量调用派生类中被覆盖的成员函数时，该调用必须动态绑定到正确的成员函数定义上。

假设有一个基类 Shape 以及为各种如圆形、矩形等形状派生的类集。如要显示这些形状，则对每个子类或每种形状而言，用以显示的成员函数 draw 都必须是唯一的。draw 成员函数的这些版本必须定义为虚函数。当使用指向派生类的基类指针调用 draw 函数时，该调用必须动态绑定到正确的派生类的成员函数上。下面给出了上述情况的函数定义框架：

```
class Shape {
  public:
    virtual void  draw() = 0;
  . . .
};
class Circle : public Shape {
  public:
    void draw() { . . . }
  . . .
};
class Rectangle : public Shape {
  public:
    void draw() { . . . }
  . . .
};
```

给出这些定义后，下述代码给出了静态绑定和动态绑定调用的示例：

```
Circle* circ = new Circle;
Rectangle* rect = new Rectangle;
Shape* ptr_shape;
ptr_shape = circ;           // 现在 ptr_shape 指向一个 Circle 对象

ptr_shape->draw();          // 动态绑定到 Circle 类中的 draw

rect->draw();               // 静态绑定到 Rectangle 类中的 draw
```

505

该情况如图 12.6 所示。

请注意，基类 shape 中定义的 draw 函数设置为 0。该特定的语法指示成员函数为**纯虚函数**（pure virtual function），这意味着该函数没有函数体，且不能被调用。如果调用该函数，则必须在派生类中重新定义该函数。纯虚函数的目的是提供函数的接口，而不提供函数的任何实现。纯虚函数通常在基类中的实际成员函数不再有用时定义。回忆一下，在 12.2.3 节中，我们讨论了一个基类 Building，每个子类都描述了某种特定类型的建筑。每个子类都有一个 draw 方法，但这些方法在基类中都没有用。因此，draw 是 Building 类中的一个纯虚函数。

任何包含纯虚函数的类都为**抽象类**（abstract class）。抽象类在 C++ 中不用保留字来标识，可包含完整定义的方法。因为存在一个或多个虚函数，所以实例化抽象类是非法的。严格来说，抽象类只应用来表示类型的特征。C++ 提供抽象类来模拟这些真正的抽象类型。如果抽象类的子类没有重新定义其父类的纯虚函数，则该函数仍然是子类中的纯虚函数，因此子类也是抽象类。

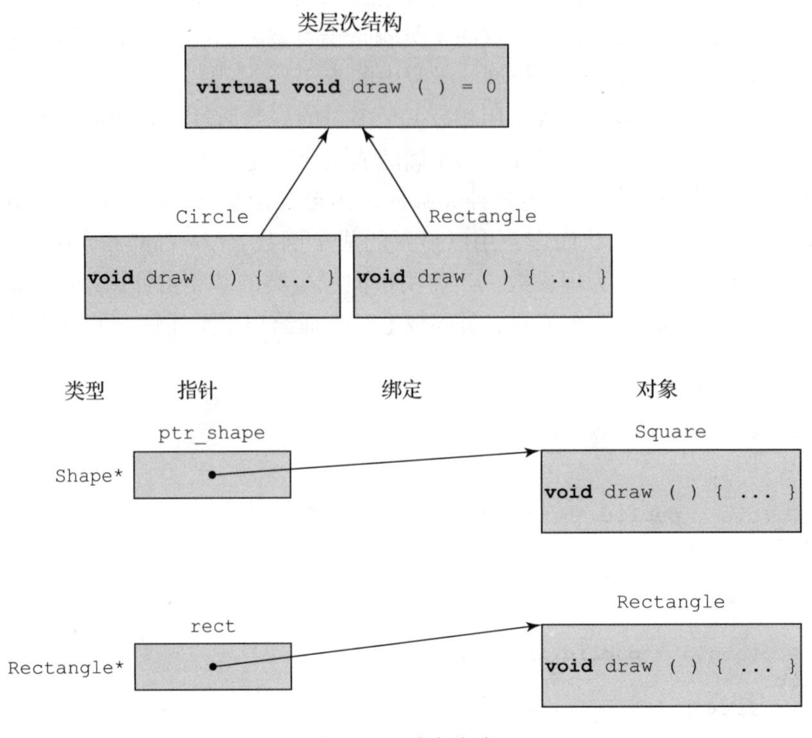

506

图 12.6　动态绑定

抽象类和继承共同支持软件开发的强大技术。它们允许对类型进行分层定义，这样相关类型就可以成为定义通用抽象特征的真正抽象类型的子类。

动态绑定允许使用像 draw 这样的成员的代码在编写 draw 的所有版本甚至任何版本之前被编写。可以在数年后添加新的派生类，而无须对使用这种动态绑定成员的代码进行任何更改。这是面向对象语言的一个非常有用的特性。

堆动态对象的引用赋值不同于堆动态对象的指针赋值。例如，下述代码使用与上例相同的类层次：

```
Circle circ;       // 在栈中分配一个 Circle 对象
Rectangle rect;    // 在栈中分配一个 Rectangle 对象
rect = circ;       // 从 Circle 对象中复制数据成员值
rect.draw();       // 从 Rectangle 对象中调用 draw 函数
```

在赋值 rect = circ 中，circ 引用的对象的成员数据将被赋值给 rect 引用的对象的数据成员，但 rect 仍将引用 Rectangle 对象。因此，通过 rect 引用的对象调用 draw 将是 Rectangle 类的调用。如果 rect 和 circ 是指向堆动态对象的指针，相同的赋值将是指针赋值，这将使 rect 指向 Circle 对象，通过 rect 对 draw 的调用将被动态绑定到 Circle 对象中的 draw。

12.4.2.4　评价

对 C++ 与 Smalltalk 的面向对象特性进行比较是一件很自然的事情。C++ 的继承在访问控制方面比 Smalltalk 的继承更加复杂。通过使用类定义的访问控制、派生访问控制以及友

507

元函数和友元类，C++ 程序员能够高度细致地控制对类成员的访问。尽管 C++ 提供了多继承，而 Smalltalk 只允许单继承，但仍有许多人认为这不是 C++ 的优势。多继承的缺点严重影响了它的价值。事实上，C++ 是本章讨论的唯一一种支持多继承的语言。另一方面，提供多继承替代方案的语言，如 Java 和 C#，在这方面显然比 Smalltalk 有优势。

在 C++ 中，程序员可以指定使用静态绑定还是使用动态绑定。因为静态绑定更快，所以对于不需要动态绑定的情况来说，这是一个优势。而且，即使是 C++ 中的动态绑定也比 Smalltalk 中的快。将 C++ 中的虚拟成员函数调用绑定到函数定义上的成本固定，不管该函数定义在继承层次结构中的什么地方。与静态绑定调用相比，调用虚函数只需要比静态绑定调用多引用五次内存（Stroustrup, 1988）。在 Smalltalk 中，消息却总是动态绑定到方法上，正确的方法在继承层次结构中相距越远，消耗时间就越长。由用户来选择静态绑定和动态绑定的缺点是，必须在最初的设计中就决定，但这种选择也可能在后面修改。

与 Smalltalk 相比，C++ 的静态类型检查是一个优势，Smalltalk 中所有的类型检查都是动态的。Smalltalk 程序可以用消息来编写不存在的方法，这些方法直到程序执行后才会被发现。C++ 编译器会发现这样的错误。与测试中发现的错误相比，编译器检测到的错误修复成本更低。

Smalltalk 基本上是无类型的，意味着所有代码都非常通用。这提供了非常大的灵活性，但牺牲了静态类型检查。C++ 通过模板系统（如第 11 章所述）提供了泛型类，该方法保留了静态类型检查带来的优点。

Smalltalk 的主要优点在于语言的优雅和简单，这主要归功于其单一的设计理念。Smalltalk 仅考虑面向对象范式，不会因为一部分用户的需求而发生改变。相反，C++ 是一种庞大而复杂的语言，并不以单一的设计理念为基础，在支持面向对象程序设计之外，还包括 C 语言的用户基础。其中的一个重要目标是，在提供面向对象程序设计优点的同时，保留 C 语言的效率和风格。也有部分人认为，这些语言的特性不总是能相互兼容，至少其部分复杂性并不是很必要。

根据 Chambers 和 Ungar（1991）的测试，Smalltalk 运行一组特定的小型 C 风格基准测试的速度仅为优化后的 C 程序的 10%。C++ 程序只比同等的 C 程序多一点点时间（Stroustrup, 1988）。考虑到 Smalltalk 和 C++ 在效率上差别极大，不难想象，C++ 的商业应用远远超过了 Smalltalk。造成这种差异的还有其他因素，但效率显然是支持 C++ 的有力论据。当然，所有支持面向对象程序设计的编译语言的运行速度大约都是 Smalltalk 的 10 倍。 508

12.4.3 Java

因为 Java 中类、继承和方法的设计都类似 C++，所以本节仅讨论 Java 与 C++ 的不同之处。

12.4.3.1 一般特征

同 C++ 一样，Java 同时支持对象和非对象数据。但是，在 Java 中仅有基本标量类型（Boolean、字符和数值类型）的值不是对象。Java 的枚举和数组是对象。Java 有非对象数据的原因是考虑到效率问题。

在 Java 5.0+ 中，当将原始值放在对象上下文中时，它们是隐式强制的。例如，把 `int` 值或变量放入对象上下文，会创建一个值为该 `int` 值的 `Integer` 对象。该强制类型转换称为**装箱**（boxing）。

虽然 C++ 类可以定义为没有父类，但这在 Java 中是不可能的。所有 Java 类必须是根类、对象或某个对象的子类。这样做的一个优点是，一些常用的方法，如 toString 和 equals，可以在对象中定义，并由所有其他类继承和使用。

所有 Java 对象都是显式堆动态的，多数对象用操作符 **new** 来分配空间，但没有显式的去分配操作符，垃圾回收用于回收存储空间。正如许多其他语言一样，尽管垃圾回收避免了一些如悬挂指针等严重问题，但也会带来其他问题。其中一个问题是垃圾收集器仅仅是回收对象占用的存储空间，而不进行其他操作。例如，如果一个对象可以访问堆内存以外的一些资源，比如文件或共享资源上的锁，垃圾回收器就不会回收这些资源。对于这些情况，Java 允许包括一个与 C++ 析构函数类似的特殊方法 **finalize**。

当垃圾收集器回收对象占用的存储空间时，会隐式地调用 **finalize** 方法。**finalize** 方法的问题在于其运行时间不可控制，甚至不可预测。另一种替代方法是定义一个回收方法。唯一的问题是对象的所有客户程序都必须知道此方法并记得调用它。 509

12.4.3.2　继承

在 Java 中，可以将方法定义为 **final**，这意味着不能在任何子类中覆盖它。当在类定义中指定了保留字 **final** 时，就意味着该类不能再派生子类。final 类中的所有方法都是隐式 final 的，这意味着方法与该类中方法的绑定是静态绑定。

将类定义为 final 的优点是不允许对类进行任何更改。例如，String 是一个 final 类，因此任何在参数中接收 String 引用的方法都可以依赖于 String 方法含义的稳定性。缺点是，将类定义为 final 将禁止重用，即使只需要进行很小的修改。

Java 包含注释 @Override，它通知编译器检查其后的方法是否覆盖了祖先类中的方法。如果没有，编译器会发出错误消息。

与 C++ 类似，Java 也要求在调用子类构造函数之前先调用其父类构造函数。如果参数要传递给其父类构造函数，必须显式地调用该构造函数，如下：

```
super(100, true);
```

如果没有对父类构造函数的显式调用，编译器会插入一个对父类构造函数的无参数调用。

Java 不支持 C++ 的私有派生。因为 Java 的设计者认为子类应该是子类型，但当支持私有派生时它们并不是子类型。Java 不包含私有派生，因此子类可以是子类型。

Java 的早期版本包含了一个 Vector 集合，它包含了用于在集合构造中操作数据的一长串方法。这些版本的 Java 还包含 Vector 的一个子类 Stack，它为入栈和出栈操作添加了方法。不幸的是，由于 Java 没有私有派生，Vector 的所有方法在 Stack 类中也是可见的，这使得 Stack 对象容易进行各种操作，从而使这些对象失效。

Java 直接支持的只有单继承。但 Java 包含一种称为**接口**（interface）的抽象类，提供了对多继承的部分支持。接口定义与类定义相似，但接口只能包括命名常量和方法声明（而不是定义）。接口不能包含构造函数、非抽象方法或变量声明。因此，接口仅定义了类的说明（请回忆一下 C++ 抽象类，它可有实例变量，可完全定义除一个方法之外的所有方法）。类不能继承接口，但可实现接口。事实上，一个类可实现任意数量的接口。要实现一个接口，类必须要实现在接口中定义的所有方法。 510

可以使用接口来模拟多继承。一个类可从另一个类中派生，并实现一个接口，该接口将替代第二个父类。这有时被称为**混合继承**（mixin inheritance），因为接口的常量和方法与从超类继承来的方法和数据、子类中定义的新数据和/或方法混合在了一起。

接口的另一个功能是它们提供了另一种多态性，因为接口可以被视为类型。例如，一个方法可以指定一个接口形参。这样的形式化参数可以接受实现接口的任何类的实际参数，从而使方法具有多态性。

非参数变量也可声明为接口类型。这样的变量可引用任何实现该接口的类的对象。

当一个类是从两个父类派生而来，并且都定义了具有相同名称和协议的公共方法时，将会产生多继承问题。通过接口可以避免这个问题。尽管实现接口的类必须为接口指定的所有方法提供定义，但如果类和接口都包含具有相同名称和协议的方法，则类不需要重新实现该方法。所以，多继承中可能发生的名称冲突就不可能发生在单继承和接口的情形下。另外，因为接口不能定义变量，变量同名冲突可完全避免。

接口不能替代多继承，因为在多继承中存在代码重用，而接口不提供代码重用的功能。这是一个重要的差别，因为继承的一个主要优点就是代码重用。Java 提供了一种方式来部分避免该缺点，用抽象类来替代已实现的接口，因为抽象类可包含可继承的代码，从而提供部分代码重用。

用接口替代多继承的问题是，如果一个类试图实现两个接口，并且这两个接口都定义了同名和同协议的方法，此时将无法实现这两个接口。

作为接口的一个例子，请思考一下 Java 标准类 Array 的 sort 方法。任何使用该方法的类都必须提供该方法的一个实现版本，来比较要排序的元素。Comparable 泛型接口为比较方法 compareTo 提供了协议。Comparable 接口的代码如下：

```
public interface Comparable <T> {
    public int compareTo(T b);
}
```

如果调用 compareTo 方法的对象在参数对象之前，则必须返回一个负整数；如果它们相等，则返回 0；如果参数在调用对象之前，则返回一个正整数。实现 Comparable 接口的类可以对泛型类型的任何对象数组进行排序，只要实现了泛型类型的 compareTo 方法并提供了适当的值。接口已经成为多继承的常用替代品。一些形式的接口现在是 C#、Swift、Ruby 和 Ada 的一部分。 511

除了接口，Java 还支持抽象类，类似于 C++ 的抽象类。Java 抽象类的抽象方法仅表示为方法的头，其中包括 **abstract** 保留字。抽象类也标记为 **abstract**。当然，抽象类不能实例化。

第 14 章将描述 Java 事件处理中的接口用法。

12.4.3.3 动态绑定

在 C++ 中，一个方法必须被定义为虚拟方法才能允许动态绑定。在 Java 中，所有方法调用都是动态绑定的，除非被调用的方法被定义为 **final**，在这种情况下，该方法不能被覆盖，此时所有绑定都是静态的。如果方法是 **static** 或 **private** 的，也要使用静态绑定，这两种方法都不能被覆盖。

12.4.3.4 嵌套类

Java 有几种嵌套类，这些类的优点是它们对其包中除嵌套类以外的所有类都隐藏。直接嵌套在另一个类中的非静态类称为内部类（inner class）。内部类的每个实例都必须有一个隐式指针，指向它所属的嵌套类的实例。这使得被嵌套类的方法可以访问嵌套类的所有成员，包括私有成员。静态被嵌套类没有这个指针，因此它们不能访问嵌套类的成员。因此，Java 中的静态被嵌套类与 C++ 中的被嵌套类非常相似。

尽管在静态作用域语言中这看起来很奇怪，但是内部类的成员，甚至私有成员，都可以在外部类中访问。这样的引用必须包括引用内部类对象的变量。例如，假设外部类通过以下语句创建了一个内部类对象：

```
myInner = this.new Inner();
```

这样，如果内部类定义了一个变量 sum，它就可在外部类中被引用为 myInner.sum。

被嵌套类的实例只存在于嵌套类的实例中。被嵌套类也可为匿名类。虽然匿名嵌套类的语法比较复杂，但却是定义只用一次的类的一种简略方法。第 14 章有一个匿名嵌套类的示例。

512

局部嵌套类（local nested class）可以定义在嵌套类的方法中，局部嵌套类不需要用访问修饰符（private 或 public）来定义，它们的作用域总是被限定在嵌套类内。局部嵌套类中的方法可访问在它们的嵌套类中定义局部的变量以及定义局部嵌套类的方法中的 final 变量。局部嵌套类的成员只对定义局部嵌套类的方法可见。

12.4.3.5　评价

Java 支持与 C++ 相似的面向对象程序设计语言设计，但是它只是更加一致地遵循面向对象原则。Java 不允许无父类，并使用动态绑定作为将方法调用绑定到方法定义的“常规”方式。当然，与许多静态绑定的语言相比，这可能会稍稍增加执行时间。然而，在做出该设计选择时，大多数 Java 程序还是解释执行的，因此解释时间会让额外的绑定时间显得无关紧要。类定义内容的访问控制与 C++ 的各种访问控制（从派生控制到友元函数）相比相当简单。最后，Java 使用接口来提供对多继承的支持，避免了真正多继承的所有缺点。

12.4.4　C#

C# 对面向对象程序设计的支持和 Java 类似。

12.4.4.1　一般特征

C# 同时包含类和结构体，C# 类和 Java 类非常相似，而结构体并没有那么强大。一个重要的区别在于，结构体本身是一种值类型，即它们是堆动态的，这可能会导致对象切片问题。但只要把结构体限制为不能派生子类，就能避免该问题。C# 结构体与类的区别请参见第 11 章。

12.4.4.2　继承

C# 使用 C++ 语法定义类。例如，

```
public class  NewClass : ParentClass { . . . }
```

从父类继承的方法可在派生子类中被替换，这通过在子类中使用 new 标记其定义来实现。new 方法将父类中的同名方法隐藏起来，但只要在方法名上加以前缀 base，就可调用父类中的方法。例如：

513

```
base.Draw();
```

与 Java 一样，子类可以是子类型。C # 对接口的支持也与 Java 相同。它不支持多继承。

12.4.4.3 动态绑定

C# 中将方法调用动态绑定于方法，必须特别地标记基类中的方法和它在派生类中的对应方法。与 C++ 一样，必须在基类中的方法上标记 virtual。为了分清与祖先类中的虚拟方法具有相同名称和协议的子类方法的内容，如果这些方法要覆盖父类的虚拟方法，C# 要求它们标记为 override[⊖]。例如，12.4.2.3 节的 C++ Shape 类的 C# 版本如下：

```
public class Shape {
  public virtual void Draw() { . . . }
  . . .
}
public class Circle : Shape {
  public override void Draw() { . . . }
  . . .
}
public class Rectangle : Shape {
  public override void Draw() { . . . }
  . . .
}
public class Square : Rectangle {
  public override void Draw() { . . . }
  . . .
}
```

C# 的抽象方法与 C++ 的抽象方法类似，只是语法不同。例如，以下是 C # 抽象方法：

```
abstract public void Draw();
```

至少包含一个抽象方法的类为抽象类，每个抽象类都必须标记为 abstract。抽象类不能实例化，而且抽象类的任何子类要实例化，都需要实现其继承的所有抽象方法。 514

与 Java 一样，所有 C# 类最终都派生于一个基类 Object。Object 类定义了一系列方法，包括 ToString、Finalize 和 Equals，C# 的类型都继承了这些方法。

12.4.4.4 嵌套类

C# 类可以直接嵌套在另一个类中，嵌套类的行为与 Java 中的静态嵌套类相似。像 C++ 那样，C# 不支持类似于 Java 中的非静态嵌套类。

12.4.4.5 评价

因为 C# 语言是较新的基于 C 的面向对象语言，其设计者从前辈那里学习到了经验与教训，复制了过去的成功，同时也解决了一些问题。对比 Java，C# 对面向对象程序设计的支持与 Java 之间的差异相对较小。C# 中允许使用结构体，而 Java 不允许。因此，很多人认为，与 Java 一样，C# 对面向对象程序设计的支持比 C++ 要简单，这是对 C++ 的一个改进。

12.4.5 Ruby

如前所述，就 Smalltalk 而言，Ruby 是一种纯面向对象程序设计语言。语言中的一切实际上都是对象，所有的计算都是通过消息传递来完成的。尽管程序具有使用中缀运算符的表达式，其外观与 Java 等语言中的表达式相同，但实际上这些表达式却是通过消息传递来求值的。与 Smalltalk 一样，当编写 a + b 时，通过将消息 + 发送到 a 所引用的对象，并将对象 b 的引用作为参数传递来进行求值。换句话说，将 a + b 实现为 a.+ b。

⊖ 在 Java 中，这可用注释 @Override 来指定。

12.4.5.1　一般特征

Ruby的类定义与C ++和Java等语言的不同之处在于它是可执行的。因此，它们可以在执行期间保持打开状态。程序可以多次向类添加成员，只需提供包含新成员的类的二级定义即可。在执行过程中，类的当前定义是已执行类的所有定义的并集。方法定义也是可执行的，它允许程序在执行过程中在方法定义的两个版本之间进行选择，只需将这两个定义放在选择构造的then和else子句中。

515

用new创建Ruby对象，它会隐式地调用构造函数。Ruby类中的常用构造函数被称为Initialize。子类中的构造函数可以初始化已定义setter的父类中的数据成员。这是通过将初始值作为实际参数调用super来完成的。super在父类中调用与调用super的方法同名的方法。

Ruby的类是可嵌套的，但是嵌套类对嵌套它的类的变量或方法并没有特殊的访问权限。

Ruby中的所有变量都是对象的引用，并且都是无类型的。请回想一下，Ruby中所有实例变量的名称都以符号@开头。

与其他常见的程序设计语言明显不同的是，Ruby中的访问控制对于数据和方法而言是不同的。默认情况下，所有实例数据都仅具有私有访问权限，这无法更改。因此，Ruby中没有子类是子类型。如果需要从外部访问实例变量，则必须为它定义好访问器方法。例如，考虑下述类定义框架：

```
class MyClass

# A constructor
  def initialize
    @one = 1
    @two = 2
  end

# A getter for @one
  def one
    @one
  end

# A setter for @one
  def one=(my_one)
    @one = my_one
  end

end  # of class MyClass
```

与setter方法名相连的等号（=）表明其变量可赋值。因此，所有setter方法名都有相连的等号。在one的getter方法体中，当用Ruby设计的方法没有返回语句时，此时返回已求值的最后一个表达式的值。本例返回@one的值。

由于需要经常使用setter和getter方法，Ruby提供了定义它们的快捷方法。假如类有两个实例变量@one和@two的getter方法，那么这些getter方法就可在类中用一个语句来指定：

```
attr_reader :one, :two
```

attr_reader实际上是使用:one和:two作为实际参数的函数调用。在变量前加冒号表示要使用变量名，而不是取消对其引用对象的引用。不是传递值或地址，而是传递变量

516

名的文本。这与传递宏参数的方式相同。

类似于创建 setter 的函数被称为 attr_writer。此函数具有与 attr_reader 相同的参数配置。

用于创建 getter 和 setter 方法的函数之所以会如此命名，是因为它们为类的对象提供了协议，这些对象称为**属性**。因此，类的属性定义了到该类对象的数据接口（即通过访问器方法公开的数据）。

类变量是类及其实例的私有变量，通过在它们的名称前面加上（@@）来指定。私有是不能改变的。此外，与全局变量和实例变量不同，类变量必须在使用之前进行初始化。

12.4.5.2　继承

Ruby 中定义子类采用小于号（<），而不是 C++ 中的冒号（:），例如：

```
class MySubClass < BaseClass
```

Ruby 的方法访问控制的一个独特之处是它们可以在子类中更改，只需调用访问控制函数即可。这意味着可以定义基类的两个子类，使其中一个子类的对象可以访问基类中定义的方法，而另一个子类的对象则不能。同样，这允许人们将基类中公开访问方法的访问权限更改为子类中的私有访问方法。

12.4.5.3　动态绑定

Ruby 中对动态绑定的支持与 Smalltalk 中相同。变量没有类型；相反，它们都是对任何类对象的引用。因此，所有变量都是多态的，并且方法调用的所有绑定都是动态的。

12.4.5.4　评价

因为 Ruby 是一种纯粹意义上的面向对象程序设计语言，它对面向对象程序设计的支持显然是足够的。但是，它对类成员的访问控制要弱于 C++。尽管 Ruby 的 mixin 与接口非常类似，但它并不支持抽象类或接口。最后，很大程度上也是因为 Ruby 需要解释执行，所以它的执行效率远比已编译的语言要差。

表 12.1 总结了本节中语言的设计者如何选择处理 12.3 节中描述的设计问题。　517

表 12.1　各种语言的设计

设计问题 / 语言	SMALLTALK	C++	JAVA	C#	RUBY
对象排他性	所有数据都是对象	基本类型加对象	基本类型加对象	基本类型加对象	所有数据都是对象
子类是子类型吗？	可以是且通常是	如果派生类是公有类型，可以是且通常是	可以是且通常是	可以是且通常是	没有子类是子类型
单继承和多继承	单继承	均有	单继承，但受接口影响	单继承，但受接口影响	单继承，但受接口影响
对象分配和释放	堆分配； 显式分配，隐式释放	可以是静态、栈动态或堆动态； 显式分配和释放	堆动态； 隐式分配和释放	堆动态； 显式分配 隐式释放	堆动态； 显式分配 隐式释放
动态和静态绑定	所有方法动态绑定	均可	均可	均可	所有方法动态绑定
支持嵌套类？	否	是	是	是	是
初始化	构造函数必须显式调用	构造函数必须隐式调用	构造函数必须隐式调用	构造函数必须隐式调用	构造函数必须隐式调用

518

12.5 面向对象结构的实现

支持面向对象程序设计的语言至少应包含两个部分：实例变量的存储结构以及消息与方法的动态绑定，这对语言实现者提出了很多有趣的问题。在本节中，我们将简要介绍这些内容。

12.5.1 存储示例数据

在C++中，类被定义为对C中记录结构的扩展。两者之间的相似性体现了类实例变量的存储结构，这种形式的结构称为**类实例记录**（Class Instance Record，CIR）。CIR的结构是静态的，因此它在编译时构建，并用作创建类实例数据的模板。每个类都有自己的CIR，当发生派生时，子类的CIR是父类的CIR的副本，并在该副本末尾添加新实例变量的条目。

由于CIR的结构是静态的，所以可以像在记录中一样使用基于CIR实例开始的偏移常量访问所有实例变量。这使得这些访问与访问记录字段的结构成员一样高效。

12.5.2 方法调用与方法的动态绑定

类中的方法在静态绑定时并不需要涉及该类的CIR。然而，动态绑定的方法必须在CIR结构中设有入口。这种入口可为指向方法代码的指针，它在创建对象时建立。随后，可通过CIR中的该指针连接对应的代码实现对方法的调用。这种技术的缺点是，每个实例都需要储存所有可能从该实例中调用的动态绑定方法的指针。

注意，可以从类的实例中调用的动态绑定方法列表对于该类的所有实例都是相同的。因此，这些方法列表只需存储一次。实例的CIR只需要一个指向该列表的指针就可以找到被调用的方法。列表的存储结构通常称为**虚拟方法表**（vtable）。方法调用可以表示为虚拟方法表开头的偏移量。祖先类的多态变量总是引用正确类型对象的CIR，因此可以确保得到动态绑定方法的正确版本。请思考如下Java示例，其中所有的方法都是动态绑定的：

```
public class A {
  public int a, b;
  public void draw() { . . . }
  public int area() { . . . }
}
public class B extends A {
  public int c, d;
  public void draw() { . . . }
  public void sift() { . . . }
}
```

519

图12.7显示了类`A`与类`B`的`CIR`及其`vtable`。在B的`vtable`中，指向`area`方法的指针指向A的`area`方法代码。因为B并没有覆盖A的`area`方法，所以如果B的客户程序调用`area`，就会调用到从A继承的`area`方法。另一方面，在B的`vtable`中，`draw`和`sift`的指针分别指向B中的`draw`和`sift`。`draw`方法在B中被覆盖，并在B中增加`sift`的定义。

多继承会使动态绑定的实现复杂化，请思考如下三个C++类定义：

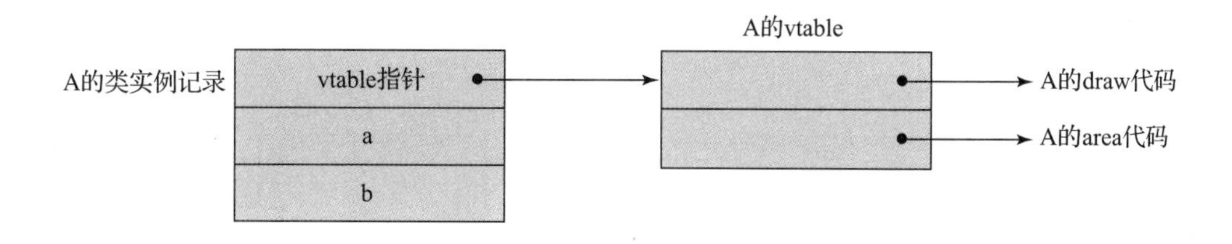

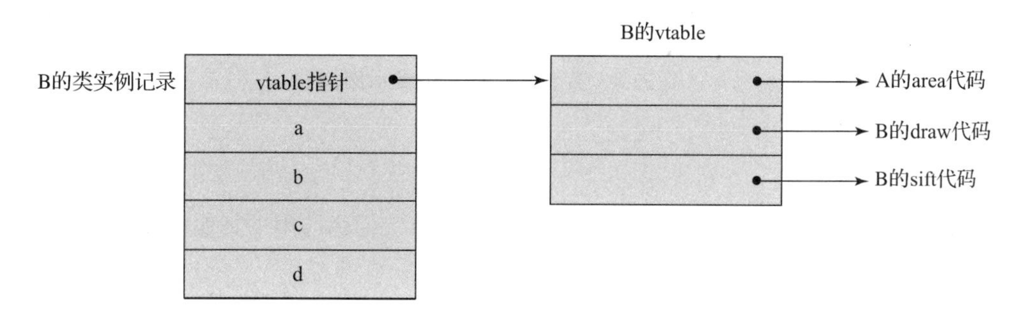

图 12.7 一个单继承 CIR 的示例

```
class A {
  public:
     int a;
     virtual void fun() { . . . }
     virtual void init() { . . . }
};
 class B {
   public:
     int b;
     virtual void  sum() { . . . }
};
class C : public A, public B {
  public:
    int  c;
    virtual void fun() { . . . }
    virtual void dud() { . . . }
};
```

520

类 C 从类 A 继承了变量 a 和方法 init。虽然类 C 中的 fun 和父类 A 中的 fun 通过（类型 A 的）多态变量都是可见的，但类 C 依然重新定义了方法 fun。类 C 从类 B 继承了变量 b 和方法 sum。类 C 定义了自身变量 c，还定义了一个非继承方法 dud。类 C 的 CIR 不仅要包括类 A、类 B、类 C 的数据，还要包含访问所有可见方法的某种方式。在单继承的情况下，CIR 包含一个指向 vtable 的指针，vtable 包括所有可见方法的代码地址。然而，对于多继承就没那么简单了。CIR 至少必须包括两个不同的可用视图，每个各用于一个父类，其中一个包含子类视图。与单继承的实现相同，在父类的视图中要包括子类的视图。

此时必须有两个 vtable：一个用于类 A 和类 C 的视图，另一个用于类 B 的视图。在这种情况下，类 C 的 CIR 的第一部分可为类 C 和类 A 的视图，它从一个 vtable 指针开始，而该指针指向类 C 的方法和从类 A 继承来的方法，也包括从类 A 继承来的数据。在 C 的 CIR 中，紧接着的是 B 的视图部分，其起始于一个指向 B 的虚拟方法的 vtable 指针，接着的是从 B

继承的数据以及 C 中定义的数据。类 C 的 CIR 如图 12.8 所示。

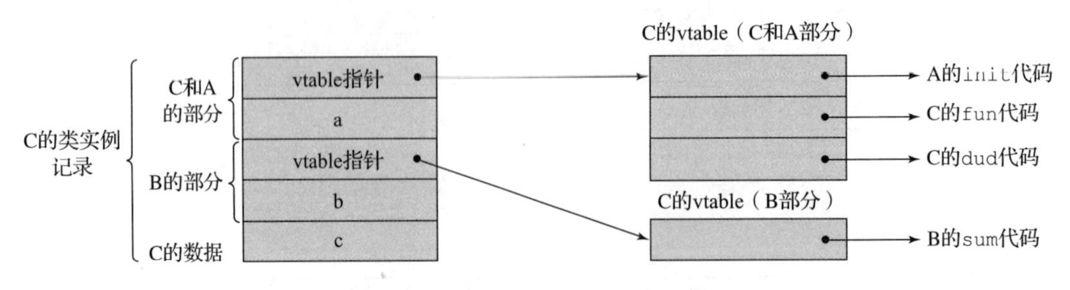

521

图 12.8　多继承的 CIR 子类示例

12.6　反射

关于反射的讨论并非完全适合于面向对象这一章节，但因与本书其他章节更不符，所以我们就在这里讨论有关反射的内容。

12.6.1　概述

通常，绑定在程序设计语言中越晚发生，该语言的灵活性就越高。例如，脚本语言和函数式语言中数据类型的后期绑定使它们的程序比静态类型语言的程序更通用。同样，作为面向对象语言的一部分，方法调用与方法的动态绑定使程序更易于维护和扩展。除此之外，反射还提供了在调用代码的继承层次结构之外将调用后期绑定到方法的可能性。

12.6.2　什么是反射

支持反射的程序设计语言允许程序在运行时访问其类型和结构，并能够动态修改其行为。为了允许程序检查它的类型和结构，相关信息必须由编译器或解释器收集提供给程序。和数据库结构信息被称为元数据一样，程序的类型和结构也称为**元数据**（metadata）。程序检查其元数据的过程称为**自省**（introspection）。程序可通过几种不同的方式动态地修改其行为：直接更改其元数据，使用元数据，甚至可干预程序的执行。直接更改元数据十分复杂，但使用元数据并不那么复杂，也常见于其他程序设计语言。干预程序的执行通常称为**调解**（intercession）。

反射机制主要用于软件工具构建。类浏览器需要枚举程序的类。可视化集成开发环境可以使用类型信息来帮助开发人员构建类型正确的代码。调试器必须能够检查类的私有字段和方法。测试系统必须能发现一个类的所有方法，以确保测试数据驱动这些方法。

为了更简单易懂地介绍反射，我们用下面的示例来给大家解释。动物园有一大片区域专门用来饲养鸟类，每个鸟舍前都有一块信息牌用于介绍该品种的相关信息。如果游客对某个品种的鸟类感兴趣，可在当前的信息牌上输入自己的门票编号。待游览结束后，游客在出口处的信息牌上再次输入自己的门票编号，设备即刻打印出游客刚刚感兴趣的鸟类图片。支持该功能的系统具有一个对象，对象内有一种方法—能够绘制每只鸟的图片。当游客在鸟舍前选中一只鸟时，系统中会生成一个列表用于存放与该鸟相关联的对象引用。当需要打印图片时，系统会调用列表中每个对象的 draw 方法。此时，我们遇到一个问题—鸟类品种信息不完整，比如有些鸟是动物园购买的，而有些来自民众捐赠。由于 Bird 对象存在多种来源，

522

它们并没有公共的基类（除了 Object），也没有实现公共的接口，那么如何保存这些类型的引用？一种解决方案是设置一个基类并让每个品种都成为其子类，对基类类型的引用可存储在列表中，并且动态绑定可调用的 draw 方法。这种方法的缺点是每个子类都需要修改。如果可以将新的 Bird 类直接添加到代码中而无须修改，那将更有利于系统的开发。另一种解决方案是使用额外的实例来确定引用的具体类型。但这将为系统增加很多代码，从而增加系统的复杂性和维护成本。因此，更好的解决方案是使用反射来实现动态绑定。

12.6.3 Java 中的反射

Java 为反射提供了有限的支持。元数据的主要类在名称空间 java.lang.Class 中定义[⊖]。不幸的是，类的名称也是 Class。Java 运行时系统为程序中的每个对象实例化 Class 的实例。Class 类提供了一组方法来检查类型信息和程序对象的成员。Class 是所有反射 API 的访问点。

如果程序引用了一个对象（而不是基本类型数据），则可以通过调用其 getClass 方法来获取该对象的 Class 对象。所有的类都从 Object 继承 getClass，所有对象都从 Object 继承。请考虑以下示例：

```
float[] totals = new float[100];
Class fltlist = totals.getClass();
Class stg = "hello".getClass();
```

fltlist 变量的值将是 totals 数组对象的 Class 对象。stg 的值将是 String 的 Class 对象（因为“hello”是 String 的实例）。

如果没有类的对象，则可以通过在类的名称后附加 .class 来通过其名称获得 Class 对象。例如，可能有以下示例：

```
Class stg = String.class;
```

523

如果该类没有名称，则仍可以通过附加 .class 到类的定义以获得 Class 对象。例如，考虑以下示例：

```
Class intmat = int[][].class;
```

.class 修饰符也可以附加到基本类型。尽管 float.getClass() 是非法的，但 float.class 不是。

有四种方法可以获取方法的 Class。getMethod 方法搜索一个类，以查找在该类中定义或由该类继承的特定公共方法。getMethods 方法返回在类中定义或由该类继承的所有公共方法的数组。getDeclaredMethod 方法搜索在类中声明的特定方法，包括私有方法。getDeclaredMethods 方法返回类中定义的所有方法。

如果某个对象的 Class 对象已知，并且找到了由该对象的类定义的特定方法，则可以通过带有 invoke 方法的 Method 对象来调用该方法。例如，如果使用 getMethod 找到名为 method 的 Method 对象，则可以使用以下方法调用它：

```
method.invoke(...);
```

⊖ 之所以这样命名是因为它的实例化本身就是类。

现在，可以使用Java开发解决12.6.2节中提出的问题。该应用程序的核心是一个类，该类定义了传递Object引用的方法。该方法确定所传递引用的类，找到该类的draw方法，然后调用该方法。该类使用第二个类ReflectTest进行测试，其中创建了包含三个Object引用的数组，这些引用指向表示三种不同鸟类的类。它们每一个都定义了一个draw方法，该方法在被调用时会显示一条消息，指出该方法已被调用。然后，测试会调用类方法，并传递引用数组的元素。

调用方法可以引发三种不同的异常，每种异常都在方法中处理。

```
// 一个解释在Java中使用反射进行动态方法调用的项目
package reflect;
import java.lang.reflect.*;
// 测试Reflect类的类
// 创建三个代表不同鸟类的对象
// 并调用一个动态调用三个鸟类中draw方法的方法
public class ReflectTest {
   public static void main(String[] args) {
        Object[] birdList = new Object[3];
        birdList[0] = new Bird1();
        birdList[1] = new Bird2();
        birdList[2] = new Bird3();
        Reflect.callDraw(birdList[2]);
        Reflect.callDraw(birdList[0]);
        Reflect.callDraw(birdList[1]);
       }
}
// 一个定义动态调用所传递类对象方法的方法的类
class Reflect {
    public static void callDraw(Object birdObj) {
        Class cls = birdObj.getClass();
        try {
            // 找到给定类的draw方法
            Method method = cls.getMethod("draw");
            // 动态调用该方法
            method.invoke(birdObj);
        }
        // 此时给定类不支持draw方法
        catch (NoSuchMethodException e) {
            throw new IllegalArgumentException (
                cls.getName() + "does not support draw");
        }
        // 此时callDraw不能调用draw方法
        catch (IllegalAccessException e) {
            throw new IllegalArgumentException (
                "Insufficient access permissions to call" +
                "draw in class " + cls.getName());
        }
        // 此时draw产生异常
        catch (InvocationTargetException e) {
            throw new RuntimeException(e);
        }
      }
}
class Bird1 {
  public void draw() {
      System.out.println("This is draw from Bird1");
  }
```

524

```
}
class Bird2 {
    public void draw() {
        System.out.println("This is draw from Bird2");
    }
}
class Bird3 {
    public void draw() {
        System.out.println("This is draw from Bird3");
    }
]
```

该程序的输出如下所示：

```
This is the draw from Bird3
This is the draw from Bird1
This is the draw from Bird2
```

525

12.6.4 C# 中的反射

C＃中对反射的支持与 Java 类似，但也存在一些重要区别。与所有 .NET 语言一样，在 C＃中，编译器将以通用中间语言（CIL）编写的中间代码放置在程序集中，该程序集可能包含多个文件。程序集还包含程序集版本号和该程序集中定义的所有类的元数据以及它使用的所有外部类。

.NET 中使用 System.Type 而不是 java.lang.Class 命名空间，代替 java.lang.reflect 的是 System.Reflection，并使用 getType 而不是 getClass 方法来获取实例的类。此外，.NET 语言使用 typeof 运算符来代替 Java 中使用的 .class 字段。以下是上述 Java 示例的 C＃版本：

```
using System;
using System.Reflection;
namespace TestReflect
{
// 一个解释在 C# 中使用反射进行动态方法调用的项目
// 试 Reflect 类的类
// 创建三个代表不同鸟类的对象
// 并调用一个动态调用三个鸟类中 draw 方法的方法
public class ReflectTest {
   public static void Main(String[] args) {
        Object[] birdList = new Object[3];
        birdList[0] = new Bird1();
        birdList[1] = new Bird2();
        birdList[2] = new Bird3();
        Reflect.callDraw(birdList[2]);
        Reflect.callDraw(birdList[0]);
        Reflect.callDraw(birdList[1]);
        }
}
// 一个定义动态调用所传递类对象方法的方法的类
class Reflect {
    public static void callDraw(Object birdObj) {
        Type typ = birdObj.GetType();
            // 找到给定类的 draw 方法
            MethodInfo method = typ.GetMethod("draw");
            // 动态调用该方法
```

```
                method.Invoke(birdObj, null);
        }
    }
    class Bird1 {
        public void draw() {
            Console.WriteLine("This is draw from Bird1");
        }
    }
    class Bird2 {
        public void  draw() {
            Console.WriteLine("This is draw from Bird2");
        }
    }
    class Bird3 {
        public void draw() {
            Console.WriteLine("This is draw from Bird3");
        }
    }
    }
```

526

上述动态方法绑定的简单示例只显示了反射的众多用途之一。

除了类的方法和字段，还可以在 Java 和 C # 中通过引用访问以下程序元素：类修饰符（例如 public、static 和 final）、构造函数、方法参数类型和已实现的接口，甚至可以获得对类的继承路径的描述。在 C # 中，还可以发现方法的形式参数的名称，但在 Java 中不行。

C # 的反射与 Java 的反射之间的另一个重要区别是 `System.Reflection.Emit` 命名空间，它是 .NET 的一部分。此命名空间提供了创建 CIL 代码和用于容纳该代码的程序集的功能。Java 并没有提供这种功能，尽管这可以使用其他供应商的工具来完成。

尽管反射为静态类型语言 Java 和 C # 添加了多种功能，但是反射的用户必须意识到其缺点：

- 使用反射几乎都会降低性能。因为在运行时解析类型、方法和字段等不属于运行非反射代码成本的一部分。此外，当类型被动态解析时，代码上就无法进行某些优化。
- 反射暴露了私有字段和方法，这违反了抽象规则和信息隐藏规则，并且还可能导致意外的副作用并对可移植性产生不利影响。
- 早期类型检查的优点已被广泛接受，但通过反射实现的后期绑定显然会丧失该优点。
- 当代码在安全管理器下运行时，某些反射操作可能无法工作，从而使其不可移植。这样的安全性环境就是运行小程序的安全性环境。在大多数情况下，如果一个问题无须反射就能解决，则不应使用反射。

反射是大多数动态类型化语言的组成部分。在 LISP 中，经常会使用反射，动态构造和执行代码并不罕见。在其他解释执行的语言中，例如 JavaScript、Perl 和 Python，在解释过程中会保留符号表，并提供所有有用的类型信息。

例如，在 Python 中，`type` 方法返回给定值的类型。假设 `type（[[7, 14, 21]）`是列表。如果 `isinstance` 方法的第一个参数具有第二个参数中指定的类型，则它将返回布尔值。例如，`isinstance（17, int）`返回 `True`。`callable` 函数用于确定表达式是否返回函数对象。`dir` 函数返回其参数对象的属性列表，包括数据和方法。

527

小结

面向对象程序设计基于三个基本概念：抽象数据类型、继承和动态绑定。面向对象的程序设计语言通过类、方法、对象和消息传递来支持该范式。

本章中有关面向对象程序设计语言的讨论围绕七个设计问题：对象的排他性、子类和子类型、类型检查和多态性、单继承和多继承、动态绑定、对象的显式或隐式释放以及嵌套类。

Smalltalk 是一种纯面向对象语言——一切皆是对象，所有计算都是通过消息传递来完成的。所有类型检查和消息与方法的绑定都是动态的，并且所有继承都是单继承。Smalltalk 没有显式的存储空间释放操作。

C ++ 支持数据抽象、继承、消息与方法之间的可选动态绑定，以及 C 的所有常规功能。这意味着它具有两个不同的类型系统。C++ 提供多继承和显式对象去分配。它包括对类中实体的各种形式的访问控制，其中一些控制可防止子类成为子类型。构造函数和析构函数都可以包含在类中。两者通常都被隐式调用。

与混合语言 C++ 相比，Smalltalk 的动态类型绑定提供了更高的程序设计灵活性，但效率却低得多。

与 C++ 不同，Java 不是混合语言，它仅支持面向对象的程序设计。Java 具有基本标量类型和类。所有对象都是从堆中分配的，并且可以通过引用变量进行访问。Java 没有显式的对象释放操作，而是使用垃圾收集。唯一的子程序是方法，并且只能通过对象或类来调用它们。尽管可以使用接口实现多继承，但它仅直接支持单继承。消息与方法的所有绑定都是动态的，除非无法覆盖方法。除类之外，Java 还提供了包作为第二种封装结构。

基于 C ++ 和 Java 的 C # 支持面向对象程序设计。可以从类或结构中实例化对象。结构对象是栈动态的，不支持继承。派生类中的方法可以通过在方法名之前加 **`base`** 保留字来调用父类的隐藏方法。可以覆盖的方法必须用保留字 **`virtual`** 标记，并且覆盖方法必须用保留字 `override` 标记。所有类（和所有原语）都派生自 `Object`。

528

Ruby 是一种面向对象的脚本语言，其中所有的数据都是对象。与 Smalltalk 一样，所有对象都是从堆中分配的，所有变量都是对对象的无类型引用。所有构造函数都命名为 `Initialize`。所有实例数据都是私有的，但可以包含 `getter` 和 `setter` 方法。已为其提供访问方法的所有实例变量的集合构成了该类的公共接口。这样的实例数据称为属性。Ruby 类是动态的，因为它们是可执行的，可以随时更改。Ruby 仅支持单继承。

类的实例变量存储在 CIR 中，其结构是静态的。子类具有自己的 CIR 以及其父类的 CIR。虚拟方法表支持动态绑定，该表存储指向特定方法的指针。多继承使 CIR 和虚拟方法表的实现更加复杂。

反射是一个过程，程序可以通过该过程访问其类和类型，并可以动态地更改它们以影响程序行为。反射主要用于构建软件工具，例如可视化程序构建工具、调试器和测试系统。类和类型信息（称为元数据）由语言的编译器或解释器收集。在 Java 中，类信息（例如类的方法）在类的 `Class` 对象中可用。`System.Reflection` 命名空间中提供了与 Java 类似的 C # 反射支持。

复习题

1. 描述面向对象语言的三个特性。
2. 类变量和实例变量的区别是什么？
3. 什么是多继承？
4. 什么是多态变量？

5. 什么是覆盖方法？
6. 简述一种使用动态绑定比静态绑定更好的情形。
7. 什么是虚拟方法？
8. 什么是抽象方法？什么是抽象类？
9. 简述本章讨论的面向对象语言的七个设计议题。
10. 什么是嵌套类？
11. 什么是对象消息协议？
12. Smalltalk 对象在哪里分配空间？
13. 解释 Smalltalk 消息如何绑定到方法，何时进行？
529
14. Smalltalk 要做什么类型检查？何时进行？
15. Smalltalk 中支持哪种类型的继承，单继承还是多继承？
16. Smalltalk 对计算最重要的两种影响是什么？
17. 所有的 Smalltalk 变量本质上都是一个类型，该类型是什么？
18. C++ 中的对象在哪里分配空间？
19. C++ 中的堆分配对象是如何释放空间的？
20. 所有 C++ 的子类都是子类型吗？为什么？
21. 在什么情况下，C++ 的方法调用会静态绑定到方法上？
22. 允许设计人员指定可以静态绑定的方法有什么缺点？
23. 在 C++ 中，私有继承和公有继承有何区别？
24. 什么是 C++ 中的友元函数？
25. 什么是 C++ 中的纯虚函数？
26. C++ 中参数是如何传送到超类的构造函数中的？
27. Smalltalk 和 C++ 之间最重要的实际差别是什么？
28. Java 和 C++ 的类型系统有何差别？
29. Java 的对象是在哪里分配的？
30. 什么是装箱？
31. Java 的对象是如何释放空间的？
32. Java 的所有子类都是子类型吗？
33. Java 中超类构造函数如何调用？
34. 在什么情况下，Java 方法调用可静态绑定到方法上？
35. C# 与 C++ 的覆盖方法在语法上有何不同？
36. 在 C# 中，子类覆盖了从父类继承来的一个方法时，如何从子类中调用该方法的父类版本？
37. Ruby 如何实现基本类型，如整型数据和浮点型数据？
38. 在 Ruby 类中如何定义 getter 方法？
39. Ruby 对实例变量支持哪些访问控制？
40. Ruby 对方法支持哪些访问控制？
41. Ruby 的所有子类都是子类型吗？
42. Ruby 支持多继承吗？
43. 反射机制允许程序做什么？
44. 在反射的背景下，什么是元数据？
530
45. 什么是自省？
46. 什么是调解？
47. Java 中的什么类在程序中存储有关类的信息？
48. Java 名称扩展 `.class` 有什么作用？

49. Java 的 getMethods 方法有什么作用？
50. C #名称空间 System.Reflection.Emit 有什么作用？

习题

1. SIMULA 67 缺少了哪些支持面向对象程序设计的重要部分？
2. 解释替代原理。
3. 解释非子类型的子类创建方法。
4. 比较 C++ 和 Java 中的动态绑定。
5. 比较 C++ 和 Java 中类实体的访问控制。
6. 比较 C++ 多继承与 Java 接口提供的多继承。
7. 在何种程序设计情形下，多继承明显优于接口？
8. 解释通过继承改进的抽象数据类型的两个问题。
9. 描述一个子类对它的父类所做的改变有哪些类别。
10. 解释继承的一个缺点。
11. 解释一种语言中所有值都是对象的优点和缺点。
12. 子类和其父类是 is-a 关系到底意味着什么？
13. 描述覆盖方法的参数应匹配被覆盖方法的参数的问题。
14. 解释 Smalltalk 的类型检查机制。
15. Java 的设计者显然认为，像 C++ 那样通过允许方法静态绑定来提高效率是不划算的。有哪些支持和反对 Java 这种设计的论点？
16. 为什么所有 Java 对象都有一个共同的祖先？
17. Java 中 finalize 语句的用途是什么？
18. 如果 Java 允许栈动态对象和堆动态对象，能从中获得什么？同时支持两者有什么缺点？
19. C++ 抽象类和 Java 接口之间的区别是什么？ 531
20. 解释为什么在 Java 和 C# 中允许用类实现多重接口，不会产生与 C++ 多继承相同的问题？
21. 研究和解释为什么 C# 不包含 Java 的非静态嵌套类。
22. 能为抽象类定义引用变量吗？如何使用该变量？
23. 比较 Java 和 Ruby 中实例变量的访问控制。
24. 比较 Java 和 Ruby 中实例变量的类型错误检测机制。
25. 解释反射机制的缺点。

程序设计练习

1. 用 Java 重写 12.4.2.2 节中的 single_linked_list、stack_2 和 queue_2 类，并将结果与 C++ 版本在可读性和程序设计难度等方面进行比较。
2. 用 Ruby 重写程序设计练习 1。
3. 设计和实现一个 C++ 程序，该程序定义一个基类 A，A 有子类 B，B 又有子类 C。A 必须实现一个同时被 B 和 C 覆盖的方法。再写一个测试类来实例化 A、B 和 C，并包含该方法的三个调用。其中，一个调用静态绑定到 A 的方法，一个调用动态绑定到 B 的方法，最后一个动态绑定到 C 的方法。所有方法调用都必须经由指向类 A 的指针。
4. 用 C++ 写一个多次调用动态绑定方法和静态绑定方法的程序，对两种方法调用计时。比较计时结果并计算两者所需的时间差，解释该结果。
5. 用 Java 重写程序设计练习 1，使用 final 进行静态绑定。 532

并　　发

本章首先介绍子程序级、单元级以及语句级的各种并发，包括对最常见的几种多处理器计算机体系结构的简要说明。接下来，将详细讨论单元级并发。在介绍单元级并发时，首先从描述基本概念开始，然后再讨论在单元级并发，特别是竞争和合作同步在语言支持方面遇到的问题和挑战。接下来，将详细描述为并发提供语言支持时的设计问题。之后会详细讨论为并发提供语言支持的三种主要方法：信号量、管程和消息传递。伪代码示例程序用于演示如何使用信号量。使用 Ada 和 Java 演示管程，使用 Ada 演示消息传递。此外还将详细描述 Ada 的并发特性。除了重点要讨论的任务，还将讨论受保护对象（有效管程）。然后讨论在 Java 和 C# 中使用线程支持的单元级并发，包括同步的方法。接下来简要概述几个函数式程序设计语言对并发的支持。本章的最后一部分是对语句级并发的简要讨论，包括对高性能 Fortran 中语句级并发的介绍。

13.1　概述

软件执行中的并发可以分为四个不同的级别：指令级别（同时执行两条或多条机器指令）、语句级别（同时执行两条或多条高级语言语句）、单元级别（同时执行两个或多个子程序单元）和程序级别（同时执行两个或多个程序）。由于指令级和程序级并发不涉及语言设计问题，因此本章不进行讨论。本章将讨论子程序和语句级别的并发，并更多地关注于子程序级并发。

并发不是一个简单的概念，它对程序开发人员、程序设计语言设计者和操作系统设计者（因为操作系统提供了大量的并发支持）都提出了挑战。

并发控制机制提高了程序设计的灵活性。此机制设计之初是用于解决操作系统面临的特定问题，如今它在许多其他程序设计应用中也是必需的，例如 Web 浏览器的设计就高度依赖并发。浏览器必须同时执行不同的功能，包括从 Web 服务器发送和接收数据，在屏幕上呈现文本和图像，以及对用户使用鼠标和键盘做出的操作进行响应。大多数现代浏览器使用当代个人计算机中常见的额外核心处理器来执行一些程序，例如客户端脚本代码的解释；另一个例子是用于模拟实际物理系统的软件系统，该系统由多个并发子系统组成。对于所有这些类型的应用程序，程序设计语言（也可以是库，或至少是操作系统）必须支持单元级并发。

533～534

语句级并发与单元级并发完全不同。从语言设计者的角度来看，语句级并发主要是指定如何在不同的内存地址存放数据以及哪些语句可以同时执行。

开发并发软件的目标是生成可扩展且可移植的并发算法。如果在有更多处理器可供使用时其执行速度会增加，则并发算法是**可扩展**（scalable）的。这一点很重要，因为处理器的数量有时会随着新一代计算机的发展而增加。算法必须是可移植的，因为硬件的寿命相对较短，软件系统不应该依赖于特定的体系结构，也就是说它们应该在具有不同体系结构的机器上高效运行。

本章的目的是讨论与语言设计问题最相关的并发问题，而不是对所有并发问题（包括并发程序的开发）进行明确的研究。对于一本关于程序设计语言的书来说，兼顾所有问题显然是不合适的。

13.1.1　多处理器体系结构

大量不同的计算机体系结构具有多个处理器并且可以支持某种形式的并发执行。在我们讨论程序和语句的并发执行之前，有必要简要介绍一下这些体系结构。

首台具有多个处理器的计算机，拥有一个通用处理器及一个或多个其他处理器（通常称为外部处理器，仅用于输入和输出操作）。这种体系结构使得那些出现于 20 世纪 50 年代后期的计算机在执行单个程序时，能够同时为该程序或其他程序执行输入或输出。

20 世纪 60 年代初，此时出现的计算机配有多个完整的处理器。这些处理器由操作系统的作业调度程序使用，将单独的作业从批处理作业队列分配到单独的处理器。具有此结构的系统支持程序级并发。

20 世纪 60 年代中期的计算机往往具有多个相同的部分处理器，用于处理单个指令流提供的指令。例如，一些机器具有两个或多个浮点乘法器，而其他机器具有两个或多个完整的浮点运算单元。这些机器的编译器需要确定哪些指令可以同时执行，并相应地安排这些指令。具有这种结构的系统支持指令级并发。

535

1966 年，迈克尔·弗林（Michael J. Flynn）提出了计算机体系结构的分类，由指令和数据流的个数来区分各。这些分类延用至 20 世纪初期。使用多数据流的体系结构分为两种，分别如下：单指令多数据（Single Instruction Multiple Data，SIMD）体系结构，多个处理器在不同的数据流上执行同一指令。在 SIMD 计算机中，每个处理器都有自己的本地存储器。一个处理器控制其他处理器的操作。由于除控制器之外的所有处理器同时执行相同的指令，因此软件中不需要同步。最广泛使用的 SIMD 机器是一类被称为**向量处理器**（vector processor）的机器。它们具有寄存器组，用于存储向量运算的操作数，同时对整组操作数执行相同的指令。最初，可以从这种体系结构中获益最多的程序类型是科学计算。多处理器机器的目标通常是计算领域，但是 SIMD 处理器现在用于各种应用领域，其中包括图形和视频处理。直到最近，大多数超级计算机都是向量处理器。

多指令多数据（Multiple Instruction Multiple Data，MIMD）体系结构，多个相对独立的处理器同时各自执行指令。MIMD 计算机中的每个处理器执行自己的指令流。MIMD 计算机拥有两种不同的配置：分布式和共享式存储器系统。分布式 MIMD 机器中每个处理器都有自己的存储器，可以构建在单个机箱中，也可以分布在不同的地方。共享内存 MIMD 机器显然必须提供一些同步手段来防止内存访问冲突。即使是分布式 MIMD 机器也需要同步才能在单个程序上同时运行。MIMD 计算机比 SIMD 计算机更通用，它支持单元级并发。本章的焦点是针对共享内存 MIMD 计算机（通常称为**多处理器**（multiprocessor））的语言设计。

随后，成本低廉且功能强大的单片机出现。它们可以将大量微处理器连接到单个机箱内的物理小型网络中。这些类型的计算机通常使用现成的微处理器，许多制造商都提供这种微处理器。

计算机软件的发展在使用并发机器方面并没有得到实质性的突破，其中一个重要原因就是处理器的能力在不断增强。人们使用并发机器就是为了能够提高计算速度。但是，下面的两个硬件因素已经可以提供更快的计算服务，人们无须再对软件系统的体系结构进行改进。首先，每一代新处理器（大约每 18 个月出现一次）的时钟频率都会变得更快。其次，处理器体系结构中内置了几种不同的并发，包括将指令和数据流水线化传输到处理器（在执行当前指令时获取和解码下一个指令以供将来执行），使用单独的行指令和数据，预读取指令和数据，以及算术运算的并发。所有这些统称为**隐藏并发**（hidden concurrency）。执行速度提

536

高的结果是，不需要软件开发人员研发并发软件系统，生产率就可以极大地提高。

如今情况已发生变化，各个处理器的升级迭代不再显著提高时钟频率。计算能力的显著提高是由于处理器数量的增加，例如谷歌和亚马逊以及科研应用运营的大型服务器系统。现在，许多其他大型计算任务在由大量相对较小的处理器组成的计算机上运行。

计算机硬件的另一个新进展是在单个芯片上开发多个处理器，例如Intel Core Duo和Core Quad芯片，这给软件开发人员带来了更大的压力，要求他们尽可能地挖掘多处理器计算机的可用性能潜力。如若不然，并发硬件将被浪费，生产率也不会提高。

13.1.2　并发的分类

并发单元控制有两种不同的类别，最基础的并发类别是**物理并发**（physical concurrency），即假设有多个处理器可用，同一程序中的几个程序单元实际上是同时执行的。稍微放宽并发的概念，虽然看似由多个处理器为程序员和应用程序软件提供并发支持，但实际上程序是在单个处理器上交错执行的，这就是**逻辑并发**（logical concurrency）。从程序员和语言设计者的角度来看，逻辑并发与物理并发相同。语言设计者的任务是使用底层操作系统的功能将逻辑并发映射到主机硬件。逻辑和物理并发都允许将并发概念用作程序设计方法。本章其余部分的讨论均适用于物理和逻辑并发。

有一种能够将程序执行流程可视化的有效方式，那就是想象一个线程放在程序源文本的语句中。在特定执行上达成的每个语句都由表示该执行的线程覆盖。通过源程序可视地跟踪线程，跟踪可执行程序版本的执行流程。当然，除了最简单的程序，线程的执行流程都遵循一条高度复杂的路径，这种路径无法直观地观测。从形式上看，程序中的**控制线程**（thread of control）是程序中的控制流达到的程序点序列。

具有协同程序（参见第9章）但没有并发子程序的程序，有时被称为**准并发**（quasi-concurrent），尽管它们只具有单一的控制线程。物理上并发执行的程序可以具有多个控制线程。每个处理器都可以执行其中的一个线程。虽然从逻辑上讲，并发程序的执行实际上可能只有一个控制线程，但只有把这种程序想象成有多个控制线程，才能对其进行设计和分析。被设计为具有多个控制线程的程序称为**多线程**（multithreaded）程序。当多线程程序在单处理器机器上执行时，其线程将映射到单个线程上。在这种情况下，我们称它为虚拟多线程程序。

537

语句级并发是一个相对简单的概念。在常见的语句级并发中，包含对数组元素进行操作的语句的循环被拆开，这样处理过程可以分布在多个处理器上。例如，展开重复执行500次并包含对1/500的数组元素进行操作的语句的循环，使得在10个不同处理器中，每一个处理器可以同时处理50个数组元素。

13.1.3　使用并发的动机

以下四个动机促使人们设计并发软件系统。

第一个动机是多处理器的机器上程序的执行速度。这些机器为提高程序的执行速度提供了一个有效途径，但前提是程序的设计要利用并发硬件。现在已经安装了大量的多处理器计算机，包括过去几年销售的大量个人计算机。不利用这些硬件资源是很浪费的。

第二个动机是，即使一台机器只有一个处理器，写成使用并发执行的程序也比写成顺序（非并发）执行的相同程序快。要做到这一点，要求程序不受计算约束（顺序版本没有充分利用处理器）。

第三个动机是，并发提供一种不同的方法来概念化问题的程序解决方案。许多问题领域自然而然地适合于并发，就像递归是设计某些问题解决方案的一种自然方式一样。此外，许多程序是为了模拟物理实体和活动而编写的。在许多情况下，被模拟的系统包括一个以上的实体，这些实体同时进行各种操作——例如，在受控空域中飞行的飞机，通信网络中的中继站，以及工厂中的各种机器。为了准确地模拟这类系统，必须使用并发软件。

使用并发的第四个动机是编写分布在多台机器上的应用程序，无论是本地还是通过互联网。许多机器，例如汽车，都有一台以上的内置计算机，每台计算机都专门负责一些特定的任务。在许多情况下，这些计算机的集合必须同步执行它们的程序。互联网游戏是另一个在多个处理器上分布的软件的例子。

538

并发现在已经被应用于众多的日常计算任务中。Web 服务器同时处理文档请求。Web 浏览器现在使用二级核心处理器来运行图形处理并解释嵌入文档中的程序设计代码。在每个操作系统中，都有许多并发进程在时刻执行，管理资源，从键盘上获取输入，显示程序的输出，以及读写外部内存设备。总之，并发已经成为计算中无处不在的一部分。

13.2　子程序级并发

在考虑支持并发的语言之前，必须理解并发的基本概念及实现并发的要求。这些话题是本章的主题。

13.2.1　基本概念

任务（task）是程序的一个单元，它类似于子程序，可以与同一程序的其他单元同时执行。程序中的每个任务都可以由一个线程控制。有时也把任务称为**进程**（process）。在某些语言中，例如 Java 和 C#，某些方法可被视为任务。这些方法在被称为**线程**（thread）的对象中执行。

任务的三个特征将它们与子程序区分开来。首先，任务可以隐式启动，而子程序必须被显式调用。其次，当程序单元调用任务时，在某些情况下，它不需要等待任务完成其执行过程，也可以继续执行。最后，当任务的执行完成时，控制线程可能会返回到开始执行的单元，也可能不返回。

任务分为两大类：重量级和轻量级。简单地说，**重量级任务**（heavyweight task）在其自己的地址空间中执行。**轻量级任务**（lightweight task）都在同一地址空间中运行。与重量级任务相比，实现轻量级任务更容易。此外，轻量级任务比重量级任务更有效，因为管理执行轻量级任务所需的工作量更少。

一个任务可以通过共享非本地变量、消息传递或参数与其他任务进行通信。如果任务不以任何方式与程序中的任何其他任务通信或影响其他任务执行，则称它们**不相交**（disjoint）。因为任务通常一起工作来模拟或解决问题，因此大部分任务是相交的，所以它们必须使用某种形式的通信来同步执行或共享数据，又或者两者都做。

同步（synchronization）是一种控制任务执行顺序的机制。任务共享数据时需要两种同步：合作和竞争。当任务 A 必须等待任务 B 完成某些特定活动，然后才能开始或继续执行时，任务 A 和任务 B 之间需要**合作同步**（cooperation synchronization）。当两个任务都需要使用一些无法同时使用的资源时，需要在两个任务之间进行**竞争同步**（competition synchronization）。具体来说，如果任务 A 需要在任务 B 访问 x 时访问共享数据位置 x，则任务 A 必须等待任务 B 完成其对 x 的处理。因此，对于合作同步，任务可能需要等待特定处

539

理完成，任务才能正确操作；而对于竞争同步，任务可能需要等待，直到当前在特定共享数据上发生的任何任务的任何其他处理完成后才能继续执行。

一种简单形式的合作同步可以通过**生产者—消费者问题**（producer-consumer problem）这一常见问题来说明。这个问题起源于操作系统的开发，其中一个程序单元产生一些数据值或资源，而另一个程序单元使用它。生成的数据通常由生产单元放置在存储缓冲器中，并由消耗单元从该缓冲器中移除。必须同步缓冲区的存储和删除顺序。如果缓冲区为空，则不允许消费者单元从缓冲区获取数据。同样，如果缓冲区已满，则不允许生产者单元将新数据放入缓冲区。这是合作同步的问题，因为如果要正确使用缓冲区，则共享数据结构的用户必须合作。

竞争同步可防止两个任务在完全相同的时间访问共享数据结构。这种情况可能会破坏共享数据的完整性。为了提供竞争同步，必须保证对共享数据的互斥访问。

为了解释清楚竞争问题，请考虑以下情形：假设任务 A 具有语句 TOTAL + = 1，其中 TOTAL 是共享整数变量。此外，假设任务 B 的语句为 TOTAL * = 2。任务 A 和任务 B 可以尝试同时更改 TOTAL。

在机器语言级别，每个任务可以通过以下三步过程在 TOTAL 上完成其操作：

（1）获取 TOTAL 的值。

（2）执行算术运算。

（3）将新值重新放回 TOTAL。

在没有竞争同步的情况下，给定任务 A 和 B 在 TOTAL 上执行的前述操作，根据操作步骤的顺序，可能会产生四种不同的值。假设在 A 或 B 试图修改 TOTAL 之前，TOTAL 的值为 3。如果任务 A 在任务 B 开始之前完成了它的操作，那么值将是 8，这里假设结果是正确的。但是，如果 A 和 B 都在任务将其新值返回之前获取 TOTAL 的值，则结果将是不正确的。如果 A 首先返回其值，则 TOTAL 的值将为 6，这种情况如图 13.1 所示。如果 B 首先返回其值，则 TOTAL 的值将为 4。最后，如果 B 在任务 A 开始之前完成其操作，则该值将为 7。导致这些问题的原因有时被称为**竞争条件**（race condition），因为两个或者更多的任务正在竞相使用共享资源，程序的行为取决于哪个任务首先到达（并赢得比赛）。现在应该清楚竞争同步的重要性。 540

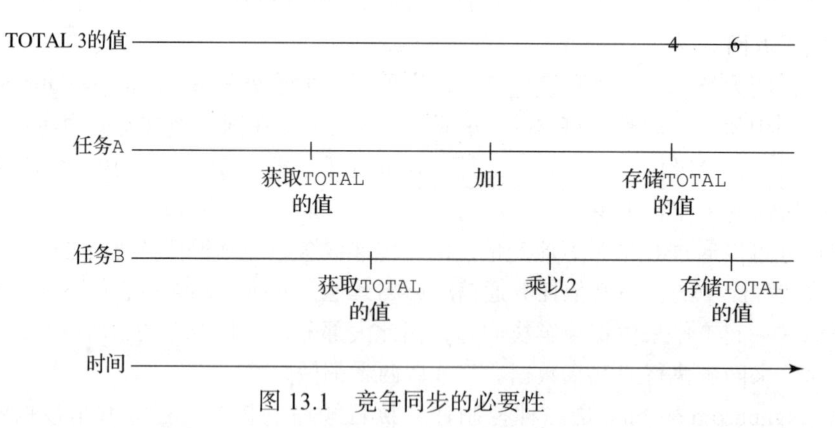

图 13.1　竞争同步的必要性

对共享资源进行互斥访问（以支持竞争同步）的一种通用方法是将资源视为任务可以拥有的东西，并且每次仅允许单个任务拥有它。要获得共享资源，任务必须请求它，只有在没有其他任务占有时才会获得占有权。当任务拥有资源时，将阻止所有其他任务访问该资源。当任务完成时，它必须放弃该共享资源的占有权，以便其他任务访问该资源。

实现对共享资源互斥访问的三种方法是信号量（在 13.3 节中讨论）、管程（在 13.4 节中讨论）和消息传递（在 13.5 节中讨论）。

同步机制必须能够延迟任务执行。同步对任务附加了一个执行顺序，并通过这些延迟来执行。为了理解任务在其生命周期中会发生什么，我们必须考虑如何控制任务的执行。无论一台机器是拥有一个处理器还是多个处理器，总是存在任务数量多于处理器数量的可能性。被称为**调度程序**（scheduler）的运行时系统程序负责管理任务如何共享处理器。如果从来没有任何中断且任务都具有相同的优先级，则调度程序可以简单地为每个任务分配一个时间片例如 0.1 秒，当轮到一个任务时，调度器可以让它在一个处理器上执行 0.1 秒。当然，有几个因素会让这个问题变得复杂，例如，同步的任务延迟和输入或输出操作的延迟。由于输入和输出操作的速度比处理器的速度慢，因此在等待完成此类操作时，不允许任务保留处理器。

任务可以处于几种不同的状态：

（1）*新建*：任务在完成创建但尚未开始执行时所处的状态。

（2）*就绪态*：任务已准备好运行但当前未运行时所处的状态。调度程序要么没有为它分配处理器，要么是它先前已经运行但是以本小节第 4 段中描述的某种方式被阻塞。准备运行的任务通常存储在**任务就绪队列**（task-ready queue）中。 541

（3）*运行态*：正在运行的任务是当前正在执行的任务；也就是说，它拥有处理器并且处理器正在执行它的代码。

（4）*阻塞态*：阻塞的任务指的是刚刚在运行，但该运行过程被某个不同的事件中断，其中最常见的是输入或输出操作。除了输入和输出，某些语言还为用户程序提供操作以指定要阻塞的任务。

（5）*死亡态*：死亡的任务在任何情况下都不再活跃。任务在执行完成时或在程序明确终止时死亡。

图 13.2 显示了任务状态转换的流程图。

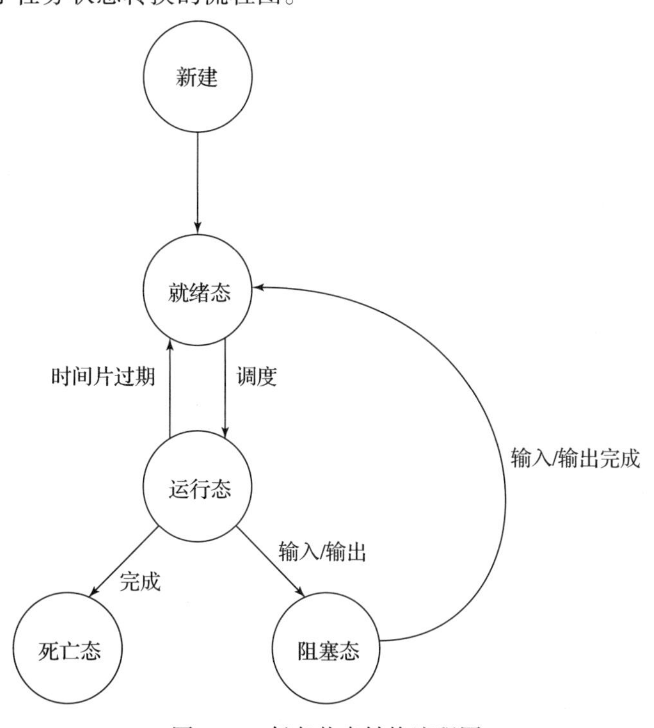

图 13.2　任务状态转换流程图 542

在任务执行中有一个重要的问题：当正在运行的任务被阻塞或时间片过期时，如何选择一个就绪任务进入运行状态？目前人们已经提出了几种不同的算法来做出选择，其中一些基于可指定的优先级。进行选择的算法在调度程序中实现。

活性（liveness）的概念与任务的并发执行和共享资源的使用相关。在顺序执行的程序中，如果程序持续执行，那么程序始终具有活性特征，直到最终完成。更一般地说，活性意味着如果某个事件（例如程序完成）应该发生，那么它最终一定会发生。也就是说，程序不断执行。在并发环境和共享资源中，任务的活性可能不复存在，这意味着程序无法继续，因此永远不会终止。

例如，假设任务 A 和任务 B 都需要共享资源 X 和 Y 来完成其工作。此外，假设任务 A 获得 X 并且任务 B 获得 Y。在一些执行之后，任务 A 需要资源 Y 以继续执行，因此它需要请求 Y 但必须等到 B 释放它。同样，任务 B 请求 X 但必须等到 A 释放它。任务 A 和 B 都不愿意放弃已经拥有的资源，因此都失去了活性，导致程序的执行永远不会正常完成。这种特殊的活力丧失称为**死锁**（deadlock）。死锁会对程序可靠性产生严重威胁，因此在语言和程序设计中需要认真考虑以避免死锁。

我们现在准备讨论一些提供并发单元控制的语言机制。

13.2.2　并发语言设计

在某些情况下，并发是通过库实现的。其中包括 OpenMP，一个应用程序的程序设计接口，它支持在各种平台上使用 C、C ++ 和 Fortran 进行共享内存多处理器程序设计。当然，本书主要研究如何设计支持并发的语言。从 20 世纪 60 年代中期的 PL / I 开始，包括当代语言 Ada 95、Java、C#、F#、Python 和 Ruby[⊖]，都被设计为支持并发。

13.2.3　设计问题

为并发提供语言支持所面临的最重要的设计问题已经详细讨论过：竞争和合作同步。除此之外，还有一些次要的设计问题。其中较为突出的是应用程序如何影响任务调度。此外，还存在如何开始和结束任务，如何创建任务，以及何时创建它们的问题。

543

请记住，我们对并发的讨论并不完整，我们只讨论了与支持并发相关的最重要的语言设计问题。

后文将讨论针对并发设计问题的三种不同方法：信号量、管程和消息传递。

13.3　信号量

信号量是一种可用于实现任务同步的简单机制。尽管信号量是提供同步的早期方法，但当代语言和基于库的并发支持系统中仍在使用信号量。在以下段落中，我们将描述信号量并讨论它们如何实现同步控制。

13.3.1　概述

为了通过互斥的方式访问共享数据结构来提供竞争同步，Edsger Dijkstra 于 1965 年设

⊖ 对 Python 和 Ruby 来说，程序被解释器解释为机器码，因此只能存在逻辑并发。即使机器有多个处理器，这些程序也不能使用多个处理器。

计了信号量（Dijkstra，1968b）。信号量也可用于提供合作同步。

为了实现对数据结构的有限访问，可以在访问该结构的代码周围放置哨兵。**哨兵**（guard）是一种语言设备，只有在指定条件为真时才允许执行受保护的代码。因此，可以使用它来保护一次只允许一个任务访问特定共享数据结构。信号量是哨兵的实现。具体而言，**信号量**（semaphore）是由整数和存储任务描述符的队列组成的数据结构。**任务描述符**（task descriptor）是存储任务执行状态的所有相关信息的数据结构。

保护机制包含一个程序，该程序用于确保受保护代码中所有尝试执行的代码最终都能执行。典型的方法是让访问请求发生在无法授予访问权限时，或将该请求存储在任务描述符队列中，随后允许这些请求离开队列并执行受保护的代码。这就是信号量必须同时具有计数器和任务描述符队列的原因。

信号量只提供仅有的两种操作，即P操作和V操作，它们最初由Dijkstra命名，源于两个荷兰单词passeren（传递）和vrygeren（释放）（Andrews和Schneider，1983）。在本节的其余部分称它们为等待（wait）和释放（release）。

13.3.2 合作同步

在本章的大部分内容中，我们以生产者和消费者使用的共享缓冲区为例来说明实现合作和竞争同步的不同方法。对于合作同步，这样的缓冲区必须具有某种用来记录缓冲区中空位置数量和填充位置数量（以防止缓冲区上溢和下溢）的方式。信号量的计数器组件可用于此目的。一个信号量变量（例如`emptyspots`）可以使用其计数器来存储生产者和消费者使用的共享缓冲区中的空位置数量，而另一个（例如`fullspots`）可以使用其计数器来存储填充位置数量。这些信号量的队列可以存储等待访问缓冲区的任务的描述符。`emptyspots`队列可以存储等待缓冲区中可用位置的生产者任务；`fullspots`队列可以存储等待将值放入缓冲区的消费者任务。 544

示例缓冲区为抽象数据类型，其中所有数据都通过子程序`DEPOSIT`进入缓冲区，所有数据都通过子程序`FETCH`离开缓冲区。`DEPOSIT`子程序只需要检查`emptyspots`信号量，看看缓冲区是否有空位。如果至少有一个，则可以继续使用`DEPOSIT`，这必然会减少`emptyspots`的计数器的值。如果缓冲区已满，则必须使`DEPOSIT`的调用者在`emptyspots`队列中等待，直到缓冲区中出现空位。当`DEPOSIT`完成时，`DEPOSIT`子程序增加`fullspots`信号量的计数器的值，以指示缓冲区中还有一个填充位置。

`FETCH`子程序具有与`DEPOSIT`相反的序列。它检查`fullspots`信号量以查看缓冲区是否包含至少一个项目。如果是，则删除一个项目，并且`emptyspots`信号量的计数器值增加1。如果缓冲区为空，则将调用任务放入`fullspots`队列以等待项目出现。当`FETCH`完成时，它必须增加`emptyspots`的计数器的值。

信号量类型的操作通常不是直接的，它们通过`wait`和`release`子程序完成。因此，刚才描述的`DEPOSIT`操作实际上是通过调用`wait`和`release`子程序完成的。请注意，`wait`和`release`必须能够访问任务就绪队列。

`wait`信号量子程序用于测试给定信号量变量的计数器。如果该值大于零，则调用者可以执行其操作。在这种情况下，信号量变量的计数器值自减，表示现在它的计数减少。如果计数器的值为零，则必须将调用者置于信号量变量的等待队列中，并且为处理器分配其他一些处于就绪状态的任务。

release信号量子程序由任务使用，以允许某些任务使用指定信号量变量的某个计数器。如果指定信号量变量的队列为空，这意味着没有任务正在等待，则release信号量子程序计数器自增（以指示还有一个正在被控制的现在可用内容）。如果一个或多个任务正在等待，则release信号量子程序将其中一个任务从信号量队列移动到就绪队列。

545

以下是等待和释放的简明伪代码描述：

```
wait(信号量)
if 信号量计数 >0 then
    信号量计数减一
else
    将调用者放入信号量队列
    尝试将控制权转移到某个就绪态任务
   （如果就绪态任务的队列为空，则发生死锁）
end if

release(信号量)
if 信号量队列为空（没有任务处于等待状态）then
    信号量计数加一
else
    将调用任务放入就绪态任务的队列
    将控制权从信号量队列转移到任务
end
```

现在我们可以提供一个实现共享缓冲区合作同步的示例程序。在这种情况下，共享缓冲区存储整数值，并且是逻辑循环结构。它被设计用于可能存在多个生产者和消费者的任务。

以下伪代码展示了生产者和消费者任务的定义。两个信号量用于防止缓冲器上溢或下溢，从而提供合作同步。假设缓冲区的长度为BUFLEN，实际操作它的进程为FETCH和DEPOSIT。通过点表示法指定对信号量计数器的访问。例如，如果fullspots是信号量，则其计数器由fullspots.count引用。

```
semaphore fullspots, emptyspots;
fullspots.count = 0;
emptyspots.count = BUFLEN;
task producer;
  loop
  -- 生成 VALUE --
  wait(emptyspots);    { wait for a space }
  DEPOSIT(VALUE);
  release(fullspots);  { increase filled spaces }
  end loop;
end producer;

task consumer;
   loop
   wait(fullspots);    { make sure it is not empty }
   FETCH(VALUE);
   release(emptyspots); { increase empty spaces }
   -- 使用 VALUE --
   end loop
end consumer;
```

546

信号量fullspots导致consumer任务队列等待进入缓冲区（如果它当前为空）。信号量emptyspots导致producer任务队列等待使用缓冲区中的空闲空间（如果当前已满）。

13.3.3 竞争同步

我们的缓冲区示例不提供竞争同步。要实现竞争同步可以使用额外的信号量来控制对结构的访问。这个信号量不需要计算任何数字，但可以简单地用其计数器指示当前是否正在使用缓冲区。只有当信号量计数器的值为 1 时，wait 语句才允许访问，这表示当前没有任务访问共享缓冲区。如果信号量计数器的值为 0，则允许当前任务访问，并将任务放在信号量的队列中。请注意，信号量计数器必须初始化为 1。在开始使用队列之前，必须始终将信号量队列初始化为空。

仅需要二进制值计数器的信号量，如下例中用于提供竞争同步的信号量，称为**二进制信号量**（binary semaphore）。

下面的示例伪代码说明了使用信号量为可同时访问的共享缓冲区提供竞争和合作同步。access 信号量用于确保对缓冲区的互斥访问。请记住，可能有多个生产者和多个消费者。

```
semaphore access, fullspots, emptyspots;
access.count = 1;
fullspots.count = 0;
emptyspots.count = BUFLEN;

task producer;
  loop
  -- 生成 VALUE --
  wait(emptyspots);       { wait for a space }
  wait(access);           { wait for access }
  DEPOSIT(VALUE);
  release(access);        { relinquish access }
  release(fullspots);     { increase filled spaces }
  end loop;
end producer;
task consumer;
  loop
  wait(fullspots);       { make sure it is not empty }
  wait(access);          { wait for access }
  FETCH(VALUE);
  release(access);       { relinquish access }
  release(emptyspots);   { increase empty spaces }
  -- 使用 VALUE --
  end loop
end consumer;
```

547

简略地看这个例子可能会让人产生疑惑。具体来说，假设任务在等待调用 consumer 中的 wait(access) 时，另一个任务从共享缓冲区获取最后一个空位。幸运的是，这不可能发生，因为 wait(fullspots) 通过减少 fullspots 计数器的值，在缓冲区中为调用它的任务保留一个空位。

到目前为止，信号量的一个关键方面还没有讨论。回想一下之前对竞争同步问题的描述：对共享数据的操作不得重叠。如果在先前操作仍在进行时开始第二个操作，则共享数据可能会损坏。信号量本身就是一个共享数据对象，因此对信号量的操作也容易受到同样的问题的影响。因此，信号量操作必须是不间断的。许多计算机都具有专为信号量操作而设计的不间断指令。如果没有这样的指令，使用信号量来提供竞争同步就是一个严重的问题，没有简单的解决方案。

13.3.4　评价

使用信号量实现合作同步会产生不安全的程序设计环境。由于信号量的正确性取决于它们出现在程序中时的语义，程序无法静态检查信号量的正确性。在缓冲区示例中，省略 producer 任务的 wait(emptyspots) 语句将导致缓冲区溢出。省略 consumer 任务的 wait(fullspots) 语句将导致缓冲区下溢。省略任一 release 语句都会导致死锁，导致合作同步失败。

当使用信号量进行竞争同步时，信号量在实现合作同步时引起的可靠性问题也会出现。在任何一个任务中省略 wait(access) 语句都会导致对缓冲区的不安全访问。在任何一个任务中省略 release(access) 语句都会导致死锁，导致竞争同步失败。借用 Per Brinch Hansen（1973）的警示：“信号量是一个优雅的同步工具，适合从不犯错误的理想程序员。”不幸的是，理想的程序员很少见。 548

13.4　管程

在并发环境中，信号量的一些问题的一个解决方案是将共享数据结构与它们的操作封装在一起，并隐藏它们的表示——也就是使共享数据结构成为具有一些特殊限制的抽象数据类型。这种解决方案可以通过将同步任务转移给运行时系统，在没有信号量的情况下提供竞争同步。

13.4.1　概述

在制定数据抽象概念时，参与该工作的人员将相同的概念应用于并发程序设计环境中的共享数据以生成管程。根据 Per Brinch Hansen（Brinch Hansen，1977，p.xvi）的说法，Edsger Dijkstra 在 1971 年建议将共享数据的所有同步操作都收集到一个程序单元中。Brinch Hansen（1973）在操作系统环境中正式确定了这一概念。第二年，Hoare（1974）将这些结构命名为管程。

第一种包含管程的程序设计语言是 Concurrent Pascal（Brinch Hansen，1975）。Modula（Wirth，1977）、CSP / k（Holt et al.，1978）和 Mesa（Mitchell et al.，1979）也提供了管程。在当代语言中，管程由 Ada、Java 和 C# 支持，所有这些都将在本章后面讨论。

13.4.2　竞争同步

管程最重要的特性之一是共享数据驻留在管程中而不是任何客户端单元中。程序员不会通过使用信号量或其他机制来同步对共享数据的互斥访问。由于访问机制是管程的一部分，因此可以通过每次只允许访问一次来保证同步访问，从而实现管理。如果管程在呼叫时忙，则隐式阻止管程过程的呼叫并将其存储在队列中。

13.4.3　合作同步

虽然管程固有地对共享数据进行互斥访问，但进程之间的合作仍然是程序员的任务。特别是程序员必须保证共享缓冲区不会出现下溢或上溢。不同的语言提供不同的程序设计合作同步方式，所有这些都与信号量有关。

图 13.3 描述了一个包含四个任务的程序和一个管程，该管程提供对并发共享缓冲区的同步访问。 549

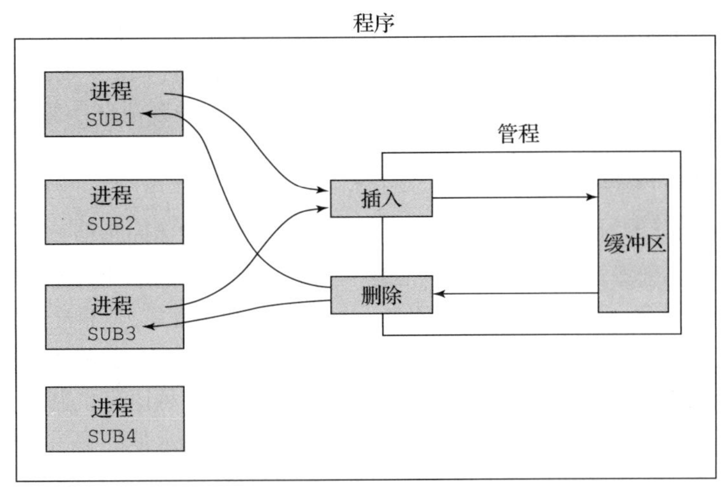

图 13.3　一个使用管程控制对共享数据的访问的程序

在此图中，管程的界面由被标注为“插入”和“删除”的两个框（用于插入和删除数据）组成。管程看起来就像一个抽象数据类型，一个访问受限的数据结构，它也确实如此。

13.4.4　评价

管程是能比信号量更好地提供竞争同步的方法，主要是因为信号量存在（如 13.3 节所述的）问题。合作同步仍然是管程的问题，在以下各节中讨论 Ada 和 Java 的管程实现时将具体阐述。

信号量和管程在表示并发控制方面同样强大：信号量可用于实现管程，管程可用于实现信号量。

Ada 提供了两种实现管程的方法。Ada 83 包含可用于支持管程的一般任务模型。Ada 95 添加了一种更清晰更有效的构建管程的方法，称为*受保护对象*。这两种方法都将消息传递作为支持并发的基本模型。消息传递模型允许分发并发单元，但管程不允许。消息传递在 13.5 节中叙述，13.6 节将讨论 Ada 对消息传递的支持。

在 Java 中，管程可以在被设计为抽象数据类型的类中实现，共享数据可作为一种数据类型。Java 通过将 **synchronized** 修饰符添加到访问方法中来控制对类的对象的访问。13.7.4 节将给出用 Java 编写的共享缓冲区管程的示例。 550

C# 有一个预定义的类 Monitor，用于实现管程。

13.5　消息传递

本节介绍并发中消息传递的基本概念。请注意，这种消息传递的概念与面向对象程序设计中执行方法的消息传递无关。

13.5.1　概述

Brinch Hansen（1978）和 Hoare（1978）率先尝试设计通过消息传递在并发任务之间实现并发的语言。这些消息传递的先驱开发人员还开发了一种技术，用于解决其他多个任务同时请求与给定任务通信时，控制线程该怎么做的问题。这种技术要求某种形式的不确定性，以便采取公平的原则选择首先回应某些请求。这种公平性可以通过各种方式定义，但一般来说，这意味着给所有请求者都提供了与给定任务通信的平等机会（假设每个请求者具有相同的优先级）。Dijkstra（1975）引入了用于语句级控制的非确定性构造，称为保护命令（guarded command）。保护命令在第8章中讨论。保护命令是用于控制消息传递的结构的基础。

13.5.2 同步消息传递的概念

消息传递可以是同步的也可以是异步的。在这里，我们描述同步消息传递。同步消息传递的基本概念如下：任务通常很忙，而在忙时，它们不会被其他单元打断。假设任务 A 和任务 B 都在执行中，并且 A 希望向 B 发送消息。显然，如果 B 忙，则不希望另一个任务中断它，因为这会破坏 B 的当前处理。此外，消息通常会触发接收器中的相关处理，如果其他处理不完整，则可能会导致不合理的处理。另一种方法是提供一种语言机制，允许任务在准备好接收消息时指定其他任务。这种做法有点像一位高管，他指示他的秘书保留所有来电，直到完成另一项活动，这项活动也许是重要的对话，当前对话完成后，该高管告诉秘书他现在要与其中一位被搁置的来电者交谈。

我们可以设计一个任务，它可以在某个时刻暂停其执行，因为它是空闲的，或者它需要来自另一个单元的信息才能继续。这就像一个正在等待重要电话的人。在某些情况下，除了坐着等待之外别无他法。但是，如果任务 A 在任务 B 发送该消息时正在等待消息，则该消息成功发送。消息的这种实际传输称为**汇合**（rendezvous）。请注意，只有发送方和接收方都希望汇合发生时，它才会发生。在汇合期间，可以向任一方向传递这条消息的相关信息。

551

使用消息传递模型可以方便地处理任务的合作和竞争同步，以下部分将详细解释这些内容。

13.6 Ada 并发支持

本节描述 Ada 提供的并发支持。Ada 83 仅支持同步消息传递。

13.6.1 基本概念

Ada 的任务设计部分基于 Brinch Hansen 和 Hoare 的前期工作，其中消息传递是设计基础，非确定性用于在已发送消息的任务中选择某个任务执行操作。

完整的 Ada 任务模型很复杂，以下对它的讨论是有限的。讨论的重点将放在 Ada 的消息传递机制上。

Ada 任务比管程更活跃。管程是被动实体，为它们存储的共享数据提供管理服务。Ada 任务仅在请求这些服务时提供服务。当用于管理共享数据时，Ada 任务被视为驻留在它们管理的资源中的管理员。它们有几种机制，一些是确定性的，一些是非确定性的，这些机制允许它们在竞争访问资源的请求中进行选择。

Ada 任务有两个语法部分：规范部分和正文部分，两者具有相同的名称。任务的接口是其入口点或一个具体的内存地址，该地址可以接收来自其他任务的消息。这些入口点是其接口的一部分，所以它们很自然地属于任务的规范部分。因为汇合涉及信息交换，所以消息可以具有参数；此外，任务入口点还必须允许接收参数，这些参数也必须在规范部分中描述。从外观上看，任务规范类似于抽象数据类型的包规范。

以下代码是 Ada 任务规范部分的示例，其中包含名为 `Entry_1` 的单个入口点，该入口点具有 `in` 方式参数：

```
task Task_Example is
  entry Entry_1(Item : in Integer);
end Task_Example;
```

552

任务主体必须包含入口点相关的语法形式，这种语法形式与该任务规范部分中的 **entry** 语句相对应。在 Ada 中，这些任务主体入口点由 **accept** 保留字引入的子句指定。**accept** 子句（accept clause）以 accept 保留字开头并以相匹配的 **end** 保留字结束。**accept** 子句本身相对简单，但是它们可以嵌入其他构造使语义变得复杂。简单的 **accept** 子句具有以下形式：

```
accept entry_name (formal parameters) do
  ...
end entry_name;
```

入口名称 **accept** 与关联任务规范部分的 **entry** 子句的名称匹配。可选参数提供了在调用者和被调用者之间传递数据的方法。**do** 和 **end** 之间的语句定义在汇合期间发生的操作。这些语句一起被称为 **accept 子句体**（accept clause body）。在实际的汇合期间，发送方任务被暂停。

每当 **accept** 子句收到一条不愿意接受的消息时，无论出于何种原因，都必须暂停发送方任务，直到接收方任务中的 accept 子句准备接受该消息为止。当然，**accept** 子句还必须记住尝试发送消息但未被接受的发送者任务。为此，任务中的每个 **accept** 子句都有一个与之关联的队列，该队列存储尝试与之通信但未能成功的其他任务的列表。

以下是该任务的骨架体（skeletal body），其规范先前已给出：

```
task body Task_Example is
  begin
  loop
    accept Entry_1(Item : in Integer) do
      ...
    end Entry_1;
  end loop;
  end Task_Example;
```

此任务主体的 **accept** 子句是任务规范中名为 Entry_1 的 **entry** 的实现。如果在任何其他任务向 Entry_1 发送消息之前，Task_Example 已经开始执行并到达 Entry_1 接受子句，则会暂停 Task_Example。当 Task_Example 在 accept 处暂停时，另一个任务向 Entry_1 发送消息，则会发生汇合并执行 **accept** 子句主体。然后，由于循环，程序返回 **accept** 子句。如果没有其他任务向 Entry_1 发送消息，则程序将再次暂停以等待下一条消息。

553

在这个简单的例子中，汇合以两种基本方式发生。首先，接收器任务 Task_Example 可以等待另一个任务向 Entry_1 入口发送消息。其他任务发送消息后发生汇合，就像上文描述的那样。其次，当另一个任务试图向同一入口发送消息时，接收者任务可能忙于汇合，或者正在执行一个和汇合无关的任务。在这种情况下，发送方将被挂起，直到接收方可以进行汇合并自由接受该消息。如果在接收器忙时有多个消息到达，则发送者排队等待直到轮到它们进行汇合。

刚刚描述的两个汇合用图 13.4 中的时间线图表示。

有些任务不需要有入口点，这些任务被称为**主动任务**（actor task），因为它们不用等待汇合就能完成它们的工作。主动任务可以通过发送消息与其他任务汇合。与主动任务不同，一个任务可以有 accept 子句，但是 accept 子句之外没有任何代码，该任务只能对其他任务做出反应。这种任务被称为**服务任务**（server task）。

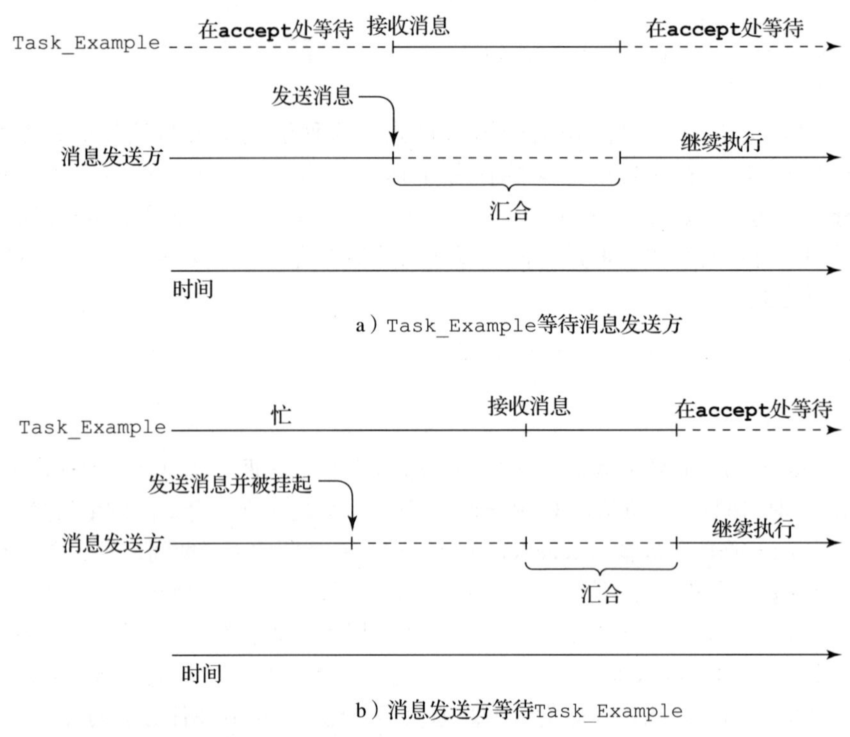

图 13.4　与 Task_Example 汇合的两种情况

Ada 任务将消息发送到另一个任务时，发送者任务必须知道接收者任务所有入口点的名称。但是，反过来未必如此：任务的入口点不需要知道向它发送消息的任务的名称。这种不对称性与被称为 CSP（Communicating Sequential Processes（Hoare，1978））的语言设计形成对比。CSP 使用并发的消息传递模型，任务仅接受来自显式命名任务的消息。这样做的缺点是无法构建任务库以供一般使用。

554　描述任务 A 向任务 B 发送消息以完成汇合的图形方法如图 13.5 所示。

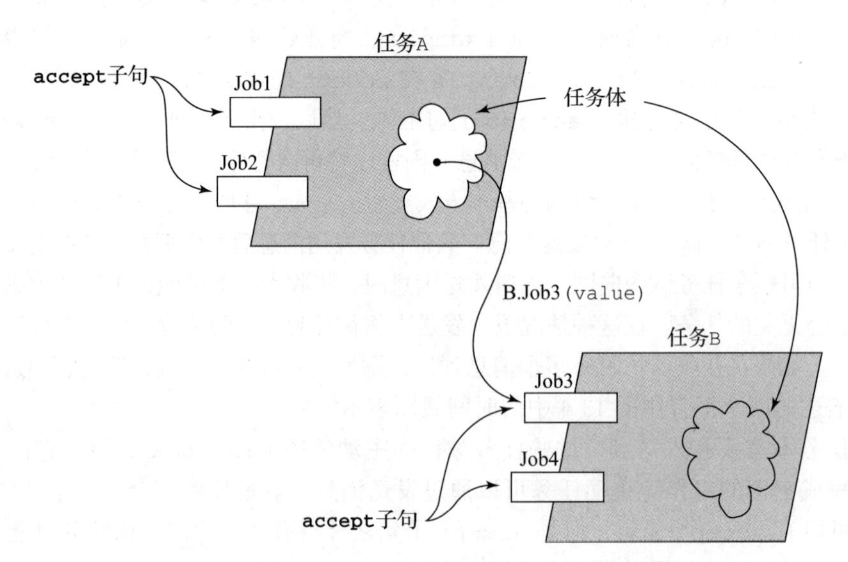

图 13.5　任务 A 向任务 B 发送信息以完成汇合的图形表示

任务在包、子程序或分程序的声明部分中被声明。静态创建的任务[1]与附加在声明部分代码中的语句同时开始执行。例如，在主程序中声明的任务与主程序的代码主体中的第一个语句同时开始执行。任务终止是一个复杂的问题，本节稍后将对此进行讨论。

任务可以包含任意数量的入口。与任务相关联的 **accept** 子句在该任务中出现的顺序决定了这些子句接收消息的顺序。如果任务具有多个入口点并要求它们能够以任何顺序接收消息，则使用 **select** 语句来封闭入口。例如，假设一项任务为银行出纳员的活动建模，他们既要在银行内的柜台窗口为客户提供服务，也要在驾车窗口（一种不需要下车就能办理业务的窗口）为客户提供服务。以下出纳员任务的骨架说明了一个 select 结构：

555

```
task body Teller is
begin
  loop
    select
      accept Drive_Up(formal parameters) do
        ...
      end Drive_Up;
      ...
    or
      accept Walk_Up(formal parameters) do
        ...
      end Walk_Up;
      ...
    end select;
  end loop;
end Teller;
```

在此任务中有两个 **accept** 子句，Walk_Up 和 Drive_Up，每个子句都有一个关联的队列。**select** 执行时会检查与两个 **accept** 子句关联的队列。如果其中一个队列为空，但另一个队列包含至少一个等待消息（客户），则与等待消息相关联的 **accept** 子句与发送收到的第一条消息的任务进行汇合。如果两个 **accept** 子句的队列都为空，select 会等待，直到调用其中一个条目。如果两个 **accept** 子句的队列都为非空，则 select 选择其中一个 **accept** 子句与其中一个调用者汇合。循环强制 **select** 语句重复执行。

accept 子句的结尾标记了分配或引用 **accept** 子句形式参数的代码的结束。在 **accept** 子句与下一个 **or** 子句（或者 **end select** 之间，如果 **accept** 子句是 **select** 中的最后一个）之间的代码被称为**扩展 accept 子句**。扩展 **accept** 子句仅在关联的（紧接在前的）**accept** 子句完成后执行。扩展 **accept** 子句的执行不是汇合的一部分，它可以与调用任务同时执行。发送方在汇合期间被挂起，但是当达到 **accept** 子句的结尾时，它将被放回就绪队列中。如果 **accept** 子句没有形式参数，则不需要 do-end，而 **accept** 子句可以完全由扩展 **accept** 子句组成，这样的 **accept** 子句将专门用于同步。扩展 **accept** 子句在 13.6.3 节的 Buf_Task 任务中说明。

556

13.6.2　合作同步

每个 **accept** 子句都可以以 **when** 子句的形式附加一个可以延迟汇合的保护机制。例如，

[1] 任务也可以动态创建，但这里不包括这些任务。

```
when not Full(Buffer) =>
  accept Deposit(New_Value) do
    ...
  end
```

带有 **when** 子句的 **accept** 子句有开放（open）和关闭（closed）两种状态。如果 **when** 子句的布尔表达式为 true，则该 **accept** 子句称为**开放的**（open）；如果布尔表达式为 false，则该 **accept** 子句称为**关闭的**（closed）。没有保护机制的 **accept** 子句始终是开放的，一个开放的 **accept** 子句可用于汇合，关闭的则不能。

假设 **select** 子句中有几个受保护的 **accept** 子句。这样的 **select** 子句通常放在无限循环中。循环使 **select** 子句重复执行，每次重复时都会执行每个 **when** 子句。每次重复都会构建一个开放的 **accept** 子句列表。如果其中一个开放的 **accept** 子句具有非空队列，则会从该队列中获取消息并进行汇合。如果多个开放的 **accept** 子句都具有非空队列，则会以不确定的方式选择一个队列，从该队列中获取消息并进行汇合。如果所有开放的 **accept** 子句的队列都为空，则任务将等待消息到达其中一个 **accept** 子句，此时将发生汇合。如果执行 **select** 时每个 **accept** 子句都是关闭的，则会产生运行时异常或错误。程序设计时请确保其中一个 **when** 子句始终为 true 或者在 **select** 中添加 **else** 子句，以避免这种可能性。除了 **accept** 子句，**else** 子句可以包含任何语句序列。

select 子句可以有一个特殊语句 **terminate**，只有在它处于开放状态且没有其他 **accept** 子句处于开放状态时，**select** 才会选择这条语句。选择 **terminal** 子句意味着任务已完成其作业但尚未终止。任务终止将在本节后面讨论。

13.6.3 竞争同步

到目前为止描述的 Ada 的特性实现了任务之间的合作同步和通信。接下来，我们将讨论如何在 Ada 中强制执行对共享数据结构的互斥访问。

如果要由任务控制对数据结构的访问，可以在任务中声明数据结构来实现互斥访问。任务的执行语义通常保证了对结构的互斥访问，因为任务中只有一个 **accept** 子句可以在给定时间处于活动状态。当任务嵌套在过程或其他任务中时，会发生唯一的例外情况。例如，如果定义共享数据结构的任务具有嵌套任务，则该嵌套任务也可以访问共享数据结构，这可能破坏数据的完整性。因此，若某任务旨在控制对共享数据结构的访问，则该任务不应嵌套其他任务。

557

以下 Ada 任务示例实现了缓冲区管程。缓冲区的行为与 13.3 节中的缓冲区非常相似，同步由信号量控制。

```
task Buf_Task is
   entry Deposit(Item : in Integer);
   entry Fetch(Item : out Integer);
end Buf_Task;

task body Buf_Task is
  Bufsize : constant Integer := 100;
  Buf    :  array (1..Bufsize) of Integer;
  Filled : Integer range 0..Bufsize := 0;
  Next_In,
  Next_Out : Integer range 1..Bufsize := 1;
begin
```

```
   loop
     select
       when Filled < Bufsize =>
          accept Deposit(Item : in Integer) do
            Buf(Next_In) := Item;
          end Deposit;
         Next_In := (Next_In mod Bufsize) + 1;
         Filled := Filled + 1;
     or
       when Filled > 0 =>
         accept Fetch(Item : out Integer) do
           Item := Buf(Next_Out);
         end Fetch;
         Next_Out := (Next_Out mod Bufsize) + 1;
         Filled := Filled - 1;
     end select;
    end loop;
 end Buf_Task;
```

在此示例中，我们扩展了两个 **accept** 子句。这些扩展子句可以与调用与之关联 accept 子句的任务同时执行。

使用 Buf_Task 的生产者和消费者的任务具有以下形式：

```
task Producer;
task Consumer;
task body Producer is
  New_Value : Integer;
begin
  loop
    -- produce New_Value --
    Buf_Task.Deposit(New_Value);
  end loop;
end Producer;

task body Consumer is
  Stored_Value : Integer;
begin
  loop
    Buf_Task.Fetch(Stored_Value);
    -- consume Stored_Value --
  end loop;
end Consumer;
```

558

13.6.4 受保护对象

我们可以将数据封装在任务中，并仅允许通过任务的入口访问数据，通过这种方法来控制对共享数据的访问，这种方法隐式地提供竞争同步。该方法的一个问题是难以有效地实现汇合机制。Ada 95 受保护对象提供了一种实现竞争同步的替代方法，该方法不需要涉及汇合机制。

受保护对象不是任务，它更像是一个管程（13.4 节所述）。受保护对象可以通过受保护子程序访问，也可以通过 entry 子句来访问，这种 entry 子句语法上类似于任务中的 **accept** 子句[⊖]。受保护子程序可以是受保护过程，它提供对受保护对象数据的互斥读写访问，受保护

⊖ 受保护对象体中的条目使用保留词 entry，而不是用于任务体的 accept。

子程序也可以是受保护函数，它提供对该数据的并发只读访问。entry 与受保护子程序的不同之处在于它们可以具有保护机制。

在受保护过程的主体内，封闭且受保护的单元的当前实例被定义为变量；在受保护函数主体内，封闭且受保护的单元的当前实例被定义为常量，允许并发只读访问。

通过入口点调用受保护对象，可以实现一个或多个使用同一个受保护对象的任务之间的同步通信。入口点调用提供了一种访问数据的方式，这种方式与访问任务中封装的数据类似。

使用受保护对象可以更简单地解决缓冲区问题（前一小节中使用任务解决该问题）。请注意，此示例不包含受保护子程序。

559

```
protected Buffer is
  entry Deposit(Item : in Integer);
  entry Fetch(Item : out Integer);

private
  Bufsize : constant Integer := 100;
  Buf    : array  (1..Bufsize) of Integer;
  Filled : Integer range 0..Bufsize := 0;
  Next_In,
  Next_Out : Integer range 1..Bufsize := 1;
  end Buffer;

protected body Buffer is
  entry Deposit(Item : in Integer)
     when Filled < Bufsize is
    begin
    Buf(Next_In) := Item;
    Next_In := (Next_In mod Bufsize) + 1;
    Filled := Filled + 1;
    end Deposit;
  entry Fetch(Item : out Integer) when Filled > 0 is
    begin Item := Buf(Next_Out);
    Next_Out := (Next_Out mod Bufsize) + 1;
    Filled := Filled - 1;
    end Fetch;
end Buffer;
```

13.6.5　评价

使用一般的消息传递并发模型来构建管程就像使用 Ada 包来支持抽象数据类型，与其说这两种工具重要，不如说这两种工具更通用。受保护对象能够提供更好的同步访问共享数据的方法。

对不具有独立存储器的分布式处理器来说，在并发环境中实现对共享数据的同步访问时，选择管程还是具有消息传递机制的任务在某种程度上是一种个人喜好问题。但是，对于 Ada 来说，受保护对象明显优于支持并发访问共享数据的任务，因为受保护对象的代码更简单，效率也更高。

对于分布式系统，消息传递是更好的并发模型，因为它自然地支持在单个处理器上并发执行独立进程。

13.7　Java 线程

Java 中的并发单元由 `run` 方法实现，其代码可以与其他方法（或其他对象）和 `main` 方法并发执行。执行 run 方法的程序被称为**线程**（thread）。Java 的线程是轻量级任务，这意味着它们都在相同的地址空间中运行。这与 Ada 任务不同，后者是重量级线程（每个线程都在自己的地址空间中运行）[㊀]。这种差异导致 Java 线程需要的开销远远少于 Ada 任务。 560

有两种使用 run 方法定义类的方法。其中之一是定义类 Thread（该类属于预定义类）的子类并覆盖其 run 方法。但是，如果新子类具有必要的自然父类，那么将其定义为 Thread 的子类显然是行不通的。在这些情况下，我们定义一个继承自然父类的子类，并实现 Runnable 接口。Runnable 提供 run 方法协议，因此任何实现 Runnable 的类都必须定义 run 方法。实现 Runnable 的类的对象被传递给 Thread 构造函数。因此，这种方法仍然需要 Thread 对象，如 13.7.5 节中的示例所示。

在 Ada 中，任务可以是主动任务或是服务任务，并且可以通过 **accept** 子句相互通信。Java 中的 run 方法都是主动任务，除了 join 方法（参见 13.7.1 节）和共享数据，它们之间没有相互通信的机制。

Java 线程是一个复杂的问题，本节仅介绍其最简单但最有用的部分。

13.7.1　线程类

Thread 类不是任何其他类的自然父类。它为其子类提供一些服务，但它与子类的计算目的无关。Thread 是唯一可用于创建并发 Java 程序的类。如前所述，13.7.5 节将简要讨论 Runnable 接口的使用。

Thread 类包括五个构造函数以及一组方法和常量。描述线程动作的 run 方法总是被 Thread 的子类覆盖。Thread 的 start 方法通过调用 run 方法[㊁]将其线程作为并发单元启动。一般很少调用 start 方法，因为控制权立即返回给调用者，然后调用者继续执行，导致 start 方法与新启动的 run 方法并行。

以下是 Thread 子类的骨架和一个代码片段，它创建子类的对象并在新线程中启动 run 方法：

```
class MyThread extends Thread {
  public void run() { . . . }
}
. . .
Thread myTh = new MyThread();
myTh.start();
```

561

当 Java 应用程序开始执行时，将创建一个新线程（**main** 方法将在该线程中运行）并调用 **main** 方法。因此，所有 Java 应用程序都在线程中运行。

当程序具有多个线程时，调度程序必须在任何给定时间下确定运行哪个或哪些线程。在许多情况下，只有一个处理器可用，因此一次只能运行一个线程。很难准确描述 Java 调度程序的工作原理，因为不同的实现（Solaris、Windows 等）不一定以完全相同的方式调度线程。但是，通常假设所有线程具有相同的优先级，调度程序以循环方式为每个就绪线程提供相等的时间片。13.7.2 节将描述如何为不同的线程赋予不同的优先级。

Thread 类提供了几种控制线程执行的方法。yield 方法不带任何参数，正在运行的线

㊀ 实际上，虽然 Ada 任务的行为看起来像重量级任务，但在某些情况下，它们会被实现为线程。这有时使用库来完成，例如 IBM Rational Apex Native POSIX Threading Library。

㊁ 直接调用 run 方法并不总是有效的，因为 start 方法中包含了有时所需要的初始化。

程通过该方法提交放弃处理器的请求[⊖]。线程立即放入任务就绪队列，使其准备好运行。然后，调度程序从任务就绪队列中选择优先级最高的线程。如果没有其他就绪线程的优先级高于刚刚释放处理器的线程，那么它也可能是下一个获得处理器的线程。

sleep 方法有一个整数参数，代表 sleep 调用者想要阻塞线程（以毫秒为单位）。在经过指定的毫秒数后，该线程将被放入任务就绪队列中。因为无法知道线程在任务就绪队列中存放多久才能运行，所以要让 sleep 方法的参数表示线程不执行的最短时间。sleep 方法可以抛出 InterruptedException 异常，该异常必须在调用 sleep 的方法中处理。第 14 章将详细介绍异常。

join 方法用于强制延迟某方法的执行，直到另一个线程的 run 方法完成其执行过程。当一个方法需要等待另一个线程的工作完成后，才能继续执行时，我们使用 join 方法。例如，定义如下 run 方法：

```
public void run() {
    . . .
    Thread myTh = new Thread();
    myTh.start();
    // 完成本线程中的部分计算
    myTh.join(); // 等待 myTh 执行完毕
    // 完成本线程中的其他计算
}
```

join 方法将调用它的线程置于阻塞状态，只有调用 join 的线程完成后，这种阻塞状态才会结束。如果该线程碰巧被阻塞，则可能发生死锁。为了防止这种情况，可以在调用 join 时传入参数，该参数是待调用线程等待已调用线程完成的时间长度（以毫秒为单位）。例如，以下对 join 的调用将导致待调用线程等待两秒钟，直到 myTh 执行完毕。如果在两秒钟之后它还没有完成执行，则待调用线程将被放回就绪队列，这意味着它将在调度后立即继续执行。

562

```
myTh.join(2000);
```

早期版本的 Java 包括三个 Thread 方法：stop、suspend 和 resume。由于安全问题，这三个方法都已被弃用。stop 方法有时会被一个简单的方法覆盖，该方法通过将其引用变量设置为 null 来销毁该线程。

到达其代码的末尾时，run 方法正常结束执行。但在许多情况下，除非被告知终止，线程将持续运行。关于这一点，存在如何确定线程应该继续还是结束的问题。interrupt 方法是与应该停止的线程进行通信的一种方法。这种方法不会停止线程；相反，它向线程发送一条消息，该消息实际上只是在线程对象中设置一个 bit 位，设置的 bit 位可以由线程检查。使用谓词方法 isInterrupted 检查该位。但这不是一个完整的解决方案，因为尝试中断的线程可能正在休眠或在调用 interrupt 方法时处于等待状态，这意味着它不会检查自身是否已被中断。对于这些情况，interrupt 方法也会抛出异常 InterruptedException，这也会导致线程被唤醒（从休眠或等待状态）。因此，一个线程可以定期检查它是否被中断，如果被中断，它是否可以终止。线程不会错过中断，因为如果它处于休眠或等待状态时，若中断发生，它将被中断唤醒。实际上，有关中断的动作和用法还有更多细节，但本章不涉及

⊖ yield 方法实际上就是对调度程序的“建议”，调度程序可能遵循也可能不遵循（尽管它通常是遵循的）。

它们（Arnold et al.，2006）。

13.7.2 优先级

线程的优先级不一定都是相同的。线程的默认优先级与最初创建它的线程相同。如果 main 创建一个线程，该线程的默认优先级是常量 NORM_PRIORITY，值通常为 5。Thread 定义另外两个优先级常量 MAX_PRIORITY 和 MIN_PRIORITY，它们的值通常分别为 10 和 1[⊖]。线程的优先级可以通过 setPriority 方法改变。新优先级可以是任何预定义常量或处于 MIN_PRIORITY 和 MAX_PRIORITY 之间的任何其他数字。getPriority 方法返回线程的当前优先级。优先级常量在 Thread 中定义。

563

当存在优先级不同的线程时，调度程序的行为由这些优先级控制。当执行线程被阻塞或终止或其时间片到期时，调度程序从具有最高优先级的任务就绪队列中选择线程。只有当优先级较高的线程不在任务就绪队列中时，才会运行优先级较低的线程。

13.7.3 信号量

java.util.concurrent.Semaphore 包定义 Semaphore 类。此类的对象实现计数信号量。计数信号量有一个计数器，但没有用于存储线程描述符的队列。Semaphore 类定义两个方法，获取（acquire）和释放（release），它们对应于 13.3 节中描述的等待和释放操作（PV 操作）。

Semaphore 任务的基本构造函数接受一个整数参数，该参数初始化信号量的计数器。例如，以下内容可用于初始化 13.3.2 节的缓冲区示例中涉及的 fullspots 和 emptyspots 信号量：

```
fullspots = new Semaphore(0);
emptyspots = new Semaphore(BUFLEN);
```

生产者方法的存放操作如下：

```
emptyspots.acquire();
deposit(value);
fullspots.release();
```

同样地，消费者方法的获取操作如下所示：

```
fullspots.acquire();
fetch(value);
emptyspots.release();
```

其中 deposit 方法和 fetch 方法可以借助 13.7.4 节中使用的方法，以竞争同步的方式来访问缓冲区。

13.7.4 竞争同步

可以将特定的 Java 方法（但不是构造函数）指定为同步（**synchronized**）方法。通过特定对象调用的同步方法完成其执行后，其他同步方法才可以在该对象上运行。通过保证访问共享数据的方法（method）是同步的来实现对象上的竞争同步。同步机制实现如下：每个

⊖ 优先级的数量取决于实现，因此在某些实现中可能少于或超过 10 个级别。

Java 对象都有一个锁。同步方法必须在允许执行之前获取对象的锁，对象被锁定期间其他同步方法将无法在对象上执行。同步方法在完成执行时释放其运行对象的锁，即使该方法没有正常执行完毕。考虑以下类的骨架定义：

564

```
class ManageBuf {
  private int [100] buf;
  . . .
  public synchronized void deposit(int item) { . . . }
  public synchronized int fetch() { . . . }
  . . .
}
```

ManageBuf 中定义的两个方法都被定义为同步方法，当它们被不同的线程调用，这可以防止它们在同一个对象上执行时相互干扰。

如果一个对象的所有方法都是同步方法，那么它实际上是一个管程。请注意，对象可能具有一个或多个同步方法，以及一个或多个非同步方法。即使在执行同步方法期间，也可以随时在该对象上运行非同步方法。

在某些情况下，处理共享数据结构的语句数远远少于属于同一方法的其他语句数。在这种情况下，最好同步更改共享数据结构的代码段而不是整个方法。这可以通过同步语句（synchronized statement）来完成，其一般形式如下：

```
synchronized (expression){
 statements
}
```

此代码中的 expression 必须是一个对象，statements 可以是单个语句或复合语句。在执行语句或复合语句期间，对象是锁定的，因此语句或复合语句的执行方式与同步方法的主体完全相同。

定义了同步方法的对象必须具有与之关联的队列，该队列存储在该同步方法正在被调用时，试图调用该方法的其他同步方法。实际上，每个对象都有一个**内部条件队列**（intrinsic condition queue）。Java 隐式地提供这些队列。当同步方法在对象上完成其执行时，如果对象的内部条件队列中存在方法，则将其放入任务就绪队列中。

13.7.5　合作同步

Java 中的合作同步是使用 wait、notify 和 notifyAll 方法实现的，所有这些方法都在 Object（所有 Java 类的根类）中定义。除 Object 之外的所有类都继承这些方法。每个对象都有一个等待列表，其中列出了对这个对象调用 wait 方法的所有线程。调用 notify 方法来告诉一个等待状态的线程其等待的事件已经发生了。无法通过 notify 唤醒特定线程，因为 Java 虚拟机（JVM）将随机从线程对象的等待列表中选择一个线程对象。此外，因为线程处于等待状态的原因各不相同，所以经常使用 notifyAll 方法，而不是 notify 方法。notifyAll 方法通过将对象的等待列表中的所有线程放入任务就绪队列中来唤醒它们。

565

wait、notify 和 notifyAll 方法只能在同步方法中调用，因为它们通过同步方法操作对象上的锁。对 wait 方法的调用始终放在 while 循环中，该循环由方法等待的条件控制。while 循环是必需的，因为除线程正在等待的条件之外的其他条件发生了变化，从而可能导致用于唤醒线程的 notify 或 notifyAll 已被调用。如果 notifyAll 被调用，则等待条件为 true 的可能性将更小。由于使用了 notifyAll 方法，即使上次测试时条件为 true，某些其他线程可能已将条件更改为 false。

wait 方法可以抛出异常 InterruptedException，它是 Exception 类的子类。Java 的异常处理将在第 14 章中讨论。因此，任何调用 wait 方法的代码都必须捕获异常 InterruptedException。假设等待的条件为 theCondition，使用 wait 的传统方法如下：

```
try {
  while (!theCondition)
    wait();
  -- 完成 theCondition 为真后所需完成的任务 --
}
catch(InterruptedException myProblem) { . . . }
```

下面的程序实现了一个循环队列，用于存储 int 类型的整数值。它表明了合作和竞争同步。

```
// 队列
// 这个类实现了一个用于存储 int 类型整数值的循环队列。
// 包含一个为队列分配指定大小的内存空间并初始化队列的构造函数。
// 包含用于在队列中插入和删除数值的同步方法。

class Queue {
  private int [] que;
  private int nextIn,
              nextOut,
              filled,
              queSize;

  public Queue(int size) {
    que = new int [size];
    filled = 0;
    nextIn = 1;
    nextOut = 1;
    queSize = size;
  } //** Queue 构造函数结束

  public synchronized void deposit (int item)
         throws InterruptedException {
    try {
      while (filled == queSize)
        wait();
      que [nextIn] = item;
      nextIn = (nextIn % queSize) + 1;
      filled++;
      notifyAll();
    }  //** try 子句结束
    catch(InterruptedException e) {}
  } //** deposit 方法结束

  public synchronized int fetch()
      throws InterruptedException {
    int item = 0;
    try {
      while (filled == 0)
        wait();
      item = que [nextOut];
      nextOut = (nextOut % queSize) + 1;
      filled--;
      notifyAll();
```

566

```
    }  //** try 子句结束
    catch(InterruptedException e) {}
    return item;
  } //** fetch 方法结束
} //** Queue 类结束
```

请注意，异常处理程序（catch）在此处不执行任何操作。

可以使用 Queue 类的生产者和消费者对象的类定义如下：

```
class Producer extends Thread {
  private Queue buffer;
  public Producer(Queue que) {
    buffer = que;
  }
  public void run() {
     int new_item;
     while  (true) {
      //-- 创建 new_item
      buffer.deposit(new_item);
    }
  }
}
```

567

```
class Consumer extends Thread {
  private Queue buffer;
  public Consumer(Queue que) {
    buffer = que;
  }
  public void run() {
    int stored_item;
    while (true) {
      stored_item = buffer.fetch();
      //-- 使用 stored_item
    }
  }
}
```

下面的代码创建一个 Queue 对象、一个 Producer 对象和一个 Consumer 对象，它们都连接到 Queue 对象，并开始执行：

```
Queue buff1 = new Queue(100);
Producer producer1 = new Producer(buff1);
Consumer consumer1 = new Consumer(buff1);
producer1.start();
consumer1.start();
```

我们可以将 Producer 和 Consumer 中的一个或两个定义为 Runnable 接口的实现，而不是 Thread 的子类。唯一的区别在于第一行，具体代码如下：

```
class Producer implements Runnable { . . . }
```

要创建和运行此类的对象，仍然需要创建连接到该对象的 Thread 对象。这在以下代码中说明：

```
Producer producer1 = new Producer(buff1);
Thread producerThread = new Thread(producer1);
producerThread.start();
```

请注意，缓冲区对象将传递给 Producer 构造函数，Producer 对象将传递给 Thread 构造函数。

568

13.7.6 非阻塞同步

Java 包括一些用于控制对某些变量的访问的类，这些类不包括阻塞或等待。包 java.util.concurrent.atomic 定义允许通过非阻塞同步方式访问 **int**、**long**、**boolen** 等原始类型变量以及引用和数组的类。例如，AtomicInteger 类定义 getter 方法和 setter 方法，同时定义加法、递增、递减操作的方法。这些操作都是原子级的，它们不能被中断，所以即使没有锁，也不会改变多线程程序中受影响变量的值的完整性。这是细粒度的同步，即仅有一个变量。现在，大多数机器都具有用于这些操作的原子指令（针对 **int** 类型和 **long** 类型），所以上文中提到的方法很容易实现（不需要隐式锁）。

非阻塞同步最大的优势在于效率。如果没有产生资源争夺，非阻塞方式不会比同步（**synchronized**）访问慢，通常要更快。如果发生资源争夺，由于不需要挂起和重规划线程，非阻塞方式比同步访问快得多。

13.7.7 显式锁

Java 5.0 中引入了显式锁来替代用于提供隐式锁的同步访问方法和分程序。Lock 接口声明 lock、unlock 和 tryLock 方法。预定义的 ReentrantLock 类实现 Lock 接口。要锁定代码中的一段分程序，可以使用以下方式：

```
Lock lock = new ReentrantLock();
. . .
Lock.lock();
try {
    // 访问共享数据的代码
} finally  {
  Lock.unlock();
}
```

此骨架代码创建一个 Lock 对象，并在 Lock 对象上调用 lock 方法。然后，它使用 **try** 分程序包含关键代码。对 unlock 的调用是在 **finally** 子句中，以保证无论 **try** 分程序中发生了什么，都会释放锁。

至少在两种情况下应使用显式锁而不是隐式锁：第一，如果应用程序需要尝试获取锁但不能永远等待它，可以使用 Lock 接口包含的 tryLock 方法，它需要一个时间限制参数。如果未在时间限制内获取锁，则程序执行 tryLock 方法后的语句。第二，当不方便构造锁—解锁结构，使用显式锁。隐式锁始终在锁定的复合语句的末尾解锁。而显式锁可以在代码中的任何位置解锁，无论程序的结构如何。

569

使用显式锁存在一种危险（使用隐式锁时不会发生这种情况），即解锁代码可能会被忽略。隐式锁在被锁定的分程序的末尾隐式解锁。但是，显式锁将在明确解锁前保持锁定，如果没有明确解锁的话将永远保持锁定状态。

如前所述，每个对象都有一个内部条件队列，它存储等待对象中条件的线程。wait、notify 和 notifyAll 方法是内部条件队列的 API。因为每个对象只能有一个条件队列，所以队列中可能有一些线程在等待不同的条件。例如，我们的缓冲区示例 Queue 的队列中有等待两个条件的线程（filled == queSize 或 filled == 0）。这就是缓冲区使用

notifyAll 的原因。(如果它使用 notify，则只会唤醒一个线程，并且该线程等待的条件可能与实际变为 true 的条件不同。) 然而，notifyAll 使用起来很昂贵，因为它会唤醒对象中所有等待的线程，所有线程必须检查它们等待的条件，以确定运行哪一个。此外，为了检查它们的条件，它们必须首先获得对象的锁。

另一个使用内部条件队列的方法是 Condition 接口，它使用与 Lock 对象关联的条件队列。它还声明 wait、notify 和 notifyAll 的替代方法，这些方法被命名为 await、signal 和 signalAll。它可以有任意数量的 Condition 对象和一个 Lock 对象。相较于 signalAll，使用 Condition 和 signal 更容易理解且更有效，部分原因是它会产生更少的上下文切换。

13.7.8　评价

Java 对并发的支持相对简单但有效。所有 Java 的 run 方法都是主动任务，只能通过共享数据支持并发，没有 Ada 任务之间的通信机制。因为 Ada 的任务是重量级线程，它们很容易被分配到不同的处理器；特别是，具有不同存储器的不同处理器可以位于不同位置的不同计算机上，Java 的线程无法使用这些类型的系统。

13.8　C# 线程

570 尽管 C# 的线程基于 Java 的线程，但它们存在显著差异。以下是关于 C# 线程的简要概述。

13.8.1　基本线程操作

与 Java 中的 run 方法不同，任何 C# 方法都可以在自己的线程中运行。创建 C# 线程时，它们与预定义委托（delegate）的实例 ThreadStart 相关联。当线程开始执行时，其委托存储线程所运行方法的地址。因此，程序通过与线程关联的委托来控制线程的执行。

通过创建 Thread 对象来创建 C# 线程。在创建线程时，必须向 Thread 构造函数发送一个 ThreadStart 实例，并且必须向该实例发送要在该线程中运行的方法的名称。例如，可能有

```
public void MyRun1() { . . . }
. . .
Thread myThread = new Thread(new ThreadStart(MyRun1));
```

在这个例子中，我们创建了一个名为 myThread 的线程，其委托指向 MyRun1 方法。因此，当线程开始执行时，它会调用委托中的方法。在此示例中，myThread 是委托，MyRun1 是方法。

Java 中所有线程都是主动线程，C# 与之不同，它有两类线程：主动线程和服务线程。主动线程不需要被专门调用，它们会自行启动。此外，它们执行的方法不接受参数或返回值。与 Java 一样，C# 创建线程不会启动其并发执行。对于主动线程，必须通过 Thread 类的方法请求执行，在本例中所使用的 Thread 类的方法名为 Start，如下所示：

```
myThread.Start();
```

与在 Java 中一样，C# 可以使用类似命名的方法 Join，使线程等待另一个线程完成执行后再继续之前未完成的工作。例如，假设线程 A 具有以下调用：

```
B.Join();
```

线程 A 将被阻塞，直到线程 B 退出。

Join 方法可以使用 int 参数，该参数指定调用者等待线程完成的时间限制（以毫秒为单位）。

Sleep 是一个 Thread 的公共静态方法，它可以使线程被暂停一段指定的时间。Sleep 的参数是整数（以毫秒为单位）。与 Java 中的 Sleep 方法不同，C# 的 Sleep 不会引发任何异常，因此不需要在 **try** 分程序中调用它。

可以使用 Abort 方法终止线程，该方法不会直接杀死线程。相反，Abort 方法会抛出线程可以捕获的 ThreadAbortException。当捕获此异常时，该线程通常会释放它分配的任何资源，然后结束（通过到达其代码的末尾）。 571

服务线程只在通过其委托调用时运行。服务线程的名称源于它们在收到请求时提供某些服务。服务线程比主动线程更有趣，因为它们通常与其他线程交互，并且通常必须保证它们的执行与其他线程同步。

回忆一下第 9 章，任何 C# 方法都可以通过委托间接调用。因此可以通过将委托对象视为方法的名称来进行此类调用，这实际上是对名为 Invoke 的委托方法的简化调用。因此，如果委托对象的名称是 chgfun1，并且它引用的方法接受一个 **int** 参数，我们可以使用以下任一语句调用该方法：

```
chgfun1(7);
chgfun1.Invoke(7);
```

这些调用是同步的，也就是说，当调用该方法时，调用程序将被阻塞，直到该方法完成其执行。C# 还支持异步调用线程中执行的方法。当一个线程被异步调用时，被调用的线程和调用者线程并发执行，因为在被调用线程执行期间调用者线程没有被阻塞。

通过委托实例方法 BeginInvoke 异步调用线程，向其发送委托方法的参数，以及另外两个参数，这两个参数分别是 AsyncCallback 类型和 **object** 类型。BeginInvoke 将返回一个实现 IAsyncResult 接口的对象。委托类还定义 EndInvoke 实例方法，该方法接受 IAsyncResult 类型的一个参数，该方法返回值的类型与委托对象中方法返回值的类型相同。使用 BeginInvoke 异步调用线程。

现在，我们将使用 **null** 作为最后两个参数。假设有以下方法声明和线程定义：

```
public float MyMethod1(int  x);
. . .
Thread myThread = new Thread(new ThreadStart(MyMethod1));
```

以下语句异步调用 MyMethod：

```
IAsyncResult result = myThread.BeginInvoke(10, null, null);
```

使用 EndInvoke 方法获取被调用线程的返回值，该方法将 BeginInvoke 返回的对象（类型为 IAsyncResult）作为参数。EndInvoke 返回被调用线程的返回值。例如，要获取 MyMethod 方法的调用结果（浮点类型），我们将使用以下语句：

```
float  returnValue = EndInvoke(result);
```

如果调用者必须在被调用线程执行时继续工作，则必须有一种方法来确定被调用线程何时完成执行。为此，IAsyncResult 接口定义 IsCompleted 属性。当被调用的线程正在执 572

行时，调用者可以将 IsCompleted 属性作为 **while** 循环的循环条件，并将依赖线程执行状态的相关代码置于 **while** 的循环体中。例如，可以有以下内容：

```
IAsyncResult result = myThread.BeginInvoke(10, null, null);
while(!result.IsCompleted) {
  // 进行计算
}
```

若想在被调用线程进行工作期间完成某些事情，可使用上述方法。但若 **while** 循环中代码的计算量相对较小，则使用该方法相对低效（因为测试 IsCompleted 属性的值也需要一定时间）。另一种方法是给被调用线程一个委托，该委托具有回调方法的地址，并在完成后调用该方法。委托作为 BeginInvoke 的倒数第二个参数发送。例如以下对 BeginInvoke 的调用：

```
IAsyncResult result = myThread.BeginInvoke(10,
             new AsyncCallback(MyMethodComplete), null);
```

回调方法在调用者中定义。这些方法通常只是将布尔变量（例如名为 isDone）设置为 true。无论被调用的线程花多长时间，回调方法只被调用一次。

13.8.2 同步线程

C# 线程可以通过三种不同的方式进行同步：Interlocked 类、System.Threading 命名空间中的 Monitor 类和 lock 语句，每种方式都是针对特定需求而设计的。当需要同步的唯一操作是整数的递增和递减时，则使用 Interlocked 类。这些操作使用 Interlocked 类中的 Increment 方法和 Decrement 方法，这两种方法都是原子操作，都接收一个整数作为参数。例如，要在线程中增加名为 counter 的共享整数，我们可以使用

```
Interlocked.Increment(ref  counter);
```

lock 语句用于标记线程中代码的关键部分。其语法如下：

```
lock(token) {
  // 代码的关键部分
}
```

573

如果要同步的代码在私有实例方法中，令牌是当前对象，因此将 **this** 指针用作 lock 令牌。如果要同步的代码在公共实例方法中，则创建一个新的 **object** 实例（在具有要同步的方法的类中），并且对该对象的引用可作为 lock 语句的令牌对象。

Monitor 类定义了五种方法：Enter、Wait、Pulse、PulseAll 和 Exit，它们可提供对线程同步的更多控制。Enter 方法以对象引用作为参数，标记该对象上线程同步的开始。Wait 方法暂停执行该线程并指示 .NET 的公共语言运行时（Common Language Runtime, CLR），该线程希望在下次有机会时继续执行。Pulse 方法也将对象引用作为参数，通知一个等待线程它现在有机会再次运行。PulseAll 类似于 Java 的 notifyAll。处于等待状态的线程按照它们调用 Wait 方法的顺序运行。Exit 方法结束线程的关键部分。

lock 语句被编译到管程中，因此 lock 是管程的简写。当需要附加控件（例如使用 Wait 和 PulseAll）时，将使用管程。

.NET 4.0 添加了一组通用并发数据结构，包括队列、栈和包[⊖]。这些新类是线程安全

⊖ 包是无序的对象集合。

的，这意味着它们可以在多线程程序中使用，而不需要程序员担心竞争同步。System.Collections.Concurrent 命名空间定义了这些类，其名称为 ConcurrentQueue <T>、Concur-rentStack <T> 和 ConcurrentBag <T>。因此，我们的生产者—消费者队列程序可以使用 ConcurrentQueue <T> 在 C# 中编写数据结构，并且不需要为数据结构编写竞争同步。因为这些并发集合是在 .NET 中定义的，所以它们也可以在所有其他 .NET 语言中使用。

13.8.3 评价

C# 的线程与其前身 Java 相比略有改进。首先，任何方法都可以在自己的线程中运行。回想一下，在 Java 中，只有名为 run 的方法才能在自己的线程中运行。Java 仅支持主动线程，而 C# 支持主动线程和服务线程。C# 终止线程的方式也更清晰（调用方法（Abort）比将线程指针设置为 **null** 更优雅）。C# 中的线程执行同步更复杂，因为 C# 有几种不同的机制，每种机制都适用于特定的应用程序。Java 的 Lock 变量类似于 C# 的锁，但在 Java 中 lock 只能通过调用 unlock 方法来显式地解锁。这提供了另一种创建错误代码的方法。像 Java 一样，C# 线程是轻量级的，所以尽管它们更有效，但它们不能像 Ada 的任务那样通用。相对于本章讨论的其他非函数式语言，C# 中并发集合类的可用性更好。 574

13.9 函数式语言中的并发

本节简要概述几种函数式程序设计语言对并发的支持。

13.9.1 Multi-LISP

Multi-LISP（Halstead，1985）是 Scheme 的扩展，它允许程序员指定程序中可以同时执行的部分。这里的并发是隐式并发的，程序员只需告诉编译器（或解释器）程序的某些部分可以同时运行。

程序员可以通过 pcall 结构告诉系统有哪些方法需要并发执行。如果函数调用嵌入在 pcall 结构中，则可以同时执行函数的参数。例如以下 pcall 结构：

```
(pcall f a b c d)
```

函数为 f，带有参数 a、b、c 和 d。pcall 的作用是可以同时执行函数的参数（各个参数都可以是复杂的表达式）。但需要程序员保证这个过程可以安全使用，不能影响函数按照原有语义正常执行。如果语言不允许副作用或者程序员设计的功能不具有副作用或者只具有有限的副作用，保证该过程安全可用实际上是一件简单的事情。但是，Multi-LISP 确实允许一些副作用。如果没有编写函数来避免副作用，程序员可能很难确定 pcall 是否可以安全使用。

Multi-LISP 的 future 结构是一个更有趣且可能更高效的并发源。与 pcall 一样，函数调用包含在 future 结构中。父线程执行时，该函数会在一个单独的线程中执行。直到父线程需要使用函数的返回值前，父线程都会一直执行。如果函数在需要其结果时尚未完成其执行，则父线程将一直等到它执行结束才继续执行。

如果一个函数有两个或多个参数，它们也可以包装在 future 结构中，在这种情况下，它们的执行过程可以在不同的线程中同时完成。

这些是 Multi-LISP 中对 Scheme 的唯一补充。 575

13.9.2 并发 ML

并发 ML（Concurrent ML，CML）是 ML 的扩展，它包括一种线程形式和一种支持并发的同步消息传递形式。该语言在 Reppy（1999）中有完整的描述。

使用 spawn 原语可在 CML 中创建一个线程，该原语将函数作为其参数。在许多情况下，该函数被指定为匿名函数。一旦创建了线程，该函数就会在新线程中开始执行，该函数的返回值被丢弃。函数的运行结果要么是通过输出产生的，要么是通过与其他线程的通信产生的。父线程（产生新线程的线程）或子线程（新线程）中任意一个线程的中止都不会影响另一个的执行。

通道提供线程之间的通信方式，使用 channel 构造函数创建通道。例如，以下语句创建名为 mychannel 的任意类型的通道：

```
let val mychannel = channel()
```

通道具有两个主要操作（功能），用于发送（send）和接收（recv）消息。我们可以从发送操作推断消息的类型。例如，以下函数调用发送整数值 7，因此推断通道的类型为整数：

```
send(mychannel, 7)
```

recv 函数将通道作为其参数。它将收到的值作为返回值。

CML 通信是同步的，因此仅当发送方和接收方都准备就绪时才发送和接收消息。如果线程在某个通道上发送消息，而该通道上没有其他线程准备好接收消息，则阻塞发送方，并等待另一个线程在该通道上执行 recv。同样，如果线程在通道上执行 recv 但没有其他线程在该通道上发送消息，则阻塞运行 recv 的线程，并等待该通道上的消息。

由于通道是类型，函数可以将它们作为参数。

与 Ada 的同步消息传递一样，CML 同步消息传递的问题是当多个通道收到消息时该选择哪条消息。解决方案如下：保护命令 do-od 结构随机地将消息分配给不同的信道。

CML 的同步机制就是事件（event）。对这种复杂机制的解释超出了本章（和本书）的范围。

576

13.9.3 F#

F# 对于并发的支持一部分是基于 .NET 类，该类与 C# 中使用的 .NET 类相同，特别是 System.Threading.Thread。例如，假设我们想在自己的线程中运行 myConMethod 函数。调用以下函数时，将创建线程并在新线程中开始执行该函数：

```
let createThread() =
    let newThread = new Thread(myConMethod)
    newThread.Start()
```

回想一下，在 C# 中创建预定义委托 ThreadStart 的实例是有必要的。C# 程序向该实例构造函数发送子程序的名称，并将新的委托实例作为参数发送给 Thread 构造函数。在 F# 中，如果函数需要将委托作为其参数，则可以发送 lambda 表达式或函数，并且编译器的行为就像发送委托一样。因此，在上面的代码中，myConMethod 函数作为参数发送给 Thread 构造函数，但实际发送的是 ThreadStart 的新实例（发送到 myConMethod 的实例）。

Thread 类定义 Sleep 方法，该方法将调用它的线程置于休眠状态，休眠时间为调用 Sleep 方法时传入的参数（以毫秒数为单位）。

线程之间共享不可变数据时不需要进行同步。但是，如果共享数据是可变的（这在 F# 中是可能的），则需要锁定该共享数据以防止多个线程试图更改数据从而造成共享数据的损坏。当函数对其进行操作时，可以锁定可变变量，lock 函数提供对对象的同步访问。该函数有两个参数，第一个是要更改的变量，第二个参数是更改变量的 lambda 表达式。

可变堆分配变量的类型为 ref。例如，以下声明创建了一个名为 sum 的变量，其初始值为 0：

```
let sum = ref 0
```

可以在使用 ALGOL / Pascal / Ada 赋值运算符（：=）的 lambda 表达式中更改 ref 类型变量。ref 变量必须以感叹号（！）作为前缀，该前缀用于获取 ref 变量值。在下文中，可变变量 sum 被锁定，而 lambda 表达式对 x 的值执行加法操作：

```
lock(sum) (fun () -> sum := !sum + x)
```

线程可以异步调用，通过与 C# 中相同的子程序 BeginInvoke 和 EndInvoke 以及 IAsyncResult 接口，可以确定异步调用线程的执行完成情况。 577

如前所述，F# 拥有可用于其程序的 .NET 的并发通用集合。当构建的多线程程序需要队列、堆栈或包形式的共享数据结构时，这可以节省大量的程序设计工作量。

13.10　语句级并发

在本节中，我们将简要介绍语句级并发语言的设计。从语言设计的角度来看，这种设计的目的是提供一种机制，程序员可以使用该机制向编译器发出通知，使编译器可以将程序映射到多处理器体系结构[⊖]。

在本节中，只讨论一个语言结构集合和一种语句级并发语言：高性能 Fortran。

13.10.1　高性能 Fortran

高性能 Fortran（HPF；ACM，1993b）是 Fortran 90 的扩展集合，旨在允许程序员指定编译器中的信息，以帮助它优化多处理器计算机上程序的执行过程。HPF 包括新规范语句、内部或内置子程序。本节仅讨论一些 HPF 语句。

HPF 的主要声明语句用于指定处理器的数量，处理器的存储器上数据的分布，以及数据如何在内存位置方面与其他数据对齐。HPF 规范语句在 Fortran 程序中显示为特殊注释。每个 HPF 规范语句都是由前缀 !HPF $ 引入的，其中 ! 是 Fortran 90 中用于注释行起始处的字符。这个前缀使它们对 Fortran 90 编译器不可见，但 HPF 编译器很容易识别它们。

PROCESSORS 规范具有以下形式：

```
!HPF$ PROCESSORS procs (n)
```

此语句用于向编译器指定为此程序生成的代码可以使用的处理器数量。此信息与其他规范结合使用，以告诉编译器如何将数据分发到与处理器关联的存储器。

DISTRIBUTE 和 ALIGN 规范用于在不共享内存的机器（即每个处理器都有自己的内存）上向编译器提供信息。假设处理器访问自身存储器的速度快于访问另一处理器的存储器。 577

DISTRIBUTE 语句指定要分发的数据以及要使用的分发类型。其形式如下：

⊖ 虽然 ALGOL 68 包含一个信号量类型，用于处理语句级并发，我们这里不讨论信号量的应用。

```
!HPF$ DISTRIBUTE (kind) ONTO procs :: identifier_list
```

其中 kind 可以是 BLOCK 或 CYCLIC。标识符列表包含要分发的数组变量的名称。指定为 BLOCK 分布的变量被分成 *n* 个相等的组，每个组由连续的数组元素集合组成，这些连续的数组元素均匀分布在所有处理器的存储器上。例如，如果一个数组具有 500 个名为 LIST 的元素，且该数组是 BLOCK 分布在 5 个处理器上，则 LIST 的前 100 个元素将存储在第 1 个处理器的存储器中，第 101～200 个元素存储在第 2 个处理器的存储器中，依此类推。CYCLIC 分布指定数组的各个元素循环存储在处理器的存储器中。例如，如果 LIST 是循环（CYCLIC）分布的，依然以 5 个处理器为例，LIST 的第 1 个元素将存储在第 1 个处理器的存储器中，第 2 个元素存储在第 2 个处理器的存储器中，依此类推。

ALIGN 语句的形式是

```
ALIGN array1_element WITH array2_element
```

ALIGN 用于将一个数组的分布与另一个数组的分布相关联。例如，

```
ALIGN list1(index) WITH list2(index+1)
```

该语句指定 list1 的 index 元素将存储在与 list2 的 index+ 1 元素相同的处理器内存中，两个内存地址存放的值都是 index。ALIGN 语句中的两个数组引用成对出现在程序的某些语句中。将它们放在相同的内存地址（这意味着相同的处理器）可确保对它们的引用尽可能相同。

请考虑以下示例代码段：

```
      REAL list_1 (1000), list_2 (1000)
      INTEGER list_3 (500), list_4 (501)
!HPF$ PROCESSORS proc (10)
!HPF$ DISTRIBUTE (BLOCK) ONTO procs :: list_1, list_2
!HPF$ ALIGN list_3 (index) WITH list_4 (index+1)
      . . .
      list_1 (index) = list_2 (index)
      list_3 (index) = list_4 (index+1)
```

每次执行这些赋值语句时，引用的两个数组元素将存储在同一处理器的内存中。

HPF 规范语句为编译器提供可用于优化其生成代码的信息。编译器的实际行为取决于它的复杂程度和目标机器的特定体系结构。

579

FORALL 语句指定可以并发执行的赋值语句序列。例如，

```
FORALL (index = 1:1000)
  list_1(index) = list_2(index)
END FORALL
```

该语句指定将 list_2 的元素分配给 list_1 的相应元素。但是，分配仅限于以下顺序：在进行任何分配之前，必须首先评估所有 1000 个分配语句的右值，确保可以并发执行所有赋值语句。除赋值语句外，FORALL 语句还可以出现在 FORALL 结构的主体中。FORALL 语句能够很好地与向量机匹配，其中相同的指令应用于许多数据值，通常在一个或多个数组中。HPF FORALL 语句包含在 Fortran 95 和后续版本的 Fortran 中。

我们简要地讨论了 HPF 的一小部分功能。但是，它应该足以让读者了解一些有用的语言扩展类型，这些扩展可用于对具有大量处理器的计算机进行程序设计。

C#4.0（以及其他 .NET 语言）包括两个行为有点像 FORALL 的方法。作为是循环控制语

句，它们可以展开循环并使循环体并发地执行，它们是 Parallel.For 和 Parallel.ForEach。

小结

并发执行可以在指令、语句或子程序级别。当多个处理器实际用于执行并发单元时，我们使用短语*物理并发*。如果并发单元在单个处理器上执行，我们使用短语*逻辑并发*。所有并发的底层概念模型都可以称为*逻辑并发*。

大多数多处理器计算机可分为两大类：SIMD 或 MIMD。其中 MIMD 计算机可以支持并发。

支持子程序级并发的语言必须提供两个基本功能：对共享数据结构的互斥访问（竞争同步）和任务之间的合作（合作同步）。

任务可以处于五种不同状态中的任意一种：新建、就绪、运行、阻塞或死亡。

有时使用诸如 Open MP 等库支持并发，而不是设计用于支持并发的语言结构。

为并发提供语言支持所面临的设计问题是如何提供竞争和合作同步，应用程序如何影响任务调度，任务如何以及何时开始和结束执行，以及它们是如何以及何时创建的。 580

信号量是由整数和任务描述队列组成的数据结构。信号量可用于提供并发任务之间的竞争和合作同步。人们很容易不正确地使用信号量，导致编译器、链接器或运行时系统无法检测到的错误。

管程是数据抽象，它们提供一种自然的方式来提供对任务之间共享数据的互斥访问。包括 Ada、Java 和 C# 在内的多种程序设计语言都支持管程。必须提供某种形式的信号量来实现语言与管程的合作同步。

并发消息传递模型的基本概念是任务相互发送消息以同步执行。

基于消息传递模型，Ada 提供复杂但有效的并发构造。Ada 的任务是重量级任务。任务通过汇合机制相互通信，即同步消息传递。汇合是一个任务接受另一个任务所发送消息的动作。Ada 包括控制任务间汇合发生的简单而复杂的方法。

Ada 95+ 包括支持并发的额外功能，主要是受保护对象。Ada 95+ 支持两种方式的管程：任务和受保护对象。

Java 以相对简单但有效的方式支持轻量级并发单元。任何继承 Thread 或实现 Runnable 的类都可以覆盖一个名为 run 的方法，并将该方法的代码与其他此类方法和主程序同时执行。 竞争同步是通过定义访问共享数据的方法来指定的。小部分代码也可以隐式同步。 方法都是同步的类是管程。 合作同步是用 wait、notify 和 notifyAll 方法实现的。Thread 类还提供 sleep、yield、join 和 interrupt 方法。

Java 通过其 Semaphore 类及其 acquire 和 release 方法直接支持对信号量进行计数。它还有一些类用于提供非阻塞原子操作，如整数的加法、递减和递减操作。Java 还提供带有 Lock 接口和 Reentrant Lock 类及其 lock 和 unlock 方法的显式锁。除了使用 synchronized 进行隐式同步，Java 还提供 int、long 和 boolean 类型变量以及引用和数组的隐式非阻塞同步。在这些情况下，提供原子获取、设置、添加、递增和递减操作。

C# 对并发的支持是基于 Java 对并发的支持，但它稍微复杂一些。任何方法都可以在线程中运行。C# 支持主动线程和服务线程。所有线程都通过关联的委托来控制。 服务线程可以由 Invoke 同步调用或由 BeginInvoke 异步调用。可以向被调用的线程发送回调方法地址。Interlocked 类支持三种线程同步，它提供原子递增和递减操作、Monitor 类和 581

lock 语句。

所有的 .NET 语言都使用栈、队列和包的通用并发数据结构，其中竞争同步是隐式的。

Multi-LISP 稍微扩展了 Scheme，它允许程序员告知实现可以并发执行的程序部分。并发 ML 是对 ML 的扩展，以支持线程的形式和在这些线程之间同步消息传递的形式。此消息传递是用通道设计的。F# 程序可以访问所有支持类的并发的 .NET。线程间共享的可变数据可以同步访问。

高性能 Fortran 包括用于指定数据如何分布在连接到多个处理器的内存单元上的语句。还包括用于指定可并发执行的语句集合的语句。

文献注记

Andrews 和 Schneider（1983）、Holt et al.（1978）和 Ben-Ari（1982）等人的文章中详细讨论了并发的一般主题。

Brinch Hansen（1977）描述了 Concurrent Pascal 中管程的实现，并推动了管程概念的发展。

Hoare（1978）和 Brinch Hansen（1978）讨论了并发单元控制的消息传递模型的早期发展。在 Ichbiah（1979 年）等人的文章中可以找到关于 Ada 任务模型发展的深入讨论。Ada 95 在 ARM（1995）中有详细描述。高性能 Fortran 在 ACM（1993b）中有描述。

复习题

1. 程序中三种可能的并发级别是什么？
2. 描述 SIMD 计算机的逻辑体系结构。
3. 描述 MIMD 计算机的逻辑体系结构。
4. SIMD 计算机最适用于什么级别的程序并发？
5. MIMD 计算机最适用于什么级别的程序并发？
6. 描述向量处理器的逻辑体系结构。
7. 物理和逻辑并发有什么区别？ 582
8. 程序中的控制线程是什么？
9. 为什么协同程序称为准并发？
10. 什么是多线程程序？
11. 研究语言对于并发的支持的四个原因是什么？
12. 什么是重量级任务？什么是轻量级任务？
13. 给出任务、同步、竞争和合作同步、活性、竞争条件和死锁的定义。
14. 什么样的任务不需要任何同步？
15. 描述任务可以处于的五个不同状态。
16. 什么是任务描述符？
17. 在语言支持并发的背景下，什么是哨兵？
18. 任务就绪队列的目的是什么？
19. 为并发提供语言支持面临的两个主要设计问题是什么？
20. 描述信号量的等待和释放操作的行动。
21. 什么是二进制信号量？什么是计数信号量？
22. 使用信号量提供同步的主要问题是什么？
23. 管程对信号量有什么好处？
24. 可以用哪三种常用语言实现管程？

25. 给出汇合、accept 子句、entry 子句、主动任务、服务任务、扩展 accept 子句、开放 accept 子句、关闭 accept 子句和完整任务的定义。
26. 通过管程实现并发或通过消息传递实现并发，哪种并发更通用？
27. Ada 创建任务是静态的还是动态的？
28. 扩充 accept 子句的目的是什么？
29. 如何为 Ada 任务提供合作同步？
30. 相对于提供对共享数据对象的访问的任务，Ada 95 中的受保护对象有何优势？
31. 具体地，什么 Java 程序单元可以与应用程序中的 main 方法同时运行？
32. Java 线程是轻量级还是重量级任务？
33. Java 中 sleep 方法有什么作用？
34. Java 中 yield 方法有什么作用？
35. Java 中 join 方法有什么作用？
36. Java 中 interrupt 方法有什么作用？
37. 可以声明为 synchronized 的两个 Java 构造是什么？ [583]
38. 如何在 Java 中设置线程的优先级？
39. Java 线程是主动线程、服务线程，还是两者皆可？
40. 描述用于支持合作同步的三种 Java 方法的操作。
41. 什么样的 Java 对象是管程？
42. 解释为什么 Java 包含 Runnable 接口。
43. Java 中 Semaphore 对象使用的两种方法是什么？
44. Java 中非阻塞同步的优点是什么？
45. Java 中 AtomicInteger 类的方法是什么？这个类的目的是什么？
46. Java 中如何支持显式锁？
47. 可以在 C# 线程中运行哪些方法？
48. C# 线程是主动线程、服务线程，还是两者皆可？
49. 可以同步调用 C# 线程的两种方法是什么？
50. 如何异步调用 C# 线程？
51. 如何在 C# 中检索异步调用线程的返回值？
52. 相对于 Java 的 sleep 方法，C# 的 Sleep 方法有什么不同？
53. C# 中 Abort 方法究竟做了什么？
54. C# 中 Interlocked 类的目的是什么？
55. C# 中 lock 语句有什么作用？
56. Multi-LISP 基于什么语言？
57. Multi-LISP 的 pcall 结构的语义是什么？
58. 如何在 CML 中创建线程？
59. F# 堆分配的可变变量的类型是什么？
60. 为什么 F# 的互斥变量不需要多线程程序中的同步访问？
61. HPF 规范声明的目标是什么？
62. HPF 和 Fortran 的 FORALL 声明的目的是什么？

习题

1. 清楚地解释为什么竞争同步在支持协同程序而不支持并发的程序设计环境中不是问题。
2. 检测到死锁时系统可以采取的最佳操作是什么？
3. 繁忙等待是一种任务通过持续检查该事件是否发生等待给定事件的方法。这种方法的主要问题是 [584]

什么？

4. 在 13.3 节的生产者—消费者示例中，假设我们错误地使用 wait (access) 替换了消费者进程中的 release (access)。执行该程序时，系统会出现怎样的结果？
5. 从一本关于使用 Intel Pentium 处理器的计算机的汇编语言程序设计书中，确定应提供哪些指令来支持信号量的构造。
6. 假设两个任务 A 和 B 必须使用共享变量 Buf_Size。任务 A 将 Buf_Size 加 2，任务 B 从中减去 1。假设这样的算术运算是通过获取当前值，执行算术和返回新值的三步过程完成的。在没有竞争同步的情况下，什么样的事件序列是可能的，这些操作将产生什么值？假设 Buf_Size 的初始值是 6。
7. 将 Java 的竞争同步机制与 Ada 的竞争同步机制进行比较。
8. 将 Java 的合作同步机制与 Ada 的合作同步机制进行比较。
9. 如果管程程序在同一管程中调用另一个程序，会发生什么？
10. 解释使用信号量进行合作同步的相对安全性，并在任务中使用 Ada 的 when 子句。

程序设计练习

1. 编写一个 Ada 任务来实现一般信号量。
2. 编写一个 Ada 任务来管理共享缓冲区，例如示例中的共享缓冲区，使用程序设计练习 1 中的信号量任务实现。
3. 在 Ada 中定义信号量并使用它们在共享缓冲区示例中提供合作和竞争同步。
4. 使用 Java 编写程序设计练习 3。
5. 使用 C# 编写本章的共享缓冲区示例。
6. 读写器问题可以表述如下：共享内存位置可以由任意数量的任务同时读取，但当任务对共享内存位置进行写入操作时，它必须具有独占访问权限。为读写器问题编写 Java 程序。
7. 使用 Ada 编写程序设计练习 6。
8. 使用 C# 编写程序设计练习 6。

585

异常处理和事件处理

本章将讨论程序设计语言对许多当代程序中两个相关部分的支持：异常处理和事件处理。异常和事件都是在无法预先确定的情况下发生的，并且最好用特殊的语言结构和过程来处理。其中一些结构和过程（例如传播）在异常处理和事件处理中是类似的。

首先描述异常处理的基本概念，包括硬件和软件可检测的异常、异常处理程序以及异常的引发。然后，介绍并讨论异常处理的设计问题，包括异常与异常处理程序、延续和默认处理程序的绑定。接下来是对两种程序设计语言C++和Java的异常处理工具的描述和评估。然后对Python和Ruby中的异常处理进行简要介绍。

本章的后半部分是关于事件处理的。我们首先介绍事件处理的基本概念。接下来讨论Java和C#的事件处理方法。

14.1 异常处理概述

大多数计算机硬件系统能够检测某些运行时的错误条件，例如浮点溢出。早期程序设计语言的设计和实现方式，使得用户程序不能检测也不能处理这些错误。在这些语言中，出现这种错误时只会导致程序终止并将控制权转移到操作系统。操作系统对运行时错误的典型反应是显示诊断消息，诊断消息可能是带有含义能发挥作用的，也可能是模糊的。显示消息后，程序终止。

然而，在输入和输出操作的情况下，情况有所不同。例如，Fortran的`Read`语句可以拦截输入错误和文件结束条件，这两种情况都是由输入设备硬件检测到的。在这两种情况下，`Read`语句可以指定用户程序中处理条件的某些语句的标签。在文件结束的情况下，条件显然不能总被视为错误。在大多数情况下，它只不过是一种信号，即一种处理完成，另一种必须开始。尽管文件结束和事件之间存在的明显差异总会造成错误（例如输入过程失败），但Fortran使用相同的机制处理这两种情况。考虑以下Fortran的`Read`语句：

```
Read(Unit=5, Fmt=1000, Err=100, End=999) Weight
```

`Err`子句指定如果在读取操作中发生错误，则将控制转移到标记为`100`的语句。`End`子句指定如果读取操作遇到文件末尾，则将控制转移到标记为`999`的语句。因此，Fortran对输入错误和文件结束都使用简单的分支。

586~588

有一类硬件无法检测到的严重错误可以由编译器生成的代码检测到。例如，数组下标范围错误几乎不会被硬件[㊀]检测到，但是它们会导致严重的错误，这些错误通常在程序执行后期才会被发现。

语言设计有时需要检测下标范围错误。例如，Java语言规范要求Java编译器生成代码以检查每个下标表达式的正确性（如果在编译时可以确定下标表达式不会具有超出范围的值，如下标是字面量，则不会生成此类代码）。C语言不检查下标范围，因为检测此类错误

㊀ 在20世纪70年代，有些计算机确实检测到了硬件中的下标范围错误。

的成本相对过高。在某些语言的编译器中，可以根据需要在程序或执行编译器的命令中选择下标范围检查（如果未默认打开）或关闭（如果默认情况下处于启用状态）。

大多数当代语言的设计者在设计语言时都包含了一些机制，这些机制允许程序以标准的方式对某些运行时错误以及其他程序检测到的不寻常事件作出反应。当硬件或系统软件检测到某些事件时，程序也可以得到通知，从而对这些事件作出反应。

14.1.1 基本概念

我们认为硬件检测到的错误（例如磁盘读取错误）和异常条件（例如文件结束，它也由硬件检测到）都是异常。我们进一步扩展异常的概念，包括软件可检测到的错误或异常情况（通过软件解释器或用户代码本身）。因此，我们将**异常**定义为任何异常事件，无论错误与否都可由硬件或软件检测到，并且可能需要特殊处理。

检测到异常时可能需要的特殊处理称为**异常处理**（exception handling）。该处理由被称为**异常处理程序**（exception handler）的代码单元或段完成。发生关联事件时会**引发**（raise）异常。在一些基于C的语言中，异常被认为是*抛出*而不是*提出*[1]。不同类型的异常需要不同的异常处理程序。检测文件结束几乎总是需要一些特定的程序操作。但是，很显然该操作不适用于数组索引范围错误异常。在某些情况下，唯一的操作是生成错误消息并有序终止程序。

589

语言中没有单独或特定的异常处理设施并不妨碍对用户自定义的软件检测到的异常进行处理。在程序单元内检测到的这种异常通常由单元的呼叫者处理。一种可能的设计是发送辅助参数，该参数用作状态变量。根据计算结果的正确性和/或正常性，在被调用的子程序中为状态变量分配一个值。从被调用单元返回后，调用者立即测试状态变量。如果该值指示已发生异常，则可以执行可能驻留在调用单元中的处理程序。许多C标准库函数使用此方法的变体：将返回值用作错误指示符。

另一种可能性是将标签参数传递给子程序。当然，这种方法仅适用于允许将标签用作参数的语言。传递标签允许被调用单元在发生异常时返回调用者的不同点。与第一种方案一样，处理程序通常是调用单元代码的一部分。这是Fortran中标签参数的常见用法。

第三种可能性是将处理程序定义为单独的子程序，其名称作为参数传递给被调用单元。在这种情况下，处理程序子程序由调用者提供，但被调用单元在引发异常时调用处理程序。这种方法存在一个问题，即调用每个子程序时都需要发送一个处理程序子程序，无论处理程序子程序是否需要，该子程序都将其作为参数。此外，为了处理几种不同类型的异常，需要传递几种不同的处理程序，这会使代码复杂化。

如果希望在检测到异常的单元中处理异常，则将处理程序作为该单元中的代码段包括在内。

将异常处理内置到语言中有一些优点。首先，如果没有异常处理，检测错误条件所需的代码可能会使程序混乱。例如，假设子程序包含表达式，这些表达式包含对名为`mat`的矩阵元素的10个引用，并且其中任何一个都可能具有索引超出范围的错误。进一步假设语言不需要索引范围检查。如果没有内置的索引范围检查，则可能在这些操作中的每一个之前都需要有代码来检测可能的索引范围错误。例如，以下代码对`mat`中的元素进行引用，它有10行

[1] C++是第一个包含异常处理的基于C的语言。使用单词throw而不是raise，因为标准C库包含一个名为`raise`的函数。

和 20 列：

```
if (row >= 0 && row < 10 && col >= 0 && col < 20)
  sum += mat[row][col];
else
  System.out.println("Index range error on mat, row = " +
                     row + " col = " + col);
```

语言中异常处理的存在将允许编译器在每个数组元素访问之前插入用于此类检查的机器代码，从而大大缩短和简化源代码。 590

支持异常处理的语言的另一个优点来自异常传播。异常传播允许一个程序单元引发的异常在其动态或静态祖先中的其他单元中处理。这允许将单个异常处理程序用于任何数量的不同程序单元。这种重用可以显著降低开发成本和程序复杂性，减小程序规模。

支持异常处理的语言鼓励其用户考虑程序执行期间可能发生的所有事件以及它们的处理方式。这比不考虑这些事件的可能性，并且简单地希望什么都不会出错要好得多。

最后，有一些程序可以通过异常处理简化处理非错误但不常见的情况，并且在没有它的情况下程序结构可能会变得过于复杂。

14.1.2 设计问题

我们现在将异常处理系统看作程序设计语言的一部分，并探讨异常处理系统的一些设计问题。这样的系统可能允许预定义和用户定义的异常和异常处理程序。请注意，预定义的异常会被隐式引发，而用户定义的异常则必须由用户代码显式引发。考虑以下骨架子程序，其中包含隐式引发的异常处理机制：

```
void example() {
  . . .
  average = sum / total;
  . . .
  return;
/* 异常处理程序 */
  when zero_divide {
    average = 0;
    printf("Error-divisor (total) is zero\n");
  }
  . . .
}
```

除以零的异常（隐式引发）会使控制转移到适当的处理程序，然后执行该处理程序。

异常处理的第一个设计问题是异常事件如何绑定到异常处理程序。此问题发生在两个不同的级别上。在单元级别上，存在如何将在单元中不同位置引发的相同异常绑定到单元内的不同处理程序的问题。例如，在示例子程序中，存在一个针对除零异常的处理程序，它似乎是为了处理特定语句（显示的那个）中出现的除零事件。但是假设该函数包含其他几个带有除法运算符的表达式，对于那些运算符来说，这个处理程序可能不合适。因此，即使许多不同的语句可以引发相同的异常，也可以将特定语句可能引发的异常绑定到特定处理程序。 591

在更高级别，当引发异常的单元本地没有异常处理程序时，就会出现绑定问题。在这种情况下，语言设计者必须决定是否将异常传播到其他单元，如果需要传播，就要提前知道传播的具体位置，这种传播是如何发生的，以及它会对异常处理程序的可写性产生多大的影响。例如，如果处理程序必须是本地的，则必须编写许多处理程序，这会使程序的编写和读取更加复杂。另一方面，如果传播异常，则单个处理程序可能会处理在多个程序单元中引发的相同异常，这可能要求处理程序比人们所希望的更通用。

与异常绑定到异常处理程序相关的问题是处理程序是否可以使用有关异常的信息。

在执行异常处理程序之后，任何一个控件都可以转移到处理程序代码之外的程序中的某个位置，或者程序执行可以简单地终止。我们将这解释为处理程序执行后控制继续的问题，或者称为**延续**（continuation）。终止显然是最简单的选择，并且在许多错误异常情况下也是最好的选择。但是，在其他情况下，特别是那些与异常但不是错误的事件相关的情况，选择继续执行则是最好的。这种设计被称为**恢复**（resumption）。在这些情况下，必须选择一些约定来确定执行应该继续的位置。该位置可能在引发异常的语句，引发异常的语句之后的语句，或者可能是其他一些单元。返回引发异常的语句的选择可能看起来很好，但是在出现错误异常的情况下，仅当处理程序能够以某种方式修改导致引发异常的值或操作时，它才有用。否则，将简单地重新引发该异常。通常很难预测错误异常所需的修改。然而，即使能够预测，它也可能不是一种合理的做法。它允许程序在不删除原因的情况下删除问题的症状。

> **历史注记**
>
> PL/I（ANSI，1976）开创性地提出了允许用户程序直接参与异常处理的概念。该语言允许用户为一系列语言定义的异常编写异常处理程序。此外，PL/I 还引入了用户定义异常的概念，允许程序创建可被软件检测到的异常。这些异常使用与内置异常相同的机制。自从 PL/I 被设计出来之后，人们为了设计异常处理的各种可行方法已进行了大量的工作，该语言之后的很多程序设计语言中都包含了异常处理机制。

592 图 14.1 说明了将异常绑定到处理程序和延续的两个问题。

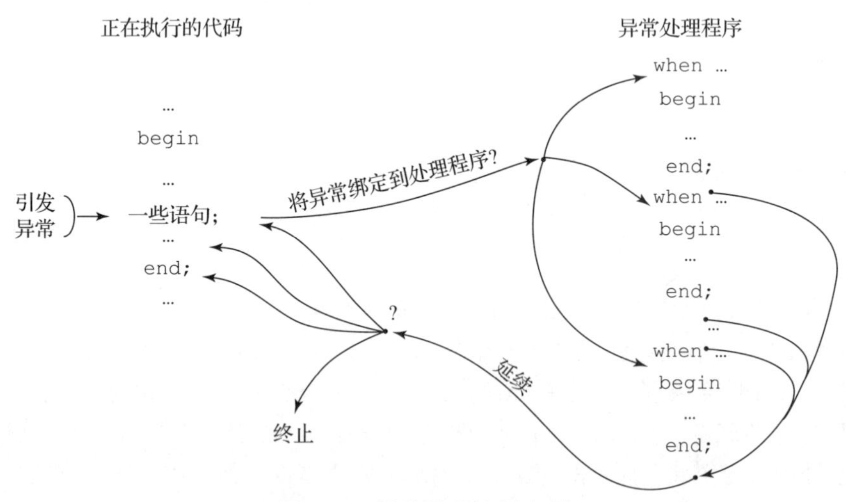

图 14.1 异常处理控制流程

当包含异常处理时，子程序的执行可以通过两种方式终止：执行完成时或遇到异常时[⊖]。在某些情况下，无论子程序执行如何终止，都必须完成一些计算。这种计算的能力被称为终止（finalization）。选择是否支持终止显然是异常处理的设计问题。

⊖ 当然，即使语言不支持异常处理，子程序也可能因系统检测到的错误而终止。

另一个设计问题如下：如果允许用户定义异常，那么如何指定这些异常？通常的答案是要求在引发它们的程序单元的规范部分中声明它们。声明的异常范围通常是包含声明的程序单元的范围。

在语言提供预定义异常的情况下，接下来会出现其他几个设计问题。例如，语言运行时系统是否应为内置异常提供默认处理程序，还是应该要求用户为所有异常编写处理程序？另一个问题是用户程序是否可以明确地引发预定义的异常。如果存在用户想要使用预定义处理程序的软件可检测情况，则此用法很方便。

另一个问题是用户程序是否可以处理硬件可检测的错误。如果不是，所有异常显然都是软件可检测的。一个相关的问题为是否应该有任何预定义的异常。硬件或系统软件隐式引发预定义的异常。

异常处理设计问题可归纳如下：

- 指定异常处理程序的方式和位置是什么，它们的范围是什么？
- 如何将异常事件绑定到异常处理程序？
- 是否可以将有关异常的信息传递给处理程序？
- 在异常处理程序完成执行后，执行在哪里继续（如果有的话）？（这是延续或恢复的问题）。
- 是否提供了某种形式的终止？
- 如何指定用户定义的异常？
- 如果存在预定义的异常，那么是否应该为没有异常处理程序的程序提供默认异常处理程序？
- 是否可以显式引发预定义的异常？
- 硬件可检测的错误是否被视为可以处理的异常？
- 是否有预定义的异常？

593

我们现在可以检查目前几种程序设计语言的异常处理机制。

14.2 C++ 异常处理

C++ 的异常处理在 1990 年被 ANSI C++ 标准化委员会接受，它随后进入了 C++ 实现。C++ 异常处理的设计在一定程度上基于 CLU、Ada 和 ML 的异常处理。

14.2.1 异常处理程序

C++ 使用一个特殊的结构，该结构与保留字 **try** 一起引入，以指定异常处理程序的作用域。**try** 结构包括一个名为 **try 子句**（try clause）的复合语句和一个异常处理程序列表。复合语句定义以下处理程序的范围。该结构的一般形式如下：

```
try {
//** 可以引起异常的代码
} catch (formal parameter) {
//** 异常处理程序体
}
. . .
catch(formal parameter) {
//** 异常处理程序体
}
```

每个 **catch** 函数都是一个异常处理程序。**catch** 函数只能有一个形式参数，类似于 C++ 函数定义中的形式参数，它也可能是省略号（...）。带有省略号形式参数的处理程序是 catch-all 处理程序；如果找不到合适的处理程序，则会针对任何引发的异常执行此操作。形式参数也可以是裸类型说明符，例如 **float**，就像在函数原型中一样。在这种情况下，形式参数的唯一目的是使处理程序唯一可识别。当有关异常的信息要传递给处理程序时，形式参数包含用于此目的的变量名称。因为参数的类可以是任何用户定义的类，所以该参数可以包括所需数量的数据成员。14.3.2 节将讨论对处理程序的绑定异常。

594

在 C++ 中，异常处理程序可以包含任何 C++ 代码。

14.2.2 异常绑定到处理程序

C++ 异常仅由显式语句 throw 引发，其在 EBNF 中的一般形式如下：

```
throw [expression];
```

这里的括号是元符号，用于指定表达式是可选的。没有操作数的 throw 只能出现在处理程序中。当它出现在那里时，会再次引发异常，然后在其他地方处理。

throw 表达式的类型选择特定的处理程序，当然必须具有“匹配”类型的形式参数。在这种情况下，匹配意味着以下内容：具有类型 T 的形式参数的处理程序 const T、T&（对类型为 T 的对象的引用）或 const T& 匹配具有类型 T 的表达式的 throw。在这种情况下其中 T 是一个类，一个参数是类型 T 的处理程序，或者是 T 匹配的祖先的任何类。有一些更复杂的情况，其中 throw 表达式与形式参数匹配，但这里不再描述它们。

try 子句中引发的异常导致该 try 子句中的代码执行立即结束。搜索匹配处理程序从紧跟在 try 子句之后的处理程序开始。匹配的过程在处理程序上顺序完成，直到找到匹配为止。这意味着如果任何其他匹配在完全匹配的处理程序之前，则不会使用完全匹配的处理程序。因此，特定异常的处理程序放在列表的顶部，其后是更通用的处理程序。最后一个处理程序通常是带有省略号（...）形式参数的处理程序，它匹配任何异常，这将保证捕获所有异常。

如果在 try 子句中引发异常，并且没有与该 try 子句关联的匹配处理程序，则会传播异常。如果 try 子句嵌套在另一个 try 子句中，则异常将传播到与外部 try 子句关联的处理程序。如果封闭的 try 子句都没有产生匹配的处理程序，则异常将传播到引发它的函数的调用者。如果对函数的调用不在 try 子句中，则异常将传播到该函数的调用者。如果通过此传播过程在程序中找不到匹配的处理程序，则调用默认处理程序。14.2.4 节将进一步讨论此处理程序。

595

14.2.3 延续

处理程序完成执行后，控制流到 try 结构后面的第一个语句（紧跟在处理程序序列中的最后一个处理程序之后的语句，它是一个元素）。处理程序可以使用不带表达式的 throw 来重新引发异常，在这种情况下会传播异常。

14.2.4 其他设计选择

就 14.1.2 节中总结的设计问题而言，C++ 的异常处理很简单。只有用户定义的异常，并且未指定它们（尽管它们可能被声明为新类）。有一个默认的异常处理程序 unexpected，它唯一的操作是终止程序。此处理程序捕获程序未捕获的所有异常。它可以由用户定义的处理程序替换。替换处理程序必须是返回 void 且不带参数的函数，通过将其名称分配给 set_terminate 来设置替换函数。

C++ 函数可以列出它可能引发的异常类型（throw 表达式的类型）。这是通过将保留字 throw 后跟这些类型的括号列表附加到函数头来完成的。例如：

```
int fun() throw (int, char *) { . . . }
```

上述语句指定函数 fun 可以引发 int 和 char * 类型的异常但不会引发其他异常。throw 子句的目的是通知用户该函数可能引发的异常。throw 子句实际上是函数与其调用者之间的契约，它保证在函数中不会引发其他异常。

如果 throw 子句中的类型是类，则该函数可以引发从列出的类派生的任何异常。如果函数头具有 throw 子句并引发一个未在 throw 子句中列出也不是从其中列出的类派生的异常，则调用默认处理程序。请注意，在编译时无法检测到此错误。列表中的类型列表可能为空，这意味着该函数不会引发任何异常。如果函数头部没有 throw 规约，则该函数可以引发任何异常。该列表不是函数类型的一部分。

如果函数覆盖具有 throw 子句的函数，则覆盖函数中 throw 子句的异常数量不会比重写函数多。

虽然 C++ 没有预定义的异常，但标准库定义并抛出异常，例如可以由库容器类抛出的 out_of_range，以及可以由数学库函数抛出的 overflow_error。 596

14.2.5 示例

以下示例程序说明了 C++ 中异常处理程序的一些简单用法。该程序使用一组计数器计算并打印输入成绩的分布。输入是一系列成绩，由负数终止。负数会引发 NegativeInputException 异常，因为成绩必须是非负整数。成绩共分为 10 个等级（0～9、10～19、…、90～100）。成绩本身用于计算计数器数组的索引，每个成绩等级对应一个数组中的元素。通过捕获计数器数组的索引错误可以检测无效的输入成绩。成绩 100 在成绩分布的计算中是特殊的，因为其他成绩等级都具有 10 个可能的成绩值，而最高的成绩等级则具有 11 个可能的成绩值（90、91、…、100）。（事实上，A 等成绩比 B 或 C 等成绩更多更可能说明教师评分宽松）。成绩 100 也可以在用于处理无效输入数据的异常处理程序中被处理。

```
// 成绩登记分布
// 输入 : 一系列代表成绩的整数值
//        以一个负数结尾
// 输出 : 成绩的等级分布
//        体现为 0-9, 10-19, . . ., 90-100 这些等级的百分比
#include <iostream>
int main() { //* 可能引发任何异常
  int new_grade,
      index,
      limit_1,
      limit_2,
      freq[10] = {0,0,0,0,0,0,0,0,0,0};
// 定义用于处理数据结尾的异常
class NegativeInputException {
  public:
   NegativeInputException() {   //* 构造函数
```

```
        cout << "End of input data reached" << endl;
      }  //** 构造函数的结尾
    }  //** NegativeInputException 类的结尾
      try {
        while (true) {
          cout << "Please input a grade" << endl;
          if ((cin >> new_grade) < 0)   //* 数据结尾
            throw  NegativeInputException();
         index = new_grade / 10;
         {try {
           if (index > 9)
             throw  new_grade;
          freq[index]++;
          }  //* 内部 try 复合语句的结尾
        catch(int  grade) {  //* 用于索引错误的处理程序
          if (grade == 100)
            freq[9]++;
          else
            cout << "Error -- new grade: " << grade
                 << " is out of range" << endl;
          }  //* catch(int grade) 的结尾
        }  //*  内部 try-catch 对的结尾
      }  //* while (1) 的结尾
    }  //* 外部 try 块的结尾
    catch(NegativeInputException& e) {  //**用于负数输入的处理程序
      cout << "Limits   Frequency" << endl;
      for (index = 0; index < 10; index++) {
        limit_1 = 10 * index;
        limit_2 = limit_1 + 9;
        if (index == 9)
          limit_2 = 100;
        cout << limit_1 << limit_2 << freq[index] << endl;
      }  //* for (index = 0) 的结尾
    }  //* catch (NegativeInputException& e) 的结尾
  }  //* main 的结尾
```

597

该程序旨在说明 C++ 异常处理的机制。请注意，索引范围异常通常通过在 C++ 中重载索引操作来处理，这可能会引发异常，而不是使用我们示例中使用的选择结构直接检测索引操作。

14.2.6 评价

C++ 中异常处理的一个缺点是没有可由用户处理的预定义的硬件可检测异常。异常通过参数类型连接到处理程序，其中形式参数可以省略。处理程序的形式参数的类型决定它被调用的条件，但可能与引发的异常的性质没有任何关系。因此，对异常使用预定义类型肯定不会提高可读性。在有意义的层次结构中定义有意义名称的异常类，可以更好地用于定义异常。异常参数提供了一种将异常信息传递给异常处理程序的方法。

14.3 Java 异常处理

在第 13 章中，Java 示例程序包括使用异常处理而几乎没有解释。本节介绍 Java 异常处理功能的详细信息。

598

Java 的异常处理基于 C++ 的异常处理，但它的设计更符合面向对象的语言范例。此外，Java 包含 Java 运行时系统隐式引发的预定义异常的集合。

14.3.1 异常类别

所有 Java 异常都是作为 Throwable 类后代的类的对象。Java 系统包括两个预定义的异常类，它们都是 Throwable 的子类：Error 和 Exception。Error 类及其后代与 Java 运行时系统引发的错误有关，例如堆内存不足。用户程序永远不会抛出这些异常，并且永远不应该在那里处理它们。Exception 有两个系统定义的直接后代：RuntimeException 和 IOException。正如其名称所示，当输入或输出操作中发生错误时抛出 IOException，所有这些操作都被定义为 java.io 包中定义的各种类中的方法。

有一些预定义的类是 RuntimeException 的后代。在大多数情况下，当用户程序导致错误时抛出 RuntimeException。例如，在 java.util 中定义的 ArrayIndexOutOfBounds Exception 是一个常见的抛出异常，它来自 RuntimeException。来自 RuntimeException 的另一个常见抛出异常是 NullPointerException。

用户程序可以定义自己的异常类。Java 中的约定是用户定义的异常是 Exception 的子类。

14.3.2 异常处理程序

Java 的异常处理程序与 C++ 的异常处理程序具有相同的形式，除了每个 catch 必须有一个参数，并且参数的类必须是预定义类 Throwable 的后代。

Java 中 try 结构的语法与 C++ 完全相同，14.3.6 节中描述的 finally 子句除外。

14.3.3 异常绑定到处理程序

抛出异常很简单。异常类的实例作为 throw 语句的操作数给出。例如，假设我们将名为 MyException 的异常定义为：

```
class MyException extends Exception {
  public MyException() {}
  public MyException(String message) {
    super (message);
  }
}
```

599

可以使用以下语句抛出此异常：

```
throw new MyException();
```

新类中包含的两个构造函数之一没有参数，另一个构造函数有一个 String 对象参数，该参数将其发送给超类（Exception)，超类将显示它。因此，我们可以抛出新的异常

```
throw new MyException
       ("a message to specify the location of the error");
```

Java 中处理程序与异常的绑定与 C++ 类似。如果在 try 结构的复合语句中抛出异常，则它会紧跟在 try 子句之后的第一个处理程序（catch 函数），该子句的参数与抛出的对象相同，或者是它的祖先。如果找到匹配的处理程序，则 throw 与它绑定并执行它。

可以通过在处理程序末尾包含没有操作数的 throw 语句来处理异常，然后重新抛出异常。新抛出的异常将不会在最初抛出它的同一 try 子句中处理，因此循环不是问题。这种重新抛出通常在某些本地操作有用时完成，但是需要通过封闭的 try 子句或调用者中的 try

子句进一步处理。处理程序中的 throw 语句也可以抛出一些异常，它们与将控制转移到此处理程序的异常不同。

为了确保始终在方法中处理可以在 try 子句中抛出的异常，可以编写一个特殊的处理程序，它匹配从 Exception 派生的所有异常，只需使用 Exception 类型参数定义处理程序，如

```
catch (Exception genericObject) {
  . . .
}
```

因为类名总是匹配自己或任何祖先类，所以从 Exception 派生的任何类都匹配 Exception。当然，这样的异常处理程序应该总是放在处理程序列表的末尾，因为它会阻止使用在它出现的 try 结构中跟随它的任何处理程序。发生这种情况是因为搜索匹配的处理程序是顺序的，并且搜索在找到匹配时结束。

14.3.4　其他设计选择

作为其反射工具的一部分，Java 运行时系统存储程序中每个对象的类名。方法 getClass 可用于获取存储类名的对象，可以通过 getName 方法获得该类名。因此，我们可以从导致处理程序执行的 throw 语句中检索实际参数的类的名称。对于前面显示的处理程序，可用以下语句实现：

600

```
genericObject.getClass().getName()
```

此外，可以使用以下语句获取由构造函数创建的与参数对象关联的消息：

```
genericObject.getMessage()
```

此外，在用户定义异常的情况下，抛出的对象包括可能在处理程序中有用的任何数量的数据字段。

Java 的 throws 子句具有类似于 C++ 的 throw 规范的外观和位置（在程序中）。但是，throws 的语义与 C++ 中 throw 子句的语义有些不同。

Java 方法的 throws 子句中出现异常类名称指定该异常类或其任何后代异常类可以被抛出但不由该方法处理。例如，当一个方法指定它可以抛出 IOException 时，这意味着它可以抛出 IOException 对象或其任何后代类的对象，例如 EOFException，并且它不处理它抛出的异常。

类 Error 和 RuntimeException 及其后代的异常称为**无检查的异常**（unchecked exception）。所有其他异常称为**已检查异常**（checked exception）。无检查的异常永远不会成为编译器关注的问题。但是，编译器确保方法可以抛出的所有已检查异常都列在其 throws 子句中或在方法中处理。请注意，在编译时检查它不同于 C++，它在运行时完成。不检查类 Error 和 RuntimeException 及其后代的异常的原因是任何方法都可以抛出它们。程序可以捕获无检查的异常，但不是必需的。

与 C++ 的情况一样，方法不能在其 throws 子句中声明比它覆盖的方法更多的异常，尽管它可以声明更少。因此，如果方法没有 throws 子句，则任何方法都不能覆盖它。方法可以抛出其 throws 子句中列出的任何异常，以及这些异常的任何后代类。

不直接抛出特定异常但调用另一个可能抛出该异常的方法必须在其 throws 子句中列出

异常。这就是使用 readLine 方法的 buildDist 方法（在下一小节的示例中）必须在其标头的 throws 子句中指定 IOException 的原因。

不包含 throws 子句的方法不能传递任何已检查异常。回想一下，在 C++ 中，没有 throw 子句的函数可以抛出任何异常。

一个方法调用一个方法，被调用方法在它的 throws 子句中列出一个特定的已检查异常，它有三个处理该异常的备选方案。首先，它可以捕获异常并处理它。其次，它可以捕获异常并抛出在其 throws 子句中列出的异常。最后，它可以在自己的 throws 子句中声明异常并且不处理它，如果有封闭的 try 子句，则有效地将异常传播给封闭的 try 子句，如果没有，则将其传播给方法的调用者。 601

没有默认的异常处理程序，也无法禁用异常。Java 中的延续与 C++ 完全相同。

14.3.5 示例

以下是与 14.2.5 小节中的 C++ 程序功能相同的 Java 程序：

```
// 成绩登记分布
// 输入：一系列代表成绩的整数值
//        以一个负数结尾
// 输出：成绩的等级分布
//        体现为 0-9，10-19，. . .，90-100 这些等级的百分比
import java.io.*;
// 定义用于处理数据结尾的异常
class NegativeInputException extends Exception {
  public NegativeInputException() {
    System.out.println("End of input data reached");
  }  //** 构造函数的结尾
}  //** NegativeInputException 类的结尾

class GradeDist {
  int newGrade,
      index,
       limit_1,
       limit_2;
  int [] freq = {0, 0, 0, 0, 0, 0, 0, 0, 0, 0};

void buildDist() throws  IOException {
  DataInputStream in =  new  DataInputStream(System.in);
  try {
    while (true) {
      System.out.println("Please input a grade");
      newGrade = Integer.parseInt(in.readLine());
      if (newGrade < 0)
        throw new NegativeInputException();
      index = newGrade / 10;
      try {
        freq[index]++;
      }  //** 内部 try 子句的结尾
      catch(ArrayIndexOutOfBoundsException e) {
        if (newGrade == 100)
          freq [9]++;
        else
          System.out.println("Error - new grade: " +
                     newGrade + " is out of range");
```

602

```
      }  //** catch (ArrayIndex. . . 的结尾
    }  //** while (true) . . . 的结尾
  }  //** 外部 try 子句的结尾
  catch(NegativeInputException e) {
    System.out.println ("\nLimits    Frequency\n");
    for (index = 0; index < 10; index++) {
      limit_1 = 10 * index;
      limit_2 = limit_1 + 9;
      if (index == 9)
        limit_2 = 100;
      System.out.println("" + limit_1 + " - " +
                       limit_2 + "      " + freq [index]);
    }  //** for (index = 0; ... 的结尾
  }  //** catch (NegativeInputException ... 的结尾
}  //** buildDist 方法的结尾
```

负输入异常 NegativeInputException 在程序中定义。它的构造函数在创建类对象时显示一条消息，处理程序生成方法的输出。ArrayIndexOutOfBoundsException 是 Java 运行时系统抛出的预定义的无检查的异常。在这两种情况下，处理程序的参数中不包含对象名称。在任何情况下都不能使用名称。虽然所有处理程序都将对象作为参数，但它们通常没用。

14.3.6　finally 子句

在某些情况下，无论 try 子句是抛出异常还是在方法中处理异常，进程都必须被执行。一个例子是必须被关闭的文件。另一个例子是不管方法的执行如何终止，该方法是否有必须在方法中释放的外部资源。finally 子句就是为满足这些需求而设计的。在完整的 try 结构之后，finally 子句放在处理程序列表的末尾。通常，try 结构及其 finally 子句为：

```
try {
  . . .
}
catch (. . .) {
  . . .
}
. . . //** 更多处理程序
finally  {
  . . .
}
```

此结构的语义如下：如果 try 子句不引发异常，则在 try 结构之后继续执行之前执行 finally 子句。如果 try 子句抛出异常并且它被后续处理程序捕获，则在处理程序完成执行后执行 finally 子句。如果 try 子句抛出异常但是它没有被 try 结构之后的处理程序捕获，则在传播异常之前执行 finally 子句。603

没有异常处理程序的 try 结构可以后跟一个 finally 子句。当然，这只有在复合语句有 throw、break、continue 或 return 语句时才有意义。在这些情况下，它的用途与异常处理时的用途相同。例如，请考虑以下例子：

```
try {
  for (index = 0; index < 100; index++) {
    . . .
    if (. . . ) {
      return;
```

```
      }  //** if语句的结尾
      . . .
    }  //** for语句的结尾
  }  //** try子句的结尾
  finally  {
   . . .
  }  //** try结构的结尾
```

无论 return 是终止循环还是正常结束，都将执行此处的 finally 子句。

14.3.7 断言

在第 2 章中对 Plankalkül 的讨论中，我们提到它包含了断言。Java 1.4 中添加了断言。要使用断言，需要在运行程序时使用 enableassertions（或 ea）参数，如：

```
java -enableassertions MyProgram
```

assert 语句有两种可能的形式：

```
assert 条件；
assert 条件 ： 表达式；
```

在第一种情况下，在执行到达断言时测试条件。如果条件评估为 true，则不会发生任何事情。如果评估结果为 false，则抛出 AssertionError 异常。在第二种情况下，操作是相同的，除了表达式的值作为字符串传递给 AssertionError 构造函数并成为调试输出。

断言语句可用于防御性程序设计。程序中可以编写许多断言语句，以确保程序计算过程以及结果的正确。许多程序员在编写程序时都会进行此类检查，帮助调试，即使他们使用的语言不支持断言。程序经过充分测试后，将删除这些检查。断言语句具有一个优点，即不从程序中删除它们就可以将其禁用。这可以节省移除断言语句的工作量，也可以在后续程序维护期间随时使用它们。 604

14.3.8 评价

用于异常处理的 Java 机制是对其所基于的 C++ 版本的异常机制的改进。

首先，C++ 程序可以抛出程序或系统中定义的任何类型。在 Java 中，只能抛出作为 Throwable 实例的对象或子类。这将驻留在程序中的所有其他对象（和非对象）与可以抛出的对象分开。导致 int 值被抛出的异常有什么意义？

其次，不包含 throw 子句的 C++ 程序单元可以抛出任何异常，它不包含任何信息。不包含 throws 子句的 Java 方法不能抛出任何未处理的已检查异常。因此，Java 方法的读者从其标题中知道它可以抛出但未处理的异常。C++ 编译器忽略 throw 子句，但 Java 编译器确保方法可以抛出的所有异常都列在其 throws 子句中。

第三，finally 子句是一个有用的补充。无论复合语句如何终止，它都允许清除各种操作。

最后，Java 运行时系统隐式抛出各种预定义的异常，例如数组索引超出范围和对 null 引用的去引用，这可以由任何用户程序处理。C++ 程序只能处理它显式抛出的异常（或由它使用的库类抛出的异常）。

C# 的异常处理结构与 Java 非常类似，区别在于 C# 没有 throws 子句。

14.4 Python 和 Ruby 的异常处理

本节简要概述 Python 和 Ruby 的异常处理机制。

14.4.1 Python

在 Python 中，异常是对象。所有异常类的基类都是 Base Exception，从中派生 Exception 类。BaseException 提供一些对所有异常类都有用的服务，但它通常不直接子类化。所有预定义的异常类都是从 Exception 中派生的，用户定义的异常类也是从它派生的。最常用的 Exception 预定义子类是 ArithmeticError，主要子类为 OverflowError、ZeroDivisionError 和 FloatingPointError，以及 LookupError，其主要子类是 IndexError 和 KeyError。

605

处理异常的语句与 Java 类似。try 结构的一般形式如下：

```
try:
    try 块（要监视语句范围的异常）
except Exception1:
    Exception1 的处理程序
except Exception2:
    Exception2 的处理程序
...
else:
    else 块（没有引发异常时需要完成的工作）
finally:
    finally 块（任何情况下都需要完成的工作）
```

其中 else 和 finally 子句都是可选的。

Java 和 Python 中处理程序之间的一个区别是 Python 使用 except 引入它们而不是捕获它们。如果 try 块中没有引发异常，则执行 else 子句。finally 子句与 Java 中的对应子句具有相同的语义：如果在 try 块中引发异常但未由紧随其后的处理程序处理，则在执行 finally 块之后传播异常。因为处理程序处理其命名异常以及该异常的所有子类，所以命名 Exception 的处理程序处理所有预定义和用户定义的异常。

未处理的异常传播到逐渐变大的封闭 try 结构，搜索适当的处理程序。如果没有找到，则异常将传播到函数的调用者，再次在嵌套 try 结构中搜索处理程序。如果在任何级别都找不到处理程序，则调用默认处理程序，这会生成错误消息，堆栈会跟踪并终止程序。

Python 的 raise 语句类似于 Java 和 C++ 的 throw 语句。raise 的参数是要引发的异常的类名。例如：

```
raise IndexError
```

此语句隐式创建命名类 IndexError 的实例。

异常处理程序可以通过提供 as 子句和变量名来获取对所引发异常的对象的访问，如下所示：

```
except Exception as ex_obj:
```

这是一个通用处理程序，因为它处理所有异常。可以在处理程序中使用 print 语句打印异常对象，从而生成对象的消息。例如，如果异常是 ZeroDivisionError，则消息将是 division by zero。

606

Python 的断言语句提供了一种使异常处理可选的机制。断言的一般形式如下：

```
assert test, data
```

在此语句中，test 是一个布尔标志或表达式，data 是发送给构造函数的值，用于引发异常对象。可以使用以下代码描述此语句的含义，该语句可选地引发 AssertionError 异常：

```
if __debug__:
  if not test:
    raise AssertionError(data)
```

__debug__ 是一个预定义标志，除非在运行程序的命令上使用 -O 标志，否则该标志设置为 True。这允许为程序的特定运行禁用所有 assert 语句。如果程序没有处理 AssertionError 异常，就像其他未处理的异常一样，它会在使用默认处理程序后终止程序。

Python 没有与 Java 的 throws 子句意义相同的语句。

14.4.2 Ruby

与 Python 一样，Ruby 异常是对象，它有大量预先定义的异常类。应用程序处理的所有异常都是 StandardError 类的对象或子类。StandardError 派生自 Exception，它为其所有后代提供了两个有用的方法。这些消息返回人类可读的错误消息和 backtrace，它返回从引发异常的方法开始的堆栈跟踪。StandardError 的一些预定义子类是 ArgumentError、IndexError、IOError 和 ZeroDivisionError。

使用 raise 方法显式引发异常。通常使用字符串参数调用 raise。在这种情况下，它会引发一个新的 RuntimeError 对象，并将该字符串作为其消息。例如，可以有以下内容：

```
raise "bad parameter" if count == 0
```

raise 也可以有两个参数，第一个参数是异常类的对象。调用此对象的 exception 方法，并引发返回的 Exception 对象。在这种情况下，第二个参数是要显示的字符串消息。例如，可以有以下内容：

```
raise TypeError, "Float parameter expected"
if not param.is_a? Float
```

607

使用 rescue 子句指定异常处理程序，该子句附加到语句。要将异常处理程序附加到代码段，则将代码放在 begin-end 块中。rescue 子句放在块的代码之后的块中。通常显示如下：

```
begin
    块中语句的顺序
rescue
    处理程序
end
```

begin-end 结构可以包含 else 子句（或）ensure 子句。else 子句与 Python 中的完全相同。ensure 子句与 finally 子句完全相同。方法可以充当异常处理的容器来代替 begin-end 块。

与大多数其他语言明显不同，Ruby 允许在处理异常后重新运行引发异常的一段代码。这是在处理程序末尾使用 retry 语句指定的。

14.5　事件处理概述

事件处理类似于异常处理。在这两种情况下，处理程序都是通过事件（异常或事件）的出现来隐式调用的。虽然可以通过用户代码显式地或者通过硬件或软件解释器隐式地引发异常，但是事件由外部动作创建，诸如通过图形用户界面（GUI）的用户交互。本章介绍事件处理的基本原理，它们不像异常处理那样复杂。

在传统（非事件驱动）程序设计中，程序代码本身指定了代码执行的顺序，尽管顺序通常受程序输入数据的影响。在事件驱动程序设计中，程序的某些部分在完全不可预测的时间执行，通常由用户与执行程序的交互触发。

本章中讨论的特定类型的事件处理与 GUI 有关。因此，大多数事件是由用户通过图形对象或组件（通常称为小部件）进行交互引起的。最常见的小部件是按钮。实现对用户与 GUI 组件交互的反应是最常见的事件处理形式。

事件（event）是发生特定事件的通知，例如鼠标单击图形按钮。严格地说，事件是由运行时系统为响应用户动作隐式创建的对象，至少在这里讨论事件处理的上下文中是这样。

事件处理程序（event handler）是为响应事件外观而执行的代码段。事件处理程序使程序能够响应用户操作。

608

尽管在 GUI 出现之前就使用了事件驱动程序设计，但它仅仅是为了响应这些接口的流行而成为一种广泛使用的程序设计方法。例如，考虑向 Web 浏览器用户呈现的 GUI。向浏览器用户呈现的许多 Web 文档现在都是动态的。这样的文档可以向用户呈现订单表单，用户通过点击按钮来选择商品。与这些按钮单击相关联的所需内部计算，由响应单击事件的事件处理程序执行。

事件处理程序的另一个常见用途是检查表单元素中的简单错误和遗漏，无论是在更改表单还是将表单提交到 Web 服务器进行处理时都会用到。在浏览器上使用事件处理来检查表单数据的有效性可以节省将数据发送到服务器的时间，接下来必须由服务器驻留程序或脚本检查它们的正确性，然后才能处理它们。这种事件驱动的程序设计通常使用客户端脚本语言（如 JavaScript）来完成。

14.6　Java 事件处理

除了 Web 应用程序，非 Web Java 应用程序还可以向用户提供 GUI。本节将讨论 Java 应用程序中的 GUI。

Java 的初始版本为 GUI 组件提供了一种原始形式的支持。在 1998 年末发布的该语言的 1.2 版本中，增加了一个新的组件集合，这些统称为 Swing。

14.6.1　Java Swing GUI 组件

在 `javax.swing` 中定义的类和接口的 Swing[⊖]集合包括 GUI 组件或小部件。因为我们感兴趣的是事件处理，而不是 GUI 组件，所以我们只讨论两种小部件：文本框和单选按钮。

文本框是 `JTextField` 类的对象。最简单的 `JTextField` 构造函数采用单个参数，即字符的长度。例如：

```
JTextField name = new JTextField(32);
```

⊖ 在过去几年中，Swing 正逐渐被名为 JAVAFX 的新 GUI 工具集所取代。

JTextField 构造函数还可以将字面量字符串作为可选的第一个参数。此字符串参数（如果存在）将显示为文本框的初始内容。

单选按钮是放置在按钮组中的特殊按钮。按钮组是 ButtonGroup 类的对象，其构造函数不带参数。在单选按钮组中，一次只能按一个按钮。如果按下组中的任何按钮，则隐式按下先前按下的按钮。用于创建单选按钮的 JRadioButton 构造函数有两个参数：标签和单选按钮的初始状态（按下和未按下时分别为 true 或 false）。如果组中的一个单选按钮最初设置为按下，则组中的其他按钮默认为未按下。创建单选按钮后，它们将使用组对象的 add 方法放置在其按钮组中。请考虑以下示例：

609

```
ButtonGroup payment = new ButtonGroup();
JRadioButton box1 = new JRadioButton("Visa", true);
JRadioButton box2 = new JRadioButton("Master Charge");
JRadioButton box3 = new JRadioButton("Discover");
payment.add(box1);
payment.add(box2);
payment.add(box3);
```

JFrame 对象是一个框架，它显示为一个单独的窗口。JFrame 类定义框架所需的数据和方法。因此，使用框架的类可以是 JFrame 的子类。JFrame 有几个称为**窗格**（pane）的层。我们只关注其中一个层，即内容窗格。GUI 的组件放置在 JPanel 对象（面板）中，该对象用于组织和定义组件的布局。创建一个框架，并将包含组件的面板添加到该框架的内容窗格中。

预定义的图形对象（例如 GUI 组件）直接放置在面板中。接下来创建在以下组件讨论中使用的面板对象：

```
JPanel myPanel = new JPanel();
```

使用构造函数创建组件后，使用 add 方法将它们放在面板中，如下所示：

```
myPanel.add(button1);
```

14.6.2 Java 事件模型

当用户与 GUI 组件交互（如单击按钮）时，组件将创建一个事件对象，并通过一个名为事件侦听器的对象来调用事件处理程序并传递事件对象。事件处理程序提供相关的操作。GUI 组件是事件生成器。在 Java 中，事件通过**事件侦听器**（event listener）连接到事件处理程序。事件侦听器通过事件侦听器注册连接到事件生成器。侦听器注册是使用实现侦听器接口的类的方法完成的，如本节后面所述。只有在发生该事件时才会通知为特定事件注册的事件侦听器。

接收消息的侦听器方法实现了一个事件处理。为了使事件处理方法符合标准协议，可以使用接口。接口规定了标准方法协议，但没有提供这些方法的实现。

610

需要实现事件处理程序的类必须为该处理程序的侦听器实现接口。有几类事件和侦听器接口。一类事件是 ItemEvent，它与单击复选框或单选按钮或选择列表项的事件相关联。ItemListener 接口包含方法的协议 itemStateChanged，它是 ItemEvent 事件的处理程序。因此，要提供由单击单选按钮触发的操作，必须实现接口 ItemListener，这需要定义方法 itemStateChanged。

如前所述，组件与事件侦听器的连接是使用实现侦听器接口的类的方法完成的。例如，因为 ItemEvent 是用户对单选按钮的操作创建的事件对象的类名，所以 addItemListener 方法用于为单选按钮注册侦听器。在面板中创建的按钮事件的侦听器可以在面板或 JPanel 的子类中实现。因此，对于名为 myPanel 的面板中名为 button1 的单选按钮，它实现按钮的 ItemEvent 事件处事程序，我们将使用以下语句注册该侦听器：

```
button1.addItemListener(this);
```

每个事件处理程序方法都接收一个事件参数，该参数提供有关事件的信息，事件类有访问这些信息的方法。例如，通过单选按钮调用时，isSelected 方法将返回 true 或 false，这具体取决于按钮是打开还是关闭（按下或未按下）。

所有与事件相关的类都在 java.awt.event 包中，因此它被导入到使用事件的任何类中。

以下是一个示例应用程序 RadioB，它说明了事件和事件处理的使用。此应用程序构造单选按钮，用于控制文本字段内容的字体样式。它为四种字体样式中的每一种创建一个 Font 对象，每个都有一个单选按钮，使用户可以选择字体样式。

此示例的目的是显示如何处理 GUI 组件引发的事件以动态更改程序的输出显示。由于我们对事件处理的关注很少，因此这里不解释该程序的某些部分。

611

```
/*  RadioB.java
    一个演示如何使用交互式单选按钮处理事件的案例，这些按钮控制
    文本字段的字体样式
*/
package radiob;
import java.awt.*;
import java.awt.event.*;
import javax.swing.*;

public class RadioB extends JPanel implements
        ItemListener {
    private JTextField text;
    private Font plainFont, boldFont, italicFont,
                 boldItalicFont;
    private JRadioButton plain, bold, italic, boldItalic;
    private ButtonGroup radioButtons;

// 显示在构造函数方法处初始构建
    public  RadioB() {

// 设置测试文本字符串并设置其样式
        text = new JTextField(
             "In what font style should I appear?", 25);
        text.setFont(plainFont);

// 为样式创建单选按钮并将它们加入一个新的按钮组
        plain = new JRadioButton("Plain", true);
        bold = new JRadioButton("Bold");
        italic = new JRadioButton("Italic");
        boldItalic = new JRadioButton("Bold Italic");
        radioButtons = new ButtonGroup();
        radioButtons.add(plain);
        radioButtons.add(bold);
        radioButtons.add(italic);
```

```
        radioButtons.add(boldItalic);

        // 创建一个面板并将文本和单选按钮放入其中；再将面板放入框架中
        JPanel radioPanel = new JPanel();
        radioPanel.add(text);
        radioPanel.add(plain);
        radioPanel.add(bold);
        radioPanel.add(italic);
        radioPanel.add(boldItalic);
        add(radioPanel, BorderLayout.LINE_START);

// 注册事件处理程序
        plain.addItemListener(this);
        bold.addItemListener(this);
        italic.addItemListener(this);
        boldItalic.addItemListener(this);

// 创建样式
        plainFont = new Font("Serif", Font.PLAIN, 16);
        boldFont = new Font("Serif", Font.BOLD, 16);
        italicFont = new Font("Serif", Font.ITALIC, 16);
        boldItalicFont = new  Font("Serif", Font.BOLD +
                                   Font.ITALIC, 16);
    }  // RadioB 构造函数的结尾

// 事件处理程序
    public void itemStateChanged (ItemEvent e) {

// 确定哪个按钮是打开的，并相互地为其设置样式
        if (plain.isSelected())
           text.setFont(plainFont);
        else if (bold.isSelected())
           text.setFont(boldFont);
        else if (italic.isSelected())
           text.setFont(italicFont);
        else if  (boldItalic.isSelected())
           text.setFont(boldItalicFont);
    } // itemStateChanged 的结尾

// main 方法
      public static void main(String[] args) {
// 创建窗口框架
        JFrame myFrame = new JFrame(" Radio button
                                     example");

// 创建内容窗格并将其加入框架
        JComponent myContentPane = new RadioB();
        myContentPane.setOpaque(true);
        myFrame.setContentPane(myContentPane);

// Display the window.
        myFrame.pack();
        myFrame.setVisible(true);
    }
} // End of RadioB
```

612

RadioB.java 产生的屏幕如图 14.2 所示。

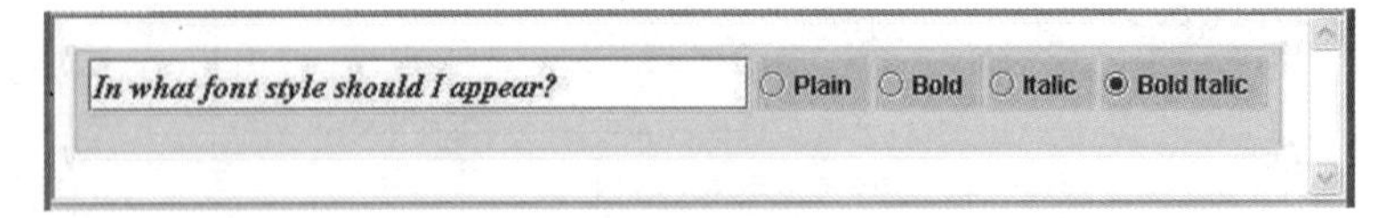

图 14.2　RadioB.java 的输出（来源：Java radio applet 截屏）

14.7　C# 事件处理

C#（以及其他 .NET 语言）中的事件处理类似于 Java。.NET 提供了两种在应用程序中创建 GUI 的方法，原始 Windows 窗体和最新的 Windows Presentation Foundation。后者是两者中较为复杂的部分。因为我们只关注事件处理，所以我们将使用更简单的 Windows 窗体来讨论我们的主题。

613

使用 Windows 窗体，构造 GUI 的 C# 应用程序是通过子类化 Form 预定义类创建的，该类在 System.Windows.Forms 命名空间中定义。该类隐式提供了一个包含我们的组件的窗口，无须明确构建框架或面板。

文本可以放在 Label 对象中，单选按钮是 RadioButton 类的对象。Label 对象的大小未在构造函数中显式指定；相反，可以通过将 Label 对象的 AutoSize 数据成员设置为 true 来指定其大小，该成员根据放置在其中的内容设置大小。

通过将新的 Point 对象分配给组件的 Location 属性，可以将组件放置在窗口中的特定位置。Point 类在 System.Drawing 命名空间中定义。Point 结构采用两个参数，即对象的坐标（以像素为单位）。例如，Point(100, 200) 是距窗口左边缘 100 像素，距顶部 200 像素的位置。通过将字符串字面量指定给组件的 Text 属性来设置组件的标签。创建组件后，通过将其发送到窗体的 Controls 子类的 Add 方法，将其添加到窗体窗口中。因此，以下代码在输出窗口的（100, 300）位置创建一个标签为 Plain 的单选按钮：

```
private RadioButton plain = new RadioButton();
plain.Location = new Point(100, 300);
plain.Text = "Plain";
Controls.Add(plain);
```

所有 C# 事件处理程序都具有相同的协议：返回类型为 void，两个参数的类型为 object 和 EventArgs。这两个参数都不需要用于简单的情况。事件处理程序方法可以具有任何名称。测试单选按钮以确定是否使用按钮的布尔检查属性单击它。考虑以下事件处理程序的骨架示例：

```
private void rb_CheckedChanged (object o, EventArgs e){
  if (plain.Checked) . . .
  . . .
}
```

要注册事件，必须创建新的 EventHandler 对象。将处理程序方法的名称发送到该类的构造函数。新对象将添加到组件对象上事件的预定义委托中（使用 += 赋值运算符）。例如，当单选按钮从未检查更改为已检查时，将引发 CheckedChanged 事件，并调用在关联委托上注册的处理程序，该委托由事件名称引用。如果事件处理程序名为 rb_Chec-ked Changed，则以下语句将在单选按钮 plain 上注册 CheckedChanged 事件的处理程序：

614

```
plain. CheckedChanged +=
       new EventHandler(rb_CheckedChanged);
```

以下是用 C# 重写的 14.6 节中的 RadioB 示例。因为我们的重点是事件处理，所以不解释该程序的所有细节。

```
// RadioB.cs
// 一个演示如何使用交互式单选按钮处理事件的案例，这些按钮控制文本字段的
   字体样式

namespace RadioB {

    using System;
    using System.Drawing;
    using System.Windows.Forms;
  public class RadioB : Form {
    private Label text = new Label();
    private RadioButton plain = new RadioButton();
    private RadioButton bold = new RadioButton();
    private RadioButton italic = new RadioButton();
    private RadioButton boldItalic = new RadioButton();

    // RadioB 的构造函数
    public RadioB() {

      // 初始化文本和单选按钮的属性
      text.AutoSize = true;
      text.Text = "In what font style should I appear?";
      plain.Location = new Point(220,0);
      plain.Text = "Plain";
      plain.Checked = true;
      bold.Location = new Point(350, 0);
      bold.Text = "Bold";
      italic.Location = new Point(480, 0);
      italic.Text = "Italics";
      boldItalic.Location = new Point(610, 0);
      boldItalic.Text = "Bold/Italics";

      // 向表单中添加文本和单选按钮
      Controls.Add(text);
      Controls.Add(plain);
      Controls.Add(bold);
      Controls.Add(italic);
      Controls.Add(boldItalic);

      // 为单选按钮注册事件处理程序
      plain.CheckedChanged +=
           new EventHandler(rb_CheckedChanged);
      bold.CheckedChanged +=
           new EventHandler(rb_CheckedChanged);
      italic.CheckedChanged +=
           new EventHandler(rb_CheckedChanged);
      boldItalic.CheckedChanged +=
           new EventHandler(rb_CheckedChanged);
    }

    // 在 main 方法处开始执行
    static void Main() {
      Application.EnableVisualStyles();
      Application.SetCompatibleTextRenderingDefault (false);
```

615

```
      Application.Run(new RadioB());
    }
    // 事件处理程序

    private void rb_CheckedChanged (object o,
                                    EventArgs e) {

    // 确定哪个按钮是打开的，并相应地为其设置样式
     if (plain.Checked)
         text.Font =
              new Font( text.Font.Name, text.Font.Size,
                        FontStyle.Regular);
     if (bold.Checked)
         text.Font =
              new Font(text.Font.Name, text.Font.Size,
                       FontStyle.Bold);
     if (italic.Checked)
         text.Font =
              new Font(text.Font.Name, text.Font.Size,
                       FontStyle.Italic);
     if (boldItalic.Checked)
         text.Font =
              new Font(text.Font.Name, text.Font.Size,
                       FontStyle.Italic ^ FontStyle.Bold);
    } // radioButton_CheckedChanged 的结尾

  } // RadioB 的结尾
}
```

该程序的输出与图14.2所示相同。

小结

C++ 不包含预定义的异常（标准库中定义的异常除外）。C++ 异常是基本类型、预定义类或用户定义类的对象。通过将 throw 语句中的表达式类型与处理程序的形式参数的类型相连接，可以使异常与处理程序绑定。处理程序都具有相同的名称 catch。方法的 C++ throw 子句列出了该方法可能抛出的异常类型。

616

Java 异常是其祖先必须追溯到 Throwable 类的子类的对象。只有两类异常：已检查异常和无检查异常。已检查异常是用户程序和编译器的关注点。无检查的异常可以在任何地方发生，并且通常被用户程序忽略。

Java 中方法的 throws 子句列出了它可以抛出但不处理的已检查异常。它必须包含它调用的方法可以引发并传播回其调用者的异常。

Java finally 子句提供了一种机制，用于保证无论 try 中复合语句的执行如何终止，都将执行某些代码。

Java 现在包含一个断言语句，它有助于防御性程序设计。

Python 的异常处理类似于 Java 的异常处理，尽管它将 else 子句添加到 try 结构中。此外，它使用 except 子句而不是 catch 子句来定义处理程序，并且它引发而不是使用抛出异常。通过使用 as 子句将对象分配给变量，可以访问异常对象的数据。 Python 的断言语句是条件引发。

Ruby 中的异常处理类似于 Python 的异常处理。每个异常类都有两个方法，message

和 backtrace。通常使用带有单个字符串参数的 raise 语句引发异常。这将创建一个新的 RuntimeError 对象，并将该字符串作为其消息。可以通过向其添加条件表达式来使 raise 语句成为条件语句。异常处理程序的范围通常使用 begin-end 块指定。处理程序在 rescue 子句中定义。begin-end 块可以包含 else 子句和 ensure 子句，它类似于 Python 和 Java 的 finally 子句。

事件是发生需要特殊处理的事情的通知。事件通常由用户通过图形用户界面与程序的交互来创建。Java 事件处理程序通过事件侦听器调用。如果要在事件发生时通知事件侦听器，则必须为事件注册事件侦听器。两个最常用的事件侦听器接口是 actionPerformed 和 itemStateChanged。

Windows Forms 是构建 GUI 组件和处理 .NET 语言事件的原始方法。C# 应用程序通过继承 Form 类来构建此方法中的 GUI。所有 .NET 事件处理程序都使用相同的协议。通过创建 EventHandler 对象并将其分配给可以引发事件的 GUI 对象相关联的预定义委托来注册事件处理程序。

文献注记

Goodenough（1975）是与特定程序设计语言无关的关于异常处理的最重要的论文之一。有关 PL / I 异常处理设计的问题在 MacLaren（1977）中有所涉及。Stroustrup（1997）描述了 C++ 中的异常处理。Campione et al.（2001）描述了 Java 中的异常处理。 617

复习题

1. 给出异常、异常处理程序、引发异常、延续、终止和内置异常的定义。
2. 设计延续的两种选择是什么？
3. 支持语言内置的异常处理有什么好处？
4. 异常处理的设计问题是什么？
5. 绑定到异常处理程序与异常是什么意思？
6. 所有 C++ 异常处理程序的名称是什么？
7. 如何在 C++ 中明确引发异常？
8. 如何在 C++ 中绑定处理程序与异常？
9. 如何用 C++ 编写异常处理程序以使它能处理任何异常？
10. 当 C++ 异常处理程序完成执行时，执行控制在哪里？
11. C++ 是否包含内置异常？
12. 为什么在 C++ 中引发异常不称为 raise？
13. 所有 Java 异常类的根类是什么？
14. 大多数 Java 用户定义的异常类的父类是什么？
15. 如何用 Java 编写异常处理程序以使它能处理任何异常？
16. C++ 的 throw 规约和 Java throws 子句之间有什么区别？
17. Java 中已检查和无检查的异常之间有什么区别？
18. Java 中 finally 子句的目的是什么？
19. 语言定义的断言与简单 if-then 结构相比有什么优势？
20. Python 中的 else 块是什么？
21. Python 中 as 子句的目的是什么？
22. 解释 Python 中的断言语句的作用。

23. Ruby 中 StandardError 类的消息（message）方法有什么作用？
618
24. 当执行带有字符串参数的 raise 语句时到底发生了什么？
25. Ruby 中 ensure 子句究竟做了什么？
26. 异常处理和事件处理在哪些方面有关？
27. 定义事件和事件处理程序。
28. 什么是事件驱动的程序设计？
29. Java 中 JFrame 的目的是什么？
30. Java 中 JPanel 的目的是什么？
31. Java GUI 应用程序中经常使用哪个对象作为事件侦听器？
32. Java 中事件处理程序协议的起源是什么？
33. 用什么方法在 Java 中注册事件处理程序？
34. 使用 .NET 的 Windows 窗体，为 C# 应用程序构建 GUI 需要什么命名空间？
35. 如何使用 Windows 窗体将组件放置在表单中？
36. .NET 事件处理程序的协议是什么？
37. 为注册 .NET 事件处理程序，必须创建什么对象类？
38. 在注册事件处理程序的过程中，委托有什么作用？

习题

1. 由于不需要下标范围检查，C 的设计者得到了什么好处？
2. 描述三种不直接支持异常处理的语言中的异常处理方法。
3. 从 PL/I 和 Ada 程序设计语言的教科书中，查找各自的内置异常集。考虑完整性和灵活性，对两者进行比较评估。
4. 从 COBOL 的教科书中，确定如何在 COBOL 程序中完成异常处理。
5. 在没有异常处理设施的语言中，通常让大多数子程序包含一个“错误”参数，该参数可以设置为表示“OK”的某个值或表示“程序错误”的某个其他值。相对于这种方法，诸如 Java 中的异常处理设施有什么优势？
6. 在没有异常处理设施的语言中，我们可以将错误处理过程作为参数发送到每个可以检测那些必须被处理的错误的过程。这种方法有什么缺点？
619
7. 比较习题 5 和 6 中建议的方法。你认为哪个更好，为什么？
8. 编写 C++ 的 throw 子句和 Java 的 throws 子句的比较分析。
9. 考虑以下 C++ 骨架程序：

```
class Big {
  int i;
  float f;
  void fun1() throw int {
      . . .
      try {
        . . .
        throw i;
      . . .
      throw f;
      . . .
    }
    catch(float) { . . . }
  . . .
  }
}
```

```
class Small {
  int j;
  float g;
  void fun2() throw float {
    . . .
    try {
      . . .
      try {
        Big.fun1();
        . . .
        throw j;
        . . .
        throw g;
        . . .
     }
     catch(int) { . . . }
     . . .
    }
    catch(float) { . . . }
  }
}
```

在四个 throw 语句的每个语句中，处理异常的位置在哪里？请注意，fun1 从类 Small 中的 fun2 中被调用。

10. 详细比较 C++ 和 Java 的异常处理功能。
11. 在 ML 相关书籍的帮助下，详细比较 ML 和 Java 的异常处理能力。
12. 总结对终止和恢复延续模式有利的论据。

620

程序设计练习

1. 假设你正在编写一个 C++ 函数，该函数有三种可供选择的方法来完成其要求。编写此函数的框架版本，如果第一个方法引发任何异常，则尝试第二个方法，如果第二个方法引发任何异常，则尝试第三个方法。假设三个方法对应的过程分别名为 alt1、alt2 和 alt3。
2. 编写一个 Java 程序，从键盘输入 -100 到 100 范围内的整数值列表，并计算输入值的平方和。该程序必须使用异常处理来确保输入值在范围内并且是合法的整数，以处理值大于标准整数变量可以存储的平方和的错误，并检测文件结束和使用它输出结果。在总和溢出的情况下，必须打印错误消息并终止程序。
3. 编写 C++ 程序实现程序设计练习 2 的要求。
4. 修改 14.3.5 节的 Java 程序，使用 EOFException 检测输入的结束。
5. 使用 C++ 重写 14.3.6 小节中使用 finally 子句的 Java 代码。

621

第 15 章

Concepts of Programming Languages, Twelfth Edition

函数式程序设计语言

本章介绍函数式程序设计，以及一些为这种软件开发方法设计的程序设计语言。首先我们回顾一下数学函数的基本思想，因为函数式程序设计语言是以这种思想为基础的。其次通过第一种函数式语言 LISP，介绍一下函数式程序设计语言的基本思想。接下来会用很长的篇幅介绍 Scheme 语言，包括它的一些基本函数、特殊形式、函数形式，以及一些用 Scheme 语言编写的简单函数示例。接着，对 Common LISP 语言、ML 语言、Haskell 语言和 F# 语言进行简短的介绍。然后，我们将讨论命令式语言对函数式语言的一些支持。紧接着描述一些函数式程序设计语言的具体应用。最后，我们将对函数式程序设计语言和命令式程序设计语言做一个简单的比较。

15.1 概述

本书前面的大部分章节基本上都涉及命令式程序设计语言。命令式程序设计语言之间具有高度相似性，这主要是由于它们有着共同的设计基础——冯·诺依曼架构（在第 1 章中介绍的）。命令式程序设计语言可以被看作改进基本模型（即 Fortran I）的一种方言。这些命令式程序设计语言都是为了有效使用冯·诺依曼架构的计算机而设计的。虽然命令式程序设计的风格已经被大多数程序员所接受，但是对软件开发的不同方法来说，一些人认为，它对底层架构的严重依赖是一种较大的限制。

程序设计语言也存在其他的设计基础，其中一些并不关注在特定的计算机架构下如何高效地执行，而是更倾向于特定的程序设计范式或方法。然而，到目前为止，只有很少的程序是用非命令式程序设计语言编写的。

函数式程序设计语言范式以数学函数为基础，并且是最重要的非命令式程序设计语言的设计基础。函数式程序设计语言支持这种以数学函数为基础的程序设计风格。

1977 年，约翰·巴克斯由于其在 Fortran 开发中作出的突出贡献而获得 ACM 图灵奖。在正式颁发这一奖项时，每位获奖者将都做一次演讲，演讲的内容随后将会被 ACM 的通信期刊收录出版。约翰·巴克斯在他的获奖演讲（Backus，1978）中，举例说明了与命令式程序设计语言相比，用函数式程序设计语言编写的程序具有更好的可读性，更加可靠和准确。他论证的关键是，无论是在开发过程中还是在开发之后，纯函数式程序设计都更容易理解，这主要是因为表达式的含义独立于它们的上下文（纯函数式程序设计语言的一个显著特征是表达式和函数都没有副作用）。

623 ~ 624

在这次演讲中，巴克斯提出了一种纯函数式程序设计语言 FP（Functional Programming），并运用这种语言来证明自己的论点。尽管这种语言最后没有被广泛使用，但是这种思想引起了人们对纯函数式程序设计语言的讨论和研究。一些著名的计算机科学家试图推广这一观点——函数式程序设计语言优于传统的命令式程序设计语言，但是他们的推广未能达到预期的效果。然而，在过去十几年里，由于类型化函数式程序设计语言（如 ML、Haskell、OCaml 和 F#）的成熟，人们对函数式程序设计语言越来越感兴趣，其使用也越来越广泛。

用命令式程序设计语言编写的程序的一个基本特征是它们具有状态，这种状态由程序的变量表示，而且在整个执行过程中会发生改变。程序的开发者和所有阅读者必须了解变量是如何使用的，以及在执行过程中程序的状态是如何变化的。对于大型程序来说，这是一项艰巨的任务。用命令式程序设计语言编写程序会面临这个问题，但是用纯函数式程序设计语言就不会，因为这种程序既没有变量也没有状态。

LISP 最初是纯粹的函数式程序设计语言，但是很快获得了一些重要的命令式特性，这提高了它的执行效率。到目前为止，LISP 仍然是最重要的函数式程序设计语言，因为在某种意义上，它是唯一得到广泛使用的函数式程序设计语言，而且在知识表示、机器学习、智能训练系统和语音建模领域占据主导地位。Common LISP 语言是 20 世纪 80 年代早期几种 LISP 方言的混合体。

Scheme 语言是 LISP 的一种小型的具有静态作用域的方言，它在函数式程序设计的教学中得到了广泛的应用。在一些大学中，它被当作一门入门级别的程序设计课程。

类型化的函数式程序设计语言（主要是 ML、Haskell、OCaml 和 F#）的发展使得一些使用函数式程序设计语言的计算机领域有了显著的发展。随着这些语言的成熟，它们现在被用于数据库处理、金融建模、统计分析、生物信息学等领域。

本章的目的是介绍以 Scheme 为核心的函数式程序设计，并有意忽略掉它的命令式特性。本章将对 Scheme 进行详细介绍，读者能够编写一些简单有趣的程序。如果没有实际的程序设计经验，就很难深入了解函数式程序设计，因此强烈建议读者编写程序来进行实践练习。

15.2 数学函数

数学函数是一种映射关系——**定义域**（range set）中元素到**值域**（domain set）中元素的映射。函数定义显式或隐式地指出定义域和值域及其映射关系。映射关系通常用表达式来描述，在某些情况下，通过表格描述。函数通常应用于定义域中的特定元素，定义域中的元素通常作为函数的传入参数。请注意，定义域可能是多个集合的叉积（这表明函数可能会有多个传入参数），最后函数将会返回值域中的一个元素作为结果。 625

数学函数的基本特征之一是映射关系表达式的求值顺序由递归和条件表达式控制，而在命令式程序设计语言编写的程序中，求值顺序由（运算的）排序和迭代重复来控制。

数学函数的另一个重要特征是它们没有副作用并且不依赖于任何外部输入值，所以它们总是将定义域中的特定元素映射到值域中的相应元素。但是，命令式程序设计语言中的子程序可能依赖于一些全局变量的当前值。这导致难以静态地确定子程序将会产生什么值，将会对特定执行产生什么样的副作用。

在数学中，没有像变量一样对内存地址进行建模的元素。在命令式程序设计语言中，函数中的局部变量可以维护该函数的状态。可通过求解赋值语句中的表达式来改变程序的状态，从而完成计算。在数学中，没有函数状态的概念。

数学函数将参数映射成一个或多个值，而不是在内存中按值指定操作序列从而生成值。

15.2.1 简单函数

函数定义通常写为函数名，后跟括号中的参数列表和映射表达式。例如，

```
cube(x) ≡ x * x * x
```

其中 x 是实数。在这种定义中，定义域和值域是实数。符号≡表示“被定义为”。参数 x 可以表示定义域的任何成员，但是在对函数表达式进行求值时，它表示一个特定元素。这是数学函数中的参数与命令式语言中的变量的不同之处。

通过将函数名称与定义域中的特定元素匹配可以指定函数应用程序。值域中的元素是通过函数映射关系表达式对定义域中的元素（代替参数的使用）进行求值获得的。此外，更重要的是，在求值过程中函数的映射关系不包含未绑定的参数，绑定参数是特定值的名称。一个参数与一个定义域中的特定值相对应并在求值过程中作为常量。例如，考虑以下 cube（x）的表达式：

626

```
cube(2.0)= 2.0 * 2.0 * 2.0 = 8
```

在求值过程中，参数 x 被绑定为 2.0，并且没有其他未绑定的参数。而且，x 为常数，故其值无法更改。

早期与函数有关的理论工作将函数定义与函数命名分开了。Alonzo Church（1941）设计了 lambda 表示法，该表示法提供了一种定义匿名函数的方法。**lambda 表达式**（lambda expression）指定参数和函数的映射。lambda 表达式本身就是一个匿名函数。例如，考虑以下 lambda 表达式：

```
λ(x) x * x * x
```

Church 使用 lambda 表达式定义了一种形式化计算模型（一个用于函数定义、函数应用和递归的形式化系统），称为 **lambda 演算**（lambda calculus）。lambda 演算可以是有类型的，也可以是无类型的。无类型 lambda 演算是函数式程序设计语言的灵感来源。

如前面所述，在求值之前，参数表示定义域中的任何成员，但在求值期间，它与特定成员绑定。当对给定参数的 lambda 表达式求值时，称该参数应用于表达式。这种应用机制对任何函数求值都相同。lambda 表达式的应用如下例所示：

```
(λ(x) x * x * x)(2)
```

该式计算得 8。

与其他函数定义一样，lambda 表达式可以具有多个参数。

15.2.2　函数形式

高阶函数（higher-order function）或者说**函数形式**（functional form）是将一个或多个函数作为参数，或者产生一个函数作为其结果。一种常见的函数形式是**函数合成**（function composition），它有两个函数参数，并产生一个函数，其值是将第一个实际参数函数应用于第二个函数参数的结果。函数合成被写成一个表达式，使用 ° 作为运算符，如下

$$h \equiv f \circ g$$

例如，如果

$$f(x) \equiv x + 2$$
$$g(x) \equiv 3 * x$$

则将 h 定义为

```
h(x) ≡ f(g(x)) 或 h(x) ≡ (3 * x) + 2
```

627

应用到全部（apply-to-all）是一种函数形式，它将单个函数作为参数[㊀]。如果将这种函数形式应用于参数列表，则 apply-to-all 将其函数参数应用于列表参数中的每个值，并以列表或序列的形式收集结果。apply-to-all 用 α 表示。考虑以下示例。

令

```
h(x) ≡ x * x
```

则

```
α(h,(2,3,4)) 得到结果 (4,9,16)
```

此外，还有其他函数形式，但这两个例子足以说明它们的基本特征。

15.3 函数式程序设计语言基础

设计函数式程序设计语言的目的是尽可能地模拟数学函数。这种解决问题的方法与命令式语言中使用的方法完全不同。在命令式语言中，赋值语句的目的在于对表达式求值并将结果存储在内存的相应位置，这个位置在程序中用变量来表示。这里有必要提一下内存单元，它的值表示程序的状态，这是一种相对低层次的程序设计方法。

汇编语言中的程序通常还必须存储表达式的部分计算结果。例如，要计算

```
(x + y)/(a - b)
```

首先计算 `(x + y)` 的值。这个值必须在计算 `(a - b)` 时存储起来。在高级语言中，编译器负责存储表达式求值的中间结果。中间结果的存储仍然是必需的，但是对程序员来说这一细节被隐藏了。

纯函数式程序设计语言不使用变量或赋值语句，所以程序员无须考虑程序的内存单元或与状态相关的问题。没有变量，变量控制的循环结构就不会存在，所以重复执行必须使用递归而不是循环迭代来实现。程序是函数定义和函数应用程序的规范以及执行，程序执行包括评估函数应用程序。没有变量，纯函数式程序的执行就没有操作语义和指称语义的状态。当给定相同的参数时，函数的执行总是产生相同的结果。这种特性称为**引用透明性**（referential transparency）。它使纯函数式语言的语义远比命令式语言（以及具有命令式特性的函数式语言）的语义简单。它使得测试更加容易，因为每个函数都可以单独测试，而不必考虑其上下文。

628

函数式程序设计语言提供一组基本函数，还提供一组由这些基本函数构造复杂函数的函数形式、函数应用操作，以及一些表示数据的结构。这些结构用于表示由函数计算的参数和值。如果函数式语言设计得很好，就只需要相当少的基本函数。

正如在前面的章节中所看到的，第一种函数式程序设计语言 LISP 使用了一种用于数据和代码的句法形式，这与命令式语言的句法形式非常不同。然而，后来设计的许多函数式语言都使用与命令式语言类似的代码句法。

虽然存在一些诸如 Haskell 的纯函数式语言，但大多数函数式语言都包含一些命令式特性，例如可变变量和充当赋值语句的结构。

一些源于函数式语言的概念和结构（例如惰性求值和匿名子程序）现在已被某些命令式

㊀ 在函数式程序设计语言中，它通常被称为 map 函数。

语言采用。

尽管早期的函数式语言通常是用解释器实现的，但许多用函数式程序设计语言编写的程序到现在才被编译。

15.4 第一个函数式程序设计语言：LISP

现在，人们已经开发了多种函数式程序设计语言。最早且使用最广泛的是 LISP 语言（或其衍生之一），它是由 John McCarthy 于 1959 年在麻省理工学院开发的。通过 LISP 学习函数式程序设计语言有点类似于通过 Fortran 语言研究命令式程序设计语言，LISP 是第一种函数式语言，虽然它已经持续发展半个世纪，但它不再代表函数式程序设计语言的最新设计概念。此外，除第一个版本外，所有的 LISP 方言都包括命令式语言的功能特性，例如命令式变量、赋值语句和循环。（命令式风格的变量用于命名存储单元，其值在程序执行期间可以多次改变）。尽管这样，且它们还有一些奇怪的形式，但原始 LISP 的衍生体很好地代表了函数式程序设计的基本概念，因此还是值得研究的。

15.4.1 数据类型和结构

原始 LISP 中只有两类数据对象：原子类型和列表类型。列表元素是成对的，其中第一部分是元素的数据，它是指向原子或嵌套列表的指针。第二部分可以是指原子或另一个元素的指针，也可以是特殊值等。元素在列表中与第二部分链接在一起。原子和列表不是命令式语言意义中的类型。事实上，原始 LISP 是一种无类型的语言。原子可以是标识符形式的符号，也可以是直接常量。

629

回顾一下第 2 章，LISP 最初使用列表作为其数据结构，因为它们被认为是列表处理的重要部分。然而，正如它最终发展的那样，LISP 很少需要在列表开头之外的位置进行插入和删除操作。

在 LISP 中，列表用括号分隔元素来表示。**简单列表**中的元素只能是原子，如：

```
(A B C D)
```

嵌套列表结构也由括号表示。例如：

```
(A (B C) D (E (F G)))
```

该列表有四个元素。第一个是原子 `A`；第二个是子列表 `(B C)`；第三个是原子 `D`；第四个是子列表 `(E(F G))`，其中第二个元素是子列表 `(F G)`

在 LISP 实现中，列表通常存储为链表结构，其中每个节点具有两个指针，一个用来引用节点的数据，另一个用来形成链表。列表被指向其第一个元素的指针所引用。

上述两个示例列表的内部表示如图 15.1 所示。请注意，列表的元素是水平显示的。列表的最后一个元素没有后继，因此它的链接为零。子列表具有相同的结构。

15.4.2 第一个 LISP 解释器

LISP 最初的设计目的是创建一个尽可能接近 Fortran 语言的符号体系来表示程序，当然必要时也可添加一些新的符号。对于元符号，这种表示法称为 M 表示法。有一个编译器可以将用 M 符号编写的程序翻译成语义上等价于 IBM 704 的机器代码程序。

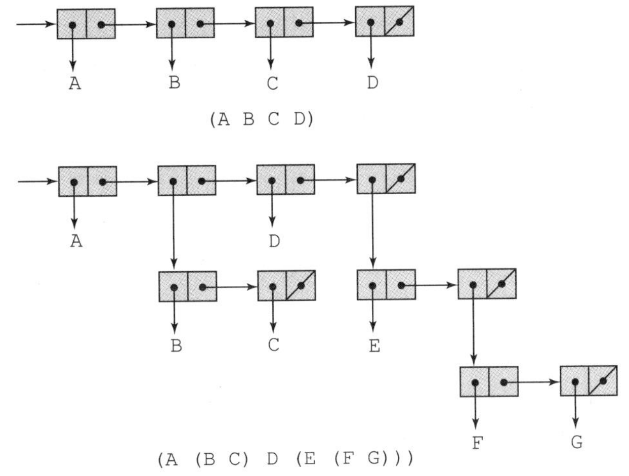

图 15.1　两个 LISP 列表的内部表示

在 LISP 的早期开发中，McCarthy 撰写了一篇论文，其中将列表处理作为一种通用的符号处理方法。McCarthy 认为列表处理可用于研究可计算性，当时通常使用图灵机进行研究，图灵机基于命令式计算模型。McCarthy 认为符号列表的函数式处理计算模型比图灵机的计算模型更加自然，图灵机在写在磁带上的符号上运行，它代表表状态。计算研究的一个共同要求是必须能够证明整个类的某些可计算性特征（无论使用哪种计算模型）。在图灵机模型中，可以构建一个通用的图灵机，它可以模仿任何其他图灵机的操作。从这个概念中就产生了一个想法——可以构建一个通用 LISP 函数来计算 LISP 中的任何其他函数。

通用 LISP 函数的第一个要求是表示方法——允许以与数据相同的方式表示函数。15.4.1 节描述的带括号的列表符号已经被 LISP 数据采用，因此它决定为函数定义和函数调用创建规约，这些规约也可以用列表表示法来表示。函数调用以前缀列表形式指定，这种形式最初称为**剑桥前缀**（Cambridge Polish）[⊖]，如下所示：

(function_name parameter_1 . . . parameter_n)

例如，假设 + 是一个带有两个或更多数字参数的函数，则以下两个表达式的计算结果分别为 12 和 20：

```
(+ 5 7)
(+ 3 4 7 6)
```

630
~
631

我们使用 15.2.1 节描述的 lambda 表示法来指定函数定义。但是，必须对其进行修改使得函数与函数名相绑定，从而使得该函数可以被其他函数和自身所引用。函数名的绑定由一个列表指定，该列表包含函数名称和一个含有 lambda 表达式的列表，如

（函数名 (LAMBDA（参数 $_1$…参数 $_n$）表达式））

如果之前没有接触过函数式程序设计，那么你可能会认为匿名函数非常奇怪。然而，匿名函数有时在函数式程序设计（以及在数学中和命令式程序设计中）中很有用。例如，考虑一个函数，用它来生成一个函数，并将其应用于参数列表。这个生成的函数不需要名称，因为它

⊖ 这个名字最早是在 LISP 的早期开发中使用的。之所以选择这个名称，是因为 LISP 列表类似于波兰逻辑学家 Jan Lukasiewicz 所使用的前缀符号，并且因为 LISP 诞生于剑桥的麻省理工学院。现在有些人更喜欢将符号称为剑桥前缀。

仅在构造时应用。这样的例子在15.5.14节中给出。

对于符号表达式，这种新表示法中指定的LISP函数称为S表达式。最终，所有的LISP结构（包括数据和代码）都被称为S表达式。表达式可以是列表也可以是原子。我们通常将S表达式简称为表达式。

McCarthy开发了一种可以用来计算任何其他函数的通用函数。这个函数被命名为EVAL，它本身就是一个表达式。在AI项目中，有两个人（Stephen B. Russell和Daniel J. Edwards）正在开发LISP，他们注意到EVAL可以作为LISP的解释器，于是迅速着手实现（McCarthy et al.，1965）。

这种快速简单和出乎意料的实现产生了几个重要结果。第一，所有早期的LISP实现都复制了EVAL，因此它们都具有解释性。第二，M表示法的定义，即LISP的计划程序设计表示法从未完成或实现，因此S表达式成为LISP唯一的表示法。对数据和代码使用相同的表示法会产生重要的后果，其中一个将在15.5.14节中进行讨论。第三，许多原始语言设计被有效封装，保留了语言中的某些奇怪特征，例如条件表达式形式和空列表和逻辑假中括号的使用。

早期LISP系统的另一个显著的次要特征是动态作用域的使用。函数在其调用者的运行环境中进行求值。当时没有人了解作用域，并且很少有人可能会选择考虑该问题。1975年之前，动态作用域被用于LISP语言的大多数方言中。当代程序设计语言方言要么使用静态作用域，要么允许程序员在静态和动态作用域之间进行选择。

LISP的解释器可以用LISP编写。这种解释器不是一个大型程序，它描述了LISP中LISP的操作语义。这是该语言的语义简明性的有力证据。

632

15.5 Scheme概述

在本节中，我们将介绍Scheme的核心部分（Dybvig，2011）。我们选择Scheme是因为它相对简单，在大学和研究机构中很受欢迎，并且Scheme解释器可免费用于各种计算机。本节介绍的Scheme版本是Scheme 4。请注意，本节仅涵盖Scheme的一小部分，且不包含Scheme的命令式特性。

15.5.1 Scheme的起源

Scheme语言是LISP的一种方言，20世纪70年代中期在麻省理工学院被开发出来（Sussman和Steele，1975）。它的特点是轻量级，只使用静态作用域，并将函数视为一级实体。作为一级实体，Scheme函数可以是表达式的值、列表的元素，还可以作为参数传递，以及可以从函数返回。早期版本的LISP都并没有提供这些功能。

作为一种具有简单语法和语义的小型化语言，Scheme非常适合教学型应用，例如可以作为函数式程序设计的教学课程，以及程序设计的整体介绍。

以下大多数Scheme代码只需要稍做修改即可转换为有效的LISP代码。

15.5.2 Scheme解释器

交互模式下的Scheme解释器是一个无限的“输入—计算—输出”循环（通常缩写为REPL）。它重复读取用户键入的表达式（以列表的形式），解释表达式，并显示结果值。Ruby和Python也使用这种形式的解释器。表达式由EVAL函数解释。直接常量自己进行计算。因此，如果键入数字，解释器只会显示这个数字。可以通过以下方式对调用基本函数的表达式进行计算：首先，不计次序地计算每个参数表达式。然后，将基本函数应用于参数值，并显示结果值。

当然，可以加载和解释存储在文件中的 Scheme 程序。

Scheme 中的注释是以分号开始的。

15.5.3 基本数值函数

Scheme 包含用于基本算术运算的基本函数，包括 +、-、* 和 /，它们分别表示加、减、乘和除。* 和 + 可以有零个或多个参数。如果 * 没有给出参数，则返回 1；如果 + 没有给出参数，则返回 0。+ 将所有参数相加。* 将所有参数相乘。/ 和 - 可以有两个或更多参数。在减法中，第一个参数可以减去除第一个参数之外的所有参数，除法和减法类似。下面是一些例子：

633

表达式	值
42	42
(* 3 7)	21
(+ 5 7 8)	20
(- 5 6)	-1
(- 15 7 2)	6
(- 24 (* 4 3))	12

Scheme 中有大量其他的数值函数，其中包括 MODULO、ROUND、MAX、MIN、LOG、SIN 和 SQRT。如果参数的值不为负，则 SQRT 返回其数值参数的平方根。如果参数为负，则 SQRT 产生复数。

我们使用大写字母来书写 Scheme 中的所有保留字和预定义函数。该语言的官方定义指出，在保留字和预定义函数中使用大写字母和小写字母是没有区别的，但一些实现要求在保留字和预定义函数中使用小写字母，例如 DrRacket 的教学语言。

如果函数对参数值有规定（例如 SQRT），则调用时参数值必须与规定的参数值匹配。如果不匹配，解释器将会产生错误消息。

15.5.4 函数定义

Scheme 程序是函数定义的集合。因此，了解如何定义这些函数是编写最简单程序的前提。在 Scheme 中，匿名函数实际上包含关键词 LAMBDA，并被称为 **lambda 表达式**（lambda expression）。例如，

```
(LAMBDA (x) (* x x))
```

是一个匿名函数，它将返回给定数值参数的平方。此函数的应用方式与函数命名方式相同：将其放在包含实际参数的列表开头。例如，以下表达式将产生结果 49：

```
((LAMBDA (x) (* x x)) 7)
```

在此表达式中，x 在 lambda 表达式中被称为**绑定变量**（bound variable）。在对该表达式求值时，x 与 7 绑定。绑定变量在对 lambda 表达式进行求值时，在开始时与实际参数值绑定，并在表达式求值的过程中永不更改。

634

lambda 表达式可以包含任意数量的参数。例如，可以有以下表达式：

```
(LAMBDA (a b c x) (+ (* a x x) (* b x) c))
```

Scheme 特殊的形式函数 DEFINE 提供了 Scheme 程序设计的两个基本需求：将名称和值相绑定以及将名称和 lambda 表达式相绑定。将名称与值相绑定的 DEFINE 形式能够使 DEFINE 用于创建命令式语言风格的变量。但是，这些名称绑定会创建命名值，而不是变量。

DEFINE 被称为一种特殊形式，因为它由 EVAL 解释，这种解释方式与数学函数这类普通原语的解释方式不同，后面我们将会看到这种差异。

最简单的 DEFINE 形式是将名称与表达式的值相绑定。这个形式是：

```
(DEFINE 符号表达式)
```

例如对于：

```
(DEFINE pi 3.14159)
(DEFINE two_pi (* 2 pi))
```

如果将这两个表达式键入 Scheme 解释器，然后再键入 pi，则将显示数字 3.14159；当键入 two_pi 时，将显示 6.28318。在这两种情况下，显示的数字可能比此处显示的数字更多。

这种形式的 DEFINE 类似于命令式语言中命名常量的声明。例如，在 Java 中，上面定义的等价形式如下：

```
final float PI = 3.14159;
final float TWO_PI = 2.0 * PI;
```

Scheme 中的名字可以由字母、数字和除括号外的特殊字符组成；字母不区分大小写，名字不能以数字开头。

DEFINE 函数的第二个用法是将 lambda 表达式和名称相绑定。在这种情况下，可以省略 LAMBDA 来简化 lambda 表达式。要将名称和 lambda 表达式相绑定，DEFINE 会将两个列表作为参数。第一个参数是函数调用的原型，函数名后跟形式参数一起放在列表中。第二个列表包含和名称绑定的表达式。这种 DEFINE 的一般形式是[⊖]：

635

```
(DEFINE (function_name parameters)
  (expression)
)
```

当然，这种形式的 DEFINE 是一种命名函数的定义。

以下调用 DEFINE 的示例将名称 square 和一个带有一个参数的函数表达式相绑定：

```
(DEFINE (square number) (* number number))
```

解释器对此函数求值后，可以使用它，如：

```
(square 5)
```

可以得到 25。

为了说明基本函数和 DEFINE 特殊形式之间的区别，请考虑以下内容：

⊖ 实际上，DEFINE 的一般形式将包含一个或多个表达式序列的列表作为其主体，尽管在大多数情况下仅包含一个。为简单起见，我们仅包含一个表达式。

```
(DEFINE x 10)
```

如果 DEFINE 是基本函数，EVAL 对此表达式的第一个操作是对 DEFINE 的两个参数求值。如果 x 尚未绑定到某个值，这将会产生错误。此外，如果已经定义了 x，那么它也会产生错误，因为这个 DEFINE 会尝试重新定义 x，这是不可行的。请注意，x 是值的名称，不是命令语言中意义上的变量。

以下是函数的另一个示例。它计算了直角三角形的斜边长度（最长边），给定另外两边的长度。

```
(DEFINE (hypotenuse side1 side2)
    (SQRT(+(square side1)(square side2)))
)
```

请注意，hypotenuse 会使用到之前定义的 square。

15.5.5 输出函数

Scheme 包含一些简单的输出函数，但是当与交互式解释器一起使用时，Scheme 程序的大部分输出是解释器的正常输出，显示将 EVAL 应用于顶层函数的结果。

请注意，显式输入和输出不是纯函数式程序设计模型的一部分，因为输入操作会更改程序状态，输出操作会产生副作用。这些都不是纯函数式语言的一部分。因此，本章没有描述 Scheme 的显式输入或输出函数。

636

15.5.6 数字谓词函数

谓词函数是返回布尔值的函数（某些表示为 true 或 false）。Scheme 包含了数值数据的谓词函数的集合。其中包括：

函数	含义
=	等于
<>	不等于
>	大于
<	小于
>=	大于或等于
<=	小于或等于
EVEN?	这是偶数吗?
ODD?	这是奇数吗?
ZERO?	这是零吗?

请注意，具有名称单词的所有预定义谓词函数的名称都以问号结尾。在 Scheme 中，布尔值是 #T 和 #F（或 #t 和 #f），尽管 Scheme 预定义谓词函数返回空列表 ()，其表示 false。

当列表被解释为布尔值时，任何非空列表的计算结果都为 true；空列表的计算结果为 false。这类似于将 C 中的整数解释为布尔值；零计算结果为 false，任何非零值计算结果都为 true。

为了便于阅读，本章列举的谓词函数的示例都返回 #F，而不是 ()。

NOT 函数对逻辑布尔表达式进行取反操作。

15.5.7 控制流

Scheme 包含三种不同的控制流结构：一种类似于命令式语言的选择结构，两种基于数学函数中对求值操作的控制。

Scheme 的双向选择器函数名为 IF，它有三个参数：谓词表达式、then 表达式和 else 表达式。对 IF 的调用具有形式

```
(IF 谓词 then_表达式 else_表达式)
```

例如，

637

```
(DEFINE (factorial n)
  (IF (<= n 1)
    1
    (* n (factorial (- n 1)))
))
```

回想一下在第 8 章中讨论的 Scheme 多选择结构——COND。以下是使用 COND 结构的简单函数示例：

```
(DEFINE (leap? year)
  (COND
    ((ZERO? (MODULO year 400)) #T)
    ((ZERO? (MODULO year 100)) #F)
    (ELSE (ZERO? (MODULO year 4)))
))
```

以下小节包含使用 COND 的其他示例。

第三种 Scheme 控制机制是递归，在数学中用于指定重复。15.5.10 节中的大多数示例函数都使用递归。

15.5.8 列表函数

基于 LISP 的程序设计语言的一个更常见的用途是列表处理。本小节将介绍用于处理列表的 Scheme 函数。请回想一下，我们在第 6 章中对 Scheme 的列表操作做过简要的介绍。以下将对 Scheme 中的列表处理进行更加详细的讨论。

Scheme 程序由函数应用函数 EVAL 解释。当应用于基本函数时，EVAL 首先计算给定函数的参数。当函数调用中的实际参数本身是函数调用时，此操作是必需的，这种情况经常发生。但是，在某些调用中，参数是数据元素而不是函数引用。当参数不是函数引用时，显然不能对它进行求值。我们早些时候并不关心这个问题，因为直接常量对自己求值，不会被误认为是函数名。

假设一个有两个参数的函数，其参数分别为一个原子和一个列表，该函数的目的是确定给定的原子是否在给定的列表中。此过程中我们不会对原子和列表进行求值，它们是要处理的直接常量数据。为了避免对参数求值，首先将它作为参数传递给原始函数 QUOTE，函数只是简单地返回它而不做任何改变。以下示例简述了 QUOTE：

```
(QUOTE A) 返回 A
(QUOTE (A B C)) 返回 (A B C)
```

通常在引用的表达式前加上撇号（'）来对 QUOTE 的调用进行缩写，并省略表达式周围的括号。因此，使用 '(A B) 代替 (QUOTE (A B))。

QUOTE 的必要性源于 Scheme（以及其他基于 LISP 的语言）的基本特性：数据和代码具有相同的形式。尽管这对于使用命令式语言程序设计的程序员来说似乎有点奇怪，但它包含一些有趣且强大的过程，其中一个过程在 15.5.14 节中进行讨论。 638

在第 6 章中已经介绍过 CAR、CDR 和 CONS 函数。以下是 CAR 和 CDR 操作的其他示例：

```
(CAR '(A B C)) 返回 A
(CAR '((A B) C D)) 返回 (A B)
(CAR 'A) 是一个错误，因为 A 不是列表
(CAR '(A)) 返回 A
(CAR '()) 是一个错误
(CDR '(A B C)) 返回 (B C)
(CDR '((A B) C D)) 返回 (C D)
(CDR 'A) 是一个错误
(CDR '(A)) 返回 ()
(CDR '()) 是一个错误
```

CAR 和 CDR 函数的名称有些特殊。这些名称起源于 LISP 语言在 IBM 704 计算机上的第一个实现。704 的存储器字包含两个字段，称为*减量*和*地址*，用于各种操作数寻址策略。每一个字段都可以存储机器的内存地址。704 还包括两个机器指令，也称为 CAR（寄存器的地址部分的内容）和 CDR（寄存器的递减部分的内容），它们用来提取相关字段。使用这两个字段来存储列表节点的两个指针，以便存储器字可以整齐地存储节点。使用这些约定，704 的 CAR 和 CDR 指令提供了有效的列表选择器。这些名称在 LISP 的所有方言的原语中都适用。

简单函数的另一个例子如下：

```
(DEFINE (second a_list) (CAR (CDR a_list)))
```

对此函数求值并且使用它，如：

```
(second '(A B C))
```

返回值为 B。

Scheme 中一些最常用的函数合成是作为单个函数构建的。例如，(CAAR x) 相当于 (CAR (CAR x))，(CADR x) 相当于 (CAR(CDR x))，(CADDAR x) 相当于 (CAR(CDR(CDR(CAR x))))。在一个函数的名字中的 C 和 R 之间，A 和 D 的任何组合最多有四种是合法的。例如，考虑以下对 CADDAR 的计算过程：

```
(CADDAR '((A B (C) D) E)) =
(CAR (CDR (CDR (CAR '((A B (C) D) E))))) =
(CAR (CDR (CDR '(A B (C) D)))) =
(CAR (CDR '(B (C) D))) =
(CAR '((C) D)) =
(C)
```

639

以下是对 CONS 的调用示例：

```
(CONS 'A '()) 返回 (A)
(CONS 'A '(B C)) 返回 (A B C)
(CONS '() '(A B)) 返回 (()A B)
(CONS '(A B) '(C D)) 返回 ((A B)C D)
```

这些 CONS 操作的结果如图表 15.2 所示。请注意，CONS 在某种意义上是 CAR 和 CDR 的反函数。CAR 和 CDR 将列表分开，并且 CONS 对两个分开的列表构造新列表。CONS 的两个

参数分别成为新列表的 CAR 和 CDR。因此，如果 a_list 是一个列表，那么

```
(CONS (CAR a_list) (CDR a_list))
```

返回一个与 a_list 具有相同结构和相同元素的列表。

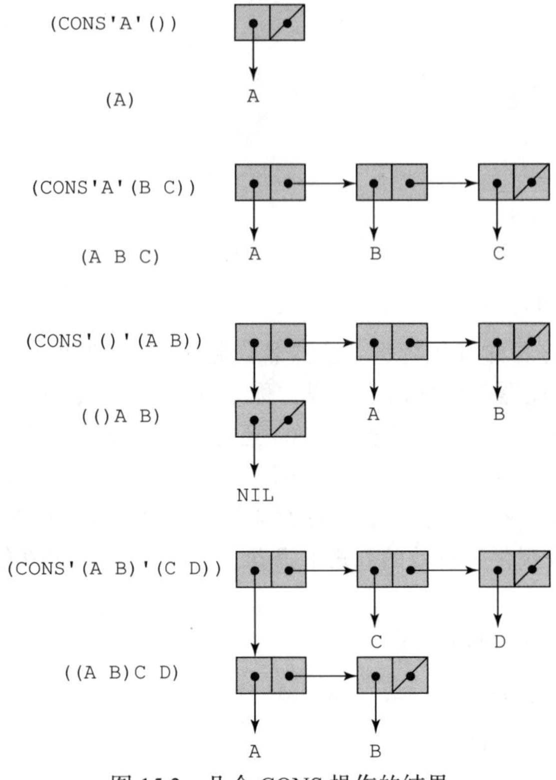

图 15.2　几个 CONS 操作的结果

本章只讨论相对简单的问题和程序，尽管将 CONS 应用于两个原子是合法的，但一般情况下不会这样做。这种应用程序的结果是一个虚线对，因为它以 Scheme 的方式显示而得名。例如，请考虑以下调用：

```
(CONS 'A 'B)
```

如果显示结果，则显示为：

```
(A . B)
```

这个点对表示该单元有两个原子，而不是原子和指针或指针和指针。

LIST 是一个由可变数量的参数构造列表的函数。它是嵌套 CONS 函数的简写方式，例如：

```
(LIST 'apple 'orange 'grape)
```

返回

```
(apple orange grape)
```

使用 CONS，以上函数对 LIST 的调用如下：

```
(CONS 'apple (CONS 'orange (CONS 'grape '())))
```

15.5.9 符号原子和列表的谓词函数

Scheme 有三个基本的谓词函数 EQ?、NULL ? 和 LIST ?，可用于符号原子和列表。

EQ? 函数将两个表达式作为参数，尽管它通常将两个符号原子作为参数使用。如果两个参数具有相同的指针值，即它们指向相同的原子或列表则返回 #T；否则返回 #F。如果这两个参数是符号原子，并且它们具有相同的符号，则 EQ? 返回 #T（因为 Scheme 不重复使用符号）；否则返回 #F。请考虑以下示例：

```
(EQ? 'A 'A) 返回 #T
(EQ? 'A 'B) 返回 #F
(EQ? 'A '(A B)) 返回 #F
(EQ? '(A B) '(A B)) 返回 #F or #T
(EQ? 3.4 (+ 3 0.4)) 返回 #F or #T
```

如第四个例子所示，使用 EQ? 对列表进行比较所得到的结果不一致。出现这种结果的原因是在内存中不会出现两个完全相同的列表。在 Scheme 系统创建列表时，它会检查是否已经有这样的列表。如果有，新列表只不过是指向现有列表的指针。在这些情况下，两个列表将被 EQ? 判定为相等。但是，在某些情况下，检测出是否存在相同的列表可能非常困难，在这种情况下会创建新的列表，EQ? 的结果将会是 #F。

640～641

最后一种情况表明，加法可能产生一个新值，在这种情况下，它不会和 3.4 相等（使用 EQ?），或者它可能会识别到它已经具有值 3.4 并使用它，在这种情况下 EQ? 将使用指向旧值 3.4 的指针并返回 #T。

正如我们所见，EQ? 适用于符号原子但不适用于数值原子，= 谓词适用于数值原子但不适用于符号原子。如前所述，EQ ? 对于列表参数也不适用。

有时，当我们不确定它们是符号原子还是数值原子时，可以测试两个原子是否相等，这是很方便的。为此，Scheme 有另一个不同的谓词 EQV?，它对符号原子和数值原子都适用。请考虑以下示例：

```
(EQV? 'A 'A) 返回 #T
(EQV? 'A 'B) 返回 #F
(EQV? 3 3) 返回 #T
(EQV? 'A 3) 返回 #F
(EQV? 3.4 (+ 3 0.4)) 返回 #T
(EQV? 3.0 3) 返回 #F
```

请注意，最后一个示例表明浮点值与整数值不同。EQV? 不是指针比较，它是值比较。

使用 EQ ? 或 = 而不是 EQV ? 的主要原因可能是 EQ? 和 = 比 EQV? 快。

如果 LIST ? 谓词函数有单个参数，且该参数是一个列表，则该谓词函数返回 #T，否则返回 #F，如以下示例所示：

```
(LIST? '(X Y)) 返回 #T
(LIST? 'X) 返回 #F
(LIST? '()) 返回 #T
```

NULL? 函数测试其参数以确定它是否为空列表，如果是，则返回 #T，请考虑以下示例：

```
(NULL? '(A B)) 返回 #F
(NULL? '()) 返回 #T
(NULL? 'A) 返回 #F
(NULL? '(())) 返回 #F
```

最后一个调用函数返回 #F，因为该参数不是空列表。相反，该参数是一个包含单个元素的列表，其中的元素为空列表。

642

15.5.10 Scheme 函数示例

本节中给出 Scheme 中函数定义的几个示例。这些程序解决了简单的列表处理问题。

考虑给定列表（不包含子列表）中给定原子之间的成员关系问题。这样的列表称为**简单列表**（simple list）。如果该函数被称为 member，则可以按如下方式使用：

```
(member 'B '(A B C)) 返回 T
(member 'B '(A C D E)) 返回 F
```

从迭代的角度考虑，成员关系问题就转换为简单地比较给定原子和给定列表中的单个元素的问题，每次按某种顺序比较一个元素，直到找到匹配项或列表中没有其他元素需要比较为止。使用递归可以完成类似的过程。该函数可以将给定的原子与列表的 CAR 进行比较。如果它们匹配，则返回值 #T。如果它们不匹配，则应忽略列表的 CAR，并在列表的 CDR 上继续搜索。这可以通过函数对本身进行调用，并将列表的 CDR 作为列表参数，最后返回这个递归调用的结果来实现。如果在列表中找到给定的原子，则此过程将结束。如果原子不在列表中，这个函数最后将以空列表作为实际参数被调用（被自身调用）。该事件必须强制函数返回 #F。在这个过程中，有两种方法结束递归：一种是调用时列表为空，在这种情况下返回 #F，另一种是找到匹配项并返回 #T。

总而言之，在函数中必须对这三种情况进行处理：空输入列表、原子与列表的 CAR 之间的匹配，或者原子与列表的 CAR 之间的不匹配，这将会导致递归调用。对 COND 来说，这三种情况是 COND 的三个参数，最后一种情况是由 ELSE 谓词触发的默认情况。完整的函数如下[⊖]：

```
(DEFINE (member atm a_list)
  (COND
    ((NULL? a_list) #F)
    ((EQ? atm (CAR a_list)) #T)
    (ELSE (member atm (CDR a_list)))
))
```

这是简单 Scheme 列表处理函数的典型形式。在这种函数中，列表中的数据元素一次被处理一个。单个元素由 CAR 指定，并且使用列表 CDR 上的递归继续该过程。

643

请注意，null 测试必须在 equal 测试之前进行，因为将 CAR 应用于空列表是错误的。

另一个例子是判断两个给定列表是否相等。如果这两个列表很简单，那么解决方案也会相对简单，尽管会涉及一些读者可能不熟悉的程序设计技术。用于比较简单列表的谓词函数 equalsimp 如下所示：

```
(DEFINE (equalsimp list1 list2)
  (COND
    ((NULL? list1) (NULL? list2))
    ((NULL? list2) #F)
    ((EQ? (CAR list1) (CAR list2))
          (equalsimp (CDR list1) (CDR list2)))
    (ELSE #F)
))
```

⊖ 大多数 Scheme 系统将会默认定义一个名为 member 的函数，并且不允许用户重新定义它。因此，如果读者想要尝试此功能，则必须使用其他名称进行定义。

在第一个例子中，当第一个列表参数是空列表时，将由 COND 的第一个参数进行处理。如果第一个列表参数最初为空，则在外部调用时可能发生这种情况。因为递归调用使用两个参数列表的 CDR 作为其参数，所以在这样的调用中第一个列表参数可以为空（如果第一个列表参数现在为空）。当第一个列表参数为空时，必须检查第二个列表参数是否也为空。如果也为空，它们是相等的（要么是最初就相等，要么是 CAR 在之前的递归调用中是相等的），并且 NULL? 正确返回 #T。如果第二个列表参数不为空，则它大于第一个列表参数，并且 NULL? 将返回 #F。

第二个例子处理的情况是：第一个列表不为空，第二个列表为空。只有第一个列表比第二个列表长时才会出现这种情况。这种情况必须对第二个列表进行测试，因为第一个例子已经捕获到第一个列表的所有实例都为空的情况。

第三个例子是采取递归的方式来测试两个列表中两个相应元素之间是否相等。这通过比较两个非空列表的 CAR 来实现。如果它们相等，则两个列表在这一点是相等的，因此在两者的 CDR 上都使用递归。当发现两个不相等的原子时，这种情况就不再成立。发生这种情况时，递归过程终止，将会选择默认情况 ELSE，它返回 #F。

请注意，equalsimp 函数将列表作为参数，如果其中一个或两个参数都是原子，则无法正常运行。

通用列表的比较问题稍微复杂一点，因为必须在比较过程中完全跟踪子列表。在这种情况下，采用递归的方法是最合适的，因为子列表的形式与给定列表的形式相同。当两个给定列表的相应元素是列表时，它们将被分成两部分：CAR 和 CDR，并且对它们使用递归。这是采用分而治之的方法，有效解决问题的完美例子。如果两个给定列表的相应元素是原子，则可以使用 EQ? 简单地对它们进行比较。完整函数的定义如下：

644

```
(DEFINE (equal list1 list2)
  (COND
    ((NOT (LIST? list1)) (EQ? list1 list2))
    ((NOT (LIST? list2)) #F)
    ((NULL? list1) (NULL? list2))
    ((NULL? list2) #F)
    ((equal (CAR list1) (CAR list2))
            (equal (CDR list1) (CDR list2)))
    (ELSE #F)
))
```

COND 的前两个例子处理其中任一参数是原子而不是列表的情况。第三个和第四个例子适用于一个或两个列表为空的情况。这些示例也避免了后续示例中尝试将 CAR 应用于空列表的情况。第五个 COND 例子是最有趣的。谓词是一个将列表的 CAR 作为参数的递归调用。如果此递归调用返回 #T，则再次在列表的 CDR 上使用递归。该算法允许两个列表包括任何深度的子列表。

equal 的定义适用于任何一对表达式，而不仅仅是列表。equal 的作用等同于系统谓词函数 EQUAL?。注意 EQUAL? 应该只在必要（实际参数的形式未知）时使用，因为它比 EQ? 和 EQV? 慢得多。

另一个常用的列表操作是构造一个包含两个给定列表参数的所有元素的新列表。这通常通过一个名为 append 的 Scheme 函数来实现。结果列表可以通过将第一个列表参数的元素放入第二个列表参数，重复使用 CONS 来构造。为了说明 append 操作，请考虑以下示例：

```
(append '(A B) '(C D R)) 返回 (A B C D R)
(append '((A B) C) '(D (E F))) 返回 ((A B) C D (E F))
```

append 的定义是[⊖]：

```
(DEFINE (append list1 list2)
  (COND
    ((NULL? list1) list2)
    (ELSE (CONS (CAR list1) (append (CDR list1) list2)))
))
```

第一个 COND 示例用于在第一个参数列表为空时终止递归过程，返回第二个列表。在第二个示例中（ELSE），第一个参数列表的 CAR 是递归调用的返回结果，它将第一个列表的 CDR 作为其第一个参数传递。

645

请考虑以下名为 guess 的 Scheme 函数，它使用本节中描述的 member 函数。在阅读后面的内容之前，请先确定它的作用。假设参数是简单列表。

```
(DEFINE (guess list1 list2)
  (COND
    ((NULL? list1) '())
    ((member (CAR list1) list2)
             (CONS (CAR list1) (guess (CDR list1) list2)))
    (ELSE (guess (CDR list1) list2))
))
```

这里 guess 将产生一个包含两个参数列表的公共元素的简单列表。因此，如果参数列表表示集合，则 guess 将计算这两个集合的交集。

15.5.11　LET

LET 是一个函数（最初在第 5 章中介绍过），它创建一个局部作用域，在该作用域中，名称将临时与表达式的值绑定。它通常用于从更复杂的表达式中排除常见的子表达式。然后可以将这些名称用于另一个表达式的求值，但是它们不能重新绑定到 LET 中的新值。以下示例说明了 LET 的用法，该示例用来计算给定二次方程的根（假设根是实数根）[⊜]。二次方程 $ax^2 + bx + c$ 的实数根（相对于复数根）的数学定义是根 1= $(-b+\text{sqrt}(b^2-4ac))/2a$ 和根 2=$(-b-\text{sqrt}(b^2-4ac))/2a$。该数学定义可表示为：

```
(DEFINE (quadratic_roots a b c)
  (LET (
    (root_part_over_2a
              (/ (SQRT (- (* b b) (* 4 a c))) (* 2 a)))
    (minus_b_over_2a (/ (- 0 b) (* 2 a)))
        )
  (LIST (+ minus_b_over_2a root_part_over_2a)
            (- minus_b_over_2a root_part_over_2a))
))
```

此示例使用 LIST 创建包含两个值的列表并将其作为结果。

由于在以下表达式中无法更改 LET 结构的第一部分中绑定的名称，所以它们与命令式语言中分程序中的局部变量不同。可以通过在 LET 表达式中使用文本替换其各自表达式的

646

⊖　与 member 的情况一样，用户通常无法定义名为 append 的函数。

⊜　某些版本的 Scheme 包含“复数”作为数据类型，并计算等式的根，无论它们是实数还是复数。

方式来消除它们。

LET 实际上是应用于参数的 LAMBDA 表达式的简写。以下两个表达式是等效的：

```
(LET ((alpha 7))(* 5 alpha))
((LAMBDA (alpha) (* 5 alpha)) 7)
```

在第一个表达式中，LET 将 7 绑定到 alpha；在第二个表达式中，7 通过 LAMBDA 表达式的参数绑定到 alpha。

15.5.12 Scheme 语言中的尾递归

如果函数的递归调用是函数中的最后一个操作，则该函数是**尾递归**函数。这意味着递归调用的返回值是对函数的非递归调用的返回值。例如，15.5.10 节中的成员函数就是尾递归函数。

```
(DEFINE (member atm a_list)
  (COND
    ((NULL? a_list) #F)
    ((EQ? atm (CAR a_list)) #T)
    (ELSE (member atm (CDR a_list)))
))
```

编译器可以自动将此函数转换为循环迭代的形式，其执行速度快于递归形式。

然而，许多使用递归实现重复的函数不是尾递归。关注效率的程序员已经发现并重写了一些函数中的方法，以便进行尾递归。其中一个例子是使用累加参数和辅助函数。作为这种方法的一个例子，请考虑 15.5.7 节中的阶乘函数，这里重复一下：

```
(DEFINE (factorial n)
  (IF (<= n 1)
    1
    (* n (factorial (- n 1)))
))
```

该函数的最后一个操作是乘法。该函数的工作原理是创建进行相乘的数字列表，然后递归进行乘法运算以产生结果。列表中的每一个数字都是通过激活函数创建的，并且每个数字都存储在激活记录实例中。随着递归的展开，数字进行相乘。回想一下，在第 9 章中对阶乘函数进行几次递归调用之后将显示栈。这个阶乘函数可以用一个辅助函数重写，它使用一个参数来累积部分阶乘。这个辅助函数是尾递归的，也接受 factorial 的参数。这些函数如下：

647

```
(DEFINE (facthelper n factpartial)
  (IF (<= n 1)
    factpartial
    (facthelper (- n 1) (* n factpartial))
))
(DEFINE (factorial n)
  (facthelper n 1)
)
```

这些函数是在递归调用期间计算的，而不是在递归展开时计算的。因为在激活记录实例中没有任何有用的东西，所以它们不是必需的。无论进行多少次递归调用，只需要一个激活记录实例。这使得尾递归比非尾递归更有效。

Scheme 语言定义要求 Scheme 语言处理系统转换所有尾递归函数，以用迭代替换递归。因此，考虑到效率问题，定义通过尾递归来实现重复的函数是十分重要的。某些函数式语言的一些优化编译器甚至可以实现某些非尾递归函数到尾递归函数的等效转换，然后再生成这些函数的代码并使用循环迭代而不是递归来实现重复。

15.5.13　函数形式

本节描述 Scheme 提供的两种常见数学函数形式：合成（composition）和应用到全部（apply-to-all）。两者都在 15.2.2 节中进行了数学定义。

15.5.13.1　函数合成

函数合成是原始 LISP 提供的唯一原始函数形式。后来 LISP 的所有方言，包括 Scheme 也提供这种函数形式。如 15.2.2 节所述，函数合成是一种函数形式，它将两个函数作为参数并返回一个函数，该函数首先将第二个参数函数应用于其参数，然后将第一个参数函数应用于第二个参数函数的返回值。换句话说，如果 h(x) = f(g(x))，则函数 h 是 f 和 g 的组合函数。例如，请考虑以下示例：

```
(DEFINE (g x) (* 3 x))
(DEFINE (f x) (+ 2 x))
```

648

现在 f 和 g 的函数合成可以写成如下形式：

```
(DEFINE (h x) (+ 2 (* 3 x)))
```

在 Scheme 中，函数合成函数 compose 可以写成如下形式：

```
(DEFINE (compose f g) (LAMBDA (x)(f (g x))))
```

例如，我们有以下示例：

```
((compose CAR CDR) '((a b) c d))
```

这个调用会输出 c。尽管这是一种效率较低的 CADR 形式，但是可以作为一种替代方式。现在考虑另一个调用 compose 的示例：

```
((compose CDR CAR) '((a b) c d))
```

这个调用将输出 (b)。这是 CDAR 的一种替代方式。

请考虑以下调用 compose 的示例：

```
(DEFINE (third a_list)
 ((compose CAR (compose CDR CDR)) a_list))
```

这是 CADDR 的另一种方式。

15.5.13.2　apply-to-all 的函数形式

函数式程序设计语言中提供的最常见的函数形式是数学 apply-to-all 函数形式的方言。其中最简单的是 map 函数，它有两个参数：一个函数和一个列表。map 将给定函数应用于给定列表的每个元素，并返回这些应用程序的结果列表。下面是 Scheme 中的 map 定义：[⊖]

```
(DEFINE (map fun a_list)
  (COND
    ((NULL? a_list) '())
    (ELSE (CONS (fun (CAR a_list)) (map fun (CDR a_list))))
))
```

⊖ 与 member 的情况一样，map 是预定义的函数，用户无法重新定义。

请注意，map 的简单形式表示的是复杂的函数形式。

下面是使用 map 的一个示例，假设我们对列表的所有元素求立方，可以通过以下方式实现：

```
(map (LAMBDA (num) (* num num num)) '(3 4 2 6))
```

649

这会返回 (27 64 8 216)。

请注意，在此示例中，mapcar 的第一个参数是 LAMBDA 表达式。当 EVAL 计算 LAMBDA 表达式时，它将构造一个函数，该函数具有与任何预定义函数相同的形式，只是它是匿名的。在示例表达式中，此匿名函数会立即应用于参数列表的每个元素，并在列表中返回结果。

15.5.14　代码编写函数

程序和数据具有相同的结构，这一点可以在编写程序时被采用。回想一下，Scheme 解释器使用一个名为 EVAL 的函数。无论是在交互式解释器中的 prompt 提示符下，还是正在解释的程序的一部分，Scheme 系统都会将 EVAL 应用于每一个键入的表达式。EVAL 函数也可以由 Scheme 程序直接调用。这为 Scheme 程序创建表达式并调用 EVAL 对表达式进行求值提供了可能性。虽然这不是 Scheme 的独特之处，但是它使得在执行期间创建这种简单形式的表达式变得容易。

这个过程中最简单的一个例子涉及数值原子。回想一下，Scheme 包含一个名为 + 的函数，它将任意数量的数值原子作为参数并返回它们的总和。例如，(+ 3 7 10 2) 返回 22。

有如下问题：假设在程序中我们有一个数值原子列表并需要总和。我们不能直接在列表上应用 +，因为 + 只能适用于原子参数，而不是数值原子列表。当然，我们可以编写一个函数，使用递归遍历列表，重复将列表的 CAR 添加到其 CDR 的总和。这样的函数如下：

```
(DEFINE (adder a_list)
  (COND
    ((NULL? a_list) 0)
    (ELSE (+ (CAR a_list) (adder (CDR a_list))))
))
```

以下是对 adder 的示例调用，以及递归调用和返回：

```
(adder '(3 4 5))
(+ 3 (adder (4 5)))
(+ 3 (+ 4 (adder (5))))
(+ 3 (+ 4 (+ 5 (adder ()))))
(+ 3 (+ 4 (+ 5 0)))
(+ 3 (+ 4 5))
(+ 3 9)
(12)
```

该问题的另一种解决方案是编写一个函数，用适当的参数形式构建对 + 的调用。这可以通过使用 CONS 来构建一个与参数列表相同的新列表来完成，除了它在其开头插入了原子 +。然后可以将此新列表提交给 EVAL 进行求值，如下所示：

650

```
(DEFINE (adder a_list)
  (COND
    ((NULL? a_list) 0)
    (ELSE (EVAL (CONS '+ a_list)))
))
```

请注意，引用 + 函数的名称是为了防止 EVAL 在 CONS 的求值中对其进行求值。以下是对新 adder 函数的调用，以及对 EVAL 的调用示例，其调用过程和返回值如下：

```
(adder '(3 4 5))
(EVAL (+ 3 4 5)
(12)
```

在所有早期版本的 Scheme 中，EVAL 函数在程序的最外层作用域内对其表达式进行求值。从 Scheme 4 开始，Scheme 的更高版本需要 EVAL 的第二个参数，该参数指定所要计算表达式的作用域。为了简单起见，我们将范围参数从示例中删除，我们不在这里对作用域进行讨论。

15.6 Common LISP

Common LISP（Steele，1990）的创建是为了将 20 世纪 80 年代几种早期的 LISP 语言方言（包括 Scheme）的特征结合成一种语言。作为一种语言的联合，它非常庞大且复杂，在这些方面类似于 C ++ 和 C#。然而，它的基础是原始的 LISP，因此它的语法、原始函数和基本性质来自 LISP 语言。

以下是用 Common LISP 编写的阶乘函数：

```
(DEFUN factorial (x)
  (IF (<= n 1)
    1
    (* n factorial (- n 1)))
))
```

这个函数的第一行只有在语法上不同于同一函数的 Scheme 版本。

Common LISP 的功能列表很长，由大量的数据类型和结构组成，包括记录、数组、复数和字符串，强大的输入和输出操作，用于模块化函数和数据集合的包，以及用于提供访问控制的包。Common LISP 包括几个命令式结构，以及一些可变类型。

651

由于认识到了动态作用域的灵活性以及静态作用域的简单性，Common LISP 允许两者兼顾。变量的默认作用域是静态的，但通过将变量声明为 special，该变量的作用域将变为动态的。

Common LISP 中经常使用宏来扩展语言。实际上，一些预定义的函数实际上是宏。例如，DOLIST 采用两个参数，即变量和列表，它是一个宏。例如，请考虑以下示例：

```
(DOLIST (x '(1 2 3)) (print x))
```

将产生以下结果：

```
1
2
3
NIL
```

这里 NIL 是 DOLIST 的返回值。

宏通过两个步骤来实现它们的效果：首先扩展宏，然后对扩展的宏即 LISP 代码进行求值。用户可以使用 DEFMACRO 定义自己的宏。

Common LISP 反引号运算符（`）类似于 Scheme 的 QUOTE，可以在参数某些部分的前面加上逗号来取消引用。例如，请考虑以下两个示例：

```
`(a (* 3 4) c)
```

该表达式的值为 (a(* 3 4)c)。但是，以下表达式：

```
`(a ,(* 3 4) c)
```

计算结果为 (a 12 c)。

LISP 实现有一个称为 reader 的前端，它将 LISP 程序的文本转换为代码表示。将代码表示形式中的宏调用扩展为代码表示形式。然后，将该步骤的输出解释或编译成主计算机的机器语言，或者可能解释为可以解释的中间代码。有一种特殊的宏，名为 reader 宏或 read 宏，它在 LISP 语言处理器的读取器阶段进行扩展。reader 宏将特定字符扩展为 LISP 代码字符串。例如，LISP 中的撇号是一个 read 宏，它扩展为对 QUOTE 的调用。用户可以定义自己的 reader 宏来创建其他速记结构。

Common LISP 和其他基于 LISP 的语言都具有符号数据类型。保留字是对自身求值的符号，T 和 NIL 也是如此。从技术上讲，符号要么是绑定的要么是非绑定的，在对函数求值时绑定参数符号。此外，绑定命令式变量名称的符号并为其指定值。其他符号未绑定。例如，考虑以下表达式： 652

```
(LIST '(A B C))
```

符号 A、B 和 C 是未绑定的。回想一下，Ruby 也有一个符号数据类型。

从某种意义上说，Scheme 和 Common LISP 是对立的。Scheme 的规模更小，语义上也更简单，部分原因在于它仅使用静态作用域，还有一部分原因是它被设计用于教学程序设计，而 Common LISP 则被认为是一种商业语言。Common LISP 已经成功地在 AI 领域得到广泛应用。另一方面，在函数式程序设计的大学课程中经常会使用 Scheme。由于它相对较小，因此也更有可能被作为一种函数式程序设计语言进行研究。Common LISP 的一个重要设计目标是使它成为一种大型语言，并希望能够使它与 LISP 的几种方言兼容。

Common LISP Object System(CLOS)(Paepeke,1993）是在 20 世纪 80 年代后期开发的，它是 Common LISP 的面向对象版本。该语言支持泛型函数和多重继承，以及其他一些结构。

15.7 ML

ML（Milner et al.，1997）和 Scheme 一样，是一种静态作用域的函数式程序设计语言。然而，它与 LISP 及其方言（包括 Scheme）在许多重要方面都不同。一个重要的区别是 ML 是强类型语言，而 Scheme 本质上是无类型的。ML 具有函数参数的类型声明和函数的返回类型，但由于函数的返回值类型可以被推断出来，所以它们通常不被使用。每个变量和表达式的类型可以静态确定。与其他函数式程序设计语言一样，ML 没有命令式程序设计语言意义上的变量，但它具有与命令式程序设计语言中的变量名称相同的标识符。但是，最好将这些标识符看作值的名称。标识符一旦设置，就无法更改。它们就像命令式语言中的常量，像 Java 中的 final 声明。ML 标识符没有固定类型，标识符可以看作是任何类型的值的名称。

求值环境（evaluation environment）表存储程序中所有隐式和显式声明的标识符的名称及其类型。这就像运行时的符号表。当隐式或显式声明标识符时，它将被放置在求值环境中。

Scheme 和 ML 之间的另一个重要区别是与 LISP 的语法相比，ML 使用的语法更贴近于命令式语言的语法。例如下面使用中缀表示法编写的 ML 算术表达式的示例。 653

ML 中函数声明的一般形式如下：

```
fun function_name(formal parameters) = expression;
```

调用该函数时，函数返回表达式的值。实际上，表达式可以是表达式列表，由分号分隔并用括号括起来。在这种情况下，返回值是最后一个表达式的返回值。当然，除非它们有副作用，否则在最后一个表达式之前的表达式没有任何意义。在这里我们没有考虑具有副作用的 ML 部分，只考虑具有单个表达式的函数定义。

现在我们来讨论一下类型推断。考虑以下 ML 函数声明：

```
fun circumf(r) = 3.14159 * r * r;
```

这指定了一个名为 circumf 的函数，该函数有一个浮点类型的参数（ML 中的实数），将会产生一个浮点类型的结果。类型可以从表达式中直接常量的类型推断出来。同样，在下列函数中

```
fun times10(x) = 10 * x;
```

可以推断参数和函数值均为 **int** 类型。

考虑以下 ML 函数：

```
fun square(x) = x * x;
```

ML 按照函数定义中的 * 运算符来推断参数和返回值的类型。因为这是算术运算符，所以假定参数和函数是数值类型。在 ML 中，默认数值类型是 **int**。因此，可以推断出参数的类型和 square 的返回值类型是 **int**。

如果使用浮点值调用 square，如

```
square(2.75);
```

它会导致错误，因为 ML 不会将实际值强制转换为 **int** 类型。如果我们想让 square 接受实际参数，可以将其重写为

```
fun square(x) : real = x * x;
```

由于 ML 不允许重载函数，因此该版本无法与早期的 **int** 类型共存。定义的最后一个版本将是唯一的版本。

实际上，键入的函数值是实数足以推断该参数也是实数。以下的各个定义也是合法的：

654

```
fun square(x : real) = x * x;
fun square(x) = (x : real) * x;
fun square(x) = x * (x : real);
```

类型推断也用于函数式程序设计语言 Miranda、Haskell 和 F#。

ML 的选择控制流结构类似于命令式语言中的结构。它具有以下一般形式：

```
if 表达式 then then_表达式 else else_表达式
```

第一个表达式的结果一定是一个布尔值。

Scheme 的条件表达式可以出现在 ML 中的函数定义级别。在 Scheme 中，用 COND 函数来确定给定参数的值，反之，该参数指定 COND 返回的值。在 ML 中，可以为给定参数的不同形式定义函数执行的计算。此功能旨在模仿数学中条件函数定义的形式和含义。在 ML 中，通过对给定参数进行模式匹配来选择定义函数返回值的特定表达式。例如，在不使用此

模式匹配的情况下，计算阶乘的函数可以写成如下形式：

```
fun fact(n : int): int = if n <= 1 then 1
                          else n * fact(n - 1);
```

参数模式匹配可以用来编写函数的多个定义。不同函数定义取决于由 OR 符号（|）分隔的参数形式。例如，使用模式匹配，阶乘函数可以如下编写：

```
fun fact(0) = 1
|   fact(1) = 1
|  fact(n : int): int = n * fact(n - 1);
```

如果使用实际参数 0 调用 fact，则使用第一个定义；如果实际参数为 1，则使用第二个定义；如果发送既不是 0 也不是 1 的 **int** 值，则使用第三个定义。

如第 6 章所述，ML 支持列表和列表操作。请回想一下，ML 版本的 hd、tl 和 :: 分别对应于 Scheme 中的 CAR、CDR 和 CONS。

由于模式化函数参数的可用性，与在 Scheme 中使用 CAR 和 CDR 相比，在 ML 中很少使用 hd 和 tl 函数。例如，在形式参数中，

```
(h :: t)
```

这个表达式实际上是两个形式参数，即给定列表参数的头和尾，而单个对应的实际参数是一个列表。例如，可以使用以下函数计算给定列表中的元素数：

```
fun length([]) = 0
|   length(h :: t) = 1 + length(t);
```

655

作为这些概念的另一个例子，可以考虑 append 函数，它与 Scheme 中的 append 函数功能相同：

```
fun append([], lis2) = lis2
|   append(h :: t, lis2) = h :: append(t, lis2);
```

此函数中的第一种情况处理使用空列表作为第一个参数来调用函数的情况。当初始调用具有非空的第一个参数时，这种情况也会终止递归。该函数的第二种情况将第一个参数列表分解为其头部和尾部（hd 和 tl）。头是对 CONS 递归调用的结果，它使用尾部作为其第一个参数。

在 ML 中，使用值声明语句的形式将名称与值相绑定：

```
val new_name = 表达式;
```

例如：

```
val distance = time * speed;
```

不要认为这个语句与命令式语言中的赋值语句完全相同。val 语句将名称与值绑定，且该名称以后不能重新绑定到新值，其实从某种意义上说这可以做到。实际上，如果使用另一个 val 语句重新绑定名称，则将会在求值环境中产生与之前的名称无关的新的项。实际上，在重新绑定之后，之前求值环境中的项（对于先前的绑定）将不再存在。此外，新绑定的类型不必与先前绑定的类型相同。val 语句没有副作用。只是将名称添加到当前求值环境，并将其绑定到值上。

val 通常在 let 表达式中[1]。请考虑以下示例：

[1] 在第 5 章中已经介绍过 ML 中的 let 表达式。

```
let val radius = 2.7
    val pi = 3.14159
in pi * radius * radius
end;
```

ML 包括几个常用于函数式程序设计的高阶函数。其中包括列表过滤函数 filter，它将谓词函数作为参数。谓词函数通常以 lambda 表达式的形式给出，在 ML 中它的定义与函数完全相同，只是用 **fn** 保留字代替了 **fun**，当然 lambda 表达式是匿名的。filter 返回一个函数，该函数将列表作为参数。它使用谓词测试列表的每个元素。谓词返回 true 的每个元素都将被添加到一个新列表中，该列表就是函数的返回值。例如，以下使用 filter 程序：

656

```
filter(fn(x) => x < 100, [25, 1, 50, 711, 100, 150, 27,
    161, 3]);
```

它将返回 [25,1,50,27,3]。

map 函数是一个单参数函数，结果函数是一个参数为列表的函数。它将其函数应用于列表的每个元素，并返回这些应用程序的结果列表。请考虑以下代码：

```
fun cube x = x * x * x;
val cubeList = map cube;
val newList = cubeList [1, 3, 5];
```

执行后，newList 的值为 [1,27,125]。通过将多维数据集函数定义为 lambda 表达式可以更加简单地完成此操作，如下所示：

```
val newList = map (fn x => x * x * x, [1, 3, 5]);
```

ML 有一个二元运算符 o（小写的“oh”），它将用于组合两个函数。例如，首先应用函数 f，然后将函数 g 应用于 f 的返回值，以此来构建函数 h，我们可以使用以下方式来构建：

```
val h = g o f;
```

严格来说，ML 函数只需一个参数。当函数定义中出现多个参数时，ML 会将这些参数视为元组，即使用于界定元组的括号通常是可选的。但此时用于分隔各个参数（即各个元组元素）的逗号是必需的。

柯里化（currying）过程用一个带有单个参数的函数替换一个具有多个参数的函数，该函数返回一个带有初始函数其他参数的函数。

可以通过在参数（和分隔括号）[注]之间省略逗号，来以柯里化的形式定义带有多个参数的 ML 函数。例如，有以下示例：

```
fun add a b = a + b;
```

虽然这似乎定义了一个带有两个参数的函数，但它实际上只定义了一个参数。add 函数接受一个整数参数（a），并返回一个也采用整数参数（b）的函数。对此函数的调用还删除了参数之间的逗号，如下所示：

```
add 3 5;
```

657

正如预期的那样，此次调用将返回 8。

柯里化函数有趣并且有用，因为可以通过**部分求值**（partial evaluation）构造新函数。部分求值是指可以使用一个或多个最左侧形式参数中的实际参数来对函数求值。例如，我们可

[注] 这种形式的功能是以研究它们的英国数学家 Haskell Curry 的名字命名的。

以按如下方式定义一个新函数：

```
fun add5 x = add 5 x;
```

add5 函数将 5 作为实际参数并使用 5 作为其第一个形式参数的值来对 add 函数求值。它返回一个函数，该函数的唯一参数与 5 相加，如下所示：

```
val num = add5 10;
```

num 的值现在为 15。我们可以从柯里化函数 add 中创建任意数量的新函数，从而将任何特定数字与给定参数相加。

柯里化函数也可以用 Scheme、Haskell 和 F# 编写。请思考以下 Scheme 函数：

```
(DEFINE (add x y) (+ x y))
```

这个函数柯里化后的版本如下：

```
DEFINE (add y) (LAMBDA (x) (+ y x)))
```

可以如下调用：

```
((add 3) 4)
```

ML 具有枚举类型、数组和元组。ML 还具有异常处理和用于实现抽象数据类型的模块工具。

ML 对程序设计语言的发展产生了重大影响。对于程序设计语言研究人员来说，它已成为研究最多的程序设计语言之一。此外，后续由它衍生出了几种程序设计语言，其中包括 Haskell、Caml、OCaml 和 F#。

15.8 Haskell

Haskell（Thompson，1999）与 ML 类似，它们使用类似的语法，具有静态作用域，它是强类型的，并使用相同的类型推断方法。Haskell 的三个特性使它与 ML 区分开来：首先，Haskell 中的函数可以重载（ML 中的函数不能）。其次，在 Haskell 中使用非严格语义，而在 ML（和其他大多数程序设计语言一样）中使用严格语义。最后，Haskell 是一种纯函数式程序设计语言，意味着它不具有会产生副作用的表达式或语句，而 ML 允许一些副作用（例如，ML 具有可变数组）。非严格语义和函数重载将在后面小节中进一步讨论。 658

本节中的代码是在 Haskell 1.4 版中编写的。

考虑以下在参数上进行模式匹配的阶乘函数定义：

```
fact 0 = 1
fact 1 = 1
fact n = n * fact (n - 1)
```

请注意 15.7 节中此定义与其 ML 版本之间的语法差异。首先，没有保留字来介绍函数定义（而 ML 中使用保留字 **fun**）。其次，函数的不同定义（具有不同的形式参数）都具有相同的外在表现形式。

使用模式匹配，我们可以定义如下用于计算第 n 个 Fibonacci 数的函数：

```
fib 0 = 1
fib 1 = 1
fib (n + 2) = fib (n + 1) + fib n
```

可以在函数定义的每一行中添加一个哨兵，用于指定可以应用定义的环境。例如：

```
fact n
  | n == 0 = 1
  | n == 1 = 1
  | n > 1 = n * fact(n - 1)
```

这个阶乘的定义比前一种方式更加精确，因为它将实际参数值的范围限制在适用的范围内。这种函数定义的形式称为条件表达式，紧跟在它所基于的数学表达式的后面。

otherwise 部分具有明显的语义，可以作为条件表达式的最后一个条件。例如：

```
sub n
  | n < 10     = 0
  | n > 100    = 2
  | otherwise = 1
```

请注意，这里的哨兵与第 8 章中讨论的保护命令之间有一定的相似性。

考虑以下函数定义，该函数的目的与 15.7 节中对应的 ML 函数相同：

659

```
square x = x * x
```

但是，在这种情况下，由于 Haskell 支持多态，因此该函数可以采用任何数值类型的参数。

与 ML 一样，在 Haskell 中列表用括号括起来，如：

```
colors = ["blue", "green", "red", "yellow"]
```

Haskell 包含一组列表运算符。例如，列表可以用 ++ 连接，: 充当 CONS 的中缀版本，而 .. 用于指定列表中的算术系列。例如，

```
5:[2, 7, 9] 结果为 [5, 2, 7, 9]
[1, 3..11] 结果为 [1, 3, 5, 7, 9, 11]
[1, 3, 5] ++ [2, 4, 6] 结果为 [1, 3, 5, 2, 4, 6]
```

请注意，: 运算符的作用就相当于 ML 中的 :: 运算符[⊖]。使用 : 和模式匹配，我们可以定义一个简单的函数来计算给定数字列表的乘积：

```
product [] = 1
product (a:x) = a * product x
```

使用 product，我们可以编写一个更简单的阶乘函数：

```
fact n = product [1..n]
```

Haskell 包含一个 let 结构，它类似于 ML 中的 **let** 和 **val**。例如，可以这样描述：

```
quadratic_root a b c =
    let minus_b_over_2a = - b / (2.0 * a)
     root_part_over_2a =
                sqrt(b ^ 2 - 4.0 * a * c) / (2.0 * a)
    in
     minus_b_over_2a - root_part_over_2a,
     minus_b_over_2a + root_part_over_2a
```

在第 6 章中已经介绍过 Haskell 列表解析。例如，请考虑以下列表解析的例子：

⊖ 有趣的是，ML 使用 : 将类型名称附加到名称，在 CONS 中使用 ::，在 Haskell 中，则以完全相反的方式来使用这两个运算符。

```
[n * n * n | n <- [1..50]]
```

这个例子定义了一个从 1 到 50 的立方组成的列表。它读作“所有 n 的立方组成的列表，其中 n 的范围为 1 到 50”。在这种情况下，限定符是**生成器**（generator）的形式，它生成数字 1 到 50。在其他情况下，限定符采用布尔表达式的形式，称为**测试**（test）。此表示法可用于描述执行许多操作的算法，例如查找列表的排列和对列表进行排序。例如，考虑以下函数，当给定数字 n 时，该函数将返回其所有因子的列表： 660

```
factors n = [ i | i <-  [1..n `div` 2], n `mod` i == 0]
```

factors 中的列表解析将会创建一系列的数字，每个数字会临时与名称 i（从 1 到 n / 2）绑定，这样 n`mod`i 为零。这是对给定数值因子非常严格和简短的定义。围绕 div 和 mod 的反引号（向后撇号）用于指定这些函数的中缀使用。当以函数表示法调用它们时，如在 **div** n 2 中，不需要使用反引号。

接下来，通过快速排序算法来展示 Haskell 的简洁性：

```
sort [] = []
sort (h:t) = sort [b | b <- t, b <- h]
             ++ [h] ++
             sort [b | b <- t, b > h]
```

在此程序中，将小于或等于列表头的列表元素集与头元素进行排序，然后将大于列表头的元素集进行排序并将其与之前的结果相连接。与命令式语言编写的快速排序算法相比，很明显该算法更短更简单。

如果程序设计语言要求对所有实际参数进行求值，则程序设计语言是**严格**的（strict），这能够确保函数值不依赖于参数求值的顺序。如果语言没有严格要求，则语言是**非严格的**（nonstrict）。与严格语言相比，非严格语言具有几个明显的优势。首先，非严格语言通常效率更高，因为一些求值运算可以避免[⊖]。其次，非严格语言可以实现一些严格语言无法实现的有趣的功能，其中包括无限的列表。非严格语言可以使用一种求值形式，称为**惰性计算**（lazy evaluation）。这意味着仅在需要其值时才对表达式进行求值。

在 Scheme 中，函数的参数在调用函数之前对传入函数的参数进行求值，因此它具有严格的语义。惰性计算意味着仅在函数求值中需要实参值时才对实际参数求值。因此，如果函数有两个参数，但是在函数的特定执行中不会使用第一个参数，则不会对执行过程中传递的实际参数进行求值。此外，如果函数执行仅必须对实际参数的一部分进行求值，则其余部分将保持未求值状态。最后，即使在函数调用中相同的实际参数出现多次，也只对实际参数求值一次（如果有的话）。 661

如前所述，惰性计算时可以定义无限数据结构。例如，请考虑以下示例：

```
positives = [0..]
evens = [2, 4..]
squares = [n * n | n <- [0..]]
```

当然，实际上没有计算机能够表示所有列表，并不妨碍惰性计算的使用。例如，如果我们想知道一个特定的数字是否是完全平方数，可以使用隶属函数对 squares 列表进行检查。假设我们有一个名为 member 的谓词函数，用它来确定在给定的列表中是否包含指定的原子。然后我们如下使用它：

⊖ 请注意这与命令式程序设计语言中布尔表达式的短路求值的关系。

```
member 16 squares
```

结果将会返回 True。将对 squares 定义进行检查，直到找到 16 为止。需要仔细编写 member 函数。具体来说，假设它的定义如下：

```
member b [] = False
member b (a:x)= (a == b) || member b x
```

该定义的第二行将第一个参数分解为其头部和尾部。如果 head 与它正在搜索的元素（b）匹配或者带有列表尾部的递归调用返回 True，其返回值都为 true。

只有在给定的数字是完全平方数时，该 member 的定义才能正确地与 squares 一起使用。如果不是完全平方数，squares 将会一直生成平方数，或者直到内存到达一定极限时才会结束，否则会一直在列表中查找给定的数字。以下函数对有序列表中的成员进行测试，如果数字大于查找到的数字时结束搜索，并返回 False[1]。

```
member2 n (m:x)
  | m < n      = member2 n x
  | m == n     = True
  | otherwise = False
```

惰性计算有时提供模块化工具。假设在程序中调用函数 f，f 的参数是函数 g 的返回值[2]，因此我们有 f(g(x))。进一步假设 g 一次可以产生大量数据，然后 f 必须一次处理一点数据。在传统的命令式语言中，g 将在整个输入上运行，产生其输出的文件，然后 f 将使用该文件作为其输入运行。这种方法需要一些时间来写入和读取文件，而且存储文件需要一定的内存。通过惰性计算，f 和 g 可以隐式地同步执行。函数 g 仅需要执行足够长的时间以产生足够的数据以便 f 开始处理。当 f 准备好接收更多数据时，g 将重新启动以产生更多数据，此时 f 处于等待状态。如果 f 未获得 g 的所有输出就终止了，则 g 被终止，从而避免了无用的计算。此外，可能因为 g 会产生无穷多个输出，所以 g 不必是终止函数。当 f 终止时，g 将被强制终止。因此，在惰性计算时，g 可以尽可能少地运行。该求值过程支持将程序模块化为生成器单元和选择器单元，其中生成器产生大量可能的结果，并且选择器将会选择适当的子集。

惰性计算也是有成本的。如果说这种表达能力和灵活性没有任何成本是无法让人信服的。在这种情况下，更复杂的语义所需成本更大，这将会导致执行速度比较慢。

15.9　F#

F# 是一种 .NET 函数式程序设计语言，其核心基于 OCaml——它是 ML 和 Haskell 的后续版本。从本质上看，虽然它是一种函数式程序设计语言，但它也包含一些命令式语言的特点并支持面向对象的程序设计。F# 最重要的特性之一是它拥有一个功能齐全的 IDE，一个广泛的实用程序库，该库同时支持命令式、面向对象和函数式程序设计，并且与非函数语言兼容（所有 .NET 语言）。

F# 是一级 .NET 语言。这意味着 F# 程序可以与其他 .NET 语言进行各种交互。例如，F# 类可以被其他语言的程序使用和子类化，反之亦然。此外，F# 程序可以访问所有 .NET Framework 的应用程序接口。F# 可从 Microsoft 官网（http://research.microsoft.com/fsharp/

[1] 假定列表是升序的。

[2] 这个例子出现在 Hughes (1989) 中。

fsharp.aspx）免费获得，同时 Visual Studio 也支持 F#。

F# 包括各种数据类型。其中包括元组（例如 Python 和函数式语言 ML 和 Haskell）、列表、有区别的联合体、ML 的联合体扩展，以及记录，如 ML 的记录），它类似于元组，只是对组成部分进行了命名。F# 有可变数组和不可变数组。

回忆一下第 6 章，F# 的列表与 ML 中的类似，只是 F# 的列表元素之间用分号分隔，而 hd 和 tl 必须作为 List 的方法调用。

F# 支持序列值，这是 .NET 命名空间 System.Collections.Generic.IEnumerable 中的类型。在 F# 中，序列缩写为 seq <type>，其中 <type> 表示泛型的类型。例如，类型 seq <int> 是整数值序列。序列值可以使用生成器创建，并且它们可以迭代。最简单的序列使用范围表达式生成，如下所示：

663

```
let x = seq {1..4};;
```

在 F# 的示例中，假设使用的是交互式解释器，这需要在每个语句的末尾使用两个分号。上面的表达式生成 seq [1; 2; 3; 4]。（列表元素和序列元素之间用分号分隔。）序列的生成是惰性的，例如，以下将 y 定义为一个非常长的序列，但仅生成所需的元素。所以显示时，仅生成前四个。

```
let y = seq {0..100000000};;
y;;
val it: seq<int> = seq[0; 1; 2; 3;...]
```

上面第一行定义了 y；第二行请求显示 y 的值；第三行是 F# 交互式解释器的输出。

整数序列定义的默认步长为 1，但在范围规范中可以设置步长，例如：

```
seq {1..2..7};;
```

会产生序列 seq [1; 3; 5; 7]。

序列的值可以使用 for—in 结构来迭代访问，例如下面的程序：

```
let seq1 = seq {0..3..11};;
for value in seq1 do printfn "value = %d" value;;
```

会输出以下结果：

```
value = 0
value = 3
value = 6
value = 9
```

迭代器也可用于创建序列，如以下示例所示：

```
let cubes = seq {for i in 1..5 -> (i, i * i * i)};;
```

将会输出以下元组列表：

```
seq [(1, 1); (2, 8); (3, 27); (4, 64); (5, 125)]
```

使用迭代器生成集合是列表解析的一种形式。

664

排序也可以用于生成列表和数组，尽管在这些情况下生成并不是惰性的。实际上，F# 中列表和序列之间的主要区别在于序列是惰性的，因此可以是无限的，而列表不是惰性的。列表完全存储在内存中，而序列不是。

F# 的函数类似于 ML 和 Haskell 的函数。如果进行命名，则需要使用 let 语句对它们进行定义。如果不需要命名，这在技术上意味着它们是 lambda 表达式，则使用保留字 fun 来定义它们。下面的 lambda 表达式说明了它们的语法：

```
(fun  a b -> a / b)
```

请注意，用 let 定义的名称和没有用 let 定义其参数的函数之间是没有区别的。

缩进用于显示函数定义的作用域。以下函数定义是一个典型的例子：

```
let f =
    let pi = 3.14159
    let twoPi = 2.0 * pi
    twoPi;;
```

请注意，F# 与 ML 一样，不会强制转化为数值型，因此，如果此函数在倒数第二行使用 2 而不是 2.0，则会报错。

如果函数是递归的，则必须将保留字 rec 放在定义的名称前面。以下是阶乘的 F# 版本：

```
let rec factorial x =
    if x <= 1  then 1
    else n * factorial(n - 1)
```

函数中定义的名称可以超出作用域，这意味着它们可以重新定义，从而结束它们以前的作用域。例如，可以有以下示例：

```
let x4 x =
    let x = x * x
    let x = x * x
    x;;
```

在这个函数中，x4 函数体中的第一个 let 创建一个新版本 x，将其定义为参数 x 的平方值。这将限定参数的作用域。因此，函数体中的第二个 let 在其右侧使用新的 x 并创建 x 的另一个版本，从而终止在前一个 **let** 中创建的 x 的作用域。

F# 中有两个重要的函数运算符，管道（|>）和函数合成（>>）。管道运算符是一个二元运算符，它将其左操作数（表达式）的值传递给函数调用的最后一个参数，即右操作数。它将函数调用链接在一起，同时将正在处理的数据传递给每个调用。例如，以下示例代码中使用了高阶函数 filter 和 map：

665

```
let myNums = [1; 2; 3; 4; 5]
let evensTimesFive = myNums
    |> List.filter (fun n -> n % 2 = 0)
    |> List.map (fun n -> 5 * n)
```

evensTimesFive 函数以列表 myNums 开始，过滤掉不带 filter 的数字，并使用 map 映射一个 lambda 表达式，该表达式将给定列表中的数字乘以 5。evensTimesFive 的返回值是 [10; 20]。

函数合成运算符构建一个函数，将其左操作数应用于给定参数，该参数一个函数，然后将该函数的返回结果传递给它的右操作数，该操作数也是一个函数。因此，F# 表达式 (f >> g)x 等于数学表达式 g(f(x))。

像 ML 一样，F# 支持柯里化函数和部分求值。15.7 节中的 ML 示例可以用 F# 编写，如下所示：

```
let add a b = a + b;;
let add5 = add 5;;
```

请注意，与 ML 不同，F# 中形式参数列表的语法对于所有函数都是相同的，因此所有带有多个参数的函数都可以被柯里化。

F# 很有趣，其中有几个原因：第一，它以之前的函数式语言为基础。第二，它支持当今广泛使用的几乎所有程序设计方法。第三，它是第一种可以与其他广泛使用的语言进行互相操作的函数式语言。第四，它从一开始就包含具有 .NET 及其框架的实用程序软件库，以及一个精心开发的完善的 IDE。

15.10 主要命令式语言对函数式程序设计的支持

命令式程序设计语言通常仅为函数式程序设计提供有限的支持，所以很少将这些语言用于函数式程序设计。在过去，与函数式程序设计相比，命令式语言缺乏对高阶函数的支持。

人们对函数式程序设计越来越感兴趣，使用越来越广泛，一个非常明显的迹象是在过去十年中，函数式程序设计的一些部分慢慢地成为主要的程序设计方法。例如，匿名函数（如 lambda 表达式）现在成为 JavaScript、Python、Ruby、Java 和 C# 的一部分。 666

在 JavaScript 中，使用以下语法定义 name 函数：

```
function name (formal-parameters) {
 body
}
```

在 JavaScript 中可以使用相同的语法来定义匿名函数，只是在定义匿名函数时会省略函数的名称。

在 C# 中，lambda 表达式是一个代理实例。它们可以是匿名的，也可以是命名的。匿名 lambda 表达式比匿名方法更简单，因为方法必须定义其参数类型和返回类型，但 lambda 表达式利用 C# 的推断过程来避免这些定义。C# 中匿名 lambda 表达式的语法如下：

```
参数 => 表达式
```

如果有多个参数，必须将它们括在括号中。如果没有参数，则必须用空括号代替。如果系统无法推断参数的类型，可以在参数前面加上类型名称。它从不指定返回值的类型，返回值由 lambda 表达式的上下文来推断。该表达式可以是单个表达式，也可以是用大括号括起来的复合语句（这里的复合语句必须包含一个 return 语句）。

匿名 lambda 表达式的一个常见用法是作为方法的实际参数，这种方法将代理作为参数。例如，C# 具有一组对数组执行搜索操作的方法。其中，FindAll 方法查找数组的所有元素，这些元素满足代理的给定实例，该实例接受数组元素类型参数并返回布尔值。示例如下：

```
int[] numbers = {-3, 0, 4, 5, 1, 7, -3, -6, -9, 0, 3};
int[] positives = Array.FindAll(numbers, n => n > 0);
// 现在，positives 是 {4, 5, 1, 7, 3}
```

C# 中的 lambda 表达式也可以命名。该语言具有泛型代理，尽管它们并未涵盖所有可能性，但这些代理使得定义这种 lambda 表达式变得很简单。一个常用的泛型代理是 Func，它最多可以为 lambda 表达式的参数接受十六个泛型参数，而返回类型可以再加一个。例如，考虑以下命名的 lambda 表达式示例及其调用：

```
Func<int, int, int> eval1 = (a, b) => 3 * a + (b / 2);
int result = eval1(6, 22);
```

C# 中的 lambda 表达式可以访问在其定义之外定义的变量。当它们这样做时，被访问的

667 外部变量（称为**被捕获变量**（captured variable））的生命周期被扩展，这样在使用 lambda 表达式时它们仍然存在。捕获外部变量的 lambda 表达式是一个闭包。

lambda 表达式已经被添加到 Java 8 中。这些表达式的常规语法类似于 C#，只是用 -> 代替了 =>。参数的语法、参数类型和返回类型的推断，以及带有 return 的表达式（或分程序）与 C# 相同。在 Java 8 之前，没有较方便的方法可以将分程序代码传递给方法或让方法返回分程序代码[⊖]。

Python 的 lambda 表达式定义了简单的单语句匿名函数。Python 中 lambda 表达式的语法如下所示：

```
lambda a, b : 2 * a - b
```

请注意，形式参数与函数体之间要用冒号分开。

Python 包含高阶函数 filter 和 map。两者经常使用 lambda 表达式作为它们的第一个参数。这些参数的第二个参数是序列类型，它们都返回与第二个参数相同的序列类型。在 Python 中，字符串、列表和元组被视为序列。例如下面在 Python 中使用 map 函数的示例：

```
map(lambda x: x ** 3, [2, 4, 6, 8])
```

该调用返回 [8,64,216,512]。

Python 还支持部分函数应用程序。请考虑以下示例：

```
from operator import add
add5 = partial (add, 5)
```

这里的 **from** 声明从 operator 模块中导入加法运算符的函数式版本，名为 add。

定义 add5 后，可以将其与一个参数一起使用，如下所示：

```
add5(15)
```

此调用返回 20。

如第 6 章所述，Python 包括列表和列表推导。

Ruby 的分程序实际上是发送给方法的子程序，这使得该方法成为高阶子程序。可以使 lambda 将 Ruby 分程序转换为子程序对象。例如，考虑以下内容：

668

```
times = lambda {|a, b| a * b}
```

以下是使用 times 的示例：

```
x = times.(3, 4)
```

将 x 设置为 12。可以使用以下方法来柯里化 times 对象：

```
times5 = times.curry.(5)
```

这个函数可以这样使用：

```
x5 = times5.(3)
```

这里把 x5 设置为 15。

15.11　函数式语言和命令式语言的比较

本节讨论命令式语言和函数式语言之间的一些区别。

⊖ 一种不太方便的方法是使用包含代码的方法定义一个类，实例化该类，然后将引用传递给它。

函数式语言具有非常简单的语法结构。LISP 的列表结构（用于代码和数据）清楚地说明了这一点。命令式语言的语法要复杂得多，这使它们更加难以学习和使用。

函数式语言的语义也比命令式语言的语义简单。例如，在 3.5.2 节中给出的命令式循环结构的指称语义描述中，循环从迭代式结构转换为递归式结构。在纯函数式语言中则不需要这种转换，因为函数式语言没有迭代。此外，我们假设在第 3 章中对命令式结构的所有指称语义描述都没有表达式副作用。这种限制对命令式语言来说是不现实的，因为所有基于 C 的语言都有表达式副作用。纯函数式语言的指称描述则不需要这种限制。

函数式程序设计社区中的一些人声称，函数式程序设计的使用会导致生产率提高一个数量级，主要是因为函数式程序的大小是相应的命令式程序的 10%。虽然在某些问题领域有这样的数字，但对于其他问题领域，函数式程序的大小是命令式程序的 25%（Wadler, 1998）。这些因素使得函数式程序设计的支持者认为，函数式程序设计的生产力是命令式程序设计的 4 到 10 倍。但是，程序规模并不一定是衡量生产力的好方法。源代码中并非每一行都具有相同的复杂性，也并非每一行都会花费相同的时间来生成。实际上，由于变量处理的需要，命令式程序中有许多琐碎简单的代码用于初始化或是细微地更改变量的值。 669

执行效率是进行比较的另一个基础。当函数式程序解释执行时，当然比命令式程序的编译执行慢得多。但是，现在大部分函数式语言也都有编译器，因此函数式语言和编译执行的命令式语言之间执行速度的差异不再那么大。有人可能会说，因为函数式程序明显小于等效的命令式程序，所以它们的执行速度应该比命令式程序快得多。然而，现实情况却并非如此，因为函数式语言的语言特性（例如惰性计算）会对执行效率产生负面影响。考虑到函数式和命令式程序的相对效率，我们合理地估计一个函数式程序的执行时间大约是对应的命令式程序的两倍（Wadler, 1998）。这听起来像是一个巨大的差异，所以人们通常会放弃给定应用程序的函数式语言。但是，只有在执行速度至关重要的情况下，这种两倍的差异才重要。在许多情况下，执行速度的两倍差异并不重要。例如，用命令式语言编写的许多程序（例如用 JavaScript 和 PHP 编写的 Web 软件）需要被解释执行，因此比同等编译版本慢得多。对于这些应用程序，执行速度不是优先考虑的因素。

函数式和命令式程序之间执行效率差异的另一个原因是，命令式语言是为了在冯·诺依曼架构计算机上高效运行而设计的，而函数式语言的设计基于数学函数。所以命令式语言有很大优势。

函数式语言在可读性方面具有潜在优势。在许多命令式程序中，处理变量的细节掩盖了程序的逻辑。考虑一个函数，其功能是计算前 n 个正整数的立方和。该函数在 C 中可能会是这样：

```
int sum_cubes(int  n){
  int sum = 0;
  for(int index = 1; index <= n; index++)
    sum += index * index * index;
  return sum;
}
```

在 Haskell 中则是：

```
sumCubes n = sum (map (^3) [1..n])
```

这里只需要三个步骤：

1. 构建数字列表（`[1..n]`）。

2. 创建一个新列表来存放原列表中每个数字的立方。

670　3. 对列表求和。

由于缺乏变量和循环控制的细节，这个版本比 C 版本更具可读性[⊖]。

正如我们在第 13 章中看到的那样，命令式语言中的并发执行难以设计且难以使用。在命令式语言中，程序员必须将程序静态划分为多个并发部分，然后将这些并发部分写为任务，其执行必须同步，这是一个复杂的过程。函数式语言中的程序则自然地分为不同的函数。在纯函数式语言中，这些函数是独立的，因为它们不会产生副作用，并且它们的操作不依赖于任何非局部或全局变量。因此，更容易确定哪些可以同时执行。调用中的实际参数表达式通常可以同时求值。只需指定，函数式程序设计就可以像 MultiLISP 一样在单独的线程中隐式计算函数。当然，访问共享的不可变数据不需要同步。

影响命令式或函数式程序设计复杂性的一个因素是，在开发的每个步骤中，程序员都必须注意程序的状态。在大型程序中，程序的状态是大量的值（对于大量的程序变量来说）。纯函数式程序设计中没有状态，因此无须费力记住它。

想要准确地说明为什么函数式语言没有获得更大的普及并不是一件简单的事情。在早期，实现的低效率显然是一个因素，以至于当代一些命令式程序员可能仍然认为用函数式语言编写的程序很慢。此外，绝大多数程序员使用命令式语言学习程序设计，这使得函数式程序看起来很奇怪且难以理解。对于许多熟悉命令式程序设计的人来说，切换到函数式程序设计是一个没有必要且可能会很困难的举动。另一方面，从函数式语言开始学习程序设计的人从不会觉得函数式程序有任何奇怪之处。

小结

数学函数是命名的或是匿名的映射，它们仅使用条件表达式和递归来控制其求值。复杂函数可以使用高阶函数或函数形式（其中函数用作参数和 / 或返回值）来定义。

函数式程序设计语言以数学函数为模型。它的形式非常简洁，不使用变量或赋值语句来产生结果；相反，它们使用函数、条件表达式和递归来执行控制，使用函数形式来构造复杂的函数。LISP 最初是一种纯函数式语言，但不久之后又增加了许多命令式语言的特性，以提高其效率和易用性。

671

LISP 的第一个版本源于对 AI 应用程序的列表处理语言的需求。迄今为止，LISP 仍然是该应用领域使用最广泛的语言。

LISP 的出现是偶然的：EVAL 的原始版本仅仅是为了证明可以编写通用的 LISP 函数而开发的。因为 LISP 数据和 LISP 程序具有相同的形式，所以可以让一个程序构建另一个程序。EVAL 的可用性允许立即执行动态构建的程序。

Scheme 是一种相对简单的 LISP 方言，它只使用静态作用域。与 LISP 一样，Scheme 的主要原语包括用于构造和分解列表的函数，用于条件表达式的函数以及用于数字、符号和列表的简单谓词。

Common LISP 是一种基于 LISP 的语言，它旨在包含 20 世纪 80 年代早期 LISP 方言的大部分特性。它允许静态和动态作用域变量，并包含许多命令式的功能特性。Common LISP 使用宏来定义它的某些函数，而且允许用户定义自己的宏。该语言包括阅读器宏，该

⊖ 当然，C 版本可以用更实用的方式编写，但大多数 C 程序员可能不会这样写。

宏也是用户可定义的。阅读器宏可以定义单符号宏。

ML 是一种静态作用域的强类型函数式程序设计语言，它的语法相比于 LISP 的语法来说，与命令式语言的语法更加接近。它包括类型推理系统、异常处理、各种数据结构和抽象数据类型。

ML 不进行任何类型强制，也不允许函数重载。它可以使用实际参数形式的模式匹配来定义函数的多个定义。柯里化是将带有多个参数的函数替换为带有单个参数的函数，并返回带有其他参数的函数的过程。ML 以及其他几种函数式语言均支持柯里化。

Haskell 与 ML 类似，不同之处在于 Haskell 中的所有表达式都是使用惰性方法计算的，该方法允许程序处理无限列表。Haskell 还支持列表推导，它为描述集合提供了方便且熟悉的语法。与 ML 和 Scheme 不同，Haskell 是一种纯函数式语言。

F# 是一种 .NET 程序设计语言，它支持函数式和命令式程序设计，包括面向对象程序设计。它的函数式程序设计核心基于 OCaml，它是 ML 和 Haskell 的后代。F# 由一些精心设计且使用广泛的 IDE 支持，它还可与其他 .NET 语言进行互操作，也可以访问 .NET 类库。 672

文献注记

LISP 的第一个发行版本可以在 McCarthy（1960）中找到。McCarthy et al.（1965）和 Weissman（1967）中描述了从 20 世纪 60 年代中期到 20 世纪 70 年代后期广泛使用的版本。Steele（1990）中描述了 Common LISP。Scheme 语言在 Dybvig（2011）中进行了描述。ML 在 Milner et al.（1997）中定义。Ullman（1998）是 ML 的优秀入门教材。Thompson（1999）中介绍了 Haskell 的程序设计。Syme et al.（2010）描述了 F#。

本章中的 Scheme 程序是使用 DrRacket 的后续语言 R5RS 开发的。

在 Henderson（1980）中可以找到对函数式程序设计的严格讨论。Peyton Jones（1987）详细讨论了通过图约简实现函数式语言的过程。

复习题

1. 给出函数形式、简单列表、绑定变量和引用透明度的定义。
2. lambda 表达式指定了什么？
3. 原始 LISP 有哪些数据类型？
4. LISP 列表通常存储在什么常用的数据结构中？
5. 解释为什么数据列表参数需要 QUOTE。
6. 什么是简单列表？
7. 缩写 REPL 代表什么？
8. IF 的三个参数是什么？
9. =、EQ?、EQV? 和 EQUAL 之间有什么区别？
10. 用于 Scheme 特殊格式 DEFINE 的求值方法与用于其原始函数的求值方法有何不同？
11. DEFINE 的两种形式是什么？
12. 描述 COND 的语法和语义。
13. CAR 和 CDR 为何如此命名？
14. 如果用两个原子调用 CONS，比如 'A 和 'B，则将返回什么？
15. 描述 Scheme 中 LET 的语法和语义。
16. CONS、LIST 和 APPEND 有什么区别？
17. 描述 Scheme 中 mapcar 的语法和语义。

18. 什么是尾递归？为什么在定义函数时，使用递归将重复指定为尾递归是很重要的？
673
19. 为什么大多数 LISP 方言都增加了命令式特性？
20. Common LISP 和 Scheme 在哪些方面不同？
21. Scheme 中使用了什么作用域规则？ Common LISP 呢？ ML 呢？ Haskell 呢？ F# 呢？
22. 在 Common LISP 语言处理器的 reader 阶段会发生什么？
23. 从根本上来说，ML 与 Scheme 有什么不同？
24. ML 的求值环境中存储了什么？
25. ML 的 `val` 语句和 C 中的赋值语句有什么区别？
26. ML 中的类型推断是什么？
27. ML 中 `fn` 保留字有什么作用？
28. 处理标量数字的 ML 函数可以通用吗？
29. 柯里化函数的功能是什么？
30. 部分求值是什么意思？
31. 描述 ML 的 `filter` 函数的操作。
32. ML 对 Scheme 的 CAR 使用什么运算符？
33. ML 使用什么操作符进行函数组合？
34. Haskell 与 ML 不同的三个特征是什么？
35. 惰性求值意味着什么？
36. 什么是严格的程序设计语言？
37. F# 支持哪些程序设计范例？
38. F# 可以与哪些程序设计语言进行互操作？
39. F# 中 `let` 结构的作用是什么？
40. F# 中 `let` 结构的作用域是如何终止的？
41. F# 的序列和列表之间的根本区别是什么？
42. 就作用域而言，ML 和 F# 的 `let` 之间有什么区别？
43. F# 中 lambda 表达式的语法是什么？
44. F# 是否会强制获得表达式中的数值？说明该设计选择的理由。
45. Python 为函数式程序设计提供了哪些支持？
46. Ruby 中的哪个函数用于创建柯里化函数？
47. 函数式程序设计的使用是在扩大还是在缩小？
48. 函数式程序设计语言的什么特征使它们的语义比命令式语言的语义更简单？
49. 使用代码行来比较函数式语言和命令式语言的生产力有什么缺陷？
674
50. 为什么函数式语言处理并发比命令式语言更容易？

习题

1. 阅读 John Backus 关于 FP 的论文（Backus，1978），并将本章讨论的 Scheme 的特征与 FP 的相应特征进行比较。
2. 查找 Scheme 函数 `EVAL` 和 `APPLY` 的定义，并解释它们的功能。
3. 用于 LISP 的 INTERLISP 系统是最现代最完整的程序设计环境之一，如 Teitelmen 和 Masinter 的“The INTERLISP Programming Environment”（*IEEE Computer*，Vol.14，No.4，April 1981）所述。仔细阅读本文并比较在系统上编写 LISP 程序与使用 INTERLISP 的难度（假设你通常不使用 INTERLISP）。
4. 参考有关 LISP 程序设计的书籍，并确定哪些参数支持 LISP 中的 `PROG` 特性。
5. 在以下每个领域中至少找到一个用于构建商业系统的类型化函数式程序设计语言：数据库处理、财务建模、统计分析和生物信息学。

6. 函数式语言可以使用列表以外的某些数据结构。例如，它可以使用单字符符号串。它的哪些原语可以代替 Scheme 的 CAR，CDR 和 CONS 原语？
7. 列出 ML 中没有的 F# 特性。
8. 如果 Scheme 是纯函数式语言，它可以包含 DISPLAY 吗？请说明理由。
9. 以下 Scheme 函数有什么作用？

```
(define (y s lis)
  (cond
    ((null? lis) '() )
    ((equal? s (car lis)) lis)
    (else (y s (cdr lis)))
))
```

10. 以下 Scheme 函数的作用是什么？

```
(define (x lis)
  (cond
    ((null? lis) 0)
    ((not (list? (car lis)))
      (cond
        ((eq? (car lis) #f) (x (cdr lis)))
        (else (+ 1 (x (cdr lis))))))
    (else (+ (x (car lis)) (x (cdr lis))))
```

675

程序设计练习

1. 编写一个 Scheme 函数，在给定半径的情况下计算球体的体积。
2. 编写一个 Scheme 函数，计算给定二次方程的实根。如果根很复杂，则该函数必须显示一条消息指示该信息。此函数必须使用 IF 函数。函数的三个参数是二次方程的三个系数。
3. 使用 COND 函数完成第 2 题。
4. 编写一个 Scheme 函数，它接受两个数字参数 A 和 B，并返回 B 的 A 次幂。
5. 编写一个 Scheme 函数，返回给定简单数字列表中的零个数。
6. 编写一个 Scheme 函数，该函数将一个简单的数字列表作为参数，并返回一个新列表，其中包含输入列表中最大和最小的数字。
7. 编写一个 Scheme 函数，该函数将一个列表和一个原子作为参数，并返回与其参数列表相同的新列表，只是删除了给定原子的所有顶级实例。
8. 编写一个 Scheme 函数，该函数将一个列表作为参数，并返回与参数相同的新列表，只是删除了最后一个元素。
9. 完成练习 7，其中原子可以是原子或列表。
10. 编写一个 Scheme 函数，它接受两个原子和一个列表作为参数，并返回一个与参数列表相同的新列表，只是列表中第一个给定原子出现的所有位置都被第二个给定原子替换，无论第一个原子被嵌套了多少次。
11. 编写一个 Scheme 函数，返回输入的简单列表参数的反向形式。
12. 编写一个 Scheme 谓词函数，用于测试两个给定列表的结构相等性。如果两个列表具有相同的列表结构，则它们在结构上是相等的，虽然它们的原子可能不同。
13. 编写一个 Scheme 函数，该函数返回两个代表集合的简单列表参数的并集。
14. 编写一个带有两个参数（一个原子和一个列表）的 Scheme 函数，它返回一个与参数列表相同的新列表，只是删除了给定原子的出现次数，无论嵌套多深。返回的列表不能用任何其他东西来代替已删除原子的位置。

15. 编写一个 Scheme 函数，该函数将一个列表作为参数，并返回与参数列表相同的新列表，只是删除 676 了第二个顶级元素。如果给定列表没有两个元素，则函数应返回 ()。
16. 编写一个 Scheme 函数，它将一个简单的数字列表作为参数，并返回一个与参数列表相同的列表，其中数字按升序排列。
17. 编写一个 Scheme 函数，它将一个简单的数字列表作为参数，并返回列表中最大和最小的数字。
18. 编写一个 Scheme 函数，它以一个简单的列表作为参数，并返回给定列表的所有排列组合。
19. 用 Scheme 编写快速排序算法。
20. 将以下 Scheme 函数重写为尾递归函数：

```
(DEFINE (doit n)
  (IF (= n 0)
    0
    (+ n (doit (- n 1)))
))
```

21. 用 F# 完成前 19 题中的任意一个。
22. 677 用 ML 完成前 19 题中的任意一个。

逻辑程序设计语言

本章旨在介绍逻辑程序设计和逻辑程序设计语言的概念，包括对 Prolog 的一个子集的简要描述。我们首先介绍谓词演算，它是逻辑程序设计语言的基础。随后讨论谓词演算如何用于自动定理证明系统。接着，我们对逻辑程序设计进行概要性介绍。然后，详细介绍 Prolog 逻辑程序设计语言的基础知识，包括算术、列表处理和可用于帮助调试程序并演示 Prolog 系统如何工作的跟踪工具。最后两个部分描述逻辑程序设计语言 Prolog 的一些问题，以及 Prolog 的一些应用领域。

16.1 概述

第 15 章已经讨论了函数式程序设计范式，它与命令式语言中使用的软件开发方法明显不同。在本章中，我们将描述另一种不同的程序设计方法。在这种程序设计方法中，程序将以符号逻辑的形式表示，结果将通过逻辑推理来产生。逻辑程序是声明性的，而不是过程性的，这意味着只需要声明结果的规范，而不是生成它们的详细过程。逻辑程序设计语言中的程序是事实和规则的集合。我们需要使用这些程序向这个集合提问，而程序试图通过“查阅”事实和规则集合来回答这些问题。“查阅”一词在这里可能具有误导性，因为这个过程远比“查阅”这个词的含义复杂。这种解决问题的方法听起来只可能解决非常有限的问题类别，但是它比我们想象中的要灵活。

使用符号逻辑形式作为程序设计语言的程序设计方法通常称为**逻辑程序设计**（logic programming），而基于符号逻辑的语言称为**逻辑程序设计语言**（logic programming language）或**声明性语言**（declarative language）。我们之所以介绍逻辑程序设计语言 Prolog，是因为它是唯一被广泛使用的逻辑程序设计语言。

逻辑程序设计语言的语法与命令式语言和函数式语言的语法明显不同。逻辑程序的语义与命令式程序的语义也几乎没有相似之处。这些发现应该会让读者对逻辑程序设计和声明性语言的本质产生一些好奇。

16.2 谓词演算简介

在讨论逻辑程序设计之前，我们必须简要了解它的基础，即形式逻辑。这不是我们首次接触形式逻辑，它在第 3 章所描述的公理语义中被广泛应用。

678
~
680

命题（proposition）可以被认为是一个逻辑语句，它可能对，也可能不对。它由对象和对象之间的关系组成。形式逻辑的发展是为了提供一种描述命题的方法，其目标是允许对那些正式声明的命题进行有效性检验。

符号逻辑（symbolic logic）可用于形式逻辑的三个基本需求：表达命题，表达命题之间的关系，以及描述如何从其他假设为真的命题中推断出新的命题。

形式逻辑与数学有着密切的联系。事实上，很多数学理论都可以用逻辑来思考。数论和集合论的基本公理是命题的初始集合，假设为真。定理是可以从初始集合中推导出的附加命题。

用于逻辑程序设计的符号逻辑的特殊形式称为**一阶谓词演算**（尽管这有点不精确，但我们通常将其称为谓词演算）。在下面的小节中，我们将简要介绍谓词演算。我们的目标是为讨论逻辑程序设计和逻辑程序设计语言 Prolog 奠定基础。

16.2.1 命题

逻辑程序设计命题中的对象用简单的术语表示，这些术语可以是常量，也可以是变量。常量是表示对象的符号。变量是一种可以在不同时间表示不同对象的符号，尽管在某种意义上它比命令式程序设计语言中的变量更接近数学。

最简单的命题，即**原子命题**由复合项组成。**复合项**是数学关系的一个元素，以数学函数表示法的形式表示。回顾第15章，数学函数是一种映射，它可以表示为表达式，也可以表示为元组的表或列表。复合项是函数表定义的元素。

复合项由两部分组成：一个**函子**（命名关系的函数符号）和一个有序的参数列表（这些参数是表示关系的元素）。只有一个参数的复合项是一元组；有两个参数的是二元组，以此类推。举个例子，有如下两个命题：

```
man(jake)
like(bob, steak)
```

表示 {jake} 在名为 man 的关系中是一个一元组，而 {bob, steak} 在名为 like 的关系中是一个二元组。如果我们在这两个命题前加上命题：

681

```
man(fred)
```

那么关系 man 将有两个不同的元素 {jake} 和 {fred}。这些命题中的所有简单项，包括 man、jake、like（喜欢）、bob 和 steak（牛排）在内，都是常量。注意，这些命题没有内在语义。它们的含义可以由我们决定。例如，第二个例子可能意味着 bob 喜欢牛排，或者牛排喜欢 bob，或者 bob 在某种程度上与牛排相似。

命题可以用两种方式表述：一种是将命题定义为真，另一种是命题的真实性有待确定。换句话说，命题既可以是事实，也可以是疑问。上面的示例命题可以是其中任意一种。

复合命题有两个或多个原子命题，它们由逻辑连接符或运算符连接，与命令式语言中构造复合逻辑表达式的方式相同。谓词演算逻辑连接符的名称、符号和含义如下：

名称	符号	例子	含义
非	$\neg$	$\neg a$	非 a
合取	$\cap$	$a \cap b$	a 与 b
析取	$\cup$	$a \cup b$	a 或 b
等价	$\equiv$	$a \equiv b$	a 等价于 b
蕴含	$\supset$ $\subset$	$a \supset b$ $a \subset b$	b 蕴含 a a 蕴含 b

下面是复合命题的例子：

```
a ∩ b ⊃ c
a ∩¬ b ⊃ d
```

运算符 $\neg$ 有最高优先级，运算符 $\cap$、$\cup$ 和 $\equiv$ 的优先级高于 $\subset$ 和 $\supset$，所以，上面的第二个例子等价于：

$(a \cap (\neg b)) \supset d$

只有引入被称为量词的特殊符号时，变量才可以出现在命题中。谓词演算包括两个量词，如下所述，其中 X 是变量，P 是命题：

名称	例子	含义
全称量词	$\forall X.P$	对于所有的 X, P 都是真命题
存在量词	$\exists X.P$	存在一个令 P 为真的 X 值

682

X 和 P 之间的点只是把变量从命题中分离出来。例如：

$\forall X.$ (女性(X) $\supset$ 人类(X))
$\exists X.$ (母亲(mary, X) $\cap$ 男性(X))

第一个命题的意思是对于任意的 X，如果 X 是女性，那么 X 就是人类。第二个命题的意思是存在一个 X 的值使得 mary 是 X 的母亲且 X 是男性，换句话说，mary 有一个儿子。全称量词和存在量词的范围是它们所属的原子命题的范围。可以用括号扩展这个范围，就像刚才描述的两个复合命题一样。因此，全称量词和存在量词的优先级高于任何运算符。

16.2.2 子句形式

我们讨论谓词演算是因为它是逻辑程序设计语言的基础。与其他程序设计语言一样，逻辑语言尽量用最简单的形式表达，这意味着应该尽量减少冗余。

到目前为止，谓词演算的一个问题是，陈述含义相同的命题的方式太多了；也就是说，存在大量冗余。对于逻辑学家来说，这不是一个问题，但是如果谓词演算要在自动化（计算机）系统中使用，这就是一个严重的问题。为了简化问题，需要一个命题的标准形式。子句形式是一种相对简单的命题形式，也是一种标准形式。所有命题都可以用子句形式表达。子句形式命题的一般语法如下：

$$B_1 \cup B_2 \cup \ldots \cup B_n \subset A_1 \cap A_2 \cap \ldots \cap A_m$$

其中 A 和 B 是项。这个子句形式命题的含义是：如果所有的 A 都为真，那么至少有一个 B 为真。子句形式命题的主要特征是：不需要存在量词；全称量词隐含在原子命题变量的使用中；除了与和或，不需要其他运算符。而且，与和或只需要按照一般子句形式所示的顺序出现：或在左侧，与在右侧。所有谓词演算命题都可以通过算法转换为子句形式。Nilsson（1971）证明了这一点，并给出了一个简单的转换算法。

子句形式命题的右边称为**前项**（antecedent），左边称为**后项**（consequent），因为前项决定后项的真假性。下面给出一些子句形式命题的例子：

683

likes (bob, trout) $\subset$ likes (bob, fish) $\cap$ fish (trout)
father (louis, al) $\cup$ father (louis, violet) $\subset$
    father (al, bob) $\cap$ mother (violet, bob) $\cap$ grandfather (louis, bob)

第一个子句的意思用自然语言描述就是，如果 bob 喜欢 fish，而 trout 是 fish，那么 bob 喜欢 trout。第二个子句的意思是，如果 al 是 bob 的父亲，violet 是 bob 的母亲，louis 是 bob 的祖父，那么 louis 要么是 al 的父亲，要么是 violet 的父亲。

16.3 谓词演算和定理证明

谓词演算提供了一种表示命题集合的方法。命题集合的一个用途是确定是否可以从中推断出任何有趣或有用的事实。这与数学家的工作非常相似，他们努力发现可以从已知公理和定理中推断出来的新定理。

在计算机科学的早期（20 世纪 50 年代和 20 世纪 60 年代初），人们对自动化定理证明过程非常感兴趣。自动化定理证明中最重要的突破之一是雪城大学（Syracuse University）的阿兰·罗宾逊（Alan Robinson, 1965）发现了解析原理。

解析（resolution）是一种推理规则，它允许从给定的命题中推算出隐含的命题，从而为定理的自动证明提供一种可能的方法。解析被用于子句形式的命题。解析的概念是：假设有如下两个命题

$P_1 \subset P_2$
$Q_1 \subset Q_2$

表示 P_1 蕴含于 P_2，Q_1 蕴含于 Q_2。此外，假设 P_1 等于 Q_2，我们可以把 P_1 和 Q_2 重命名为 T，然后我们可以把这两个命题重写为

$T \subset P_2$
$Q_1 \subset T$

因为 T 蕴含于 P_2，Q_1 蕴含于 T，所以很显然 Q_1 蕴含于 P_2，即

$Q_1 \subset P_2$

从原始的两个命题推导出这一命题的过程就是解析。

再举一个例子，考虑如下两个命题：

older (joanne, jake) ⊂ mother (joanne, jake)
wiser (joanne, jake) ⊂ older (joanne, jake)

684 根据这两个命题，我们可以用解析来构造出以下命题：

wiser (joanne, jake) ⊂ mother (joanne, jake)

这种解析结构机制很简单：将两个子句命题左侧的术语进行“或”运算以构成新命题的左侧，然后将两个子句命题的右侧进行“与”运算以得出新命题的右侧。接下来，将同时出现在新命题两边的项删除。当命题一边或两边都有多个项时，这个过程是完全相同的。新的推论命题的左部最初包含两个给定命题左边的所有项，右部也是类似的构造。然后，同时出现在新命题两边的项被删除。例如，如果有如下两个命题：

father (bob, jake) ⋃ mother (bob, jake) ⊂ parent (bob, jake)
grandfather (bob, fred) ⊂ father (bob, jake) ⋂ father (jake, fred)

可解析为：

mother (bob, jake) ⋃ grandfather (bob, fred) ⊂
　　parent (bob, jake) ⋂ father (jake, fred)

除了出现在第一个命题左部和第二个命题右部的原子命题 father (bob, jake) 之外，上述命题包含了两个原始命题中几乎所有的原子命题。我们用自然语言描述：

if：　bob 是 jake 的父母，意味着 bob 不是 jake 的父亲就是 jake 的母亲。
and：　bob 是 jake 的父亲，jake 是 fred 的父亲，这意味着 bob 是 fred 的祖父。
then：　如果 bob 是 jake 的父母，jake 是 fred 的父亲，then: 要么 bob 是 jake 的母亲，要么 bob 是 fred 的祖父。

解析实际上比这些简单示例所演示的要复杂。特别是，命题中的变量需要使用解析来找到变量的值，从而使匹配过程成功。这个为变量确定有用值的过程称为**合一**（unification）。将值临时赋给变量以实现合一的过程称为**实例化**（instantiation）。

解析过程通常用一个值实例化一个变量，如果未能完成所需的匹配，则需要回溯并用另一个值实例化该变量。我们将在 Prolog 的上下文中更广泛地讨论合一和回溯。

解析的一个非常重要的特性是它能够检测给定命题集合中的任何不一致性。这基于解析的形式化属性，称为**反驳完备**（refutation complete）。这意味着给定一组不一致的命题，解析可以证明它们是不一致的。这使得解析可以被用来证明定理：我们可以把谓词演算的定理证明看成一组给定的相关命题，而定理本身的否定被表述为一个新的命题。将定理取反定理就可以发现不一致性，从而寻找一个不一致的解来证明这个定理，即反证法，它是数学中定理证明的常用方法。通常，原始命题称为**假设命题**（hypotheses），对定理的否定称为**目标命题**（goal）。 685

从理论上讲，这个过程是有效且有用的。然而，解析所需的时间可能是个问题。虽然当命题集是有限集合时，解析是一个有限的过程，但是在一个大型的命题数据库中寻找不一致性所需的时间可能是巨大的。

定理证明是逻辑程序设计的基础。许多计算出来的结果都可以通过将一系列给定的事实和关系作为假设的形式表达出来，并通过解析从假设命题中推断出一个目标命题。

对作为一般命题的假设命题和目标命题进行解析通常是不现实的，即使它们是子句形式。虽然可以用子句形式的命题证明一个定理，但它可能不会在合理的时间内得出结果。简化解析过程的一种方法是限制命题的形式。一个有用的限制是要求命题必须是 Horn 子句。**Horn 子句**只能有两种形式：左侧只有一个原子命题，或者左侧是空命题[⊖]。子句形式命题的左侧有时被称为首部，带有左部的 Horn 子句被称为有首部 Horn 子句。有首部 Horn 子句用于陈述关系，如

likes (bob, trout) $\subset$ likes (bob, fish) $\cap$ fish (trout)

左侧为空的 Horn 子句常用于陈述事实，称为*无首部 Horn 子句*，如

father (bob, jake)

大多数的（但不是所有的）命题都可以用 Horn 子句来表述。对 Horn 子句的限制使得解析成为证明定理的一个实际方式。

16.4　逻辑程序设计概要

用于逻辑程序设计的语言称为*声明性语言*，因为用它们编写的程序由声明，而不是赋值和控制流语句组成。这些声明实际上是符号逻辑中的陈述或命题。

逻辑程序设计语言的一个基本特征是它们的语义，即**声明语义**（declarative semantics）。这种语义的基本概念是，有一种简单的方法来确定每个语句的含义，而不依赖于如何使用该语句来解决问题。声明性语义比命令式语言的语义简单得多。例如，逻辑程序设计语言中给定命题的含义可以从语句本身简单地确定。在命令式语言中，简单赋值语句的语义需要检查 686

⊖ Horn 子句以 Alfred Horn（1951）的名字命名，他研究了这种形式的子句。

局部声明，了解该语言的作用域规则，甚至可能检查其他文件中的程序，以确定赋值语句中变量的类型。然后，假设赋值表达式包含变量，则必须跟踪在赋值语句之前执行的程序，以确定这些变量的值。因此，语句的最终操作取决于它运行时的上下文。相对于这种语义，逻辑语言中命题的语义不需要考虑文本上下文或执行顺序，显然声明性语义比命令式语言的语义简单得多。因此，声明性语义通常被认为是声明性语言相对于命令式语言的优势之一（Hogger, 1984, pp.240—241）。

命令式语言和函数式语言的程序设计主要是过程性的，这意味着程序员知道程序要完成什么，并指导计算机准确地进行计算。换句话说，计算机被视为一个简单的服从命令的设备，所有被计算的东西都必须有计算的每一个细节。一些人认为这是使用命令式和函数式语言设计程序所面临的困难的本质。

逻辑程序设计语言中的程序是非过程的。用这种语言编写的程序并不能精确地说明如何计算结果，而是描述结果的形式。不同之处在于，我们假设计算机系统能够以某种方式决定如何计算结果。为逻辑程序设计语言提供这种能力所需要的是一种简明的方法，以及一种用于计算所需结果的推理方法。谓词演算为计算机提供了基本的通信形式，解析提供了推理技术。

排序通常用于说明过程系统和非过程系统之间的区别。在像 Java 这样的语言中，排序是通过在 Java 程序中向具有 Java 编译器的计算机解释某些排序算法的所有细节来完成的。计算机在将 Java 程序转换成机器代码或一些解释性中间代码之后，按照指令执行并生成排序列表。

在非过程语言中，只需要描述已排序列表的特征：它是给定列表的某种排列，使得对于每对相邻的元素，两个元素之间保持给定的关系不变。为了形式化地说明这一点，假设要排序的列表位于一个名为 list 的数组中，该数组的下标范围为 1⋯n。对给定列表 (名为 old_list) 的元素进行排序，并将它们放在一个名为 new_list 的单独数组中，这个概念可以这样表示：

sort (old_list, new_list) ⊂ permute (old_list, new_list) ⋂ sorted (new_list)

687　sorted (list) ⊂ ∀j such that 11 ≤ j < n, list (j) ≤ list (j + 1)

其中 permute 是一个谓词，如果其第二个参数数组是其第一个参数数组的排列，则返回 true。

根据此描述，非过程语言系统可以生成排序后的列表。这使得非过程性程序设计听起来就像是简单的软件需求规约的产物，这是公正的评价。然而，事情并没有那么简单。仅使用解析的逻辑程序面临着严重的执行效率问题。在我们的排序示例中，如果列表很长，那么排列的数量就很庞大，必须逐个生成并测试它们，直到找到有序的排列，这是一个非常漫长的过程。当然，人们必须考虑这样一种可能性：逻辑语言的最佳形式可能尚未确定，用逻辑程序设计语言为大型问题创建程序的好方法尚未开发出来。

16.5　Prolog 起源

如第 2 章所述，马赛艾克斯大学的 Alain Colmerauer 和 Phillippe Roussel 在爱丁堡大学 Robert Kowalski 的帮助下完成了 Prolog 的基本设计。Colmerauer 和 Roussel 对自然语言处理感兴趣，而 Kowalski 对自动化定理证明感兴趣。马赛艾克斯大学和爱丁堡大学之间的合作一直持续到 20 世纪 70 年代中期。从那时起，对这种语言的开发和使用的研究在这两个地方独立进行，导致了 Prolog 存在两种方言。

除了爱丁堡和马赛，Prolog 的发展和逻辑程序设计方面的其他研究工作受到的关注有限。直到 1981 年，日本政府宣布启动一个名为第五代计算系统（FGCS）的大型研究项目（Fuchi, 1981；Moto-oka, 1981）。该项目的主要目标之一是开发智能机器，Prolog 被选为这项工作的基础。FGCS 的宣布引起了研究人员以及美国和几个欧洲国家政府对人工智能和逻辑程序设计的浓厚兴趣。

十年之后，FGCS 项目悄然消失。尽管逻辑程序设计和 Prolog 被认为有很大的潜力，但人们却没有什么重大发现。尽管 Prolog 仍然有支持者，但人们对 Prolog 的兴趣和使用仍在下降。

16.6　Prolog 基本元素

现在有许多不同的 Prolog 方言形式，它们可以分为几类：来自马赛组的方言，来自爱丁堡组的方言，以及为微型计算机开发的一些方言，如由 Clark 和 McCabe（1984）描述的 micro-Prolog。它们的句法形式有些不同。我们选择了一种特别且广泛使用的方言，它是在爱丁堡发展起来的。这种形式的语言有时被称为**爱丁堡语法**（Edinburgh syntax）。在 DEC 系统 10（Warren et al.，1979）上它第一次被实现。Prolog 的实现几乎适用于所有流行的计算机平台，例如来自自由软件组织（http://www.gnu.org）的平台。

688

16.6.1　项

与其他语言中的程序一样，Prolog 程序由语句集合组成。Prolog 中只有几种语句，但是它们可能很复杂。所有 Prolog 语句以及 Prolog 数据都是由项构造的。

Prolog **项**（term）可以是常量、变量或结构。常量不是**原子**（atom）就是整数。原子是 Prolog 的符号值，类似于 LISP 中对应的成分。具体来说，原子可以是一串以小写字母开头的由字母、数字和下划线组成的字符串，也可以是由以省略号分隔的任何可打印的 ASCII 字符组成的字符串。

变量是以大写字母或下划线开头的由字母、数字和下划线组成的字符串。变量不通过声明绑定到类型。将值和类型绑定到变量称为**实例化**（instantiation）。实例化只发生在解析过程中。未赋值的变量称为未**实例化的**（uninstantiated）。实例化只持续满足一个完整目标的时间，这个目标包含一个命题的证明或否定。就语义和用途而言，Prolog 变量只是命令式语言中变量的远亲。

最后一种项叫作**结构**（structure）。结构表示谓词演算的原子命题，它们的一般形式是相同的：

```
functor(parameter list)
```

函子 functor 是任意原子，用于标识结构。参数列表可以是原子、变量或其他结构的任何列表。正如将在下面的小节中详细讨论的，结构是在 Prolog 中指定事实的方法，它们也可以被认为是对象。在这种情况下，它们允许用几个相关原子来陈述事实。在这个意义上，结构就是关系，因为它们表示项之间的关系。当上下文将结构指定为查询（问题）时，结构也可以是谓词。

16.6.2　事实陈述

我们对 Prolog 语句的讨论从那些用于构建假设或假设信息数据库的语句开始——从这些语句中可以推断出新的信息。

689

Prolog 有两种基本的语句形式，它们对应于谓词演算中的无首部 Horn 子句和有首部 Horn 子句。Prolog 中无首部 Horn 子句最简单的形式是一个结构，它被解释为一个无条件的断言或事实。从逻辑上讲，事实只是被假定为真的命题。

下面的例子说明了在 Prolog 程序中可以拥有的事实类型。注意，每个 Prolog 语句都以句号结束。

```
female(shelley).
male(bill).
female(mary).
male(jake).
father(bill, jake).
father(bill, shelley).
mother(mary, jake).
mother(mary, shelley).
```

这些简单的结构陈述了关于 jake、shelley、bill 和 mary 的一些事实。例如，第一个命题声明 shelley 是女性。最后四个结构将它们的两个参数与函子命名的含义联系起来。例如，第五个命题可以被解释为 bill 是 jake 的父亲。注意，这些 Prolog 命题与谓词演算的命题一样，没有内在语义。它们的含义是程序员希望它们表达的任何含义。例如，命题

```
father(bill, jake).
```

可以表示 bill 和 jake 有同一个父亲，或者 jake 是 bill 的父亲。当然，最常见和最直接的意思可能是 bill 是 jake 的父亲。

16.6.3 规则语句

用于构建数据库的 Prolog 语句的另一种基本形式对应于有首部 Horn 子句。这种形式与数学中的一个已知定理有关，如果满足给定的条件集，就可以从中得出结论。右部是前项（或 if 部分），左部是后项（或 then 部分）。如果 Prolog 语句的前项为真，那么该语句的后项也必须为真。因为它们是 Horn 子句，所以 Prolog 语句的后项是单个项，而前项可以是单个项，也可以是连词。

连词（conjunction）包含由逻辑“与”标识符分隔的多个项。在 Prolog 中，“与”标识符是隐含的。在连词中指定原子命题的结构由逗号分隔，因此可以将逗号视为“与”标识符。下面是一个连词的例子：

690

```
female(shelley), child(shelley).
```

Prolog 有首部 Horn 子句的一般形式是

```
consequence :- antecedent_expression.
```

可理解为：“如果前项表达式为真，或者可以通过实例化其变量使其为真，则可以得出结论”。例如：

```
ancestor(mary, shelley) :- mother(mary, shelley).
```

表示如果 mary 是 shelley 的母亲，那么 mary 就是 shelley 的祖先。有首部 Horn 子句被称为**规则**（rule），因为它们陈述了命题之间的隐含规则。

与谓词演算中的子句形式命题一样，Prolog 语句可以用变量概括它们的含义。前文曾描述过，子句形式的变量提供了一种隐含的全称量词。下面演示了 Prolog 语句中变量的用法：

```
parent(X, Y) :- mother(X, Y).
parent(X, Y) :- father(X, Y).
grandparent(X, Z) :- parent(X, Y) , parent(Y, Z).
```

这些语句给出了一些变量或通用对象之间的隐含规则。在这种情况下，通用对象是 X、Y 和 Z。第一个规则规定，如果存在 X 和 Y 的实例化，使得 mother(X, Y) 为真，那么对于相同的 X 和 Y 实例化，parent(X, Y) 也为真。

= 运算符是一个中缀运算符，如果它两边的运算分量相同，则为真。例如，X = Y。not 运算符是一元运算符，它的作用是使运算分量取反，如果它的操作数为假，它就是真。例如，如果 X 不等于 Y，则 not(X = Y) 为真。

16.6.4 目标语句

到目前为止，我们已经描述了逻辑命题的 Prolog 语句，这些语句用于描述已知的事实和描述事实之间逻辑关系的规则。这些语句是定理证明模型的基础。定理以命题的形式存在，它要么被证明，要么被反驳。在 Prolog 中，这些命题称为**目标命题**（goal）或**查询命题**（query）。Prolog 目标语句的语法形式与无首部 Horn 子句的语法形式相同。例如：

```
man(fred).
```

系统将对其作出肯定或否定的回答。肯定答案意味着在给定的事实和关系的数据库下，系统已经证明目标命题是正确的。否定答案意味着要么这个目标是错误的，要么这个系统根本无法证明它。 691

合取命题和带有变量的命题也是合法的目标命题。当变量出现时，系统不仅可以断言目标命题的有效性，而且还会将变量实例化以使目标命题为真。例如

```
father(X, mike).
```

向系统发出请求。然后，系统将尝试通过合一找到 X 的实例化，从而为目标命题生成一个为真的值。

因为目标命题和一些非目标命题具有相同的形式（无首部 Horn 子句），所以 Prolog 必须有一些方法来区分这两者。交互式 Prolog 通过简单地使用两种不同的模式来实现这一点，这两种模式由不同的交互式提示符表示：一种用于输入事实和规则语句，另一种用于输入目标。用户可以随时更改模式。

16.6.5 Prolog 的推理过程

本节讨论 Prolog 解析。高效地使用 Prolog 需要程序员准确地知道 Prolog 系统能对他（她）的程序做什么。

当一个目标命题是复合命题时，每一个事实（结构）被称为一个**子目标命题**（subgoal）。为了证明一个目标命题是正确的，推理过程必须在数据库中找到一系列推理规则和事实，这些规则和事实将目标与数据库中的一个或多个事实连接起来。例如，如果目标是 Q，要么必须在数据库中找到 Q 作为事实，要么推理过程必须找到事实 P_1 和一系列命题 $P_1, P_2, \cdots, P_n$，使得

$$P_2 :- P_1$$
$$P_3 :- P_2$$
$$\ldots$$
$$Q :- P_n$$

当然，如果右侧是复合的含有变量的“与”规则，这个过程也会很复杂。当 P 存在时，寻找它们的过程基本上是项之间的比较或匹配。

由于证明子目标命题的过程是通过命题匹配过程完成的，所以有时该过程也称为**匹配**（matching）。在某些情况下，证明一个子目标命题**满足**（satisfying）该子目标命题。

考虑以下查询：

```
man(bob).
```

这是最简单的一种目标命题。判断其真假相对容易：将该目标的模式与数据库中的事实和规则进行比较。如果数据库包含事实：

692

```
man(bob).
```

那么证明很简单。但是，如果数据库包含以下事实和推理规则：

```
father(bob).
man(X) :- father(X).
```

那么我们需要用 Prolog 找到这两个语句，并用它们推断目标的真实性。这就需要使用合一将 X 临时实例化为 bob。

考虑目标命题：

```
man(X).
```

在这种情况下，Prolog 必须将目标命题与数据库中的命题进行匹配。它发现的第一个命题以目标命题的形式存在，任何对象都可以是它的参数，这将导致用该对象的值实例化 X，然后显示 X 作为结果。如果没有目标命题形式的命题，系统通过说 no 来表明目标不能满足。

尝试将给定目标命题与数据库中的事实匹配有两种相反的方法。系统可以从数据库的事实和规则开始，尝试找到指向目标命题的匹配序列，这种方法被称为**自底向上解析**（bottom-up resolution）或**前向链接**（forward chaining）。另一种选择是从目标命题开始，尝试找到一系列匹配的命题，这些命题将指向数据库中的一些原始事实集，这种方法被称为**自顶向下解析**（top-down resolution）或**反向链接**（backward chaining）。一般来说，当候选答案的集合相当小时，反向链接更好；当可能正确的答案的数量较大时，正向链接更好，在这种情况下，反向链接需要大量匹配才能得到答案。Prolog 使用反向链接进行解析，大概是因为它的设计人员认为，与正向链接相比，反向链接更适合于处理更多类别的问题。

下面的例子说明了正向链接和反向链接之间的区别。考虑查询：

```
man(bob).
```

并假设数据库包含：

```
father(bob).
man(X) :- father(X).
```

正向链接将搜索并找到第一个命题。然后，将第一个命题与第二个规则（father(X)）的右侧匹配（通过将 X 实例化为 bob），然后将第二个命题的左侧与目标命题匹配，从而推断出目标。反向链接首先将 X 实例化为 bob 来匹配第二个命题（man(X)）左侧的目标命题。然后再将第二个命题（现在是 father(bob)）的右侧与第一个命题匹配。

693

当目标命题具有多个结构时，就会出现另一个设计问题，正如示例中所示：解决方案要用深度优先搜索还是广度优先搜索。**深度优先**（depth-first）搜索首先为第一个子目标找到一个完整的命题序列——一个证明——然后再处理其他子目标。**广度优先**（breadth-first）搜索同时作用于给定目标命题的所有子目标命题。Prolog 的设计者选择深度优先搜索的方法主要是因为它可以用更少的计算机资源来完成，而广度优先搜索的并行搜索需要消耗大量内存。

Prolog 解析机制的最后一个特性是回溯。当正在处理具有多个子目标的目标并且系统无法显示其中一个子目标的真实性时，系统将放弃无法证明的子目标。然后，它会重新考虑先前的子目标命题（如果有的话），并尝试找到它的替代解决方案。在目标命题中对先前已证明的子目标命题进行重新考虑的这种过程称为**回溯**。通过在先前搜索该子目标命题停止的地方重新开始搜索，可以找到新的解决方案。子目标命题的多个解决方案由其变量的不同实例化产生。回溯可能需要大量的时间和空间，因为它可能需要为每个子目标找到所有可能的证明。这些子目标证明可能无法减少找到最终完整证明所需的时间，从而使问题更加严重。

为了巩固对回溯的理解，请考虑以下示例，假设数据库中有一组事实和规则，同时 Prolog 具有以下复合目标命题：

```
male(X), parent(X, shelley).
```

这个目标查询是否存在 X 的实例化，其中 X 是男性，且 X 是 shelley 的父母。首先，Prolog 在数据库中找到第一个以 male 为函子的事实。然后它将 X 实例化为所找到事实的参数，例如 mike。然后，它试图证明 parent(mike,shelley) 是真的。如果失败，它将回溯到第一个子目标命题 male(X)，并尝试用 X 的其他实例化重新满足它。解析过程不得不在找到 shelley 的 parent 之前遍历数据库中的每个 male。它必须找到所有的 male 来证明这个目标是无法实现的。注意，如果颠倒两个子目标的顺序，我们的示例目标可能会得到更高效的处理。也就是说，只有在解析过程找到 shelley 的 parent 后，它才会尝试将这个人与 male 的子目标命题匹配。如果 shelley 的 parent 比数据库中的 male 少，效率会更高，这似乎是一个合理的假设。16.7.1 节将讨论一种限制 Prolog 系统回溯的方法。

Prolog 中的数据库搜索总是按照从前到后的方向进行。下面两个小节将描述 Prolog 示例，这些示例将进一步说明解析过程。 694

16.6.6 简单的计算

Prolog 支持整数变量和整数运算。最初，算术运算符是函子，所以 7 和变量 X 的和就形成了

```
+(7, X)
```

现在 Prolog 使用 is 运算符进行更简短的算术运算。该运算符将算术表达式作为右操作数，将变量作为左操作数。表达式中的所有变量必须已经实例化，但是左边的变量不能预先实例化。例如，

```
A is B / 17 + C.
```

如果 B 和 C 被实例化，但是 A 没有，那么这个子句将导致 A 被表达式的值实例化。当这种情况发生时，子句就得到满足。如果没有实例化 B 或 C，或者 A 被实例化，则无法满足子句，也不能实例化 A。is 命题的语义与命令式语言中赋值语句的语义有很大的不同。这种差异导致了一个有趣的现象。因为 is 操作符使其子句看起来像赋值语句，所以初学者可能会编写这样的语句：

```
Sum is Sum + Number.
```

这在 Prolog 中是没有用的，甚至是不合法的。如果 Sum 没有实例化，则右侧对它的引用没有定义，从而子句不成立。如果 Sum 已经实例化，则子句为假，因为在计算 is 时，左操作数不能提前实例化。在这两种情况下，右侧 Sum 和新值 Sum 都不会被实例化（如果 Sum + Number 的值是必需的，则可以将其绑定到某个新名称）。

Prolog 不像命令式语言那样具有赋值语句。在使用 Prolog 设计的大多数程序中，根本不需要赋值语句。命令式语言中赋值语句所发挥的作用常常取决于程序员对含有赋值语句的代码的执行控制能力。因为这种类型的控制在 Prolog 中并不总是可能的，所以这样的赋值并不大。

作为 Prolog 中使用数值计算的一个简单示例，考虑以下问题：假设我们知道某条赛道上几辆汽车的平均速度和它们在赛道上的时间。这些基本信息可以编码为事实，速度、时间和距离之间的关系可以写成规则，如下：

695

```
speed(ford, 100).
speed(chevy, 105).
speed(dodge, 95).
speed(volvo, 80).
time(ford, 20).
time(chevy, 21).
time(dodge, 24).
time(volvo, 24).
distance(X, Y) :- speed(X, Speed),
                  time(X, Time),
                  Y is Speed * Time.
```

现在，可以查询特定汽车行驶的距离。例如，查询

```
distance(chevy, Chevy_Distance).
```

用值 2205 实例化 Chevy_Distance。距离计算语句右侧的前两个子句使用给定汽车函子的相应值来实例化变量 Speed 和 Time。在满足目标之后，Prolog 还显示名称 Chevy_Distance 及其值。

在这一点上，从操作的角度来看，Prolog 系统如何产生结果是有指导意义的。Prolog 有一个名为 trace 的内置结构，该结构在尝试满足给定目标的每个步骤中显示变量值的实例化。trace 用于解释和调试 Prolog 程序。要理解 trace，最好引入一个不同的 Prolog 程序执行模型，即**跟踪模型**（tracing model）。

跟踪模型描述 Prolog 执行的四个事件：在试图满足一个目标命题的开始时调用；在目标命题已经满足时退出；在因回溯而企图重新满足目标命题时重做；在目标命题失败时宣告失败。如果将诸如距离之类的进程视为子程序的话，那么调用和退出在命令式语言中可以直接与子程序的执行模型相关。另外两个事件是逻辑程序设计系统特有的。在以下 trace 示例中，trace 计算 Chevy_Distance 的值，目标命题不会发生重做或失败事件：

696

```
trace.
distance(chevy, Chevy_Distance).

(1) 1 Call: distance(chevy, _0)?
(2) 2 Call: speed(chevy, _5)?
(2) 2 Exit: speed(chevy, 105)
(3) 2 Call: time(chevy, _6)?
```

```
(3) 2 Exit: time(chevy, 21)
(4) 2 Call: _0 is 105*21?
(4) 2 Exit: 2205 is 105*21
(1) 1 Exit: distance(chevy, 2205)

Chevy_Distance = 2205
```

trace 中以下划线字符“_”开头的符号是用于存储实例化值的内部变量。trace 第一列表示当前正在尝试匹配的子目标命题。例如，在示例 trace 中，带有指示 (3) 的第一行尝试用 chevy 的时间值实例化临时变量 _6，其中 time 是描述距离计算的语句右侧的第二项。第二列表示匹配过程的调用深度。第三列表示当前操作。

为了说明回溯，考虑以下示例数据库和 trace 的复合目标：

```
likes(jake, chocolate).
likes(jake, apricots).
likes(darcie, licorice).
likes(darcie, apricots).

trace.
likes(jake, X), likes(darcie, X).

(1) 1 Call: likes(jake, _0)?
(1) 1 Exit: likes(jake, chocolate)
(2) 1 Call: likes(darcie, chocolate)?
(2) 1 Fail: likes(darcie, chocolate)
(1) 1 Redo: likes(jake, _0)?
(1) 1 Exit: likes(jake, apricots)
(3) 1 Call: likes(darcie, apricots)?
(3) 1 Exit: likes(darcie, apricots)

X = apricots
```

可以将 Prolog 计算图形化，如下所示：将每个目标视为一个包含四个端口的盒子——调用、失败、退出和重做。控件通过其调用端口在前进方向上输入一个目标命题，控件还可以通过其重做端口从相反的方向输入目标命题。控件也可以通过两种方式离开目标命题：如果目标命题成功，控制通过退出端口离开；如果目标命题失败，则控制将通过失败端口离开。示例的模型如图 16.1 所示。在本例中，控制流通过每个子目标命题两次。第二个子目标命题第一次失败时，将强制通过重做端口返回到第一个子目标命题。

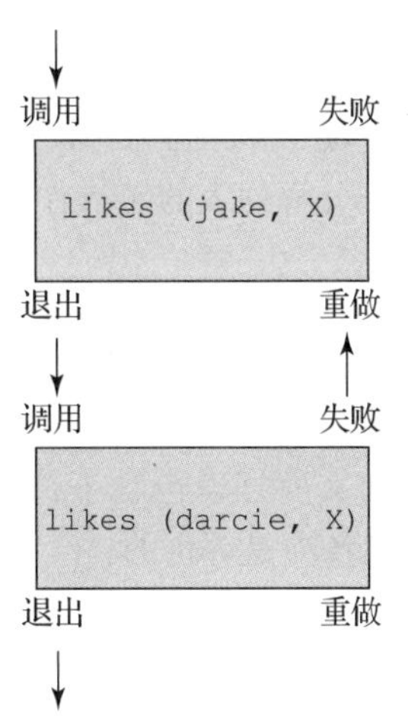

图 16.1　目标 likes(jake,X)、likes(darcie,X) 的控制流模型

16.6.7　列表结构

到目前为止，我们讨论过的唯一的 Prolog 数据结构是原子命题，它看起来更像是函数调用而不是数据结构。原子命题，又称为结构，其实是记录的一种形式。Prolog 支持的另一个基本数据结构是列表。列表是任意个元素的序列，其中元素可以是原子、原子命题或任何其他项，也可以是其他列表。

Prolog 使用 ML 和 Haskell 的语法来指定列表。列表元素由逗号分隔，整个列表由方括号分隔，如下所示：

```
[apple, prune, grape, kumquat]
```

符号 `[ ]` 用于表示空列表。Prolog 没有构造和分解列表的显式函数，而是使用一种特殊的符号。`[X | Y]` 表示头部为 `X`，尾部为 `Y` 的列表，其中头尾对应 LISP 中的 `CAR` 和 `CDR`。这类似于 ML 和 Haskell 中使用的符号。

列表可以用简单的结构创建，如

```
new_list([apple, prune, grape, kumquat]).
```

表明常量列表 `[apple, prune, grape, kumquat]` 是名为 `new_list`（我们虚构的名称）的关系的新元素。该语句不会将列表绑定到名为 `new_list` 的变量；相反，它所做的事情类似于命题

697～698

```
male(jake)
```

它表明 `[apple, prune, grape, kumquat]` 是 `new_list` 的一个新元素。因此，我们可以为这个命题添加第二个列表参数，如

```
new_list([apricot, peach, pear])
```

在查询模式下，`new_list` 的一个元素可以分解为

```
new_list([New_List_Head | New_List_Tail]).
```

如果 `new_list` 被设置为具有这样两个元素，那么该语句将使用第一个列表元素的头部（在本例中为 `apple`）实例化 `New_List_Head`，并使用列表的尾部（或 `[prune, grape, kumquat]`）实例化 `New_List_Tail`。如果这是复合目标命题的一部分，那么回溯会对其进行重新求值，此时 `New_List_Head` 和 `New_List_Tail` 将分别实例化为 `apricot` 和 `[peach,pear]`，因为 `[apricot, peach, pear]` 是 `new_list` 的下一个元素。

用于分解列表的 `|` 操作符还可以用于从给定实例化的头和尾组件创建列表，如：

```
[Element_1 | List_2]
```

如果 `Element_1` 已经用 `pickle` 实例化，`List_2` 已经用 `[peanut, prune, popcorn]` 实例化，那么对于这个引用，上述示例将创建列表 `[pickle, peanut, prune, popcorn]`。

如前文所述，包含 `|` 符号的列表符号是通用的：它可以进行列表构造或列表分解。注意，下列各项是等价的：

```
[apricot, peach, pear | []]
[apricot, peach | [pear]]
[apricot | [peach, pear]]
```

对于列表，通常需要如 LISP、ML 和 Haskell 等语言中的某些基本操作。作为 Prolog 中这类操作的一个例子，我们研究 append 的定义，它与 LISP 中的同名函数相关。通过这个例子，可以看出函数式语言和声明式语言之间的异同。我们不需要指定 Prolog 如何从给定的列表构造一个新列表；相反，我们只需要根据给定的列表指定新列表的特征。

在形式上，Prolog 中 append 的定义与第 15 章中 ML 版本的 append 非常相似，并且它使用一种解析递归的方法用类似的方式来生成新的列表。在 Prolog 中，递归是由解析过

程引发和控制的。就像 ML 和 Haskell 一样，模式匹配过程用于根据实际参数在列表附加操作的两个不同定义之间进行选择。 699

下面代码中 append 的前两个参数是要附加的两个列表，第三个参数是结果列表：

```
append([], List, List).
append([Head | List_1], List_2, [Head | List_3]) :-
            append(List_1, List_2, List_3).
```

第一个命题表明，当空列表被附加到任何其他列表时，结果就是该列表。该语句对应于 ML append 函数的递归终止步骤。注意，终止命题位于递归命题之前。这样做是因为我们知道 Prolog 将按照顺序从第一个命题开始匹配这两个命题（因为它使用深度优先搜索）。

第二个命题表明了新列表的几个特征。它对应于 ML 函数中的递归步骤。左侧谓词表明新列表的第一个元素与第一个给定列表的第一个元素相同，因为它们都名为 Head。当 Head 实例化为一个值时，目标中出现的所有 Head 都会同时实例化为该值。第二个命题的右侧表明在第一个给定列表（List_1）的尾部附加第二个给定列表（List_2），形成结果列表的尾部（List_3）。

读取第二个 append 语句的一种方法为：将 [Head | List_1] 附加到任何 List_2 中，都会生成 [Head | List_3]，但前提是 List_3 是通过将 List_1 附加到 List_2 而形成的。在 LISP 中会这样表示：

```
(CONS (CAR FIRST) (APPEND (CDR FIRST) SECOND))
```

在 Prolog 和 LISP 的版本中，直到递归产生终止条件时，才会构造结果列表。在这种情况下，第一个列表必须为空。然后，使用 append 函数构建结果列表，从第一个列表中获取的元素以相反的顺序添加到第二个列表中。反转元素是通过递归来完成的。

Prolog 的 append 与 LISP 和 ML 的 append 的一个基本区别是，Prolog 的 append 是一个谓词——它不返回列表，而是返回 yes 或 no，它生成的新列表是第三个参数的值。

为了说明 append 过程是如何进行的，请考虑以下跟踪的示例：

```
trace.
append([bob, jo], [jake, darcie], Family).

(1) 1 Call: append([bob, jo], [jake, darcie], _10)?
(2) 2 Call: append([jo], [jake, darcie], _18)?
(3) 3 Call: append([], [jake, darcie], _25)?
(3) 3 Exit: append([], [jake, darcie], [jake, darcie])
(2) 2 Exit: append([jo], [jake, darcie], [jo, jake,
                   darcie])
(1) 1 Exit: append([bob, jo], [jake, darcie],
                   [bob, jo, jake, darcie])
Family = [bob, jo, jake, darcie]
yes
```

700

前两个调用（或子目标）的 List_1 是非空的，因此它们在第二个语句的右侧创建递归调用。第二条语句的左侧指定了递归调用（或目标）的参数，因此每一步都要从第一个列表中删除一个元素。当第一个列表为空时，在调用（或子目标）中，第二条语句右侧的当前实例通过匹配第一条语句而成功，这样做的效果是将附加到第二个原始参数列表的空列表的值作为第三个参数返回。在接下来表示匹配成功的出口上，从第一个列表中删除的元素被附加到结果列表 Family 中。从第一个目标退出后，流程结束，结果列表就会显示出来。

Prolog 的 append 与 LISP 和 ML 的 append 的另一个区别是，Prolog 的 append 比其他语言的 append 更灵活。例如，在 Prolog 中，我们可以使用 append 来确定可以用哪两个列表来获得 [a, b, c]:

```
append(X, Y, [a, b, c]).
```

结果如下：

```
X = []
Y = [a, b, c]
```

如果在这个输出中输入一个分号，我们会得到另一个结果：

```
X = [a]
Y = [b, c]
```

接着，我们得到：

```
X = [a, b]
Y = [c];
X = [a, b, c]
Y = []
```

701

谓词 append 还可以用于创建其他列表操作，例如下面的操作，我们邀请读者来确定这些操作的效果。注意，此处 list_op_2 提供一个列表作为第一个参数，并提供一个变量作为第二个参数，list_op_2 的结果是第二个实例化参数的值。

```
list_op_2([], []).
list_op_2([Head | Tail], List) :-
list_op_2(Tail, Result), append(Result, [Head], List).
```

读者可能已经发现了，list_op_2 使 Prolog 系统用一个列表实例化第二个参数，该列表具有第一个参数列表的元素，但顺序相反。例如，([apple,orange,grape],Q) 的意思是用列表 [grape,orange,apple] 实例化 Q。

同样地，尽管 LISP 和 Prolog 语言本质上是不同的，但是可以使用类似的方法来实现相似的操作。例如，对于列表反转操作，Prolog 的 list_op_2 和 LISP 的 reverse 函数都包含递归终止条件，以及将 CDR 或列表尾部的反转附加到 CAR 或列表的头部这一基本过程。

下面是这个过程中一个名为 reverse 的过程的 trace:

```
trace.
reverse([a, b, c], Q).

(1) 1 Call: reverse([a, b, c], _6)?
(2) 2 Call: reverse([b, c], _65636)?
(3) 3 Call: reverse([c], _65646)?
(4) 4 Call: reverse([], _65656)?
(4) 4 Exit: reverse([], [])
(5) 4 Call: append([], [c], _65646)?
(5) 4 Exit: append([], [c], [c])
(3) 3 Exit: reverse([c], [c])
(6) 3 Call: append([c], [b], _65636)?
(7) 4 Call: append([], [b], _25)?
(7) 4 Exit: append([], [b], [b])
(6) 3 Exit: append([c], [b], [c, b])
(2) 2 Exit: reverse([b, c], [c, b])
(8) 2 Call: append([c, b], [a], _6)?
```

```
(9) 3 Call: append([b], [a], _32)?
(10) 4 Call: append([], [a], _39)?
(10) 4 Exit: append([], [a], [a])
(9) 3 Exit: append([b], [a], [b, a])
(8) 2 Exit: append([c, b], [a], [c, b, a])
(1) 1 Exit: reverse([a, b, c], [c, b, a])

Q = [c, b, a]
```

702

假设我们需要确定给定的符号是否在给定的列表中，对此，用 Prolog 简单描述为：

```
member(Element, [Element | _]).
member(Element, [_ | List]) :- member(Element, List).
```

下划线表示“匿名”变量，表示我们不关心它会被合一如何实例化。在上面的例子中，无论 Element 一开始就是列表的头部，还是经过第二条语句的多次递归后成为列表的头部，第一条语句都会成立。如果 Element 位于列表尾部，则第二条语句成立。考虑以下 trace 的例子：

```
trace.
member(a, [b, c, d]).
(1) 1 Call: member(a, [b, c, d])?
(2) 2 Call: member(a, [c, d])?
(3) 3 Call: member(a, [d])?
(4) 4 Call: member(a, [])?
(4) 4 Fail: member(a, [])
(3) 3 Fail: member(a, [d])
(2) 2 Fail: member(a, [c, d])
(1) 1 Fail: member(a, [b, c, d])
no

member(a, [b, a, c]).
(1) 1 Call: member(a, [b, a, c])?
(2) 2 Call: member(a, [a, c])?
(2) 2 Exit: member(a, [a, c])
(1) 1 Exit: member(a, [b, a, c])
yes
```

16.7 Prolog 的缺点

尽管 Prolog 是一种有用的工具，但它既不是一种纯逻辑程序设计语言，也不是一种完美的逻辑程序设计语言。本节将描述 Prolog 的一些问题。

16.7.1 解析顺序控制

考虑到效率问题，Prolog 允许用户在解析过程中调整模式匹配的顺序。在纯逻辑程序设计环境下，解析过程中尝试匹配的顺序是不确定的，并且所有匹配都可以同时尝试。但是，由于 Prolog 总是以相同的顺序匹配，从数据库的开头和给定目标的左端开始，用户可以对数据库语句进行排序来优化特定的应用程序，从而极大地提高效率。例如，如果用户知道在特定的“执行”过程中，某些规则比其他规则更有可能成功，那么可以通过将这些规则放在数据库的开头来提高程序的效率。

703

除了允许用户控制数据库和进行子目标排序，Prolog 在效率方面的另一项让步是允许对回溯进行一些显式控制。这是通过 cut 操作符完成的，该操作符由一个感叹号（!）指定。

cut运算符实际上是一个目标，而不是一个运算符。作为一个目标，它总是立即成功，但不能通过回溯来满足它。因此，cut的副作用是在复合目标中其左侧的子目标也无法通过回溯得到满足。例如，在以下目标中：

```
a, b, !, c, d.
```

如果a和b都成功了，但是c失败了，那么整个目标就失败了。如果知道一旦c失败，再满足b或a都是浪费时间，就会使用“!”这个目标。

这样做的目的是让用户告诉系统什么时候不应该尝试满足那些子目标，因为可能无法得到完整证明的子目标命题，从而提高程序的效率。

作为使用cut运算符的一个例子，考虑16.6.7小节中的member规则：

```
member(Element, [Element | _]).
member(Element, [_ | List]) :- member(Element, List).
```

如果member的列表参数代表一个集合，那么它只能满足一次（集合中不包含重复的元素）。因此，如果在含有多个子目标的目标语句中将member用作子目标，就会出现问题。问题在于，如果member成功，但是下一个子目标失败，回溯将尝试重新进行之前的匹配来满足member。但是，由于member的列表参数开始时只有元素的一个副本，所以无论进行怎样的尝试，member也不可能再次成功，最终则会导致整个目标命题失败。例如，考虑目标：

```
dem_candidate(X) :- member(X, democrats), tests(X).
```

这个目标命题旨在确定某个人是否是民主党人（democrat），是否是竞选这个职位的最佳候选人（candidate）。tests子目标检查给定民主党人的各种特征，以确定此人是否适合该职位。如果该组民主党候选人是唯一的，那么我们不希望tests子目标失败时将该候选人备份到member子目标，因为member将会搜索所有其他民主党人，但由于没有其他人选，所以会搜索失败。member子目标的第二次尝试将浪费计算时间。解决这种低效的方法是在member定义的第一条语句的右侧添加一个cut运算符，即：

704

```
member(Element, [Element | _]) :- !.
```

这样，回溯就不会尝试重新满足member，而是直接使整个子目标失败。

在被称为**生成和测试**（generate and test）的Prolog程序设计策略中，cut特别有用。在使用生成和测试策略的程序中，目标命题由生成潜在解决方案的子目标命题组成，然后由后面的“测试”子目标命题进行检查。被拒绝的解决方案需要回溯到“生成器”子目标命题以生成新的潜在解决方案。下面是Clocksin and Mellish（2013）中一个使用生成和测试策略的程序的示例，考虑以下程序：

```
divide(N1, N2, Result) :- is_integer(Result),
                          Product1 is Result * N2,
                          Product2 is (Result + 1) * N2,
                          Product1 =< N1, Product2 >
                            N1, !.
```

这个程序使用加法和乘法执行整数除法。因为大多数Prolog系统都提供除法运算符，所以这个程序实际上用处不大，只是用来演示一个简单的生成和测试程序。

只要谓词is_integer的参数可以实例化为某个非负整数，那么它就是成功的。如果它的参数没有实例化，那么is_integer会将它实例化为0。如果实例化为整数，那么is_ integer 会将其实例化为下一个更大的整数。

因此，在 divide 中，is_integer 是生成器子目标，每次被满足时，它都生成序列 0，1，2，…中的一个元素。所有其他的子目标命题都是测试子目标命题——它们检查 is_integer 生成的值是否是前两个参数 N1 和 N2 的商。作为最后一个子目标命题，cut 的目的很简单：它防止 divide 在找到解决方案后继续寻找替代方案。虽然 is_integer 可以生成大量的候选解决方案，但只有一个是解决方案，因此 cut 可以避免生成其他解决方案的无用尝试。

有人曾比较 cut 运算符的使用和 goto 在命令式语言中的使用（van Emden, 1980）。虽然有时候需要 cut，但也可能滥用它。实际上，它有时用于使逻辑程序具有一种有命令式程序设计风格的控制流。

在 Prolog 程序中，修改控制流的能力是一种缺陷，因为它直接损害了逻辑程序设计的一个重要优点——程序不会指定如何找到解决方案。相反，它们只是简单地表明解决方案应该是什么样的。这种设计使程序更易于编写和阅读。它们应不包括如何确定解决方案的细节，特别是生成解决方案时计算的精确顺序。因此，虽然逻辑程序设计不需要控制流方向，但是 Prolog 程序经常使用它们，主要是为了提高效率。

705

16.7.2 封闭世界假设

Prolog 解析的本质有时会产生误导性的结果。就 Prolog 而言，唯一的事实就是那些可以用它的数据库证明的事实。除了数据库，它一无所知。当系统接收到一个查询，而数据库完全不包含可证明这个查询的信息时，这个查询就被认为是假的。Prolog 可用于证明给定的目标是真的，但不能用于证明给定的目标是假的。在不能证明某个目标为真的情况下，它只能假设一个目标是假的。从本质上讲，Prolog 是一个 true/fail（真 / 失败）系统，而不是 true/false（真 / 假）系统。

实际上，封闭世界这个概念一点也不陌生——我们的司法系统也是这样运作的。嫌疑人在被证明有罪之前是无辜的。他们不需要被证明是无辜的。如果审判不能证明一个人有罪，他或她就被认为是无辜的。

封闭世界假设的问题与否定问题有关，这将在下一小节中讨论。

16.7.3 否定的问题

Prolog 的另一个问题是它很难进行否定。考虑以下两个事实和一个关系：

```
parent(bill, jake).
parent(bill, shelley).
sibling(X, Y) :- (parent(M, X), parent(M, Y).
```

现在，假设我们输入了查询

```
sibling(X, Y).
```

Prolog 将响应

```
X = jake
Y = jake
```

在这个例子中，Prolog“认为”jake 是他自己的 sibling。这是因为系统为使第一个子目标 parent(M,X) 为真，而用 bill 实例化 M，用 jake 实例化 X。然后，它再次从数据库的开头开始，匹配第二个子目标 parent(M,Y)，并将 M 和 Y 分别实例化为 bill 和 jake。因为这两个子目标是分别被满足的，并且两次匹配都从数据库的头部开始，所以会出现上述的响应。为了避免这种结果，只有当它们具有相同的 parents 且它们本身不相同时才将 X 指定为 Y 的 sibling。不幸的是，在 Prolog 中要声明它们不相等非常困难。最精确的方法是为每一对原子添加一个事实，声明它们不是相同的。当然，这会导致数据库变得异常庞大，因为无效信息会比有效信息多得多。例如，大多数人的非生日日期比他们的生日日期多 363 个。

706

最简单的方法是在目标命题中声明 X 必须不等于 Y：

```
sibling(X, Y) :- parent(M, X), parent(M, Y), not(X = Y).
```

在其他情况下就没那么简单了。

如果解析不能满足子目标 X = Y，则满足 Prolog 的 not 运算符。如果满足了 not，则并不一定意味着 X 不等于 Y；相反，这意味着解析不能根据数据库证明 X 和 Y 是相同的。因此，Prolog 的 not 运算符不等于逻辑非运算符，其中逻辑非的运算分量可能是正确的。如果我们碰巧有一个如下形式的目标命题，这种不等价就可能会导致一些问题：

```
not(not(some_goal)).
```

如果 Prolog 的 not 运算符是逻辑非运算符，则该命题等于

```
some_goal.
```

然而在某些情况下，它们是不一样的。例如，考虑 member 规则：

```
member(Element, [Element | _]) :- !.
member(Element, [_ | List]) :- member(Element, List).
```

要寻找给定列表中的一个元素，可以使用：

```
member(X, [mary, fred, barb]).
```

这将导致 X 被 mary 实例化，然后打印出来。但是如果我们用：

```
not(not(member(X, [mary, fred, barb]))).
```

将会依次发生以下事件：首先，将 X 实例化为 mary，内部目标得到满足。然后，Prolog 会尝试满足下一个目标：

```
not(member(X, [mary, fred, barb])).
```

但 member 的满足使得该语句无法被满足。当这个目标失败时，X 不会被实例化，因为 Prolog 不会实例化任何失败目标中的变量。接下来，Prolog 将尝试满足外部 not 目标，这一步将成功，因为它的参数失败了。最后，输出打印的结果是 X。但是 X 不会被实例化，系统会指出这一点。通常，未实例化的变量以带下划线的数字字符串的形式打印。所以，Prolog 的 not 存在误导，它不等于逻辑非。

707

逻辑非不能成为 Prolog 的组成部分的根本原因是 Horn 子句的形式：

$$A :- B_1 \cap B_2 \cap \ldots \cap B_n$$

如果所有的 B 命题都为真，那么可以得出 A 为真。但无论 B 是真是假，都不能断定 A 是假的。从正逻辑出发，只能得出正逻辑的结论。因此，使用 Horn 子句形式可以避免负面结论。

16.7.4 内在的局限性

如 16.4 节所述，逻辑程序设计的一个基本目标是提供非过程化的程序设计；也就是说，程序员可以通过该系统指定程序应该执行的操作，而无须指定如何完成该程序。重写的排序示例如下：

sort (old_list, new_list) ⊂ permute (old_list, new_list) ∩ sorted (new_list)
sorted (list) ⊂ ∀j such that 1 ≤ j < n, list(j) ≤ list (j+1)

在 Prolog 中写该示例很简单。例如，排序后的子目标可以表示为：

```
sorted ([]).
sorted ([x]).
sorted ([x, y | list]) :- x <= y, sorted ([y | list]).
```

这种排序过程的问题是，除了简单地枚举给定列表的所有排列，直到它碰巧创建了有序顺序的列表这一种方法外，它不知道如何排序——这确实是一个非常缓慢的过程。

到目前为止，还没有人发现一种可以将排序列表的描述转换为某种高效的排序算法的方法。解析可以处理很多有趣的事情，但不能处理这个。因此，对列表进行排序的 Prolog 程序必须像命令式或函数式语言一样指定排序的细节。

以上这些问题是否意味着逻辑程序设计应该被放弃？绝对不是！事实上，它能够处理许多有用的应用程序。此外，它基于一个有趣的概念，因此它本身就很有趣。最后，使用 Prolog 还可能开发出新的推理技术，使逻辑程序设计语言系统能够有效地处理越来越多的问题。 708

16.8 逻辑程序设计应用

在本节中，我们将简要地描述逻辑程序设计的一些现有的和潜在的应用，特别是 Prolog 的一些应用。

16.8.1 关系数据库管理系统

关系数据库管理系统（Relational Database Management System，RDBMS）以表的形式存储数据。这类数据库的查询通常用结构化查询语言（SQL）表示。SQL 是非过程的，就像逻辑程序设计一样。用户没有描述如何检索答案，只描述了答案的特征。逻辑程序设计和 RDBMS 之间的联系显而易见。简单的信息表可以用 Prolog 结构来描述，表与表之间的关系可以用 Prolog 规则方便容易地描述。检索过程是解析操作中固有的。Prolog 的目标语句为关系数据库管理系统提供了查询。因此，逻辑程序设计自然符合实现关系数据库管理系统的需要。

使用逻辑程序设计实现 RDBMS 的优点之一是只需要一种语言。在典型的 RDBMS 中，数据库语言包括用于数据定义、数据操作和查询的语句，所有这些语句都嵌入在通用程序设计语言（如 COBOL）中。通用语言用于处理数据和输入输出函数。所有这些功能都可以用逻辑程序设计语言来完成。

使用逻辑程序设计实现 RDBMS 的另一个优点是可以内置演绎功能。传统的关系数据库管理系统除了显式存储在数据库中的内容，不能从数据库中推断任何其他内容。它们只包含事实，而不包含事实和推理规则。与传统的关系数据库管理系统相比，对关系数据库管理系统使用逻辑程序设计的主要缺点是所实现的系统运行速度较慢。逻辑推理比使用命令式程序设计技术的普通表查找方法花费的时间更长。

16.8.2　专家系统

专家系统是计算机系统，旨在模拟人类在某一特定领域的专业知识。它们由一个事实数据库、一个推理过程、一些关于该领域的启发以及一些友好的人机界面组成，这使得系统看起来很像一个专家顾问。除了由人类专家提供的初始知识库，专家系统还从使用过程中学习，因此它们的数据库必须能够动态增长。此外，专家系统应具备询问用户的能力，以便在确定需要额外信息时获取此类信息。

709

专家系统设计的核心问题之一是处理数据库时所遇到的不一致性和不完整性问题。逻辑程序设计似乎非常适合处理这些问题。例如，默认推理规则可以帮助处理不完整性问题。

Prolog 可以并且已经被用来构造专家系统。它很容易就能满足专家系统的基本需求，使用解析作为查询处理的基础，使用其添加事实和规则的能力来提供学习能力，并使用其跟踪工具来通知用户给定结果背后的“推理”。Prolog 缺少的是系统在需要时自动向用户查询附加信息的能力。

逻辑程序设计在专家系统中最广为人知的用途之一是被称为 APES 的专家系统构造系统，这在 Sergot（1983）和 Hammond（1983）中有所描述。APES 系统包括一个非常灵活的设施，用于在专家系统构建期间从用户那里收集信息。它还包括第二个解释器，用于对查询的答案进行解释。

Prolog 已经被成功地用于生产几个专家系统，包括一个用于政府社会福利计划规则的系统，一个用于《英国国籍法》的系统，这是英国公民规则的权威来源。

16.8.3　自然语言处理

某些种类的自然语言处理可以用逻辑程序设计来完成。特别是，计算机软件系统的自然语言接口，如智能数据库和其他基于知识的智能系统，可以方便地用逻辑程序设计来实现。为了描述语言语法，人们已经发现逻辑程序设计的形式等同于上下文无关的语法，逻辑程序设计系统中的证明过程等同于某些解析策略。同时，反向链接解析可以直接用于解析一些句子，这些句子的结构是由上下文无关文法描述的。人们还发现，通过逻辑程序设计对语言进行建模，可以明确自然语言的某些语义。特别地，基于逻辑的语义网络的研究表明，自然语言中的句子集可以用子句形式表达（Deliyanni and Kowalski, 1979）。Kowalski（1979）同时也讨论基于逻辑的语义网络。

小结

符号逻辑为逻辑程序设计和逻辑程序设计语言提供了基础。逻辑程序设计的方法是将陈述事实之间关系的事实和规则的集合用作数据库，并假设数据库的事实和规则为真，使用自动推理过程检查新命题的有效性。这种方法是为定理自动证明而开发的。

710

Prolog 是使用最广泛的逻辑程序设计语言。逻辑程序设计起源于罗宾逊对逻辑推理的解析规则的发展。Prolog 最初由马赛的 Colmeraeur 和 Roussel 开发，爱丁堡的 Kowalski 在开发过程中也提供了帮助。

逻辑程序是非过程性的，这意味着给出了解决方案的特征，但得到解决方案的过程实际上并没有给出。

Prolog 语句是事实、规则或目标。尽管 Prolog 也允许使用算术表达式，但大多数 Prolog 语句仍由结构（原子命题）和逻辑运算符组成。

解析是 Prolog 解释器的主要功能。这个过程广泛使用回溯，主要涉及命题之间的模式匹配。当涉及变量时，可以将它们实例化为提供匹配的值。这个实例化过程称为合一。

当前，逻辑程序设计仍存在许多问题。为了提高效率，甚至为了避免无限循环，程序员有时必须在程序中声明控制流信息。同时 Prolog 也存在封闭世界假设和否定的问题。

逻辑程序设计已经在许多不同的领域中使用，主要包括关系数据库系统、专家系统和自然语言处理。

文献注记

Prolog 语言在几本书中都有介绍。爱丁堡的语言形式在 Clocksin 和 Mellish（2003）中有所介绍。Clark 和 McCabe（1984）描述了微型计算机的实现。

Hogger（1991）是一本关于逻辑程序设计一般主题的优秀书籍。它是本章逻辑程序设计应用一节中部分材料的来源。

复习题

1. 符号逻辑在形式逻辑中的三个主要用途是什么？
2. 复合项的两个部分是什么？
3. 陈述命题的两种模式是什么？
4. 子句形式命题的一般形式是什么？
5. 前项是什么？后项是什么？
6. 给出解析和合一的一般（不是严格的）定义。
7. Horn 子句的形式有哪些？

711

8. 声明性语义的基本概念是什么？
9. 非过程性语言有什么含义？
10. Prolog 项的三种形式是什么？
11. 什么是未实例化的变量？
12. Prolog 中事实和规则语句的语法形式和用法是什么？
13. 什么是连词？
14. 解释将目标与数据库中的事实相匹配的两种方法。
15. 在讨论如何满足多个目标时，解释深度优先搜索和广度优先搜索之间的区别。
16. 解释在 Prolog 中回溯是如何工作的。
17. 解释 Prolog 语句 `K is K + 1` 的错误。
18. Prolog 程序员在解析期间控制模式匹配顺序的两种方法是什么？
19. 解释 Prolog 中生成和测试程序设计策略。
20. 解释 Prolog 使用的封闭世界假设。为什么这是一种限制？
21. 解释 Prolog 的否定问题。为什么这是一种限制？
22. 解释自动定理证明和 Prolog 推理过程之间的联系。
23. 解释过程语言和非过程语言之间的区别。
24. 解释为什么 Prolog 系统必须执行回溯。
25. Prolog 中解析和合一的关系是什么？

习题

1. 将 C# 中的数据类型化概念与 Prolog 中的数据类型化概念进行比较。
2. 描述如何使用多处理器机器来实现解析。Prolog 可以使用这个方法吗？
3. 写一个关于你的家谱的 Prolog 描述（仅基于事实），追溯到你的祖父母，包括所有的后裔。一定要包括所有的关系。
4. 为家庭关系写一套规则，包括从祖父母到两代人的所有关系。现在把这些加到问题 3 的事实中，然后尽可能多地排除这些事实。
712
5. 将下列条件语句写成有首部 Horn 子句的形式：
   a. 如果 Fred 是 Mike 的父亲，那么 Fred 就是 Mike 的祖先。
   b. 如果 Mike 是 Joe 的父亲，Mike 是 Mary 的父亲，那么 Mary 就是 Joe 的妹妹。
   c. 如果 Mike 是 Fred 的兄弟，Fred 是 Mary 的父亲，那么 Mike 就是 Mary 的叔叔。
6. Scheme 和 Prolog 的列表处理功能的两个相似之处。
7. Scheme 和 Prolog 的列表处理能力有哪些不同？
8. 对 Prolog 和 ML 进行比较，至少包括两个相似之处和两个不同之处。
9. 从一本关于 Prolog 的书中，学习并描述一个已存在的问题。为什么 Prolog 允许这个问题存在？
10. 找到有关 Skolem 范式的良好信息来源，并对其进行简短但清晰的解释。

程序设计练习

1. 使用 `parent(X, Y)`、`male(X)` 和 `female(X)` 的结构，编写一个定义 `mother(X, Y)` 的结构。
2. 使用 `parent(X, Y)`、`male(X)` 和 `female(X)` 的结构，编写一个定义 `sister(X, Y)` 的结构。
3. 编写一个 Prolog 程序，查找数字列表的最大值。
4. 编写一个 Prolog 程序，如果两个给定列表参数的交集为空，则返回成功。
5. 编写一个 Prolog 程序，返回一个包含两个给定列表元素并集的列表。
6. 编写一个 Prolog 程序，返回给定列表的最后一个元素。
7. 编写一个 Prolog 程序，实现快速排序。
713

参考文献

ACM. (1979) "Part A: Preliminary Ada Reference Manual" and "Part B: Rationale for the Design of the Ada Programming Language." SIGPLAN Notices, Vol. 14, No. 6.

ACM. (1993a) "History of Programming Language Conference Proceedings." ACM SIGPLAN Notices, Vol. 28, No. 3, March.

ACM. (1993b) "High Performance FORTRAN Language Specification Part 1." FORTRAN Forum, Vol. 12, No. 4.

Aho, A. V., B. W. Kernighan, and P. J. Weinberger. (1988) The AWK Programming Language. Addison-Wesley, Reading, MA.

Aho, A. V., M. S. Lam, R. Sethi, and J. D. Ullman. (2006) Compilers: Principles, Techniques, and Tools, 2e. Addison-Wesley, Reading, MA.

Albahari, J. and B. Abrahari (2012) C# 5.0 in a Nutshell, O'Reilly Media, Sebastopol, CA.

Andrews, G. R., and F. B. Schneider. (1983) "Concepts and Notations for Concurrent Programming." ACM Computing Surveys, Vol. 15, No. 1, pp. 3–43.

ANSI. (1966) American National Standard Programming Language FORTRAN. American National Standards Institute, New York.

ANSI. (1976) American National Standard Programming Language PL/I. ANSI X3.53–1976. American National Standards Institute, New York.

ANSI. (1978a) American National Standard Programming Language FORTRAN. ANSI X3.9–1978. American National Standards Institute, New York.

ANSI. (1978b) American National Standard Programming Language Minimal BASIC. ANSI X3.60–1978. American National Standards Institute, New York.

ANSI. (1989) American National Standard Programming Language C. ANSI X3.159–1989. American National Standards Institute, New York.

ANSI. (1992) American National Standard Programming Language FORTRAN 90. ANSI X3. 198–1992. American National Standards Institute, New York.

Arden, B. W., B. A. Galler, and R. M. Graham. (1961) "MAD at Michigan." Datamation, Vol. 7, No. 12, pp. 27–28.

ARM. (1995) Ada Reference Manual. ISO/IEC/ANSI 8652:19. Intermetrics, Cambridge, MA.

Arnold, K., J. Gosling, and D. Holmes. (2006) The Java (TM) Programming Language, 4e. Addison-Wesley, Reading, MA.

Backus, J. (1954) "The IBM 701 Speedcoding System." J. ACM, Vol. 1, pp. 4–6.

Backus, J. (1959) "The Syntax and Semantics of the Proposed International Algebraic Language of the Zurich ACM-GAMM Conference." Proceedings International Conference on Information Processing. UNESCO, Paris, pp. 125–132.

Backus, J. (1978) "Can Programming Be Liberated from the von Neumann Style? A Functional Style and Its Algebra of Programs." Commun. ACM, Vol. 21, No. 8, pp. 613–641.

Backus, J., F. L. Bauer, J. Green, C. Katz, J. McCarthy, P. Naur, A. J. Perlis, H. Rutishauser, K. Samelson, B. Vauquois, J. H. Wegstein, A. van Wijngaarden, and M. Woodger. (1963) "Revised Report on the Algorithmic Language ALGOL 60." Commun. ACM, Vol. 6, No. 1, pp. 1–17.

Ben-Ari, M. (1982) Principles of Concurrent Programming. Prentice Hall, Englewood Cliffs, NJ.

Birtwistle, G. M., O.-J. Dahl, B. Myhrhaug, and K. Nygaard. (1973) Simula BEGIN.

Van Nostrand Reinhold, New York.

Bodwin, J. M., L. Bradley, K. Kanda, D. Litle, and U. F. Pleban. (1982) "Experience with an Experimental Compiler Generator Based on Denotational Semantics." ACM SIGPLAN Notices, Vol. 17, No. 6, pp. 216–229.

Bohm, C., and G. Jacopini. (1966) "Flow Diagrams, Turing Machines, and Languages with Only Two Formation Rules." Commun. ACM, Vol. 9, No. 5, pp. 366–371.

Bolsky, M., and D. Korn. (1995) The New KornShell Command and Programming Language. Prentice Hall, Englewood Cliffs, NJ.

Booch, G. (1987) Software Engineering with Ada, 2e. Benjamin/Cummings, Redwood City, CA.

Brinch Hansen, P. (1973) Operating System Principles. Prentice Hall, Englewood Cliffs, NJ.

Brinch Hansen, P. (1975) "The Programming Language Concurrent-Pascal." IEEE Transactions on Software Engineering, Vol. 1, No. 2, pp. 199–207.

Brinch Hansen, P. (1977) The Architecture of Concurrent Programs. Prentice Hall, Englewood Cliffs, NJ.

Brinch Hansen, P. (1978) "Distributed Processes: A Concurrent Programming Concept." Commun. ACM, Vol. 21, No. 11, pp. 934–941.

Brown, J. A., S. Pakin, and R. P. Polivka. (1988) APL2 at a Glance. Prentice Hall, Englewood Cliffs, NJ.

Campione, M., K. Walrath, and A. Huml. (2001) The Java Tutorial, 3e. Addison-Wesley, Reading, MA.

Chambers, C., and D. Ungar. (1991) "Making Pure Object-Oriented Languages Practical." SIGPLAN Notices, Vol. 26, No. 1, pp. 1–15.

Chomsky, N. (1956) "Three Models for the Description of Language." IRE Transactions on Information Theory, Vol. 2, No. 3, pp. 113–124.

Chomsky, N. (1959) "On Certain Formal Properties of Grammars." Information and Control, Vol. 2, No. 2, pp. 137–167.

Christiansen, T., B. D. Foy, and L. Wall, with J. Orwant. (2013) Programming Perl, 4e. O'Reilly & Associates, Sebastopol, CA.

Church, A. (1941) Annals of Mathematics Studies. Calculi of Lambda Conversion, Vol. 6. Princeton University Press, Princeton, NJ. Reprinted by Klaus Reprint Corporation, New York, 1965.

Clark, K. L., and F. G. McCabe. (1984) Micro-PROLOG: Programming in Logic. Prentice Hall, Englewood Cliffs, NJ.

Clarke, L. A., J. C. Wileden, and A. L. Wolf. (1980) "Nesting in Ada Is for the Birds." ACM SIGPLAN Notices, Vol. 15, No. 11, pp. 139–145.

Cleaveland, J. C. (1986) An Introduction to Data Types. Addison-Wesley, Reading, MA.

Cleaveland, J. C., and R. C. Uzgalis. (1976) Grammars for Programming Languages: What Every Programmer Should Know About Grammar. American Elsevier, New York.

Clocksin, W. F., and C. S. Mellish. (2013) Programming in Prolog: Using the ISO Standard. Springer-Verlag, New York.

Cohen, J. (1981) "Garbage Collection of Linked Data Structures." ACM Computing Surveys, Vol. 13, No. 3, pp. 341–368.

Conway, R., and R. Constable. (1976) "PL/-CS—A Disciplined Subset of PL/I." Technical Report TR76/293. Department of Computer Science, Cornell University, Ithaca, NY.

Cornell University. (1977) PL/C User's Guide, Release 7.6. Department of Computer Science, Cornell University, Ithaca, NY.

Correa, N. (1992) "Empty Categories, Chain Binding, and Parsing." In Principle—Based Parsing, R. C. Berwick, S. P. Abney, and C. Tenny (eds.). Kluwer Academic Publishers, Boston, pp. 83–121.

Cousineau, G., M. Mauny, and K. Callaway. (1998) The Functional Approach to Programming. Cambridge University Press, Cambridge, UK.

Dahl, O.-J., E. W. Dijkstra, and C. A. R. Hoare. (1972) Structured Programming. Academic Press, New York.
Dahl, O.-J., and K. Nygaard. (1967) SIMULA 67 Common Base Proposal. Norwegian Computing Center Document, Oslo.
Deliyanni, A., and R. A. Kowalski. (1979) "Logic and Semantic Networks." Commun. ACM, Vol. 22, No. 3, pp. 184–192.
Department of Defense. (1960) COBOL, Initial Specifications for a Common Business Oriented Language. U.S. Department of Defense, Washington, D.C.
Department of Defense. (1961) COBOL—1961, Revised Specifications for a Common Business Oriented Language. U.S. Department of Defense, Washington, D.C.
Department of Defense. (1962) COBOL—1961 EXTENDED, Extended Specifications for a Common Business Oriented Language. U.S. Department of Defense, Washington, D.C.
Department of Defense. (1975a) Requirements for High Order Programming Languages, STRAWMAN. July. U.S. Department of Defense, Washington, D.C.
Department of Defense. (1975b) Requirements for High Order Programming Languages, WOODENMAN. August. U.S. Department of Defense, Washington, D.C.
Department of Defense. (1976) Requirements for High Order Programming Languages, TINMAN. June. U.S. Department of Defense, Washington, D.C.
Department of Defense. (1977) Requirements for High Order Programming Languages, IRONMAN. January. U.S. Department of Defense, Washington, D.C.
Department of Defense. (1978) Requirements for High Order Programming Languages, STEELMAN. June. U.S. Department of Defense, Washington, D.C.
Department of Defense. (1980) Requirements for High Order Programming Languages, STONEMAN. February. U.S. Department of Defense, Washington, D.C.
DeRemer, F. (1971) "Simple LR(k) Grammars." Commun. ACM, Vol. 14, No. 7, pp. 453–460.
DeRemer, F., and T. Pennello. (1982) "Efficient Computation of LALR(1) Look-Ahead Sets." ACM TOPLAS, Vol. 4, No. 4, pp. 615–649.
Deutsch, L. P., and D. G. Bobrow. (1976) "An Efficient Incremental Automatic Garbage Collector." Commun. ACM, Vol. 11, No. 3, pp. 522–526.
Dijkstra, E. W. (1968a) "Goto Statement Considered Harmful." Commun. ACM, Vol. 11, No. 3, pp. 147–149.
Dijkstra, E. W. (1968b) "Cooperating Sequential Processes." In Programming Languages, F. Genuys (ed.). Academic Press, New York, pp. 43–112.
Dijkstra, E. W. (1972) "The Humble Programmer." Commun. ACM, Vol. 15, No. 10, pp. 859–866.
Dijkstra, E. W. (1975) "Guarded Commands, Nondeterminacy, and Formal Derivation of Programs." Commun. ACM, Vol. 18, No. 8, pp. 453–457.
Dijkstra, E. W. (1976) A Discipline of Programming. Prentice Hall, Englewood Cliffs, NJ.
Dybvig, R. K. (2011) The Scheme Programming Language, 4e. MIT Press, Boston.
Ellis, M. A., and B. Stroustrup. (1990) The Annotated C++ Reference Manual. Addison-Wesley, Reading, MA.
Farber, D. J., R. E. Griswold, and I. P. Polonsky. (1964) "SNOBOL, a String Manipulation Language." J. ACM, Vol. 11, No. 1, pp. 21–30.
Farrow, R. (1982) "LINGUIST 86: Yet Another Translator Writing System Based on Attribute Grammars." ACM SIGPLAN Notices, Vol. 17, No. 6, pp. 160–171.
Fischer, C. N., G. F. Johnson, J. Mauney, A. Pal, and D. L. Stock. (1984) "The Poe Language-Based Editor Project." ACM SIGPLAN Notices, Vol. 19, No. 5, pp. 21–29.
Fischer, C. N., and R. J. LeBlanc. (1977) UW-Pascal Reference Manual. Madison Academic Computing Center, Madison, WI.
Fischer, C. N., and R. J. LeBlanc. (1980) "Implementation of Runtime Diagnos-

tics in Pascal." IEEE Transactions on Software Engineering, Vol. SE-6, No. 4, pp. 313–319.

Fischer, C. N., and R. J. LeBlanc. (1991) Crafting a Compiler with C. Benjamin-Cummings, Menlo Park, CA.

Flanagan, D. (2011) JavaScript: The Definitive Guide, 6e. O'Reilly Media, Sebastopol, CA.

Flanagan, D., and Y. Matsumoto. (2008) The Ruby Programming Language, O'Reilly Media, Sebastopol, CA.

Floyd, R. W. (1967) "Assigning Meanings to Programs." Proceedings Symposium Applied Mathematics. Mathematical Aspects of Computer Science, J. T. Schwartz (ed.). American Mathematical Society, Providence, RI.

Frege, G. (1892) "Über Sinn und Bedeutung." Zeitschrift für Philosophie und Philosophisches Kritik, Vol. 100, pp. 25–50.

Friedl, J. E. F. (2006) Mastering Regular Expressions, 3e. O'Reilly Media, Sebastopol, CA.

Friedman, D. P., and D. S. Wise. (1979) "Reference Counting's Ability to Collect Cycles Is Not Insurmountable." Information Processing Letters, Vol. 8, No. 1, pp. 41–45.

Fuchi, K. (1981) "Aiming for Knowledge Information Processing Systems." Proceedings of the International Conference on Fifth Generation Computing Systems. Japan Information Processing Development Center, Tokyo. Republished (1982) by North-Holland Publishing, Amsterdam.

Gehani, N. (1983) Ada: An Advanced Introduction. Prentice Hall, Englewood Cliffs, NJ.

Gilman, L., and A. J. Rose. (1983) APL: An Interactive Approach, 3e. John Wiley, New York.

Goodenough, J. B. (1975) "Exception Handling: Issues and Proposed Notation." Commun. ACM, Vol. 18, No. 12, pp. 683–696.

Goos, G., and J. Hartmanis (eds.). (1983) The Programming Language Ada Reference Manual. American National Standards Institute. ANSI/-MIL-STD-1815-A–1983. Lecture Notes in Computer Science 155. Springer-Verlag, New York.

Gordon, M. (1979) The Denotational Description of Programming Languages, An Introduction. Springer-Verlag, New York.

Graham, P. (1996) ANSI Common LISP. Prentice Hall, Englewood Cliffs, NJ.

Gries, D. (1981) The Science of Programming. Springer-Verlag, New York.

Halstead, R. H., Jr. (1985) "Multilisp: A Language for Concurrent Symbolic Computation." ACM Transactions on Programming Language and Systems, Vol. 7, No. 4, October 1985, pp. 501–538.

Halvorson, M. (2013) Microsoft Visual Basic 2013 Step by Step. Microsoft Press, Redmond, WA.

Hammond, P. (1983) APES: A User Manual. Department of Computing Report 82/9. Imperial College of Science and Technology, London.

Harbison, S. P., III, and G. L. Steele, Jr. (2002) C: A Reference Manual, 5e. Prentice Hall, Upper Saddle River, NJ.

Henderson, P. (1980) Functional Programming: Application and Implementation. Prentice Hall, Englewood Cliffs, NJ.

Hoare, C. A. R. (1969) "An Axiomatic Basis of Computer Programming." Commun. ACM, Vol. 12, No. 10, pp. 576–580.

Hoare, C. A. R. (1972) "Proof of Correctness of Data Representations." Acta Informatica, Vol. 1, pp. 271–281.

Hoare, C. A. R. (1973) "Hints on Programming Language Design." Proceedings ACM SIGACT/SIGPLAN Conference on Principles of Programming Languages. Also published as Technical Report STAN-CS-73-403, Stanford University Computer Science Department.

Hoare, C. A. R. (1974) "Monitors: An Operating System Structuring Concept." Commun. ACM, Vol. 17, No. 10, pp. 549–557.

Hoare, C. A. R. (1978) "Communicating Sequential Processes." Commun. ACM, Vol. 21, No. 8, pp. 666–677.
Hoare, C. A. R. (1981) "The Emperor's Old Clothes." Commun. ACM, Vol. 24, No. 2, pp. 75–83.
Hoare, C. A. R., and N. Wirth. (1973) "An Axiomatic Definition of the Programming Language Pascal." Acta Informatica, Vol. 2, pp. 335–355.
Hogger, C. J. (1984) Introduction to Logic Programming. Academic Press, London.
Hogger, C. J. (1991) Essentials of Logic Programming. Oxford Science Publications, Oxford, England.
Holt, R. C., G. S. Graham, E. D. Lazowska, and M. A. Scott. (1978) Structured Concurrent Programming with Operating Systems Applications. Addison-Wesley, Reading, MA.
Horn, A. (1951) "On Sentences Which Are True of Direct Unions of Algebras." J. Symbolic Logic, Vol. 16, pp. 14–21.
Hudak, P., and J. Fasel. (1992) "A Gentle Introduction to Haskell." ACM SIGPLAN Notices, Vol. 27, No. 5, May 1992, pp. T1–T53.
Hughes, J. (1989) "Why Functional Programming Matters." The Computer Journal, Vol. 32, No. 2, pp. 98–107.
Huskey, H. K., R. Love, and N. Wirth. (1963) "A Syntactic Description of BC NELIAC." Commun. ACM, Vol. 6, No. 7, pp. 367–375.
IBM. (1954) "Preliminary Report, Specifications for the IBM Mathematical FORmula TRANslating System, FORTRAN." IBM Corporation, New York.
IBM. (1956) "Programmer's Reference Manual, The FORTRAN Automatic Coding System for the IBM 704 EDPM." IBM Corporation, New York.
IBM. (1964) The New Programming Language. IBM UK Laboratories, Hursley, England.
Ichbiah, J. D., J. C. Heliard, O. Roubine, J. G. P. Barnes, B. Krieg-Brueckner, and B. A. Wichmann. (1979) "Part B: Rationale for the Design of the Ada Programming Language." ACM SIGPLAN Notices, Vol. 14, No. 6.
IEEE. (1985) "Binary Floating-Point Arithmetic." IEEE Standard 754, IEEE, New York.
INCITS/ISO/IEC. (1997) 1539-1-1997, Information Technology—Programming Languages—FORTRAN, Part 1: Base Language. American National Standards Institute, New York.
Ingerman, P. Z. (1967). "Panini-Backus Form Suggested." Commun. ACM, Vol. 10, No. 3, p. 137.
ISO. (1998) ISO14882-1, ISO/IEC Standard – Information Technology—Programming Language—C++. International Organization for Standardization, Geneva, Switzerland.
ISO. (1999) ISO/IEC 9899:1999, Programming Language C. American National Standards Institute, New York.
ISO/IEC. (1996) 14977:1996, Information Technology—Syntactic Metalanguage—Extended BNF. International Organization for Standardization, Geneva, Switzerland.
ISO/IEC. (2002) 1989:2002, Information Technology—Programming Languages—COBOL. American National Standards Institute, New York.
ISO/IEC. (2010) 1539-1, Information Technology—Programming Languages—Fortran. American National Standards Institute, New York.
ISO/IEC. (2014) 8652/2012(E), Ada 2012 Reference Manual. Springer-Verlag, New York.
Iverson, K. E. (1962) A Programming Language. John Wiley, New York.
Jensen, K., and N. Wirth. (1974) Pascal Users Manual and Report. Springer-Verlag, Berlin.
Johnson, S. C. (1975) "Yacc: Yet Another Compiler-Compiler." Computing Science Report 32. AT&T Bell Laboratories, Murray Hill, NJ.

Jones, N. D. (ed.). (1980) Semantic-Directed Compiler Generation. Lecture Notes in Computer Science, Vol. 94. Springer-Verlag, Heidelberg, FRG.
Kay, A. (1969) The Reactive Engine. PhD Thesis. University of Utah, September.
Kernighan, B. W., and D. M. Ritchie. (1978) The C Programming Language. Prentice Hall, Englewood Cliffs, NJ.
Knuth, D. E. (1965) "On the Translation of Languages from Left to Right." Information & Control, Vol. 8, No. 6, pp. 607–639.
Knuth, D. E. (1967) "The Remaining Trouble Spots in ALGOL 60." Commun. ACM, Vol. 10, No. 10, pp. 611–618.
Knuth, D. E. (1968) "Semantics of Context-Free Languages." Mathematical Systems Theory, Vol. 2, No. 2, pp. 127–146.
Knuth, D. E. (1974) "Structured Programming with GOTO Statements." ACM Computing Surveys, Vol. 6, No. 4, pp. 261–301.
Knuth, D. E. (1981) The Art of Computer Programming, Vol. II, 2e. Addison-Wesley, Reading, MA.
Knuth, D. E., and L. T. Pardo. (1977) "Early Development of Programming Languages." In Encyclopedia of Computer Science and Technology, G. Holzman and A. Kent (eds.). Vol. 7. Dekker, New York, pp. 419–493.
Kowalski, R. A. (1979) Logic for Problem Solving. Artificial Intelligence Series, Vol. 7. Elsevier-North Holland, New York.
Laning, J. H., Jr., and N. Zierler. (1954) "A Program for Translation of Mathematical Equations for Whirlwind I." Engineering memorandum E-364. Instrumentation Laboratory, Massachusetts Institute of Technology, Cambridge, MA.
Ledgard, H. F., and M. Marcotty. (1975) "A Genealogy of Control Structures." Commun. ACM, Vol. 18, No. 11, pp. 629–639.
Lippman, S. B., and J. Lajoie. (2012) C++ Primer, 5e. Addison-Wesley, Upper Saddle River, NJ.
Lischner, R. (2000) Delphi in a Nutshell. O'Reilly Media, Sebastopol, CA.
Liskov, B., R. L. Atkinson, T. Bloom, J. E. B. Moss, C. Scheffert, R. Scheifler, and A. Snyder. (1981) CLU Reference Manual. Springer, New York.
Lomet, D. (1975) "Scheme for Invalidating References to Freed Storage." IBM Journal of Research and Development, Vol. 19, pp. 26–35.
Lutz, M. (2013) Learning Python, 5e. O'Reilly Media, Sebastopol, CA.
MacLaren, M. D. (1977) "Exception Handling in PL/I." ACM SIGPLAN Notices, Vol. 12, No. 3, pp. 101–104.
Marcotty, M., H. F. Ledgard, and G. V. Bochmann. (1976) "A Sampler of Formal Definitions." ACM Computing Surveys, Vol. 8, No. 2, pp. 191–276.
Mather, D. G., and S. V. Waite (eds.). (1971) BASIC, 6e. University Press of New England, Hanover, NH.
McCarthy, J. (1960) "Recursive Functions of Symbolic Expressions and Their Computation by Machine, Part I." Commun. ACM, Vol. 3, No. 4, pp. 184–195.
McCarthy, J., P. W. Abrahams, D. J. Edwards, T. P. Hart, and M. Levin. (1965) LISP 1.5 Programmer's Manual, 2e. MIT Press, Cambridge, MA.
McCracken, D. (1970) "Whither APL." Datamation, September 15, pp. 53–57.
Metcalf, M., J. Reid, and M. Cohen. (2004) Fortran 95/2003 Explained, 3e. Oxford University Press, Oxford, England.
Meyer, B. (1990) Introduction to the Theory of Programming Languages. Prentice Hall, Englewood Cliffs, NJ.
Milner, R., R. Harper, and M. Tofle. (1997) The Definition of Standard ML-Revised. MIT Press, Cambridge, MA.
Milos, D., U. Pleban, and G. Loegel. (1984) "Direct Implementation of Compiler Specifications." POPL '84 Proceedings of the 11th ACM SIGACT-SIGPLAN Symposium on Programming Languages, pp. 196–202.
Mitchell, J. G., W. Maybury, and R. Sweet. (1979) Mesa Language Manual, Version 5.0, CSL-79-3. Xerox Research Center, Palo Alto, CA.
Moss, C. (1994) Prolog++: The Power of Object-Oriented and Logic Programming.

Addison-Wesley, Reading, MA.
Moto-oka, T. (1981) "Challenge for Knowledge Information Processing Systems." Proceedings of the International Conference on Fifth Generation Computing Systems. Japan Information Processing Development Center, Tokyo. Republished (1982) by North-Holland Publishing, Amsterdam.

Naur, P. (ed.). (1960) "Report on the Algorithmic Language ALGOL 60." Commun. ACM, Vol. 3, No. 5, pp. 299–314.

Newell, A., and H. A. Simon. (1956) "The Logic Theory Machine—A Complex Information Processing System." IRE Transactions on Information Theory, Vol. IT-2, No. 3, pp. 61–79.

Newell, A., and F. M. Tonge. (1960) "An Introduction to Information Processing Language V." Commun. ACM, Vol. 3, No. 4, pp. 205–211.

Nilsson, N. J. (1971) Problem Solving Methods in Artificial Intelligence. McGraw-Hill, New York.

Pagan, F. G. (1981) Formal Specifications of Programming Languages. Prentice Hall Englewood Cliffs, NJ.

Papert, S. (1980) MindStorms: Children, Computers and Powerful Ideas. Basic Books, New York.

Perlis, A., and K. Samelson. (1958) "Preliminary Report—International Algebraic Language." Commun. ACM, Vol. 1, No. 12, pp. 8–22.

Peyton Jones, S. L. (1987) The Implementation of Functional Programming Languages. Prentice Hall, Englewood Cliffs, NJ.

Pratt, T. W., and M. V. Zelkowitz. (2001) Programming Languages: Design and Implementation, 4e. Prentice Hall, Englewood Cliffs, NJ.

Remington-Rand. (1952) "UNIVAC Short Code." Unpublished collection of dittoed notes. Preface by A. B. Tonik, dated October 25, 1955 (1 p.); Preface by J. R. Logan, undated but apparently from 1952 (1 p.); Preliminary exposition, 1952? (22 pp., in which pp. 20–22 appear to be a later replacement); Short code supplementary information, topic one (7 pp.); Addenda #1, 2, 3, 4 (9 pp.).

Reppy, J. H. (1999) Concurrent Programming in ML. Cambridge University Press, New York.

Richards, M. (1969) "BCPL: A Tool for Compiler Writing and Systems Programming." Proc. AFIPS SJCC, Vol. 34, pp. 557–566.

Robbins, A. (2005) Unix in a Nutshell, 4e. O'Reilly Media, Sebastopol, CA.

Robinson, J. A. (1965) "A Machine-Oriented Logic Based on the Resolution Principle." Journal of the ACM, Vol. 12, pp. 23–41.

Roussel, P. (1975) "PROLOG: Manual de Reference et D'utilisation." Research Report. Artificial Intelligence Group, University of Aix-Marseille, Luming, France.

Rubin, F. (1987) "'GOTO Statement Considered Harmful' considered harmful" (letter to editor). Commun. ACM, Vol. 30, No. 3, pp. 195–196.

Rutishauser, H. (1967) Description of ALGOL 60. Springer-Verlag, New York.

Sammet, J. E. (1969) Programming Languages: History and Fundamentals. Prentice Hall, Englewood Cliffs, NJ.

Sammet, J. E. (1976) "Roster of Programming Languages for 1974–75." Commun. ACM, Vol. 19, No. 12, pp. 655–669.

Schorr, H., and W. Waite. (1967) "An Efficient Machine Independent Procedure for Garbage Collection in Various List Structures." Commun. ACM, Vol. 10, No. 8, pp. 501–506.

Scott, D. S., and C. Strachey. (1971) "Towards a Mathematical Semantics for Computer Language." In Proceedings, Symposium on Computers and Automation, J. Fox (ed.). Polytechnic Institute of Brooklyn Press, New York, pp. 19–46.

Scott, M. (2009) Programming Language Pragmatics, 3e. Morgan Kaufman, San Francisco, CA.

Sebesta, R. W. (1991) VAX Structured Assembly Language Programming, 2e. Benjamin/Cummings, Redwood City, CA.

Sergot, M. J. (1983) "A Query-the-User Facility for Logic Programming." In Integrated Interactive Computer Systems, P. Degano and E. Sandewall (eds.). North-Holland Publishing, Amsterdam.
Shaw, C. J. (1963) "A Specification of JOVIAL." Commun. ACM, Vol. 6, No. 12, pp. 721–736.
Smith, J. B. (2006) Practical OCaml. Apress, Springer-Verlag, New York.
Sommerville, I. (2010) Software Engineering, 9e. Addison-Wesley, Reading, MA.
Steele, G. L., Jr. (1990) Common LISP The Language, 2e. Digital Press, Burlington, MA.
Stoy, J. E. (1977) Denotational Semantics: The Scott–Strachey Approach to Programming Language Semantics. MIT Press, Cambridge, MA.
Stroustrup, B. (1983) "Adding Classes to C: An Exercise in Language Evolution." Software—Practice and Experience, Vol. 13, pp. 139–161.
Stroustrup, B. (1984) "Data Abstraction in C." AT&T Bell Laboratories Technical Journal, Vol. 63, No. 8, pp. 1701–1732.
Stroustrup, B. (1986) The C++ Programming Language. Addison-Wesley, Reading, MA.
Stroustrup, B. (1988) "What Is Object-Oriented Programming?" IEEE Software, May 1988, pp. 10–20.
Stroustrup, B. (1994) The Design and Evolution of C++. Addison-Wesley, Reading, MA.
Stroustrup, B. (1997) The C++ Programming Language, 3e. Addison-Wesley, Reading, MA.
Sussman, G. J., and G. L. Steele, Jr. (1975) "Scheme: An Interpreter for Extended Lambda Calculus." MIT AI Memo No. 349 (December 1975).
Suzuki, N. (1982) "Analysis of Pointer 'Rotation'." Commun. ACM, Vol. 25, No. 5, pp. 330–335.
Syme, D., A. Granicz, and A. Cisternino. (2010) Expert F# 2.0. Apress, Springer-Verlag, New York.
Tatroe, K., P. MacIntyre, and R. Lerdorf. (2013) Programming PHP, 3e. O'Reilly Media, Sebastopol, CA.
Tanenbaum, A. S. (2005) Structured Computer Organization, 5e. Prentice Hall, Englewood Cliffs, NJ.
Teitelbaum, T., and T. Reps. (1981) "The Cornell Program Synthesizer: A Syntax-Directed Programming Environment." Commun. ACM, Vol. 24, No. 9, pp. 563–573.
Tenenbaum, A. M., Y. Langsam, and M. J. Augenstein. (1990) Data Structures Using C. Prentice Hall, Englewood Cliffs, NJ.
Thomas, D., A. Hunt, and C. Fowler. (2013) Programming Ruby 1.9 & 2.0: The Pragmatic Programmers Guide (The Facets of Ruby). The Pragmatic Bookshelf, Raleigh, NC.
Thompson, S. (1999) Haskell: The Craft of Functional Programming, 2e. Addison-Wesley, Reading, MA.
Turner, D. (1986) "An Overview of Miranda." ACM SIGPLAN Notices, Vol. 21, No. 12, pp. 158–166.
Ullman, J. D. (1998) Elements of ML Programming. ML97 edition. Prentice Hall, Englewood Cliffs, NJ.
van Emden, M. H. (1980) "McDermott on Prolog: A Rejoinder." SIGART Newsletter, No. 72, August, pp. 19–20.
van Wijngaarden, A., B. J. Mailloux, J. E. L. Peck, and C. H. A. Koster. (1969) "Report on the Algorithmic Language ALGOL 68." Numerische Mathematik, Vol. 14, No. 2, pp. 79–218.
Wadler, P. (1998) "Why No One Uses Functional Languages." ACM SIGPLAN Notices, Vol. 33, No. 2, February 1998, pp. 25–30.
Warren, D. H. D., L. M. Pereira, and F. C. N. Pereira. (1979) "User's Guide to DEC System-10 Prolog." Occasional Paper 15. Department of Artificial Intelligence, University of Edinburgh, Scotland.

Watt, D. A. (1979) "An Extended Attribute Grammar for Pascal." ACM SIGPLAN Notices, Vol. 14, No. 2, pp. 60–74.

Wegner, P. (1972) "The Vienna Definition Language." ACM Computing Surveys, Vol. 4, No. 1, pp. 5–63.

Weissman, C. (1967) LISP 1.5 Primer. Dickenson Press, Belmont, CA.

Wexelblat, R. L. (ed.). (1981) History of Programming Languages. Academic Press, New York.

Wheeler, D. J. (1950) "Programme Organization and Initial Orders for the EDSAC." Proc. R. Soc. London, Ser. A, Vol. 202, pp. 573–589.

Wilkes, M. V. (1952) "Pure and Applied Programming." In Proceedings of the ACM National Conference, Vol. 2. Toronto, pp. 121–124.

Wilkes, M. V., D. J. Wheeler, and S. Gill. (1951) The Preparation of Programs for an Electronic Digital Computer, with Special Reference to the EDSAC and the Use of a Library of Subroutines. Addison-Wesley, Reading, MA.

Wilkes, M. V., D. J. Wheeler, and S. Gill. (1957) The Preparation of Programs for an Electronic Digital Computer, 2e. Addison-Wesley, Reading, MA.

Wilson, P. R. (2005) "Uniprocessor Garbage Collection Techniques." Available at http://www.cs.utexas.edu/users/oops/papers.htm#bigsurv.

Wirth, N. (1971) "The Programming Language Pascal." Acta Informatica, Vol. 1, No. 1, pp. 35–63.

Wirth, N. (1973) Systematic Programming: An Introduction. Prentice Hall, Englewood Cliffs, NJ.

Wirth, N. (1975) "On the Design of Programming Languages." Information Processing 74 (Proceedings of IFIP Congress 74). North Holland, Amsterdam, pp. 386–393.

Wirth, N. (1977) "Modula: A Language for Modular Multi-Programming." Software—Practice and Experience, Vol. 7, pp. 3–35.

Wirth, N., and C. A. R. Hoare. (1966) "A Contribution to the Development of ALGOL." Commun. ACM, Vol. 9, No. 6, pp. 413–431.

Zuse, K. (1972) "Der Plankalkül." Manuscript prepared in 1945, published in Berichte der Gesellschaft für Mathematik und Datenverarbeitung, No. 63 (Bonn, 1972); Part 3, 285 pp. English translation of all but pp. 176–196 in No. 106 (Bonn, 1976), pp. 42–244.

索 引

索引中的页码为英文原书页码，与书中页边标注的页码一致。

B

E

F

J

K

Q

R

S

推荐阅读

C++程序设计：原理与实践（基础篇）（原书第2版）

作者：[美] 本贾尼·斯特劳斯特鲁普 （Bjarne Stroustrup）ISBN：978-7-111-56225-2 定价：99.00元

C++程序设计：原理与实践（进阶篇）（原书第2版）

作者：[美] 本贾尼·斯特劳斯特鲁普 （Bjarne Stroustrup）ISBN：978-7-111-56252-8 定价：99.00元

将经典程序设计思想与C++开发实践完美结合，全面地介绍了程序设计基本原理，包括基本概念、设计和编程技术、语言特性以及标准库等，教你学会如何编写具有输入、输出、计算以及简单图形显示等功能的程序。此外，本书通过对C++思想和历史的讨论、对经典实例（如矩阵运算、文本处理、测试以及嵌入式系统程序设计）的展示，以及对C语言的简单描述，为你呈现了一幅程序设计的全景图。

推荐阅读

Python程序设计（原书第3版）

作者：[美] 凯·霍斯特曼（Cay Horstmann）兰斯·尼塞斯（Rance Necaise）译者：江红 余青松 余靖

ISBN：978-7-111-67881-6 定价：169.00元

Python语言程序设计

作者：王恺 王志 李涛 朱洪文 编著 ISBN：978-7-111-62012-9 定价：49.00元

Python大学教程：面向计算机科学和数据科学（英文版）

作者：[美] 保罗·戴特尔（Paul Deitel）哈维·戴特尔（Harvey Deitel）

ISBN：978-7-111-67150-3 定价：169.00元